"十三五"江苏省高等学校重点教材
（编号：2017-2-098）

自动武器设计

王永娟　王亚平　管小荣　温垚珂　编著

国防工业出版社

·北京·

内 容 简 介

本书介绍了自动武器主要战技指标和总体设计，重点阐述了自动武器主要机构和装置的作用、设计要求、典型机构、工作原理、设计和分析计算方法。

本书是培养自动武器专业方向本科生必修课程配套教材，也可供从事自动武器研究、设计、制造、试验、使用等相关工作人员参考。

图书在版编目(CIP)数据

自动武器设计/王永娟等编著. —北京：国防工业出版社，2020.8(2022.11重印)
ISBN 978-7-118-11969-5

Ⅰ.①自⋯ Ⅱ.①王⋯ Ⅲ.①自动武器-设计 Ⅳ.①TJ02

中国版本图书馆 CIP 数据核字(2019)第 203978 号

※

国防工业出版社出版发行
(北京市海淀区紫竹院南路23号 邮政编码100048)
北京富博印刷有限公司印刷
新华书店经销

*

开本 787×1092 1/16 印张 33¾ 字数 783 千字
2022 年 11 月第 1 版第 3 次印刷 印数 4001—5500 册 定价 79.80 元

(本书如有印装错误，我社负责调换)

国防书店：(010)88540777　　书店传真：(010)88540776
发行业务：(010)88540717　　发行传真：(010)88540762

前　言

　　自动武器设计是自动武器专业方向的必修课程,学习该课程是培养合格的自动武器专业技术人才不可缺少的重要环节之一。本书根据自动武器专业人才培养的需求和自动武器的发展,通过对专业资料梳理,构建知识框架,合理安排章节内容,重在传授设计方法和基础知识,为自动武器专业技术人员从事自动武器设计打下良好的技术基础。

　　本书共12章。第1章"绪论"主要阐述自动武器的战术技术要求、典型自动武器的技术要求及自动武器发展过程及趋势。第2章"自动武器总体设计"简要叙述了自动武器设计流程、自动武器总体设计与方案设计工作内容,重点介绍了现有典型自动武器自动方式的工作原理和特点、自动机工作循环图,并介绍了在总体设计过程中的自动机运动诸元的估算方法和保证主要战术技术性能的技术措施。第3章"身管设计"阐述了身管的工作环境、特点、受力分析及设计要求,重点介绍了身管内膛结构设计、强度设计的方法,分析了影响身管寿命的原因、评判依据以及提高身管寿命的技术措施和途径。第4章"闭锁机构与加速机构设计"介绍了闭锁机构的作用、设计要求和典型闭锁机构的结构及特点,重点阐述了闭锁间隙分析计算、弹壳极限伸长量计算和典型闭锁机构的结构设计方法,闭锁阶段防反跳自开锁及消除或减小自动机楔紧现象的措施,叙述了自动机运动加速机构的作用、设计要求和结构与强度设计方法。第5章"供弹机构设计"阐述了供弹机构的作用及分类,重点介绍了弹仓式和弹链式供弹机构的设计要求和结构设计方法,叙述了双路供弹机构的典型结构与特点。第6章"退壳机构设计"介绍了退壳机构的作用与设计要求、退壳机构的类型及选择,重点叙述了抽壳阻力计算方法和退壳机构的结构和强度设计。第7章"击发机构设计"介绍了机械式击发机构和电击发机构的工作原理及机械式击发机构的类型与结构特点,分析了机械式击发机构击发可靠性因素和影响,详细描述了击发机构的结构设计和击发能量计算方法,保证击发安全的主要技术措施。第8章"发射机构设计"简要介绍了发射机构的作用、组成和设计要求以及各类典型发射机构的工作原理和结构特点,详细阐述了发射机构的几何分析、强度设计和扳机力计算方法,叙述了典型变射频发射机构的工作原理和机电组合式变射频控制的设计方法。第9章"膛口装置设计"介绍了典型膛口装置的类型、工作原理、影响和主要参数设计。第10章"导气装置设计"简要阐述了导气装置的工作原理、分类,重点介绍了影响气室内火药燃气压力变化因素和导气装置的结构设计方法,叙述了内能源转管武器的工作原理和导气装置设计。第11章"缓冲装置设计"介绍了自动机和枪(炮)身缓冲装置的作用、设计要求、设计流程及各类典型缓冲装置的结构特点,叙述了枪(炮)身缓冲装置的设计方法,并给出了设计实例。第12章"瞄准装置设计"阐述了瞄准装置的种类和基本要求,重点叙述了普通机械瞄准装置的特点、分类和设计方法,介绍了高射环形缩影瞄准装置、光学瞄准装置的工作原理,简要描述了光电、火控与头盔式瞄准系统的组成和工作原理。

本书由徐诚主审,第1、2、3章由王永娟编写,第4、5、12章由王亚平编写,第6、7、8章由温垚珂编写,第9、10、11章由管小荣编写。

本书的编写得到了中国兵器工业第208研究所、296厂、356厂等单位的支持和帮助,南京理工大学自动武器专业的研究生和本科生付出了辛勤的劳动,谨向他们表示诚挚的谢意。

作者

2020年8月

目 录

第 1 章 绪论 ··· 1

1.1 自动武器的战术技术要求 ··· 2
1.1.1 射击威力 ··· 3
1.1.2 可靠性 ··· 12
1.1.3 适应性 ··· 12
1.1.4 安全性 ··· 13
1.1.5 维修性 ··· 13
1.1.6 勤务性 ··· 14
1.1.7 经济性 ··· 14
1.2 典型自动武器的技术要求 ··· 14
1.3 自动武器发展过程及趋势 ··· 16
1.3.1 自动武器发展过程 ··· 16
1.3.2 自动武器发展趋势 ··· 18
思考题 ··· 19

第 2 章 自动武器总体设计 ·· 20

2.1 自动武器总体设计概述 ··· 20
2.1.1 总体方案设计 ·· 20
2.1.2 自动武器总体设计 ··· 21
2.2 自动武器总体布置 ··· 23
2.2.1 手枪 ·· 23
2.2.2 自动步枪 ··· 23
2.2.3 机枪 ·· 24
2.2.4 大口径机枪与小口径自动炮 ································ 24
2.3 自动武器自动方式 ··· 25
2.3.1 枪机后坐式自动机 ··· 25
2.3.2 身管后坐式自动机 ··· 31
2.3.3 导气式自动机 ·· 33
2.3.4 转管武器 ··· 35
2.3.5 转膛式自动机 ·· 37
2.3.6 链式自动机 ·· 39

    2.3.7 迁移式自动机 … 40
    2.3.8 双管杠杆联动式自动机 … 41
    2.3.9 浮动式自动机 … 42
  2.4 自动机工作循环图的制定 … 44
    2.4.1 以主动构件位移为自变量的循环图 … 46
    2.4.2 以时间为自变量的循环图 … 47
  2.5 自动机运动诸元估算 … 48
    2.5.1 火药燃气作用终了时自动机运动诸元的估算 … 49
    2.5.2 后坐时期自动机运动诸元的估算 … 51
    2.5.3 复进时期自动机运动速度估算 … 53
    2.5.4 自动机射击频率的估算 … 53
  2.6 自动武器结构设计保证主要战术技术性能的技术措施 … 54
    2.6.1 提高射速的技术措施 … 54
    2.6.2 减小后坐阻力的技术措施 … 56
    2.6.3 提高武器射击精度的技术措施 … 58
  思考题 … 61

第3章 身管设计 … 63

  3.1 身管概述 … 63
    3.1.1 工作条件 … 63
    3.1.2 设计要求 … 63
    3.1.3 受力分析 … 64
    3.1.4 筒紧、自紧和衬套身管 … 65
    3.1.5 身管材料 … 66
  3.2 身管外部结构 … 67
    3.2.1 身管的外形 … 67
    3.2.2 身管口部与尾端形状 … 67
    3.2.3 身管与机匣(节套)的连接 … 67
    3.2.4 线膛与弹膛分离技术 … 69
  3.3 身管内膛结构设计 … 70
    3.3.1 弹膛设计 … 71
    3.3.2 坡膛设计 … 76
    3.3.3 线膛设计 … 80
  3.4 身管强度设计 … 89
    3.4.1 身管射击时所受的膛压 … 90
    3.4.2 身管壁内的应力与应变 … 91
    3.4.3 身管弹性强度极限 … 93
    3.4.4 身管设计的安全系数 … 97
    3.4.5 身管的膨胀、纵裂和膛炸 … 97

  3.4.6 身管强度设计一般程序 ··· 98
3.5 身管的寿命 ··· 100
  3.5.1 身管发热与冷却 ··· 100
  3.5.2 身管内膛的疲劳强度分析 ·· 104
  3.5.3 身管寿命的评价指标 ·· 108
  3.5.4 提高身管寿命的措施与途径 ··· 109
思考题 ·· 112

第4章　闭锁机构与加速机构设计 ··· 113

4.1 闭锁机构的作用及类型特点 ·· 113
  4.1.1 闭锁机构的作用 ·· 113
  4.1.2 闭锁机构的设计要求 ·· 113
  4.1.3 闭锁机构的类型及特点 ··· 114
4.2 闭锁间隙 ·· 125
  4.2.1 弹底间隙与闭锁间隙 ·· 125
  4.2.2 制造间隙 ··· 125
  4.2.3 磨损间隙 ··· 127
  4.2.4 弹性间隙 ··· 127
  4.2.5 闭锁零件温度变形量 ·· 129
4.3 弹壳受力与横断分析 ··· 130
  4.3.1 弹壳的受力分析 ·· 130
  4.3.2 弹壳的轴向变形 ·· 132
  4.3.3 壳膛压力和壳机力的计算 ·· 134
  4.3.4 弹壳横断的条件 ·· 138
4.4 闭锁机构的结构设计 ··· 139
  4.4.1 回转式闭锁机构的结构设计 ··· 139
  4.4.2 偏转式闭锁机构的结构设计 ··· 148
  4.4.3 滚柱式闭锁机构的结构设计 ··· 151
4.5 自由行程长度确定与防反跳自开锁措施 ·· 155
  4.5.1 自由行程长度确定 ··· 155
  4.5.2 防反跳自开锁措施 ··· 156
4.6 楔紧现象与消除楔紧的措施 ·· 160
  4.6.1 楔紧现象分析 ··· 160
  4.6.2 消除楔紧的措施 ·· 163
4.7 加速机构设计 ··· 164
  4.7.1 加速机构的作用 ·· 164
  4.7.2 加速机构的设计要求 ·· 165
  4.7.3 加速机构的结构分析 ·· 165
  4.7.4 加速机构的结构与强度设计 ··· 170

思考题 · · · · · · 174

第5章 供弹机构设计 · · · · · · 175

5.1 供弹机构的概述 · · · · · · 175
5.1.1 供弹机构的作用和组成 · · · · · · 175
5.1.2 供弹机构的分类 · · · · · · 175

5.2 弹仓供弹机构结构设计 · · · · · · 176
5.2.1 对弹仓供弹机构的要求 · · · · · · 176
5.2.2 弹仓供弹机构类型 · · · · · · 178
5.2.3 弹匣供弹机构设计 · · · · · · 178
5.2.4 弹盘供弹机构 · · · · · · 200
5.2.5 弹鼓式供弹机构 · · · · · · 202

5.3 弹链供弹机构结构设计 · · · · · · 213
5.3.1 对弹链供弹机构的要求 · · · · · · 213
5.3.2 弹链设计 · · · · · · 213
5.3.3 弹链输弹机构设计 · · · · · · 224
5.3.4 弹链进弹机构设计 · · · · · · 250

5.4 双路供弹机构 · · · · · · 260
5.4.1 双路供弹方式的关键技术 · · · · · · 260
5.4.2 几种典型双路供弹 · · · · · · 261

思考题 · · · · · · 276

第6章 退壳机构设计 · · · · · · 278

6.1 退壳机构的作用及设计要求 · · · · · · 278
6.1.1 退壳机构的作用 · · · · · · 278
6.1.2 退壳机构的设计要求 · · · · · · 278

6.2 退壳机构的类型及选择 · · · · · · 279
6.2.1 退壳机构的类型 · · · · · · 279
6.2.2 退壳机构的选择 · · · · · · 290

6.3 抽壳阻力分析 · · · · · · 290
6.3.1 抽壳阻力的产生 · · · · · · 290
6.3.2 抽壳阻力的计算 · · · · · · 291
6.3.3 影响抽壳阻力的因素 · · · · · · 292
6.3.4 减小抽壳阻力的措施 · · · · · · 294

6.4 退壳机构设计 · · · · · · 297
6.4.1 抽壳机构的尺寸关联受力分析 · · · · · · 297
6.4.2 抽壳机构的设计 · · · · · · 301
6.4.3 抛壳机构的设计 · · · · · · 304
6.4.4 退壳机构的强度设计 · · · · · · 305

思考题 ··· 306

第7章　击发机构设计 ·· 308

7.1　击发机构的作用、类型和要求 ·· 308
7.1.1　机械式击发机构 ··· 308
7.1.2　电击发机构 ··· 312

7.2　机械击发机构的击发可靠性分析 ·· 313
7.2.1　打燃弹药底火所需要的能量分析 ································· 313
7.2.2　击针的结构参数对发火率的影响 ································· 314

7.3　击发机构的结构设计 ·· 316
7.3.1　击针的设计 ··· 316
7.3.2　击针孔的设计 ··· 319
7.3.3　击针突出量 ··· 320

7.4　击发能量的计算 ·· 322
7.4.1　击发簧类型的选择 ··· 322
7.4.2　击发簧能量储备的确定 ··· 323

7.5　保证击发安全的措施 ·· 326
　　思考题 ··· 328

第8章　发射机构设计 ·· 329

8.1　发射机构的概述 ·· 329
8.1.1　发射机构的作用、组成和设计要求 ······························· 329
8.1.2　机械发射机构的类型与结构特点 ································· 330
8.1.3　电控发射机构 ··· 360
8.1.4　保险机构 ··· 361

8.2　发射机构动作的几何分析 ·· 366
8.2.1　几何分析的目的 ··· 366
8.2.2　几何分析的方法 ··· 367

8.3　发射机构主要零件的强度设计 ·· 369
8.3.1　阻铁受力分析 ··· 369
8.3.2　发射机构零件强度校核 ··· 371

8.4　扳机力的计算 ·· 375
8.4.1　决定扳机力大小的因素 ··· 375
8.4.2　扳机力计算 ··· 376

8.5　变射频发射机构 ·· 380
8.5.1　概述 ··· 380
8.5.2　变射频的工作原理 ··· 380
8.5.3　电扣机控制的机电组合式变射频控制的设计 ······················· 388
　　思考题 ··· 393

第9章 膛口装置设计 ··· 395

9.1 膛口装置的类型 ··· 395
9.2 膛口制退器 ··· 396
9.2.1 膛口制退器的类型及工作原理 ································· 396
9.2.2 膛口制退器的特征量及影响因素 ······························ 398
9.2.3 膛口制退器的设计 ·· 401
9.3 膛口助退器、防跳器与助旋器 ······································· 402
9.3.1 膛口助退器 ·· 402
9.3.2 膛口防跳器 ·· 404
9.3.3 膛口制退助旋器 ··· 405
9.4 膛口消焰器 ··· 406
9.4.1 武器射击时膛口产生火焰的原因 ······························ 406
9.4.2 膛口消焰器的工作原理与结构类型 ·························· 407
9.4.3 常用膛口消焰器设计 ··· 409
9.5 膛口消声器 ··· 412
9.5.1 降低膛口声源能量的技术措施 ································· 412
9.5.2 膛口消声器的消声量评价 ······································· 413
9.5.3 典型膛口消声器 ··· 413
思考题 ·· 416

第10章 导气装置设计 ··· 418

10.1 导气装置的工作原理及分类 ··· 418
10.1.1 导气装置的作用及工作原理 ·································· 418
10.1.2 导气装置的分类及特点 ··· 418
10.2 气室内火药燃气压力 ·· 421
10.2.1 气室内火药燃气压力的变化规律 ··························· 421
10.2.2 影响气室火药燃气压力的因素 ······························· 424
10.3 导气装置的结构设计 ·· 425
10.3.1 导气装置主要结构分析 ··· 425
10.3.2 导气装置的设计 ··· 431
10.4 内能源转管武器导气装置的结构原理 ··························· 432
10.4.1 内能源转管武器的工作原理 ·································· 432
10.4.2 内能源转管武器气室压力微分方程的建立方法 ······· 433
10.4.3 内能源转管武器导气装置的优化设计 ···················· 436
思考题 ·· 439

第11章 缓冲装置设计 ··· 440

11.1 枪机(炮闩)缓冲装置 ·· 440

11.1.1　枪机(炮闩)缓冲装置的作用 ……………………………………………… 440
11.1.2　枪机(炮闩)缓冲装置的结构特点 ………………………………………… 440
11.1.3　枪机(炮闩)缓冲装置的设计要求 ………………………………………… 448
11.1.4　枪机(炮闩)缓冲装置的设计流程 ………………………………………… 448
11.2　枪(炮)身缓冲装置 ……………………………………………………………… 450
11.2.1　常用的枪(炮)身缓冲装置类型 …………………………………………… 450
11.2.2　枪(炮)身缓冲装置的设计要求 …………………………………………… 457
11.2.3　枪(炮)身缓冲装置的设计 ………………………………………………… 458
11.2.4　枪(炮)身缓冲装置设计案例 ……………………………………………… 465
思考题 …………………………………………………………………………………… 469

第12章　瞄准装置设计 ………………………………………………………………… 470
12.1　瞄准装置种类和基本要求 ……………………………………………………… 470
12.1.1　瞄准装置的种类 …………………………………………………………… 470
12.1.2　瞄准装置的技术要求 ……………………………………………………… 471
12.2　普通机械瞄准装置 ……………………………………………………………… 473
12.2.1　普通机械瞄准装置的作用 ………………………………………………… 473
12.2.2　普通机械瞄准装置的特点 ………………………………………………… 473
12.2.3　普通机械瞄准装置的分类 ………………………………………………… 473
12.2.4　普通机械瞄准装置设计 …………………………………………………… 480
12.3　高射环形缩影瞄准装置 ………………………………………………………… 493
12.3.1　解决对空射击命中问题的一般原理 ……………………………………… 494
12.3.2　环形缩影瞄准具 …………………………………………………………… 497
12.4　光学瞄准装置 …………………………………………………………………… 502
12.4.1　白光瞄准镜 ………………………………………………………………… 502
12.4.2　微光瞄准镜结构原理 ……………………………………………………… 509
12.4.3　全息瞄准镜 ………………………………………………………………… 513
12.5　光电、火控等其他瞄准系统 …………………………………………………… 515
12.5.1　光电瞄具 …………………………………………………………………… 515
12.5.2　火控式瞄准系统 …………………………………………………………… 519
12.5.3　火力综合控制瞄准系统 …………………………………………………… 521
12.5.4　头盔式瞄准系统 …………………………………………………………… 524
思考题 …………………………………………………………………………………… 527

参考文献 ……………………………………………………………………………… 528

第1章 绪　　论

自动武器作为一种特殊的机械,自问世以来,经过长期的发展,逐渐形成了具有自身特点和不同用途的自动武器体系,由单兵、班组携带或配置于地面、空中、水上各种运载平台上,大量装备于世界各地的陆、海、空三军及警察等维和、维稳的人员,成为战争中火力作战和维稳中打击恐怖和不法分子的重要武器之一。在高技术条件下的局部战争、维护和平及社会安全中,自动武器仍有着重要的地位和作用,主要体现:第一,地面战仍将是不可避免的,火炮、枪械在几十米到几万米的距离内构成地空配套、梯次衔接、大小互补、点面结合的火力网,很少出现火力盲区,轻型自动武器作为步兵突击火力系统的最后一个层次,对决定战斗的最后胜利有重要的作用;第二,自动武器机动性好,进入、撤出和转移阵地快捷,火力转移灵活,生存能力和抗干扰能力强,能够伴随其他兵种作战,实施不间断的火力支援;第三,自动武器作为军队侦察系统、指挥与控制系统、支援系统和保障系统的主要自卫武器,对保证战役的顺利进展有着重要作用;作为警察、武警部队、民兵和边防部队的主要武器,对保卫边境安全和维护社会秩序有重要作用;第四,自动武器具有良好的经济性,无论是其研究、工程开发、生产装备,还是后勤保障,其全寿命周期的总费用都远低于其他技术兵器。总之,自动武器是部队装备数量最大、使用机会最多的兵器,在军队装备系统中是重要并且不可或缺的,在维护社会治安和稳定中担当重要的角色,存在着广泛的军、警需求。

自动武器是以火药燃气或其他非人力为能源发射弹丸,并能自动装填的枪炮统称。通常按身管口径的大小分类,口径20mm以下称为枪械,口径20mm及以上称为火炮。自动武器分为全自动武器和半自动武器两种类型。全自动武器是指扣住发射机构能连续发射的自动武器;半自动武器是指每扣一次发射机构只能单发发射的自动武器。任何自动武器的出现都是为了完成某种或某类战术任务的需求,因此需要满足特定的战术技术指标要求,包括威力、精度、射速、可靠性、机动性、适应性、经济性和可维修性等。自动武器通过一系列的自动循环动作(表1.1)实现击发、发射、抛壳、供弹、连发等功能。自动循环过程是通过零部件的运动传递、协调工作实现,通常将完成这些运动的零部件分为枪管组件、自动机组件、发射机构、击发机构、供弹机构、复进/缓冲机构等。

表1.1　某小口径自动步枪自动机工作循环动作过程

行程名称	位移	图示(单位:mm)
枪机后坐全行程	0→126	0　　　　　　　　　　　　　　126
开锁前自由行程	0→6.5	6.5
开锁行程	6.5→18.1	8.1
开锁后自由行程	18.1→19.1	19.1
抽壳行程	19.1→63	63

续表

行程名称	位移	图示(单位:mm)
抛壳行程	63→87.9	87.9
抛壳后枪机空行程	87.9→116.9	116.9
缓冲器后坐行程	116.9→126	116.9
机体推击锤行程	7→126	7　　　　　　126
枪机惯性后座行程	22→126	22
枪机复进全过程	0←126	0　　　　　　126
缓冲器加速过程	116.9←126	116.9
枪机空行程	94.4←116.9	94.4
推弹行程	117.8←116.9	17.8
机头预转行程	15.6←17.8	15.6
闭锁行程	6.8←17.8	6.8
闭锁后自由行程	126←119.2	0
挂机前行程	0←36	0　　　　　36

1.1　自动武器的战术技术要求

　　武器必须满足一定的战术技术要求,这是对武器的作战、生产和使用的总要求,是根据武器在战场上战术使用的必要性和生产技术的可能性而提出的,是评价现有武器或设计新型武器的依据。

　　武器的战术技术要求随着战术的改变和科学技术的发展,不断变化。第二次世界大战前后,由于火炮的威力在1000m以内不能起到很好的压制作用,因此要求步枪、冲锋枪、轻机枪,尤其是重机枪和大口径机枪都要有较远的射程和较大的落点动能。所以当时的步枪、轻重机枪普遍都使用7.62mm口径的大威力、远射程弹药,如苏联的M1908轻弹（53式普通弹）和M1930重弹（53式重弹）,初速为800~865m/s,其800m的落点动能分别为647J和1089J;1000m的落点动能分别为470J和784J,以保证对人体的杀伤。随着远程地面火炮火力,尤其是远程火力的增强,20世纪初—50年代,苏联、美国及西方各国等都致力于发展中间型枪弹（我国56式7.62mm枪弹）,并统一步兵班用枪械,实现班用枪械枪族化。20世纪60年代末—70年代初,在枪族化的基础上又进一步小口径化,实现了小口径枪械枪族化,如苏联的5.45mm AK枪族,美国5.56mm M16、M4枪族,奥地利5.56AUG枪族等。德国还发展了可用于实战的G11无壳弹枪和4.7mm无壳弹,它不仅提高了枪械在近距离的杀伤力,增大了携弹量,加强了持续作战的能力,而且机动性、勤务性也得到了较大的提高。我国从20世纪70年代后期开始发展小口径枪械,目前口径5.8mm的步枪、轻机枪已经装备部队。

　　尽管不同的武器的战术技术要求的侧重点有所不同,但是从技术层面武器主要有射击威力、可靠性、环境适应性、安全性、维修性和经济性等方面的要求。

1.1.1 射击威力

射击威力是指在一定距离上和一定时间内打击目标的能力,如枪械主要用于杀伤有生目标,故其射击威力主要是指在一定距离内杀伤有生目标的能力;火炮主要对付装甲目标和防御工事,因此通过对这类目标的摧毁能力来评价其射击威力。射击威力的大小主要取决于弹头对目标的作用效果、武器的射速、射程和射击精度。

1. 弹头对目标的作用效果

弹头对目标的作用效果包括对有生目标的杀伤作用、弹头的侵彻和穿甲作用。

1) 弹头对有生目标的杀伤作用

(1) 致伤机理。创伤弹道学的研究认为,弹头对有生目标的杀伤作用,取决于弹头传递给目标能量的多少(或目标吸收能量的多少)。传递的能量越多,杀伤作用越大。对于低速稳定弹头,能量传递主要靠弹头前端对肌肉组织产生的压力,造成对肌肉组织的直接损伤,形成与弹径大小相近的均匀伤道。显然,弹径越大,弹头越钝,传递的能量越多,所以手枪弹一般口径较大,且弹形圆钝,如我国 54 式 7.62mm 手枪、92 式 9mm 手枪,苏联 9mm 马卡洛夫手枪,美国 11.43mm 柯尔特手枪等的弹头都是圆钝形的。

高速弹头的杀伤效果,医学上称为"爆炸效应"。高速弹头($V_0 \geqslant 700\text{m/s}$)在贯穿肌肉组织的过程中,向肌肉组织传递液压冲击波,在弹头前端及径向周围产生高压作用。一方面直接贯穿破坏肌肉组织,形成原始伤道;另一方面将能量向周围传递,使肌肉组织产生剧烈的机械扰动和发热,形成比弹径大几十倍(可达 30 倍)的瞬时空腔(腔内为负压),从而压迫和撕裂周围组织,肌肉组织撕裂成糊状,形成比直接伤道大得多的永久性伤道。同时,冲击波到达之处,对内脏器官和神经系统都将造成严重损伤,如含有大量液体的肝、肾、血管等因液压产生破裂,使肺、肠等受压破裂(炸裂),造成"爆炸型"创伤。当中枢神经受到损伤时,使人瘫痪立即丧失战斗力。当冲击波到达骨骼时,会使其碎裂,还会造成继发性破坏。

理论研究和试验表明:弹头在进入人体前,一般有 3°左右的偏航角,进入人体后,由于人体的密度比空气大得多(约为空气的 800 倍),阻力系数陡增(从几十倍到 180 倍左右,与偏航角有关),偏航角增大并形成翻滚,使能量转移及伤道大大增加。若弹头壳是由软钢或铜合金制成,则因其强度不高,进入人体后承受液体的压力或与骨骼碰撞时产生变形及破裂。有些弹头在设计时就有意让其命中目标时产生变形或破裂,使能量的转移加剧,并形成"爆炸型"创伤,如在越南战场上使用的美国 M193 弹,战伤调查表明,几乎每发弹都变形和炸裂,造成复杂性伤道;达姆弹(铅心露在弹头壳外)是"爆炸型"弹的典型例子,它造成的破坏是很严重的,已被 1868 年《圣彼得堡宣言》和 1899 年《海牙公约》规定禁止使用。

影响高速弹头杀伤作用的因素有弹速 v、弹头的偏转及翻滚和弹头的变形及破裂。弹速越高,弹头进入人体后的偏航角与翻滚越大,弹头的变形与破裂越严重,其压力波和瞬时空腔越大,杀伤作用越大。国外对上述几种杀伤作用,用实弹对模拟人体组织(大腿部)进行射击,得到如图 1.1 所示结果。

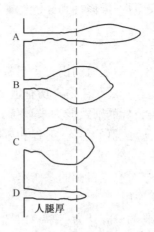

图 1.1 实弹对模拟人体组织的杀伤作用

A—进入人体后很稳定且不破裂的弹头；B—进入人体后翻滚，但不破裂的弹头；
C—达姆弹进入人体后弹头破裂；D—球形弹头。

国外资料表明，弹头在人体内的平均弹道长约 140mm。可见，弹头进入人体后首先翻滚，然后变形和破裂，将大大增加对有生目标的杀伤作用。在这方面，细而长的高速小口径弹的杀伤效果是十分明显的。用 7.62mm 口径中间型弹与 5.56mm 小口径弹在 100m 距离对猪后腿的射击试验比较，如表 1.2 所列。

表 1.2　在 100m 上对猪后腿的射击试验

枪械名称	弹头质量/g	入口面积/mm²	出口面积/mm²	出口/入口/%	伤道长度/mm	传递能量/J	能量传递率/(J/mm)
AKM47 7.62mm 步枪	7.9	25.0	29.6	118	86.3	120.9	1.40
M16A1 5.56mm 步枪	3.52	26.2	344.9	1316	99.6	189.3	1.90

由此可见，5.56mm 口径弹头质量约为 7.62mm 口径弹头质量的 1/2，但进入猪腿后翻滚较早，撞击前的能量虽比 7.62mm 口径弹头小，但传递能量大，致伤严重。

（2）杀伤作用的模拟试验。弹头击中目标后使其丧失战斗力的能力称为停止作用。停止作用的好坏取决于命中后，目标丧失战斗力的时间，时间越短，停止作用越大。杀伤有生目标的武器，国家靶场规定在弹丸击中目标后 30s，使目标停止作用需传递给目标的能量标准，如表 1.3 所列。

表 1.3　目标停止作用所需的能量

目标	无防护的人	马	有头盔及防弹衣的人
能量/J	78.4	186.2	343

战场上的目标都是有防护的。因此，国家靶场对杀伤力模拟试验规定：应击穿 2mm 厚的 50 号冷轧钢板（σ_b = 40~716MPa）及两块 25mm 的松木板，钢板与木板间隔 20m，木板间隔为 100mm。为了节约松木板等有限资源，有些试验用明胶模拟靶板替代钢板和松木板。

试验表明，不同结构的弹头击穿相等厚度的钢板所需的动能是不同的，铅心弹头需要的动能大,因为铅心弹大部分能量由于撞击钢板时变形碎裂而丧失;钢心弹头需要的动能小,尤其是硬钢心弹,其能量全部消耗在钢板上,而且口径越大,消耗的能量越多。

用口径5.56mm铅芯弹丸击穿防(避)弹衣或钢盔需要392~412J的动能;56式7.62mm普通弹击穿钢盔一侧需254.8J的动能,再杀伤人需78.4J的动能,所以一般取值343J作为杀伤有生目标的动能要求。

2) 弹头的侵彻和穿甲作用

自动武器不仅要对暴露的目标进行射击,还要对位于轻型掩蔽部内的有生力量进行射击,因此弹丸的侵彻力(弹丸穿透各种障碍的能力)是非常重要的指标。弹头的侵彻作用取决于障碍物的性质、弹丸命中目标的动能、弹丸的直径及结构形状等。弹丸命中目标的动能越大,其侵彻作用也越大。一般常用断面比能 $E_{cs} = \dfrac{E_c}{S}$ 衡量不同口径武器的弹丸对目标的侵彻作用。

式中 $E_c = \dfrac{1}{2} m_q v_c^2 \times 10^{-3}$ ——命中目标时的动能(J);

$S = \dfrac{\pi}{4} d^2 \times 10^{-6}$ ——弹丸的横截面面积(m²);

v_c——弹丸落点速度(m/s);

q——弹丸质量(g);

d——弹丸直径(mm)。

弹丸的断面比能越大,其侵彻作用也越大。所以,当弹丸能量相同时口径减小,其侵彻目标的作用增加。随着射击距离的增加,弹丸的侵彻作用减小。但是对铅心或软质钢心的普通弹来讲,在很近距离上也会出现相反的结果,即当弹丸命中目标的速度很大时,其侵彻能力不但不增加反而会减小。这是因为当速度很大时,弹丸在命中目标过程中变形,增大了能量损耗,减小了侵彻目标的作用所致。通常弹丸侵彻作用是以侵彻一定深度的目标物来表示的,一般是通过试验求得。

穿甲作用是指弹丸穿透钢板的能力。为了杀伤掩蔽在钢甲后面的有生目标,要求弹丸具有一定的穿甲能力。弹丸的穿甲作用是一个比较复杂的物理过程。弹头对目标穿甲作用的大小取决于弹头在击中目标瞬间的动能、速度及弹头结构。一般弹丸对钢甲目标的破坏可归为以下四种。

(1) 韧性破坏。弹丸撞击并侵入钢甲时,随着穿甲钢心的穿入,钢甲金属由于受到钢心的迅速挤压,因此向最小抗力的方向产生塑性变形。在弹丸入口处周围有金属向外堆积,出口处有部分金属被带出,并出现裂纹。

(2) 冲孔式破坏,也称为冲塞破坏。当弹丸侵入钢甲一定深度后,钢甲冲出一块圆形的塞子,钢塞的厚度一般接近于钢甲的厚度,穿孔的入口和出口直径均大于弹径。

(3) 花瓣式破坏。当弹丸侵彻薄钢甲时,靠近弹尖较近的钢甲变形较大,当应力达到钢甲材料的破坏极限时,变形较大的部分产生裂纹。这时,穿孔的直径大大超过弹心直径,花瓣的数目取决于装甲的厚度和弹丸的着速。实验表明:当着速大于600m/s尖头弹丸侵彻薄钢甲时,极易产生这种破坏。

(4) 破碎穿甲。当弹丸以高速碰击厚且硬度高的钢甲目标时,易产生破碎穿甲。此时孔径大于弹径,穿孔的内壁不光滑,一般孔径约为弹径的1.5~2.0倍。

一般计算普通穿甲弹穿透一定厚度的钢甲所需要的极限速度 v_c 可用下列公式,即

$$v_c = K \cdot \frac{(d \times 10^{-3})^{0.75} \cdot (b \times 10^{-3})^{0.7}}{(q \times 10^{-3})^{0.5} \cdot \cos\alpha} \tag{1-1}$$

式中　b——装甲厚度(mm);

　　　α——着角(°);

　　　K——穿甲复合系数,K 值与钢甲的机械性能和弹丸结构有关。

在速度一定的条件下,合理的弹头结构对提高穿甲作用有明显的效果,如 5.56mm SS109 弹就是一个成功的例子,已被北约组织规定为通用标准弹。该弹与其他几种口径 5.56mm 弹击穿美式钢盔的距离及所需动能比较,如表 1.4 所列。

表 1.4　几种 5.56mm 弹击穿美式钢盔的距离及所需动能

枪弹名称	初速/(m/s)	结构	击穿钢盔距离/m	所需动能/J
美国 5.56mm M193 弹	990	铅心	525	458.6
比利时 5.56mm S101 弹	890	铅套硬钢心	800	↓
美国 5.56mm XM777 弹	890	铅套硬钢心	820	
比利时 5.56mm SS109 弹	950	铅套硬钢心	1300	100.0

提高弹速有利于提高侵彻和穿甲作用。理论研究表明:当弹头落速 $v \geq 1200$m/s 时,弹头在钢甲内会形成爆炸冲击波,从而大大提高穿甲效果。另外,小口径弹的穿甲作用优于中口径的枪弹,如 5.56mm SS109 枪弹可以击穿两片钢盔后飞行 1200m,而 7.62mm NATO 弹击穿两片钢盔后仅飞行 800m。

2. 武器的射速

单位时间内发射的弹数称为射速。武器的射速有理论射速与战斗射速之分。

理论射速是仅考虑自动机往复运动,武器每分钟所能发射的最大弹数。理论射速通常用试验测定或计算连续两发弹之间的时间进行确定。战斗射速是指在战斗的条件下,对目标进行精准瞄准,准确执行各种射击动作,武器每分钟所能发射弹数的平均值。战斗射速的高低与理论射速、容弹具容量、更换容弹具的时间、瞄准时间、采用火力的种类及转移火力的方便性等因素有关。武器的射速越高,火力密集度也越高,同时消耗的弹药也越多。

班用枪械的理论射速与战斗射速完全能满足当今战术的要求,特别是自动步枪、冲锋枪还显得过高,因而造成弹药的浪费。同时,射速的提高会引起各机构撞击加剧,降低武器的使用寿命和射击精度。因此,班用武器要求降低理论射速,在自动步枪、冲锋枪上安装三发点射机构,以控制过高的弹药消耗。但高射机枪,由于目标运动很快,在有效射程内射击的持续时间很短,并且口径一般都在 12.7mm 以上,理论射速均较低,因此提高高射机枪的理论射速仍是当前的迫切要求。为增大高射机枪的战斗射速,机枪现在多采用双联及四联装枪身的办法,如 14.5mm 双联、四联高射机枪;也有采用转膛或转管的方式来提高射速,如美国的米尼冈 M134 7.62mm 6 管转管机枪,射速可达 6000 发/min,俄罗斯的 Gsh-6-23 型 23mm 6 管转管航炮,射速也可达 5000 发/min。

3. 武器的射程

武器的射程是指从起点到落点的水平距离,对空射击的高射武器则指起点到命中点

的斜距离。武器的射程有表尺射程、最大射程与有效射程之分。

表尺射程是指表尺上刻制的最大分划值。表尺射程大于实际射程。最大射程是指弹丸所能飞行的最大距离。

最大射程对应的发射角,称为最大发射角 θ_{max}。在理论上,最大射程的最大射角为 45°。但是由于空气阻力的存在,枪械的弹道比较平直,弹道轨迹位于空气最稠密的对流层,空气阻力较大,因此其最大射程角一般不超过 35°。当不超过最大射角时,随着射角增加,最大射程也增加,但当超过最大射程角时,弹道最高点增加,射程反而变短,俗称为"曲射",即见高不见远。

有效射程是指武器在规定的射击条件下,达到预期射击精度和威力要求的最大射击距离。有效射程数据仅具有参考意义,因为"预期的精度和威力要求"都是人为设定的标准,跟战场的实际环境总是有所出入。与有效射程直接相关的一个参数是弹头的"超声速飞行距离",弹头速度从超声速降到亚声速,阻力的主要形式由激波阻力变为涡流阻力,飞行过程中会产生扰动,破坏了弹头的飞行稳定性。突破"声障"后的弹头飞行稳定性遭到破坏,散布急剧增大,并且方向随机偏移,命中率急剧下降。下面是几种常见枪弹的超声速飞行距离和射程,如表 1.5 所列。

表 1.5 几种常见枪弹的超声速飞行距离和射程

弹 种	枪 名	初速/(m/s)	超声速飞行距离/m	有效射程/m	最大射程/m	最大射角/(°)
SS109/M855 普通弹 (5.56×45mm)	M16A1 自动步枪	945	630	600	2543	12°53′00″
M43 型普通弹 (7.62×39mm)	AK-47 型突击步枪	710	425	400	2197	11°54′00″
M118LR (7.62×51mm)	M24	835	756	800	3915	20°01′59″
7N1 狙击弹 (7.62×54mmR)	SVD 狙击步枪	830	753	800	3945	20°02′27″
.338 Lapua Magnum (8.6×70mm)	AWM 军用栓动狙击步枪	914	1400	1500	5569	26°40′10″
.408 CT (10.6×77mm)	M200 狙击步枪	900	1954	2000	7765	35°44′24″
M33 型机枪弹 (12.7×99mm)	巴雷特 M82A1 狙击步枪	853	1851	1500	5600	27°28′42″

由表 1.5 可以看出,有效射程与超声速飞行距离基本符合。但由于声速是随着空气的温度、湿度、绝热系数、气压等变化而变化的,因此单纯从超声速飞行距离判断有效射程是不科学的,还要考虑目标的性质。

有效射程的大小与武器的战术任务有关,如手枪主要用于自卫和近距离作战,有效射程一般较小,通常为 50~100m;冲锋枪主要用于近战和冲锋,对付有防护的有生目标,通常有效射程为 150~200m;突击步枪主要用于杀伤暴露的有生目标,有效射程为 300~400m;狙击步枪主要用于射击对方的重要目标,有效射程为 800m;反器材步枪是专为破坏军用器材及物资的狙击步枪,有效射程为 900~2000m;轻机枪是单兵携行,使用步枪弹,提供较长持续压制火力,有效射程为 800m 以上;通用机枪是一种既具有重机枪射程远、威力大,连续射击时间长的优势,又兼备轻机枪携带方便、使用灵活的优势,使用两脚架时有效射程为 800m 以上,使用三脚架时有效射程为 1000m 以上;重机枪主要用于压制敌集团有生目标、火力和薄壁装甲目标,封锁交通要道,支援步兵战斗,有效射程较远,一般为 800~1000m,必要时可以高射,有效射程为 500m。大口径重机枪,有效射程可达 1500m 以上。所以,武器的有效射程是根据武器的战术用途、射击的主要目标及其特性而提出的,并为武器的射击精度和落点动能所限制。一般武器的射击精度及落点动能都大于所提出的要求值,表 1.6 所列为几种典型枪械在有效射程上的落点动能。

表 1.6 几种典型枪械在有效射程上的落点动能

枪械名称	有效射程/m	落点动能/J	枪械名称	有效射程/m	落点动能/J
54 式 7.62mm 手枪	50	353	92 式 5.8mm 手枪	50	158
79 式 7.62mm 冲锋枪	200	598	05 式 5.8mm 轻冲/微冲	150	168
81 式 7.62mm 步枪	400	≮598	95 式 5.8mm 步枪	400	689
81 式 7.62mm 轻机枪	600	≮441	95 式 5.8mm 轻机枪	600	433
67-2 式 7.62mm 重机枪	1000	451	88 式 5.8mm 通用机枪	1000	225

除了上面介绍的三种射程外,还有一种射程——致死射程(lethal range)逐渐被重视,尤其是警用武器。致死射程是指弹头能够杀伤目标的距离,也称为"杀伤射程"。

4. 武器的射击精度

武器的射击精度是指弹丸命中目标的精确程度,包括射击的准确度和密集度。射击准确度是指平均弹着点与预期命中点(目标)的偏差程度。射击密集度是指弹着点的密集程度。射击准确度描述弹丸落点的系统性偏差,射击密集度描述弹丸落点的随机散布特性。射击精度受发射时武器状态、弹药、气象、发射操作及其他相关因素的影响,属于非一致性造成的随机偏差,只能设法减小,难以完全消除。

由同一武器在同一条件下射击出现的射弹散乱现象称为射弹的自然散布或弹道散布,如图 1.2 所示。射弹自然散布形成的诸弹道的综合称为集束弹道;通过集束弹道中央的一条弹道为平均弹道;平均弹道与目标平面相交的一点为散布中心;平均弹着点是由实际弹着点求取,是少量射弹散布的散布中心。弹着点所占有的面积称为射弹散布面,在水平面上所占有的面积为水平散布面,在与水平面相垂直的面上所占有的面积为垂直散布面。在射弹散布面上,通过散布中心作用并且相互垂直的两条直线,使每条直线两边的弹着点数相等的轴为射弹散布轴,在水平散布面上,射弹散布轴分别称为方向散布轴和距离散布轴;在垂直散布面上,则分别称为方向散布轴和高低散布轴。弹着点与散布轴之间的距离为射弹偏差,分为方向偏差、距离偏差和高低偏差。

平均弹着点 (X_{pj}, Y_{pj}, Z_{pj}) 是弹着点 (X_i, Y_i, Z_i) 的散布中心,其计算如下:

$$X_{pj} = \frac{1}{n}\sum_{i=1}^{n} X_i = \frac{X_1 + X_2 + X_3 + \cdots + X_n}{n}$$

$$Y_{pj} = \frac{1}{n}\sum_{i=1}^{n} Y_i = \frac{Y_1 + Y_2 + Y_3 + \cdots + Y_n}{n} \tag{1-2}$$

$$Z_{pj} = \frac{1}{n}\sum_{i=1}^{n} Z_i = \frac{Z_1 + Z_2 + Z_3 + \cdots + Z_n}{n}$$

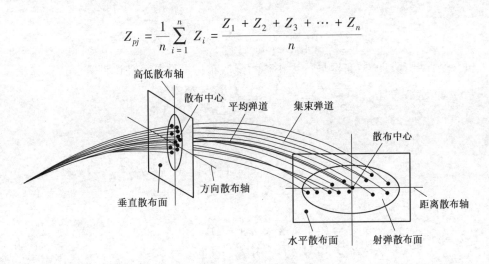

图 1.2 弹道散布图

射击密集度通常用散布公算、散布圆半径 R_{50}、R_{100} 或散布密集界表示,通常用作图法、解析法计算。

1) 散布公算

散布公算是取平行且对称于散布轴的两条轴线,若两直线间包含了全部弹着点的 50%,则任一直线到散布轴的距离称为公算偏差,用"B"表示(图 1.3),通常 B_1、B_2 和 B_3 分别表示高低、方向和距离公算偏差。

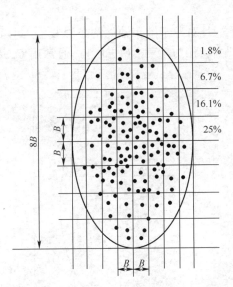

图 1.3 射弹散布的公算偏差与分布规律

$$B_1 = 0.6745\sqrt{\frac{1}{n-1}\sum_{i=1}^{n}(Y_i - Y_{pj})^2}$$

$$B_2 = 0.6745\sqrt{\frac{1}{n-1}\sum_{i=1}^{n}(Z_i - Z_{pj})^2}$$

$$B_3 = 0.6745\sqrt{\frac{1}{n-1}\sum_{i=1}^{n}(X_i - X_{pj})^2} \quad (1-3)$$

包含全部弹着点的散布区域的大小称为全散布。根据公算理论计算,可得

$$P(a < X < a + B) = 25\%$$
$$P(a + B < X < a + 2B) = 16.1\%$$
$$P(a + 2B < X < a + 3B) = 6.7\%$$
$$P(a + 3B < X < a + 4B) = 1.8\%$$
$$P(a + 4B < X < a + 5B) = 0.3\%$$
$$P(a + 5B < X < a + 6B) = 0.1\%$$

故
$$P(a < X < a + 6B) = 50\%$$
$$P(a < X < a + 4B) = 49.6\% \approx 50\%$$

则
$$P(a - 6B < X < a + 6B) = 100\%$$
$$P(a - 4B < X < a + 4B) = 99.2\% \approx 100\%$$

理论上射弹的全散布区域应为 $12B$,实际中可近似认为全散布为 $8B$,在散布轴两侧各为 $4B$。

每个界限内的弹着点数与全部弹着点数的比值称为散布率。在各个公算偏差界限内的散布率分别为 25%、16%、7%、2%。上述分布规律,射弹数越多,该规律表现得越明显。高低、方向、距离散布的分布规律以及全散布规律都是相同的,如图 1.3 所示。

2) 散布密集界

散布密集界是指取平行且对称于散布轴的两条直线,若此两直线间包含全部弹着点的 70%,则此两直线间的距离,用"C"表示(图 1.4),通常用 C_1、C_2 和 C_3 表示高低、方向和距离散布密集界。

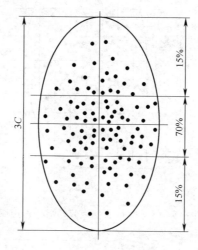

图 1.4 散布密集界及分布规律

$$C_1 = 2.07289\sqrt{\frac{1}{n-1}\sum_{i=1}^{n}(Y_i - Y_{pj})^2}$$

$$C_2 = 2.07289\sqrt{\frac{1}{n-1}\sum_{i=1}^{n}(Z_i - Z_{pj})^2}$$

$$C_3 = 2.07289\sqrt{\frac{1}{n-1}\sum_{i=1}^{n}(X_i - X_{pj})^2} \tag{1-4}$$

由于

$$\frac{C}{B} = \frac{2.07289}{0.6745}$$

故

$$C = 3.0732B \approx 3B$$

如前所述，全散布 $= 8B = 8 \times \frac{C}{3.0732} = 2.6032C \approx 3C$，所以当射弹散布用散布密集界表示时，其全散布$\approx 3C$。散布率分别为15%、70%、15%的区域，如图1.4所示。

3）散布圆半径

散布圆半径如图1.5所示。R_{50}是以平均弹着点为圆心，包含50%弹着点的最小圆半径，也称为射弹散布概率圆半径。以平均弹着点为圆心，包含全部弹着点的最小圆半径则为R_{100}，也称为射弹全散布圆半径。

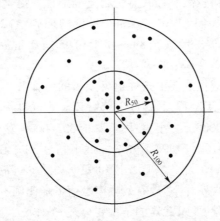

图1.5 射弹散布的散布圆半径

手枪的射击精度一般以单发射击密集度来表征，在25m距离上的射击密集度R_{50}值一般在3~10cm之间，如我国的92式5.8mm手枪的R_{50}值为5.2cm。冲锋枪一般以密集火力进行杀伤，其射击精度应包括单发精度和点射精度。冲锋枪在100m距离上的单发精度R_{50}一般为10cm左右，我国05式5.8mm冲锋枪的单发射击精度为7cm。点射精度散布密集界一般为20cm×20cm左右，我国05式5.8mm冲锋枪的点射精度为$Cy \times Cz \leq$ 18×18cm。步枪在100m距离上的单发精度R_{50}一般为5cm左右，我国95式5.8mm自动步枪的单发射击精度为4.4cm。点射精度散布密集界一般为20cm×20cm左右，95式5.8mm自动步枪的点射精度为$Cy \times Cz \leq 17 \times 17$cm。狙击步枪为了体现"首发命中、一枪毙命"的效果，其指标一般是在不同距离上命中有生目标特殊部位的使用要求，如对100m处有生目标的眉心（3cm）、300m处手部（9cm）、600m处人体半身靶中心区域（25cm×25cm）等。

1.1.2 可靠性

可靠性是指武器在规定的使用条件下和时间内,完成规定功能的能力,反映武器耐用可靠程度和无故障完成任务的一种能力,包括结构可靠性和机构动作可靠性。机构动作可靠性是指武器在各种自然环境(白天、黑夜、风沙、雨雪、严寒、酷暑、河水、泥沙等)及战斗使用条件(堑壕、地道、山区、丛林、沙漠、水网稻田等)下动作的可靠程度。

武器的可靠性表示在各种自然环境和各种战斗条件下,武器机构动作确实、连续工作的能力,即连续性。可靠性通常用综合故障率、射击寿命等指标衡量。

综合故障率是使用中发生故障的次数占总使用次数的百分比,或者以总故障时间占总工作时间的百分比,或者用平均无故障工作时间和连续无故障弹数表示。如用故障次数计算的故障率 λ 等于故障次数 γ 与发射弹数 n 之比,即

$$\lambda = \frac{\gamma}{n} \times 100\% \qquad (1-5)$$

武器在使用中应没有故障或极少出现故障,一旦出现故障时要易于排除。目前,枪械的综合故障率一般都在 3‰ 以下,其中因缺陷造成的瞎火率不能超过 1‰。我国 56 式 7.62mm 冲锋枪、67-2 式 7.62mm 重机枪的综合故障率都几乎为零,而 56-1 式 7.62mm 轻机枪的综合故障率则相对较高。轻武器研制过程中都要提出综合故障率的要求,是产品定型时的重要考核指标,如 81 式 7.62mm 步枪的综合故障率要求为 $\lambda<3‰$,81 式 7.62mm 班用轻机枪为 $\lambda<2‰$,95 式 5.8mm 步枪和 95 式 5.8mm 班用轻机枪的综合故障率均要求 $\lambda<2‰$。

寿命是在武器满足作战性能要求条件下可发射的射弹数。在武器射击寿命指标中,一般有寿终判据,包括初速下降程度、精度下降程度和零部件损坏程度等。手枪的寿命:一般中型手枪为 3000~10000 发,小型手枪为 1500~6000 发。冲锋枪的寿命一般为 5000~10000 发。在寿命终了时,初速下降率一般不超过 5%,射击精度不超过原精度的 2~2.5 倍,零件不允许破断,不允许有影响手枪安全和动作可靠性的裂纹和崩缺。微声冲锋枪的微声效果不应出现明显下降,有效噪声数值下降比例不应超过 10%。

为了保证武器的可靠性,要求武器的结构要合理,工作要平稳,零件承受载荷较均匀,避免应力集中;武器零件应有足够的强度、刚度、耐磨、抗蚀性能和足够的使用寿命,也就是应具有足够的使用强度;武器结构应尽量简化,零件数目力求减少,零件形状尽量简单。

武器装备在作战使用中往往是战士生命的最终保障,因此可靠性具有很大的现实意义。如果武器射击时不够可靠,将使战士不信任手中的武器,甚至对手中的武器产生恐惧,会直接影响到战斗效果。

1.1.3 适应性

1. 环境适应性

对各种环境的适应能力称为环境适应性,包括气候环境适应性和战场环境适应性。环境适应性是指武器在各种恶劣环境条件下正常工作的能力,包括作战、训练、储存、运输等对自然环境、诱发环境和特殊环境的适应能力。如我国的某 12.7mm 重机枪需满足一定海拔 4000m 高度以上的使用;枪械在我国国家靶场一般均要进行高温(+50℃)、低温

(-45℃)、扬尘、淋雨、沙尘、浸河水、盐雾等条件下的试验。

2. 人机适应性

人机适应性是指武器与操作人员的匹配性。例如,枪械的人机适应性主要包括膛口烟/焰/噪声、扳机力、贴腮高度、后坐力、行战转换时间、战术适应性、舒适性等。

人机适应性主要受武器总体结构设计、外形设计和人机工效设计的制约。例如,要求武器重心位置合理、瞄准方便迅速、分解结合容易、排除故障简单、噪声低、后坐力小等;武器外部无尖锐棱角;瞄准、握持武器舒适可靠;按钮、手柄、手轮的大小与位置适宜,易于操作;如果有显示界面,亮度可调,界面友好,电池安装与拆卸方便;调试武器时,所需力量适中,不借助工具即可顺畅操作,挡位手感明显。

1.1.4 安全性

安全性是指武器在使用操作、维修保养、贮运和移动/携行中防止意外偶发、损坏武器以及危害人员的能力,反映武器在各种自然环境和战斗条件下使用的安全程度。武器使用必须绝对安全,无论是射手还是友邻,以保证集中精力杀伤敌人。

安全性取决于武器的安全性机构设计。武器的射击动作必须确实可靠,弹药进膛后不解脱保险不能击发,防止在没有完全闭锁的情况下击发;绝对不能发生过早开锁,防止偶然走火、炸膛、分解时弹性物弹出伤及人员或武器后端产生喷火喷烟;各种保险机构应确实,零件强度符合设计的要求,在各种偶然外力作用下不致因惯性而造成进弹或走火,如设定保险后,必须确保任何外力作用也不能击发和重新装填。

通常要求武器对自然环境和各种战斗条件下形成的影响、碰撞、剧烈振动有较强的抵抗能力,保证能随时投入战斗。枪械在工厂、国家靶场试验时,一般均要进行跌落试验,一些比较精密和复杂的仪器,如14.5mm二联、四联高射机枪的自动瞄准具,还要进行振动试验,检验武器对偶然外力的作用的抵抗能力。

1.1.5 维修性

武器装备在规定的条件下和时间内,按规定的程序和方法进行维修时,保持或恢复到其规定状态的能力。维修性是非武器的设计特性,受武器结构设计布局的合理性、标准化、模块化程度的限制,主要通过简化结构、组装便利、互换性等设计途径获得,但是必须考虑环境条件、保障资源以及与维修有关的各种人为因素。由于武器的维修主要以换件修理为主,因此最主要的制约因素是判别出现故障的零部件位置,并进行快速更换的方便程度。

时间是维修的重要考核方面,包括分解结合时间、基层级维修时间、最大修复时间。例如,枪械装备的维修模式一般为基层级维修,由武器使用者或修理分队维修人员在使用现场进行,具有对时间要求强的特点。一般应规定最大维修时间,也可以确定主要的维修模式,逐一规定最大维修时间。武器的维修工作是一项复杂的问题,如果武器设计不合理,会导致武器维修工艺复杂、维修周期长,零备件筹措供应困难。

在保持性能的前提下,同一型号或同族武器之间构件和部件能够交换装配,可以大大提高武器的维修性。这就要求武器的零部件应具有一定的互换性。互换性取决于产品结构设计和加工技术,是维修性的基础和前提。一般枪械均会规定一定数量的使用互换件

(多为易损件和磨损件)。

1.1.6 勤务性

勤务性是指武器的射击准备、训练、分解结合、保管保养、维修及供应的简易程度。对勤务性的要求如下。

1. 操作使用简单

武器的操作应轻便、省力,战斗准备迅速、简单,以便战时迅速开火及转移火力。因此武器各机构要配置合理、适当(如各种操作手柄、分划指示的位置应适当)便于操作和观察。

2. 保管保养方便

分解结合、擦拭保养、排除故障、训练、保管与维修应简便易行。因此,武器结构要简单,零件避免过多和过于细小;分解结合应不用或尽可能少用工具,擦拭应简单、方便;射手的武器训练简单,易于掌握。

3. 后勤保障快速

武器种类、弹种应力求统一,武器实现系列化、枪族化,基本分队的武器弹药统一化,便于战时的供应补充。我国班用枪械的步枪、冲锋枪与轻机枪实现枪族化后,不仅口径、弹种统一,弹药的供应及使用方便,而且武器零件互换性大大提高,战时能尽快通过拆配修复战损枪。

1.1.7 经济性

经济性是指武器材料来源、加工制造、维修的难易程度。所以,武器的材料来源要广泛、加工要方便、维修要容易、生产成本要低、生产周期要短,其要求如下。

1. 材料成本低,立足国内

材料应立足于国内,多用成本低廉的普通钢材,少用合金钢和稀有材料,可采用高强度的塑料或其他代用材料。

2. 结构简单、工艺性好

零件结构力求简单,加工工艺性要好;尽量减少零件的数量、种类,尽量既能采用先进的高速、高效生产工艺,又能采用一般设备进行生产和检验。

综上所述,随着战术及科学技术的发展,战术技术要求也在不断发展、变化。例如,装备保障部门特别强调武器装备的"五性"要求已发展为"六性"——"可靠性、维修性、测试性、保障性、安全性和环境适应性"。"六性"要求是武器装备的质量特性要求,也是武器装备使用过程中保障战斗力生成的基本要求。

1.2 典型自动武器的技术要求

一般对自动武器的要求如下:
(1) 初速高,弹丸有效飞行时间短;
(2) 射速:对付机动性高的目标,要求射速要高,对付地面目标,则不要求高的射速;
(3) 后坐阻力小;

(4) 射击密集度好,以提高命中概率及毁伤概率;
(5) 质量轻,以提高武器的机动性;
(6) 寿命长;
(7) 射击可靠性高,故障率低;
(8) 分解结合方便;
(9) 主要零部件具有互换性,标准化程度高;
(10) 同一口径的弹药要系列化;
(11) 结构简单,维修方便;
(12) 经济性好,成本低。

不同武器系统对武器也会有一定的特殊要求,如下:

(1) 自行高炮系统对武器的要求。用于机动作战的自行高炮,具有独立作战能力和较好的机动能力,具备在全天候条件下的高作战效率。它的主要战斗任务是为步兵和装甲战斗部队提供空中保护,攻击敌人的飞机、导弹。因此,自行高炮的重点要求有① 初速高;② 射速高;③ 载弹量多,补弹方便、时间短;④ 装填自动化(含首发);⑤ 能电控击发,长连射击。

(2) 步兵战车武器系统对武器要求。步兵战车是步兵进行机动作战的战斗车辆。步兵可以乘车战斗,也可以下车战斗。它的主要作战任务是伴随坦克作战,以对付地面轻型装甲目标为主。因此,步兵战车对自动武器设计的重点要求有① 首发命中率高;② 射弹散布在 1000m 距离上,散布应为 $1.0\text{mil} \times 1.0\text{mil}$;③ 能双路供弹,既能供榴弹,又能供穿甲弹,弹种转换时间短;④ 能实现变射频射击和点射长度控制。

(3) 机载武器系统对武器的要求。现代飞机装载的自动武器往往不置于飞机内部,而是通过吊舱置于机身外部,吊舱内装有自动武器(枪、炮)及其弹药、供弹机构、缓冲装置和驱动机构等。这样既节省了飞机内部空间,减少了射击时的冲击振动及对设备的影响,又便于使用维护和故障排除。因此,吊舱对武器设计的重点要求有① 口径 30mm 以下;② 射速高;③ 体积紧凑,质量轻;④ 能适应弹链供弹或无链供弹,载弹量大;⑤ 后坐阻力小;⑥ 武装直升机打坦克可以发射导弹,也可以通过机载自动武器在近射程发射穿甲弹攻击坦克的顶装甲。

(4) 舰载武器系统对武器的要求。舰载武器系统主要对付掠海飞行的反舰导弹。反舰导弹的特点是飞行速度快(目前已达 $Ma=2.5$),无规则掠海飞行(距海面飞行高度只有几米),要害部位有装甲防护,致使现有探测手段不易早期发现,因此对舰艇攻击有很大的突然性。舰载火炮对自动武器设计的重点要求有① 最大限度地提高射速,靠密集的火力拦截在弹道上的导弹;② 载弹量要多(AK630 舰炮为 2000 发);③若采用无链供弹,则要求补弹时间短。

(5) 弹炮结合的防空武器系统对武器的要求。火炮口径一般在 20~35mm,要求初速高、射速高,能对付 3000m 以下高度的目标,对防空导弹要求射程远、精度高,能对付 3000~4000m 高度的目标。弹炮结合的防空武器系统,较火炮扩大了作战空域,可充分发挥自动炮和导弹的各自优势和特长,使目标(飞机和导弹)在较长时间内处于武器系统的有效作战区域,提高了作战效能。几种弹炮结合武器系统的自动武器主要性能,如表 1.7 所列。

表 1.7 几种弹炮结合武器系统的主要性能

国别/型号	俄罗斯 AK630	俄罗斯 2A38M	美国 GAU-12/A
火炮口径/mm	30	30	30
初速/(m/s)	970	970～1000	1021～1155
射速/(发/min)	2×5000=10000	2×2500	2400

（6）步兵武器系统对武器的设计要求。步兵武器系统主要用于对付地面有生目标或薄装甲目标,射程一般在1000m以内,其设计的重点要求有①口径小,除对抗空中目标任务的大口径机枪外,一般步兵武器的口径较小,目前有俄罗斯的5.45mm口径、美国的5.56mm口径、中国的5.8mm口径等;②质量要轻,便于携行;③射速低,为减小弹药的消耗量连发时不要求射速高,通常小于600发/min;④能单发、连发射击及高频点射,以提高射击精度。

1.3 自动武器发展过程及趋势

1.3.1 自动武器发展过程

1. 步兵自动武器发展过程

海勒姆·史蒂文斯·马克沁在1883年发明了马克沁重机枪,这是世界上第一种以火药为能源的自动枪械,也是人类历史上第一种真正意义上的自动武器,开创了武器从非自动到自动的新纪元,并在1893—1894年南中非洲罗得西亚的英国军队与当地麦塔比利-苏鲁士人的战争首次实战,取得了极大的成功。之后,许多国家纷纷仿制,使该机枪得到大力发展。

第一次世界大战期间,战争形式多以堑壕战为主,所以在战争后期德国军队为打破堑壕战的僵局采用一种称为"暴风突击队"的小分队"渗透突击战术",需要近距离火力猛烈并且轻便、可靠的单兵轻武器。1917年,德国研制了一种使用手枪子弹的自动武器——MP18冲锋枪,该冲锋枪可以配合突破堑壕的突击战术使用。

第二次世界大战期间,以冲锋枪和机枪为主的自动武器已经可以非常成熟的设计、制造和使用。为了填补在射程50m的冲锋枪与射程800m以上机枪之间的自动火力空白,重新拾起了与马克沁机枪同时代诞生的"自动步枪"。由于早期自动步枪使用全威力弹药,射程远,因此枪身和子弹都很笨重,且连发枪口跳动大,连发精度很差。德国根据战术的多变性,提出了适当降低步枪弹的威力,缩短步枪有效射程,以达到步(枪)、冲(锋枪)合一的理想要求。因此,全面发展突击步枪的思想,并研制出了7.92mm口径中间型短弹和STG44自动步枪。该自动步枪克服了大威力步枪火力较弱和冲锋枪射击威力不足的弱点,有效地解决了自动步枪的射击控制问题,使自动步枪得到了全面推广。第二次世界大战之后,"北约组织"和"华约组织"统一了弹药制式班用武器的弹药,简化了后勤部队的工作量,使全自动武器逐渐成为各国军队的主要步兵武器装备。同时,针对枪型多样所带来的作战、后勤补给、训练和维修保养等困难,许多国家把"武器系列化"作为步枪的新发展,于是以自动步枪为基础的班用枪族相继问世。

1955—1975年越南战争初期,美国M16 5.56mm自动步枪的出现,开创小口径化先河。小口径步枪可以适当降低枪弹威力,提高连发精度和机动性,而且可以增加携弹量,提高步兵持续作战能力。凭借这些优势,小口径步枪在世界各国军队中掀起的一股步枪小口径化热潮。

在1991年的海湾战争中,美军士兵背负的生活用品、枪支弹药、药品、饮用物品等重量达40多公斤,在特殊环境下作战,甚至更重。海湾战争后,尽量减轻武器的重量和体积,减轻士兵负担成为了武器发展新的主题,工程塑料枪身和无托步枪快速在各国流行起来。

21世纪初期,随着战争的多样化,枪械开始出现了个性化的发展。一方面,大多武器装有标准化接口,可以让使用者根据喜好加装各种配件,如小握把、战术手电和光学瞄具等,满足对武器的特殊需求。另一方面,设计者也在枪身的非关键重件上大做文章,如同一型枪有折叠托、伸缩托或固定托等多种款式,可以自由搭配的护木、膛口装置等。同时,枪械的人机工程学要求也越来越被重视,如FN公司的F2000突击步枪和P90 PDW冲锋枪,充分考虑人机工程学,外表光滑、流畅,结构紧凑,流线型好,改变了人类对常规武器的概念。

2. 自动火炮发展过程

自动火炮也称为机炮、机关炮,口径一般在20~40mm之间,属于小口径、轻型火炮,因此被称为小口径自动炮。1871年,美国发明家本杰明·哈奇开斯发明了一种口径为37mm手动转管式机炮,这是历史上记载最早的机炮。从第一次世界大战到第二次世界大战,随着飞机作战性能的提高促进了火炮的发展,人类把空战使用的手枪首先替换成机载机枪,然后换成了机炮。

第一次世界大战期间,德国人莱因霍尔德·贝克开发了一种20mm口径机炮。在第二次世界大战前,瑞士厄利空公司以贝克的设计为基础,先后研制出了FF、FFL、FFS等多个版本的20mm口径机炮,分别使用20×72mm、20×101mm、20×110mm规格的炮弹。同期,日本、德国、英国等获得授权,相续仿制和改进厄利空机炮。1935—1936年,苏联在ShVAK 12.7mm航空机枪的基础上,将口径扩大后改制成了ShVAK 20mm机炮,并成为在第二次世界大战中苏联空军几乎所有战斗机的标配武器。1951年瑞典陆军装备了"博福斯"40mm/L 70型高射炮,用于射击低空飞机、巡航导弹、地面目标和水面目标,掩护地面部队和重要设施。第二次世界大战后,厄利空又相继推出KA、KB、KC、KD系列机关炮,口径覆盖了20~35mm,适用的平台囊括了飞机、直升机、军用舰艇、地面牵引火炮和装甲车辆。

由于第一次世界大战后的飞机性能变化和防护加强,因此要求提高武器的威力和射速,实现"快速猎杀"。20世纪30年代后期,开始出现航空炮(简称为航炮),发射高爆弹和穿甲燃烧弹。1942—1943年,德国毛瑟公司率先研制成了世界上第一款单管转膛炮——20mm MG 213型和MG 213A型航炮,单管转速分别达1200发/min、1800发/min,几乎是当时装备航炮射速的两倍。1944年,德国毛瑟公司又制造出了30mm MG 213C型航炮,MG 213系列成为当时世界同口径航炮的"射速冠军"。1955年,苏联使用加斯特原理,开发一款双管联动23mm机炮——ГШ23(Gsh 23)和ГШ23Л(Gsh 23L),射速3400~3600发/min,1965年投入使用。

第二次世界大战期间,美国的战斗机或轰炸机都是配备勃朗宁 M2.50 口径重机枪,最大射速约为 1200 发/min,在射速上不及 19 世纪 90 年代 6 管加特林机枪。1946 年,美国决定开发一种采用加特林理论、射速超过 6000 发/min 的新型高速火炮系统。1956 年,研制成了 6 管 M61 20mm 火神机关炮,极限射速可达 7200 发/min,实际射速 4000 发/min。改进后的 M61A1 型实际射速提高到 6000 发/min。加特林式航空武器的研制成功具有划时代意义,为高射速武器发展开辟了一个领域,之后各国大量研制各种口径 3~7 管的转管式自动武器。

20 世纪 60 年代中期,武装直升机崛起,航空自动武器出现了新的自动方式,如苏联 30mm 6 管航炮采用内能源驱动,节省了外能源及装置;又如美国 7.62mm"休斯"链式机枪通过电机驱动一条链条运动,带动自动机各构件的运动,完成自动装填和发射。该链式机枪调节电机转速,即可改变武器射速。根据这一原理,1973 年美国 XM230 30mm 链式炮首次公开亮相,射速 625~1000 发/min,具有可靠性高、射速可调,后座力小等性能特点,后经过多轮改进,定为 XM230E1 型机炮。1975 年,美国又推出了 M242 25mm 机炮,单发射速为 100 发/min、200 发/min 并且射速可调,只需更换 5 个零件,可将最大射速提高到 500 发/min。

20 世纪 80 年代中期,数字计算机的计算速度和精度在飞速提高,雷达技术渐趋成熟,导弹开始发展。美国和苏联率先研制了一种新的防空武器系统,如苏联 2S6M"通古斯卡"、美国的"运动衫"武器系统,这是集火炮、导弹及火控系统于一体的"弹炮合一"系统,高炮与导弹配合,火力互补,战术使用灵活。在陆地防空武器发展的同时,舰载"弹炮合一"防空系统也在崛起。1989 年,苏联首次在军舰上安装"嘎什塔"近程防空系统,标志着舰载防空进入"弹炮合一"时代。20 世纪 90 年代之后,制导炮弹的发明、脱壳穿甲弹、预制破片弹、近炸引信等的出现,又使火炮武器系统兼有精确制导、覆盖面大和持续发射等优点。

1.3.2 自动武器发展趋势

经过 150 多年的发展,自动武器已形成庞大的家族,发展成了轻型自动武器、陆基防空自动武器、舰载自动武器、航空自动武器、车载自动武器等分支,其中轻型自动武器包括手枪、冲锋枪、步枪、狙击步枪、中型机枪和大口径机枪等。

未来战争在空中、海上、地面共同组成的装备体制中,各种步兵枪械仍然是步兵火力的主体,航空炮和舰炮在空中近距离格斗和海上作战中也占有一席之地。因此,各种自动武器系统的发展要在未来作战体系中找到相应的位置,须要从整体需求中求得发展,同时自身战术技术性能须要不断提高,加强作战体系的整体作战效能。

自动武器未来发展趋势有以下几个方向。

(1) 模块化、通用化、系列化、标准化和多功能化方向发展。在结构方面的发展趋势为模块化、系列化和标准化,既有利于武器装备的互补、互用,增强零件互换性,提高弹药的通用性,降低后勤维护费用,减轻士兵的负担,也有利于批量生产,降低综合成本。同时,由于大规模战争已不复存在,而局部小规模战争时有发生,因此为了适应战场攻击目标多样性的要求,武器功能须要多元化,提高单个武器满足对不同作战目标的适用性。

(2) 提高自动武器的打击能力。在未来战争中,加大自动武器的压制纵深,提高命中精度和杀伤威力,对合理分配和使用各种火力,会起到积极的作用。因此,如何在保证武器所需火力的前提下,不断提高射击精度将始终是自动武器发展的命题。

(3)增强机动作战能力、协同作战能力和自主作战能力。未来战场的快节奏和作战空间的扩大,要求自动武器具有更高的机动性和快速反应能力,在战役机动和战术机动方面都要适应快速机动、快速部署的需要。这样既可以集中火力协同作战,也能在大分散配置下自主作战。机动作战要求武器具有良好的机动性能,合理的轻量化。

(4)提高战场生存能力。自动武器发射时产生的火焰、烟尘、热辐射和声音等发射痕迹都可能被敌军各种侦察手段发现,难免暴露位置。因此,在未来自动武器的发展中,减少各种各样的发射痕迹,提高战场生存能力是至关重要的。

(5)提高武器装备信息化、智能化,满足无人化作战需求。美国国家科学研究委员会指出,20世纪核心武器是坦克,21世纪核心武器是无人作战系统。近年来,各国在无人作战系统领域投入大量资源,并建立了专业研究机构,加速了武器智能化、信息化发展的步伐,以适应无人作战系统的需求。

(6)新原理、新技术和新材料的应用。随着科技的进步、时代的发展以及观念的转换,自动武器内涵不断被突破、外延持续拓展,因此自动武器的概念也得到了更新和发展,涌现了一批全新概念的自动武器,如金属风暴、电磁炮、电磁枪、激光枪、无壳弹枪等新概念武器,彻底改变了武器传统发射原理,对未来战争具有重大的影响和变革。同时,新的加工技术、工艺方法和材料在武器中的应用,可以使武器的性能得到大幅度的提高,如我国口径9mm左轮手枪在制造过程中采用了淬火-抛光-淬火(QPQ)的工艺,使手枪的耐腐蚀性明显提高。奥地利的AUG5.56mm自动步枪大量采用工程塑料,不仅减少了润滑枪油的使用,而且零件坚固耐用,寿命提高。

思考题

1. 自动武器的内涵是什么?如何分类?
2. 武器的主要战术技术包括哪些内容?
3. 什么是武器的射击威力?自动武器的射击威力主要取决于哪些因素?
4. 什么是弹头的侵彻和穿甲作用?与哪些因素有关?
5. 简述射速的概念,并举例说明哪些武器射速要求较高,哪些武器射速要求较低?
6. 什么是理论射速和战斗射速?二者有何区别和联系?
7. 什么是武器射程、最大射程和有效射程?步枪的有效射程是多少?
8. 简述射击精度概念,并说明射击准确度和密集度的区别。用哪些方法表示射击密集度?
9. 什么是武器的可靠性?用哪些因素衡量武器的可靠性?
10. 简述自动武器的发展趋势。

第 2 章 自动武器总体设计

自动武器总体设计是从武器的全局出发,为实现给定的战术技术指标,进行纵观全局的顶层设计。自动武器总体设计的任务是根据武器要求的战术技术指标,选定自动方式和供弹方式,初步拟定自动机工作循环图,估算活动件质量、理论射速等诸元,规划总体布局,绘制总体方案图,编制总体方案设计说明书,确定总体方案,如图 2.1 所示。

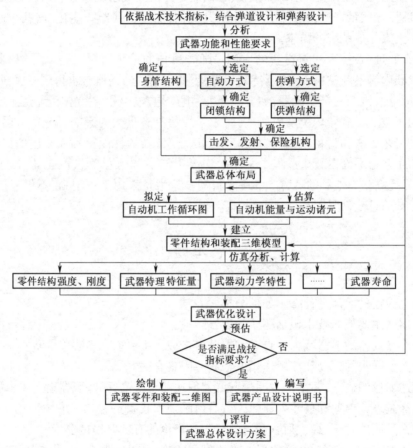

图 2.1 自动武器总体方案设计流程

2.1 自动武器总体设计概述

2.1.1 总体方案设计

武器在进入正式设计之前,必须首先进行总体方案设计阶段。这一过程关系到武器研制工作的成败,必须慎重从事。为达到预定的战术指标要求,总体方案设计需要进行以下工作。

(1) 弹道方案的确定。
(2) 自动机工作原理的确定,即自动方式的确定。
(3) 研究和分析关键性能指标实现的技术措施与途径。
(4) 全面实现战术要求的可行性分析等。
(5) 标准化目标分析。
(6) 可靠性分析。

方案设计工作必须对能达到既定战术技术指标的各种技术途径进行充分对比,对多种方案进行评价,确定优点、缺点及可能出现的问题,也就是要对各种方案的技术先进性、风险性、经济性和研制周期等方面进行综合评价,根据评价结果决定取舍。方案论证工作除理论分析外,必要时还要对关键问题进行探索性试验。

方案的选取要充分利用成熟的原理和结构,要善于利用已有的技术储备和借鉴有关的技术成果。方案设计的结果应提出总体方案及方案设计报告,报告应有必要的理论计算和试验分析数据。

2.1.2 自动武器总体设计

总体设计的主要内容是弹道设计和技术设计(即总体结构设计),其目的是使方案设计具体化,以便能顺利进行工作图样的设计。

1. 弹道设计(在弹丸设计完成后进行)

在总体方案的基础上,首先应进行具体的弹道设计。弹道设计包括外弹道设计、内弹道设计和装药设计等。

外弹道设计时,由于主要战术技术指标已确定,如口径、初速及弹重,方案设计对外弹道和终点弹道的有关参数已进行了初步选择,因此只需要对所有弹种的有关参数进行更细致的计算与调整。

内弹道设计主要是在方案设计已确定有关参数的范围内选定装药(发射药品及装药量)、确定药室容积、线膛长度及最大膛压等参数。

装药设计主要对发射药品的配置、点火和传火药等进行详细设计,保证装药的安全性。

2. 技术设计(总体结构设计)

1) 全弹总体结构设计

(1) 根据外弹道选定的参数,在保证弹丸飞行稳定性和减小飞行阻力的条件下,初步确定弹体外形。

(2) 根据威力要求,结合弹体外形初步决定弹体内部结构。

(3) 根据对目标的作用要求及对弹丸的安全要求,确定引信的类型及其外形尺寸和质量等。

(4) 计算弹丸的动力系数及保证弹丸飞行稳定性必须的膛线缠度,并与自动机总体结构设计协调,确定膛线结构。

(5) 根据内弹道设计确定的药室容积和自动机总体方案,选定弹壳的结构尺寸。

(6) 根据装药设计和自动机总体设计选择或设计底火等。

(7) 绘制全弹总体结构图，以便进行自动机总体结构设计。

自动武器配套弹药可以有较多的品种，一般确定一种弹药为主弹种，进行全弹的总体结构设计，同时在设计过程中兼顾其他弹种的设计。必要时几类弹种的总体结构可以同时进行设计。

2) 自动武器的总体结构设计

在方案设计及全弹总体结构设计的基础上，进行自动武器的总体结构设计。其主要工作内容如下：

(1) 确定自动武器的主要机构(包括结构形式与主要尺寸)。其主要机构包括自动机、身管、闭锁机构、供弹机构、击发、发射机构、退壳机构、膛口装置、缓冲装置等，从而确定自动武器的组成部分，保证其各部分的功能实现及自动机的外廓尺寸。具体各机构的设计将会在后续章节中详细阐述。

(2) 确定自动机工作循环图。从论证到方案设计，再到技术设计，自动循环图是不断修改、不断完善的过程。首先粗略地给出自动机工作循环，然后经结构和机构的完善以及运动分析计算，满足射速、后坐阻力指标，最后确定自动机工作循环图。

自动机工作循环图对武器性能影响很大，它描述了基础构件的工作顺序和各机构的运动关系，可以作为机构动作是否可靠、协调，射击频率、后坐阻力是否满足要求的依据。一般自动机工作循环图的制定是以基础构件(主动件)的位移或时间为自变量制作的，图 2.2 所示为 56 式 14.5mm 高射机枪自动机的工作循环图。

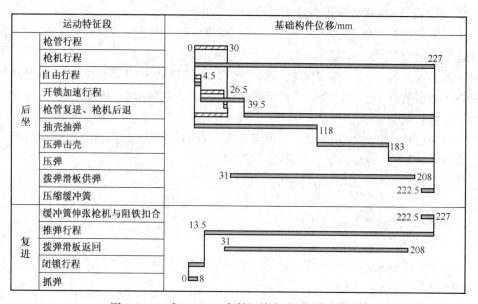

图 2.2　56 式 14.5mm 高射机枪自动机工作循环图

(3) 进行运动学和动力学分析，估算武器的射速等运动诸元。在进行总体设计时，为了拟定自动机结构方案，需要概略了解武器和自动机的运动情况。

对总体结构设计一般首先要进行反复调整，直至满足战术技术指标要求；然后应按比例绘出自动武器的总体结构图，该图应能清楚地表达所有组成部分的结构安排；最后可以在此基础上进行工作图样的设计工作。

总体结构设计是自动武器研制工作中关键的步骤,关系到武器的具体性能指标及研制周期,所以应该慎重决策。在没有把握的情况下,可以针对某些部件甚至总体结构提出两种或更多的方案,通过样品(样机)试验对比后再作取舍。

对于采用弹链供弹的自动武器,弹链的结构形式在弹药总体结构设计后应与武器的总体结构设计同时进行,弹链的结构应服从自动机工作的需要。

2.2 自动武器总体布置

不同类型武器由于战术任务不同,因此武器的总体布置千差万别。但是每种类型武器有其相同性,因此存在一定的共同特点,可以在设计中借鉴。

2.2.1 手枪

手枪是随身携带的自卫武器,要求对于近距离突然出现的敌人能一举击毙,火力机动性要好,质量要轻,体积要小,使用时安全可靠。

手枪总体布置的特点,如下:

(1) 选用简单的自动机。一般威力较小的弹药,宜采用自由枪机式自动机;威力较大的弹药,可选身管后坐式或半自由枪机式自动机。

(2) 弹匣放在握把内,使结构紧凑,且更换弹匣方便。用单手握枪,按压机构能使弹匣自动弹出,但弹匣与武器应牢固扣合。弹匣和自动机配合时要有空仓挂机和自动回复机构,即当弹匣内的枪弹用完后,枪机能自动停在后方;更换弹匣后,枪机又能自动推弹入膛。

(3) 变换保险方便。当突然遇到敌人时,能迅速从保险位置转换到待发位置,最好能单手进行变换。

(4) 枪弹上膛要方便。平时为了安全,枪弹不上膛,但遇到突然情况,能迅速推弹入膛,设计时要考虑单手装填,实现的措施有①射手单手握枪用力在身上一擦,带动枪机后退完成装填动作;②单手握枪扣动某一部位,使枪机后退完成装填动作。

(5) 设置保险机构。①阻铁保险。对于击锤式击发机构,在保险状态时,阻铁限制击锤运动,不能打击击针;对于击针式击发机构,在保险状态时,阻铁限制击针运动,不能打击底火。②扳机保险。在保险状态时,扣不动扳机,不能击发。③必须有防止早发火的机构。

(6) 全枪重心应位于握把处,并尽量接近枪膛轴线。

(7) 在保证安全可靠的前提下,尽量减小扳机力及缩短扳机行程,以避免扣扳机时引起枪身颤动,一般手枪的扳机力在 $15\sim25N$ 之间。

2.2.2 自动步枪

在自动步枪的战术要求中,比较突出的战术要求是在质量较轻的前提下具有良好的单连发精度,并能适合于近战、夜战,便于拼刺。

自动步枪总体布置具有以下特点。

（1）自动机重心在上下、左右位置上应尽量靠近全枪重心，使活动机件后坐、复进到位与枪身撞击时，基本上是对心撞击，避免由偏心撞击产生动力偶。

（2）自动步枪自动机一般采用导气式自动机，其发展成为枪族化时更是如此；也有采用半自由枪机的，一般不采用身管后坐式自动机。

（3）闭锁机构的支撑面以对称布置为好，对射击精度有利。

（4）导气式自动机的气室一般布置在上方。这是由于武器的重心一般在枪膛轴线的下方，因此气室布置在上方，射击时作用于气室前壁的压力冲量可以减小连发时武器的跳动，对提高精度有利。

（5）赋予自动机的能量最好能够调节。在正常条件下，赋予自动机较小的能量，就能保证正常工作。在特殊情况下，如环境条件的变化，则需要赋予较大的能量。关闭导气孔还可以为发射枪榴弹提供条件。

（6）根据我军的作战特点，步枪应带有刺刀，以满足近战的要求。

（7）步枪的生产装备数量大，设计时必须考虑经济性，节约原材料，降低成本。

2.2.3 机枪

机枪是步兵火力骨干，要求有较大的火力，能进行长点射和连续射击，以压制敌人火力。机枪要求能随步兵运动，机动性好。机枪自动机总体布置具有以下特点。

（1）供弹机构的容弹量要大。机枪一般用弹链供弹，能不间断射击，也可用弹鼓供弹，但比步枪所用的弹匣容弹量要大得多。

（2）连续射击时身管发热量大、温度高。可考虑运用三种方法加以解决：一是采用开式闭锁机构，即停射时，枪机挂在后方，以免停射时膛内有弹自燃，也有利于散热；二是加厚身管以提高热容量；三是迅速更换身管。

（3）为了减小活动机件后坐到位的撞击，可以在枪尾部加缓冲装置。

（4）为减小武器的后坐能量，可以加装膛口制退器等装置。

2.2.4 大口径机枪与小口径自动炮

大口径机枪与小口径自动炮自动机总体布置具有以下特点。

（1）既能高射，又能平射。高射可以攻击空中目标，平射时可以攻击地面目标。

（2）除了配用普通弹，应可以配有穿甲弹、穿甲燃烧弹等。

（3）在自动机与摇架之间要安装缓冲器以减小架体的受力。

（4）对射速很高的大口径机枪和小口径自动炮，除采用弹链供弹外，也可以考虑采用容弹量大的弹鼓供弹，还应考虑能左右供弹，以适应联装的要求及弹种的转换。

（5）耳轴位置的安排。若耳轴的位置安排在枪（炮）身的重心位置，则转动高低机时手轮用力较为均匀，但耳轴离枪（炮）尾较远，对于火线高较小的高射武器在高射状态时，操作不便。若耳轴适当后移，则枪（炮）身重心在耳轴的前方，由于重力对耳轴的力矩是随仰角变化的，因此转动高低机手轮所需的力也随仰角不同而不同。为了便于操作高低机，可以设计平衡机。

（6）射速不是很高的大口径机枪、小口径自动炮采用自动机浮动技术，以减小后坐阻力和提高射击稳定性。

2.3 自动武器自动方式

自动武器自动方式是指武器利用能量完成自动动作的方式。能量可以是火药燃气能量,也可以是外部能源的能量。在自动武器中完成自动动作的方式多种多样,它对武器的性能影响较大,合理选择或革新自动方式在武器设计中是很重要的环节。目前,已有的自动方式有枪机(炮闩)后坐式、身管后坐式(管退式)、导气式、混合式、转管式、转膛式、链式、迁移式、双管杠杆联动式、浮动式等,如图2.3所示。

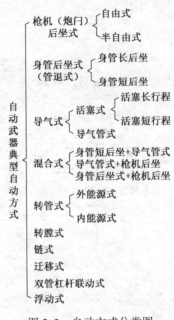

图 2.3 自动方式分类图

在自动武器中,自动方式是通过自动机实现运动,因此自动机是自动武器的核心部分。在火炮中,参与和完成自动循环动作,以实现自动供弹和连发射击的各机构和装置的总和称为自动机。从工作原理讲,火炮自动机包括炮身(由身管、炮尾和炮口装置组成)、炮闩系统(由关闩、闭锁、击发、开闩、抽筒、反后坐装置等机构组成)、供弹与输弹机构、反后坐装置、发射机构、保险机构等。在枪械中,完成自动循环动作,实现自动供弹的主要活动组件称为自动机,通常是指枪机框和枪机(通常装配时以包容关系为主)或机头和机体(通常装配时前后位置为主)组件。

2.3.1 枪机后坐式自动机

枪机后坐式自动机是枪机和身管在发射时不扣合,依靠枪机的惯性关闭弹膛,枪机在膛内火药气体作用下后坐,而枪管不动。枪机后坐式结构是一种简单的自动结构,最大优点是结构简单,经济性好;缺点是无法调整火药气体能量,而且身管尾部排出的有害烟雾对射手有害。这种自动方式的枪机须有一定的质量,在发射瞬间靠枪机惯性力减缓开锁。为了保证自动机工作的可靠性,武器发射时不应出现弹壳的纵裂、横断和炸裂等问题,因此靠枪机惯性力闭膛的枪机后坐式自动机,必须解决以下问题。

(1) 弹壳由于无刚性支撑,在整个火药燃气作用时期都要运动,同时又有膛壁摩擦力的阻碍,以致于弹壳不能移动或引起弹壳横断。

(2) 高膛压期,弹壳移动量不能过大,枪机的后坐运动速度必须受到限制,以避免弹壳产生巨大的变形或破裂,同时必须保证各机构有足够的能量进行工作。

(3) 在发射时,应保证弹壳有效地封闭弹膛。

根据枪机的结构不同,分为自由式枪机和半自由式枪机。其特点:一是弹壳及枪机必须在火药燃气压力的直接作用下运动;二是自动循环动作的全部能量来自于枪机的后坐运动。

1. 自由式枪机

自由式枪机自动机的枪机是一个独立的部件。发射时身管固定不动,枪机与身管无扣合,即"自由"枪机,是一种"闭而不锁"的闭锁方式。弹壳运动仅受到枪机质量的惯性及弹壳与内膛之间的摩擦力和复进簧力的控制,如图 2.4 所示。

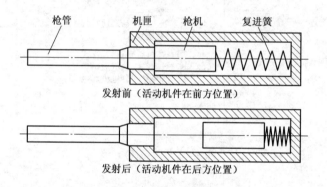

图 2.4 自由式枪机的自动原理图

枪弹击发,火药燃烧,作用于膛底的火药燃气压力使弹壳及枪机后退,弹丸离开弹壳沿身管向前,枪机在后坐过程中抽壳并抛壳。同时压缩复进簧,后坐速度减缓。枪机的后坐能量大部分被复进簧吸收,转为势能。当枪机后坐到位后在复进簧力作用下复进,复进时将位于进弹口的下一发枪弹推入弹膛,当枪机复进到位时,击发底火,开始新的循环。

此种自动方式适合于火药气体压力不大,弹壳较短的武器。威力较小的手枪、冲锋枪等均采用这种自动方式,如 54 式 7.62mm 冲锋枪、64 式 7.62mm 冲锋枪等。

自由式枪机优点是:结构简单,制造简单,经济性好,射击频率和战斗射速比较高;缺点是枪机质量大,射击武器跳动大,抽壳条件较差,甚至可能产生弹壳断裂。

2. 半自由式枪机

自由式枪机自动机为了减小弹壳在火药燃气压力较大时枪机的后移量,只能用增加质量的方法。自由式枪机质量的增加,会导致武器的机动性差、精度低。为了解决这些问题,研制了半自由式枪机。

半自由式枪机在发射时,枪机与身管(或机匣)有扣合,但这种扣合是"扣而不牢",枪机能直接在火药燃气作用下自行解脱(开锁)而后坐。半自由式枪机的结构形式,根据实现减缓枪机后坐速度以达到延迟开锁的方法进行设计,有以下几种典型的类型。

1) 增加阻力延期后退的半自由式枪机

这类半自由式枪机典型的武器有美国莱逊冲锋枪、德国 G3 自动步枪、美国汤姆逊冲锋枪等,其共同特点是枪机在发射之初有较大后坐阻力,但不自锁。

(1) 美国莱逊冲锋枪的半自由枪机是在枪机与机匣之间设置闭锁支撑面,但在较高火药气体压力作用下自行开锁。如图 2.5 所示,其工作原理是:枪机在复进簧导杆上的闭锁斜面作用下后端抬起,使闭锁支撑面进入机匣闭锁卡槽,由于闭锁支撑面的倾角大于摩擦角,因此不能自锁。射击后,枪机在火药气体压力作用自行开锁并向后移动。由于受到机匣反力的作用,因此枪机后坐速度大为减小,从而达到延迟开锁的目的。

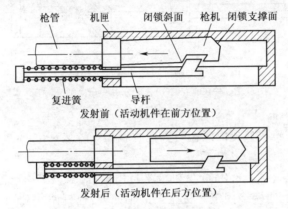

图 2.5 美国莱逊冲锋枪自动原理

(2) 德国 G3 自动步枪的活动件是由机头和机体组成,如图 2.6 所示。闭锁滚柱在闭锁位置与机匣上的闭锁卡槽、机体上的定型斜面以及机头相接触。射击后,火药气体推动机头向后运动,机头把力传递给闭锁滚柱。滚柱受机匣闭锁卡槽的作用向内侧挤入,迫使机体加速后坐。由于机匣闭锁卡槽斜面和机体定型斜面的作用,因此将机体、机匣的质量转换到机头上,使总的转换质量增加,机头运动速度降低,从而达到延迟开锁的目的。

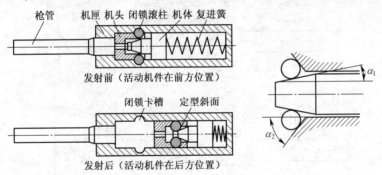

图 2.6 德国 G3 自动步枪工作原理

(3) 美国汤姆逊冲锋枪如图 2.7 所示,其活动件由机体和机闩组成。在枪机及机匣上均有机闩滑动的斜槽,斜槽的角度各不相同,机匣上的机闩斜槽角度较小,机体上的机闩斜槽角度较大。射击后,机体受火药气体压力作用,由于机闩支靠在机匣的枪闩斜槽上,而其斜槽倾角较小,不能自行开锁,因此机闩向上沿机体斜槽滑动,会使机体产生很大的转换质量(增大到原质量的 40 倍)。机闩和机匣及机闩和机体之间产生强烈摩擦,机闩缓慢上移,大大减小了枪机的运动速度和后移量,从而达到延迟开锁的目的。

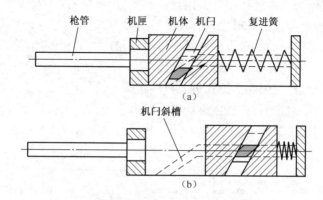

图 2.7 美国汤姆逊冲锋枪工作原理
(a)发射前(活动件在前方位置);(b)发射后(活动件在后方位置)。

2) 连杆式半自由枪机

连杆式半自由式枪机典型的武器有奥地利施瓦兹洛瑟 8.0mm 重机枪和美国彼得逊 7.62mm 自动步枪。

(1) 奥地利施瓦兹洛瑟 8.0mm 重机枪半自由枪机,采用曲柄连杆机构,如图 2.8 所示。枪机相当于滑块,曲柄绕固定于机匣上的轴回转,连杆两端分别于枪机和曲柄铰链(图 2.8(a))。闭锁状态下,连杆 BC 与曲柄 AB 的夹角很小,发射后作用在枪机上的火药燃气压力通过曲柄轴点 A 主要传到机匣上,使得曲柄回转的分力较小(图 2.8(b))。枪机受到曲柄连杆的约束以减缓后坐,当连杆与曲柄夹角增大后,枪机的后坐才逐渐得以加快。

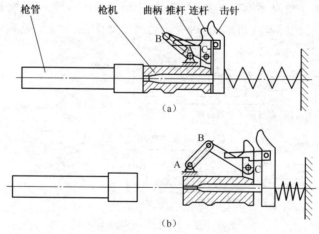

图 2.8 奥地利施瓦兹洛瑟 8.0mm 重机枪自动原理
(a)发射前(活动件在前方位置);(b)发射后(活动件在后方位置)。

(2) 美国彼得逊 7.62mm 自动步枪也是采用连杆式半自由枪机,如图 2.9 所示。该枪的枪机由机头、机体和连杆三部分组成(图 2.9(a))。射击时,机头直线后坐,连杆绕机头上的 A 点回转,其另一端 B 点沿机体前端圆弧面滑动,使机体绕 C 点回转。由于机体和连杆作回转运动,因此使枪机三个构件后坐时的转换质量比活动件的实际质量大得多,以达到减缓后坐的目的(图2.9(b))。

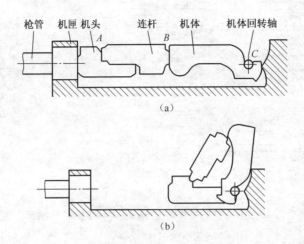

图2.9 美国彼得逊7.62mm自动步枪工作原理
(a)发射前(活动件在前方位置);(b)发射后(活动件在后方位置)。

3) 杠杆式半自由枪机

这类枪机在枪机或机头内有一个能绕机头上定点回转的闭锁杠杆,回转轴一般是由杠杆中部的圆盘组成。闭锁状态下,杠杆的一部分臂伸入机匣闭锁槽或支撑在横销上以实现闭锁,另一部分臂则支撑在机体(或枪机框)上,如图2.10所示。发射后,在火药燃气作用下,机头(或枪机)后坐迫使杠杆回转开锁,同时使机体(或枪机框)加速。开锁后闭锁杠杆缩进枪机或机头内,机头、机体(或枪机框)内部合成整体,一起后坐。开锁时机因杠杆的传速比使转换质量加大而延迟。典型的武器有法国FAMAS 5.56mm自动步枪和法国AA52 7.5mm通用机枪。

法国FAMAS 5.56mm自动步枪的半自由枪机,如图2.10所示。击发时,膛内火药燃气使弹壳枪机共同后坐,此时闭锁杠杆下臂端部位于机匣横销处,枪机后坐的作用力迫使闭锁杠杆上部向后旋转。上臂的顶端抵住枪机框的内侧,由于上臂比下臂长,使枪机框的速度大于枪机,以加速后坐。初时,枪机只移动很小距离。当闭锁杠杆转过约45°时,便越过机匣横销,实现开锁,之后枪机和枪机框一起后坐。

法国AA52 7.5mm通用机枪的半自由枪机,如图2.11所示。闭锁杠杆由机头带动,其短臂端卡进机匣的闭锁槽内,长臂抵住机体上。发射瞬间,火药燃气使机头后坐的距离不大,但通过机头迫使闭锁杠杆转动,以使机体加速后坐。当闭锁杠杆离开闭锁槽时,阻止枪机后坐的力随之消失,火药燃气便开始推动整个枪机后坐,完成自动循环。

总之,半自由式枪机一般是由两个(或两组)零件组成,其中A零件(机头)直接抵住弹壳,承受火药燃气压力,在火药燃气作用时期与弹壳一起作较小的移动。B零件(机体)与A零件保持一定的运动联系,即由于A零件的推动,B零件作相对较大的直线运动或回转运动。也就是说,A与B两零件在发射时有动能传递(传速比大于1),并由于摩擦消耗一部分动能,从而减缓了弹壳的后移量,以消除弹壳在火药燃气压力较大时破裂的可能性。这种开锁方式如同在A零件上附加了一个比B零件质量大若干倍的质量,因此运

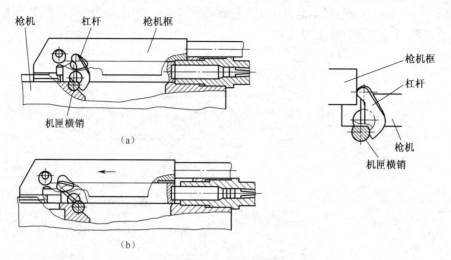

图 2.10　法国 FAMAS 5.56mm 自动步枪自动原理
(a)闭锁状态；(b)开锁状态。

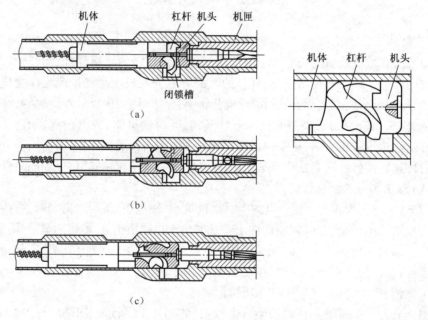

图 2.11　法国 AA52 7.5mm 通用机枪自动原理
(a)闭锁状态；(b)开锁过程；(c)开锁状态。

动件质量可以用转换质量 $m'_A = m_A + k^2/\eta \cdot m_B$($m_A$、$m_B$ 分别是 A、B 两零件(组件)的质量，k、η 分别是 B 对 A 的传速比和传动效率)，由于 k 是大于 1，η 是小于 1，因此所有将 B 质量替换到 A 上，使 A 质量增加 k^2/η。m_B 半自由枪机必须在适当时机解除机构的约束(即所谓自行开锁)，以保证机构有足够的动能来完成自动循环工作。

半自由式枪机和自由式枪机相比较，半自由式枪机优点是①枪机质量减小，从而可减轻武器质量，提高机动性；②通过能量传递，可使用较大威力的弹药，提高射击威力。其缺点是①结构较为复杂，受摩擦力较大的零件和斜槽工作面易磨损；②工作中，活动件对外界的污垢、润滑条件等很敏感,工作不够平稳可靠。

炮的半自由式炮闩和自由式炮闩的工作原理与半自由式枪机和自由式枪机的工作原理相同。

2.3.2 身管后坐式自动机

身管后坐式自动机是利用身管后坐的动能,由身管后坐带动自动机各机构工作的自动机结构形式。发射时,身管是活动件,身管和枪机牢固扣合一起运动,火药燃气经弹壳底部作用在枪机上,使枪机和身管一起后坐。在共同后坐或复进过程中,枪机开锁,打开弹膛。

身管后坐式自动机的种类很多,在手枪、机枪和大口径机枪以及小口径自动炮上都有应用。根据身管运动形成的长短,一般分为身管短后坐式和身管长后坐式两大类型。

1. 身管短后坐式

身管短后坐式是指身管后坐行程小于枪机(或套筒)后坐行程的身管后坐式,即身管和枪机(或套筒)只在一段很短的后坐行程上保持闭锁状态,当膛压降到弹壳可以安全工作的压力后,枪机(或套筒)与身管解脱,打开弹膛(开锁)。开锁后,身管受限制停止后坐,等待枪机(或套筒)复进时一起复进到位,或在身管复进簧的簧力作用下自行复进到位,因此又分为身管与枪机(或套筒)一起复进到位和分别复进到位两种类型。

1) 身管和枪机一起复进到位

当身管和枪机共同后坐一小段距离后,身管停在后方位置,枪机继续后坐到位,完成抛壳、供弹等动作,待枪机在复进簧作用下复进到前方位置,解脱身管卡笋,与身管和枪机一起复进到位并闭锁。54 式 7.62mm 手枪(图 2.12)和美国勃朗宁重机枪采用这种自动机(图 2.13)。

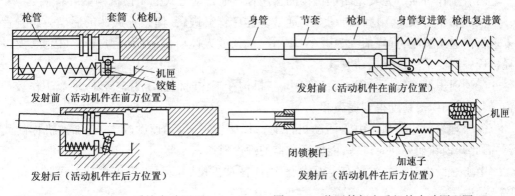

图 2.12 54 式 7.62mm 手枪自动原理　　图 2.13 美国勃朗宁重机枪自动原理图

2) 身管和枪机分别复进到位

当身管和枪机共同后坐一小段距离后,即走完自由行程后开锁,开锁的同时由于加速机构的作用,因此枪机加速后坐。身管停止后坐,并在身管复进簧作用下先行复进,而枪机继续后坐运动,完成退壳、供弹等动作。当枪机在复进簧作用下复进到位时闭锁。56 式 14.5mm 高射机枪的自动方式属于这种情况,如图 2.14 所示。

为了保证枪机具有足够的动能带动其他机构完成一系列的自动动作,在身管短后坐

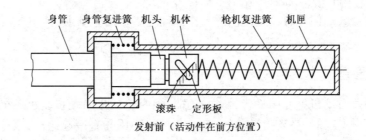

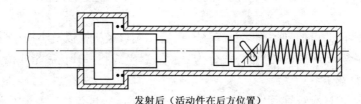

图 2.14　56 式 14.5mm 高射机枪自动原理

式武器设计时,应考虑如果身管质量(m_g)远大于枪机质量(m_j)时的情况。

（1）身管复进需有单独的身管复进簧,如 14.5mm 高射机枪。采用身管复进簧:①可以避免身管复进不到位;②可以减小身管后坐到位的撞击;③身管提前复进,可以减小枪机行程。

（2）为了利用身管的能量,往往设置加速机构,以降低身管后坐到位时的速度,增加枪机的速度,使枪机有足够的能量完成自动循环动作。

身管短后坐自动方式的优点,如下:

（1）工作可靠。尤其是闭锁机构的作用较其他自动方式的闭锁机构更可靠。

（2）后坐力较小。这种自动方式通常设置身管复进簧,使整个武器的后坐力经身管复进簧传递给机匣,其峰值大为减小,作用在机架或人体肩部的后坐力减小。因此,大口径机枪中广泛采用这种自动方式。

（3）射击精度较好。因为后坐力小,各机构在工作时的撞击力也较小,所以工作较平稳,使武器的射击精度得到提高。

（4）理论射速较高。由于活动机件的行程比较短,运动速度较大,有加速机构的武器,因此开锁和加速同时进行,能提高武器的理论射速。

由于短后坐自动方式具有上面优点,因此在重机枪和高射机枪等大威力武器上得到广泛的应用。

2. 身管长后坐式

身管长后坐式是指身管后坐行程等于枪机后坐行程,即在发射时枪机与身管保持闭锁状态,一起后坐到位,然后身管先行复进,在复进过程中完成开锁动作。待身管复进到位后,枪机才开始复进。如法国绍沙轻机枪,如图 2.15 所示。

采用身管长后坐式武器,身管在整个后坐行程中都参与运动,活动组件质量大,后坐速度较小,且枪机必须在后方停留一段时间才复进,因此射击频率较低,如法国绍沙轻机枪的射频仅为 300 发/min,而且这种结构较为复杂,目前该机枪已很少使用。

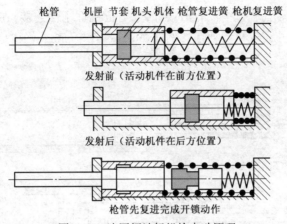

图 2.15　法国绍沙轻机枪自动原理

2.3.3　导气式自动机

导气式自动机是利用导气孔从膛内导出部分火药气体进入气室,作用于活塞或枪机框上,使活动件后坐完成自动动作,在现代自动武器中应用最为广泛。

导气式自动机的工作原理:身管、枪机和机匣在射击瞬间牢固扣合。发射时,火药燃气推动弹丸,当弹丸经过身管侧壁上开的导气孔后,部分火药气体经导气孔进入气室,或作用于活塞及与活塞相连的原动件(枪机框)上,使其向后运动;或通过导气管直接作用于原动件(枪机框)上,使其向后运动。当弹头出膛口后,膛内火药燃气压力降低,原动件走完自由行程,通过膛内导出的部分火药燃气能量带动枪机开锁,并一起后坐完成退壳、进弹等自动动作,依靠复进簧完成复进动作。

根据活塞和枪机框的运动情况,导气式自动方式可分为活塞短行程式、活塞长行程式和导气管式三种类型。

1. 活塞短行程式

活塞短行程式:导气装置设有活塞,活塞与枪机框分离。气室内火药燃气直接作用于活塞上,活塞后坐较短距离后停止运动,枪机框靠惯性继续后坐,以完成规定的自动动作,如 56 式半自动步枪、美国 M1 式半自动步枪(图 2.16)等。

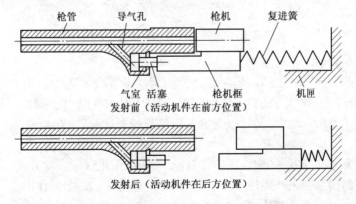

图 2.16　美国 M1 式半自动步枪自动原理

2. 活塞长行程式

活塞长行程式:导气装置中设有活塞,活塞与枪机框刚性连接,在气室内火药燃气直接作用下,一起后坐并完成自动动作。例如,56式冲锋枪、56式轻机枪和53式重机枪等,如图2.17所示。

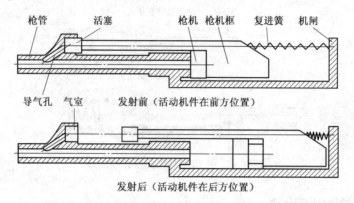

图2.17 56式7.62mm冲锋枪自动原理

3. 导气管式

导气管式:活塞端面离导气孔距离较远,中间用一细长管相连接。活塞可以是与枪机框相分离的单独零件,也可以是枪机框上的某一端面。射击后,导气孔中火药气体通过导气管直接作用于枪机或枪机框上,使其后坐并完成自动动作,如77式12.7mm高射机枪、美国M16自动步枪等,如图2.18所示。

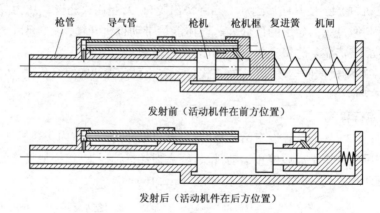

图2.18 美国M16自动步枪自动原理

导气式自动机的工作特点如下:

(1)可以改变导气装置的结构参数,获得大小不同的工作能量。例如,改变导气孔直径,导气孔在身管上的位置,气室的初始容积,活塞与气室间隙等。这样既能保证在各种条件下活动件工作的可靠性,又可以获得较高的理论射速,所以在步枪、机枪和小口径火炮上应用最广。

(2)由于有导气装置,结构较复杂,因此手枪一般不用这种自动方式。

(3)气室的前壁在火药燃气进入气室后,对身管有一定的制退作用。

(4)导气孔易被火药气体烧蚀、熏黑,不便于擦拭保养。

2.3.4 转管武器

这类自动武器主要用于提高武器的射速,在高射机枪和自动炮中都有应用。一般由机匣、机芯、箱体、供弹机、缓冲器和驱动机构等主要零部件组成。转管武器是将多根身管(一般3~7根)在圆周方向上均匀排列,用前、后箱体将它们连在一起形成身管组。身管组与机匣连在一起转动。每根身管对应一个机芯,机芯装在机匣导槽内,机匣用前、后轴承装载炮箱内。每个机芯上方有滚轮与箱体内腔螺旋曲线槽相配合,机芯随着机匣旋转的同时,机芯滚轮在曲线槽作用下带动机芯前后往复运动,以完成自动机射击循环动作。图2.19为六管式转管自动炮,六根炮管共用一个供弹系统和一个发射系统,并采用同样的炮闩。炮闩随身管回转,同时由一凸轮槽环带动做前后运动。自动机的驱动动力来源于电动机。发射时,由于装填、闭锁、击发和抽筒等动作时间重叠,因此提高了射速。转管武器有内能源、外能源之分。

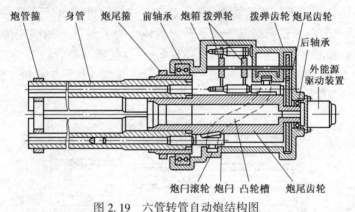

图2.19 六管转管自动炮结构图

1. 内能源转管武器(导气式转管武器)

内能源转管武器是利用火药燃气能量完成自动工作,也称为导气式转管武器,但是首发启动仍需要外部能源辅助完成。常见的首发启动驱动装置有火药弹启动装置、冷气启动装置、微型小功率电机启动装置等。

内能源转管武器按火药气流驱动身管组件转动的特点,可以分为叶轮驱动式和活塞式。叶轮驱动式从身管导出的火药气流驱动叶轮旋转,并直接通过传动轴带动身管组件转动;活塞式从身管导出的火药气流驱动气筒内的活塞往复运动,再通过凸轮传动机构或曲柄连杆带动身管组件转动。活塞式又分为单向驱动和双向驱动两种形式。

1) 单向驱动导气式转管武器

单向驱动导气式转管武器的结构原理,如图2.20所示,前、后炮箱固定不动,并作为身管组件旋转运动的支撑体,在前、后炮箱上具有凸轮曲线槽。武器射击时,从身管内腔导出的火药燃气流入气筒,通过活塞和连杆推动滑块沿导轨向后运动,同时滑块上的滚轮作用在前炮箱的凸轮曲线槽上,前炮箱上的凸轮与活塞机构联动,并和导气装置一起组成导气式旋转加速机构,迫使身管组件旋转,实现转管武器的自身能源驱动。后炮箱上的凸轮曲线槽用来驱动炮闩,在旋转的同时作往复运动,同时与其他机构配合,自动完成装填、击发、抽抛壳等动作,以实现连续射击。这种方式多用于管数少且为奇数管的内能源转管武器。

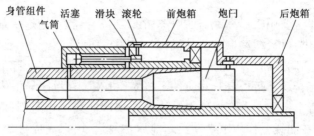

图 2.20 单向驱动导气式转管武器

2) 双向驱动导气式转管武器

双向驱动的导气式转管武器分为双向外凸轮式、双向内凸轮式和双向曲柄连杆式的三种类型。

双向外凸轮驱动的导气式转管武器(图 2.21)的传动机构由身管组件、活塞筒、炮箱螺旋槽凸轮、活塞筒内滚轮和活塞筒外滚轮等组成。身管组件上的固定隔环将活塞筒内腔隔为活塞前腔和活塞筒后腔,身管组件还有前、后排气槽及身管组件导气槽。炮箱及炮箱螺旋曲线槽为不动件。对于六管转管武器,间隔的 3 根身管导气孔位于固定隔环前,另外 3 根身管的导气孔位于固定隔环后。

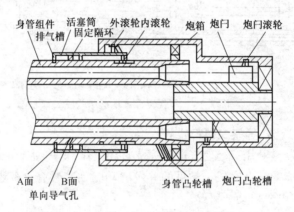

图 2.21 双向外凸轮驱动的导气式转管武器

射击时,身管组件按逆时针方向旋转,每根身管依次转到同一位置击发。击发后,膛内火药燃气从单向活门导气孔导出流入活塞筒前腔(或后腔),作用于活塞筒工作面 A (或 B),推动活塞筒相对于身管组件作直线往复运动。由于活塞筒的外滚轮嵌入炮箱螺旋槽内,通过螺旋槽工作面对滚轮的强制作用,使活塞筒在前后运动的同时,又产生回转运动,而活塞筒又相对于身管滑动,因此身管组件受到活塞筒内滚轮的作用作单纯的转动。

3 根身管的火药燃气依次导入活塞筒前腔推动活塞筒向前运动,另外 3 根身管的火药燃气又依次导入活塞筒后腔,使活塞筒向后运动。活塞筒换向前,活塞筒腔的火药燃气经排气槽排出。连续射击时,身管组件利用自身火药燃气能量作为动力,驱动自动机完成自动循环动作。

2. 外能源转管武器

外能源转管武器采用外能源驱动武器完成自动循环动作。外能源驱动装置有微型大功率电机、气动马达、液压马达等，用齿轮传动带动身管组转动。

外能源转管武器采用可调速电机驱动，可以实现变射频以对付不同的目标。这是外能源转管武器的一个突出优点。外能源转管武器如果射速很高，则需要较大功率的外能源，如美国 M61 型六管 20mm 转管炮射速为 6000 发/min，需要功率为 26kW 的外能源。这样给飞机或其他载体主机的动力系统增加了负担，加大了设备的质量和复杂性，即使用于地面小高炮火力系统，也必然影响后勤供应和维护的复杂性。因此，外能源转管武器的发展受到外能源的制约。

综上所述，转管武器的优点如下：

(1) 理论射速很高，并且可以根据不同情况加以改变。采用外部能源比利用火药燃气能量对设计的限制小，可以选择适当方案实现很高的理论射速，如美国伏尔肯-20 六管航空炮的理论射速高达 6000 发/min。若改变传动装置的传速比，则可以方便地改变理论射速。美国伏尔肯-20 六管牵引高射炮对空射击时理论射速为 3000 发/min，对地射击为 1000 发/min。

(2) 在相同威力的条件下，多管武器的总体积和总质量比同样门数的单管武器的体积及质量之和小。

(3) 自动机的工作与弹药发火情况无关，因此可以消除一般自动机由于弹药不发火而引起的故障，提高武器的可靠性。

(4) 采用电底火可以缩短点火装药的时间，提高点火的可靠性。

转管武器的缺点如下：

(1) 必须有迟发火的保险装置。由于自动机工作与弹药发火情况无关，当因弹药受潮等原因引起迟发火时，可能在膛压很大时开锁开闩，发生事故。因此必须设有保险装置，当发生迟发火时，使炮闩延迟开闩。

(2) 由于射击时，火药燃气对膛底作用力直接传给炮箱，因此需要采用整个自动机缓冲的方法来减小后坐力。

(3) 由于多个身管的同时转动，必须提供较大功率的外部能源，并且驱动时间较长。如美国 GAU-13 四管 30mm 转管炮驱动功率是 16.4kW，启动时间为 0.4s；美国 GAU-8/A 七管 30mm 转管炮驱动功率为 19.4kW，启动时间为 0.55s。

2.3.5 转膛式自动机

转膛式自动方式主要用在转轮手枪和特种自动炮上。图 2.22 所示为转膛式自动机，其主要特点是武器由两段组成，后段是具有 4~6 个能旋转的药室。每发射一次，药室转动一个位置。提供药室转动和供弹机构工作的源动力，可以是炮身后坐的能量，也可以是气体的能量，因此转膛式自动炮分为导气式转膛炮和身管后坐式转膛炮。

转膛式自动机的身管与旋转的药室可在炮箱内后坐与复进运动，因其具有多个药室，自动机各机构的工作在时间上可以同时进行，即在某一药室进行发射的同时，其他药室可以进行输弹和抽壳(筒)。这样既提高了射频，又减小了后坐力。转膛式自动炮常采用电底火以缩短点燃装药的时间，提高可靠性，如图 2.22 所示。发射时，药室-2 的电路接通，

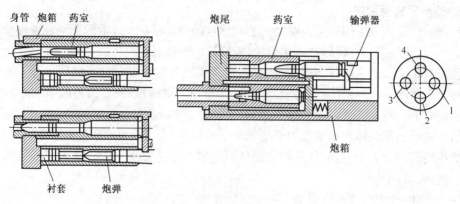

图 2.22 转膛式自动机工作原理
1、2、3、4—转膛药室。

点燃装药,弹丸的弹带在挤入衬套内的膛线时,使衬套向前移动,紧紧抵住身管前段,以便弹丸能顺利通过两段炮膛的接合处。在弹带进入身管前段后,火药燃气对衬套后端的压力迫使衬套紧紧抵住身管前段,减少火药燃气的泄漏。炮身后坐时,带动输弹器向后运动,使供弹机构工作,药室-3则进行抽筒。炮身后坐到位后,复进簧迫使其复进,并带动药室旋转一个位置。在炮身复进和药室旋转等动作均完成到位后,电路再次接通,点燃第二发弹药的装药,开始第二个循环。图 2.23 是转膛自动机的位移-时间循环图,可清晰地显示上述动作过程。

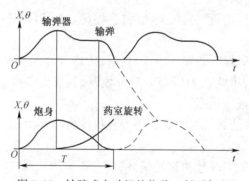

图 2.23 转膛式自动机的位移-时间循环图

转膛式自动炮具有如下工作特点。

(1) 单管转膛式自动炮利用多膛平行工作原理,缩短了自动机工作循环时间,提高了理论射速。例如,69 式 30mm 航炮理论射速高达 1050 发/min,美国 MK11 双管 20mm 自动炮为 4000 发/min,法国的德发 554 型转膛航炮,射速达 1800 发/min。

(2) 转膛式自动炮省去了闭锁机构,对提高武器的寿命很有意义。

(3) 结构简单,工作可靠。特别是导气式单管转膛式自动炮,借助滑板的往复全行程带动转膛回转完成全部自动工作,大大提高了工作可靠性。

(4) 武器的横向尺寸和质量大。

(5) 弹膛与炮管分离的结构,转膛与炮管结合面的密封问题,炮膛连接处漏气,使初速下降,影响了炮管寿命以及转管的定位等问题,也使人员无法接近,因而只适用于遥控式操作的航炮和舰炮。

转轮手枪是另一种典型的转膛自动方式。由于转轮手枪一般都采用多弹膛的转轮供弹，因此通常采用棘轮机构完成供弹动作。转轮的中间位置固定联结有棘轮齿，转轮周边均布弹膛，扣动扳机，扳机带动棘爪上抬，棘爪拨动转轮上的棘轮齿旋转一个供弹角，从而完成供弹，如图2.24所示。

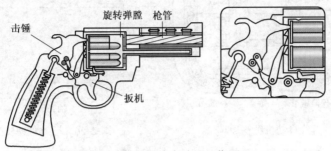

图2.24 转轮手枪自动机工作原理

棘轮机构通常有两种结构形式：一种是转轮弹膛装上弹后，弹底缘低于棘齿工作面，所以棘爪可以设计得较厚，这样棘爪的刚度较好，但缺点是棘齿工艺复杂，装配调试发射机构时困难。另外，不完全分解结合、维护保养也不方便。另一种是转轮弹膛装上弹后，弹底缘与棘齿工作面在同一平面上，棘爪直接与其原动件——扳机相联结，棘爪与扳机形成单独的组件。其显著优势是结构紧凑，尤其有利于发射机构的装配调试，因此在完成该装配调试的过程中，打开转轮手枪右侧的盖板，可以清楚地看到发射机构的动作。采取这种方式，在维护保养时机构分解结合比较方便。其缺点是棘爪厚度较薄，刚度较差，另外棘齿加工要求较高。

转轮手枪的主要特点如下：

（1）结构紧凑，尺寸小，质量轻。转轮手枪通常由三部分组成：枪底把、转轮及其回转、制动装置和闭锁、击发、发射机构，其中闭锁、击发、发射机构已经是其最复杂部分。

（2）机构动作可靠，特别是对瞎火弹的处理既可靠又简捷。一旦出现瞎火，只需再扣一次扳机，瞎火弹便会转到一边，可以立即补射。

（3）容弹量少，重新装填时间长。

（4）枪管与转轮之间有间隙，会漏气和冒烟，初速低，威力小。

2.3.6 链式自动机

链式自动机是一种利用外能源驱动传动链条的周向转动，驱动自动机完成后坐、复进循环的自动方式。传动链由电机驱动，传动链上的滑块带动机芯组件后坐、复进运动，完成开锁、抽壳、抛壳、输弹、供弹等自动循环动作。

一般传链条为闭合双列，安装在矩形布局的4个链轮构成的轨道上循环运动，其中一个主动链轮在电机驱动下转动，带动其余3个被动链轮（或导向轮），固定在链条上的滑块置于机体的T形槽内，带动机芯往复直线运动，如图2.25所示。

带动机芯运动的滑块，安装在传动链某一节销轴上，可在机芯组件下方的矩形槽内横向滑动。传动链带动滑动块作矩形循环运动，当滑块沿矩形长边运动时，带动机芯沿中心线导轨前后运动；当滑块沿矩形短边运动时，即滑块在矩形槽内横向滑动，机芯静止不动。机芯前后运动实现上膛、退壳动作，机芯在前端静止时，完成闭锁、发射动作，机芯在后端静止时,完成抛壳和进弹动作。链式自动机工作循环,如图 2.26 所示。

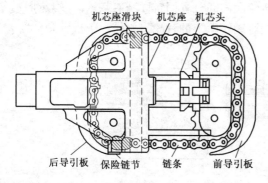

图 2.25 链式自动机结构原理

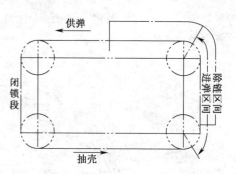

图 2.26 链式自动机工作循环图

链式自动机具有以下特点。

(1) 结构简单、紧凑、运动平稳、无剧烈撞击、维护性好。

(2) 因链式武器参与运动的部件质量轻,所需驱动功率较小,启动时间短。例如,美国 XM-230 型 30mm 链式炮驱动功率仅为 3.7kW,启动时间仅为 0.2s。

(3) 后坐力小,射击密集度较高。例如,美国 M230LF-2 型 30mm 链式炮在射速 200 发/min 时,最大后坐力仅为 7.3kN,射击密集度小于 0.5mil。

(4) 工作平稳,可靠性高。由于传动链按矩形循环运动,活动件运动确切,机芯组达到极限位置前均匀减速,构件间避免了剧烈撞击;另外,机芯又具有较长的闭锁时间,克服了高压燃气从身管尾端泄漏现象和弹药迟发火的危险。例如,美国 M230LF-2 型 30mm 链式炮的平均无故障间隔 25000 发。

(5) 射速可调节,可根据不同任务和目标特征选择合适射速,以获得最佳射击效果。

(6) 链式武器在开膛时,大部分火药燃气从武器身管口部喷出,膛内压力几乎与大气相当,避免了火药燃气逸散到武器舱内,因此无燃气烧蚀作用,故维护工作简单。

(7) 射速较低。由于武器自动循环不重叠、链传动受强度和速度限制以及减小迟发火故障概率等原因,因此制约了链式自动武器的威力和射速。目前,链式炮达到的最高射速为 625 发/min。

2.3.7 迁移式自动机

迁移式自动机是一种铰接式机械结构的延迟后坐式自动机,典型的武器是美国 Kriss Supper V 冲锋枪,如图 2.27 所示。其工作原理是弹壳在火药燃气作用下推动枪机,枪机首先克服一个延迟开锁的斜面,然后开始水平向后运动,通过平衡配重块的一个斜面,迫使平衡配重块在复进簧导杆的引导下向下运动,最后使复进簧向底座压缩。但由于枪机的凸耳卡在平衡配重块的导槽内,因此当枪机水平移动了一段距离后,又在平衡配重块的带动下而向下偏转运动。在复进簧完全压缩后,迫使平衡配重块向上运动,而在同一斜面的作用下,使枪机上向前复进运动,并将下一发弹药推入弹膛,直到枪机端面与弹膛尾端闭合形成闭锁。

对于内能源自动武器而言,射手所感受到武器射击时的后坐力,主要由两部分组成:一是当弹头飞离膛口时,对枪管前端施加的反作用力;二是弹壳底部的压力通过枪机和身管作用于整个武器,枪机组件后坐运动撞击机匣尾部或缓冲器而停止,这时枪机组件后坐的剩余能量传递到机匣。迁移式自动机通过平衡配重块的上下运动转移了后坐能量,使武器在枪机运动时产生向下的力来抑制枪口的上跳。

迁移式自动机的枪机和平衡配重块的总质量比一般自由后坐式枪机组要轻得多,而且结构也紧凑得多,所以此类结构的武器后坐力低且容易控制,结构紧凑。

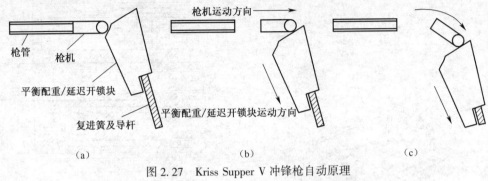

图 2.27 Kriss Supper V 冲锋枪自动原理
(a)闭锁状态;(b)枪机后坐过程;(c)枪机向下运动。

2.3.8 双管杠杆联动式自动机

双管杠杆联动式自动机属于导气式自动方式,是利用从炮管导入的火药气体推动活塞杆运动,使武器完成自动循环工作,但是结构特殊。双管杠杆联动式自动机是由两个机械联动的左、右滑板作为这种自动机的主要构件,左、右滑板的联动结构,如图 2.28 所示。

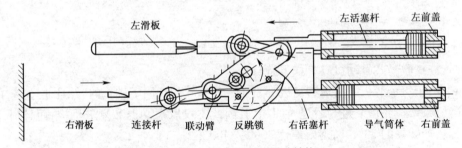

图 2.28 左、右滑板的联动结构

左、右滑板的工作原理:在一个射击工作循环内,一个滑板进行后坐运动,而另一个滑板作复进运动,并且都是由同一个炮膛中的火药燃气,分别导入各自的活塞气室内推动。每个滑板各自带动一套加速结构、闭锁机构以及除链压弹、控制击发和托弹等构件。

对于各个滑板,每后退、复进一次就完成一个自动工作循环,射击一发弹药。由于两个滑板交替运动到最前位,因此左右两个炮管交替进行射击。

双管杠杆联动式武器由左右两根炮管组成,每根炮管上有 2 个瓦斯孔,其作用是使火药气体导入瓦斯筒体相应的孔里,然后进入瓦斯筒气缸。瓦斯筒的组成如图 2.29 所示,其筒体左右两通孔为气缸,中间的孔为火药装弹活塞的气缸。筒体上部有一通槽,用以在火药装弹时排除火药气体;筒体下部安装扣机组的凹槽及凸台。气缸内有活塞和活塞杆,活塞杆通过后盖伸出;左右气缸各有 3 个孔,前、后部位的为进气孔,中部为排气孔。

瓦斯筒的工作原理:每根炮管内有 2 个瓦斯孔分别通到瓦斯筒的左右气缸内,如

图 2.30 所示。右炮管发射弹丸后,当弹丸越过瓦斯孔时,一部分火药气体从瓦斯孔流进瓦斯孔的右气缸前部,推动活塞向后运动,同时另一部分火药气体从右炮管的另一瓦斯孔流进瓦斯筒左气缸后部,推动活塞向前运动。当活塞运动一段距离后,排气孔开始排气。

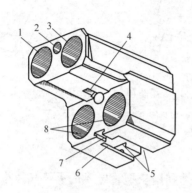

图 2.29 瓦斯筒
1、3—左右气缸;2—火药充弹活塞气缸;
4—止动器安放处;5—火药弹室安装槽;
6—扣机组卡锁孔;7—固定扣机组的导向凸缘;
8—左右炮管安装孔。

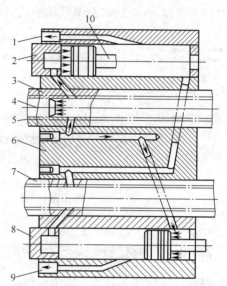

图 2.30 瓦斯筒工作原理
1—右活塞杆;2—右前盖;3—右炮管;
4—弹丸;5—火药气体;6—瓦斯筒体;
7—左炮筒;8—左前盖;
9—左活塞杆;10—排气口。

双管杠杆联动式自动机具有如下特点。

(1) 由于每个滑板的后退与复进都是在火药燃气的作用下进行的,并且通过左、右滑板的联动协调运动,使复进与后退时间相同,因此不仅取消制退和复进机构,而且射速大幅度提高,如我国的 23-3 航炮射速达 3000~3400 发/min。

(2) 由于火药供弹机构、电发火机组件都安排在左、右两个炮管之间;进弹机构、抛壳器部件、击发机构、全炮缓冲器等都安排在对称中心部件上,因此使结构紧凑,并且对称。

(3) 零件小巧,一件多用。如双管 23-3 航炮的机心质量只有 0.14kg;前控制器不仅带动机芯一起上、下运动完成闭锁和开锁动作,而且还兼有压弹和控制连续射击的击发功能;抛壳器部件、击发机构以及定位器构件只有一套,供左、右炮管射击时共用。

(4) 零件形状比较复杂,工艺性较差。

(5) 左、右滑板不在前或后的极限位置时,故障排除困难。

2.3.9 浮动式自动机

浮动式自动机是在后坐体上配置浮动机,使整个后坐体在复进过程中进行击发,因此火药燃气产生的后坐冲量,首先要抵消运动部分向前的动量,然后才能使运动部分后坐。这样既可以制动自动机的复进,又使自动机后坐的动量显著减小。目前,通常采用前冲式浮动原理。

由于整个自动机后坐和前冲,对自动机结构影响比较小,因此具有如下优点。

(1) 在后坐长度一定的条件下,可使后坐阻力 F_R 大幅度下降,有利于减轻武器的质量。

(2) 由于利用发射进行复进制动,减少了自动机复进到位的撞击,同时发射时对炮架作用力的方向始终不变,这样有利于减小发射时武器的振动,提高射击密集度。

采用了浮动原理的自动武器,如德国 G11 无壳弹枪、瑞士厄利康各种小口径高炮和美国各种转管炮等。浮动机通常安装于炮身或炮箱与摇架之间。

1. 浮动机的工作原理

浮动机的工作原理:保持炮身在复进到位前击发,避免了复进到位时对摇架的冲击;同时又利用复进时的动量抵消一部分火药燃气对炮身向后作用的冲量,即减小了后坐动量,因而可以减小后坐阻力。一般炮身或炮箱与浮动机固连在一起,通过浮动簧作用于摇架上,所以作用于摇架上的后坐阻力,即浮动簧的作用力。

在连发射击时,炮身或炮箱在后坐与复进到位都不与摇架发生刚性撞击,而处于浮动运动状态,故这种工作原理称为浮动原理,实现浮动的装置称为浮动装置,或称为浮动机。显然,采用浮动机后,可减小武器的冲击振动,从而提高了射击精度。

大口径步兵自动武器和小口径自动炮的浮动机通常采用弹簧液压式工作原理。弹簧液压式浮动机结构如图 2.31 所示,腔 Ⅰ、Ⅱ 中注满液压油。若采用活塞杆后坐式,则活塞杆与枪身相连,筒体与架体相连。在武器后坐时,枪身带动活塞杆向右运动,一方面,活塞杆压缩浮动簧储藏复进能量;另一方面,活塞杆上的活塞向右运动使得腔 Ⅰ 的体积缩小,迫使其中的液压油推开活门经活塞上的流液孔和节流流液孔流向腔 Ⅱ。当武器后坐结束后,浮动簧伸展,通过活塞杆推枪身向左复进,此时由于活门在活门簧的作用下已将活塞上的流液孔关闭,因此腔 Ⅱ 中的液压油只能由活塞杆上的节流流液孔流向腔 Ⅰ。由于流液通道小,液压阻力大,因此枪复进速度慢,以保证枪身在复进到静平衡位置之前枪机已复进到位,完成闭锁并击发了下一发枪弹,从而实现浮动射击。同时,弹簧液压式浮动机对射击条件,如射角、弹道性能的变化有一定的自适应,便于实现武器的稳定射击。

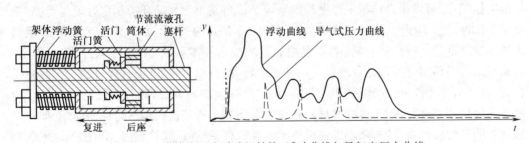

图 2.31 弹簧液压式浮动机结构、浮动曲线与导气室压力曲线

2. 浮动机的种类

自动武器在射击时,炮闩、炮箱和炮身都要产生后坐和复进运动,都可能有冲击,因而均可以采用浮动原理来减小冲击和振动。

1) 按参加浮动运动构件分类

(1) 炮身浮动式。这种武器使炮身在后坐和复进过程中进行浮动。身管后坐式武器常采用这种浮动原理,如瑞典博福斯 L70 式 40mm 高射炮等。

(2)炮箱浮动式。这类浮动方式是炮箱(机匣)与整个自动机都参加浮动。由于整个自动机都参加浮动运动,常用炮箱与浮动机固接,因此浮动机的结构对自动机的结构无影响,但在自动机中炮闩等机构的运动需与浮动机的运动相匹配。这种浮动方式应用较广,如德国 G11 4.7mm 无壳弹枪(导气式)、德国 PM18/36 式 37mm 高炮(炮身短后坐式)、瑞士厄利康各类小口径自动炮(导气式)和各类转管炮等。

2)按复进击发的时机分类

(1)定速击发。浮动部分的复进速度达到预定值时击发,称为定速击发。要实现定速击发需要设置测速传感器及其相关的击发机构。当复进速度达到预定值时,由测速传感器控制击发机构进行击发。这种浮动方式只有在运动阻力保持稳定,使每次复进速度规定不变的情况下,才能保持浮动距离的稳定性。

(2)定点击发。浮动部分复进到预定位置时进行击发,称为定点击发。定点击发可以通过机构动作实现,也可以用位移传感器控制击发机构进行击发。

(3)非定点击发。不设置专门的定速或定点的击发机构,而是通过浮动机的动力学参数的最佳匹配,使浮动部分的后坐和复进距离都稳定在预定范围内的击发,称为非定点击发,也称为近似定点定速击发。浮动机的动力学参数匹配好,后坐和复进距离稳定,也就相当于定点击发。浮动机最理想的性能是同时实现定速和定点击发。但要达到这个要求,结构上会较为复杂。

3)浮动机按其弹性介质分类

按弹性介质不同,浮动机有弹簧液压式、弹簧式、弹簧-摩擦垫式、液压-气压式等。弹簧式浮动机,结构简单,耗能少;其关键技术是弹簧特性与射速的匹配。小口径自动武器多采用弹簧液压式浮动机。

2.4 自动机工作循环图的制定

为了清楚地反映自动机主要部件的联动及各运动构件之间的关系,反映自动机各机构的工作顺序,可以用自动机工作循环图来表示。自动机工作循环图制定合理与否,对武器的工作性能影响很大,关系到各机构之间的工作是否协调,自动动作是否可靠,以及射击频率的高低等。设计武器时,必须根据武器的战术技术要求,全面考虑,合理地确定。自动机工作循环图主要包括自动机主动件的总行程、自由行程、开锁行程、抽壳行程、抛壳位置,自动机主动件复进与阻铁扣合前的行程、推弹前的行程、推弹行程、闭锁行程、自动机主动件单独复进行程等。除此以外,有些武器还有一些其他机构参与自动动作,如管退式武器的身管后坐及复进,弹链供弹机构的输弹行程,抽弹或脱弹行程,带有炮/枪尾缓冲簧的缓冲行程等。有些结构简单的武器,自动机工作循环的内容较少,如自由枪机式武器就没有自由行程、开锁行程等。

自动机工作循环图主要包括以下几方面内容。

1. 自由行程的确定

自动机主动件开始后退至开始开锁所移动的距离称为自由行程。

一般导气式武器和管退式武器都有自由行程。赋予自由行程的主要目的在于:

(1) 控制开锁时的膛压,以便抽壳;
(2) 在膛压较低时开锁,改善了开锁面及闭锁支撑面的磨损;
(3) 避免因弹壳过早抽出(当枪机框复进到位产生反跳时更易发生),引起炸壳和大量火药气体向后喷出,影响射手的安全及勤务性能;
(4) 在某种程度上,自由行程的长短起调整武器射击频率的作用。

在设计武器时自由行程选取应根据战术技术要求,并参考同类武器。在保证安全可靠的前提下,对射速要求较高的武器,自由行程适当取小些;对于射速要求较低的,自由行程尽量取大些;对于导气式武器,还需要与导气室的结构参数相结合考虑。

2. 开锁行程的确定

自动机主动件在开锁过程中移动的距离,称为开锁行程。开锁行程的长短与所设计的闭锁机构形式有关,行程过短将使开锁时枪机的加速度过大,影响自动机工作的平稳性。行程过长则要增加闭锁机构及机匣的纵向尺寸,同时也会降低武器的射击频率。

3. 抛壳位置的确定

抛壳位置是指自动机主动件后坐一定距离后开始抛壳的位置。其主要决定于抛壳挺和抛壳窗离身管尾端面的距离。一般导气式武器及枪机后坐式武器,为便将未射击的弹药抽出,该距离应考虑弹药全长;管退式武器还需考虑身管的后坐距离,但该距离不宜过长。

4. 自动机主动件复进与阻铁扣合前行程的确定

此行程的大小一般由以下因素确定。

(1) 当阻铁挂住自动机时,枪机前端面离待推入膛的弹药尾端面应有一定的距离,以便解脱阻铁后,自动机有足够的能量推弹入膛。对于从弹链中直接推弹入膛的武器须特别注意第一发推弹入膛问题。

(2) 当阻铁挂住自动机时,自动机后端面离武器尾前端面应有一定的距离,以保证停射时,阻铁能及时挂住自动机。

5. 压缩缓冲簧行程的确定

没有枪尾缓冲装置的武器不存在压缩缓冲簧行程。高射速武器,压缩缓冲簧行程一般较小。为了吸收后坐能量而设置的缓冲装置,压缩缓冲簧行程设计得长一些有利于吸收后坐能量,但同时会增加枪尾或机匣的长度。

6. 推弹行程的确定

枪机前端面开始接触弹药底缘至推弹入膛为止的行程称为推弹行程。推弹行程的长短一般是弹药长度及待入膛弹弹尖离身管尾端面距离之和。弹尖离身管尾端面的距离由进弹路线确定。弹药离内膛轴线越近,弹尖离身管尾端面距离也可以越近。

7. 自动机主动件总行程的确定

自动机主动件的总行程一般与上面诸因素及射击频率等有关。一般自动机总行程应尽可能缩短,以使整个武器结构紧凑。对于射速不宜过高的武器,用增加自动机主动件总行程来降低射击频率是很有效的,但会增加武器重量。

8. 输弹行程的确定

对于弹链供弹的武器,输弹行程是在拨弹过程中,拨弹滑板开始运动至弹药到达进弹口或取弹口时,自动机主动件所走的距离。如果输弹行程长,则输弹传速比小,输弹工作平稳。输弹行程的终点应比自动机主动件后坐终点适当提前,以避免在特殊情况下,自动机主动件后坐不到位,使供弹发生故障。输弹行程的起点应适当滞后于自动机主动件后坐的起点。有些武器为了增长输弹行程,采用后坐复进双程输弹。

自动机工作循环图是显示自动机运动规律的一种图表,通常有两种形式,即以主动构件位移为自变量的循环图和以时间为自变量的循环图。

2.4.1 以主动构件位移为自变量的循环图

自动机工作循环图用水平轴表示自动机主动件的行程,用横线将垂直轴分成若干段,形成若干横行,对机构的每一动作分配一定的横行,横行中标出此动作的起点和终点所对应的主动件行程坐标。枪械自动机通常使用这种工作循环图。

枪械自动机工作循环的差别与自动原理有关。若自动原理不同,则自动机各机构的动作差别很大。图2.32为88式5.8mm通用机枪自动机工作循环图。

运动特征段		基础构件位移/mm
坐	枪机行程	160
	开锁前自由行程	0 — 9
	开锁	9 — 20.6
	拨弹	39.0 — 138.18
	抛壳	104.6
进	拨弹滑板空回	104.6 — 138.18
	推弹行程	17.8 — 99.01
	推弹开始,枪弹从弹链上被推下	69.0
	闭锁	8.5 — 17.8
	闭锁后自由行程	

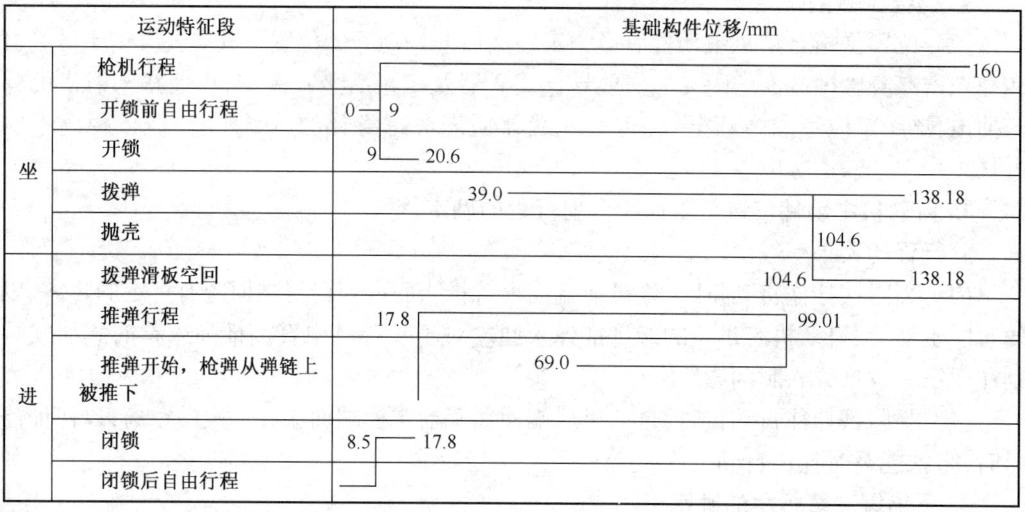

图 2.32 88式5.8mm通用机枪自动机工作循环图

自动炮自动机的工作循环图也用这种形式,图2.33为65-1式37mm自动炮自动机以位移为自变量的自动循环图。在作图时,在横坐标轴上以一定的比例尺截取一线段,表示主动件炮身的位移;以相同的比例尺与原点相隔一定距离,作横坐标轴的若干平行线,相应地表示自动机各机构工作阶段主动构件的位移。在各行的左端并列地注明机构名称及运动特征段。

以主动构件位移为自变量的循环图用于火炮自动机设计时存在一些不足之处:它不能表明在工作过程中各机构的位移与时间的关系,并且当主动构件停止运动后,某些工作构件可能仍在继续运动,但无法再用主动构件的位移来表示。为了表示这些工作构件的运动,只能重新选取主动件,即把另一个工作构件再看成主动构件,建立补充循环图。

图2.33所示为65-1式37mm自动炮自动机工作循环图。该图未能表示惯性开闩阶段闩体的运动及抽筒运动,也不能表示关闩闭锁运动。所以,必须另外建立图2.34所示的以曲臂转角 θ 为自变量的循环图,以表明开闩抽筒和关闩、闭锁运动。因此,如果用这种循环图来比较各类自动机,则很难清楚反映各自的工作特点。

运动特征段		主动构件 ——— 炮身
		0　　　　　　　　　　　　　　　　　　　　　140
后坐运动	拨回击针	24 ——— 61
	强制开闩	61 ——— 95.5
	活动梭子上升	26 ——————— 121
复进运动	输弹器被卡住	25 ——————— 121.5
	活动梭子下降	26 ——————— 121
	压弹	42 ——— 105
	开始输弹	25

图 2.33　65-1 式 37mm 自动炮自动机以位移为自变量的自动循环图

运动特征段		主动构件 ——— 曲臂（转角 θ 为自变量）
开闩运动	开闩杠杆转角	0 ——————— 68°
	开锁	0 ——— 11°2′
	拨回击针	4°15′ ———
	强制开闩	11°2′ ——————— 40°24′
	惯性开闩	40°24′ ——— 68°
	抽筒	60°
关闩运动	关闩	11°2′ ——————— 61°35′
	闭锁	0 ——— 11°2′
	解脱击发卡笋	3°30′　8°

图 2.34　65-1 式 37mm 自动炮炮闩循环图

2.4.2　以时间为自变量的循环图

以时间为自变量的循环图是自动机各主要构件的位移和运动时间的关系曲线图。一般用纵坐标同时表示 X 和 Y，以原点为界，向上为 X，表示炮身的后坐位移；向下为 Y，表示拨弹滑板等构件横向位移，用横坐标表示时间 t。由纵坐标可以看出各构件位移之间的关系，由横坐标可以看出各构件运动顺序和时间的关系。曲线的斜率表示构件的速度。通常把自动机的炮身等主动构件运动开始（点燃装药）的瞬间作为时间的计算起点，而各构件的所在位置为计算位移的起点。

以时间为自变量的循环图可以清楚地表示自动机的工作原理，因此在火炮上应用广泛。图 2.35 所示为 59 式 57mm 高射炮自动机的循环图。

若以 t_z 表示自动机的一个工作循环时间，则它包含以下分量：炮身后坐时间 t_h，炮身复进时间 t_f，压弹时间 t_y，重叠时间 t_c，输弹时间 t_s，闭锁时间 t_x，点燃底火时间 t_d，即

$$t_z = t_h + t_f + t_y - t_c + t_s + t_x + t_d \tag{2-1}$$

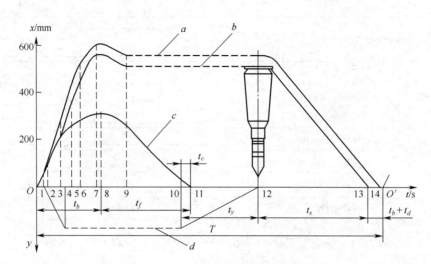

图 2.35 59 式 57mm 高射炮循环图

a—炮闩支架;b—闩体;c—炮身;d—拨弹滑板;0~8—炮身后坐;8~11—炮身复进;
1—拨弹滑板开始运动;2—加速机开始使炮闩支架加速后坐;2~3—闩体旋转开锁;
3—闩体开始随炮闩支架加速后坐并开始抽筒;4—拨弹滑板向左运动到位;5—加速机工作完毕;
6—开始缓冲;7—缓冲完毕;8—炮身后坐到位开始复进;
9—炮闩支架后坐到位,复进一小段后被自动发射卡锁卡住;10—拨弹滑板开始向输弹线上拨弹;
11—炮身复进到位;12—压弹到位,自动发射卡锁解脱,开始输弹;13—输弹到位;
13~14—闩体旋转闭锁和击发;14—击发完毕;O′—炮身后坐,开始下一发弹药的发射循环。

在正常情况下,59 式 57mm 高射炮的 $t_z = 0.50 \sim 0.57\mathrm{s}$,因此理论射速为 105~120 发/min。

从式 (2-1) 可知,如要提高理论射速,则可以采取以下措施。

(1) 缩短炮身后坐和复进时间,具体方法为减小后坐长度,提高后坐和复进的平均速度。

(2) 提高压弹速度,使压弹在炮身复进到位前完成,压弹过程不占用自动机循环时间。

(3) 缩短输弹时间,具体方法是尽可能缩短输弹长度,增大输弹的平均速度。

2.5 自动机运动诸元估算

在进行总体设计时,为了拟定自动机结构方案,需要概略了解自动机的运动情况。由于方案经常会有变化,精确的计算工作量太大,因此精确的计算只能放在设计完成后进行。在总体设计时,通常采用简便的估计方法,其估算的原则:一是在运动过程中关键的地方要保持一定的精确性;二是对计算结果影响不大的因素作简化和忽略;三是对计算结果影响较大的因素,可以引入一些经验数据。自动机运动诸元的估算内容包括火药燃气作用终了时自动机的运动诸元,后坐时期自动机的运动诸元,复进时期自动机的运动诸元,自动机射击频率的估算等。

2.5.1 火药燃气作用终了时自动机运动诸元的估算

通常自动机的能量来源于火药燃气的压力冲量。不同的自动机,火药燃气对自动机的压力冲量是不同的。对于管退式及枪机后坐式自动机,压力冲量是通过弹壳底部传给枪机。对于导气自动机,压力冲量是火药燃气经导气孔流入气室而传递给活塞,带动枪机运动,火药燃气作用终了时,自动机获得最大速度。

(1) 枪机后坐式自动机火药燃气作用终了时,枪机的运动速度 v_j,即

$$v_j = \frac{m_d + \beta\omega}{\varphi_j m_j} v_0 \tag{2-2}$$

式中 m_d——弹丸质量(kg);
ω——装药质量(kg);
m_j——枪机质量(kg);
v_0——初速(m/s);
β——后效系数;
φ_j——考虑抽壳阻力的枪机质量虚拟系数,一般取值 1.25~1.35。有些武器为了减小抽壳阻力,以保证枪机工作可靠性,在弹膛内开有纵槽,这时 φ_j 值可近似取为 1。

后效系数 β 实质上是火药燃气整个作用时期对武器的作用系数,它由实验或理论计算求得。现有几种不同枪弹的实测数据:

54 式 7.62mm 枪弹: $\beta = \dfrac{1130}{v_0}$

56 式 7.62mm 枪弹: $\beta = \dfrac{1070}{v_0}$

53 式 7.62mm 枪弹: $\beta = \dfrac{1290}{v_0}$

NATO 7.62mm 枪弹: $\beta = \dfrac{1110}{v_0}$

对于新设计的枪弹可通过在弹道枪上的试验求得,也可选取与其初速、膛口压力相接近的其他枪弹的数据。

半自由式枪机的估算基本和上面方法相同,但枪机质量应改为枪机转换质量,即用实际质量加重来考虑。加重多少应由设计选定,在机构上加以保证。

(2) 身管后坐式自动机火药燃气作用终了时,后坐部分的运动速度 v_j,即

$$v_j = \frac{m_d + \beta\omega}{m_h} v_0 \tag{2-3}$$

式中 m_h——后坐部分(包括身管、机头、机体等)的质量(kg)。

一般当开锁终了时,火药燃气对自动机的作用已经很小,因此可以认为火药燃气作用终了时的速度即为开锁终了时的速度。

有的身管后坐式自动机在膛口装有助退器,部分火药燃气作用于身管前端面,加速自动机后坐,计算时应给予考虑。根据计算统计,膛口助退冲量约为后效期内膛底压力总冲

量的70%,而后效期内膛底压力总冲量约占后坐压力总冲量的30%。因此,采用膛口助退器一般可使自动机总动量增加约20%,考虑膛口助退器后,自动机最大后坐速度概略计算,即

$$v_j = 1.2 \frac{m_d + \beta\omega}{m_h} v_0 \tag{2-4}$$

(3) 导气式自动机火药燃气作用终了时,自动机运动速度 v_j。估算的方法是:假设气室内火药燃气的压力冲量与相应的膛内压力冲量成比例。其与比例系数和导气孔直径、活塞面积、活塞和活塞筒配合间隙以及气室初始容积等因素有关。根据气室内压力总冲量计算活塞(包括枪机框)最大后坐速度,即

$$v_j = \frac{S_s}{m_s} \eta_{s0} \varphi \left[\frac{p_d + p_k}{2} t_{dk} + \frac{(\beta - 0.5)\omega}{S} v_0 \right] \tag{2-5}$$

式中 S_s——活塞面积(m^2);

m_s——活塞质量(包括枪机框)(kg);

p_d——弹丸至导气孔时膛内火药燃气的平均压力(由内弹道计算得)(MPa);

p_k——弹丸至膛口时膛内火药燃气的平均压力(由内弹道计算得)(MPa);

t_{dk}——弹丸自导气孔至膛口所经历的时间(由内弹道计算得)(s);

S——枪膛横截面积(m^2);

φ——导气孔在身管不同位置时,由于膛压沿身管长度上分布不同而取的修正系数,如表2.1所列;

η_{s0}——与活塞面积、导气孔面积、活塞间隙等因素有关的参数,根据 σ_s 及 σ_Δ 值查图2.36。

表2.1 导气孔位置不同时的修正系数 φ 值

导气孔离身管尾端面距离(L 为身管长)	φ
>2/3L	0.8
1/2L	1
1/3L	1.05
1/4L	1.1

其中,活塞的相对面积: $$\sigma_s = \frac{S_s}{S_d}$$

式中 S_d——导气孔最小截面积(m^2)。

活塞间隙的相对面积: $$\sigma_\Delta = \frac{\Delta S_s}{S_d}$$

式中 ΔS_s——活塞与气室壁间的间隙面积(m^2)。

当自由行程终了时,气室内的压力已降低,因此开锁终了时自动机的速度可以近似当作火药燃气作用终了时的速度。

注:上面计算忽略摩擦阻力及复进簧阻力。

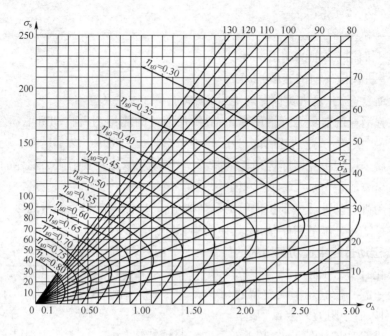

图 2.36 η_{s0} 及 σ_s/σ_Δ 的等值曲线

2.5.2 后坐时期自动机运动诸元的估算

1. 根据设计经验,后坐能量的分配

(1) 开锁后枪机框撞击枪机,能量损失 30% 左右,但随质量比不同而不同,如表 2.2 所列。

表 2.2 导气式武器枪机框撞击带动枪机的速度损失系数 T_1、T 值

枪机框与枪机质量比	撞击带动速度损失系数 T_1	考虑其他撞击后的速度损失系数 $T = 0.95 \times T_1$
4∶1	0.8	0.76
3.5∶1	0.78	0.74
3∶1	0.75	0.71
2.5∶1	0.71	0.67
2∶1	0.67	0.64
1.5∶1	0.6	0.57
1∶1	0.5	0.47

对于身管后坐式自动机,由于机体撞击机头时,机头已具有速度,因此速度损失系数 T_1,即

$$T_1 = \frac{\dfrac{m_a}{m_b} + \dfrac{v_a}{v_b}}{1 + \dfrac{m_a}{m_b}} \tag{2-6}$$

式中　m_a——机体质量(kg);
　　　m_b——机头质量(kg);
　　　v_a——机体撞击前的速度(m/s);
　　　v_b——机头撞击前的速度(m/s)。

(2) 压缩复进簧(复进簧储存的能量)损失能量 35% 左右。

(3) 供弹消耗的能量。弹链供弹,一般供弹消耗的能量约占自动机主动件后坐总能量的 10%;弹匣供弹,供弹消耗的能量小,可在摩擦阻力中考虑。

(4) 在后坐过程中克服摩擦消耗的能量,一般克服摩擦及其他阻力消耗的能量不多,占主动件后坐总能量 1%~2%。

(5) 自动机主动件后坐到位需要的剩余能量,一般约占后坐总能量的 20%。

以上仅是能量分配的粗略估计,具体结构不同,可能差异很大。

2. 后坐运动过程中运动阻力的估算

为了简化计算,将阻力功合并在复进簧功内考虑。根据对制式武器的统计数据,引入后坐阻力系数 μ_h(后坐阻力功与复进簧功的比值),如表 2.3 所列。

表 2.3　后坐阻力系数 μ_h

供弹方式		μ_h
弹匣供弹		1.1
弹链供弹	后坐输弹	1.3
	后坐、复进输弹	1.2
	复进输弹	1.1

3. 后坐终了时自动机运动速度 v_{h1}

$$v_{h1} = \sqrt{v_{h0}^2 - \mu_h \frac{(F_1 + F_2)\lambda}{m_h}} \tag{2-7}$$

式中　F_1——复进簧预压力(N);
　　　F_2——自动机后坐到位时复进簧力(N);
　　　λ——自动机工作总行程(m);
　　　μ_h——后坐阻力系数;
　　　m_h——参加后坐运动的总质量(kg)。

设开锁终了时,枪机框撞击并带动枪机后坐的共同速度为 v_{h0},即

$$v_{h0} = T v_j \tag{2-8}$$

式中　T——速度损失系数。

对于有加速机构的身管后坐式自动机,v_{h0} 可用加速后机体带动机头的共同速度来代替。在设计新武器时,加速终了时活动机件的速度是根据保证工作可靠性和射击频率的要求选定的。在计算现有武器时,可先求出因加速作用而使自动机能量重新分配后的身管速度。根据能量守恒原则可得到加速后身管的速度 v_g,即

$$\frac{1}{2}(m_g + m_b + m_a)v_j^2 = \frac{1}{2}(m_g + m_b + \frac{k^2}{\eta}m_a)v_g^2 \tag{2-9}$$

$$v_g = \sqrt{\frac{m_g + m_b + m_a}{m_g + m_b + \frac{k^2}{\eta}m_a}} v_j \tag{2-10}$$

式中 m_g——身管质量(kg);

k——加速机构的传速比;

η——加速机构的传动效率。

根据传速比 k 可求得加速终了时机体的速度为 $v_t = k \cdot v_g$,机体撞击并带动机头后坐的共同速度为 $v_{h0} = T \cdot v_t$。其他武器的自动机计算步骤与导气式武器自动机计算步骤相同。

2.5.3 复进时期自动机运动速度估算

1. 复进开始时活动机件的运动速度

复进开始时的速度即为后坐到位后的反跳速度,有

$$v_{f0} = b v_{h1} \tag{2-11}$$

式中 b——后坐到位反跳系数,如表 2.4 所列。

2. 复进终了时活动机件的运动速度

$$v_{f1} = \sqrt{v_{f0}^2 + \mu_f \frac{(F_1 + F_2)\lambda}{m_f}} \tag{2-12}$$

式中 μ_f——复进能量利用系数,如表 2.5 所列;

m_f——复进运动的活动机件总质量(kg)。

表 2.4 自动机后坐到位时不同撞击条件下的 b 值

撞击条件	b
武器较轻没有缓冲装置	0.2
武器较重,如枪机等没有缓冲装置	0.3~0.4
撞击能量损失很小的武器,如枪尾有强弹簧缓冲装置的机枪	0.7~0.9
枪尾有后坐能量吸收器	<0.3

表 2.5 复进能量利用系数 μ_f 值

供弹方式		μ_f
弹匣供弹		0.9
弹链供弹	后坐输弹	0.6
	后坐、复进输弹	0.5
	复进输弹	0.4

2.5.4 自动机射击频率的估算

(1) 后坐阶段所用的时间:

$$t_h = \frac{\lambda}{v_{h1} + 0.6(v_{h0} - v_{h1})} \tag{2-13}$$

(2) 复进阶段所用的时间:

$$t_f = \frac{\lambda}{v_{f0} + 0.6(v_{f1} - v_{f0})} \tag{2-14}$$

(3) 引燃底火所需时间:

$$t_r = 0.0005 \text{s}$$

(4) 击发时间:

$$t_{jf} = 0.0005 \text{s}$$

(5) 自动机循环一次的总时间:

$$\sum t = t_h + t_f + t_r + t_{jf} \tag{2-15}$$

有的武器复进到位即行击发,计算射击频率时,$\sum t$ 中不列入 t_{jf};对于导气式自动机,还需增加自弹丸启动到导气孔的时间 $t_{d0} = t_k - t_{dk}$,式中:t_k 为内弹道总时间;t_{dk} 为弹丸自导气孔至膛口所经时间。

自动机的理论射击频率,即

$$N = \frac{60}{\sum t} (发/\min) \tag{2-16}$$

在估算射击频率时,近似地取开锁终了的速度为活动机件开始后坐的速度。实际上该速度是后坐一段距离后才达到的,但在火药燃气作用时期内,活动机件的位移不大,因此不予考虑,误差也不致过大。

2.6 自动武器结构设计保证主要战术技术性能的技术措施

从设计方面,改善自动武器战术技术性能主要是提高射速、减小后坐力和提高射击精度三个方面。

2.6.1 提高射速的技术措施

高射速是机载武器、高射武器、舰载武器的主要战术性能指标之一。常用缩短自动机一次循环所需的时间来提高射击频率。自动机循环时间与自动机的速度及行程有关,提高自动机运动速度、缩短自动机行程是提高射击频率的有效措施。

1. 提高自动机的初始后坐速度

不同的自动方式,应采取不同的措施。

(1) 自由式枪机武器提高自动机初始后坐速度的主要方法是适当减小自动机的质量。在火药气体压力冲量一定的情况下,自动机的动量是一定的,质量越小,则速度越大。但应防止因自动机质量减小而发生炸壳、断壳等故障。

(2) 导气式武器提高自动机初始后坐速度主要是改进导气装置。①将导气孔在身管上的位置后移和加大导气孔直径都能提高自动机速度。但应同时注意以下几个问题:导气孔后移、直径加大后对内弹道性能有哪些影响?如初速值降低多少?大量射击后导气孔的烧蚀如何?在使用过程中初速的变化如何?抽壳是否顺利?等。②增大活塞面积能显著提高自动机速度,并且不影响弹道性能。但活塞面积增大,要增大武器的横向尺寸,使武器结构不紧凑。减轻活塞(包括枪机框)质量对提高自动机速度也有一定的作用,在导气装置供给自动机冲量一定的情况下,活塞轻,速度就大。但活塞不能太轻,否则在运动过程中会有较大的能量损失。减小活塞与气室壁之间的间隙也对提高速度有利,但间隙太小影响自动机工作的灵活性。这些影响因素都应引起重视。

总之,提高导气式武器自动机初始速度的潜力很大,但应避免由于自动机初始后坐速度过高带来的不利后果,主要是撞击加剧,以致影响零件寿命、自动机工作可靠性和武器的射击精度等。

(3) 提高管退式武器自动机初始后坐速度的方法主要有①采用膛口助退器。自动机除获得膛底压力冲量外,还在弹头射出膛口后从膛口端面获得附加的压力冲量,使自动机运动系统得到较大的动量。②适当减轻身管质量,加大自动机质量,使整个后坐体的动量得到合理的分配,自动机获得较大的动量。③在身管和自动机之间增设加速机构,把身管的部分动量传递到闭锁机构上,以提高枪机(炮闩)的速度。因此,加速机构的传速比应尽可能大,但应和其他条件相结合考虑。

2. 减小自动机运动过程的能量损失

(1) 在弹膛部分开纵槽以减小抽壳阻力。

(2) 增加自动机主要零件的质量比,以减小它们相互撞击时的能量损失。在导气式武器中应使枪机框质量比枪机大;在管退式武器中应使机体质量比机头大。

(3) 尽量减小撞击,传动要平稳。当主动件在运动过程中需要带动其他零件运动时,最好是平稳带动,即传速比从零开始。

(4) 减小运动过程中的摩擦力,常用的措施如以滚动摩擦代替滑动摩擦。合理选取配合间隙,并尽量减小或避免自动机零件运动过程中的楔紧作用,以及力求使自动机零件少受动力偶作用;主动件、从动件尽量不以斜面带动,避免和减小楔紧作用所带来的附加摩擦力;作用在运动件上的力尽量通过其质心,避免翻转力矩所带来的附加摩擦力等。

(5) 在机匣尾部安装刚度较大的枪机或枪机框缓冲簧。自动机后坐到位时压缩缓冲簧不与机匣发生撞击,全部或大部分能量被缓冲簧所吸收。复进时缓冲簧放出能量给自动机,以增加它的初始复进速度。但压缩缓冲簧的行程不能太长,否则将使循环时间加长,反而减低缓冲簧的效果。

3. 合理利用能量

1) 合理设计复进簧

在后坐过程中,应尽量使复进簧多吸收一些能量,以便在复进过程中放出,以提高自动机的速度。设计复进簧时,可以考虑用簧力较小的复进簧与簧力较大的复进簧并联。后坐开始时,簧力较小的簧起作用,后坐速度降得较慢,之后两个复进簧同时起作用,吸收较多的能量;或者将若干复进簧串联,使自动机后坐之初簧力较小,后坐一段以后各簧转为并联,起缓冲簧的作用。例如,德国 MG-42 机枪的枪管复进簧就是采用这种形式。

2) 合理设计供弹机构

(1) 利用其他能源供弹以减小自动机的负担。例如,弹匣供弹、弹鼓供弹等均利用预先储存的输弹簧能量完成供弹。

(2) 尽量利用武器中多余的能量完成供弹。管退式武器中身管具有多余的能量,可利用身管带动供弹机构,但要注意供弹系统和自动机之间运动的协调。导气式武器可考虑利用导气装置中剩余的气体能量直接带动供弹机构。

(3) 若用枪机框或炮闩带动供弹机构,可考虑供弹时间提前。在火药气体作用时期就开始供弹,以充分利用火药气体能量,这样自动机初始后坐阶段的速度虽然有所降低,但是可以提高整个后坐行程的平均速度。

(4) 弹链供弹机构在供弹过程中,拨弹消耗的能量最多,因此应在保证工作可靠的前提下,尽可能减小弹链的节距,并且选择适当的拨弹速度,使自动机主动件保持较高的速度。

4. 减小各构件运动工作行程

（1）在保证自动机工作可靠性的前提下，尽可能减小自由行程。

（2）缩短进弹行程。在基础构件工作行程中，很大一部分是为了装弹，即推弹入膛，因此缩短这部分行程可以有效地提高射速，常用的办法是采用加速推弹机构（如23mm 23-2型、23mm 23-3型航炮）以大幅度缩短基础构件用于推弹的工作行程。为适应加速推弹机构的推弹运动，一般采用横动闭锁机构。例如，59式12.7mm航空机枪，枪机是垂直运动的，靠推弹取壳器推弹入膛，枪弹长147mm，枪机框行程只有136mm，射速提高到1000发/min。

5. 提高基础构件的复进速度

一般自动机的基础构件复进速度比后坐速度慢得多，复进时间约为后坐时间的两倍，对自动机循环时间影响较大。为了提高复进速度，一般可以加大复进簧的刚度或将若干复进簧串联。

此外，还可以采用转膛自动机、双管杠杆联动式自动机、转管自动机，大幅度提高武器的射速。

2.6.2 减小后坐阻力的技术措施

武器的后坐阻力是武器在射击过程中传递到炮架或支座、人体的力。此力将引起架座的弹性变形和武器的转动、振动、射击精度的变化。减小后坐阻力有利于减轻武器质量，提高射击精度。

武器的单发后坐阻力决定于弹丸的动量（$m_q v_0$）及武器后坐部分的能量（$1/2\, m_h v_h^2$，m_h为武器后坐部分的质量之和，v_h为武器后坐速度）。弹丸质量和初速是武器的威力指标，不可以轻易改变。武器后坐部分的能量只取决于后坐部分质量，由$m_q v_0 = m_h v_h$可知，后坐部分质量越大，后坐速度越小。因此，从减小后坐阻力的观点出发，要求后坐部分的质量尽可能大，可再采用以下措施减小后坐阻力。

1. 合理设计缓冲装置

缓冲装置的设计直接影响武器后坐阻力的大小。对于导气式武器，通常采用弹簧缓冲器。弹簧的刚度越小，缓冲行程越长，为减小后坐阻力宜设计为刚度小的缓冲簧。但是在后坐能量一定的条件下，为保证自动机和供弹的工作可靠性，缓冲行程会受到一定限制。为缩短缓冲行程，一般采用加大缓冲簧预压量或增加摩擦阻尼。对于高射速自动机的缓冲装置设计，不但要考虑降低单发（或首发）后坐力，还要考虑连发时后坐力的叠加问题。

缓冲装置也可以采用弹簧液压式、摩擦高吸能缓冲器等。例如，法国国际振动工程公司研制了一种采用了耗能较大的铜丝弹性垫缓冲簧与摩擦装置，高吸能缓冲器，并用于德发30型航炮上。武器后坐时二者同时起作用，摩擦装置产生恒定的或由大变小的摩擦力。复进时摩擦力不起作用，靠缓冲簧使武器恢复原位。在这一往复过程中，武器发射产生的后坐能量基本被消耗完。经转化后作用在炮架上的后坐阻力的变化规律接近矩形，如图2.37所示，该装置能把后坐阻力峰值降低2/3。

2. 采用前冲击发原理

利用前冲击发原理可以减小武器的后坐冲量，其工作原理是使自动机在复进快到位

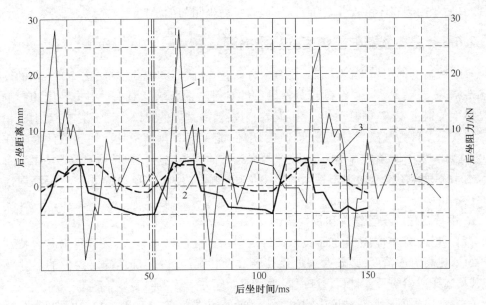

图 2.37 法国德发 30 型航炮的后坐阻力对比曲线
1—未加缓冲器时后坐阻力曲线;2—采用缓冲器时后坐阻力曲线;3—缓冲形成曲线。

前的一定位置上击发弹药。火药气体的压力冲量,首先抵消一部分(或全部)前冲动量,使其复进到位时的速度降低很多甚至为零,然后后坐,因此只有一部分火药气体冲量使原动件获得后坐动量,从而减小后坐到位时的撞击。

对于不同自动方式,前冲击发原理的应用也不相同。前冲击发原理在连发武器中的应用较多。在管退式武器上,当身管在复进过程中的一定位置进行击发,使击发时产生的火药气体压力后坐冲量与身管复进的动量互相抵消一部分,以减小身管复进和后坐到位的撞击。导气式武器的主要问题是如何减小由火药气体压力引起的机身后坐阻力。对于有架座的武器可利用架座缓冲簧,使机身在复进过程中的一定位置进行击发,以抵消机身的一部分后坐动量。

利用前冲击发原理来减小后坐,理论上是有效的措施,但实际应用时存在自动机工作不稳定等问题。

3. 利用膛口制退器

膛口制退器是利用后效期内膛口喷出的火药燃气对膛口装置的作用,抵消部分后坐冲量,从而达到减小后坐阻力的目的,膛口制退器一般能吸收后坐能量的 30%~50%,效率高的可达 60%~70%。

4. 减少或利用基础构件后坐到位的撞击

一般自动武器为保证在恶劣的条件下工作的可靠性,基础构件在后坐到位时都留有一定的后坐能量,形成对武器体部的撞击冲量(称为第二冲量),此冲量有可能增大后坐阻力的值。为避免第二冲量对后坐阻力的影响,或尽量减少此冲量,多采用缓冲装置。有时也可利用此冲量以减小连发后坐阻力。例如,23-2 型航炮合理选择全炮缓冲簧参数,使全炮在缓冲簧作用下复进到位与基础构件后坐到位撞击的时机相吻合,第二冲量便可抵消全炮前冲的大部分冲量,全炮在缓冲簧上的振动能很快衰减。在此基础上发射下一发弹药,后坐阻力将不会产生叠加,以保持连发后坐阻力的稳定。

2.6.3 提高武器射击精度的技术措施

影响武器的射击精度的因素主要有两方面:一是武器和弹药本身的结构、火药的性能和制造精度;二是射手、气象、地理等外界条件对射击的影响。射手对射击精度的影响主要是射手的射击姿势、举枪动作、测距误差、射击要领掌握的熟练程度等影响;对射击精度的影响气象条件为气温、气压、风速风向、阴雨、能见度等自然条件。外界条件随时在变化,射击每一发时的条件都不一样,这些外界条件的利弊也是显而易见的。

本小节只介绍枪身对射击精度的影响及其影响因素的分析,并提出一些提高射击精度的技术措施。

1. 设计合理的身管结构和技术条件

(1) 身管内膛的构造和加工技术条件对射击精度的影响很大,设计身管时应特别注意。为了提高射击精度,必须合理地设计膛线形状和缠度;正确地确定内膛的尺寸及公差,以及选择适当的身管材料、硬度、内膛表面处理方法及粗糙度等。

(2) 膛口端面形状对精度影响很大。一般膛口端面有一个 90°~110° 的内倾角,或者在线膛与端面间有平缓的过渡圆弧以保护线膛末端免被碰伤、挤伤,或因带毛刺而影响射击密集度。膛口端面必须与内膛轴线垂直,否则会影响弹头飞出膛口时的方向,使射弹偏差增大。试验证明:膛口端面倾斜角 $\alpha=1°$ 时,在 100m 距离上弹头的相应偏差为 8cm,并且 R_{50} 增大 10%。

(3) 身管和机身的连接对精度影响较大。身管与机身的配合要紧固;身管在装配前应校直,全面检查身管内膛的直线度,否则因身管弯曲会使射弹偏差增大。有护筒的身管,护筒要直,并与身管的配合间隙要均匀;弯曲的护筒,射击时会因身管受力不对称而偏向一方,同样使精度变差。

(4) 身管的外形尺寸对精度有一定的影响。身管外形尺寸主要指身管的长度和壁厚,它们直接影响身管的振动刚度与烧蚀,从而影响射击精度。

2. 减小身管的振动

由于身管赋予弹头一定的飞行方向和速度,所以身管振动对射击精度的影响不可忽视。可以把身管看作是一端固定的悬臂梁。在射击过程中,由于火药燃气的作用,自动机复进到位的撞击,以及身管自重、质量分布不均等因素使身管发生振动。身管的振动形式很复杂,一般有横向、纵向和扭转等。如果振动频率是射击频率的整数倍数时,就有可能产生共振,这将严重影响武器的连发精度。试验证明,身管的横向振动对射击精度的影响最大。

减小身管振动对射击精度的影响可以从两方面考虑:一方面是减小身管本身的振动;另一方面是使弹头飞出膛口时与振动作最有利的相位配合。

1) 合理分布身管质量

若身管壁厚增加,则振动频率增高,振幅减小,对提高精度有利。

在重量相同的条件下,身管上开纵向槽可以增加外径、提高刚度、减小振幅,对精度有利。

如果在相应振动的波腹处增加质量,则可以减小振动,对提高精度有利。对于基阶振动来说,振幅在膛口处最大;对于第一高阶振动,可以根据实验测得波腹。如果在第一高阶振动的波腹处安装导气箍等零件,则可减小振动。

对于精度要求高的武器要控制身管的径向壁厚差,壁厚差大,身管质量中心不在内膛轴线上,会产生附加动力偶,使横向振动加剧。

2) 合理设计射击频率

为了减小身管振动对射击精度的影响,应使连续两发射弹之间的时间间隔大于一定数值,即当第二发弹飞离膛口端面时,因前一发弹引起的身管振动已基本消失,身管已恢复到接近静止状态,这样前一发弹就不致影响后一发的弹着点。只要每发弹出膛口时身管的振动状态保持稳定,尽量保证振动对每发弹的影响基本相同,密集度就能提高。调整射击频率(射速)和身管振动频率,使两者有良好地匹配是提高连发精度的有效方法。根据实验可知,要提高射击精度,应使身管的振动频率与武器的射击频率保持一定的比值,即

$$R_f = \frac{60f}{N} > 3.5 \qquad (2-17)$$

式中 f——身管振动频率(Hz);
N——武器的射击频率(发/min)。

比值 R_f 越大,说明武器的射击频率(对身管的振动频率而言)越小,相连两发之间的时间间隔越大,因此对改善连发精度有利。图 2.38 是 R_f 与射弹散布的关系。由图可知,当 $R_f > 3.5$ 时,射弹散布就比较小。如果要求武器的射击频率很高,不可能使 R_f 值大于3.5 时,则合理地选择身管的振动频率,使其恰为射击频率(发/s)的 0.5、1.5、2.5 倍时,也可以使连发时的射弹散布大为减小。实际

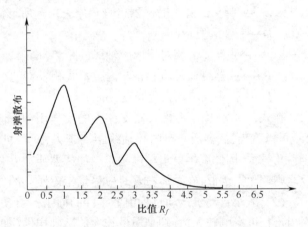

图 2.38 射弹散布与 R_f 的关系

上武器的射击频率是不稳定的,不可能每发都配合得很好,这将影响散布。因此,应尽可能保持稳定的射击频率,以提高武器的连发精度。

身管振动频率与射击频率的匹配一般在武器设计中可以通过模态分析和动力学分析,使结构设计达到较为满意的匹配结果。在结构设计后,一般需要经过试验加以调整;另外,还要采取措施尽可能保持射击频率的稳定性。

3) 合理设计导气装置

导气式武器气室内的压力冲量影响身管振动。在一般导气装置中气室前壁的压力冲量偏于内膛轴线的一侧,使身管承受冲量矩,加大了身管横向振动,影响射击精度。在保证自动机工作可靠性的基础上减小气室的压力冲量,或使气室中心线位置尽量接近内膛轴线以减小冲量矩,均对减小身管振动有利。

4) 严格控制初速的跳动量

严格控制初速的跳动量可使各发弹头到达膛口时,膛口端面振动相位变化较小。在弹药生产中,弹头重量和装药量总有一定的公差,初速也在一定范围内变化,但对于特种武器(如运动枪、狙击步枪等)要求精度特别高,除严格控制弹头和装药重量的公差外,还须尽量减小身管内膛尺寸的制造公差,使初速值的变化尽可能小。

5) 对于身管较长的武器可在膛口附近增加支点

身管悬伸长度是身管振动时影响射击密集度的重要因素。一般身管悬伸较长时,振动频率较低,振幅较大,使连发精度差。但身管长度一般决定于对弹头初速的要求,因此对于初速高身管长的武器,要特别注意设法减小身管的振动。其方法之一是在膛口附近增加支撑点,如安装脚架等,可以大大提高射击精度。

3. 合理地进行武器的总体布置

(1) 武器的质心应尽量接近内膛轴线。武器质心与内膛轴线不重合时,在膛底压力作用下,将形成动力偶,使膛口位置发生变化,从而改变射击方向,使射击准确度变差,散布增大。武器质心与内膛轴线的相对位置改变时对射角的影响可用下式表示,即

$$\varphi = \frac{mr}{I} l \times 10^{-6} \tag{2-18}$$

式中 φ——弹头出膛口时武器机身和原来位置所形成的偏差角(rad);
  m——弹头质量(kg);
  r——武器质心相对于内膛轴线的距离(mm);
  I——武器绕通过质心且与内膛轴线相垂直的水平轴的转动惯量(kg·m^2);
  l——弹头在膛内行程长度(mm)。

在式(2-18)中不考虑武器支撑点的反作用(假定武器是没有支撑点的)。从式(2-18)可以看出,武器质心对内膛轴线距离越大,武器机身转动惯量越小,弹头出膛口时的偏差角越大,因此武器射击精度越差。如武器质心在内膛轴线之上,则平均弹着点偏下,反之则偏上。因此,在总体布置时应尽量考虑质心的位置不要偏离内膛轴线过大。

(2) 减小自动机运动过程中各零件的撞击。自动机在射击过程中,活动机件的撞击对射击精度影响较大,特别是质量较大的基础构件(如枪机、枪机框或机头、机体)复进及后坐到位时的撞击会引起身管的剧烈振动。因此,设计时应注意:在满足作用可靠和理论射速适度的条件下,尽量降低自动机的运动速度,以减小撞击冲量矩;或用尾端缓冲器减小自动机后坐到位的撞击。有些导气式武器,在自动机后退到位前,枪机与机匣和枪机框先后交替碰撞,消耗枪机框能量,以减轻机匣承受的总撞击冲量,如53式重机枪的自动机,在后坐过程中枪机框受复进簧的约束,枪机先与机匣多次相碰消耗部分能量。

(3) 合理地设计枪托或握把的形状能使射手瞄准舒适,举枪稳固,容易掌握射击要领,从而提高射击精度。

(4) 瞄准装置的设计对精度有一定的影响。适当加长瞄准基线是提高射击精度的有效措施之一。为了便于校靶,照门或准星应能上下左右调整,但要尽力避免因配合不当影响精度。对于精度要求很高的武器,可考虑采用光学瞄准具。为提高夜间作战能力,需配备夜间瞄准具。

(5) 发射机构的扳机力要适当,扣引扳机的力过大会改变瞄准线的位置,也会造成射

手的紧张和疲劳,影响射击精度。击发机构的能量不应过大,否则会使击发时撞击太大而使机身振动,影响精度。

(6) 闭锁机构的结构对精度也有一定的影响。闭锁支撑面与机身轴线对称,有利于提高精度。由于武器存在闭锁间隙,因此射击时,火药气体压力能够推动自动机后退并与支撑面发生撞击。如果闭锁支撑面不对称,则发生单边撞击,有的武器会影响射击精度。此时闭锁零件的质量越大,对精度的影响越严重。

(7) 在膛口安装防跳器可以产生稳定冲量矩,减小武器的跳动,对提高精度有利。

4. 减小武器的后坐阻力

尽量采取一定的减后坐措施和机构,减小武器的后坐阻力或后坐阻力感。例如,突击步枪的高频点射 2~3 发,使射手在点射后才能感受到后坐阻力,从而提高点射精度。

思考题

1. 自动武器方案设计需要做哪些主要工作?
2. 自动武器总体结构设计需要做哪些工作?
3. 不同类型的自动武器总体布置的特点分别是什么?
4. 简述自动机和自动方式的概念和关系。
5. 常用的自动武器自动方式有哪几种?各有什么特点?
6. 试说明 54 式 7.62mm 手枪、54 式 7.62mm 冲锋枪分别采用了什么自动方式?
7. 画出奥地利施瓦兹洛瑟 8.0mm 重机枪自动机核心部分的机构简图。
8. 简述法国 FAMAS 5.56mm 自动步枪和法国 AA52 7.5mm 通用机枪采用的自动方式及其工作原理。
9. 简述转管式和转膛式自动武器的工作原理。
10. 简述链式自动机及浮动式自动机工作原理。
11. 简述自动机工作循环图的作用及其表达形式。
12. 根据 59 式 57mm 高射炮循环图分析该炮的自动循环过程。
13. 根据枪械及自动炮自动机主动件的行程和位置的概念,描述一般导气式武器自动机的一个循环过程。
14. 简述提高射速的技术措施。
15. 如何提高自动机的初始后坐速度?如何减小自动机运动过程的能量损失?
16. 如何合理利用能量?如何减小各构件运动工作行程?
17. 简述减小后坐阻力的措施。
18. 提高射击精度的技术措施有哪些?
19. 身管的哪些结构和技术条件对射击精度有影响?如何减小身管振动?
20. 如何合理地进行武器的总体布置以提高武器射击精度?
21. 已知:某型手枪,使用的手枪弹的弹头重 $q = 6.1g$,装药量 $\omega = 0.4g$,枪机重 $Q_b = 288g$,初速 $v_0 = 314m/s$,复进簧预压力 $F_1 = 48N$,复进簧最大工作压力 $F_2 = 80.4N$,复进簧工作行程 $\lambda = 39mm$,后坐阻力系数 $\mu_h = 1.1$,复进能量利用系数 $\mu_f = 0.9$,枪机质量虚拟系

数 $\varphi_j = 1.3$,枪机反跳系数 $b = 0.2$,请估算自动机运动诸元。

22. 已知:某型冲锋枪,使用的手枪弹的弹头重 $q = 5.5\text{g}$,装药量 $\omega = 0.6\text{g}$,枪机重 $Q_b = 540\text{g}$,初速 $v_0 = 450\text{m/s}$,复进簧预压力 $F_1 = 15.68\text{N}$,复进簧最大工作压力 $F_2 = 45.57\text{N}$,复进簧工作行程 $\lambda = 140\text{mm}$,后坐阻力系数 $\mu_h = 1.1$,复进能量利用系数 $\mu_f = 0.9$,枪机质量虚拟系数 $\varphi_j = 1.3$,枪机反跳系数 $b = 0.2$,请估算自动机运动诸元。

第3章 身管设计

身管是自动武器的主要构件,是自动武器的重要组成部分,也是自动武器的关键和重要部件之一。身管是承担弹丸在内弹道阶段发射过程的主要部件,对弹丸初速和飞行稳定性起决定性作用,因此身管是决定自动武器的精度、威力及寿命至关重要的零件。为了保证发射过程中火药燃气的密闭,弹壳壁和身管的弹膛紧密贴合,同时弹丸在膛内高速旋转,所以身管须要具有足够的刚度保障不变形,保证弹丸的稳定旋转。因此,身管设计包括结构设计(外部结构设计、弹膛设计和线膛设计)、强度设计和寿命分析。

3.1 身管概述

3.1.1 工作条件

一般情况下,自动武器的射速在 400~2000 发/min 及以上,最高膛压在 250~400MPa,膛内表面温度高达 1000°C 左右,整体温度可达 400~700°C,火药气体冲刷速度达 1800m/s 和高频交变热脉冲(频率为 600~1800 次/min)。身管担负着最终将弹丸以一定速度(动能)、旋速和方向射向目标任务,反复承受着瞬态的高温高压火药燃气作用。除了火药燃气对身管的物理化学作用外,弹丸挤进膛线时对身管还有机械作用力。此外,身管还经受特种环境影响,如风沙、泥水、淋雨、高低温和盐雾等。

3.1.2 设计要求

为了使身管满足自动武器规定的战术技术要求,对身管设计提出以下设计要求。

1. 应有足够的强度和耐腐蚀性

身管在射击过程中承受着高温高压的火药燃气作用,工作条件相当恶劣。例如,机枪单发射击时,火药燃气热流脉冲对身管内壁薄层的加热速率高达 $6×10^5 ~ 8×10^5$ °C/s;连续射击时,周期性的快速加热和冷却使得身管温度场产生剧烈变化,并相应地产生非定常热应力。膛内热流脉冲具有持续时间短、幅度大等特点,对身管形成严重的热冲击。这种热流脉冲作用在速射武器身管中表现更加突出,周期性的高频热流脉冲会使身管膛表软化、热相变、甚至熔化,加剧磨损、烧蚀和降低寿命,同时引起弹头初速下降,射弹散布加大,丧失必要的弹道性能。严重时,甚至会造成身管破裂,酿成严重的事故。除此以外,还有弹头剧烈的机械摩擦、火药燃气的化学作用及各种耦合冲击外力的作用。

为保证射手安全和每次发射时所需的膛内正常工作条件,要求管壁不鼓不爆,具有足够的弹性恢复力和耐腐蚀性。此外,身管与其他零部件的连接也应满足连接强度要求。

2. 应有足够刚度,有利于提高射击精度

影响自动武器射击精度的因素很多,就身管而言,其内膛结构应具有适当的形状与尺寸,保证赋予弹丸一定的初速、方向和稳定飞行的转速。同时,身管应具有较大的刚度,防止可能的弯曲(如跌落或拼刺碰撞时)和减少射击时的振动。此外,须保证身管轴线的直线度、膛口端面与膛轴的同轴度、膛口端面与膛轴的垂直度、坡膛锥面与身管的同轴度和身管的抗弯刚度要求,其目的是使弹道一致性好,有利于提高射击精度。

3. 应有足够的寿命

身管寿命一般是用在规定条件下(发射方式、发射环境)能发射弹丸的发数来衡量,即在丧失弹道性能要求之前所能发射的弹丸数。身管的内膛强度决定了身管的寿命,主要表现在内膛的抗磨损和抗腐蚀能力,即抗弹丸的挤压、摩擦及抗火药燃气的腐蚀和冲刷能力。在身管设计中应重视身管寿命分析,并在满足规定寿命前提下尽量减小身管质量,提高武器的机动性。身管材料的弹性极限 σ_e 应较高,以保证枪管有足够的强度和刚度。

4. 应有良好的生产经济性

自动武器装备数量大,在保证身管性能要求的前提下,应考虑身管的生产经济性。尽可能降低成本,包括材料的选择、结构工艺性、热处理等方面综合考虑生产加工的经济性。

3.1.3 受力分析

发射时,高温高压火药燃气推动弹丸向前运动,同时使身管后坐。身管在发射时,承受径向、轴向和切向三个方面的力和力矩。径向作用力主要由身管壁承受,而轴向合力和扭矩通过架体承受。

1. 径向作用力

径向作用力主要是发射时火药燃气对身管壁的压力。火药燃气的径向压力是身管强度设计的主要依据,其规则将在 3.4 节"身管强度设计"中介绍。此外,弹丸开始挤入膛线时,弹丸导转部或弹带对膛壁产生很大的径向作用力,随后挤进结束,此径向作用力迅速减少。该径向作用力对身管强度有一定的影响,但它的作用是局部的,对身管强度影响只在安全系数选择上给以考虑。

2. 轴向作用力

发射时,身管承受的轴向作用力主要包括火药燃气作用在弹膛斜肩上的轴向力、弹丸与膛线导转侧作用的轴向力、膛口制退或助退轴向力、身管惯性力、摩擦力等,这些力可以校核身管轴连接强度。

(1) 作用在身管弹膛斜肩上的轴向力 F_1(使身管向前运动),即

$$F_1 = p_m(S_1 - S) \tag{3-1}$$

式中 S_1——膛底横截面面积(弹膛尾端的横截面面积)(mm²);

P_m——火药气体最大压力(MPa);

S——身管线膛横截面面积(mm²)。

(2) 弹丸与膛线导转侧作用的轴向力 F_2,即

$$F_2 = nF_n\sin\alpha + fnF_n\cos\alpha = N_c\sin\alpha + fN_c\cos\alpha \tag{3-2}$$

式中 F_n——弹丸对身管单个导转侧的法向作用力(N), $N_c = nF_n$;

f——摩擦系数;

α——膛线缠角(弧度);

n——膛线条数。

(3) 膛口制退轴向力 F_3。对于具有膛口制退器的身管,在弹丸出膛口以后,火药燃气对身管产生轴向力,阻止身管的后坐,其大小为

$$F_3 = (1 - \chi) p_g \cdot S \tag{3-3}$$

式中 χ——膛口制退器的冲量特征量,$-1 \leqslant \chi \leqslant 1$;

p_g——膛口压力(MPa)。

(4) 身管惯性力 F_4(其方向与身管运动方向相反),即

$$F_4 = m_G \frac{\mathrm{d}^2 x}{\mathrm{d} t^2} \tag{3-4}$$

式中 m_G——身管质量(kg);

$\dfrac{\mathrm{d}^2 x}{\mathrm{d} t^2}$——身管运动加速度($\mathrm{m/s^2}$)。

由后坐身管运动方程,得

$$m_Q \frac{\mathrm{d}^2 x}{\mathrm{d} t^2} = P_m S - \sum F_r = P_m S - N_z \tag{3-5}$$

式中 m_Q——含身管的后坐部分质量(kg);

$\sum F_r$——后坐部分的运动阻力,$N_z = \sum F_r$。

对于管退式武器,当身管复进簧损坏时,$\sum F_r = 0$;对于导气式武器,当架座缓冲簧损坏时,$\sum F_r = 0$。

由式(3-4)和式(3-5),且后坐部分的运动阻力较小可忽略,得

$$F_4 = \frac{m_G}{m_Q} P_m S$$

3. 回转力矩 M_{hz}

导转侧切向分力产生回转力矩,用 M_{hz} 表示。每根膛线导线侧上的切向分力为

$$F_t = F_n (\cos\alpha - f\sin\alpha) \tag{3-6}$$

F_t 作用于导转侧的中点,即 F_t 对内膛轴线的力臂为 $(d+t)/2$,式中:t 为膛线深度,d 为口径。

回转力矩为

$$M_{hz} = n F_n (\cos\alpha - f\sin\alpha)(d+t)/2 \tag{3-7}$$

右旋膛线回转力矩 M_{hz} 的作用是使身管向左回转,如图 3.1 所示。

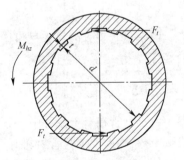

图 3.1 回转力矩

3.1.4 筒紧、自紧和衬套身管

1. 筒紧身管

将身管套加热后套在身管上,即组成筒紧身管。由于身管外径比身管套内径要大,所以筒紧后身管受到外压而产生切向压缩变形。当身管受到火药燃气压力作用时,需将此压缩变形抵消后,才能使身管产生拉伸变形。因此,筒紧法能提高身管弹性强度极限和减小射击时的径向变形。例如,14.5mm 高射机枪,身管后端有一个结合部的零件,套于枪管后套,这就构成筒紧枪管,其主要作用是为了减小弹膛部分在射击时的径向变形量,改

善抽壳条件。

2. 自紧身管

身管内壁经过 600MPa 以上压力的作用,产生塑形变形和金属强化(相当于连续筒紧),这种过程称为自紧。经过上面处理的身管称为自紧身管。自紧能提高身管强度,减小射击时身管的径向变形。制造身管时,用冲头挤进膛线的过程就是身管受到不同程度的自紧作用。

3. 衬套身管

在身管内镶嵌 1.5~2mm 的耐火材料衬管,组成衬套身管。通常采用爆炸黏合技术使身管内壁和衬管黏合,因此这种身管也称为爆炸黏合衬套身管,如图 3.2 所示。衬管采用耐高温耐磨损的材料,如 Ta10W、Ta5W2Mo、Stellite 25 等。

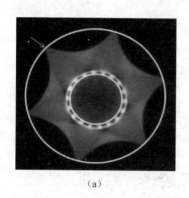
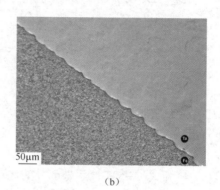

(a) (b)

图 3.2 衬套身管

(a)衬套身管的 CT 扫描图(两个颜色圆有助于观察身管与衬管的内芯);
(b)衬管与身管的结合面(波浪形图案表示结合良好)。

由于衬套身管的衬管材料特性,使身管的耐磨性、耐腐蚀性和强度较高,因此身管寿命高,射击精度好,而且去除了镀铬的工艺,但是这种嵌套工艺难度较大。

3.1.5 身管材料

由于身管在射击过程中,承受高温、高压的火药燃气的作用,以及和弹头产生强烈的机械摩擦,因此要求身管材料有较高的弹性极限(一般不低于 500MPa),足够的冲击韧性(不低于 $5\mathrm{kg \cdot m/cm^2}$),均匀的成分组织,良好的可加工性和足够的耐磨损、耐烧蚀能力。

目前,我国几种枪械的枪管所用的材料,如表 3.1 所列。

表 3.1 几种枪械的枪管材料

武器名称	枪管材料	武器名称	枪管材料
54 式 7.62mm 手枪	50A	05 式 5.8mm 轻型冲锋枪	30SiMn2MoVA
92 式 9mm 手枪	30CrNi2WVA	88 式 5.8mm 狙击步枪	30SiMn2MoVA
81 式 7.62mm 步枪	50BA	88 式 5.8mm 通用机枪	30SiMn2MoVA
95 式 5.8mm 步枪	30SiMn2MoVA	89 式 12.7mm 重机枪	30SiMn2MoVA

3.2 身管外部结构

3.2.1 身管的外形

身管外部结构通常根据需要安装膛口装置、准星座、刺刀座、导气箍、护木、提把、机匣或节套等。为了加工与装配方便,根据膛压分布,身管的外形一般设计成阶梯回转体。身管设计时,通常以身管内膛轴线和尾端面作为设计基准。选择设计基准应尽量与工艺、测量基准统一。配合部分应标出合理的尺寸精度和表面粗糙度。

3.2.2 身管口部与尾端形状

身管口部形状可以改变外弹道起始条件,对武器的射击精度有很大影响。因此,身管口部形状应规则,并与身管内膛轴线同轴,口部端面也应当与内膛轴线垂直和对称;否则,当弹头通过膛口端面时,将受到不均衡的火药燃气压力的作用,使弹头偏离内膛轴线,从而降低射击精度。实验表明:口部端面倾斜 1°,在 100m 的距离上将产生 8cm 的偏差,散布 R_{50} 增大 10% 左右。为了防止使用中碰伤膛口部,膛口内外均有圆角或小斜面。图 3.3 中的(a)和(b)通常用于没有膛口装置的手枪、步枪和冲锋枪中;(c)和(d)通常用于有膛口装置的身管。

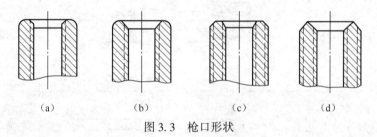

图 3.3 枪口形状

身管尾部通常与机匣或节套相连接,尾端面和身管轴线是身管设计的主要设计基准。身管尾端面的形状与闭锁机构和退壳机构的形状有关。例如,81 式 7.62mm 步枪枪管尾端面右上方设有拉壳钩槽,用于容纳拉壳钩的前端,便于拉壳钩转动抓弹;枪管尾部还设有导弹斜面,用于引导枪弹顺利进入弹膛。

为了保证身管尾部有较高的强度,承受自动机复进到位时的可能撞击,减少弹膛部分身管的外径和减少进弹时对弹膛口部的磨损,身管尾部在身管整体淬火后,还要进行一次局部淬火。

3.2.3 身管与机匣(节套)的连接

1. 对连接部分的要求

(1) 连接部分应有足够的轴向重合长度和配合精度,以避免身管对机匣产生径向摆动而影响射击精度。

(2) 连接部分应有足够的强度。

(3) 连接部分应靠近身管尾端,以避免身管尾端伸出量过长在受热膨胀时影响闭锁间隙。

(4) 对可更换式身管,要求更换方便、迅速,安装位置容易正确把握。

2. 连接方式

身管尾部与机匣或节套的连接方式视武器的不同而不同,一般可以分为固定连接和可拆卸连接两种方式。长时间连续射击需要更换身管的自动武器,如重机枪和高射机枪等,采用可拆卸连接。例如,67 式 7.62mm 通用机枪采用楔闩可拆卸连接方式,56 式 14.5mm 高射机枪采用断隔螺纹可拆卸连接方式。手提式自动武器,身管与机匣一般采用固定连接,连接方式为压配合加销的方式,或者定起点螺纹方式。身管机匣的连接结构如表 3.2 所列。

表 3.2 身管机匣的连接结构

类型	结构	图例	主要特点
固定连接	压配合加销连接	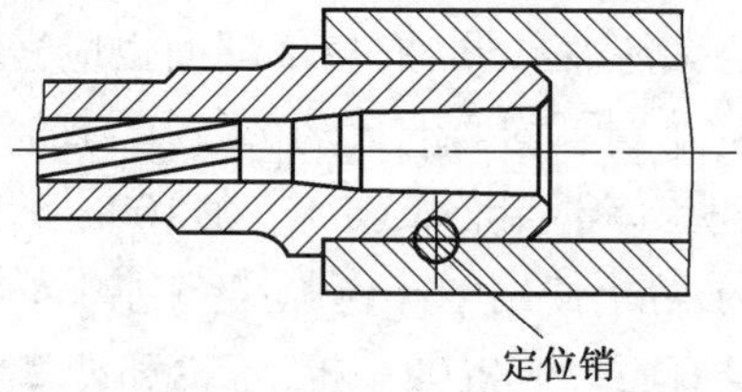 定位销	①身管与机匣对中性好;②制造与装配方便;③装配部位过盈量不能过大
固定连接	定起点螺纹连接	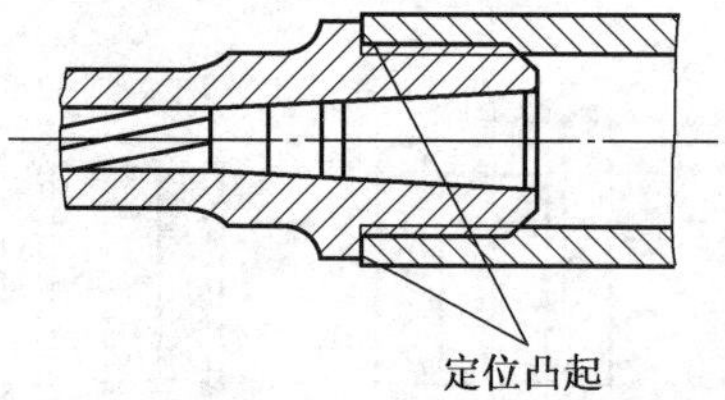 定位凸起	①连接可靠,能自锁;②为减少横向尺寸,常用低齿螺纹
可拆连接	断隔螺纹连接	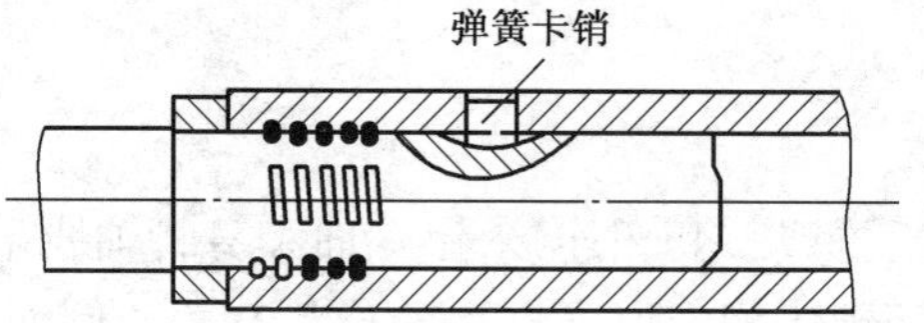 弹簧卡销	①更换身管较方便;②身管与机匣螺纹起点要一致;③需加身管制转装置
可拆连接	楔闩连接	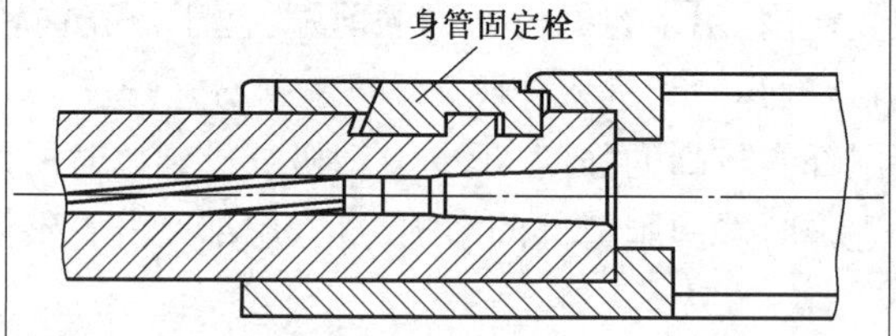 身管固定栓	①更换身管迅速方便;②可通过楔闩调整闭锁间隔

3. 连接强度计算

机匣与身管连接部分的强度设计方法基本与一般机械零件相似,但是其连接处载荷计算有武器机构的特点。因此,这里只给出连接部分载荷的求解方法。

身管可运动的情况(管退式、缓冲机架的导气式武器、各种手提式武器):在上面武器射击时,作用在身管与机匣连接部位的力 F 为

$$F = F_1 + F_2 + F_3 + F_4 \tag{3-8}$$

式中：F_1、F_2、F_3 和 F_4 的计算为式(3-1)~式(3-4)。

对于弹性机架，非管退式武器、机架与机匣连接的情况(图3.4(a))：身管与机匣连接处的力 F 为

$$F = F_1 + F_2 \tag{3-9}$$

对于身管固定情况(图3.4(b))：这种情况下，连接处的力 F 为

$$F = P_m S_1 \tag{3-10}$$

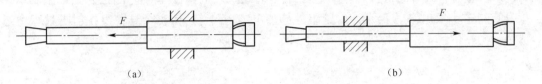

图 3.4　身管不同连接方式的连接受力情况
(a)弹性机架连接处受力；(b)身管固定时连接受力。

3.2.4　线膛与弹膛分离技术

1. 线膛与弹膛分离的弹膛结构

传统的转管武器身管和弹膛是不分离的(图3.5)，这样对于多管武器讲，身管-机芯匣这一个回转体的质量较大。一方面使转管武器的体积、质量增大，机动性差；另一方面在射击过程中，由于回转体的质量大、中心距大，转动惯量就大，阻力矩和功率消耗也就大。

对转管武器而言，为了减小回转体的转动惯量，减小中心距，有时将几个弹膛做在一个整体构件中，身管与弹膛分离，相邻两根身管的弹膛壁厚可共用一个壁厚，则 $l' < l$、$D' < D$，如图3.5和图3.6所示。

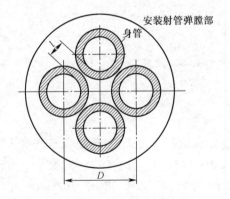

图 3.5　不分离的弹膛整体结构

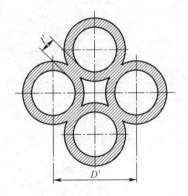

图 3.6　线膛与弹膛分离的弹膛整体结构

转轮手枪采用弹膛和线膛分离技术，使含多个弹膛的转轮具有容弹具的功能，简化了枪械的结构。

2. 线膛与弹膛分离的连接方式

身管与弹膛分离的转管武器，通常采用旋转挂钩以及卡箍紧固的方法连接。

1) 推-转连接方式

采用推-转的连接方式,即身管尾端先推入弹膛,再旋转一定角度并用钩挂加箍的方式安装定位。

2) 钩挂加箍连接方式

直接采用钩挂加箍的连接方式,即身管以一定的倾斜角直接压入弹膛,并用钩挂加箍定位。线膛与弹膛的接口如图3.7所示,选在弹壳口部三锥体上,用弹壳密封火药燃气。

一般在身管外部结构上有一个平台,与身管组中间的多棱体对应平面接触,以限制单根身管的转动,如图3.8所示。身管组外部加1~2个卡箍,使整个身管组在射击过程中成为一个整体。

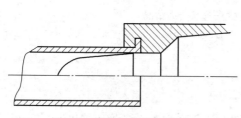

图3.7 线膛与弹膛的接口

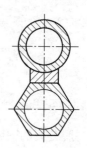

图3.8 线膛与弹膛的安装定位方式

3.3 身管内膛结构设计

身管内膛结构包括弹膛、坡膛和线膛三个部分,弹膛和线膛由坡膛连接在一起,如图3.9所示。

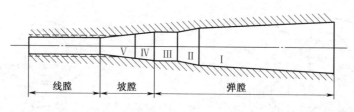

图3.9 内膛内部结构

弹膛一般由1~3个锥体组成。其锥体的数量完全取决于弹壳的形状,通常其锥体数量与所容纳弹壳的锥体数量相同。例如,一个锥弹壳,与之配合的弹膛结构为一个整锥体,加上坡膛一个锥体,共两个锥体。弹膛结构如图3.10(a)所示,77式7.62mm手枪的弹膛采用一锥弹膛结构;81式7.62mm步枪、95式5.8mm步枪、67-2式7.62mm重机枪、77式12.7mm高射机枪等均使用二锥弹膛,与之配合的弹膛结构为三个锥体,加上坡膛1~2个锥体,共4~5个锥体,弹膛结构如3.10(b)所示。

第一锥体(Ⅰ段):弹膛中容纳弹壳体部的锥形部分,紧靠身管尾端。

第二锥体(Ⅱ段):弹膛中容纳弹壳斜肩的锥形部分。有的弹药二锥体用作轴向定位,如81式7.62mm步枪、95式5.8mm步枪。

第三锥体（Ⅲ段）:弹膛中容纳弹壳口部与弹头结合处的微锥部分。

第四锥体（Ⅳ段）和第五锥体（Ⅴ段）:坡膛部分,是弹丸挤进线膛的前导引和过渡部分,对射击精度和身管寿命有至关重要的影响。

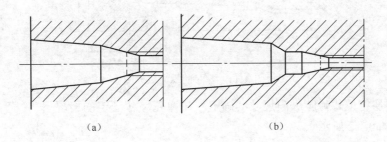

图 3.10　弹膛的结构

(a)一锥弹膛(加坡膛共 2 个锥体); (b)三锥弹膛(加坡膛共 4 个锥体)。

3.3.1　弹膛设计

弹膛主要用来容纳弹壳（药筒），并在发射时和弹壳一起密闭火药燃气，防止其泄漏。在射击时,弹药应能正确定位,同时应在膛内高温高压的火药燃气作用下不发生塑性变形;在射击后,限制弹壳径向膨胀,防止弹壳破裂。弹膛的基本尺寸与弹壳相同,但为了便于推弹进膛和退壳,在弹壳外表面与弹膛内表面之间留有适当间隙,在确定弹膛具体尺寸时应保证这种配合性质。因此,弹膛的形状和尺寸取决于弹壳的形状、尺寸和定位方式。弹膛设计一般是在确定弹药结构之后进行。

1. 弹膛的结构与定位

弹在弹膛内的定位主要有斜肩定位、口部定位和底缘定位等。定位基准主要依据推弹进膛到位撞击力的大小确定。采用手枪弹的枪管弹膛一般以口部定位,如 59 式 9mm 手枪、54 式 7.62mm 冲锋枪等。56 式 7.62mm 枪弹、95 式 5.8mm 枪弹、54 式 12.7mm 枪弹、56 式 14.5mm 枪弹、30mm 炮弹采用斜肩定位。53 式 7.62mm 枪弹的弹膛采用底缘定位。

2. 弹膛与弹壳的配合要求

1）纵向尺寸的确定

当弹壳向前定位后,应满足使弹壳底不露出身管底平面的要求。以斜肩定位和口部定位的弹膛纵向尺寸确定为例,加以说明,如图 3.11 所示。因底缘定位现在很少采用,故略述。

（1）弹壳底平面突出身管尾端面的尺寸 k。图 3.11 所示为弹壳底平面突出身管尾端面的尺寸 k,即

$$k \leqslant h_d - \Delta \tag{3-11}$$

式中　h_d——弹壳底平面与弹壳内腔底平面之间的厚度(mm);

Δ——闭锁间隙(mm)。

若弹壳突出身管尾端面较多时,则弹壳内腔失去弹膛壁的支撑,就会在内压作用下产生膨胀;当突出量足够大时,会发生炸壳故障。当弹壳内腔突出身管量过小,会影响抽壳。

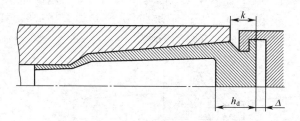

图 3.11 弹膛的纵向尺寸图

（2）斜肩定位式弹膛纵向尺寸的确定。在弹壳尺寸已定的情况下,弹壳与弹膛的配合关系,如图 3.12 所示。

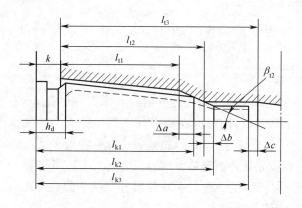

图 3.12 斜肩定位式弹壳与弹膛配合

弹膛 1~3 锥的纵向尺寸为

$$\begin{cases} l_{k1} - k - \Delta a = l_{t1} \\ l_{k2} - k - \Delta b = l_{t2} \\ l_{k3} - k + \Delta c = l_{t3} \end{cases} \quad (3-12)$$

式中 l_{t1}——弹膛一锥小端至身管尾端的距离(mm);

l_{t2}——弹膛二锥小端至身管尾端的距离(mm);

l_{t3}——弹膛三锥小端至身管尾端的距离(mm);

l_{k1}——弹壳斜肩大端至弹壳底平面的距离(mm);

l_{k2}——弹壳斜肩大端至弹壳底平面的距离(mm);

l_{k3}——弹壳长度(mm);

$\Delta a, \Delta b$——弹壳斜肩与弹膛二锥紧贴后,弹壳斜肩两端与弹膛二锥两端的距离;

Δc——弹壳斜肩与弹膛二锥贴紧后,弹壳口部端面与弹膛三锥小端的距离,常取 $\Delta c = 0 \sim 1$ mm。

设 δ_0 为弹壳外表面与弹膛内表面之间的直径间隙,β_{t2} 为弹膛二锥的半锥角,则 $\Delta a = \Delta b = 1/2 \delta_0 \cot \beta_{t2}$。

（3）口部定位式弹膛纵向尺寸的确定,即

$$\begin{cases} l_t = l_{k3} - k \\ k \leqslant h_d - \Delta \end{cases} \quad (3-13)$$

式中 k——弹壳底平面突出身管尾端面的尺寸(mm);

l_t——弹膛定位面至身管尾端的纵向尺寸(mm)。

表3.3所列为几种武器的弹膛尺寸,表3.4所列为几种枪弹的弹壳尺寸,供设计时参考。

表3.3 几种武器的弹膛尺寸　　　　　　　　　单位:mm

枪名	54式7.62mm 手枪	59式9.0mm 手枪	56式7.62mm 冲锋枪①	53式7.62mm 重机枪	54式12.7mm 高射机枪	56式14.5mm 高射机枪
l_{t1}	18.05	$14.4^{+0.2}_{0}$	27.2	38.1	78.25	$81.4^{0}_{-0.05}$
l_{t2}	19.82	22.4	29.5	42.672	86.25	$92.3^{0}_{-0.05}$
l_{t3}	$23.4^{+0.155}_{0}$	—	37.7	52.07	103	107
l_{t4}	$33.2^{+0.34}_{0}$	—	45.7	55.118	113	110
l_{t5}	—	—	—	73.152	133	126.7
d_{t0}	$9.95^{+0.34}_{0}$	$10.065^{+0.055}_{0}$	$11.356^{+0.05}_{0}$	$12.484^{+0.051}_{0}$	$21.89^{+0.05}_{0}$	$27.065^{+0.05}_{0}$
d_{t1}	$9.5^{+0.04}_{0}$	$10.01^{+0.055}_{0}$ ② $9.42^{+0.05}_{0}$	$10.12^{+0.05}_{0}$	$11.684^{+0.051}_{0}$	$19.23^{+0.05}_{0}$	$25.8^{+0.05}_{0}$
d_{t2}	$8.55^{+0.04}_{0}$	$9^{+0.06}_{0}$	$8.74^{+0.05}_{0}$	$8.611^{+0.051}_{0}$	$14.08^{+0.05}_{0}$	$16.75^{+0.05}_{0}$
d_{t3}	$8.5^{+0.04}_{0}$ ③ $7.9^{+0.05}_{0}$	—	$8.6^{+0.05}_{0}$	$8.560^{+0.051}_{0}$	$13.91^{+0.05}_{0}$	$16.55^{+0.05}_{0}$
d_{t4}	$7.62^{+0.06}_{0}$	—	$7.62^{+0.06}_{0}$ ④	$7.725^{+0.051}_{0}$	$13^{+0.1}_{0}$	$15.95^{+0.2}_{0}$
d_{t5}	—	—	—	$7.62^{+0.06}_{0}$	$12.66^{+0.06}_{0}$	$14.5^{+0.07}_{0}$
β_{t2}	43′	7′	1°19′	36′	58′	27′

① 56式7.62mm半自动步枪与56式7.62mm轻机枪同此;

② $10.01^{+0.055}_{0}$ 为一锥小端尺寸, $9.42^{+0.05}_{0}$ 为二锥大端尺寸;

③ $8.5^{+0.04}_{0}$ 为三锥小端尺寸, $7.9^{+0.05}_{0}$ 为四锥小端尺寸;

④ 56式7.62mm半自动步枪为 $7.62^{+0.0635}_{0}$

表 3.4 几种枪弹的弹壳尺寸　　　　　单位:mm

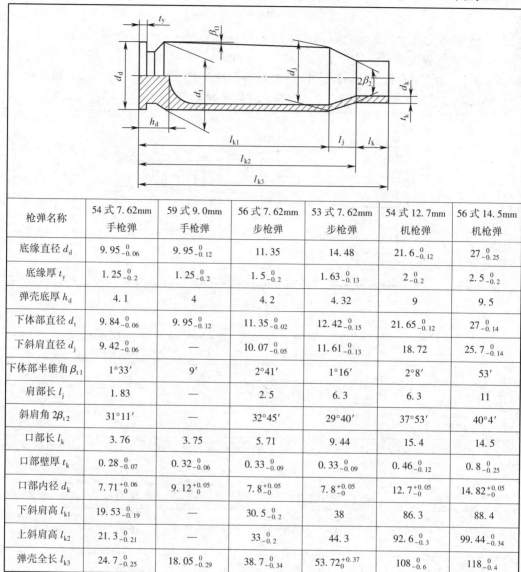

枪弹名称	54式7.62mm 手枪弹	59式9.0mm 手枪弹	56式7.62mm 步枪弹	53式7.62mm 步枪弹	54式12.7mm 机枪弹	56式14.5mm 机枪弹
底缘直径 d_d	$9.95_{-0.06}^{0}$	$9.95_{-0.12}^{0}$	11.35	14.48	$21.6_{-0.12}^{0}$	$27_{-0.25}^{0}$
底缘厚 t_y	$1.25_{-0.2}^{0}$	$1.25_{-0.2}^{0}$	$1.5_{-0.2}^{0}$	$1.63_{-0.13}^{0}$	$2_{-0.2}^{0}$	$2.5_{-0.25}^{0}$
弹壳底厚 h_d	4.1	4	4.2	4.32	9	9.5
下体部直径 d_t	$9.84_{-0.06}^{0}$	$9.95_{-0.12}^{0}$	$11.35_{-0.02}^{0}$	$12.42_{-0.15}^{0}$	$21.65_{-0.12}^{0}$	$27_{-0.14}^{0}$
下斜肩直径 d_j	$9.42_{-0.06}^{0}$	—	$10.07_{-0.05}^{0}$	$11.61_{-0.13}^{0}$	18.72	$25.7_{-0.14}^{0}$
下体部半锥角 β_{t1}	1°33′	9′	2°41′	1°16′	2°8′	53′
肩部长 l_j	1.83	—	2.5	6.3	6.3	11
斜肩角 $2\beta_{t2}$	31°11′	—	32°45′	29°40′	37°53′	40°4′
口部长 l_k	3.76	3.75	5.71	9.44	15.4	14.5
口部壁厚 t_k	$0.28_{-0.07}^{0}$	$0.32_{-0.06}^{0}$	$0.33_{-0.09}^{0}$	$0.33_{-0.09}^{0}$	$0.46_{-0.12}^{0}$	$0.8_{-0.25}^{0}$
口部内径 d_k	$7.71_{0}^{+0.06}$	$9.12_{0}^{+0.05}$	$7.8_{-0}^{+0.05}$	$7.8_{-0}^{+0.05}$	$12.7_{-0}^{+0.05}$	$14.82_{-0}^{+0.05}$
下斜肩高 l_{k1}	$19.53_{-0.19}^{0}$	—	$30.5_{-0.2}^{0}$	38	86.3	88.4
上斜肩高 l_{k2}	$21.3_{-0.21}^{0}$	—	$33_{-0.2}^{0}$	44.3	$92.6_{-0.3}^{0}$	$99.44_{-0.34}^{0}$
弹壳全长 l_{k3}	$24.7_{-0.25}^{0}$	$18.05_{-0.29}^{0}$	$38.7_{-0.34}^{0}$	$53.72_{-0}^{+0.37}$	$108_{-0.6}^{0}$	$118_{-0.4}^{0}$

2) 弹膛与弹壳配合部位横向尺寸的确定

弹膛横向尺寸是指弹膛一锥至三锥的锥体直径,任意断面的弹膛直径以 d_t 表示。弹药确定后,弹壳各断面直径 d_k 为已知,若给定弹壳与弹膛相应断面的直径初始间隙 δ_0,则值一般在 0.05mm~0.4mm 选取,以保证在特殊情况下也能推弹到位。因此,弹膛横向尺寸为

$$d_t = d_k + \delta_0 \tag{3-14}$$

式中: δ_0 有时以相对初始间隙的无量纲数值给出,即 $\Delta_0 = \delta_0/d_k = 0.005 \sim 0.03$。

δ_0 在取值时应注意:径向间隙大,射击过程弹壳壁所需的贴膛压力 p_0 大,因而弹壳外表面与弹膛内表面之间的压力 p_1 小,这对抽壳有利。但是,当 δ_0 过大时(尤其是弹壳口部),将影响壳、膛及时贴合,造成火药燃气后逸,甚至出现弹壳纵裂。表 3.5 列出了初始

间隙 δ_0 与 Δ_0 的极限值,表 3.6 列出了几种武器的初始间隙值,设计时可以参考。

表 3.5　初始间隙 δ_0 与 Δ_0 的极限值

位置＼间隙	δ_{0max}/mm	Δ_{0max}	δ_{0min}/mm	Δ_{0min}
一锥大端	0.20~0.30	0.02	0.05~0.10	0.005
二锥大端	0.20~0.35	0.02	0.05~0.20	0.005
三锥大端	0.20~0.40	0.03	0.05~0.20	0.010

表 3.6　几种武器的初始间隙 δ_0 与 Δ_0 的极限值

位置	枪种＼间隙	54式7.62mm 手枪	56式7.62mm 冲锋枪	53式7.62mm 重机枪	54式12.7mm 高射机枪	56式14.5mm 高射机枪
一锥大端	δ_{0max}/mm	0.22	0.176	0.26	0.23	0.255
	Δ_{0max}	0.022	0.016	0.021	0.011	0.0095
	δ_{0min}/mm	0.11	0.006	0.06	0.04	0.065
	Δ_{0min}	0.011	0.0005	0.005	0.0018	0.0024
二锥大端	δ_{0max}/mm	0.18	0.15	0.255	0.37	0.29
	Δ_{0max}	0.019	0.015	0.022	0.0194	0.011
	δ_{0min}/mm	0.08	0.05	0.074	0.18	0.1
	Δ_{0min}	0.009	0.005	0.006	0.009	0.004
三锥大端	δ_{0max}/mm	0.24	0.44	0.26	0.32	0.39
	Δ_{0max}	0.028	0.051	0.03	0.023	0.024
	δ_{0min}/mm	0.10	0.17	0.08	0.03	0.2
	Δ_{0min}	0.012	0.02	0.009	0.002	0.012

要说明的是当弹膛二锥(斜肩)的锥角较大,在与三锥的连接处常出现尖角,影响镀铬质量,并造成卡壳现象(尤其是高压弹卡壳严重)。为了消除二锥与三锥之间的尖角,宜在相交部位设计一个过渡锥。

3) 弹膛尺寸精度和形位公差

弹膛各锥体(包括坡膛各锥体)到身管尾端的纵向尺寸,一般只标注公称尺寸,其公差值由工装保证,量具检验。各锥体的径向尺寸公差为 0.04~0.06,合 IT9 级~IT10 级。各锥体对线膛的形位公差(同轴度)为 $\phi 0.06$~0.10。

弹膛内表面粗糙度为 0.40~0.60μm,且表面镀铬。一般弹膛一、三锥表面粗糙度 $Ra \approx 0.32$;二、四锥表面粗糙度 $Ra \approx 0.4$;五锥表面粗糙度 $Ra \approx 0.63$。

若采用冷精锻等特种加工工艺,则身管内膛的尺寸精度、形位公差和表面粗糙度都可以提高。

4) 弹膛开纵槽

为了提高航空机枪和高射机枪的理论射速,需要在高膛压下抽壳。由于这类武器的弹壳较长,与弹壳配合的弹膛纵向尺寸较大,势必造成抽壳困难,甚至出现断壳的故障。因此,为了提高速射武器的工作可靠性,在坡膛至弹膛一锥的适当长度内开一定数量的纵槽,让火药燃气进入槽内压缩弹壳,以减小贴膛压力,并减小壳膛接触面积,从而达到减小抽壳阻力的目的,同时还对弹壳产生向后的轴向推力。

纵槽应沿弹膛周围均匀分布(图3.13),槽的宽度和深度一般为0.3~0.5mm。大口径机枪的纵槽数量为4~12条,沿弹膛圆周均匀分布;槽宽0.8~1.0mm(也可适当加宽些);槽深0.15~0.50mm;槽的前端过弹壳口而不能超过坡膛一锥小端,以避免火药燃气前逸;槽的后端应距枪管尾端有一定距离,以防火药燃气后泄。槽的宽度和深度都不宜过大。槽过宽则弹壳得不到应有的径向支撑,在火药气体进入纵槽之前,弹壳就在该处发生过大的局部塑性变形,嵌入槽内,反而不利于抽壳。槽过深则不易加工和擦拭。在保证不至于向后过多漏烟或自由式枪机不过早开锁的前提下,适当增加纵槽长度和数目,对降低抽壳阻力或提高枪机后坐能量都有利。实验证明:一般开槽数量多一些、窄一些,较开槽数少一些、宽一些的效果好,而槽深的影响不大。有时,为了改善因开锁时火药气体压力过高而出现的后喷烟、冒火等现象,可以在弹膛第一锥体后方开环形槽,以密闭火药气体。

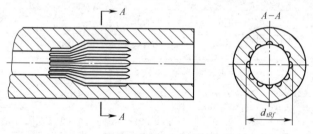

图3.13 弹膛开纵向槽

5) 弹膛开螺旋槽

由于枪机后坐式手枪无开锁过程,枪机后坐较早;又因手枪弹壳较短,所需抽壳阻力较小,所以使得枪机后坐速度过大,对武器造成的撞击与振动也大。为了提高这类武器的射击精度,确保机构动作可靠性与射手安全,需要限制枪机的后坐能量。64式手枪的实践证明满足弹壳不被拉断的条件:在弹膛一锥开适当深度的螺旋槽,通过弹壳变形增加抽壳阻力,可达到减小枪机后坐能量的目的。

螺旋槽应根据枪的具体结构确定。一般为四条,即螺距10~40mm、槽长10mm、槽宽1.5~2.0mm、槽深0.07~0.10mm,旋向可右旋。

但应注意:开槽的弹膛,由于火药气体后逸较早,使坡膛部分烧蚀严重,初速下降量较大。因此,这种弹膛结构的选择,应与身管寿命问题同时考虑。

3.3.2 坡膛设计

坡膛是连接弹膛和线膛的锥形结构,是弹膛过渡到线膛的部分。其主要作用是容纳弹头的圆柱部,导引弹丸正确且顺利地嵌入线膛,减少弹丸对膛线起点的冲击。

发射时,坡膛直接承受火药燃气作用,在高温条件下,身管基体金属(指铬层外的金属)被软化,热处理所赋予的力学性能将会降低。在弹丸嵌入线膛过程中受到嵌入力、导转侧抗力和机械摩擦力的作用,加上高速气流的冲刷和腐蚀介质的化学作用等,将使得坡膛工作条件最恶劣,在此处最容易发生破坏。因此,坡膛强度是影响身管寿命的关键。

1. 坡膛的设计要求

1) 密闭气体

为了保证在弹头嵌入膛线的过程中闭气性能好,且使弹丸获得规定的初速。要求:弹丸圆柱部后端脱离弹壳口部之前,其前端圆柱面已与坡膛内锥面相接触,以便达到可靠的闭气效果,即弹头嵌入前不漏气或少漏气,同时又不致因弹丸处于无约束状态而使进膛姿态不正。

2) 嵌入容易

减少弹丸嵌入线膛的阻力,以降低最高膛压 P_m;减少磨损,以提高坡膛强度和身管寿命。

3) 导向正确

为了使弹丸正确嵌入线膛,提高射击精度,要求弹膛、坡膛与线膛有较高的同轴度。

2. 坡膛的结构设计

坡膛通常由 1~2 个锥体构成。例如,54 式 7.62mm 手枪、92 式 5.8mm 手枪、95 式 5.8mm 步枪等均为一个锥体,而 67-2 式 7.62mm 重机枪、85 式 12.7mm 高射机枪等均为两个锥体。

1) 一锥式坡膛

用一个锥体担负闭气和嵌入两种功能的坡膛称为一锥式坡膛。这种坡膛的优点是结构简单、加工容易;缺点是弹丸嵌入阻力大,影响身管使用寿命。目前手枪和小口径火炮身管上采用这种坡膛结构,如图 3.14(a)所示。为满足闭气性好的要求,坡膛锥体的锥度应大一点好,但为减少嵌入线膛的阻力,降低 P_m、减小磨损,坡膛的锥度应小一点好,因此最好将坡膛做成两个锥度。

2) 两锥式坡膛

两锥式坡膛如图 3.14(b)所示。第一锥体(又称为第Ⅳ锥)锥度大而短,以密闭火药燃气。第二锥体(又称为第Ⅴ锥)锥度小而长,以利于弹头挤进线膛。其优点是既可满足闭气要求,又可减小嵌入力,对提高身管寿命有利,因此被广泛应用于大口径机枪、膛压较高的重机枪、高射机枪和小口径自动火炮的身管设计。其缺点是当弹丸圆柱部后端脱离弹壳口部之后,在弹丸嵌入线膛过程中只有坡膛第一锥小端的周线与弹丸圆柱部相切,这不利于限制弹丸嵌入过程,会因受力不对称产生的摆动,不便于弹丸导向的正确性,对提高射击精度不利。

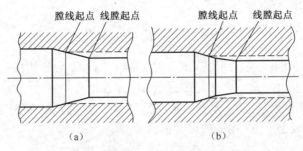

图 3.14 坡膛结构
(a)一锥式坡膛;(b)两锥式坡膛。

3. 弹丸与坡膛的配合验算

对于斜肩定位式弹膛,由于与弹壳配合部分的弹膛二锥的加工误差,不可能确保每发弹的斜肩锥面与弹膛二锥锥面完全贴合,因此出现弹壳的斜肩大端与弹膛斜肩接触定位和弹壳的斜肩小端与弹膛接触定位两种情况。再考虑有的弹圆柱部(称为导引部)微锥,将会使弹丸导引部后端离开弹壳口部瞬间,其前端与膛线起点处出现直径差 Δd,或弹丸导引部前端与膛线起点的距离 λ 小于零的情况。为了保证闭气性良好,应当验算 Δd 与 λ 值。

1)弹壳斜肩大端与弹膛斜肩接触定位

在弹壳斜肩大端与弹膛膛斜肩接触定位的情况下,弹丸与弹膛配合部位尺寸如图 3.15 所示,图中符号含义为

Δl——各锥体长度,字母下标 t、k、z 分别表示弹膛、弹壳与弹丸,数字下标 1、2、3、4、5 分别表示各锥序号;

d——各锥体两端直径,字母下标与数字下标含义同 Δl 的说明;

d_z——弹丸导引部直径,下标 1、2、i 分别表示导引部后端直径、前端直径、导引部后端离开弹壳口瞬间与膛线起点对应处直径;

Δc——弹壳斜肩与弹膛二锥贴紧后,弹壳口部端面与弹膛三锥小端的距离;

Δa——弹壳斜肩与弹膛二锥贴紧后,弹壳斜肩与弹膛二锥大端的距离。

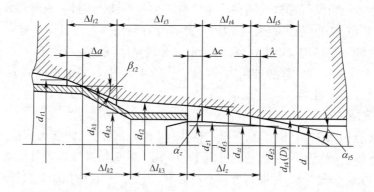

图 3.15 弹壳斜肩大端与弹膛斜肩接触定位时弹丸与坡膛的配合

(1)计算坡膛与弹丸配合间隙 Δd,即

$$\Delta d = d_{t4} - d_{zi} = D - d_{zi} \tag{3-15}$$

由图中含 α_z 的两个直角三角形,得

$$d_{zi} = d_{z2} + (d_{z1} - d_{z2})\frac{\lambda}{\Delta l_z} \tag{3-16}$$

(2)计算导引部前端进入线膛深度 λ。由 Δl_z 与 λ、Δl_{t4}、Δc 构成的尺寸链,得

$$\lambda = \Delta l_z - (\Delta l_{t4} + \Delta c) \tag{3-17}$$

设 β_{t2} 表示与弹壳配合部分弹膛二锥的半锥角,则由含 β_{t2} 的两个直角三角形及由 Δl_{t2}、Δl_{t3} 和 $\Delta \alpha$、Δl_{k2}、Δl_{k3}、Δc 构成的尺寸链,得

$$\Delta c = -\frac{d_{t1} - d_{k1}}{d_{t1} - d_{t2}} \cdot \Delta l_{t2} + (\Delta l_{t2} + \Delta l_{t3}) - (\Delta l_{k2} + \Delta l_{k3}) \tag{3-18}$$

2) 弹壳斜肩小端与弹膛斜肩接触定位

在这种定位情况下,弹丸与弹膛配合部位尺寸如图 3.16 所示。

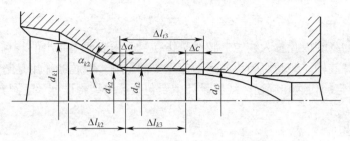

图 3.16　弹壳斜肩小端与弹膛接触定位时弹丸与坡膛的配合

在图 3.16 中 α_{k2} 为弹壳第二锥半锥。弹壳斜肩小端与弹膛接触定位情况下,Δd 与 λ 的计算公式与大端定位情况相同,只有 Δ 的计算公式与大端不同。由图 3.16 尺寸关系列出尺寸链方程,并解得 $\Delta c = \Delta l_{t3} - \Delta l_{k3} - \Delta a$,由含 α_{k2} 角的两个相似直角三角形对应成比例的关系,得

$$\Delta a = \frac{d_{t2} - d_{k2}}{d_{k1} - d_{k2}} \cdot \Delta l_{k2} \tag{3-19}$$

将 Δa 代入式(3-19),得

$$\Delta c = -\frac{d_{t2} - d_{k2}}{d_{k1} - d_{k2}} \cdot \Delta l_{k2} + \Delta l_{t3} - \Delta l_{k3} \tag{3-20}$$

3) 考虑闭锁间隙 Δ 时,$\Delta \alpha$ 和 λ 的计算

因为闭锁间隙 Δ 对封闭环 Δc 为增环,故对弹壳斜肩大端与弹膛接触定位情况,有

$$\Delta c = -\frac{d_{t1} - d_{k1}}{d_{t1} - d_{t2}} \cdot \Delta l_{t2} + (\Delta + \Delta l_{t2} + \Delta l_{t3}) - (\Delta l_{k2} + \Delta l_{k3}) \tag{3-21}$$

对弹壳斜肩小端与弹膛接触定位情况,有

$$\Delta c = -\frac{d_{t2} - d_{k2}}{d_{k1} - d_{k2}} \cdot \Delta l_{k2} + (\Delta + \Delta l_{t3}) - \Delta l_{k3} \tag{3-22}$$

将 Δc 表达式(3-21)、式(3-22)分别代入式(3-17),得

当弹壳斜肩大端与弹膛斜肩接触定位时,得

$$\lambda = \frac{d_{t1} - d_{k1}}{d_{t1} - d_{t2}} \cdot \Delta l_{t2} + (\Delta l_z + \Delta l_{k2} + \Delta l_{k3}) - (\Delta + \Delta l_{t2} + \Delta l_{t3} + \Delta l_{t4}) \tag{3-23}$$

当弹壳斜肩小端与弹膛接触定位时,得

$$\lambda = \frac{d_{t2} - d_{k2}}{d_{k1} - d_{k2}} \cdot \Delta l_{k2} + (\Delta l_z + \Delta l_{k3}) - (\Delta + \Delta l_{t3} + \Delta l_{t4}) \tag{3-24}$$

关于闭锁间隙 Δ 的计算,可参阅第 4 章的有关内容。

为了满足闭气性要求,λ 值的计算结果必须是正值。如果所计算出的 $\lambda_{\min} > 0$,则可将其代入式(3-16)计算出 d_{zi},再将 d_{zi} 代入式(3-15)计算出坡膛与弹丸的配合间隙 Δd。

若式(3-23)或式(3-24)计算出的 λ 为负值,此时应取 $\lambda_{\min} = 0.1 \sim 1.0$ mm,代入式(3-25)调整弹膛四锥(坡膛第一锥)的长度,即

$$\Delta l_{t4\max} \leqslant \Delta l_{z\max} - (\lambda_{\min} + \Delta c_{\max}) \tag{3-25}$$

3.3.3 线膛设计

1. 线膛的作用

具有膛线的身管内膛称为线膛。膛线是指在身管内表面上制出的与身管轴线具有一定倾斜角度的螺旋槽。线膛对弹头的运动起重要的影响。线膛的作用是与火药燃气相配合,赋予弹头一定的初速和旋速。线膛设计主要包括膛线结构设计、线膛与弹丸的配合等内容。

2. 膛线的组成

膛线分为阳线和阴线。凸出身管内膛的膛线称为阳线,凹入身管内膛的膛线称为阴线。

3. 膛线的分类

将膛线展开,其上任意点的切线与身管轴线之间的夹角 α 称为缠角。根据膛线对身管轴线斜角度沿轴线变化规律的不同,膛线可分为等齐膛线、渐速膛线和混合膛线三种。

1) 等齐膛线

等齐膛线的缠角为一个常数。若将内膛展开成平面,则等齐膛线是一条直线,如图3.17(a)所示。图中:AB 为膛线,AC 为身管轴线,α 为缠角。等齐膛线在自动武器中广泛应用。等齐膛线的优点是容易加工,缺点是弹丸在膛内运动时,作用在膛线导转侧的力较大,并且此作用力的变化规律与膛压的变化规律相同,即最大作用力接近烧蚀磨损最严重的膛线起始部。此外,由于在镀铬和导转过程中,直角处易产生应力集中,因此对身管寿命不利。

2) 渐速膛线

渐速膛线的缠角为变数,在膛线起始部缠角很小,有时甚至为零(以便减小此部位的磨损),向膛口方向逐渐增大。若将线膛展开成平面,则渐速膛线为一条曲线,如图3.17(b)所示。渐速膛线的优点是可以采用不同曲线方程来调节膛线导转侧上作用力的大小。减少起始部的初始缠角,就可以改善膛线起始部的受力情况,有利于减小这个部位膛线的磨损。其缺点是膛口膛线导转侧作用力较大、工艺过程较为复杂。

3) 混合膛线

混合膛线吸取了等齐膛线和渐速膛线的优点,即在膛线起始部采用渐速膛线,膛线起始部的缠角可以做得小些,甚至为零,以减小起始部的磨损;在膛口部采用等齐膛线,以减小膛口部膛线导转侧的作用力。这种膛线的形状如图3.17(c)所示,它是由渐速段和等齐段组成的。

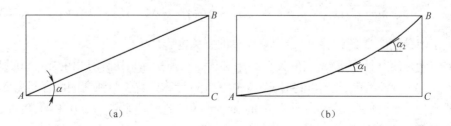

(a)　　　　　　　　　　(b)

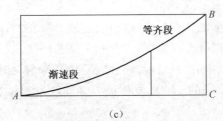

图 3.17 膛线展开图及膛线类型
(a)等齐膛线;(b)渐速膛线;(c)混合膛线。

4. 线膛的横断面结构

线膛的横断面结构应有利于弹头的顺利嵌入、密闭火药燃气、可靠地导转弹头和提高身管的寿命。线膛结构通常按膛线断面的形状区分,如图 3.18 所示。

1) 矩形断面

矩形断面:膛线阴线的两侧壁为平行线,其端点的连线构成矩形,如图 3.18(a)所示。

这种线膛的优点是结构最简单、加工方便、容易测量、成本低。其缺点是阴线内角和阳线外角都近似直角,不利于弹头的嵌入。当弹丸嵌入时,弹丸壳金属不易充满,影响阳线外角强度,并且闭气性较差,在镀铬和导转过程中,直角处易产生应力集中而脱铬,受高温、高压火药燃气的冲刷,阳线棱角容易磨圆,对身管内膛强度不利,并且内角处残留的火药燃气烟垢不易擦拭干净,给擦拭保养武器带来困难,我国的制式武器多采用这种膛线。

2) 梯形断面

梯形截面:膛线阴线的两侧壁不为平行线,其端点的连线构成梯形,如图 3.18(b)所示。

这种膛线的阴线内角与阳线外角均大于直角,避免了矩形膛线的尖角,使弹丸嵌入容易,闭气性与内膛强度均较矩形膛线好些。例如,奥地利的曼利夏步枪采用这种膛线结构。

3) 圆形断面

圆形断面:阳线和阴线之间用圆弧过渡,如图 3.18(c)所示。

圆形膛线稍微改善了矩形断面的缺点,闭气性较矩形和梯形断面好,由于阳线外角仍有尖角存在,对身管内膛强度改善不大,因此效果不明显。挤丝冲子制造较困难,所以这种断面形状未得到广泛采用,曾用于我国航空武器。

4) 多弧形断面

多弧形断面:由相切的大小圆弧组成。大半径 R 构成阳线,小半径 r 构成阴线,如图 3.18(d)所示。

这种膛线由互切的大小圆弧组成,由于阴阳线平滑过渡,因此有利于弹丸嵌入,且嵌入力小,便于弹丸壳金属充满阴线沟槽,闭气性好,无应力集中,铬层容易镀均匀且附着强度高。由于阳线较宽,导转侧面积较大,因此可减小阳线顶面和导转侧应力,从而提高内膛强度。其缺点是挤丝冲子加工复杂;这种膛线优点多,可代替矩形膛线。

5) 多边弧形断面

多边弧形断面:当多弧形断面的大半径 $R\to\infty$ 时,则为多弧形膛线,即由正多边形与半径相同的圆弧组成,圆弧与边相切,如图 3.18(e)所示。

这种膛线具有多弧形线膛的优点,挤丝冲子加工较容易。这种膛线较前面几种都好,其类似结构通过使用证明,对提高身管寿命效果明显。目前主要用于部分高精度的狙击步枪。

多弧形与多边弧形截面的优点是阳线较宽,过渡平滑,因而弹头易于挤进,闭气性好,保持最高膛压 P_m 不变,能提高膛口速度 v_0,有利于勤务擦拭,减小了应力集中和脱铬。膛线转侧面积大,导转时挤压正应力小,能减轻摩擦,提高寿命,如德国的 G3 自动步枪采用弧形膛线后,枪管寿命由原来的 14000 发提高到 30000 发,且散布圆半径仍未超出规定范围。

6) 弓形断面

弓形断面:阳线为过轴心的圆,阴线为小于阳线半径的圆弧组成,并且不相切,如图 3.18(f) 所示。

弓形断面的形状比矩形、梯形、圆弧形断面要优秀,但不如多弧形与多边弧形断面。日本三八式步枪曾采用过这种线膛结构。

综上所述,多弧形与多边弧形断面是两种比较理想的线膛断面,虽然加工制造比较困难,但不少国家仍积极研究和试制。

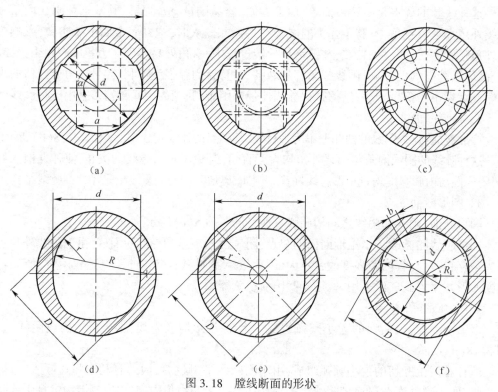

图 3.18 膛线断面的形状

(a)矩形断面;(b)梯形断面;(c)圆形断面;(d)多弧形断面;(e)多边弧形断面;(f)弓形断面。

5. 线膛结构参数的确定

线膛设计所需确定的结构参数有线膛长度、膛线深度、膛线宽度、阴线直径、导程缠度及旋向等。

1) 膛线数 n

膛线数与口径、威力、身管寿命、弹丸弹带的结构、材料等有关,从制造的方便性考虑,膛线数 n 一般取偶数,便于加工和测量。常取 $n=1/2d$。例如,7.62mm 口径的枪,$n=4$。

通常9mm以下口径的身管采用 $n=4\sim8$,11~15mm口径的身管采用 $n=8$,30~37mm口径的火炮采用 $n=12\sim16$。但在国外膛线数有增多的趋势,如美国M16A2自动步枪,其口径为5.56mm,膛线采用6条,其目的是减小挤进压力 P_0,降低最高膛压 P_m,以减小膛线的磨损。

2) 阴线直径 D

原则上,线膛阴线直径 D 与弹丸圆柱部直径 d_z 相等,即名义尺寸 $D=d_z$。对于矩形膛线,弹丸圆柱部直径 d_z 与武器口径 d 有以下经验关系:

$$\frac{d_z}{d} = 1.03 \sim 1.04 \tag{3-26}$$

3) 阳线宽度 a 和阴线宽度 b

膛线宽一般以阳线宽 a 和阴线宽 b 表示。阳线与阴线在以口径 d 为直径的圆周上所占的弦长,称为阳线宽度与阴线宽度。对膛线宽度有一定的要求,以保证弹头被甲有足够的强度而不致破裂。对矩形膛线,a、b、d、D 与 n 有以下近似关系:

$$\begin{cases} a + b \approx \dfrac{\pi(d+D)}{2n} \\ b = (1.5 \sim 2)a \end{cases} \tag{3-27}$$

由式(3-27)可以看出,当口径 d 与膛线数 n 确定之后,阳线与阴线宽度之和近似为常数。若 b 大,则 a 小,对减小嵌入力和提高身管寿命有利,但阴线宽度 b 不宜过大,否则将使阳线宽度 a 过小而致强度降低,阳线易磨损,影响身管寿命。反之,若 a 大,则 b 小,挤进压力 P_0 及最高膛压 P_m 均为增大。因此,阴线、阳线的宽度要有合适的比例,否则会影响弹头的被甲变形量和身管寿命。

4) 膛线深度 t

膛线深度 t 应选择适当,膛线深度过浅,因磨损的影响,会使弹头导转能力变差,影响弹头飞行稳定性,降低了身管的寿命。若膛线深度过大,则弹头嵌入膛线时,会造成弹丸的不利变形条件,并会引起过渡的强制工作,使最大膛压升高,也降低身管寿命。

膛线深度 t 为阳线和阴线直径差的一半,即

$$t = \frac{D-d}{2} = \frac{d_z - d}{2} \tag{3-28}$$

当使用定型弹设计新的身管时,膛线深度为确定值。当身管与弹均为新设计时,其值应考虑膛线条数、阳线宽度和阳线宽度,并考虑下面分析因素。

当 d_z/d 的取值小时,d_z 值小、t 值小,弹头嵌入线膛所需的嵌入力也小,这对改善坡膛受力状况有利。但是 t 值小也使导侧面积减小,这将增大膛线侧面应力,对身管寿命不利,甚至不能有效地使弹头旋转。当 d_z/d 的取值大时,则与上面情况相反。一般 $t=(0.01\sim0.02)d$。实际使用中,小口径武器一般取上限值(大比值),大口径武器取下限值(小比值)。这主要是从身管寿命的角度考虑的。

5) 线膛长度 l_{xt}

$$l_{xt} = l_g - l_e \tag{3-29}$$

式中 l_g——按规定的初速由内弹道计算出弹丸在膛内的行程(mm);

l_e——弹丸尾端(未启动时)至膛线起点的距离(mm)。

6) 膛线的导程 L、缠度 η 和旋向

膛线旋转一周在身管轴线上的投影值称为膛线的导程,以 L 表示,如图 3.19 所示。导程与口径的比值称为膛线缠度,以 η 表示,即

$$\eta = \frac{L}{d} \tag{3-30}$$

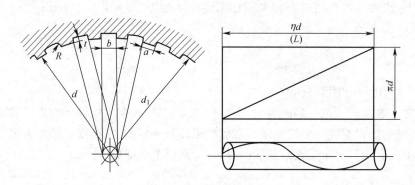

图 3.19 膛线参数

对于等齐膛线,有

$$\tan\alpha = \frac{\pi d}{L} = \frac{\pi}{\eta} \tag{3-31}$$

由此可见,当口径一定时,缠度 η 越大,缠角 α 越小;缠度 η 越小,缠角 α 越大。根据缠角定义,可以有下列关系式:

$$\gamma_0 = \frac{v_0}{\eta} \cdot \frac{2\pi}{d} \tag{3-32}$$

式中 v_0——弹头初速(m/s);

γ_0——弹头出膛口瞬间的角速度(膛口旋速)(rad/s)。

当初速一定时,旋速 γ_0 和缠度 η 成反比。要获得较大的旋速,以保证弹头的飞行稳定性,提高射击精度,就必须使缠度 η 减小。若缠度 η 减小,则缠角 α 就要增大。因此,弹头嵌入膛线困难且使弹头被甲变形增大,膛线受力增加,影响身管寿命。

缠度 η 是根据弹丸飞行稳定性的要求,一般是由外弹道和弹丸设计确定。但膛口缠度的大小又影响膛线的种类和线膛的磨损,因此在设计膛线时,除保证外弹道对膛口缠度的要求外,还必须选择合理的膛线结构和膛线曲线方程来满足寿命的要求。等齐膛线 η 是一个常数,其计算公式为

$$\eta = \xi \frac{\pi}{2} \sqrt{\frac{\mu c_G}{l_z \frac{I_A}{I_C} K_{M0}}} \tag{3-33}$$

式中 ξ——稳定系数,其值在 0.75~0.85 之间;

μ——弹丸质量分布系数,枪弹为 0.45;

c_G——弹重系数;

I_C——弹丸的极转动惯量(kg·m²);

I_A——弹丸的赤道转动惯量($\text{kg} \cdot \text{m}^2$);

K_{M0}——翻转力矩特征数,与弹丸初速、长度等有关,有经验值可供参考,如表 3.7 所列;

l_z——弹丸阻力中心至质心的距离(以口径倍数计),如图 3.20 所示。

表 3.7　与初速有关的系数 K_{M0}

初速/(m/s)	K_{M0}	初速/(m/s)	K_{M0}	初速/(m/s)	K_{M0}
0~200	970	400	1390	750	1330
250	1000	450	1390	800	1320
275	1050	500	1380	850	1310
300	1130	550	1370	900	1310
325	1240	600	1350	950	1310
350	1320	650	1340	1000	1300
375	1360	700	1330	1050	1300
400	1390	750	1330	1100	1300

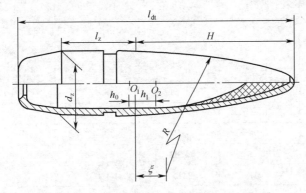

图 3.20　弹丸的外形图

其中,弹丸阻力中心至质心的距离 l_z 为

$$l_z = \frac{h_0}{d} + \frac{h_1}{d} = \frac{h_0}{d} + 0.57\frac{H}{d} - 0.16 \tag{3-34}$$

式中　d——口径(mm);

h_0——弹丸质心到起弧面的距离(mm);

h_1——弹丸阻力中心到起弧面的距离(mm);

H——弹丸弧形部高(mm)。

关于缠度 η 取值问题有以下分析。

(1) 当 η 取小值时,弹丸飞行稳定性、命中精度高,穿甲性能好。对大口径机枪和小口径炮应考虑取小缠度膛线,但需结合寿命问题综合确定。因为当 η 值小时,缠角 α 大,对等齐膛线意味着弹丸嵌入力大,对身管寿命不利。

(2) 当 η 取大值时,弹丸飞行稳定性差,命中精度低,穿甲性能不好,但对有生目标的停止作用好。因为弹速大且稳定性较差,弹丸进入机体能很快失去平衡,从而增大的创伤范围,使目标迅速失去战斗力。手枪应考虑取缠度值较大的膛线。

（3）对发射多种弹的身管,如除普通弹外,还需要发射燃烧弹等,应取其中要求缠度值较小的,以保证各种弹丸的飞行稳定性。

（4）采用膛线起始段缠度值较大(缠角 α 较小)、膛口段缠度值较小的混合膛线(或变缠度膛线)既可提高身管寿命,也可以满足稳定性要求。有的自动武器由于身管较短,初速较小,所以弹头旋速不大。为了获得较大的旋速以确保弹头飞行稳定性,采用渐速膛线,如 122mm 火炮,缠角从 $3°42'$ 变化到 $8°56'$。在开始时缠角 α 较小,便于弹头的弹带嵌入膛线,减轻了膛线起始部的磨损;在出膛口时缠角 α 较大,以保证必要的旋速。

由外弹道学可知,缠度 η 有一适当值,既不能太大,也不能太小。根据经验我国现有制式枪械中缠角 α 选取在 $5°\sim 6°$ 范围内。

旋向:膛线的旋向只影响弹丸的偏流方向,即右旋膛线使弹丸右旋转/右偏(从后向前看),左旋膛线使弹丸左旋转/左偏。当前世界各国枪械均膛线采用右旋。

表 3.8 列出了几种武器的膛线尺寸,可供设计者参考。

表 3.8 几种武器的膛线尺寸

枪名	224 型 9mm 手枪	56 式 7.62mm 冲锋枪	95 式 5.8mm 自动步枪	M16A1 5.6mm 自动步枪	89 式 12.7mm 班用机枪	56 式 14.5mm 高射机枪
d/mm	$8.79^{+0.058}$	$7.62^{+0.064}$	$5.8^{+0.05}$	$5.563^{+0.0254}$	$12.66^{+0.06}$	$14.5^{+0.07}$
n	6	4	4	6	8	8
d_1/mm	$9.02^{+0.058}$	$7.925^{+0.076}$	$6.01^{+0.06}$	$5.702^{+0.0254}$	$13^{+0.1}$	$14.93^{+0.07}$
a	2.05		1.61	$1.880^{+0.0508}$	3.69	
b	$2.59^{+0.14}$	$3.76^{+0.254}$	$2.8^{+0.185}$	2.8	2.8	$3.4^{+0.62}$
b/a	1.26	1.61	1.74	1.49	0.76	1.43
d_z/mm	9.03	$7.92_{-0.05}$	6.02	5.7	—	$14.93_{-0.05}$
d_z/d	1.027	1.04	2.154	1.023	—	1.03
S/mm^2	62.43	47.96	27.65	24.99	222.34	170.95
S_z/S	1.026	1.027	1.029	1.021	—	1.024
L/mm	254 ± 8	240 ± 5	240 ± 5	178	380^{+20}_{-10}	420 ± 10
η	28.89	31.5	41.38	32.0	29.92	29
α	$6°12'$	$5°42'$	$4°20'$	$5°36'$	$5°59'$	$6°12'$
L_{xt}/mm	102	369.3	392.82	415	890	1229

7）线膛横截面积 S

不同线膛结构,其横截面积不同。

（1）矩形膛线,其面积 S 计算公式,即

$$S \approx \frac{\pi d^2}{4} + nbt = \eta_s d^2 \tag{3-35}$$

式中:d,n,b,t 分别为口径,膛线数,阴线宽度和膛线深度;$\eta_s = 0.81\sim 0.825$。

（2）多弧形膛线(截面见图 3.21),其面积 S 计算公式,即

$$S = n\left[\frac{\pi}{180°}aR^2 + \frac{\pi}{180°}\beta r^2 - \left(R - \frac{d}{2}\right)\left(\frac{D}{2} - r\right)\sin\frac{180°}{n}\right] \tag{3-36}$$

式中：R 为大圆弧半径，其值为

$$R = \frac{rd\sin\left(\frac{180°}{n} - \theta\right)}{2r\sin\left(\frac{180°}{n} - \theta\right) + (2r - D)\sin\theta} \tag{3-37}$$

式中：r 为小圆弧半径，其值为

$$r = \frac{4Rd - d^2 - D^2 - 2D(2R - d)\cos\frac{180°}{n}}{4\left[(2R - D) - (2R - d)\cos\frac{180°}{n}\right]} \tag{3-38}$$

式中：θ 为阴线中心角的一半；α 为阳线圆心角的一半，其值为

$$\alpha = \arcsin\left[\frac{\frac{D}{2} - r}{R - r}\sin\frac{180°}{n}\right] \tag{3-39}$$

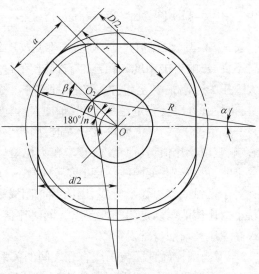

图 3.21　多弧形线膛结构（四条膛线）

式中：β 为阴线圆心角的一半，其值为

$$\beta = \frac{180°}{n} - \alpha \tag{3-40}$$

在确定了膛线数 n，阴、阳直径 D 和 d 以及阴线宽度（或中心角）之后，采用式（3-39）和式（3-40），即可求得大圆弧半径 R 和小圆弧半径 r。

（3）多边弧形膛线的面积 S 计算公式，即

$$S = \pi r^2 + \pi\left(\frac{d^2}{4} - r^2\right)\tan\frac{180°}{n} \tag{3-41}$$

其中圆弧半径的值可用式（3-42）计算，即

$$r = \frac{d - D\cos\frac{180°}{n}}{2\left(1 - \cos\frac{180°}{n}\right)} \tag{3-42}$$

6. 线膛与弹丸的配合

在初步确定线膛的结构尺寸之后，还应验算弹丸圆柱部横截面积 S_z 与膛线横截面积 S 的配合情况，以确定线膛设计满足闭气性，导转弹丸可靠性，弹丸壳变形容易性等的程度。

1）弹头圆柱部横断面面积与线膛横断面面积的关系

线膛与弹丸的配合主要通过 S_z 与 S 的比值大小来衡量，对矩形膛线有

$$\frac{S_z}{S} = 1.01 \sim 1.03 \tag{3-43}$$

式中 S_z——弹头圆柱部截面积(mm)，$S_z = \dfrac{\pi}{4} d_z^2$。

若式(3-43)取比值过小,则会产生漏气现象,火药气体能量不能充分利用,甚至弹头导转不良,影响射击精度和稳定性;若其比值过大,则由于弹头嵌入膛线时的变形量大,使最大膛压 P_m 增高,甚至将弹头挤长,把弹芯(特别是铅芯)从尾部挤出,改变了弹头质心位置,也使弹丸飞行稳定性变坏,散布加大,精度变差。

一般情况下,当弹丸壳硬度较大时,因变形较困难,考虑到对最大膛压 P_m 和身管寿命的影响,宜取小比值;其他情况,宜取较大比值,这样闭气效果好。如果验算结果不符合上面要求时,可适当改变膛线深度 t 或膛线数 n 与阴线宽度 b,直至满意为止。

对于多弧或多边弧形膛线,因阴线与阳线平滑过渡,弹丸金属变形(周向)容易,只要取较小的比值即可满足闭气性要求。同时比值小又使弹丸嵌入膛线容易,从而有利于降低最高膛压和增加身管寿命。

2) 弹头圆柱部直径与阴线直径之间的关系

对于矩形膛线,一般采用阳线直径等于武器的口径,而阴线直径与弹头圆柱部近似相等。

对于其他断面的膛线,如多弧形或弓形膛线,因膛线横断面结构与矩形断面不同,在确定阴线直径时,要对具体情况加以分析。一般采用阴线直径稍小于弹头圆柱部直径(表3.8)。

矩形线膛的阳线,在弹头入口处为狭窄的斜面。当弹头嵌入时,从径向压缩弹头壳,压力分布面积较小,故应力极大,弹头壳金属被刻出沟槽。又因斜面的作用,弹头壳的金属较多地被挤向后方(向两侧挤出较少),所以它的圆周方向变形较小,因而横断面比值要大一些才能填满阴线处的间隙。多弧形膛线在阴阳线交界处无明显的分界面,弹头嵌入膛线时,受力面积较大,故应力较小,金属的塑性变形较少。受阳线挤压时,弹头壳的圆周变形较多,所以弹头圆柱部横断面积与线膛横断面的比值较小,容易把较深的阴线间隙填满,但 S_z/S 不能小于1(日本三八式步枪采用弓形弹膛,弹头圆柱部与线膛横断面的比值约为1)。在其他条件一定时,最合适的断面比值应当满足初速高,最大膛压低,弹头飞行稳定和射弹散布良好等要求。对于根据现有枪弹设计多弧形或弓形膛线时,由于弹头圆柱部直径是依矩形膛线设计的,为了使 S_z 和 S 的比值适当,因此就不一定取阳线直径恰好等于口径。

7. 线膛的尺寸精度与形位公差

线膛尺寸精度与形位公差随加工方法的不同而不同。对于冷精锻身管,其尺寸精度可达到0.03。弹膛和线膛一次成形的工艺,弹膛与线膛的同轴度可达到很高的要求。冷挤压身管的线膛尺寸精度:阳线为0.05~0.06,阴线为0.06~0.07。一般情况下,线膛阳线的直径公差为0.03~0.08,合IT9~IT10级;阴线的直径公差为0.04~0.10,合IT9~IT11级;矩形膛线的阴线宽度 b 公差为0.18~0.26,合IT13~IT14级。线膛的直线度,基准长(量具长)250~400mm,相关公差为0.01~0.05,独立公差为0.02~0.07。总之,尺寸精度:直径方向约为IT10级,宽度为IT12~IT14级。

线膛内表面粗糙度:0.20~0.40μm。一般取阳线表面 $R_a 0.40$,阳线侧面和阴线表面 $R_a 0.63$。

全膛内表面均镀铬，某些大口径身管内膛，还需要采用激光强化工艺，以提高身管内膛的耐磨损、耐腐蚀能力。

8）膛线强度的验算

膛线各参数确定后，还要验算膛线的强度。射击时，膛线受力情况较为复杂，有的作用力目前尚不能用工程的方法来表示，故一般只根据所采用的膛线类型，求出作用在膛线导转侧的最大作用力 F_{max} 来验算膛线的强度。

在验算膛线强度时，将阳线看成为一端固定的悬臂梁，并且假设作用力 F_{max} 作用在弹丸与膛线接触面的中心上，如图 3.22 所示。

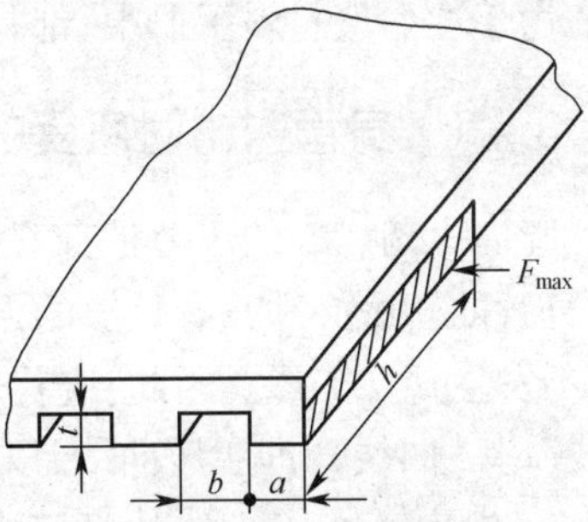

图 3.22　膛线强度度验算简图

弯曲应力为

$$\sigma_W = \frac{F_{max} \cdot \dfrac{t}{2}}{W} \tag{3-44}$$

式中　t——膛线深度(mm)；

W——截面系数 $W = \frac{1}{6}ha^2$；

a——阳线宽度(mm)；

h——弹带平均宽度(mm)。

剪应力为

$$\tau = \frac{F_{max}}{a \cdot h} \tag{3-45}$$

挤压应力为

$$\sigma_{fy} = \frac{F_{max}}{h \cdot t} \tag{3-46}$$

有时采用第三强度理论的相当应力验算膛线强度，即

$$2\tau_{max} = \sqrt{\sigma_W^2 + 4\tau^2} \leqslant \sigma_p \tag{3-47}$$

式中　σ_p——身管材料的比例极限(MPa)。

3.4　身管强度设计

身管强度是指身管承受外载荷、温度和介质等因素综合作用且保持正常工作的能力。身管强度设计的任务是综合分析影响身管强度的诸因素，根据其对身管保持正常功能的影响程度和作用机理，确定采用相应的强度设计方法和提高身管强度的措施，以便使身管在规定的寿命期内安全可靠和具有良好的弹道一致性。因此，将身管强度分为管壁强度和内膛疲劳强度。管壁强度主要指在火药气体作用下，身管不发生塑性变形或破坏的能力，因此可以只考虑火药燃气压力的作用，其他力对强度产生的影响在强度储备(安全系数)上再加以考虑。内膛疲劳强度主要指膛线结构与内膛表面抗破损的能力，其影响身管寿命。

根据材料力学的要求,身管管壁的应力 $\sigma(\sigma=E\cdot\varepsilon)$ 小于或等于身管材料的弹性极限 σ_e(或屈服极限 σ_s),即

$$\sigma = E\varepsilon \leq \sigma_e(\text{或}\sigma_s) \qquad (3\text{-}48)$$

式中　σ——身管壁内的相当应力(MPa);

　　　E——材料弹性模量(MPa);

　　　ε——应变。

由于在一般材料手册中,都是给出 σ_s,且其值 σ_e 很接近,因此可以采用 σ_s 值。

3.4.1　身管射击时所受的膛压

膛内火药燃气的压力是身管承受的主要作用力,为了保证武器在射击过程中安全可靠,身管的管壁必须具有足够的强度,使其在膛内火药燃气的高压和高温作用下不鼓、不爆、不发生塑性变形。因此,应首先确定火药燃气压力状况,计算身管所承受的最大压力曲线(p—l 曲线),即膛压曲线,以便选择合适的身管材料和确定身管管壁厚度。

1. 内弹道 p—l 曲线计算与测定

身管管壁强度设计是在弹药和身管内膛结构已确定的情况下进行的,内弹道诸元(弹头质量 m、装药量 ω、药室容积 W_0 和弹头在膛内的行程 l_g 等)已知,p—l 曲线可以用内弹道方法计算出,也可以在制造出弹道枪以后由实验测试获得。

2. 膛压 p—l 曲线的绘制

在 p—l 曲线数值确定之后,可按下面步骤绘制计算膛压 p—l 曲线。

(1) 画出身管剖面图,并标出弹头在弹膛中的定位状态剖面位置。

(2) 建立 p—l 坐标系:以身管尾端面对应为原点 O,以平行内膛轴线的 Ol 为横轴,以垂直于 Ol 的 Op 为纵轴,表示火药燃气压力。

(3) 选未启动状态的弹头尾端在横轴上相应点 O' 为辅助坐标原点,画出内弹道 p—l 曲线,并标出膛压 p_m 出现点 l_m。由于膛内压力最大值 p_m 时,整个弹后空间(即 O 至 l_m 段)的压力均为 p_m,所以只要过最大膛压点 B 作横轴平行线 $\overline{AB}$ 即可。

(4) 考虑到弹头嵌入力减小和装药量减小等都可能使最大膛压出现 l_m 向膛口方向移动,为使身管管壁强度设计可靠,需将最大膛压点 B 向膛口方向移动 $2\sim 3d$(d 为口径尺寸),得 C 点。将 C 点用平滑曲线与 p—l 曲线相连。根据上面步骤作图得 $\overline{ABCDE}$ 曲线,即为所求的计算膛压 p—l 曲线,如图 3.23 所示。

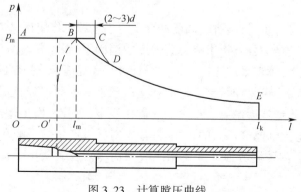

图 3.23　计算膛压曲线

这种平均膛压曲线法设计身管,计算方法简单,身管设计多采用此方法。但是,它没有考虑膛内压力分布规律,即膛底压力大于弹底压力,以及装药初温对膛压的影响。如需考虑上述因素,可采用更为复杂实际压力曲线代替上面膛压曲线进行身管设计。

应当说明,取身管尾端 A 点的膛压值 p_A 等于 B 点的最大膛压值 p_B(这里 $p_B=p_m$)只是一种近似处理方法,若按内弹道规律,则 p_A 应大于 p_B。考虑到此段弹壳变形抵消了一部分膛压值,故这样简化是可行的。

3.4.2 身管壁内的应力与应变

射击时,身管在火药燃气作用下,其内部将产生一定的应力和应变,这种应力和应变是研究身管强度的基础。因此,为了进行身管的管壁强度设计和校核,在确定了身管受力作用后,应当分析身管壁内的应力与应变。

1. 基本假设与分析

在建立身管管壁的应力与应变计算公式时,为了容易建立力学模型,把次要因素暂时不计,并作了一些假设。这些次要因素造成的差别和影响,将在安全系数的设定中予以考虑。对身管建立以下假设。

(1) 身管是无限长的理想厚壁圆筒形;
(2) 身管材料是均质和各向同性的;
(3) 身管承受的压力是垂直作用于管壁表面且均匀分布的;
(4) 身管受力变形后仍保持其圆筒形,各横截面变形后仍保持为平面(平面假设);
(5) 身管内壁所受压力是静载荷,因此身管各质点在外力作用下,均处于静力平衡状态。

应当指出,身管管壁的实际应力与经过简化后的管壁应力是有差别的。例如,①身管弹膛(包括坡膛)有锥度,线膛有膛线,外部有台阶和沟槽等,即身管并不是光滑圆筒,更不是无限长。但是考虑到弹膛有弹壳和机匣(节套)承担部分内压,膛口管壁较厚,这样简化不会对管壁强度有多大影响。②火药燃气对管壁的作用时间很短,应变速率 $\dot{\varepsilon}$ 较高,对膛线等引起的应力集中很敏感。因此,管壁受力是一个动态过程,并不能使管壁各质点同时处于静平衡状态,这也是造成与假设差异的主要原因。但是,身管构件在动载荷作用下可使材料强化,从而使屈服极限 σ_s 提高,这对身管的管壁强度不会有太大影响,而对内膛强度影响较大。同时材料变形的响应速度远远高于燃气压力作用过程,因此,可近似地看成静平衡状态。③身管在射击过程中实际有轴向力作用,忽略轴向力之后计算出的管壁应力偏大,这对管壁强度有利。

2. 身管的应力与应变

根据上面假设,任取一段身管,如图 3.24 所示。设身管的内半径为 r_1、外半径为 r_2,内表面承受火药燃气作用 p_1(内压),外表面承受大气压 p_2(外压)。在管壁内任一点取出一个极端微小单元体,如图 3.25 所示。此单元体的几何尺寸为轴向长度 dz,夹角为 $d\theta$ 和径向长 dr。作用在各面上的应力如图 3.25 所示,图中 σ_t 为切向应力、σ_r 为径向应力、σ_z 为轴向应力。假设各法向应力向外为正,向内为负。由轴对称假设可知,各平面都没有剪应力作用,因为如果存在剪应力,则单元体产生畸变时,就不能使截面保持为圆形截面了,所以 σ_r、σ_t、σ_z 是主应力。在单元体上取直角坐标系,原点 O 位于夹角 $d\theta$ 的等分平面内单元体的中心上。取 Ox 轴指向半径增大的方向;Oy 轴为过 O 点的圆弧的切线,指向右方;Oz 轴等于圆筒轴。由材料力学可得三个方向的应力分别为

$$\sigma_r = -p_1 \frac{r_1^2(r_2^2-r^2)}{r^2(r_2^2-r_1^2)} - p_2 \frac{r_2^2(r^2-r_1^2)}{r^2(r_2^2-r_1^2)} \tag{3-49}$$

$$\sigma_t = p_1 \frac{r_1^2(r_2^2+r^2)}{r^2(r_2^2-r_1^2)} - p_2 \frac{r_2^2(r^2+r_1^2)}{r^2(r_2^2-r_1^2)} \tag{3-50}$$

$$\sigma_z = 常数 \tag{3-51}$$

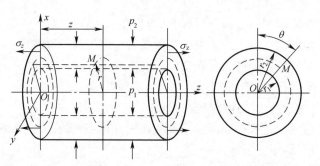

图 3.24 身管厚壁圆筒模型

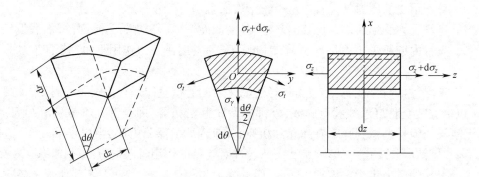

图 3.25 圆筒壁内单元体的主应力

如泊松比取值 $\mu = 1/3$,则三个方向的应变分别为

$$\varepsilon_r = \frac{1}{E}\left[-\frac{2}{3}p_1\frac{r_1^2(2r_2^2-r^2)}{r^2(r_2^2-r_1^2)} - \frac{2}{3}p_2\frac{r_2^2(r^2-2r_1^2)}{r^2(r_2^2-r_1^2)} - \frac{1}{3}\sigma_z\right] \tag{3-52}$$

$$\varepsilon_t = \frac{1}{E}\left[\frac{2}{3}p_1\frac{r_1^2(2r_2^2+r^2)}{r^2(r_2^2-r_1^2)} - \frac{2}{3}p_2\frac{r_2^2(r^2+2r_1^2)}{r^2(r_2^2-r_1^2)} - \frac{1}{3}\sigma_z\right] \tag{3-53}$$

$$\varepsilon_z = \frac{1}{E}\left(-\frac{2}{3}\frac{p_1r_1^2-p_2r_2^2}{r_2^2-r_1^2} + \sigma_z\right) \tag{3-54}$$

从式(3-49)~式(3-54)中可知:
(1) 径向和切向的应力与应变都同内压和外压呈线性关系;
(2) 径向和切向的应力与应变都随 r^2 而变化;
(3) 轴向应力为常数,轴向应变不仅与轴向应力有关,而且与内压和外压有关。

3.4.3 身管弹性强度极限

在各种复杂情况下射击时,身管都必须具有足够的强度。身管在火药燃气压力作用下,不但不能产生破裂,而且内表面不能产生塑性变形(通常称为胀膛)。身管不产生塑性变形时所能承受的最大内压力,称为身管弹性强度极限。当内压小于或等于身管弹性强度极限时,身管内表面只产生弹性变形。当内压超过身管弹性强度极限时,身管内表面就要产生塑性变形。因此,一般就以身管弹性强度极限的大小表示身管强度的高低。

1. 强度理论

建立身管强度设计公式,需要知道判定身管材料失效(破坏或过大残余变形)的准则,即强度理论。强度理论的任务,主要是根据简单拉、压时材料破坏所表现的特征,进行推论在复杂应力状态下材料破坏的原因,从而建立在复杂应力状态时的强度条件。

由于对材料失效原因有不同的认识,就有不同的强度理论,如最大正应力理论(伽利略理论,第一强度理论);最大线应变理论(玛利奥特-圣文南理论,第二强度理论);最大剪应力理论(库仑和特列斯卡理论,第三强度理论);总势能强度理论(奥尔特拉姆理论,第四强度理论);形变能理论(胡勃-密息斯-甘克理论,第五强度理论)等。目前经常用来计算厚壁圆筒强度的是第二强度理论和第五强度理论。对于碳素合金结构钢,第二强度理论比较适用,并且我国已积累了许多宝贵的经验。下面基于第二强度理论进行身管强度条件分析。

第二强度理论认为,材料内的最大线应变是使材料失效的原因,即材料在复杂应力状态下,当最大线应变达到在简单拉压条件下的极限应变时,材料即为失效(破坏或塑性变形)。对于身管,其强度条件为

$$\sigma_r = E\varepsilon_r \leq \sigma_e(或\sigma_s) \quad 或 \quad \sigma_t = E\varepsilon_t \leq \sigma_e(或\sigma_s) \tag{3-55}$$

式中 σ_r、σ_t——径向相当应力和切向相当应力(MPa);

ε_r、ε_t——径向应变和切向应变。

2. 身管弹性强度极限

身管弹性强度极限是使身管管壁保持弹性状态所能承受外力的极限。外力是指内压和外压。对射击中的身管,由于大气压 p_2 远小于火药燃气作用 p_1,可以忽略 p_2,即令 $p_2 = 0$。

比较式(3-52)和式(3-53),得

$$E\varepsilon_r = -\frac{2}{3}p_1 \frac{r_1^2(2r_2^2 - r^2)}{r^2(r_2^2 - r_1^2)} \tag{3-56}$$

$$E\varepsilon_t = \frac{2}{3}p_1 \frac{r_1^2(2r_2^2 + r^2)}{r^2(r_2^2 - r_1^2)} \tag{3-57}$$

则

$$|E\varepsilon_t| > |E\varepsilon_r|$$

这就是,身管壁内切向应变的绝对值恒大于径向应变的绝对值。因此,身管的破坏是由于切向相当应力引起的,并且当 $r=r_1$ 时,$|E\varepsilon_t|$ 的值最大,记为 $E\varepsilon_{t1}$,因此身管壁内表面首先遭到破坏(应力分布见图3.26)。

令式(3-57)中 $r=r_1$，得到最大相当应力值 $E\varepsilon_{t1}$ 为

$$E\varepsilon_{t1} = \frac{2}{3}p_1 \frac{2r_2^2 + r_1^2}{r_2^2 - r_1^2} \qquad (3-58)$$

因此，根据第二强度理论，身管在射击时不造成破坏的强度条件为

$$E\varepsilon_{t1} \leqslant \sigma_e(或 \sigma_s) \qquad (3-59)$$

即

$$E\varepsilon_{t1} = \frac{2}{3}p_1 \frac{2r_2^2 + r_1^2}{r_2^2 - r_1^2} \leqslant \sigma_e(或 \sigma_s) \qquad (3-60)$$

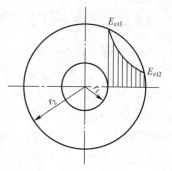

图 3.26 身管壁内的应力分布

若不考虑温度对身管材料弹性极限 σ_e 的影响，$E\varepsilon_{t1} = \sigma_e$，定义壁厚比 $w = r_2/r_1$，$p_{II} = p_1$，则式(3-60)可写成

$$p_{II} = \frac{3}{2}\sigma_e \frac{r_2^2 - r_1^2}{2r_2^2 + r_1^2} = \frac{3}{2}\sigma_e \frac{w^2 - 1}{2w^2 + 1} \qquad (3-61)$$

当身管内外半径 r_1、r_2 及材料的弹性极限 σ_e 一定时，p_{II} 为身管的弹性强度极限。它的物理意义是：当身管所受的内压力为 p_{II} 时，身管内表面只产生弹性变形；当身管所受的内压超过 p_{II} 时，身管内表面就要产生塑性变形，从而使身管遭到破坏。因此，身管的弹性强度极限 p_{II} 是衡量身管强度的重要指标。

同理，可得其他强度理论下的弹性强度极限公式及其极限载荷，如表 3.9 所列。

表 3.9 不同强度理论下的弹性强度极限及其极限载荷

第一强度理论	第二强度理论	第三强度理论	第四强度理论	第五强度理论
$p_{I} = \sigma_e \dfrac{w^2 - 1}{w^2 + 1}$	$p_{II} = \dfrac{3}{2}\sigma_e \dfrac{w^2 - 1}{2w^2 + 1}$	$p_{III} = \sigma_e \dfrac{w^2 - 1}{2w^2}$	$p_{IV} = \dfrac{\sqrt{3}}{2} \dfrac{w^2 - 1}{\sqrt{2w^4 + 4}} \sigma_e$	$p_{V} = \dfrac{w^2 - 1}{\sqrt{3w^4 + 1}} \sigma_e$
$p_{I\max} = \sigma_e$	$p_{II\max} = \dfrac{3}{4}\sigma_e$	$p_{III\max} = \dfrac{1}{2}\sigma_e$	$p_{IV\max} = \dfrac{\sqrt{3}}{2\sqrt{2}}\sigma_e$	$p_{V\max} = \dfrac{1}{\sqrt{3}}\sigma_e$

将式(3-61)变换后，得

$$r_2 = r_1 \sqrt{\frac{3\sigma_e + 2p_{II}}{3\sigma_e - 4p_{II}}} \qquad (3-62)$$

式(3-61)可用于内压 p_1 一定时，确定身管材料和尺寸，也可用于校核 r_2 是否满足身管强度要求。

3. 影响身管弹性强度极限的因素

身管弹性强度极限 p_{II} 与身管材料弹性极限 σ_e 不同。σ_e 是材料的弹性性能指标，其值与结构尺寸无关。身管弹性强度极限 p_{II} 是身管这一特定结构的弹性性能指标，其值不仅与 σ_e 有关，还与结构尺寸、受力状态、工作温度等因素有关。

1) 材料性能的影响

由式(3-61)可知，当 r_1 与 r_2 一定时，p_{II} 值随 σ_e 的改变而成正比例规律变化。也就是说，若金属材料的弹性极限 σ_e 或屈服极限 σ_s 越高，则身管的弹性强度极限 p_{II} 值也越大，能承受的火药燃气的压力越大。因此，提高身管材料的弹性极限 σ_e 值，可以在不增加

身管尺寸的条件下,提高身管的弹性强度极限 p_{II} 值,具体措施可采用:①选用优质材料,这可以使 σ_e 提高,如大口径机枪的枪管,多采用合金结构钢。但在一定的生产条件下采用好的金属材料,提高金属材料的弹性极限受到生产经济性的限制。②采用适当的热处理工艺和强化工艺,提高身管整体或表面强度。

2) 壁厚结构尺寸的影响

由式(3-61)可知,当 σ_e 和身管内半径 r_1 一定时,增大外半径 r_2,可以提高身管的弹性强度极限 p_{II};但若无限增大 r_2 值($r_2 \to \infty$, $w \to \infty$),p_{II} 将趋于 $0.75\sigma_e$,即极限载荷为 $p_{\text{II max}} = 0.75\sigma_e$,即

$$p_{\text{II max}} = \lim_{w \to \infty} p_{\text{II}} = \lim_{w \to \infty} \frac{3}{2}\sigma_e \frac{w^2 - 1}{2w^2 + 1} = \lim_{w \to \infty} \frac{3}{2}\sigma_e \frac{1 - \frac{1}{w^2}}{2 + \frac{1}{w^2}} = \frac{3}{4}\sigma_e = 0.75\sigma_e \quad (3-63)$$

这说明通过增加身管壁厚来提高 p_{II} 是有限的。采用不同身管壁厚,分别计算 p_{II} 随 r_2 的变化,如表 3.10 所列。从表可见,当身管壁厚超过一倍口径时,即 $w > 3.0$,p_{II} 值随 r_2 的提高就不显著了。

表 3.10 p_{II} 随身管壁厚的变化

身管壁厚(口径倍数)	0.10	0.25	0.50	0.75	1.00	1.25	1.5	1.75	2.00	∞
$w = r_2/r_1$	1.2	1.5	2.0	2.5	3.0	3.5	4.0	4.5	5.0	∞
p_1/σ_e	0.17	0.34	0.50	0.58	0.63	0.66	0.68	0.69	0.70	0.75

由图 3.26 也可知,身管壁内的切向相当应力分布是不均匀的,当身管壁厚为一倍口径时,即 $w = 3.0$ 时,通过计算内表面上的应力比外表面上的应力大 6 倍以上。可见,身管外层在抵抗内压方面所起的作用是很小的,这就是为什么无限增大身管壁厚却不能无限提高身管的弹性强度极限的依据,这也是圆筒身管在强度方面的根本弱点。

3) 大气压力和轴向力的影响

上面在推导身管弹性强度极限 p_{II} 公式时,假设身管无轴向力作用,也就是身管壁内没有轴向应力,即 $\sigma_Z = 0$,同时假设大气压力 $p_2 = 0$。实际上,在弹丸未出膛口之前,可以认为身管是有底的圆筒,身管壁内是有轴向力的(如火药燃气对弹膛斜肩的作用,弹丸对膛线的作用等均会使身管壁内产生轴向应力 σ_Z),并且大气压力 p_2 也是存在的。因此,就要考虑大气压力 $p_2 \neq 0$ 及轴向应力 $\sigma_Z \neq 0$ 时的身管弹性强度极限 p_{II} 的变化。

(1) 当 $p_2 \neq 0$, $\sigma_Z = 0$ 时的切向相当应力,即

$$E\varepsilon_t = \frac{2}{3}p_1 \frac{r_1^2(2r_2^2 + r^2)}{r^2(r_2^2 - r_1^2)} - \frac{2}{3}p_2 \frac{r_2^2(r^2 + 2r_1^2)}{r^2(r_2^2 - r_1^2)} \quad (3-64)$$

当 $r = r_1$ 时,则膛内表面的切向相当应力为

$$E\varepsilon_{t1} = \frac{2}{3}p_1 \frac{(2r_2^2 + r_1^2)}{(r_2^2 - r_1^2)} - \frac{4}{3}p_2 \frac{r_2^2}{(r_2^2 - r_1^2)} \quad (3-65)$$

在射击时身管不造成破坏的强度条件:$E\varepsilon_{t1} \leq \sigma_e$(或 σ_s),则得考虑大气压力 p_2 的身管强度极限 p_{II} 为

$$p'_{II} = \frac{3}{2}\sigma_e \frac{(r_2^2 - r_1^2)}{(2r_2^2 + r_1^2)} + 2p_2 \frac{r_2^2}{(2r_2^2 + r_1^2)} \geq p_{II} \tag{3-66}$$

从式(3-66)可以看出,考虑外压 p_2 时,比无外压的情况增加了第二项,在身管尺寸一定时,其增加量与 p_2 正比。因此,增加外压,相当于在身管壁内产生了压缩的切向相当应力,从而使内压产生的拉伸切向相当应力减小,提高了身管的弹性强度极限。

凡是预先使管壁由外往内产生压应力的方法,都能提高 p_{II} 值,这也就是采用筒紧和自紧身管的道理和加工强化提高 p_{II} 的道理(如挤丝加工等)。

以某口径37mm高射炮为例,其 $\sigma_e = 700\text{MPa}$;线膛部最大压力断面外径88mm,内径37.9mm,在不同压力作用下身管弹性强度极限 p'_{II} 由式(3-66)计算得表3.11。

表3.11 不同外压作用下身管强度对比

外压 p_2/MPa	0	10	20	30	40	50	60	70	80	90
身管弹性强度极限 p'_{II}/MPa	390	403	418	431	445	459	473	486	500	541
比 $p_2 \neq 0$ 时强度提高比例/(%)	0	3.6	7.2	10.5	14.1	17.7	21.3	24.6	28.2	31.8

(2) 当 $p_2 = 0, \sigma_Z \neq 0$ 时的切向相当应力,即

$$E\varepsilon_t = \frac{2}{3}p_1 \frac{r_1^2(2r_2^2 + r^2)}{r^2(r_2^2 - r_1^2)} - \frac{1}{3}\sigma_Z \tag{3-67}$$

当 $r = r_1$ 时,则膛内表面的切向相当应力为

$$E\varepsilon'_{t1} = \frac{2}{3}p_1 \frac{(2r_2^2 + r_1^2)}{(r_2^2 - r_1^2)} - \frac{1}{3}\sigma_Z \tag{3-68}$$

认为身管是有底的,σ_Z 由作用于底部的内压 p_1 产生,σ_Z 为拉应力,与坐标轴 Z 方向一致为正值,其值为

$$\sigma_Z = \frac{p_1 r_1^2}{r_2^2 - r_1^2} \tag{3-69}$$

将 σ_Z 代入式(3-68),得

$$E\varepsilon'_{t1} = \frac{2}{3}p_1 \frac{(2r_2^2 + r_1^2)}{(r_2^2 - r_1^2)} - \frac{1}{3}\frac{p_1 r_1^2}{r_2^2 - r_1^2} = \frac{1}{3}p_1 \frac{(4r_2^2 + r_1^2)}{(r_2^2 - r_1^2)} \tag{3-70}$$

此时,在射击时身管不造成破坏的强度条件为:$E\varepsilon'_{t1} \leq \sigma_e$(或 σ_s),则轴向应力 σ_Z 的身管强度极限 p_{IIZ} 为

$$p_{IIZ} = 3\sigma_e \frac{(r_2^2 - r_1^2)}{(4r_2^2 + r_1^2)} \tag{3-71}$$

为了判定 p_{IIZ} 与 p_{II} 值的大小,将 $p_{II} = \frac{3}{2}\sigma_e \frac{r_2^2 - r_1^2}{2r_2^2 + r_1^2} = \frac{3}{2}\sigma_e \frac{w^2 - 1}{2w^2 + 1}$ 与式(3-71)相比较,得

$$\frac{p_{IIZ}}{p_{II}} = \frac{3\sigma_e \dfrac{r_2^2 - r_1^2}{4r_2^2 + r_1^2}}{\dfrac{3}{2}\sigma_e \dfrac{r_2^2 - r_1^2}{2r_2^2 + r_1^2}} = \frac{4r_2^2 + 2r_1^2}{4r_2^2 + r_1^2} > 1 \tag{3-72}$$

可见
$$p_{\mathrm{II}z} > p_{\mathrm{II}}$$

这一结果说明,当有轴向力存在时,身管的弹性强度极限 $p_{\mathrm{II}z}$ 较无轴向力的身管弹性强度极限 p_{II} 高。也就是说,以无轴向力的身管弹性强度极限 p_{II} 进行身管强度设计,等于增加了身管的安全储备,实际上相当于提高安全系数。

3.4.4 身管设计的安全系数

因为身管工作条件与基本假设有差别,为了使设计可靠,在决定身管尺寸时,应有一定的安全系数,以保证身管具有一定的强度储备。身管的弹性强度极限 p_{II} 与所承受的最大内压值 p_1 之比,称为身管的安全系数,用 n' 表示,即

$$n' = \frac{p_{\mathrm{II}}}{p_1} \tag{3-73}$$

按平均膛压曲线法设计身管时,身管各部的安全系数 n' 通常为弹膛部 $n'=0.9\sim1$;最大膛压部 $n'=1.2\sim1.3$;膛口部 $n'=3\sim5$。

表 3.12 列出了几种步兵自动武器的安全系数。

表 3.12 几种步兵自动武器身管的安全系数

武器名称	56 式 7.62mm 冲锋枪	95 式 5.8mm 自动步枪	88 式 12.7mm 重机枪	56 式 14.5mm 高射机枪
最大膛压 p_m/MPa	280	280	336.7	318.5
材料屈服极限 σ_s/MPa	540	774	860	744.5
弹膛安全系数	1.05	1.32~1.74	1.46	0.93
最大膛压处安全系数	1.15	1.7	3.04	1.43
膛口处安全系数	4.74	5.87	5.44	3.8

如果按实际腔压设计身管时,因为考虑了膛内压力分布规律和装药初温对膛压的影响,压力计算值比较符合实际,所以其安全系数也可适当取小些。

弹膛部分之所以取安全系数小于 1 的值,主要考虑:①弹膛中的弹壳参与变形;②弹膛外部的机匣(节套)承受了部分载荷;③弹膛的内表面光滑无应力集中;④弹膛部分不受弹丸的作用力;⑤身管在弹膛部分通常经过二次淬火,硬度较高。

膛口部分取大安全系数主要考虑:①口部无邻接断面,反抗径向破裂的条件较其他部位差;②火药燃气压力在膛口部分变化大;③提高身管局部刚度和热容量。

3.4.5 身管的膨胀、纵裂和膛炸

身管由于某些原因使得强度不够时,往往表现出膨胀、纵裂甚至膛炸等几种破坏形式。

1. 膨胀

身管膨胀是指身管在局部地方的膛压超过实际所能承受的最大内压值 p_1,使得切向相当应力 $E\varepsilon_t$ 大于材料的弹性极限 σ_e,以致产生了塑性变形。当该膛压消失后,留有永久变形并在该局部地方表现出尺寸增大,形成膨胀。但切向相当应力 $E\varepsilon_t$ 没有超过材料的

强度极限 σ_b,所以身管尚未出现破裂。膨胀的条件式为

$$p > p_1 \text{ 且 } \sigma_e < E\varepsilon_t < \sigma_b \tag{3-74}$$

2. 纵裂

身管纵裂是指身管在局部地方的膛压超过实际所能承受的最大内压值 p_1,使得切向相当应力 $E\varepsilon_t$ 大于材料的强度极限 σ_b 时,身管就形成破裂。根据式(3-56)、式(3-57)可知,身管壁内的切向相当应力的绝对值永远大于径向应力的绝对值,并且是以身管内表面上的切向相当应力的绝对值为最大,所以身管破裂的形式大多数是纵向裂开。纵裂现象是从身管内表面开始,严重时甚至扩展到身管的外表面,如图3.27所示。产生纵裂的条件式为

$$p > p_1 \text{ 且 } E\varepsilon_t > \sigma_b \tag{3-75}$$

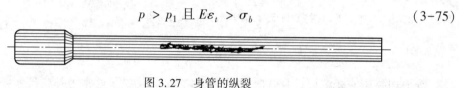

图 3.27　身管的纵裂

3. 膛炸

膛炸是指身管在局部地方的膛压大大超过实际所能承受的内压值 p_1,使得切向相当应力 $E\varepsilon_t$ 大大超过材料的强度极限 σ_b 时,身管就遭到严重的瞬间破裂,形成炸裂。所以,产生膛炸的条件式为

$$p > p_1 \text{ 且 } E\varepsilon_t \gg \sigma_b \tag{3-76}$$

在正常使用条件下,虽然每发弹的装药量都有微小变化,气温、药温也不断变化,但最大膛压变化不是很大。武器出厂时,每根身管都要进行3发高压弹射击,以检验身管的强度。所以,使用中只要正确维护,保证身管内没有异物,是不会发生膨胀、纵裂与膛炸。但是如果膛内有擦拭中留下的布、麻、厚的凝固油或灰尘时,弹头在膛内运动碰到这些物体,运动突然受阻,速度很快下降,此时弹头底部的火药燃气与弹底碰撞向后方猛然折回,后面的火药燃气继续高速向前,两股气流汇合起来形成强烈对冲气流,弹后局部地方膛压骤然升高,使得身管壁内的切向相当应力 $E\varepsilon_t$ 超过材料的弹性强度极限 σ_e 时,身管就发生膨胀如图3.28所示,甚至 $E\varepsilon_t \gg \sigma_b$ 时发生膛炸。

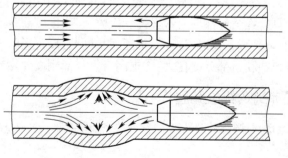

图 3.28　身管破坏原理

3.4.6　身管强度设计一般程序

身管强度设计一般程序如下:

(1) 在内弹道计算的基础上,绘出膛压曲线。
(2) 选定身管材料,确定材料的弹性极限 σ_e。
(3) 根据膛压曲线初步计算身管的外形尺寸。

① 根据第二强度理论 $p_\text{II} = \dfrac{3}{2}\sigma_e \dfrac{r_2^2 - r_1^2}{2r_2^2 + r_1^2}$,可得 $r_2 = r_1\sqrt{\dfrac{3\sigma_e + 2p_\text{II}}{3\sigma_e - 4p_\text{II}}}$,按不同的安全系数,可分别求出弹膛部分、最高膛压部分和膛口部分的外径。

② 概略地给出身管的外形图。

(4) 调整身管外形尺寸。

由于考虑身管与其他零件和部件的配合,以及身管的散热等问题,因此需要对初步确定的尺寸进行必要的调整,特别是非配合表面和配合表面的调整由具体结构确定。

(5) 实际身管强度极限校核。

① 根据式(3-61), $p_\text{II} = \dfrac{3}{2}\sigma_e \dfrac{r_2^2 - r_1^2}{2r_2^2 + r_1^2}$ 和修改后的尺寸,对身管全长上不同的 r_1 和 r_2 值,分别计算相应的身管弹性强度极限。

② 据 p_II 计算身管各断面处的实际系数 n'。由此得到的安全系数 n',应不小于上面对身管各断面的规定的最小值。如果计算结果能满足,则说明最后确定的身管尺寸,符合身管的强度要求,否则还需调整和验算,如表 3.13 所列。

表 3.13 身管的弹性强度极限 p_II 与安全系数 n'

断面	断面位置/mm	内半径 r_1/mm	外半径 r_2/mm	$w = r_2/r_1$	p_II/MPa	膛压 p/MPa	n'
1-1	0	5.68	11.0	1.94	262.1	274.4	0.96
2-2	18.5	5.27	11.5	2.18	288.8	274.4	1.05
3-3	27.2	5.06	11.5	2.27	296.9	274.4	1.08
4-4	29.5	4.37	11.5	2.63	322.5	274.4	1.18
5-5	34.7	4.33	11.0	2.54	317.0	274.4	1.16
6-6	36.7	4.30	14.5	3.37	353.2	274.4	1.29
7-7	40.0	4.20	14.5	3.45	355.3	274.4	1.30
8-8	45.7	3.96	10.0	2.53	316.3	273.3	1.15
9-9	69.0	3.96	9.03	2.28	297.8	235.9	1.26
10-10	95.0	3.96	8.75	2.21	291.6	190.7	1.53
11-11	186.5	3.96	8.28	2.09	279.7	108.3	2.58
12-12	260.5	3.96	8.00	2.02	271.9	80.2	3.39
13-13	447.0	3.96	7.28	1.84	248.2	48.9	5.08
14-14	509.0	3.96	6.35	1.60	206.1	43.5	4.74
15-15	520.0	3.96	6.35	1.60	206.1	43.1	4.78

(6) 最终给出身管的强度曲线(图 3.29)。

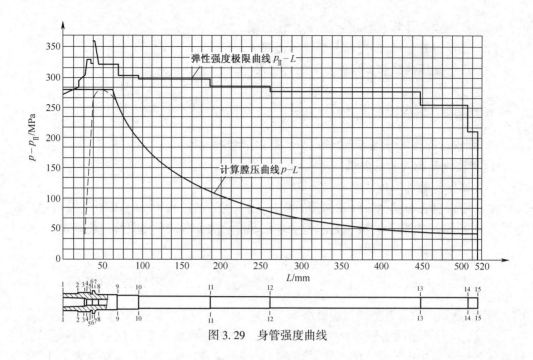

图 3.29 身管强度曲线

3.5 身管的寿命

身管的寿命一般是指身管在丧失要求的弹道性能之前所能发射的弹丸数量（以配用的主要弹种为准）。身管寿命的限制，一般不是由于身管强度不够，而是由于膛壁的烧蚀和磨损的破坏。

在射击过程中，身管内膛表层金属由于受到导转侧抗力、热应力、高温和腐蚀介质的联合作用，会导致疲劳、蠕变、腐蚀与烧蚀。通常把膛壁金属层在反复冷热循环和火药燃气物理化学作用，金属性质的变化及剥落现象称为烧蚀；在火药燃气和弹头的机械作用下，发生形状与尺寸的微小变化的现象称为磨损。这两种现象往往是同时存在，难以严格区分。由于烧蚀、磨损等因素会造成身管内径扩大，因此初速下降，导转能力变坏，横弹孔率增加，射弹散布增大，导致身管丧失正常工作性能而使身管工作告终。身管内层金属抵抗疲劳破损的能力称为身管内膛疲劳强度，对身管的寿命影响很大。

多年来对影响身管寿命的烧蚀、磨损、疲劳等现象进行了不少的研究工作。20 世纪 50 年代以前解决内膛烧蚀问题主要是采用低爆温火药（如冷火药）和改进内膛结构。近 30 年来，采用耐合金衬管、内膛镀铬以及在装药中加入降低内膛烧蚀的有机和无机的添加剂（护膛剂）等措施，提高身管寿命。近 10 年来实验研究表明，对一些大威力火炮合理地采用添加剂，可以使身管寿命成倍地提高。目前，在高能、低烧蚀火药、内膛结构的改进以及身管和弹带新材料、新工艺的实验研究都在进行，降低烧蚀的添加剂研究已获初步成果。

3.5.1 身管发热与冷却

弹丸在发射时，身管反复承载火药燃气压力的同时，高温热冲击也直接作用在身管上，增加了身管内的温差应力。设计身管时，就必须考虑这些因素对发射时受热身管受力状态的影响。在发射时弹壳的发热会使退壳条件恶化,而对小口径的自动炮来说,炮弹留在发热的身管里,可能会引起膛炸。随着武器威力、射速的提高,在研究发射时与身管发热有关的温度场、热应力对身管的寿命具有相当大的理论意义与实际意义。

1. 身管的温度场

在某一瞬时空间所有点温度值的总合称为温度场。若温度随时间而变化,则此温度场称为非定常温度场。若温度在一定时间内不变,则此温度场称为定常温度场。

身管壁内的热传递过程与温度沿径向和轴向的分布密切相关,在解决身管壁发热的问题时,常把发射当作瞬时热效应,也就是说常把发射当作热冲击加以研究的。在身管柱坐标系下,身管的温度 T 是坐标 r、z、θ 和时间 t 的函数,即

$$T = f(r, z, \theta, t) \tag{3-77}$$

火药燃气作用下身管的温度场可表示为

$$\frac{\partial T}{\partial t} = \alpha \left(\frac{\partial^2 T}{\partial r^2} + \frac{1}{r} \frac{\partial T}{\partial r} \right) \tag{3-78}$$

式中　T——身管某一点的温度,即半径为 r 圆周上的温度;
　　　α——导温系数。

在身管内表面上的边界条件,即 $r=r_1$ 时,有

$$\lambda \frac{\partial T}{\partial r} = \alpha_T (T - T_\Gamma) \tag{3-79}$$

式中　λ——导热系数;
　　　α_T——放热系数;
　　　T_Γ——火药燃气温度。

在身管外表面上的边界条件,即 $r=r_2$ 时,有

$$\frac{\partial T}{\partial r} = 0 \tag{3-80}$$

确定温度沿身管壁厚分布的问题,可用各种数值积分法解方程式(3-78)得到。

2. 身管的热应力

承受交变温度作用的构件,当结构受到约束时,由于自由膨胀和收缩不能自然变化而产生的应力称为热应力。当弹性结构满足下列条件之一时,即会产生热应力:①结构构件中有温度梯度;②结构构件由两种线膨胀系数不同的材料组成;③结构各组成部分间有温差。射击时镀铬身管会有热应力产生。由于铬

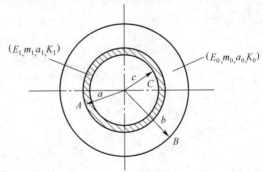

图 3.30　双层圆筒的热应力计算模型

层与身管金属钢的线膨胀系数不同,因此在某一截面上,如图 3.30 所示可假设为双层圆筒分析其热应力。

在图 3.30 中,b 为双层圆筒外层的外半径;c 为双层圆筒内层的内半径;a 为双层圆筒内、外层的界面半径;外层材料以脚标"0"表示,其弹性模量为 E_0,剪切模量为 G_0,线膨胀系数为 α_0,$m_0 = 1/\mu_0$(μ_0 为外层材料的泊松比),$K_0 = \dfrac{E_0 m_0 \alpha_0}{m_0 - 1}$;内层材料以脚角标"1"

表示,其弹性模量为 E_1,剪切模量为 G_1,线膨胀系数为 α_1,$m_1 = 1/\mu_1$(μ_1 为内层材料的泊松比),$K_1 = \dfrac{E_1 m_1 \alpha_1}{m_1 - 1}$。

内层(铬层)热应力为

$$\begin{cases} \sigma_{r1} = 2c_1 - \dfrac{K_1}{r^2}\int_c^r r \cdot T_1(r)\mathrm{d}r \\ \sigma_{\theta 1} = 2c_1 + \dfrac{K_1}{r^2}\int_c^r r \cdot T_1(r)\mathrm{d}r - K_1 T_1 \\ \sigma_{z1} = E_1 \cdot \varepsilon_z - E_1 \alpha_1 T_1 + \dfrac{1}{m_1}(4c_1 - K_1 T_1) \\ \tau_{r_{\theta 1}} = 0 \end{cases} \quad (3\text{-}81)$$

外层热应力为

$$\begin{cases} \sigma_{r0} = 2a_1 + \dfrac{e_1}{r^2} - \dfrac{K_1}{r^2}\int_c^a r T_1(r)\mathrm{d}r - \dfrac{K_0}{r^2}\int_a^r r T_0(r)\mathrm{d}r \\ \sigma_{\theta 0} = 2a_1 - \dfrac{e_1}{r^2} + \dfrac{K_1}{r^2}\int_c^a r T_1(r)\mathrm{d}r + \dfrac{K_0}{r^2}\int_a^r r T_0(r)\mathrm{d}r - K_0 T_0 \\ \sigma_{z0} = E_0 \varepsilon_z - E_0 \alpha_0 T_0 + \dfrac{1}{m_0}(4\alpha_1 - K_0 T_0) \\ \tau_{r_{\theta 0}} = 0 \end{cases} \quad (3\text{-}82)$$

式(3-81)与式(3-82)中各符号为

$$a_1 = \frac{2(R_1 + D_1)a^2 - D_1(N_1 + 1)b^2}{2[M_1 a^2 + (N_1 + 1)(a^2 - b^2)]}$$

$$e_1 = b^2(D_0 - 2\alpha_1)$$

$$c_1 = \frac{R_1 + D_1 - M_1 \alpha_1}{N_1 + 1}$$

$$D_1 = \frac{K_1}{b^2}\int_c^a r T_1(r)\mathrm{d}r + \frac{K_0}{b^2}\int_a^b r T_1(r)\mathrm{d}r$$

$$M_1 = \frac{G_1(m_0 - 1)}{m_0(G_0 - G_1)}$$

$$N_1 = 1 - \frac{4G_0(m_1 - 1)}{m_1(G_0 - G_1)}$$

$$R_1 = -2e_z \frac{G_0 G_1(m_0 - m_1)}{m_0 m_1(G_0 - G_1)}$$

身管半径 r 处的温度分布 $T(r)$ 是身管内表面温度 T_1、外表面温度 T_2、内半径 c、外径 b 的函数,即

$$T(r) = T_1 \frac{\ln(b/r)}{\ln(b/c)} + T_2 \frac{\ln(c/r)}{\ln(c/b)} \quad (3\text{-}83)$$

在弹性范围内,轴向应变 ε_z 与轴向应力 $\sigma_z = E\varepsilon_z$,内外层轴向热应力 σ_{z1} 与 σ_{z0} 可用式(3-84)确定

$$\int_c^a \sigma_{z1} \cdot r\mathrm{d}r + \int_a^b \sigma_{z0} \cdot r\mathrm{d}r = 0 \quad (3\text{-}84)$$

3. 身管发热与冷却

发射时身管内膛表面的温度上升最快,使表面金属机械性能下降,影响身管寿命。因此,采用身管散热措施,如增大热容量,增大散热面积,采用液体(如水)冷却等抑制内膛表面的温度,或采用化学护膛剂实施隔热,均对提高身管寿命有益。

从已有的散热措施可知,①液体冷却虽然具有良好的散热效能,但结构尺寸和质量较大,也受到使用环境的限制;②增大热容量意味着增大身管的壁厚尺寸及质量,只能适当地应用;③更换身管是一种不得已的措施;④采用化学护膛剂对降低身管温升有良好作用,但目前护膛剂残渣太多,影响可靠性;⑤增大散热面积,这是一种可以采用的好办法,但效果有限,只能适当使用。

综上所述,新的散热途径应当综合考虑各种影响散热效率的主要因素,才能既提高散热效能又不影响武器机动性,下面从增大散热面积和增加介质流动速度角度,介绍两种热措施的工作原理。

1) 引射式轻金属散热器

这种散热器主要由纵向筋片式轻金属散热器,膛口引射器及引射管道三部分组成,其结构原理如图3.31所示,这种散热方式在早期的英国的路易斯轻机枪上用过。

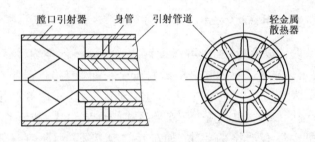

图 3.31 引射式轻金属散热器

该散热器采用导热性能好的轻金属材料是为了加快热传导和减轻散热器附加质量;制成纵向筋片式是为了便于身管周围受热空气介质向膛口流动和增大散热面积;采用引射管道将散热片的外表面罩住且后端开口,主要目的是便于引射气流的流动,同时可使武器外表面光整而便于射手操作。

引射器的工作原理是将引射管道与膛口引射器(也可用一般的膛口消焰器代替)内腔连通。在弹丸飞出膛口后,膛内的高压火药燃气便以很高的速度从膛口喷出,这一高速气流称为引射流。主流的高速气流带动周围气体加速向前运动,由于周围环境的气体是在一个圆筒之内,因此原来在引射筒内静止的气体便一起向前运动,从而带走被散热片加热的空气介质,再从引射管道后端开口处吸入新的冷空气,这样循环往复,达到加速身管散热的目的。

2) 引射式层间冷却结构

在现代大口径火炮中,采用液压式层间冷却对身管散热起了良好作用。分析其中原理:①由于散热槽深入管壁中间(图3.32),有利于管壁热量及早散发;②由于采用循环的液体冷却系统,温度较低的冷却液不断地在散热槽中流动,加快了管壁与介质间的热量交换。但是,液压式需要很多附加构件(如储液槽、液流泵、发动机、液体散热器等)。

层间散热槽的结构原理简图,如图3.32所示。在发射过程中壁温随时间的变化规律,如图3.33所示。层间冷却身管一般由内筒和外筒两层组成。散热槽可开在内筒外表面上,也可开在外筒内表面上,或内外筒各开一半。从加工方便和对身管刚度有利角度,散热槽开在内筒外表面上为好。如果仅从散热角度考虑,散热槽也可开在外筒的内表面上,只要外筒采用轻质材料,也不会增加太多的质量。

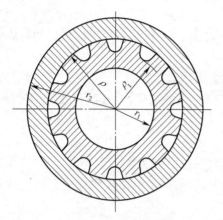

图3.32 层间冷却身管的断面结构

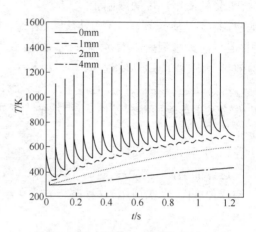

图3.33 发射过程中壁温随时间的变化

层间冷却可以设计成全冷式,也可以设计成半冷式。航空自动武器和车载自动武器,因其机动性要求较宽松,可将散热槽沿身管全长布置,并直通膛口引射器内腔,这种层间冷却结构称为全冷式。全冷式身管的冷却效果好,对内膛强度的提高有利,而且弹丸在膛内的运动一致性也较好,但较半冷式结构质量大,机动性也不如后者。若所设计的武器对机动性有严格的要求,如步兵自动武器,则此时身管应采用半冷式。所谓半冷式,是指冷却部位只是身管的一部分。分析身管的受载和温度分布情况,以后膛(坡膛附近身管部分)温度最高,受载最严重。若将身管散热与改善身管受载和采用优质材料同时考虑,并结合经济性和机动性的要求,则采用半冷式衬管结构是最好的办法。衬管可采用耐高温材料制造,内膛采用减少嵌入力和导转侧抗力的坡膛结构和变缠度膛线,外部开散热槽,使槽后端向大气敞开,前端各槽互相连通,并用引射管和膛内引射器内腔连通。

综上所述,综合结构是提高速射自动武器身管弹性强度极限和延长身管寿命的有效途径。

3.5.2 身管内膛的疲劳强度分析

1. 身管内膛的破坏过程

身管内膛的破坏是由于高温、高压、高速火药燃气和弹丸对膛壁反复作用的结果。这些作用包括火药燃气的压力和热冲击,火药燃气对膛壁的物理化学作用以及弹丸的机械作用等。实际上,在身管寿命的不同时期,各种作用的影响并不一样。一般来说,热作用占有重要的地位。

随着射弹发数的增加,首先在膛线起始部附近出现网状裂纹,如图3.34(a)所示。继续发射,裂纹向口部方向延伸,原有的裂纹连成网状并不断加宽、加深扩大,如图3.34(b)所示。由于高温高速火药燃气的冲刷,因此在阴线底部形成纵向烧蚀沟,如图3.34(d)、图3.34(e)所示。图3.35为身管内膛在寿命终止时烧蚀图。当高射速的航空自动武器进行连续长连射时,膛壁会出现局部熔化现象。

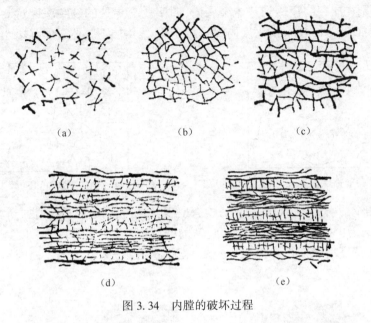

图3.34　内膛的破坏过程

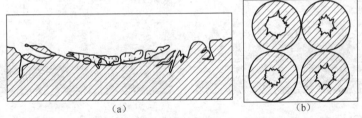

图3.35　身管内膛在寿命终止时的烧蚀
(a)脱铬后形成的局部烧蚀区;(b)寿终身管膛线起始部的烧蚀沟。

现代身管为提高内膛强度和寿命,多采用镀铬内膛。但铬层质地硬脆,加之铬层中存在初始微裂纹,因此随着射弹数的增多,铬层中原有的径向裂纹会逐渐发展,延伸到基体金属。这时,火药燃气会通过裂纹同基体金属发生作用,有可能形成气相化合物如$Fe(CO)_5$。这种气体会通过微裂纹溢出膛面,从而使铬层裂纹下的基体金属逐渐形成烧蚀坑,架空铬层。继续发射时,在高压火药燃气和弹丸的作用下,将使铬层塌陷、剥落,加速内膛的烧蚀和磨损。

2. 身管内膛的疲劳损伤分析

1) 镀铬身管内膛破损的一般现象

为便于理解,下面先列出镀铬身管内膛损伤的一般现象,然后再从身管的疲劳角度进行分析。

某机枪的身管材料为30SiMnMoVA,内膛铬层厚度为0.16~0.22mm。试验前铬层存在微裂纹,如图3.36所示。

试验按下列设计规范进行,即首先以10~15发点射250发,然后连射250发,最后进行水冷。经历一个射击循环需60s,这时检查发现:从膛线起点开始向枪口方向的50mm长度内的铬层出现龟裂,如图3.37所示;在10~22mm内阳线非导转侧边缘铬层局部脱落,铬层的个别径向裂纹穿透到基体金属内,阴阳线交界处的裂纹深度达0.18mm;铬层下基体金属在0.07~0.1mm的深度内发生相变,阳线铬层下基体金属有塑性变形迹象。

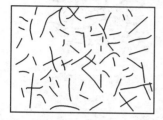 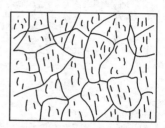

图3.36 实验前铬层微裂纹(放大500倍)　　图3.37 铬层的网状龟裂(放大500倍)

身管经四个射击循环(2000发)后,检查发现:铬层表面龟裂长度增加到110mm;阳线铬层局部脱落或压焰;阴线上出现局部脱铬的凹坑;进入基体的裂纹深度达0.45mm;铬层下的相变区深度增大到0.4~0.45mm;被压陷的铬层嵌入基体内。内膛铬身管的破损过程如图3.38所示。

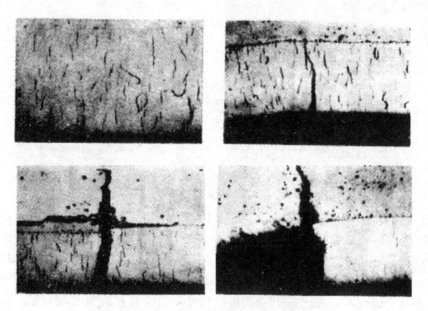

图3.38 内膛镀铬身管的破损过程

表3.14列出了该机枪在寿命试验中初速下降率为13.1%~51.3%的身管内膛损伤情况。由表中数据可知,各试验身管的内膛损伤情况基本类似。其纵向损伤情况如图3.39所示,断面损伤情况如图3.40所示。损伤严重区在膛线起点10~15倍口径的长度内,其中最严重区在2~5倍口径的长度内,按金相组织差异分为四个区,即淬火区、不完全淬火区、回火区和原始组织区。

表 3.14 寿终身管线膛破损情况

序号	初速下降率/%	局部脱铬区总长/mm	相变区深/mm 最大	相变区深/mm 最小	回火区深/mm 最大	回火区深/mm 最小	径向裂纹深/mm 最大	径向裂纹深/mm 最小	径向裂纹数	线膛内径/mm
1	13.1	51~134 83	2.10	0.81	0.30	0.28	1.60	0.80	8	8.4~9.0
2	24.1	51~136 85	3.35	3.01	2.50	1.80	2.70	0.70	10	9.8~9.9
3	25.3	51~146 95	2.24	1.61	1.50	0.60	2.20	0.80	9	9.3~9.4
4	41.3	51~144 93	2.20	—	—	—	3.30	—	6	10.3~11.1
5	51.3	51~160 109	3.41	2.04	0.43	0.27	2.90	0.70	9	10.4~11.8

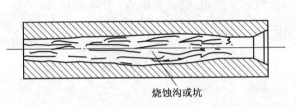

图 3.39 身管内膛纵向破情况

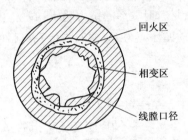

图 3.40 身管内膛断面破损情况

从上面实验可知,镀有铬层的身管表面破坏过程大致可以分为铬层破坏、铬层脱落和基体金属烧蚀三个阶段。铬层破坏的标志是铬层网状龟裂纹的出现。在阴阳线交界处由于应力集中和漏气,将最早产生裂纹。在弹头嵌入处,由于受较大的径向挤压应力使底层金属变形,阳线顶端也将较早产生裂纹。随着射击数的增加,铬层由点状脱落发展到锯齿状脱落,最终导致铬层成块剥落,这是铬层脱落。铬层脱落后,继续射击,则底层金属的裂纹加速扩大,促使底层金属的剥落,形成局部烧蚀区,此为基体金属烧蚀阶段。随着烧蚀区的长度与面积的继续扩大,在内膛表面还将形成深沟,此时,身管寿命也即将告终。

上面三个阶段是相互联系、交替进行的。无论是横向还是纵向,其发展都是不均匀的。横向主要表现为烧蚀沟或凹坑,纵向分为烧蚀区与磨损区。烧蚀区在后膛 5~10 倍口径范围内,最大膛压 p_m 处附近最严重,其余为磨损区。

2) 身管的疲劳寿命分析

自动武器每发射一发弹,内膛表面铬层就承受一次应力作用。当膛压上升时,管壁压力为切向拉伸应力;当膛压下降时,由于外层金属的弹性恢复,因此金属铬层又承受切向压缩应力作用;随着射击的不断进行,铬层将承受拉、压循环应力作用。根据疲劳理论,承载构件在循环应力作用下,将发生裂纹萌生、扩展直至损伤或断裂的过程。这种累计损伤现象称为疲劳。

对于身管铬钢结合面的疲劳可以看作热和膛压载荷共同作用下的低周疲劳,其寿命可以用 Manson-Coffin 疲劳方程和 Morrow 方程等可得,当平均应力 $\sigma_m \neq 0$ 和平均应变 $\varepsilon_m \neq 0$ 时,身管疲劳方程为

$$\Delta\varepsilon = \frac{\sigma'_f - \sigma_m}{E}(2N)^b + (\varepsilon'_f - \varepsilon_m)(2N)^a \tag{3-85}$$

式中 $\Delta\varepsilon$——应变幅;

σ'_f——材料疲劳强度系数,$\sigma'_f = \sigma_b + 350\text{MPa}$;

ε'_f——材料疲劳延性系数,$\varepsilon'_f \approx \varepsilon_f = \ln\left(\dfrac{1}{1-\psi}\right)$,$\psi$ 为截面收缩率;

$2N$——载荷循环数,即身管寿命;

b——疲劳强度指数;

a——材料的疲劳延性指数,取值范围为 $-0.8 \sim -0.3$。

材料在低周循环加载下,产生循环硬化或软化,其循环应力-应变关系与单调加载不同。在低周循环加载时,刚开始应力-应变关系随循环数而改变,但到达一定循环次数后,材料对变形的抗力趋于稳定。由于循环稳定阶段占疲劳寿命的大部分,因此通常以稳定的循环应力-应变曲线代表材料的循环应力应变性质,则应变幅 $\Delta\varepsilon$ 可表示为

$$\Delta\varepsilon = \frac{\Delta\sigma}{E} + \varepsilon'_f\left(\frac{\Delta\sigma}{\sigma'_f}\right)^{\frac{1}{n'}} \tag{3-86}$$

式中 $\Delta\sigma$——应力幅;

n'——循环应变硬化指数,$n' = 0.1 \sim 0.2$。

在循环加载过程中,采用修正的 Neuber 公式,应力幅和应变幅关系,则可用式(3-87)表示为

$$\Delta\sigma\Delta\varepsilon = \frac{K_f^2 S^2}{E} = C \tag{3-87}$$

式中 K_f——疲劳缺口集中系数;

S——名义应力幅值;

C——Neuber 常数。

在工程上,Miner 线性疲劳累积损伤理论具有很好可验性和可行性,因此得到广泛应用。设加载历史由 $\delta_1,\delta_2,\cdots,\delta_l$ 等 l 个不同的应力水平构成,各应力水平下的疲劳寿命依次为 $N_1,N_2,\cdots,N_l$,各应力水平下的循环次数依次为 $n_1,n_2,\cdots,n_l$,则身管的疲劳寿命为

$$N = \frac{\sum_{i=1}^{l} n_i}{\sum_{i=1}^{l} \dfrac{n_i}{N_i}} \tag{3-88}$$

3.5.3 身管寿命的评价指标

身管能否继续使用主要以是否失去战斗使用性能为标准。弹丸初速下降会缩短武器的射程、降低穿甲效果、延长命中目标的飞行时间。膛压的降低可能造成引信在膛内不能解除保险。弹丸膛内运动规律恶化以及膛压、初速或误差增大会使射弹散布增大,弹丸在

膛内得不到飞行稳定所需要的转速。

弹道性能的恶化程度是衡量身管是否寿命告终的主要指标。由于枪弹和炮弹结构有所不同,因此对其身管寿命的评价指标也有差别。

1. 横弹孔率

枪弹横弹孔是指 100m 立靶上椭圆弹着孔长轴与短轴之比大于 1.25 的弹着孔。正常身管射出的弹丸飞行稳定,在立靶上的弹着孔为圆形。当内膛破损使弹丸的飞行稳定性变差时,立靶上的弹着孔呈椭圆形。在一定距离上,立靶上横弹孔占总弹孔的百分比称为横弹孔率,造成椭圆孔的弹头,称为横弹。

由于横弹孔的弹丸运动阻力大,飞行稳定性差,不能保证规定的射击精度和落点动能,从而影响杀伤效果和侵彻力,所以把横弹孔率作为评价身管寿命的一个主要指标。对 7.62mm 以下的小口径身管,寿终标准是横弹孔率在 20% 以上;对于大于 12.7mm 的大口径身管,寿终标准是横弹孔率在 50% 以上。例如,81 式步枪、轻机枪规定,100m 试枪,其横弹数>20%;14.5mm 高射机枪规定 100m 试枪,横弹数>50%,则认为枪管寿命告终。

造成横弹孔增加的原因主要是①后膛破损使弹丸嵌入不正;②中膛内径扩大,影响弹丸导转能力;③膛口部口径变大,使弹丸章动角加大等。

2. 散布圆半径 R_{50}

R_{50} 是衡量自动武器射弹散布精度的一种指标。对于枪械是 100m 立靶包含总弹着孔的 50% 所作圆的半径。通常当 $R_{50终}>2 \sim 2.5 R_{50始}$ 时,则认为身管的寿命告终。如冲锋枪和各种步枪的身管,寿终 $R_{50终}>2R_{50始}$;各种机枪的身管,寿终 $R_{50终}>2.5R_{50始}$;手枪,一般与军方代表商定 25m 立靶上的 R_{50} 或 R_{100} 不超过某一数值。

造成散布圆半径增大的原因与影响横弹孔率的原因基本相同。此外,由于后膛破损使膛线起点前移、嵌入不正、冲击、弹丸速度变化等影响身管振动,因此也影响弹丸飞行稳定性及散布精度。

3. 初速下降率

通常以初速降低的相对百分比 $\Delta v_0/v_0 \times 100\%$ 作为评价寿命的判据。轻武器规定寿终标准在 17% ~ 20% 的范围内,小口径取较小值,大口径取较大值。

$$\Delta v_0/v_0 \times 100\% > 17\% \sim 20\% \tag{3-89}$$

式中 Δv_0——初速下降量,$\Delta v_0 = v_0 - v_0'$;

v_0'——寿终时的初速。

造成初速下降的原因主要是内膛的烧蚀与磨损。由于后膛破损使弹膛初始容积 W_0 加大,装填密度 Δ 减小,最大膛压 P_m 降低,再加上内膛闭气性变坏使火药燃气前逸等。

生产工厂的寿命试验表明,不同类型武器的身管,其丧失弹道性能的特点不同,前述三个指标达到寿终的先后顺序也不一样。因此对具体武器应针对其特点选择寿终评价标准。例如,目前生产厂商中,对手枪、步枪和冲锋枪,主要采用散布圆半径 R_{50} 增长量作为寿终标准;各种口径的机枪身管则采用横弹孔率和散布圆半径作寿终标准,而把初速下降率只作为辅助标准。

3.5.4 提高身管寿命的措施与途径

1. 改善身管的结构和性能

在身管工作时,身管承受交变载荷、交变温度、高温和有腐蚀介质作用这一个特点,从抗疲劳、抗蠕变、抗腐蚀的角度综合考虑选择高强度的优质材料,才能达到提高身管寿命的目的。我国的步枪、机枪枪管一般用高强度优质合金结构钢,如 30CrNi$_2$MoVA、30CrMnMoTiA,以进一步提高枪膛内表面的强度和硬度。为了减小交变温度对身管内膛强度造成的损伤,最好采用一种材料来制造身管,因为这样可以减小热应力的产生条件。例如,14.5mm 身管采用 27MnMoVA 钢后,身管寿命比用 802(35SiMnMoVA)钢时提高 2000 发,7.62mm 重机枪采用 28Cr$_2$MoVA 钢比 802 钢的身管寿命提高 4500~6000 发。

采用筒紧或自紧身管的结构,可提高身管的弹性强度极限。膛面加工的机械强化形成的身管预应力,也能提高身管的寿命,如有预应力的挤丝加工膛线与无预应力的电解加工膛线比较,在身管寿终时,挤丝加工膛线比电解加工膛线初速下降量减小 20% 左右。

2. 改善内膛结构设计

在保证构件完成规定运动的前提下,尽量减小应力集中和应变集中,使设计的构件能充分发挥材料的承载能力,这种构件称为合理的结构。对自动武器身管而言,合理的内膛结构设计主要包括以下内容。

(1) 减小应力集中改善弹丸变形条件。身管内膛结构设计主要是弹膛、坡膛和线膛三部分。弹膛(对于火炮指药室部)结构不影响身管内膛强度,而坡膛与线膛却与身管寿命密切相关。就线膛结构而言,目前广泛采用的矩形膛线,由于各相邻界面的交角近似直角,而最容易在这些几何突变处发生应力集中或应变集中,并使弹丸壳金属变形困难,不易充满阴线沟槽,以致造成阴、阳线交界处和非导转侧根部铬层的早期破损。若采用多弧形、多边弧形膛线,则可大大减小应力或应变集中,并可改善弹丸壳金属的变形条件,从而达到提高身管寿命的目的。实践证明,将矩形膛线的挤丝冲子在有棱角处倒圆,则所形成的矩形倒圆膛线可较好地提高身管寿命。

(2) 小嵌入力改善膛线起点处的受力条件。身管内膛破损最先从膛线起点处开始,除了该处膛压和温度高的因素外,弹丸嵌入力的大小还起着很大的作用。对于长时间连续射击的自动武器,应设法减小嵌入力,提高身管寿命。尽量采用两个锥度的坡膛,并适当延长第二锥体的长度。采用渐速膛线,适当减小弹丸壳硬度等均可减小嵌入力。

(3) 用耐高温材料作衬管。实验研究也表明,采用带有过盈配合的短衬管(镶套)结构,比用同样材料制成的整体结构寿命要高。例如,7.62mm 轻重两用机枪采用带衬管的身管,外筒仍采用 35SiMnMoVA。59 式 12.7mm 坦克机枪,在身管后膛压入 152mm 长的 25Cr$_2$MoVA 热强钢衬管后,寿命提高 1/3。

(4) 采用散热结构降低身管温升。

(5) 大口径机枪及小口径自动炮采用工程塑料弹带,可以提高身管寿命,美国、俄罗斯等国在小口径炮上已广泛使用。

3. 提高镀铬质量

在内膛电镀一层耐烧蚀金属或合金是延长身管寿命的主要手段。由于铬层硬度、熔点较高,耐磨性和耐烧蚀比较好,而且电镀工艺比较简便,因此在小口径武器身管中得到了广泛的采用。目前,镀铬工艺主要有双层镀铬和换向镀铬。双层镀铬,即先在内膛表面镀一层质密而软、裂纹少而浅的乳白铬,再镀一层质粗而硬的硬铬,可以提高身管寿命 80%~100%,如 14.5mm 身管镀铬后,提高 1000 发左右。换向镀铬的铬层网状裂纹和穿透裂纹很少,韧性好、硬度高、耐磨性好,寿命比单向镀铬提高近一倍。实验表明,适当地增加线膛部铬层厚度对提高身管寿命有利。我国的步枪、机枪身管均采用镀铬,铬层厚度一般为 0.035~0.44mm。表 3.15 列出一些制式武器内膛铬层的厚度范围。

表 3.15　一些制式武器内膛铬层的厚度

制式武器名称		54 式 12.7mm 机枪	56 式 14.5mm 机枪	20mm 高射炮	69 式 23mm 航空炮	61 式 25mm 海军炮	69 式 30mm 海军炮
铬层厚度/mm	药室部	—	0.005~0.02	0.015~0.01	0.005~0.01	0.015~0.05	0.007~0.02
	线膛部	0.15	0.17	0.055~0.1	0.04~0.09	0.06~0.08	0.02~0.07(衬管) 0.15~0.2(身管)

4. 改进热处理工艺

采用高频淬火、渗氮、激光强化等,可以提高膛壁的耐磨、耐蚀能力 20%~30%。例如,7.62mm 轻重机枪对 28Cr2MoVA 身管材料采取复合热处理工艺(毛坯时处理,预备处理,中间处理,复合处理和回火处理)使管壁形成层状复合组织;应用感应加热技术在内膛后段形成索氏体层;增加镀铬厚度,从而使身管寿命提高一倍以上。内膛采用激光强化处理也可提高身管寿命,如 14.5mm 身管就采用激光强化处理来提高身管寿命。

5. 采用护膛剂

护膛剂主要用于防烧蚀,不仅可以提高身管寿命,还能减小膛口火焰。

高温是影响身管寿命的主要因素,在装药中加入某些有机高碳氢化合物(如地蜡、石蜡、石油脂、聚氨酯泡沫塑料等)、无机化合物(如二氧化钛、滑石粉、氧化铈、三氧化钨、二硫化钼和氧化锌等金属氧化物)或它们按一定比例的混合物,都不同程度地具有降低烧蚀的作用。

护膛剂的主要成分是滑石、石蜡和地蜡。射击时,护膛剂汽化,在膛壁表面上形成一层保护层,阻滞热的传递并逐渐沉积在膛壁上形成耐腐蚀的薄层,以保护膛壁表面。护膛剂还能与火药燃气产生化学反应,减少火药燃气对膛壁的烧蚀。射击实验表明,54 式 12.7mm 高射机枪采用护膛剂射击 3500 发后,初速未发现明显下降,而未采用护膛剂射击 3500 发后,初速下降达 20%。另外,14.5mm 身管在发射药中采用地蜡、石蜡、滑石粉添加剂后,寿命由 2000~4000 发提高到 6000~8000 发。表 3.16 列出一些护膛剂对武器身管寿命影响的实验数据。

表 3.16　护膛剂对武器身管的寿命影响

武器类型	护膛剂种类	装药量/g	添加剂量/g	射击结果	
				无添加剂	有添加剂
37mm 高射炮	滑石粉 34%、地蜡 53%、石油脂 13%包于火药上部	235	5	寿命 400 发	寿命 2700 发
14.5mm 机枪	滑石粉 30%、地蜡 60%、石蜡 10%,制成 3mm×3mm×0.5mm 碎片放于装药上部	31.2	0.5	寿命 2200 发	寿命 6000 发
12.7mm 机枪	滑石粉 30%、地蜡 60%、石蜡 10%,制成 3mm×3mm×0.5mm 碎片放于装药上部	15.6	0.3	寿命低于 3500 发	3900 发后口径、初速不变

6. 正确地擦拭、保养和使用

平时严格执行武器、弹药的保管保养制度，在射击后正确进行擦拭、涂油。在射击中使用干净的弹药，遵守射击规则，适时更换灼热的身管，充分利用战斗间隙冷却身管、擦拭内膛等均能有效地保持和延长身管的寿命。

思考题

1. 简述身管的工作条件，并说明身管设计的要求。
2. 什么是筒紧、自紧和衬套身管？
3. 身管内部由哪几个部分组成？各部分的作用是什么？
4. 弹膛开纵槽和螺旋槽的目的是什么？说明开槽的位置。
5. 简述坡膛的设计要求。
6. 什么是膛线的缠度、缠角？缠角对弹头的旋速有何影响？
7. 身管膛线的数目、宽度及深度是如何确定的？
8. 什么是等齐膛线、渐速膛线和混合膛线？各有何优缺点？
9. 线膛横断面结构有哪些类型？各有哪些特点？
10. 缠度 η 如何选取比较合理？
11. 什么是烧蚀与磨损？内膛烧蚀与磨损的原因是什么？
12. 身管坡膛设计中要做哪些校核？如何校核？
13. 什么是身管的强度？身管强度包括哪些？
14. 什么是身管的弹性强度极限？根据第二强度理论，请写出其表达式。
15. 身管有哪些破坏形式？如何产生的？
16. 试分析身管弹性强度极限随身管壁厚的变化规律。
17. 什么是身管寿命？身管寿命告终评判标准是什么？有哪些评价指标？如何评判？
18. 身管内膛出现疲劳损伤的原因有哪些？镀有铬层的身管表面破坏过程分为哪几个阶段？
19. 已知某重机枪的 $P_m = 304$ MPa，身管材料为 50BA，$\sigma_e = 540$ MPa，为排除身管径向摇动，在后部加两个衬箍，衬箍槽底径为 30mm，身管膛线直径为 7.92mm。

（1）试校核车制衬箍槽后，该断面的强度是否满足要求（设断面 $n' = 1.13$）？

（2）试求满足强度要求的最小衬箍槽底径。

20. 已知：71 式 100mm 迫击炮身管材料为 CrMoV 炮钢，其 $\sigma_e = 750$ MPa，$p_m = 55.3$ MPa，$n' = 1.52$，$r_1 = 50$ mm，最大膛压处身管外径 $d_2 = 115$ mm。试校核 p_m 处：①压坑为 1mm，修挫后其强度是否符合要求？②试计算满足强度要求的压坑最大值。

第4章 闭锁机构与加速机构设计

4.1 闭锁机构的作用及类型特点

4.1.1 闭锁机构的作用

为了保证武器可靠地发射弹丸,并使其获得规定的初速,应当在推弹进膛之后,枪机(炮闩)关闭弹膛并顶住弹壳,以防止弹壳在高膛压时因后移量过大而发生横断和火药燃气后逸。同时,在弹丸飞出膛口、膛压降到安全值之后,又能及时打开弹膛,以便完成后续的自动循环动作。闭锁机构就是实现上述作用的机构。也就是说,闭锁机构的作用是:在武器射击时,关闭并锁住弹膛,抵住弹壳,以防止火药燃气后泄,并承受弹壳底平面对自动机轴向作用力(以下简称为壳机力),保证可靠射击;开启弹膛。

4.1.2 闭锁机构的设计要求

闭锁机构是自动武器的主要工作机构,其设计质量直接关系射手的安全和自动循环动作的可靠完成,其设计要求如下。

1. 闭锁零件应有足够的强度、刚度和硬度

闭锁机构在射击时要承受火药燃气压力,同时在开、闭锁时承受较大的约束反力,活动机件后坐及复进到位时,又会发生各零件之间的撞击。因此,闭锁零件应有足够的强度和韧性。

闭锁零件应有足够的刚度,否则,射击时闭锁零件将因弹性变形过大而使弹壳后移量增大,造成抽壳困难或断壳,所以闭锁零件要短,并尽量靠近膛底。

闭锁零件工作面应具有一定的硬度,因为壳膛定位面、弹底窝镜面、闭锁支撑面及身管与机匣活动连接部分等在运动中会发生磨损,从而使弹底间隙增大而造成弹壳横断故障。为了保证闭锁机构的工作可靠性和零件有较好的使用寿命,应当在设计时采取必要措施(如提高表面硬度等),以便减小磨损所形成的弹底间隙增量(磨损间隙)。

2. 开闭锁动作应灵活、安全可靠

为保证特种条件下(风沙、泥水、高温等)可靠闭锁,要求设计闭锁机构时留出一定原始弹底间隙(制造间隙);开闭锁机构运动灵活,消耗能量应尽可能小;闭锁动作确实可靠,要求惯性闭锁机构在高膛压时弹壳的后移量不大、刚性闭锁机构不应在壳机力作用下自行开锁,必须防止因枪机复进到位碰撞反跳而过早开锁的现象。另外,闭锁机构应与击发发射机构相配合,实现不闭锁不能击发或漏装零件不能击发。

3. 闭锁支撑面应尽量对称布置

闭锁支撑面尽量对称布置,使活动机件重心与内膛轴线重合,并使其受力均匀,以减少或避免发生不对心撞击、射击时力矩的影响,有利于提高射击精度。

4. 闭锁机构的结构应尽量结构简单

零件数目少,工艺简单,便于制造、擦拭与维修。

4.1.3 闭锁机构的类型及特点

按照发射时身管与枪机(炮闩)的联接性质,闭锁机构可分为惯性闭锁机构和刚性闭锁机构两大类。

1. 惯性闭锁机构

闭锁时身管与枪机(炮闩)没有扣合,或虽有扣合,但在膛底压力作用下能自行开锁的闭锁机构称为惯性闭锁机构,用于自由后坐式或半自由式自动机。

惯性闭锁机构通常没有闭锁零件或只有很简单的闭锁零件。所谓闭锁,实际上是闭而不锁或锁而不牢。结构简单是这类闭锁机构的主要特点。但受到弹壳后移条件的限制,只适用于弹壳较短且枪弹威力较小、膛压较低的枪机后坐式武器,如我国77式7.62mm手枪、85式7.62mm冲锋枪、05式5.8mm冲锋枪。

惯性闭锁机构包括枪机纵动式、机械式延迟开锁式(楔闩式、滚柱式)和气体延迟开锁式三种类型,参如表4.1所列惯性闭锁方式分类图表。

表4.1 惯性闭锁方式分类图表

分类名称		结构特点及示例
枪机纵动式		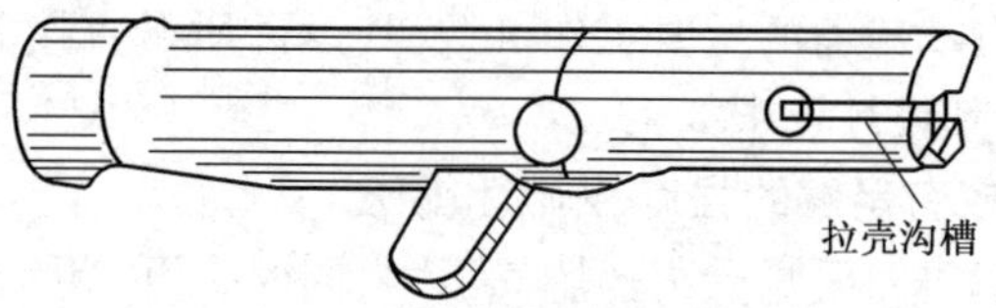 54式7.62冲锋枪（拉壳沟槽） 自动方式:自由式枪机;闭锁方式:枪机质量惯性;无开、闭锁工作面;无闭锁支撑面 采用枪种:77式手枪、64式手枪、92式5.8mm自动手枪、06式5.8mm微声手枪、85式轻型冲锋枪、06式9mm轻型冲锋枪、日本S.C.K式冲锋枪、捷克M61式微型冲锋枪、以色列U.Z.I式冲锋枪等
机械延迟开锁式	楔闩式	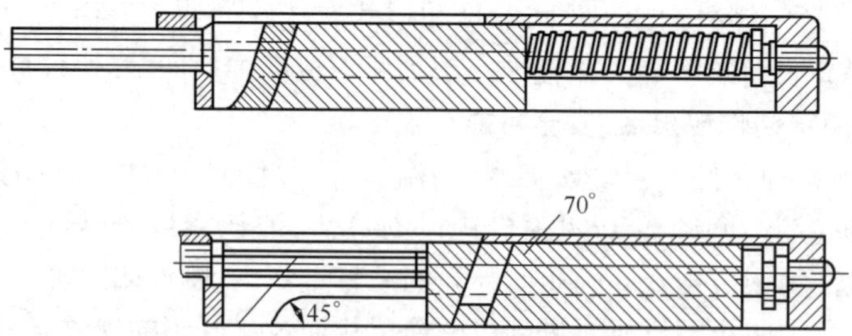 美国M1式11.43mm冲锋枪(汤姆逊冲锋枪) 自动方式:半自由式枪机;闭锁方式:通过减小传动效率增大转化质量;无开、闭锁工作面;无闭锁支撑面 采用枪种:美国M1式11.43mm冲锋枪

续表

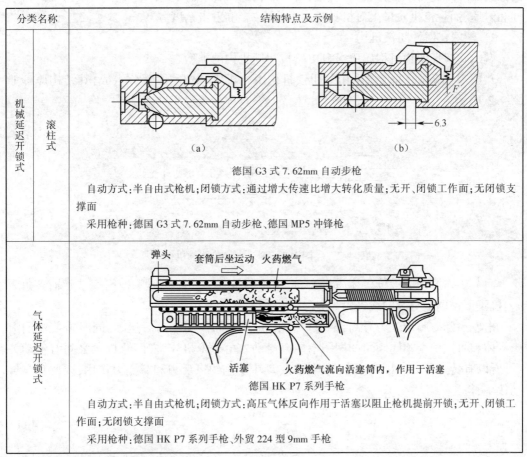

1) 枪机纵动式惯性闭锁机构

枪机纵动式惯性闭锁机构工作原理如图 4.1 所示。这种闭锁机构是闭而不锁,仅仅依靠枪机质量的惯性关闭弹膛,确保高膛压时弹壳后移量不大,不会发生弹壳横断或纵裂,并能使枪机获得足够的后坐能量,以利于自动循环动作的完成。

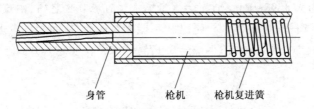

图 4.1 枪机纵动式惯性闭锁机构

因为这类机构只有一个枪机零件,并且没有开、闭锁工作面和闭锁支撑面,所以其优点是结构简单、制造容易、成本低;其缺点是①对枪机质量的大小要求较严。因为膛压一定时,若枪机质量过小,则会因高膛压时枪机后移量过大,造成弹壳纵裂(径向间隙增加过快)或横断(抽出膛外部分无支撑);若枪机质量过大,则会因不能确保枪机获得足够的后坐速度,影响自动循环动作的顺利完成。②只适用于发射小威力的枪弹。因为大威力的弹药的膛压高、壳机力大,为确保射击可靠,势必增大枪机质量,这不仅影响武器的机动性和射速,而且枪机质量大对机匣撞击力也大,影响射击精度。

2) 楔闩式惯性闭锁机构

楔闩式惯性闭锁机构属于半自由枪机闭锁机构的类型之一。

美国 M1 汤姆逊冲锋枪采用的闭锁机构由枪机体和楔闩两部分组成,其结构原理如图 4.2 所示。

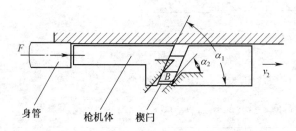

图 4.2　美国 M1 汤姆逊冲锋枪闭锁机构

(1) 工作原理。设枪机体质量为 m_a,楔闩质量为 m_b,枪机体上楔闩槽与膛轴夹角为 α_1,机匣上楔闩槽与膛轴线夹角为 α_2。

击发后随着膛内压力升高,枪机体在壳机力 F 的作用下向后运动,同时迫使楔闩沿枪机体和机匣两个不同倾角的楔闩槽向上滑动。由于枪机体、楔闩及机匣之间有传动关系,所以有传速比 k。由于上述三构件在传动中受到约束反力和摩擦力作用,因此存在传动效率,得

$$k = \frac{\sin\alpha_1}{\sin(\alpha_1 - \alpha_2)} \tag{4-1}$$

$$\eta = 1 - 2f\cot(\alpha_1 - \alpha_2) \tag{4-2}$$

代入结构参数 $\alpha_1=65°$、$\alpha_2=45°$ 之后,得传速比 $k=2.65$,传动效率表达式简化为

$$\eta = 1 - 5.5f \tag{4-3}$$

由式(4-3)可知,η 随 f 的增大而减小,根据摩擦理论,摩擦系数 f 在接触面压力大于 98MPa 之后与压力成正比,击发后随着膛压的升高,膛底压力增大,当楔闩与枪机体、机匣导槽接触面压力大于 98MPa,f 值将会逐渐增大。在 $f>0.2$ 之后,由式(4-3)知 $\eta<0$。这就是说,高膛压时楔闩与枪机体和机匣之间不能相对运动,从而起到延迟开锁的作用。随着膛压的降低,f 减小。当 $f=0.15$ 时,$\eta=0.175$,代入转化质量公式,得

$$m'_a = m_a + m_b \frac{k^2}{\eta} = m_a + 40m_b \tag{4-4}$$

由式(4-4)可知,由于枪机体、楔闩和机匣的摩擦传动,枪机的转化质量远远大于其实际质量,因而起到延迟开锁的作用。

(2) 结构特点。楔闩式闭锁机构的优点是结构较简单,可以起到延迟开锁的作用。其缺点是转化质量随表面润滑、污垢、载荷等的变化而改变,从而影响自动机工作的稳定性。

3) 滚柱式惯性闭锁机构

滚柱式惯性闭锁机构也属于半自由式枪机闭锁机构的类型之一。

德国 G3 自动步枪采用滚柱式半自由枪机闭锁机构,其闭锁机构主要由机头、滚柱、楔形机体及弹簧卡扣等部分组成,如表 4.1 所列,其工作原理图如图 4.3 所示。

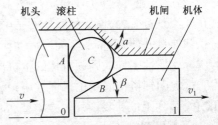

图 4.3 滚柱式惯性闭锁机构工作简图

(1) 工作原理。击发后,机头在壳机力作用下后移,压滚柱沿机匣闭锁支撑斜面滑动、收拢。同时滚柱挤压楔形体连同机体一起加速后坐,并克服弹簧卡扣和复进簧力。由于该机构各构件在开锁过程中有相互传动,并受到约束反力和摩擦力作用,所以有传速比 k,传动效率 η 和转化质量 m'_a,k 与 η 的计算公式为

$$k = 1 + \tan\alpha \cdot \cot\beta \tag{4-5}$$

$$\eta = 1 - f\cot\beta \tag{4-6}$$

式中 α——机匣闭锁支撑面与膛轴线的夹角;

β——楔形半锥角;

f——滚动摩擦系数。

当 $\alpha = 22°30'$,$\beta = 45°$,取 $f = 0.05$,代入式(4-5)与式(4-6)得 $k = 3.4$,$\eta = 0.88$。

设机头质量为 m_a,机体与楔形体总质量为 m_z,实际质量比 $m_z/m_a = 6.5$,将以上数据代入转化质量公式,得

$$m'_a = m_a + m_z \frac{k^2}{\eta} = 11.5(m_a + m_z) \tag{4-7}$$

结果说明,开锁初期转化质量为实际质量的 11.5 倍,再加上弹簧卡扣和复进簧对枪机的阻力,就能有效地延缓开锁,从而确保可靠发射。

(2) 结构特点。这种结构的优点是以滚动代替滑动,传动效率高,运动面磨损小,运动稳定性好;传速比大,既能增加转换质量,又能加速机体,从而有效地延缓了开锁,并使机体获得足够的后坐能量。其缺点是机构较复杂,且对接触面粗糙度和热处理硬度要求较高。

通过对以上三种惯性闭锁机构的分析可知:自由式枪机较半自由式枪机的闭锁机构结构简单,但后者较前者性能好;在半自由式枪机闭锁机构中滚柱式又较楔闩式工作可靠。

4) 气体延迟式开锁闭锁机构

利用火药燃烧气体执行延迟开锁,如图 4.4 所示。发射过程中,当弹头经过导气孔后,部分火药燃气通过导气孔进入位于枪管下方的导气室内。与导气式自动步枪相反,进入导气室内的火药燃气并不是把推动活塞向后运动,而是向前推动活塞压缩活塞复进簧储能,由于活塞与套筒相连,因此此时套筒被抵紧并锁住不动,从而达到闭锁的目的。当弹头脱离枪口

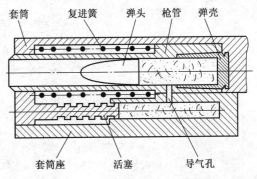

图 4.4 气体延迟式开锁闭锁机构

时,火药燃气随着弹头向外逸出,膛内压力瞬间降低,而原先留在导气室内的气体通过导气孔回流到枪管内,使导气室压力下降,抵住活塞复进簧的力也相应地降低,复进簧释放所积蓄能量并伸张,带动套筒向后动作,完成退壳、上膛等动作。气体延迟后坐可使套筒的质量比惯性闭锁式闭锁机构的枪机质量小,还能降低后坐时的震动。

这类闭锁机构属于枪机惯性闭锁,也是对弹膛也只闭而不锁,一般用于手枪,如德国HK P7 系列手枪和我国外贸 224 型 9mm 手枪。

2. 刚性闭锁机构

射击时枪机与身管有牢固的扣合,以封闭并锁住弹膛后端,膛底压力不能使枪机自行开锁,必须在主动件(枪机框或机体)强制作用下才能开锁,这种闭锁的方式称为刚性闭锁。刚性闭锁用于导气式和身管后坐式自动机。由于这类闭锁机构能保证威力较大的武器可靠地工作,并可以根据武器的设计要求,安排结构尺寸与质量,所以被广泛应用。

刚性闭锁机构,由成对的开锁工作面、闭锁工作面和闭锁支撑面等部分组成。开、闭锁工作面分别在枪机和枪机框上,由它们之间的相互作用完成开、闭锁。闭锁支撑面在枪机与机匣(节套)上,承受膛底压力的作用。

根据开、闭锁零件运动的方式不同,分为回转式、偏转式、偏移式、横动式和曲肘式五大类,也可以分为枪机回转、机头回转、枪机偏转、卡铁偏转/摆动、闭锁片偏转、身管偏移、枪机横动、楔闩横动、滚柱横动和曲肘式十种方式,如表 4.2 所列刚性闭锁方式分类图表。

表 4.2 刚性闭锁方式分类图表

分类名称		结构特点及示例
回转式	枪机回转	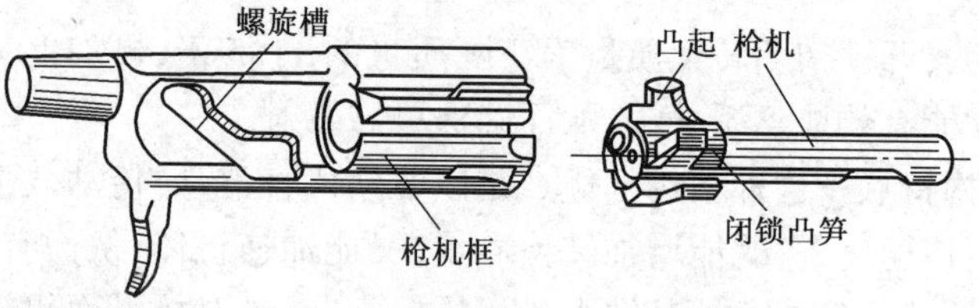 56 式 7.62mm 冲锋枪 自动方式:导气式;闭锁支撑部分:两个凸笋;开、闭锁工作面:螺旋槽 采用枪种:美国 M16 自动步枪、美国 M60 通用机枪、81 式 7.62mm 步枪、95 式 5.8mm 步枪等
	机头回转	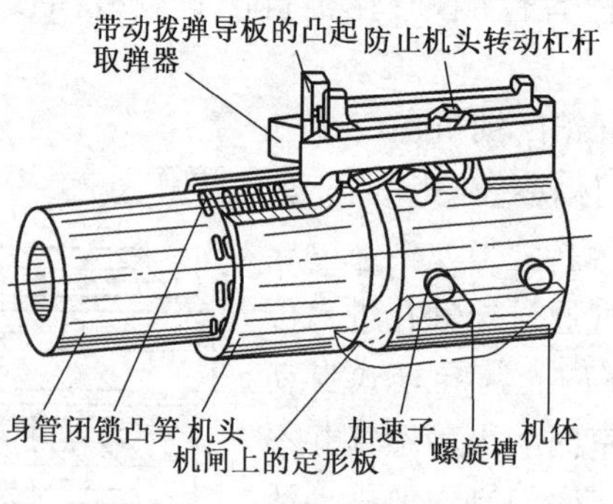 56 式 14.5mm 高射机枪 自动方式:身管后坐式;闭锁支撑部分:7 排 8 列凸笋;开锁工作面:机匣定形板;闭锁工作面:螺旋槽 采用枪种:德国 MG-34 轻机枪、美国强生轻机枪、56 式 14.5mm 二联高射机枪、80 式 14.5mm 单管高射机枪

续表

分类名称		结构特点及示例
偏转式	枪机偏转	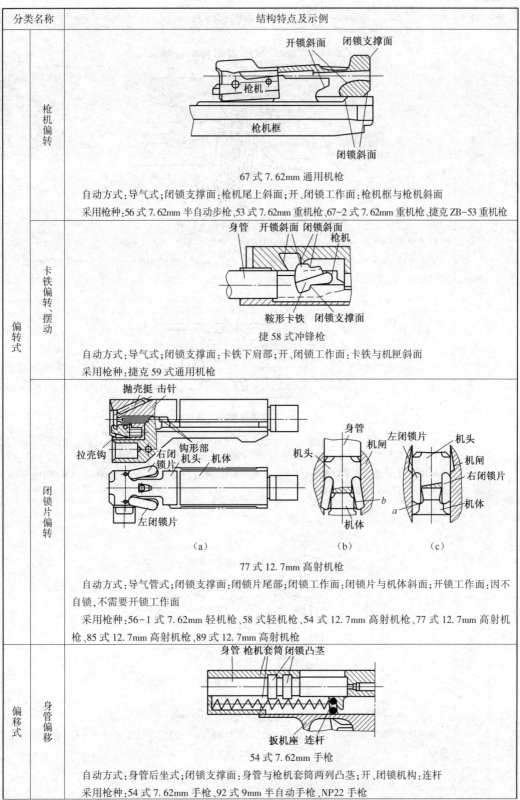

67式7.62mm通用机枪

自动方式:导气式;闭锁支撑面:枪机尾上斜面;开、闭锁工作面:枪机框与枪机斜面

采用枪种:56式7.62mm半自动步枪、53式7.62mm重机枪、67-2式7.62mm重机枪、捷克ZB-53重机枪 |
| | 卡铁偏转、摆动 | 捷58式冲锋枪

自动方式:导气式;闭锁支撑面:卡铁下肩部;开、闭锁工作面:卡铁与机匣斜面

采用枪种:捷克59式通用机枪 |
| | 闭锁片偏转 | 77式12.7mm高射机枪

自动方式:导气管式;闭锁支撑面:闭锁片尾部;闭锁工作面:闭锁片与机体斜面;开锁工作面:因不自锁,不需要开锁工作面

采用枪种:56-1式7.62mm轻机枪、58式轻机枪、54式12.7mm高射机枪、77式12.7mm高射机枪、85式12.7mm高射机枪、89式12.7mm高射机枪 |
| 偏移式 | 身管偏移 | 54式7.62mm手枪

自动方式:身管后坐式;闭锁支撑面:身管与枪机套筒两列凸茎;开、闭锁机构:连杆

采用枪种:54式7.62mm手枪、92式9mm半自动手枪、NP22手枪 |

续表

分类名称	结构特点及示例
横动式 — 枪机横动	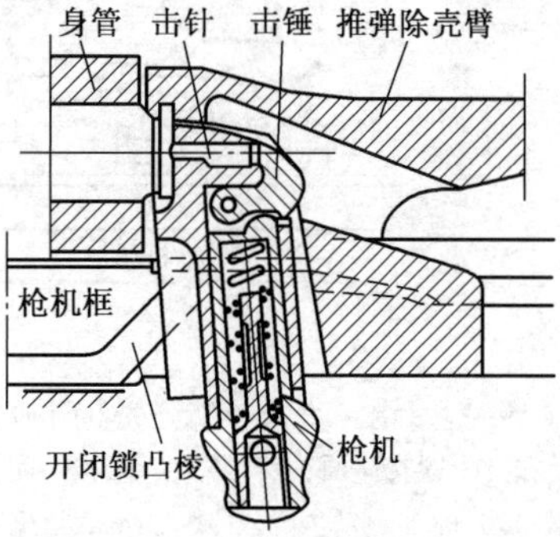 59式12.7mm航空机枪 自动方式:导气式;闭锁支撑面:机枪后斜面;开、闭锁工作面:斜直线凸棱 采用枪种:苏联A式12.7mm航空机枪、59式12.7mm航空机枪、QJK99式12.7-1型航空机枪
横动式 — 楔闩横动	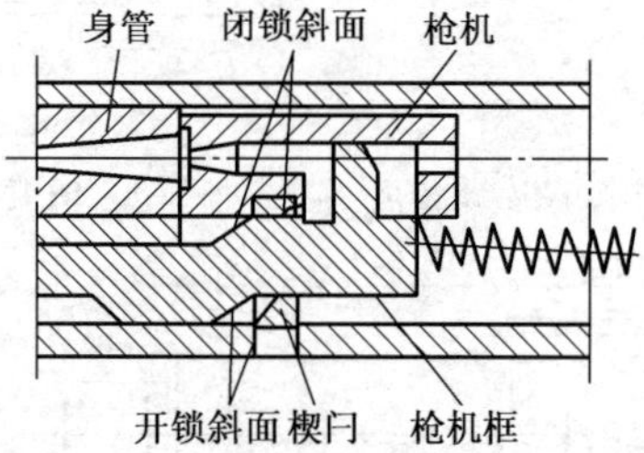 日本九九式轻机枪 自动方式:导气式;闭锁支撑零件:楔闩;开、闭锁工作面:斜面 采用枪种:日本九九式轻机枪、日本大正十一式轻机枪(口径6.5mm)、美国勃朗宁M2HB12.7mm重机枪、CS/LM6型50英寸重机枪
横动式 — 滚柱横动	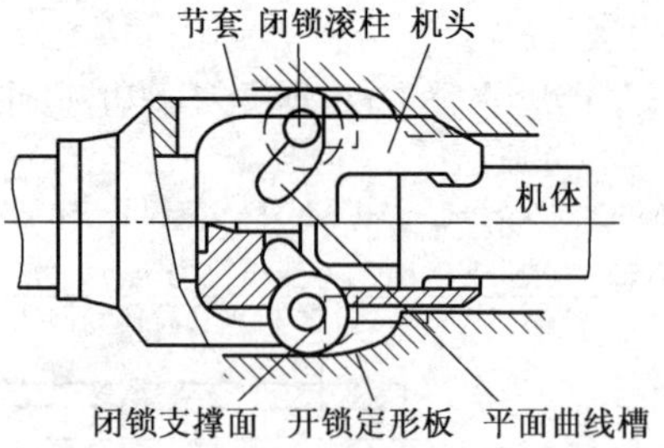 德MG-42机枪 自动方式:身管后坐式;闭锁支撑零件:滚柱;闭锁工作面:曲面 采用枪种:德国MG-42机枪、德国G41式5.56mm自动步枪、西班牙赛特迈步枪、瑞士SIG510步枪

续表

分类名称	结构特点及示例
曲肘式	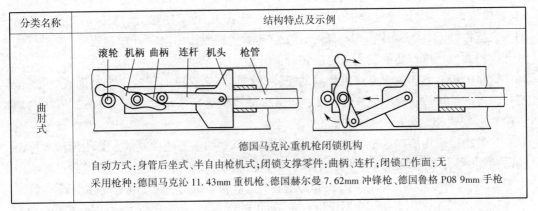 德国马克沁重机枪闭锁机构 自动方式：身管后坐式、半自由枪机式；闭锁支撑零件：曲柄、连杆；闭锁工作面：无 采用枪种：德国马克沁 11.43mm 重机枪、德国赫尔曼 7.62mm 冲锋枪、德国鲁格 P08 9mm 手枪

1) 回转式闭锁机构

回转式闭锁机构分为枪机回转式和机头回转式两种，其共同特点是通过绕自身轴线的回转运动来完成开、闭锁动作。枪机回转闭锁机构多用于导气式自动机，机头回转闭锁机构用于身管后坐式自动方式。

回转闭锁机构的支撑面有直面式和螺旋面式两种。

直面式，如美国 M16 自动步枪和英国路易斯轻机枪。其优点是加工简单，无自开锁分力，不需另加约束。其缺点是不能预抽壳，开锁过程支撑面摩擦大。

螺旋面式，如 56 式冲锋枪和美国 M60 通用机枪。其优点是在开锁过程中可预抽壳，开锁过程支撑面摩擦小，抽壳阻力小。其缺点是加工较复杂，存在自开锁的分力。但如螺旋面升角小于摩擦角，则不会出现自开锁现象。

回转式闭锁机构具有以下优点。

（1）闭锁凸榫对称布置在枪机或机头上，机匣受力对称，有利于提高射击精度。

（2）闭锁凸榫短，且靠近膛底，因而刚度大，射击时弹性变形小，作用可靠。

（3）枪机复进时靠平面带动，避免楔开现象；活动件在运动中与机匣的摩擦力小，有利于闭锁机构在各种恶劣条件下可靠工作。

（4）开、闭锁工作面为螺旋面，故开、闭锁时动作平稳，灵活可靠。

回转式闭锁机构缺点是结构比较复杂，制造困难，尤其是机头回转式闭锁机构更为明显。为了防止楔开现象，保证枪机或机头脱离主动件的平稳传动，完成闭锁动作，结构上须设有启动斜面。闭锁支撑面均为螺旋面，在加工、修理研配时，接触面积不易达到要求。

由于回转式闭锁结构具有很大的优点，且随加工制造水平不断提高，因此被广泛应用于各种口径的自动武器。

2) 偏转式闭锁机构。

通过枪机或中间零件偏转一定角度实现开锁与闭锁的机构称为偏转式闭锁机构。根据承担闭锁支撑面零件的不同，可以分为枪机偏转式闭锁机构、闭锁片偏转式闭锁机构和卡铁偏转式闭锁机构三种。

（1）枪机偏转式闭锁机构。枪机偏转式闭锁机构多用于导气式自动机，依靠枪机后端向一侧偏移，进入闭锁卡槽实现闭锁。枪机框为主动件，枪机为从动件。在复进过程中,枪机框通过闭锁斜面带动枪机复进。当枪机推弹入膛停止前进时,由于闭锁斜面的作用,在枪机框继续复进的过程中迫使枪机偏转一个角度,枪机尾端上的支撑面支撑在机匣的闭锁支撑面上,实现闭锁。击发后,通过枪机承受膛底压力。在开锁过程中,枪机框通过开锁斜面使枪机偏转解脱与机匣的扣合而开锁。

枪机的偏转方向主要考虑供弹具的安装、抛壳方向、支撑面积的大小等因素,由总体安排确定。枪机偏转有上偏式(67-2式7.62mm重机枪)、下偏式(56式7.62mm半自动步枪)、右偏式(53式7.62mm重机枪)等。

这种闭锁机构的优点是结构简单、闭锁确实可靠、加工方便。其缺点是①闭锁支撑面偏向一侧,受力不对称,有动力偶影响武器的射击精度;②枪机长度较长,在发射过程中由于刚度小、弹性变形大,不仅对闭锁间隙有影响,不利于抽壳,而且由于支撑面设在机匣上,因此不宜采用冲铆机匣,武器质量较重,对机动性不利;③枪机框通过闭锁斜面带动枪机向前运动,支撑面倾角较大,有自开锁(楔开)趋势,需另设限制面进行约束,故在枪机和机匣之间产生较大的摩擦力,消耗活动件复进的能量,影响机构动作的可靠性。表4.3列出了几种枪机偏转闭锁机构的几何尺寸,供设计参考。

表4.3 几种枪机偏转闭锁机构的几何尺寸

武器名称	枪机尾部偏转方向	枪机长度 l/mm	枪机横向尺寸 b/mm		卡槽深度 h/mm	闭锁支撑倾角 β/(°)	回转角 γ/(°)
			宽度	高度			
56式半自动步枪	下	90.9	19.5	16.6	2.5	16	1.62
53式重机枪	右	105.8	24	18.5	5	12.4	2.75
67式两用机枪	上	104	21.9	26	4.5	18	2.95

(2) 闭锁片偏转(或偏移)式闭锁机构。闭锁片偏转(或偏移)式闭锁机构主要由机体(枪机框)、机头、对称布置在机头两侧的两个闭锁片及身管和机匣的有关部分组成。这种结构经历了由长闭锁片(54式12.7mm高射机枪等)向短闭锁片(77式、85式12.7mm高射机枪)的一个发展、完善的过程。其闭锁机构的开、闭锁工作原理:由枪机框上的闭锁斜面推动闭锁片向两侧张开完成闭锁动作;靠闭锁片尾部倾斜的闭锁支撑面,定位在机匣的闭锁卡槽上实现枪膛的闭锁;在膛压作用下,枪机框带动枪机体,使闭锁片向内收拢而完成开锁动作。这种结构机体上无开锁斜面,开锁动作靠闭锁支撑面的自开锁分力完成;防止自开锁是通过机体上楔形体进入两闭锁片中间,将其撑开并限制自开锁来保证可靠发射。

这种闭锁机构的优点:①两片闭锁片对称地支撑在机匣两侧,受力对称,对射击精度有利;②短闭锁片闭锁机构刚度较大,可采用冲铆机匣;③开、闭锁过程枪机不偏转,对抱壳、抛壳无影响;④结构简单,维修方便,对磨损较大的闭锁片方便更换。

其缺点:①闭锁片与枪机不固定联接,容易漏装;②闭锁片(尤其是长闭锁片)一般薄而长,刚度较差,活动件复进能量消耗多,楔开现象严重。85式12.7mm高射机枪采用鱼鳃式结构,闭锁卡铁短,刚度大,有效地减少了楔开现象的发生。表4.4为几种闭锁片偏转闭锁结构的几何尺寸。

表 4.4 几种闭锁片偏转闭锁结构的几何尺寸

武器名称	闭锁片长度 l/mm	闭锁片偏转角 γ	闭锁支撑面倾角 β	闭锁支撑面面积 S/mm^2
56 式 7.62mm 轻机枪	65.45	2°15′	5°45′	34.8
58 式 7.62mm 轻机枪	65.6	3°	8°	68
54 式 12.7mm 高射机枪	94.5	3°43′	7°75′	152
77 式 12.7mm 高射机枪	36	10°	32°	162

(3) 闭锁卡铁偏转/摆动式闭锁机构。闭锁卡铁偏转/摆动式闭锁机构式是利用闭锁卡铁上下摆动,实现开、闭锁的。开闭锁动作是由枪机框上的开、闭锁工作面,控制闭锁卡铁绕枪机上定点上下转动完成。闭锁卡铁上下摆动方向,取决于机构的总体安排,如捷克 58 式 7.62mm 冲锋枪和捷克 59 式 7.62mm 通用机枪,前者采用闭锁卡铁向下摆动,进入闭锁卡槽实现闭锁,后者采用闭锁卡铁向上摆动进入闭锁卡槽实现闭锁。捷克 58 式 7.62mm 冲锋枪闭锁过程:当枪机复进到位后,闭锁斜面使卡铁向下摆动,卡铁的两个闭锁凸榫进入机匣的闭锁卡槽,其后支撑面与机匣闭锁支撑面贴合;而其前支撑面抵住枪机闭锁支撑面;后坐时,枪机框走完自由行程,其下平面脱离闭锁卡铁的限制面后,开锁斜面使闭锁卡铁向上摆动而开锁。

这种闭锁机构的主动件是枪机框,从动件是闭锁卡铁。其优点是①闭锁卡铁为鞍形,闭锁支撑面在机匣两侧导轨上对称布置,无附加力矩,对精度有利;②闭锁卡铁位于枪机前部且长度短,闭锁刚度大,可采用冲铆机匣;③枪机、闭锁卡铁与机匣三个支撑面均为圆弧,开闭锁动作灵活;④闭锁卡铁质量轻,开闭锁过程消耗能量少;⑤枪机框后坐直接带动枪机,不影响闭锁卡铁强度;⑥闭锁卡铁与枪机连为一体,可转、不可拆、不易漏装;⑦设有枪机缓冲簧,能消除枪机惯性后坐使闭锁卡铁偏转带来的楔紧。其缺点是活动件向前运动时,仍然有楔开现象,故活动件复进能量消耗较大。

3. 枪管偏移式闭锁机构

枪管偏移式闭锁机构是利用枪管运动来实现闭锁。其一般应用于身管后坐式自动方式,如 54 式 7.62mm 手枪,其开闭锁动作由一铰链控制,发射时套筒上的闭锁卡槽与枪管上闭锁凸榫相扣合。击发后,套筒带动枪管一起后坐。铰链绕底把上的结合轴后转,迫使枪管偏移,后端下沉,枪管闭锁凸榫脱离套筒闭锁卡槽实现开锁。套筒复进推枪管向前,铰链绕结合轴前转,使枪管后端上抬,枪管闭锁凸榫进入套筒闭锁卡槽,实现闭锁。

这种闭锁机构的结构简单,外形尺寸不大。但枪管轴线在弹丸飞离枪口瞬间对于初始位置偏移了一个角度,对射击精度有影响。此外,枪管偏移式闭锁机构只适用于枪管较短且较轻的武器。

4. 横动式闭锁机构

横动式闭锁机构有枪机横动式闭锁机构、楔闩横动式闭锁机构和滚柱横动式闭锁机构三种。

1) 枪机横动式闭锁机构

在枪机横动式自动机中,打开和关闭弹膛是通过枪机框控制枪机作与身管轴线垂直或接近垂直的运动,实现开闭锁动作。这种闭锁机构适用于较大口径的导气式机枪,如

59式12.7mm航空机枪。

59式12.7mm航空机枪的枪机在开、闭锁时沿机匣作横向移动,其他时间停留在机匣的导轨内,不随枪机框运动。开、闭锁动作由枪机框上的导棱控制。闭锁支撑面与枪膛横断面有5°倾角,可减小初始弹底间隙,改善抽壳条件和便于开锁。由于枪机作横向运动,只起关闭弹膛、承受壳机力的作用,不能参与抽壳和退壳动作,因此推弹进膛和抽壳动作是由枪机框上的推弹除壳器完成。

这种闭锁机构的优点是①枪机轴向尺寸短,有利于缩短机匣长度,减少武器的纵向尺寸;②枪机靠近身管尾端,也就是闭锁支撑面靠近身管尾端,因此承载长度短,闭锁机刚度大;③闭锁支撑面的面积可设计的较大,有利于发射大威力弹药。

其缺点是武器的横向尺寸较大,不适宜手提式自动武器。

2) 楔闩横动式闭锁机构

楔闩横动式闭锁机构是通过中间零件楔闩横动实现枪机与机匣的刚性扣合,承受壳机力作用的闭锁机构。该机构可用于身管后坐式自动机(如美国勃朗宁重机枪),也可用于导气式自动机(如日本九九式轻机枪)。

这种闭锁机构的优点是①结构简单;②闭锁可靠;③楔闩质量较小,开、闭锁过程能量消耗小;④楔闩可设计在距身管尾端较近的位置,有利于提高闭锁机构的刚度,可采用冲铆机匣。其缺点是受力不对称,横向尺寸较大,机动性、勤务性差,故枪械中已很少采用。

3) 滚柱横动式闭锁机构

这种机构是利用对称的滚柱横向运动使机头与身管(机匣)扣合和解脱,可用于身管后坐式自动机(如德国MG-42 7.92mm通用机枪)。闭锁时,左右两侧滚柱的上下两端卡在机头和枪管节套的闭锁面之间。发射时,在膛压及枪口助退器的作用下,枪管、枪管节套、枪机组件一起后坐一段自由行程后,两滚柱中间部分受机匣两侧开锁工作面作用,向中间收拢,直到滚柱两端的支撑部分脱离枪管节套的闭锁支撑面,即使枪管与枪机脱离,完成开锁动作。开锁后,枪机组件继续后坐,而枪管则在枪管复进簧的作用下先行复进到位,但不能向两侧撑开,因而滚柱与机匣间无摩擦。复进时,当机头进入枪管节套,滚柱撞击枪管节套上闭锁卡槽的前方,使滚柱离开"死点",楔铁前部斜面使滚柱向两侧撑开而实现闭锁。

它除了具有中间零件(如闭锁片、卡铁、楔闩等)闭锁机构的优点之外,还有开闭锁动作灵活、摩擦阻力小、耗能少的突出优点,是一种性能优良的闭锁机构。其缺点是结构比较复杂。目前仅在德国的自动武器中应用。

5. 曲肘式闭锁机构

曲肘式闭锁机构也称为其曲柄连杆式闭锁机构,由曲柄、连杆带动机头作纵向运动,并利用曲柄和连杆接近于"死点"位置来实现闭锁动作,如德国马克沁重机枪的闭锁机构,即曲肘式,其结构如表4.2所列。

发射时,在膛压及膛口助退器的共同作用下,枪管、与枪管联结在一起的左右滑板、枪机组件等一起后坐,走完自由行程后,机柄长臂下方的曲面(加速凸轮)与安装在机匣上的滚轮相遇,使曲柄顺时针方向回转(与此同时,复进簧被拉伸而储备能量),连杆带着机头加速后坐而开锁。枪管后坐到位后,在复进簧(枪管与枪机组件共用一根复进簧)力的作用下复进,曲柄则继续回转,带动机头后坐。当机柄短臂下方的曲面与滚轮接触时,又使枪管加速复进。机头后坐到位后,复进簧力使曲柄反向回转,连杆推动机头复进到位而闭锁。闭锁时,曲柄向上倾斜一个很小的角度,机构上限制了曲柄连杆不能向上运动,可保证在膛压作用下不会自行开锁。

曲肘式闭锁机构闭锁刚度小,结构复杂,制造精度要求高,而且笨重,现代自动武器已很少采用。

4.2 闭锁间隙

自动武器为了使开锁、闭锁动作灵活,能够在风沙、泥水和高低温等特种条件下可靠开锁、闭锁。应当使出厂的新武器在推弹进膛并完全闭锁之后,在壳膛定位面、弹壳底平面与弹底窝镜面、枪机与机匣(节套)闭锁支撑等某一配合部位存在轴向间隙。为了确保自动机在寿命期内不发生断壳故障,又应限制因运动面磨损和承载部分弹性变形所产生的上述轴向间隙的增量。

4.2.1 弹底间隙与闭锁间隙

在推弹进膛和闭锁后,由于弹药与闭锁机构各相关构件间存在着撞击与反跳,轴向间隙可能出现在不同部位。为了便于研究问题,因此定义:在武器未发射时,弹药与弹膛定位面贴合,枪机与机匣闭锁支撑面贴合,即武器闭锁后,弹壳底平面与枪机(机头)弹底窝镜面之间所形成的轴向间隙称为弹底间隙,用 Δ_d 表示。弹性间隙是静态间隙,由制造间隙 Δ_z、磨损间隙 Δ_m 组成,可通过通止规检查,如图4.5所示。

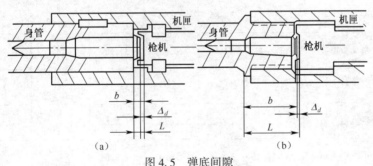

图 4.5 弹底间隙
(a)底缘定位;(b)斜肩定位。

在射击过程中,弹壳底平面与枪机(机头)弹底窝镜面之间的轴向最大间隙,称为闭锁间隙,用 Δ 表示。闭锁间隙是动态间隙,由制造间隙 Δ_z、弹性间隙 Δ_e、磨损间隙 Δ_m 和闭锁零件温度变形量 Δ_T 组成,即 $\Delta = \Delta_z + \Delta_e + \Delta_m + \Delta_T = \Delta_d + \Delta_e + \Delta_T$。

4.2.2 制造间隙

武器出厂时的弹底间隙称为制造间隙,也称为初始间隙或原始间隙,一般用 Δ_z 表示。

从开、闭锁动作灵活性及可靠闭锁的角度,一般应设计出适当的制造间隙,以保证枪机顺利闭锁,其理由是①弹药和闭锁机构各元件的加工和互换装配需要一定的间隙,因为

Δ_z过小将使弹药与闭锁机构各元件的加工精度提高、成本增加,并给互换装配带来不便;②在弹膛、弹底窝及闭锁支撑面之间有火药残渣或泥沙污垢时,要确保可靠闭锁,应当预留一定的间隙;③当身管因连续射击受热膨胀使其尾端面后移,要可靠闭锁,也应留出一定的间隙。

设计闭锁机构时,应当根据所设计武器的壳膛定位方式和弹药进膛惯性力的大小作具体分析,确定制造间隙Δ_z。对于底缘定位方式和弹药进膛惯性力小的口部定位方式与斜肩定位方式的武器,应留出适当的正间隙。但是对于弹药进膛惯性力大的斜肩定位方式武器,考虑到推弹入膛时弹壳肩部较易变形,尤其是高射速武器送弹入膛的速度很高,弹药因惯性前进,弹壳受到压缩,增大了实际闭锁间隙,可能引起不发火甚至产生弹壳横断。因此,射速较高的武器,在设计闭锁机构时应缩小制造间隙,甚至为负值(即过盈)。

制造间隙是武器的初始弹底间隙,也是闭锁间隙的最小值,设计出发点是保证开闭锁动作灵活。考虑到弹药与闭锁机构各元件加工装配的互换性,其值应有适当的范围。下面分两种情况讨论Δ_z的确定方法。

1. 用已有枪弹设计新的武器

由于该弹及与之配套的武器已经通过各种射击考验,因此此时新武器闭锁机构的制造间隙Δ_z可参照同类已有武器的制造间隙初定。然后根据样枪(炮)试验情况最后确定。表4.5列出了现有几种自动武器的制造间隙,供设计参考。

表4.5 几种制式武器的制造间隙

武器名称	枪弹斜肩至底面距离或底缘厚度/mm	应闭锁样板/mm	出厂不闭锁样板/mm	寿终前不闭锁样板/mm	制造间隙(最大及最小)/mm	磨损许可量/mm	弹底间隙(最大及最小)/mm
56式7.62mm冲锋枪	$33_{-0.2}^{0}$	32.85	32.95	33.15	0.15 / -0.15	0.2	0.35 / -0.15
56式7.62mm半自动步枪	$33_{-0.2}^{0}$	32.85	32.95	33.15	0.15 / -0.15	0.2	0.35 / -0.15
56式7.62mm轻机枪	$33_{-0.2}^{0}$	32.85	32.95	33.15	0.15 / -0.15	0.2	0.35 / -0.15
58式7.62mm轻机枪	$1.63_{-0.13}^{0}$	1.625	1.676	1.828	0.176 / -0.005	0.152	0.328 / -0.005
57式7.62mm重机枪	$1.63_{-0.13}^{0}$	1.625	1.676	1.828	0.176 / -0.005	0.152	0.328 / -0.005
54式12.7mm高射机枪	$92.6_{-0.3}^{0}$	91.92	92.04	92.34	-0.26 / -0.68	0.3	0.04 / -0.68
56式14.5mm高射机枪	$99.3_{-0.2}^{0}$	99.15	99.30	—	0.2 / -0.15	—	— / -0.15

2. 用新弹设计新的武器

由于没有可借鉴的数据,因此制造间隙Δ_z可以分两步确定,即初定和试验调整确定。

初定:首先按照计算弹壳轴向伸长量的方法,算出所使用弹弹壳的极限伸长量Δ_{jx},再根据计算闭锁机构弹性间隙的方法,结合初定的闭锁机构尺寸估算出弹性间隙Δ_e;参照相近武器估计一个磨损间隙Δ_m,用式(4-8)算出Δ_z,即

$$\Delta_z < \Delta_{jx} - \Delta_e - \Delta_m \tag{4-8}$$

最后通过尺寸链计算把初定 Δ_z 值分配给弹及闭锁机构各零件作制造公差。

试验调整：当样枪(炮)加工装配后,首先进行各种规定的实弹射击试验,然后根据试验考核情况进行调整,最后确定 Δ_z。

4.2.3 磨损间隙

武器在射击与训练过程中,弹药定位面、弹底窝镜面、枪机与机匣的闭锁支撑面以及身管可换武器的身管固定栓等处的运动磨损会使弹底间隙增加,这种因磨损形成的弹底间隙增量称为磨损间隙,用 Δ_m 表示。影响 Δ_m 的因素主要是壳膛定位方式、身管与机匣的联接方式。无论哪种定位方式和联接方式,弹底窝和闭锁支撑面处的磨损都是存在的,因此,在设计时需要给射击使用中留有一定磨损余量。

在开锁、闭锁动作过程中,闭锁支撑面之间不断地进行摩擦,尤其在开锁过程中,弹膛仍具有一定压力,闭锁支撑面之间的摩擦力很大,所以在使用一定时期后,闭锁支撑面的磨损将使闭锁间隙不断增大。因此,在决定闭锁间隙时,应留有 0.1~0.2mm 的磨损余量,以保证武器在寿命范围内作用仍然可靠。在设计时,一方面尽量减小磨损;另一方面,当磨损量过大时,还应能采取适当的补偿措施。

减小磨损的措施:①减小磨损面单位面积的压力,如增加支撑面面积和延迟开锁(膛压较低时开锁);②磨损面采用耐磨损、耐冲击材料,如 56 式 7.62mm 半自动步枪的机匣闭锁支撑面镶嵌硬质合金衬铁;③采用热处理与表面强化工艺,以提高磨损部分的耐磨性。

对于可更换身管的武器,磨损较大时,可采取补偿措施,进行调节和减小弹底间隙:①调整身管固定栓。对于楔栓联接方式,可将栓体做成可调式。当弹底间隙增大时,通过调节楔栓使身管向后移动来减小或消除磨损间隙。图 4.6 所示为 67-2 式 7.62mm 重机枪设置了可调整的枪管固定栓,枪管固定栓与枪管接触面为斜面,固定栓在机匣上的横行位置通过螺钉调节,从而调整枪管的纵向位置。②更换中间零件,对于闭锁片偏转式、楔闩式和卡铁偏转式等通过小型中间零件闭锁的武器,当磨损间隙增大时可采用更换中间零件的办法。图 4.7 所示为 85 式 12.7mm 高射机枪采用更换加大的闭锁卡铁,使闭锁间隙达到要求。

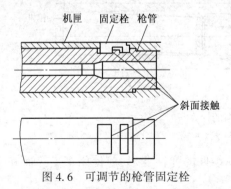

图 4.6 可调节的枪管固定栓　　　图 4.7 更换加大的闭锁卡铁

4.2.4 弹性间隙

从击发到开锁前,身管与机匣联接部位至闭锁支撑面之间的闭锁机构承载部分,因受到壳机力的作用产生弹性变形,由此而引起的闭锁间隙增量称为弹性间隙,用 Δ_e 表示。

1. 弹性间隙的计算

弹性间隙的计算和身管与机匣连接方式有关。

(1)当身管与机匣固定连接时,如 56 式 7.62mm 冲锋枪(图 4.8(a)),壳机力 F 使枪机的 l_1 部分产生压缩变形 $\dfrac{F}{E}\sum\dfrac{l_{1i}}{S_{1i}}$,使机匣的 l_2 部分产生拉伸变形 $\dfrac{F}{E}\sum\dfrac{l_{2i}}{S_{2i}}$,式中:$S_{1i}$ 与 S_{2i} 为微段 l_{1i} 与 l_{2i} 的相应截面积,则总弹性间隙 Δ_e 为

$$\Delta_e = \Delta l_1 + \Delta l_2 = \frac{F}{E}\left(\sum\frac{l_{1i}}{S_{1i}} + \sum\frac{l_{2i}}{S_{2i}}\right) \tag{4-9}$$

式中　$\Delta l_1, \Delta l_2$——枪机和机匣上受压缩、拉伸部分长度的压缩量(mm);

　　　E——枪机和机匣材料的弹性模量(Pa);

　　　l_1, l_2——枪机和机匣上受压缩部分的长度(mm);

　　　S_1, S_2——枪机和机匣上受压缩部分的横断面面积(mm^2)。

当身管与机匣活动连接时,如 53 式 7.62mm 重机枪(图 4.8(b)),枪机 l_1 部分受压缩,机匣 l_2 部分受拉伸,连接栓 l_3 受压缩,此时弹性间隙 Δ_e 为

$$\Delta_e = \Delta l_1 + \Delta l_2 + \Delta l_3 = \frac{F}{E}\left(\sum\frac{l_{1i}}{S_{1i}} + \sum\frac{l_{2i}}{S_{2i}} + \sum\frac{l_{3i}}{S_{3i}}\right) \tag{4-10}$$

式中　$\Delta l_1, \Delta l_2, \Delta l_3$——枪机、机匣上受压缩部分和连接栓长度的压缩量(mm);

　　　l_1, l_2, l_3——枪机、机匣上受压缩部分和连接栓的长度(mm);

　　　S_1, S_2, S_3——枪机、机匣上受压缩部分和连接栓的横断面面积(mm^2)。

具体计算时,考虑到闭锁机构承载部分断面的变化,应采取分段计算办法。壳机力 F 应当按 4.3 节的方法精确计算;初步估算时,可用膛底压力代替,即用 p 代替 F。56 式 7.62mm 冲锋枪弹间隙估算值 $\Delta_{e56} = 0.02$mm,53 式重枪枪弹性间隙的估算值 $\Delta_{e53} = 0.16$mm。

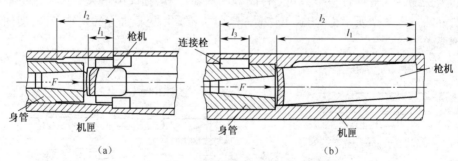

图 4.8　弹性间隙的计算
(a)56 式冲锋枪;(b)53 式重机枪。

从式(4-9)和式(4-10)可知,为了减小闭锁零件的弹性变形,应使闭锁支撑面和身管与机匣的连接部尽量接近身管尾断面。

闭锁机构弹性间隙,增大了闭锁间隙,不仅可能导致弹壳横断,而且会使抽壳发生困难。因为随着膛压 p 的升高,闭锁机构弹性变形量加大,弹壳向后移动暴露在弹膛外的部分将增大,外露部分在壳内很高的火药燃气压力作用下将随着径向塑性变形而胀大;当膛

压下降时,闭锁机构的弹性恢复又把胀大部分的弹壳压向弹膛,使壳膛紧缩量增加,从而抽壳阻力加大。

2. 闭锁机构刚度

为了分析闭锁机构抵抗弹性变形的能力,引入闭锁机构刚度的概念。若以 k 表示闭锁机构刚度,则 k 与壳机力 F 和弹性间隙 Δ_e 有以下关系:

$$k = \frac{F}{\Delta_e} \tag{4-11}$$

由式(4-11)可以给出闭锁机构刚度的定义:闭锁机构承载部分产生单位弹性变形量所需的力,称为闭锁机构刚度。

若用膛底作用力 F_p 代替壳机力 F 作近似估算,则可得 56 式 7.62mm 普道弹的 $F_{p56}=20.5\text{kN}$,53 式 7.62mm 弹的 $F_{p53}=28.5\text{kN}$。将 Δ_{e56}、Δ_{e53} 及 F_{p56}、F_{p53} 代入式(4-11),可得 56 式冲锋枪闭锁机构刚度 $k_{56} \approx 1025\text{kN/mm}$,53 式重机枪闭锁机构刚度 $k_{53} \approx 178\text{kN/mm}$。

将 k_{56} 与 k_{53} 相比较,说明 56 式冲锋枪闭锁机构比 53 式重机枪闭锁机构的刚度大。分析其原因,主要是由于 56 式冲锋枪闭锁机构较 53 式重机枪闭锁机构的受载变形长度短,从而使 $\Delta_{e56} \gg \Delta_{e53}$。因此,设计闭锁机构时,应尽量使闭锁支撑面靠近身管尾端,以减小其承载部分的变形长度。

4.2.5 闭锁零件温度变形量

射击时,由于闭锁零件温度升高而使闭锁间隙发生改变的变形量,称为闭锁零件温度变形量,用 Δ_T 表示。武器连续射击一定弹数后,身管温度升高很多,虽然机匣会受热膨胀使 Δ 增大,但影响不明显。身管尾部受热后碰撞变形,使闭锁间隙 Δ 发生变化,但对闭锁间隙的影响和弹壳的定位方式有关。

对于底缘定位的枪弹,身管尾部受热碰撞后使尾部端面后移,故闭锁零件温度变形量 Δ_T 将使闭锁间隙 Δ 减小,甚至可能导致枪机不能确保顺利闭锁。

对于肩部定位的枪弹,当肩部位于枪管与机匣连接部的后方时,如 56 式 7.62mm 轻机枪,由于枪管尾部受热膨胀后,肩部定位面要后移,故闭锁零件温度变形量 Δ_T,将使闭锁间隙 Δ 减小;若当肩部位于枪管与机匣连接部的前方时,如 56 式 762mm 冲锋枪,由于枪管尾部受热膨胀后,肩部定位面要前移,因此闭锁零件温度变形量 Δ_T,将使闭锁间隙 Δ 增大。

身管温度变形量 Δ_T 同样遵循固定的线膨胀规律,与 L_c 和 ΔT 成正比,其计算公式如式(4-12),即

$$\Delta_T = \alpha \cdot L_c \cdot \Delta T \tag{4-12}$$

式中 α——身管材料的线膨胀系数,枪管材料的线膨胀系数 $\alpha = 12.7 \times 10^{-6} \text{mm/mm}°\text{C}$;

L_c——身管与机匣连接处到身管内枪弹定位面的距离(mm);

ΔT——身管温度的升高值(℃)。

当温升 ΔT 一定时,L_c 对 Δ_T 影响很大,L_c 越小,Δ_T 越小。在连续高频射击后,身管尾端面后移过多将使闭锁间隙 Δ 大幅度减小,可能造成闭锁困难或不完全闭锁。所以,结构上要尽可能使身管与机匣连接处接近身管内枪弹定位面。

以上讨论了影响闭锁间隙的四个因素,对于一定的武器,制造间隙 Δ_z、温度变形间隙 Δ_T 和弹性间隙 Δ_e 的值已确定,所以武器的闭锁间隙增大,主要是闭锁零件磨损量 Δ_m 引起的。

射击前,闭锁间隙为 $\Delta=\Delta_z+\Delta_m$;射击时,$\Delta=\Delta_z+\Delta_m+\Delta_T+\Delta_e=\Delta_d+\Delta_T+\Delta_e$,引起闭锁间隙变化量是 Δ_T 和 Δ_e,其中:Δ_e 影响不很大,而 Δ_T 往往使闭锁间隙减小,因此习惯用弹底间隙代替闭锁间隙检查。闭锁间隙增大主要是由于 Δ_m 增大引起的,当闭锁支撑面磨损 Δ_m 严重时,会使闭锁间隙 $\Delta>$ 弹壳极限伸长量 Δ_{jx},弹壳就会产生横断。因此,在检查武器时,一旦发现闭锁间隙过大,超过规定允许范围,就必须立即加以调整或修复,以确保武器射击时动作可靠。

4.3 弹壳受力与横断分析

4.3.1 弹壳的受力分析

射击时,从击发到开锁之间,火药燃气压力一方面作用于弹壳底部,产生膛底作用力 F_p,并使壳底平面与枪机之间产生作用力(简称为壳机力 F),使弹壳向枪机方向移动;另一方面火药燃气也作用于弹壳内壁上,使弹壳产生切向变形(或径向膨胀)。当弹壳径向膨胀填满间隙后,紧贴于弹膛内壁,并在壳膛间产生压力(简称为壳膛力 p_1)。当弹壳向后移动时,在弹壳与弹膛壁间产生摩擦力 F_z,阻止弹壳向枪机方向移动。因此,击发后弹壳的受力主要有两个阶段组成:第一阶段为内压 p 达到启动压力 p_q 前,弹壳呈封闭的薄壁容器,此时各部分都承受内压 p 的作用;第二阶段,即 $p>p_q$ 后,弹丸相对弹壳移动并离开弹壳,此时弹壳各部分的受力不再处于平衡状态。图 4.9(a)所示为弹壳的结构。弹壳在轴向合力的作用下受到拉伸。若弹壳绝对拉伸量超过绝对最大允许拉伸量时,弹壳将在某横截面上产生横断,如图 4.9(b)、图 4.9(c)所示。

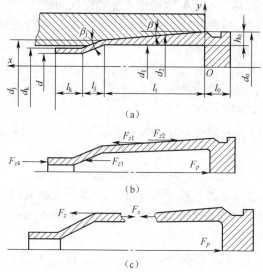

图 4.9 弹壳结构与受轴向力、变形
(a)弹壳的结构;(b)弹壳轴向作用力;(c)弹壳轴向变形力。

弹壳的轴向力的分析,具体如下:

弹壳的轴向力主要由火药燃气对膛底作用力 F_p、弹壳外表面摩擦阻力的轴向分力 F_{z1}、火药燃气作用于弹壳体部锥面的轴向分力 F_{z2},火药燃气作用于弹壳斜肩部的轴向分力 F_{z3} 和火药燃气作用于弹壳口部端面的作用力 F_{z4} 组成,如图4.9(b)所示。

(1) 膛底作用力 F_p,即

$$F_p = \frac{\pi d_0^2}{4} \cdot p \tag{4-13}$$

式中 d_0——弹壳底部内径(mm);
　　　p——膛内压力(MPa)。

(2) 弹壳外表面摩擦阻力的轴向分力 F_{z1}。在抽壳过程中,某一时刻的弹壳所受摩擦阻力 F_{z1} 轴向分力表达式为

$$F_{z1} = f \cdot N \cdot \cos\beta = f \cdot \cos\beta \cdot p_1 \pi \int_0^{l_k} \left(d_t - \frac{(d_t - d_j)}{2 \cdot l_k} l \right) \cdot dl \tag{4-14}$$

式中 f——弹膛壁与弹壳外壁的摩擦系数;
　　　N——弹膛壁对弹壳的正压力(N),如图4.10所示;
　　　β——弹壳一锥的半锥角(°);
　　　d_t, d_j——弹壳底部与身管接触处的外径和弹壳斜肩大端外径(mm);
　　　l_k——弹壳贴膛长度(mm);
　　　p_1——弹膛壁对弹壳外壁的压力(N),简称为壳膛压力。

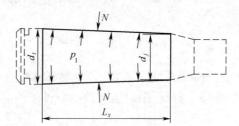

图4.10 正压力 N 的计算

为简化计算,通常用弹壳的平均外径估算弹壳所受摩擦阻力 F_f,有

$$F_{z1} = f \cdot N \cdot \cos\beta = f \cdot \cos\beta \cdot \pi d_p l_k p_1 \tag{4-15}$$

式中 d_p——弹壳平均外径(mm)。

从式(4-15)可知,f 根据膛壁状况和润滑程度可以确定,d_p 由弹壳结构尺寸可以确定,壳膛压力 p_1 主要取决于火药燃气压力的大小。因为在火药燃气压力作用下,弹壳径向膨胀到与膛壁贴靠要消耗能量,所以壳膛压力 p_1<最大膛压 p_m,但为了计算简化,常取 $p_1 \approx p_m$,且摩擦力 F_{z1} 将随 l_k 增大而增加。

(3) 火药燃气作用于弹壳体部锥面的轴向分力 F_{z2},即

$$F_{z2} = N \cdot \sin\beta = \pi d_p l_k p_1 \sin\beta \tag{4-16}$$

(4) 火药燃气作用于弹壳斜肩部的轴向分力 F_{z3},即

$$F_{z3} = \frac{\pi}{4}(d_1^2 - d^2)p \tag{4-17}$$

式中 d_1、d——弹壳肩部大、小端的内径(mm);
　　　p——膛内压力(简称为膛压)(MPa)。

(5) 火药燃气作用于弹壳口部端面的作用力 F_{z4},即

$$F_{z4} = \frac{\pi}{4}(d_k^2 - d^2)p \tag{4-18}$$

式中　d_k——弹壳口部的外径(mm)。

4.3.2　弹壳的轴向变形

由弹壳各种轴向力的分析可知,随着膛压 p 的变化,弹壳的贴膛位置与长度在不断变化,这使弹壳轴向变形的计算变得复杂。此外,弹壳的轴向变形与壳膛定位方式有关。对于口部定位和底缘定位而言,弹壳各部分的变形都影响其总伸长量,而斜肩定位式的弹壳口部与肩部的变形却对总伸长量影响不大,使弹壳产生横断的变形主要在弹壳体部,因此口部与肩部的压力,只考虑它们对体部周向变形的影响。目前,自动武器多采用斜肩定位方式,所以下面讨论这类弹壳的轴向变形计算。

使弹壳产生轴向变形的力是弹壳壁内的轴向力 F_x。如图4.9(c)所示,随着膛压 p 的变化,弹壳各部所受的轴向力在不断变化,这使弹壳壁内的轴向变形力 F_x 也在随坐标 x 和膛压 p 而变化。为了便于分析问题,F_z 表示除膛底作用力 F_p 以外各轴向力的代数和,则 F_x、F_z 与 F_p 之间有以下关系。

当 $F_z < F_p$ 时,在产生 F_z 的相应断面内,有

$$F_x = F_z \tag{4-19}$$

当 $F_z = F_p$ 时,在相应断面内,有

$$F_x = 0 \tag{4-20}$$

当 $F_z > F_p$ 时,因弹壳不能整体移动,此时弹壳只能在临界断面($F_x = 0$ 的断面)之后的贴膛部分变形,若 F'_z 表示该部分外部轴向力,则有

$$F_x = F_p - F'_z \tag{4-21}$$

斜肩定位的瓶形弹壳,其壁厚有三个特征尺寸:口部 h_k、肩部大端(或体部小端)h_j 和弹壳底壁厚 h_0。由于弹壳贴膛压力 p_0 与壁厚 h 有关,在计算弹壳轴向变形时,应当先计算出 h_k、h_j 与 h_t 相应的贴膛压力 p_{0k}、p_{0j}、p_{0t} 以便分段计算,详细的壳膛压力计算见4.3.3小节。

1. $p < $ 启动压力 p_q

当 $p < p_q$ 时,弹壳为封闭的薄壁壳体,由承受内压的圆筒壳理论,弹壳壁内轴向应力 σ_x 为

$$\sigma_x = \frac{d_1 p}{4h} = \frac{d_1 p}{4(h_0 - x\tan\beta)} \tag{4-22}$$

式中　h_0——弹壳内底部处弹壳壁厚,$h_0 = \dfrac{d_0 - d_1}{2}$,如图4.9(a)所示。

当 $\sigma_x \leq \sigma_{e1}$ 时,弹壳的轴向伸长量 Δl 为

$$\Delta l = \sum \left(\frac{l_i}{E_1} \cdot \sigma_x \right) \tag{4-23}$$

当 $\sigma_x > \sigma_{e1}$ 时,弹壳轴向长量 Δl 为

$$\Delta l = \sum \left(\frac{l_i}{D} \sigma_x - \frac{E_1 - D}{E_1 D} \sigma_{e1} l_i \right) \tag{4-24}$$

式中　σ_{e1}——射前弹壳的弹性极限(MPa);
　　　D——弹壳材料的强化模量。
　　　E_1——弹壳材料的弹性模量。

2. $p_q < p < p_{0k}$

当 $p_q < p < p_{0k}$ 时,因弹壳口部刚贴膛,该处壳膛压力 $p_{1k} = 0$,所以 $F_{z1} = F_{z2} = 0$,此时 F_z、

F_x 及 σ_x 分别为

$$F_x = F_z = F_{z3} - F_{z4} = \frac{\pi}{4}(d_1^2 - d_k^2)p \tag{4-25}$$

$$\sigma_x = \frac{F_x}{S_x} \tag{4-26}$$

式中 S_x——弹壳体部 x 断面的截面积。

将 σ_x 代入式(4-23)或式(4-24)，可求出弹壳体部相应的伸长量 Δl。因后面的解题步骤均与这一时期相同，下面只给出 F_x 的计算式。

3. $p_{0k} < p < p_{0j}$

当 $p_{0k} < p < p_{0j}$ 时，因弹壳口部有壳膛压力 p_{1k} 且无锥角，所以该处只有摩擦阻力 F_{z1k}，其值为

$$F_{z1k} = \pi d_k l_k f p_{1k} \tag{4-27}$$

$$F_z = F_{z3} - F_{z4} + F_{z1k} \tag{4-28}$$

$$F_x = F_z = \frac{\pi}{4}(d_1^2 - d_k^2)p + \pi d_k l_k f p_{1k} \tag{4-29}$$

4. $p > p_{0j}$ 且 $F_z < F_p$

当 $p > p_{0j}$，且 $F_z < F_p$ 时，因弹壳口部、肩部和部分体部贴膛，此时弹壳肩部有贴膛力 p_{1j}、体部有壳膛压力 p_{1x} 产生，故也有摩擦阻力的轴向分力 F_{z1j} 与 F_{z1t} 和外锥面合力的轴向分力 F_{z1j} 与 F_{z2t} 产生，总的轴向阻力 F_z 为

$$F_z = F_{z3} - F_{z4} + F_{z1k} + (F_{z1j} - F_{z2j}) + (F_{z1t} - F_{z2t}) \tag{4-30}$$

$$F_x = F_z = \frac{\pi}{4}(d_1^2 - d_k^2)p + \pi d_k l_k f p_{1k} + \pi d_j l_j f p_{1j}(f\cos\beta_j - \sin\beta_j) \\ + \pi d_1 l_x f p_{1x}(f\cos\beta - \sin\beta) \tag{4-31}$$

式中 l_x——该瞬时弹壳体部贴膛长度，其值为

$$l_x = l_t - x_1 \tag{4-32}$$

式中 x_1——该瞬时弹壳体部的最后贴膛位置坐标，其值为

$$x_1 = \frac{d_0}{2\tan\beta} - \frac{d_1}{2\tan\beta}\left[1 + \frac{p}{\sigma_{e1} + (\Delta_0 - \varepsilon_{e1})D}\right]$$

式中 σ_{e1}、ε_{e1}——弹壳射前的弹性极限与相应的弹性应变。

随着膛内压力 p 的升高，贴膛坐标 x_1 将减小，相应贴膛长度将加长，贴膛引起摩擦阻力 F_z 将增大。当 $F_z = F_p$ 时，弹壳不能向后移动，此截面上的合力为 0，此截面称为临界截面，用 $m—m$ 表示，相应的弹壳贴膛长度为极限长度，用 l_m 表示，如图 4.11 所示。

l_m 表明了弹壳的变形区域，即弹壳的轴向变形到 $x = l_m$ 处结束。$m—m$ 截面以前长度小于 l_m 的一段弹壳将受拉伸，$m—m$ 截面以后长度大于 l_m 的一段弹壳，各截面上的合力为零，不产生拉伸变形，相对固定在弹膛壁上。

根据弹壳极限受拉长度 l_m 知，$m—m$ 截面上的合力 $\sum F = F_z - F_p = 0$，所以 $F_z = F_p$，即

$$\frac{\pi d_0^2}{4} \cdot p = f \cdot \pi d_p l_m p_1$$

取 $d_0 \approx d_p$，$p_1 \approx p$，故得

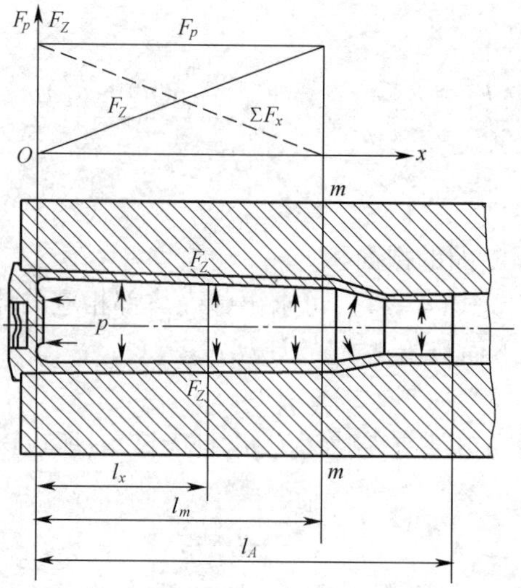

图 4.11 射击时弹壳的临界截面

$$l_m = \frac{d_p}{4f} \quad (4-33)$$

对一定的枪弹而言，d_p 是常数，所以 l_m 仅与弹膛和弹壳外表的干净程度有关。当弹膛与弹壳外表较脏，则 f 就较大，此时 l_m 较小，m—m 截面靠近弹壳后部；当弹膛和弹壳有良好的润滑时，则 f 就较小，此时 l_m 较大，m—m 截面靠近弹壳口部。几种情况下的弹膛摩擦因数 f 值，如表 4.6 所列。

表 4.6 弹膛摩擦因数 f 值

弹膛状况	摩擦系数 f
充分润滑	0.03
涂油润滑	0.05~0.07
干摩擦	0.1~0.15
表面污垢	0.16 以上

4.3.3 壳膛压力和壳机力的计算

1. 壳膛压力 p_1 的计算

射击时，在膛内高温、高压火药燃气作用下，弹壳将产生弹性变形、塑性变形和温度变形。一方面，轴向受力拉伸而抵压枪机，使弹底间隙 Δ 消失；另一方面，径向受到膨胀而紧贴弹膛，使壳膛相对初始间隙 δ_0 消失，实现密闭火药燃气的作用。

根据膛内压力的变化和弹壳的工作情况，弹壳的位移和变形可分为弹壳贴膛前、贴膛至最大膛压、膛压下降三个时期进行讨论，如图 4.12 所示。因温度而变形很难精确计算和估计，故在分析中加以忽略。

1）弹壳贴膛前膛压 p 的计算

弹壳开始膨胀到与膛壁接触，通常称为第一时期。

在此时期中，弹壳的变形分两个方面：一方面，在膛压 p 的作用下，弹壳径向膨胀，切向产生拉伸变形，从而使初始间隙 δ_0 逐渐减小到完全消失。弹壳开始是弹性变形，如图 4.11 所示由 O 到 a 的直线，此时弹壳壁内的应力为 σ_{e1}（即弹性极限），弹壳的变形量为 ε_{e1}。之后弹壳产生塑性变形直至贴膛，图中由 a 到 AA 直线（弹膛壁）的一段曲线。由于弹壳的机械性能和尺寸沿长度是变化的（口部、肩部较薄），所以一般总是弹壳口部与肩部先贴膛以密闭后泄的火药燃气,然后是弹体下部贴膛。另一方面弹壳沿轴向拉伸,直到枪弹底平面与枪机弹底窝镜面相贴靠,闭锁间隙 Δ 消失。

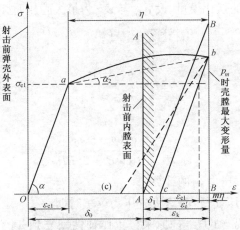

图 4.12 弹壳与弹膛的应力—应变关系

在弹性范围内,设弹壳的径向位移 u_e,由径向相对变形量,即

$$\varepsilon_{e1} = \frac{2\pi r' - 2\pi r}{2\pi r} = \frac{r' - r}{r} = \frac{u_e}{r}$$

则

$$u_e = \varepsilon_{e1} \cdot r$$

式中 r'——达到弹性极限时弹壳的半径(mm);

r——弹壳半径(mm)。

弹壳贴膛时,内压 $p = p_0$,这时壳膛压力 $p_1 = 0$,也就是壳膛之间还不存在压力,所以 p_0 是计算 p_1 的起始值。

2) 膛压由 p_0 至 p_m 段壳膛压力 p_1 的计算

弹壳紧贴膛壁到膛内压力达到最大值,通常称为第二时期。

在此时期中,弹壳与弹膛一起产生径向变形。弹膛沿 AB 线产生弹性变形,其变形量为 ε_k;弹壳则继续产生径向的塑性变形到 b,弹壳总的相对塑性变形为 η。如图 4.12 所示,此时期末弹壳的径向变形达到最大值,等于 $\delta_0 + \varepsilon_k$。

与此同时,膛底压力使闭锁零件产生弹性变形,因而弹壳沿轴向继续被拉伸。当膛压达到最大值时,弹壳与闭锁机构的变形均达到最大值。此时弹壳的轴向变形量为闭锁间隙与闭锁零件弹性变形量之和。

在此时期,若弹壳壁内的切向应力超过材料的强度极限 σ_b,则弹壳产生纵裂;若轴向应力超过允许值,则弹壳产生横裂或横断。

弹壳紧贴膛壁后,壳膛协同变形,并在壳膛之间产生压力 p_1。当弹壳某微段因受轴向力作用发生轴向变形时,由 p_1 在壳膛之间产生摩擦阻力 F_{z1}。根据受内压 p 的厚壁圆筒理论,可得到外压力(壳膛压力) p_1 的计算公式为

$$p_1 = \frac{d_1(p - p_0)}{d_2 \cos\beta + 2hBD} \tag{4-34}$$

$$B = \frac{2}{3E_2} \frac{2d_2^2 + d_1^2}{d_2^2 - d_1^2}$$

式中 d_1、d_2——弹壳的内径和外径(mm);

h——弹壳的壁厚(mm),$h = (d_2 - d_1)/2$;

D——弹壳材料的强化模量,设 σ_{km} 与 ε_{km} 为最大膛压时弹壳的应力与应变,有
$$\sigma_{km} = \sigma_{e1} + (\varepsilon_{km} - \varepsilon_{e2})D$$

则
$$D = \frac{\sigma_{km} - \sigma_{e1}}{\varepsilon_{km} - \varepsilon_{e1}}$$

当 $p = p_m$ 时,$p_1 = p_{1m}$

$$p_{1m} = \frac{d_1(p_m - p_0)}{d_2\cos\beta + 2hBD} \tag{4-35}$$

3) 膛压下降段壳膛压力 p_1 的计算

膛内压力从最高膛压 p_m 下降至大气压为第三时期。

在此时期中,弹膛沿 BA 直线向原来位置作弹性恢复到 AA 位置,其弹性恢复量也为 ε_k;弹壳则沿 bc 线作弹性恢复到 c 位置,其弹性恢复量为 ε'_e。ε'_e 一般大于弹壳的弹性变形量 ε_{e1},这是因为 b 点的应力大于 a 点应力的缘故。

弹壳与膛壁弹性恢复后的最终位置之间的间隙称为最终间隙用 δ_1 表示,如图4.12所示。最终间隙的绝对量用 u_1 表示,$u_1 = \delta_1 \cdot R$,R 为弹壳的外半径。

当弹壳的弹性恢复量大于膛壁的弹性恢复量,即当 $\varepsilon'_e > \varepsilon_k$ 时,最终间隙 $\delta_1 > 0$,弹壳与膛壁之间存在间隙;当弹壳的弹性恢复量小于膛壁的弹性恢复量,即当 $\varepsilon'_e < \varepsilon_k$ 时,最终间隙 $\delta_1 < 0$,弹壳与膛壁间表现为过盈,即弹壳被膛壁紧紧箍住,抽壳时将产生很大的抽壳阻力。可用式(4-36)计算,即

$$\delta_1 = \varepsilon'_e - \varepsilon_k = \varepsilon_{e1} + m \cdot \eta - \varepsilon_k \tag{4-36}$$

式中 ε'_e——射击后弹壳的弹性恢复量;

ε_{e1}——弹壳的弹性变形量;

$m = D/E_1$——弹壳塑性强化模量与弹壳材料的弹性模量之比;

$\eta = \delta_0 + \varepsilon_k - \varepsilon_{e1}$——弹壳的塑性变形量。

由式(4-36)可见,影响最终间隙 δ_1 的因素如下:

(1) 弹壳材料的弹性极限 σ_b 与弹性模量 E,σ_b 越大 E 越小越有利于形成最终间隙;

(2) 相对初始间隙 δ_0 越大,最终间隙 δ_1 越大;

(3) 弹膛的弹性恢复量 ε_k 越小,最终间隙 δ_1 越大。

一般武器弹膛的弹性恢复量 ε_k 均大于弹壳的弹性恢复量 ε'_e,即最终间隙 $\delta_1 < 0$,加之自动射击的武器一般都在有一定膛压下抽壳,所以抽壳更为困难。

在弹壳径向弹性恢复的同时,闭锁零件也在轴向向前作弹性恢复。一般闭锁机构的弹性恢复量都远大于弹壳的弹性恢复量,由于弹壳已经径向膨胀且有一定锥度,闭锁机构在弹性恢复时,将推弹壳向前使其楔紧在弹膛内,进一步加重了抽壳的困难,所以在设计时要考虑如何改善武器的抽壳条件。

由于最终间隙 $\delta_1 < 0$,即弹壳与弹膛之间出现负间隙(过盈),因此此阶段的壳膛压力的计算公式为

$$p_1 = \frac{d_1(p - p_0) + 2hBp_{1m}(E_1 - D)}{d_2\cos\beta + 2hBE_1} \qquad (4\text{-}37)$$

由式(4-37)可知,当 $p=p_0$ 时, $p_1 \neq 0$。

2. 壳机力 F 的计算

在没有初始弹底间隙的情况下,根据壳机变形协调关系,弹壳的轴向伸长量 $\sum\Delta l$、弹壳底部的压缩量 Δl_0 与闭锁机构承载部分的弹性变形量 Δ_e,存在以下关系,即

$$\sum\Delta l - \Delta l_0 = \Delta_e \qquad (4\text{-}38)$$

式(4-38)中 $\sum\Delta l$ 可根据 4.3.2 小节求得,下面分析弹壳底部的压缩量 Δl_0 和闭锁机构承载部分的弹性变形量 Δ_e 的计算方法。

1) 弹壳底部压缩量

弹壳底部 l_0 段的受力状态如图 4.13 所示。在不考虑惯性力的情况下, $F_p > F$。所以,使 l_0 段产生轴向压缩变形的轴向力为壳机力 F,则此段截面内的轴向应力 σ_0 和压缩量 Δl_0 分别为

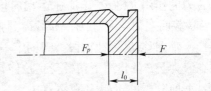

图 4.13 弹壳底部受力分析

$$\sigma_0 = \frac{4F}{\pi d_0^2} \qquad (4\text{-}39)$$

$$\Delta l_0 = \frac{4l_0}{\pi E_1 d_0^2} F \qquad (4\text{-}40)$$

令 $m = \frac{4l_0}{\pi E_1 d_0^2}$,则式(4-40)可写成

$$\Delta l_0 = mF \qquad (4\text{-}41)$$

式中 d_0——弹壳底部直径(mm);

E_1——弹壳材料弹性模量(MPa)。

2) 闭锁机构的弹性间隙

根据所计算的闭锁机构的机体结构,用式(4-9)或式(4-10)得到弹性间隙 Δ_e 的值。

3) 壳机力 F

壳机力的计算,可联解式(4-38)与式(4-41),得

$$F = (\sum\Delta l - \Delta_e)/m \qquad (4\text{-}42)$$

式(4-38)~式(4-42)计算方法可较为精确地得到壳机力的大小,但是计算较为复杂、繁琐。为简化计算,并确保闭锁支撑面部分不被火药燃气作用而损坏,壳机力 F 可采用最大膛压 p_m 与弹膛底部内径 d_0 乘积进行近似估算,壳机力 F 表达式为

$$F = \frac{\pi}{4} d_0^2 p_m \qquad (4\text{-}43)$$

对于弹膛开纵槽的情况,由于弹头离开弹壳口之后槽内充满火药气体,从而增大了弹壳向后移的力,近似估算时可采用纵槽尾端弹膛横截面面积与最大膛压 p_m 乘积来代替,即

$$F = \frac{\pi}{4} d_{pj}^2 p_m \qquad (4\text{-}44)$$

式中 d_{pj}——纵槽尾端处弹膛内径(mm),也可用弹膛第一锥体的平均直径代替。

有时,在闭锁支撑部分的结构设计中,直接用膛底作用力 F_p 代替 F。因为膛底作用力 F_p 是使弹壳向后移动的力,若不计贴膛阻力 F_z,则用 F_p 代替 F 的设计结果偏安全。

4.3.4 弹壳横断的条件

射击时产生弹壳横断,必须具备以下条件。

1. 弹壳的全长 l_A 要大于弹壳极限受拉长度 l_m

弹壳要产生横断,首先必须要受到拉伸变形,如图 4.11 所示,根据弹壳受力分析可知,当 f 较小或者弹壳全长 l_A 较小时,则有可能 m—m 截面(弹壳极限长度处断面)在弹壳口部的前面,即 $l_m > l_A$。此时,弹壳外表面的摩擦力 F_z 小于膛底作用力 F_p,合力 $\Sigma F > 0$。在合力的作用下,弹壳作加速运动向枪机方向被推出弹膛,不会产生横断。当 $l_A > l_m$,即 m—m 截面在弹壳上时,m—m 截面到弹壳口部的各截面,在膛压作用下只有径向膨胀,不会产生轴向移动,因此该段弹壳固定不动,而在 m—m 截面到弹壳底缘前端面的各截面,则在合力 ΣF 的作用下均要受到拉伸,使弹壳产生拉伸变形。

上面分析可知:由于弹壳在 $l_x > l_m$ 的各截面不会受到拉伸变形,因此一旦弹壳产生横断,基本上是断在 l_m 范围内。现有制式枪弹的弹壳全长和弹壳极限受拉长度如表 4.7 所列。

表 4.7 制式枪弹的 l_m 和 l_k 值

枪弹种类	d_1/mm	l_m/mm	l_A/mm
51 式 7.62mm 手枪弹	9.6	24	21.5
59 式 9mm 手枪弹	10	25	14.8
92 式 5.8mm 手枪弹	8	20	21.3
53 式 7.62mm 步枪弹	11.6	29	52.1
56 式 7.62mm 步枪弹	10.7	27	35.5
95 式 5.8mm 步枪弹	10.5	26.3	42.2
54 式 12.7mm 高射机枪弹	20.5	51	102
89 式 12.7mm 重机枪弹	21.8	54.5	108
56 式 14.5mm 高射机枪弹	26.4	65.9	105.5
02 式 14.5mm 高射机枪弹	27	67.5	114

从表 4.7 可知,51 式 7.62mm 手枪弹和 59 式 9mm 手枪弹,弹壳全长 l_A 较小,且 $l_A < l_m$,不满足弹壳横断条件,故手枪弹在射击时,弹壳在合力 ΣF 的作用下被推出弹膛,不会产生弹壳横断;而 92 式 5.8mm 手枪弹的 $l_A > l_m$,弹壳外表面的摩擦力将大于后推力,有产生断壳的条件,为了避免弹壳横断现象的发生,92 式 5.8mm 手枪弹在弹膛内开了六条纵槽,其目的就是减小弹壳外表面的摩擦力。其他制式枪弹,l_A 均大于 l_m,故该类枪弹在射击时,弹壳要受到拉伸变形,都有可能产生弹壳横断。

2. 弹壳绝对拉伸量 ΔL 要大于弹壳绝对最大允许拉伸量 Δ_{jx},即 $\Delta_{jx} > \Delta L$

当 $l_A > l_m$,在 m—m 截面后的弹壳要受到拉伸变形。根据材料力学,当绝对拉伸量逐渐增加时,弹壳横断面内的拉伸应力就逐渐增大,当内应力超过弹性极限而继续拉伸时,就产生了塑性变形。若继续拉伸,则内应力继续增大,当达到材料的强度极限时,在弹壳某横截面就开始破断。此时,所对应的绝对拉伸量,称为弹壳绝对最大允许拉伸量,用 Δ_{jx} 表示。

假如合力 ΣF 不足以使弹壳的绝对拉伸量 ΔL 大于弹壳绝对最大允许拉伸量 Δ_{jx},那么,弹壳虽然变形,也不会出现横断,所以,这个条件也是弹壳横断的必要条件。

黄铜弹壳、钢弹壳或复铜钢弹壳的强度极限均不很高,弹壳在合力$\sum F$作用下,条件$\Delta L > \Delta_{jx}$总是满足的,从而可能导致弹壳横断。

3. 闭锁间隙 Δ 大于弹壳绝对最大允许拉伸量 Δ_{jx},即 $\Delta > \Delta_{jx}$

弹壳长度满足第一个条件时,虽然有断壳的可能性,但不一定就会产生断壳。因为当闭锁间隙 $\Delta < \Delta_{jx}$ 时,弹壳虽和枪机、机匣同时变形,但不可能使 $\Delta L > \Delta_{jx}$,弹壳就不会被拉断。但是,当闭锁间隙 Δ 很大,超过了弹壳绝对最大允许拉伸量 Δ_{jx},就很可能使弹壳的绝对拉伸量 ΔL 大于绝对最大允许拉伸量 Δ_{jx}($\Delta L > \Delta_{jx}$),从而产生断壳。通常认为闭锁间隙 Δ 的大小,就是弹壳绝对拉伸量 ΔL,所以一旦闭锁间隙当 $\Delta > \Delta_{jx}$ 时,弹壳就要产生横断。

弹壳横断的三个条件是缺一不可的。若第一个条件不满足,即 $l_A > l_m$ 时,则射击时由于弹壳不受拉伸,故弹壳就不会出现横断;若第二个条件不满足,即 $\Delta L < \Delta_{jx}$ 时,虽然弹壳受到拉伸,且 Δ 也较大,但弹壳绝对拉伸量 $\Delta L < \Delta_{jx}$,此时弹壳内应力小于强度极限,弹壳仍不会产生横断;若第三个条件不满足,即 $\Delta < \Delta_{jx}$,此时,当弹壳拉到一定长度就被枪机弹底窝镜面抵住,由于闭锁间隙小,则弹壳绝对于拉伸量 $\Delta L < \Delta_{jx}$,弹壳内应力仍小于材料的强度极限 σ_b,所以弹壳还是不会产生横断。

在制式武器中,除手枪弹外,第一条件、第二条件均是满足的,所以弹壳横断的主要原因是闭锁间隙过大,因此在设计和制造时要严格控制闭锁间隙。

4.4 闭锁机构的结构设计

4.4.1 回转式闭锁机构的结构设计

1. 回转式闭锁支撑凸榫的结构设计

1) 闭锁凸榫的排数

闭锁凸榫一般为 1 排~3 排,其中采用一排的最多,如 56 式 7.62mm 冲锋枪、81 式 7.62mm 步枪、95 式 5.8mm 步枪。对于威力较大的武器,当一排闭锁凸榫的支撑面积不能满足要求或为了减小凸榫高度,以减小枪机和机匣的横向尺寸,提高武器的机动性,可以沿枪机或机头纵向设置多排,如 14.5mm 高射机枪,采用多排的断隔螺式闭锁凸榫,凸榫高度较小,结构比较紧凑。但多排闭锁凸榫必须加工精确,才能保证在射击瞬间各排凸榫支撑面同时承受火药燃气压力。图 4.14 为四种武器的闭锁凸榫形状。

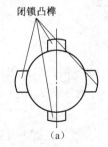
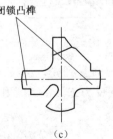
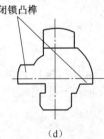

图 4.14 闭锁凸榫形状

(a)英国路易斯轻机枪;(b)比利时米尼米 5.56mm 轻机枪;
(c)比利时 FNC5.56mm 自动步枪;(d)56 式 7.62mm 冲锋枪。

2) 闭锁凸榫在圆周上的分布数目

闭锁凸榫在圆周上的分布数目常取偶数,如图 4.15 所示。

各闭锁凸榫之间有一定间隙,且凸榫的间隔比凸榫的高度大,才有利于枪机作回转运动。闭锁凸榫在圆周上的数目不宜过多,否则不仅使加工困难,还使实际闭锁支撑面面积减小。在小口径枪械中,闭锁凸榫在圆周上的分布数目通常为 2 个。

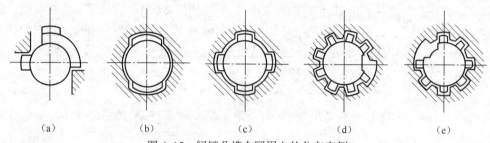

图 4.15 闭锁凸榫在圆周上的分布实例
(a)56 式 7.62mm 冲锋枪;(b)美国 M60 冲锋枪;(c)英国路易斯轻机枪;
(d)美国强生轻机枪;(e)美国 M16 5.56mm 自动步枪。

3) 闭锁支撑面的螺旋角 β

回转式闭锁机构的闭锁支撑面,有垂直于身管轴线的平面,也有螺旋角为 β 的螺旋面。前者加工容易,但闭锁凸榫进入闭锁卡槽时有碰撞,开锁时闭锁凸榫摩擦较大。后者的闭锁支撑面加工较复杂,但开闭锁动作顺利,当闭锁支撑面螺旋角和开锁回转角都较大时,在开锁过程中就能抽壳,有利于开锁后的抽壳动作和提高拉壳钩寿命。

闭锁支撑面为螺旋面式的闭锁机构,为了保证闭锁动作确实可靠,一般都采用能自锁的支撑面螺旋角 β,以便使其在壳机力 F 作用下不能自行开锁。这是因为不能自锁的回转式闭锁机构,开锁虽然容易,但必须附加制动结构,使射击时不致自行开锁,这就使结构变得复杂。所以,现在的枪机或机头回转式闭锁机构,均采用能自锁的结构。

下面讨论螺旋面式闭锁机构的自锁条件。为了分析这种闭锁机构的自锁条件,在图 4.16 中画出一个支撑面的受力简图。

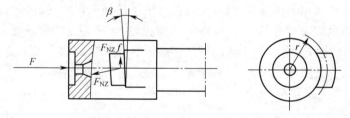

图 4.16 螺旋面闭锁机构的自锁分析

开锁前,枪机弹底窝镜面受到壳机力 F 作用,其作用线通过枪机轴线;在 F 力作用下,机匣各支撑面将产生支反力 F_{NZ} 和摩擦力 $F_{NZ}f$,设有 n 个闭锁凸笋,则轴向力平衡方程为

$$F = nF_{NZ}(\cos\beta + f\sin\beta) \tag{4-45}$$

由于闭锁支撑螺旋面与枪机横截面间存在螺旋角 β,支反力 F_{NZ} 对枪机轴线的力矩 $F_{NZ}r\sin\beta$ 为自开锁力矩,摩擦力 $F_{NZ}f$ 对轴线的力矩 $F_{NZ}fr\cos\beta$ 为阻止自开锁的力矩,膛底

压力 F 对轴线的力矩为零。于是得到自锁条件为

$$F_{NZ}r\sin\beta < F_{NZ}fr\cos\beta$$

即

$$\beta < \arctan f = \rho \tag{4-46}$$

滑动摩擦系数一般为 $f=0.1\sim0.15$，其相应摩擦角 $\rho=5°\sim8°$。所以，在设计螺旋面式回转式闭锁机构时，应取 $\beta<5°\sim8°$。表4.8列出了几种武器的闭锁支撑面螺旋角。

表4.8 几种武器的闭锁支撑面螺旋角

武器名称	螺旋角	自锁状态
56式7.62mm冲锋枪	2°35′	自锁
95式5.8mm自动步枪	2°31′	自锁
56式14.5mm高射机枪	1°30′	自锁
德国MG34轻机枪	6°	不自锁，有制动卡榫
美国M16自动步枪	0°	自锁
美国M60通用机枪	3°	自锁

由表4.8可知，56式冲锋枪、美国M60通用机枪的闭锁支撑面倾角（螺旋角）均小于摩擦角，都满足自锁条件。但是，考虑武器使用中摩擦系数的可能变化，为保证闭锁可靠，这些武器还是设计出限制自锁的工作面。

4）枪机或机头的回转角 γ

枪机回转角 γ 是枪机由开锁状态转入闭锁状态，或由闭锁状态转入开锁状态时，凸笋上任一点所回转的角度。

枪机或机头在开锁、闭锁时的回转角 γ 以小些为好，因为这样可使开闭锁螺旋面工作较平稳，传动时受力较小，开锁、闭锁螺旋面间磨损小，有利于保证开闭锁动作灵活和闭锁行程不致过长。一般枪机或机头的回转角 $\gamma=20°\sim40°$，如56式7.62mm冲锋枪、81式7.62mm步枪和95式5.8mm步枪均为38°。为了避免枪机或机头的回转过多，在机匣和枪机或机头上均有制转面使枪机或机头停在一定位置上，如95式5.8mm步枪在机匣和枪机上均设有制转面，以防止枪机回转过多。表4.9列出了几种回转式闭锁机构的几何尺寸。

表4.9 几种回转式闭锁机构的几何尺寸

武器名称	枪机外径 D/mm	凸笋数 n	支撑面积 S/mm²	支撑面倾角 β	回转角 γ
英国路易斯轻机枪	21.5	4	46	0	35°
美国M16自动步枪	18.9	7	21.35	0	22°30′
56式冲锋枪	16.5	2	47.20	2°35′	38°
美国M60通用机枪	18.4	2	50	3°	75°
81式7.62mm步枪	22	2	48.5	2°35′	38°
58式14.5mm二联高射机枪	-	4	253	1°3′	18°45′
95式5.8mm自动步枪	25.2	2	42.98	2°31′	38°

5）枪机或机头的回转定型槽

在枪机或机头回转闭锁机构中，定型槽是完成开锁、闭锁动作的传动机构，由枪机框带动枪机回转；定型槽可以在枪机框，也可以在枪机。例如，81式7.62mm步枪和美国

M16自动步枪的定型槽均在枪机框上,而79式7.62mm冲锋枪和美国M60通用机枪的定型槽则在枪机上。

(1)定型槽的结构组成。定型槽上开、闭锁的传动面通常是螺旋面。图4.17表示81式7.62mm步枪枪机框定型槽的结构形状。

开锁前自由行程λ_1:活动机件的主动件开始后退至开始开锁所移动的距离,称为开锁自由行程。56式7.62mm冲锋枪的开锁前自由行程为9mm,81式7.62mm步枪的开锁前自由行程为10mm,95式5.8mm步枪的开锁前自由行程为6.5mm。

开锁自由行程的作用:控制开锁时的膛压,以便于抽壳;在膛压较低时开锁,改善了开锁工作面和闭锁支撑面的受力状况,减小了磨损;避免因弹壳过早抽出引起炸壳和大量火药燃气向后喷出影响射手安全和勤务性能;调整武器的射击频率。

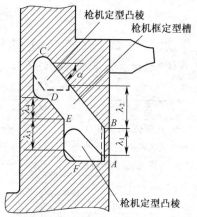

图4.17 81式7.62mm步枪枪机框定型槽结构

自由行程的计算见4.5.1小节。

开锁行程λ_2:活动机件的主动件在开锁过程中移动的距离,称为开锁行程。56式7.62mm冲锋枪的开锁行程为13mm,81式7.62mm步枪的开锁行程约为10.5mm,95式5.8mm步枪的开锁行程为11.6mm。

开锁行程λ_2的大小与定型槽结构有关。λ_2过短将使开锁时枪机的加速度过大,影响枪机运动的平稳性;λ_2过长则要增加闭锁机构和机匣的纵向尺寸,降低武器的射击频率,增加武器的重量。

闭锁行程λ_4:活动机件的主动件在闭锁过程中移动的距离,称为闭锁行程。56式7.62mm冲锋枪的闭锁行程为8mm,81式7.62mm步枪的闭锁行程为8mm,95式5.8mm步枪的闭锁行程为9.1mm。

闭锁后自由行程λ_3:活动机件的主动件从闭锁结束至复进到位所移动的距离,称为闭锁后自由行程。56式7.62mm冲锋枪的闭锁自由行程为12mm,81式7.62mm步枪的闭锁自由行程约为10mm,95式5.8mm步枪的闭锁自由行程为6.5mm。

闭锁后自由行程的作用是:当枪机或机头未确实闭锁或反跳时,击针不能打击底火;确实保证不到位保险的完成。

(2)典型的回转闭锁机构开闭锁工作面结构,包括螺旋槽式和圆柱曲线槽式两种结构形式。

①螺旋槽式结构。在主动件或从动件上做出双面约束的螺旋槽,另一件为凸棱或导柱。螺旋槽的理论轮廓线为螺旋线,其展开图为斜直线。例如,56式冲锋枪(结构如图4.18所示)、美国M16自动步枪(结构如图4.19、图

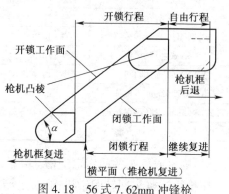

图4.18 56式7.62mm冲锋枪闭锁机构螺旋槽

4.20所示)等,这两种武器的闭锁机构都是枪机回转式。这类闭锁机构的特点是传速比 k 为常数,双面约束,撞击结合。其优点是结构简单、动作可靠、工艺性好。其缺点是开锁、闭锁过程都有撞击,动能损耗较大。

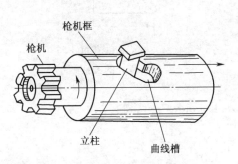 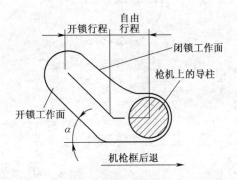

图 4.19　美国 M16 自动步枪闭锁结构　　　图 4.20　美国 M16 自动步枪闭锁机构螺旋槽

② 圆柱曲线槽式结构。圆柱曲线槽与螺旋槽类似,其理论轮廓线的展开图为曲线,如美国 M60 通用机枪,结构如图 4.21、图 4.22 所示。圆柱曲线槽的特点是传速比 k 从零开始逐渐增加,双面约束,无冲击,连续传动。其优点是开锁、闭锁过程运动平稳,无冲击,有利于射击精度的提高。其缺点是加工较复杂。

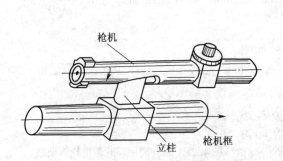 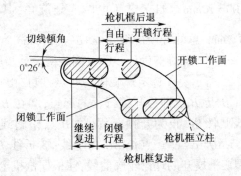

图 4.21　美国 M60 通用枪机闭锁结构　　　图 4.22　美国 M60 通用枪机开闭锁曲线槽

(3) 螺旋槽式枪机(机头)开闭锁相关参数的设计计算。螺旋槽的升角 α 决定枪机开闭锁的回转角和开闭锁行程,而枪机回转角 γ 的大小决定闭锁支撑面的面积,关系到支撑面的挤压强度是否满足要求。根据结构强度需要确定枪机回转角 γ 后,由图 4.23 可知,有

$$\widehat{AB} = \frac{d}{2} \cdot \gamma$$

式中　d——导柱与螺旋槽配合的中径(mm);

　　　γ——枪机回转角(rad)。

按角度公式则为 $\widehat{AB} = \frac{d}{2} \cdot \frac{\pi \gamma}{180°} = \frac{\pi d \gamma}{360°}$,其与开锁行程的关系如图 4.24 所示。

在图 4.24 中,α 表示螺旋槽展开的升角,工程上一般给出螺旋的螺距 T,很明显 BC 即为开锁行程,以 a 表示。

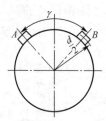
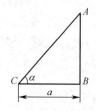

图 4.23　枪机回转角 γ 与螺旋槽半径 $d/2$ 的关系

图 4.24　螺旋槽的升角 α 与开锁行程 a 的关系

由 $AB = BC \cdot \tan\alpha = a\tan\alpha$，即 $\dfrac{\pi d\gamma}{360°} = a\tan\alpha$，且 $\tan\alpha = \dfrac{\pi d}{T}$，得

$$\dfrac{\gamma}{360°} = \dfrac{a}{T}, a = T\dfrac{\gamma}{360°}$$

如果闭锁支撑面有螺旋角，其螺距为 T'，则会产生开锁附加行程 $a' = T'\dfrac{\gamma}{360°}$，总的开锁行程 $A = a + a'$。

[例]　枪机框螺旋槽螺距 $T = 100\text{mm}$，枪机回转角为 $\gamma = 36°$。则开锁行程 $a = \dfrac{36}{360} \times 100 = 10\text{mm}$。如支撑面也做成螺旋角，其螺距为 3mm，则开锁附加行程 $a' = \dfrac{36}{360} \times 3 = 0.3\text{mm}$，总的开锁行程 $A = a+a' = 10.3\text{mm}$。

(4) 螺旋槽设计步骤。螺旋槽设计步骤，如图 4.25 所示。①选定螺旋槽的起点，取自由行程长 l 得 B 点，B 点即为开锁行程的起点；②在 B 的延长线上取 BC 长为开锁行程，过 B 点作斜线 BD，使 $\angle CBD = \alpha$，过 C 点作 BC 的垂线；③折线 BD 即为螺旋槽展开的理论轮廓曲线；④根据枪机上的立柱断面形状确定螺旋槽的宽度。

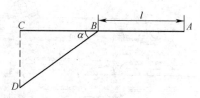

图 4.25　螺旋槽展开的理论轮廓曲线

例如，立柱为圆柱(美国 M16 自动步枪)，则首先以理论轮廓曲线上的点作圆心，以立柱断面圆的半径作一系列的圆，然后作这些圆的包络线，即得到实际的螺旋曲线槽(立柱断面应满足剪切强度的要求)。

例如，立柱为棱柱形(56 式冲锋枪)，首先除断面满足剪切强度要求，开闭锁工作面还应满足挤压强度的要求，然后分别在 A、B、D 点画出棱形即可得螺旋曲线槽。

2. 枪机或机头回转式闭锁机构的强度校核

1) 支撑面所受的作用力与许用应力

不同的闭锁支撑面形状，支撑面所受的力 F_{NZ} 的计算方法也不同。下面按直面式和螺旋面式分别介绍。

(1) 直面式(如 M16 枪机)。如图 4.26(a) 所示，设各凸笋的支撑面积 S_i 相等，且各凸笋呈轴对称分布，若用式(4-10)计算出的膛底作用力 F_p 近似代替壳机力 F 的最大值，则各闭锁凸笋上的力 F_{NZ} 为

$$F_{NZ} = \frac{F_p}{n} \tag{4-47}$$

式中 n——枪机闭锁凸笋数。

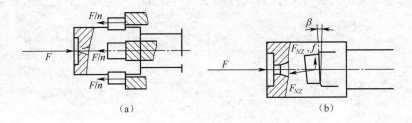

图 4.26 闭锁凸笋支反力计算
(a)直动式;(b)螺旋面式。

(2) 螺旋面式(如 56 式冲锋枪)。将闭锁支撑面的螺旋以凸笋高度的平均半径展开,并画出膛底作用力 F_p 与承受的作用力 F_{NZ}、$F_{NZ}f$,如图 4.26(b)所示。由轴向力平衡条件,得

$$F_{NZ} = \frac{F_p}{n(\cos\beta + f\sin\beta)} \tag{4-48}$$

式中 β——支撑面螺旋角。

闭锁支撑面所承受的总作用力 $F_Z = nF_{NZ}$。

(3) 许用应力的计算。由于枪机使用材料为弹塑性材料,为了保证规定的闭锁间隙,闭锁机构在使用中不允许发生塑性变形,所以许用应力应以材料屈服极限 σ_s 为基准来确定。若设 $[\sigma]_r$、$[\sigma]_j$、$[\tau]$ 分别表示拉伸许用应力、挤压许用应力、剪切许用应力,则有

$$\begin{cases} [\sigma]_r = \frac{1}{2}\sigma_s \\ [\sigma]_j = 1.5 \sim 1.7[\sigma]_r \\ [\tau] = 0.75[\sigma]_r \end{cases} \tag{4-49}$$

2) 结构尺寸计算

(1) 按挤压强度确定支撑面积。设 S_z 为总支撑面积,S_i 为单个凸笋的支撑面积,有

$$\begin{cases} S_z = \frac{F_z}{[\sigma]_j} \\ S_i = \frac{F_{NZ}}{[\sigma]_j} \end{cases} \tag{4-50}$$

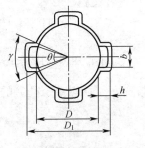

图 4.27 枪机凸笋尺寸的确定

(2) 枪机闭锁凸笋底圆直径 D 的计算。如图 4.27 所示,先根据枪弹底圆直径 D_A,留出适当间隙定出弹底窝直径 D_w,再考虑 1.5mm~2mm 边厚,则凸笋底圆直径 D 为

$$D = D_w + 3 \sim 4(\text{mm}) \tag{4-51}$$

(3) 枪机闭锁凸笋宽度 b 及其对应圆心角 θ。设凸笋宽度为 b,b 对应圆心角为 θ、凸笋高度为 h。在凸笋尺寸初定时

可近似为

$$bh = S_i \tag{4-52}$$

当枪弹和枪机材料确定后,总支撑面积 S_z 基本确定。在 S_z 较大时,为了既满足承载能力又不过分增大枪机横向尺寸,可通过增加凸笋数和增大宽高比的方法来解决,一般取 $b>h$,有

$$\frac{b}{h} = c = 1.2 \sim 1.5 \tag{4-53}$$

由式(4-52)和式(4-53),可得

$$b = \sqrt{cS_i} \tag{4-54}$$

$$\theta = 2\arcsin\frac{b}{D} \tag{4-55}$$

(4) 机匣凸笋槽宽度 b'。机匣凸笋槽是枪机闭锁凸笋通过的让位槽,其宽度 b' 应稍大于枪机凸笋宽度 b,即二者之间应留出一定间隙,以便在特种条件下开锁、闭锁动作灵活可靠。

由于枪机回转角 γ 是枪机开闭锁过程中,凸笋上任一点所回转的角度,因此其值为 b' 对应的圆心角。由于 $b'>b$,所以 $\gamma>\theta$。

(5) 枪机凸笋外径 D_1 与凸笋高度 h。由闭锁动作关系可列出以下方程,即

$$\frac{\pi}{4}(D_1^2 - D^2)\frac{n\gamma k}{360} = S_z \tag{4-56}$$

式中 γ——枪机回转角(度);

k——考虑枪机凸笋形状的修正系数,其含义可通过下面分析得知。

为了便于分析,将枪机凸笋与机匣让位槽关系单独放大画出,如图 4.28 所示。

由 θ 为圆心角(单位为弧度),$D_1/2$ 与 $D/2$ 为半径的扇形面积分别为

$$A_1 = \frac{1}{8}D_1^2\theta;\ A_2 = \frac{1}{8}D^2\theta$$

由 γ 为圆心角(单位为弧度),$D_1/2$ 与 $D/2$ 为半径的扇形面积分别为

$$A_3 = \frac{1}{8}D_1^2\gamma;\ A_4 = \frac{1}{8}D^2\gamma$$

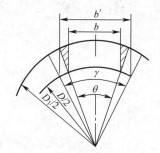

图 4.28 枪机凸笋与机匣让位槽的关系

在图 4.28 中阴影部分的近似面积为 $A_5 = \frac{\theta}{8}(D_1 - D)^2$,这部分面积在枪机加工时已铣削掉了,所以单个凸笋的实际支撑面积为

$$S_i = A_1 - A_2 - A_5 = \frac{\theta D}{4}(D_1 - D)$$

经过上面分析可得出修正系数 k 的含义为枪机闭锁凸笋有效支撑面积 S_i 与其回转角 γ 所形成的理论支撑面积($A_3 - A_4$)之比,其表达式为

$$k = \frac{S_i}{A_3 - A_4} = \frac{2\theta D}{\gamma(D_1 + D)} \tag{4-57}$$

将式(4-57)代入式(4-56),得

$$D_1 = \frac{720 S_z}{\pi n \theta D} + D \tag{4-58}$$

凸笋高度为

$$h = \frac{D_1 - D}{2} = \frac{360 S_z}{\pi n \theta D} \tag{4-59}$$

(6) 按抗剪强度确定凸笋长度 l。设单个凸笋侧面积 S_{ji},凸笋宽度为 b、长度为 l,则剪切面积为

$$S_{ji} = bl$$

由剪切强条件 $\dfrac{F_{NZ}}{S_{ji}} \leqslant [\tau]$,得

$$l \geqslant \frac{F_{NZ}}{b[\tau]} \tag{4-60}$$

[例] 已知 56 式 7.62mm 枪弹的最大膛压 $p_m = 280$MPa,壳体内部直径 $d_1 = 9.6$mm,弹壳底缘直径 $D_A = 11.35$mm;枪机材料为 30CrMnSiA,其屈服极限 $\sigma_s = 900$MPa。试设计 4 个凸笋的直面回转式枪机。

解:① 求 F_p、F_{NZ} 与 $[\sigma]_j$、$[\tau]$。将已知数据 p_m 与 d_1 代入式(4-13),得

$$F_p = \frac{\pi}{4} d_1^2 p_m = 20267.04\text{N}$$

将 $n = 4$ 与 F_p 计算值代入式(4-47),得

$$F_{NZ} = \frac{F_p}{n} = 5067\text{N}$$

将枪机材料屈服极限 σ_s 代入式(4-49),得

$$[\sigma]_j = 1.6[\sigma]_r = 720\text{N/mm}^2$$

$$[\tau] = 0.75[\sigma]_r = 337.5\text{N/mm}^2$$

② 按挤压强度确定支撑面积 S_z 与 S_i。将前面计算出的 F_p、F_{NZ}、$[\sigma]_j$ 代入式(4-50),得

$$S_z = \frac{F_z}{[\sigma]_j} = 28.15\text{mm}^2$$

$$S_i = \frac{F_{NZ}}{[\sigma]_j} = 7.0\text{mm}^2$$

③ 计算 D、b、D_1 与 h。由 $D_A = 11.35$mm,留 0.65mm 直径间隙,则 $D_w = 12$mm;取壁厚为 2mm,由式(4-51),得

$$D = D_w + 4 = 16\text{mm}$$

取 $b/h = c = 1.5$,则由式(4-54)、式(4-55),得

$$b = \sqrt{c S_i} = 3.2\text{mm}$$

$$\theta = 2\arcsin\frac{b}{D} = 23.1°$$

取 $b' = 3.46$mm,则其对应圆心角(即枪机回转角)$\gamma = 25°$。

将有关数代入式(4-58)与式(4-59),得

$$D_1 = \frac{720S_z}{\pi n\theta D} + D = 20.2\text{mm}$$

$$h = \frac{D_1 - D}{2} = 2.1\text{mm}$$

④ 按剪切强度计算凸笋长度 l。由式(4-60),得

$$l = \frac{F_{NZ}}{b[\tau]} = 4.7\text{mm}$$

4.4.2 偏转式闭锁机构的结构设计

1. 枪机偏转式闭锁机构自锁条件的分析

射击时,在壳机力 F 作用下,闭锁支撑面上将产生支反力 F_{NZ};如果有自开锁趋势,支撑面上还会产生摩擦力 $F_{NZ}f$。设枪机回转点 O(实际为过 O 垂直纸面的轴),F 作用线与 O 点距离为 y_1,闭锁支撑面倾角为 β,支撑面中点与过 O 点的垂直距离为 y_2,水平距离为 x。将图4.29中各力对 O 点取矩,得自锁条件的不等式为

$$F_{NZ}y_2(\cos\beta + f\sin\beta) - F_{NZ}x(\sin\beta - f\cos\beta) > Fy_1$$

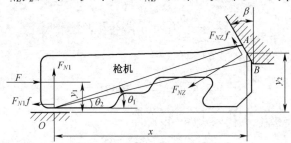

图 4.29 枪机偏转式自锁条件分析

略去 O 点摩擦力,由各力水平投影,得

$$F = F_{NZ}(\cos\beta + f\sin\beta)$$

略去 $f\sin\beta$ 项,则上式近似表示为

$$F \approx F_{NZ}\cos\beta$$

将此式代入前面自锁条件不等式,得

$$y_2(1 + f\tan\beta) - x(\tan\beta - f) > y_1$$

略去 $f\tan\beta$ 项,自锁条件式为

$$\tan\beta < f + \frac{y_2 - y_1}{x} \text{ 或 } \beta \leq \rho \tag{4-61}$$

式中 ρ——物体对斜面的摩擦角。

由于一般情况下,$\frac{y_2 - y_1}{x}$ 比 f 小得多,所以有时直接取 $\rho \approx \cot f$。当闭锁机构在表面

加工良好、一般油脂润滑时,摩擦系数$f=0.1$,摩擦角$\rho=\cot 0.1=5°42'$。

当机匣闭锁支撑面倾角$\beta \leqslant \rho$时,则射击时闭锁支撑面上的摩擦力将阻止枪机向开锁方向偏移,形成自锁。为了确保自锁,对于小口径步枪,β应小于$4°\sim 5°$,对于大口径枪械,由于振动和碰撞严重,β角应选在$2°\sim 3°$。

由式(4-61)看出,枪机偏转式闭锁机构的自锁条件,不仅与支撑面摩擦系数f有关,而且与枪机的结构尺寸有关。在枪机高度(或横向)尺寸y_2-y_1一定的情况下,要减小β值,必须使枪机长度x增加,这将使武器重量增加,影响机动性,同时使闭锁机构刚度降低,弹性变形增加,射击时闭锁间隙增大,容易引起弹壳横断的故障;反之,要提高闭锁机构刚度,必须缩短枪机长度x,这将导致β角增大,从而使机匣侧向分力增大,对机匣强度不利,也不便于采用冲铆机匣。

现代自动武器不常采用自锁的枪机偏转式闭锁机构。闭锁支撑面倾角β一般为$10°\sim 25°$。这样在壳机力F的作用下,枪机将会自动开锁,如67-2式7.62mm重机枪的机匣闭锁支撑面倾角$\beta=18°$。为确保可靠发射,采用枪机框上的限制面来阻止枪机自行开锁。但是,这将增加枪机框在开锁前自由行程段的运动阻力,即附加摩擦阻力。

2. 枪机偏转式闭锁机构运动灵活性分析

在枪机开锁前,枪机闭锁支撑面应与机匣支撑面贴合。为保证开锁、闭锁动作灵活,枪机支撑面AB(图4.30)段各接触点都应当能自由地转进或转出,不应发生卡滞现象。根据几何条件,应使$\angle OAB \geqslant 90°$,并在结构上保证$\beta \geqslant \theta_1$。因此,开、闭锁灵活的条件为

$$\begin{cases} \angle OAB \geqslant 90° \\ \beta \geqslant \theta_1 \end{cases} \quad (4-62)$$

式中 θ_1——OA与水平方向的夹角。

假如$\beta<\theta_1$,则枪机被卡滞,甚至不能转动,如图4.30(c)所示。

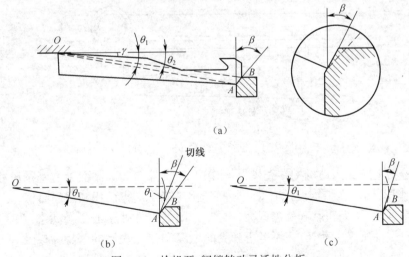

图4.30 枪机开、闭锁转动灵活性分析

枪机横向尺寸(在图4.29中为高度)一般不宜过大,所以满足灵活性条件的枪机一般都较长,这将使闭锁机构刚度降低。表4.10是几种枪机偏移式闭锁机构的支撑面倾角。

表 4.10　枪机偏移式闭锁机构的支撑面倾角

武器名称	枪机偏移角 γ	机匣闭锁支撑面倾角 β	枪机闭锁支撑面倾角 $\beta_2=\beta-\gamma$
56 式 7.62mm 半自动步枪	1°37′	16°	14°23′
53 式 7.62mm 重机枪	2°45′	12°15′	9°30′
67 式 7.62mm 两用机枪	2°57′	18°	15°3′

3. 从抛壳可靠性角度分析枪机偏转角 γ

在开锁、闭锁时,枪机轴线偏转的角度称为枪机偏转角,以 γ 表示。如图 4.30 所示,开锁时为了使枪机上 A 点不与机匣上 B 点相碰,γ 角应当大于 $\angle AOB$,即

$$\gamma > \theta_1 - \theta_2 \tag{4-63}$$

但是,γ 角也不能过大。因为要保证可靠发射(不断壳),闭锁后弹底窝镜面应完全与弹壳平面贴合,这样开锁后弹底窝镜面也要相应偏转 γ 角。当 γ 较大时,开锁后弹底窝镜面与弹壳底平面之间的夹角相应也大,这将使抱壳不可靠,抛壳方向不稳定,从而影响抛壳可靠性,一般 γ 角取 1.5°~3°。因此,在枪机横向尺寸一定条件下,保证枪机具有一定的刚度,闭锁支撑面的 AB 长度要短,相应闭锁支撑面积就小。可见,枪机偏转式闭锁结构不宜用在发射大威力枪弹的武器中。

4. 枪机偏转式闭锁机构支撑部分的结构与强度设计

偏转式闭锁机构的支撑面倾角 β 一般都大于摩擦角 ρ,即不自锁。为使枪机在壳机力 F 下不自行开锁,设有限制枪机自动开锁的工作面,简称限制面。在射击过程中,不仅在闭锁支撑面上有支反力 F_{NZ1} 作用,而且在限制面上还受到支反力 F_{NZ2} 的使用,受力分析如图 4.31 所示。

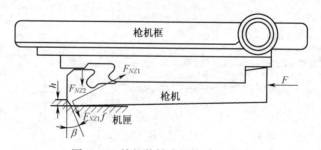

图 4.31　枪机偏转式机构受力分析

由于枪机偏转式闭锁机构在壳机力 F 作用下,支撑面和限制面上受到挤压载荷 F_{NZ1} 与 F_{NZ2} 的作用,因此在结构设计时应当按挤压强度确定支撑面积和限制面积。

(1) 基本假设:火药燃气是静载荷,射击时,闭锁零件处于静平衡状态;为了安全,按最大膛压时零件所受载荷计算;不考虑弹壳的壁厚和弹壳表面的摩擦力以及弹壳轴向变形的拉力。

(2) 受力分析:射击时,枪机静平衡状态的受力情况如图 4.31 所示。

如果以膛底作用力 F_p 近似代替壳机力 F,将图 4.31 各力水平投影,得

$$F_p = F_{NZ1}(\cos\beta + f\sin\beta) \tag{4-64}$$

则

$$F_{NZ1} = \frac{F_p}{\cos\beta + f\sin\beta} \tag{4-65}$$

将图 4.31 各力在垂直方向投影,得

$$F_{NZ2} = F_{NZ1}(\sin\beta - f\cos\beta) \tag{4-66}$$

将式(4-65)代入式(4-66),得

$$F_{NZ2} = F_p \frac{\sin\beta - f\cos\beta}{\cos\beta + f\sin\beta} \tag{4-67}$$

(3)强度设计。设 S_z 为闭锁支撑面面积,S_x 为限制面面积。挤压许用应力 $[\sigma]_j$ 由式(4-49)确定,得

$$S_z \geqslant \frac{F_{NZ1}}{[\sigma]_j}, S_x \geqslant \frac{F_{NZ2}}{[\sigma]_j}$$

根据疲劳理论,疲劳裂纹只有在拉应力作用下才能扩展。枪机偏转闭锁机构的限制面上只产生压缩应力,故不需要进行疲劳强度校核。

由于装配时,一般要求接触面不小于 75%。因此,对于矩形接触平面存在的接触面公式为

$$S_z = 0.75b \cdot h \tag{4-68}$$

式中　b——支撑面宽或进入深度(mm);

　　　h——支撑面高度(mm)。

[例] 67-2 式 7.62mm 重机枪的最大膛压 $P_m = 304$MPa,机匣材料为 50BA,$[\sigma]_{挤} = 640$MPa,闭锁支撑面倾角 $\alpha = 18°$,弹壳内底直径 $d_0 = 10.64$mm,$f = 0.1$,$h = 22$mm,要求闭锁支撑面接触面积不小于 75%。试计算满足挤压强度时,枪机闭锁支撑面进入卡槽的最小宽度。

解:① 计算射击时闭锁支撑面的正压力为

$$F_{NZ1} = \frac{F_p}{\cos\alpha + f\sin\alpha} = \frac{P_m \pi d_0^2}{4(\cos\alpha + f\sin\alpha)} = \frac{304 \times \pi \times 10.64^2}{4(\cos18° + 0.1 \times \sin18°)} = 27525.5\text{N}$$

② 计算支撑面的最小进入深度为

$$b \geqslant \frac{F_{NZ1}}{0.75h \cdot [\sigma]_j} = \frac{27525.5}{0.75 \times 22 \times 640} = 2.61\text{mm}$$

因此,满足挤压强度闭锁支撑面的最小进入深度为 2.61mm。

关于闭锁片和卡铁等偏转类闭锁机构的结构强度设计,可以根据具体结构与承载情况按前述方法处理,本小节不详述。

4.4.3 滚柱式闭锁机构的结构设计

根据经验,滚珠式闭锁机构的结构设计主要考虑支撑部分的接触强度与接触疲劳寿命。

德国 MG-42 机枪射击时,壳机力 F 由滚柱、机头和节套的闭锁支撑面(平面)承受。由于滚柱与平面为线接触,实际承载面积很小,所以接触处的峰值应力很高,这种应力称为接触应力。接触应力具有明显的局部特征,接触区的应力很高,非接触区的应力很小。由于接触处微元处于三向应力状态,并受周围弹性体的包围。虽然局部承受力大大高于

材料屈服极限的应力作用,但在接触处也不发生塑性变形。经试验证实,钢材不屈服的最大接触应力 σ_{max} 可达其屈服极限 σ_s 的 5 倍,即 $\sigma_{max}=5\sigma_s$。这说明,在相同材料和相同热处理状态条件下,构件承受接触应力的强度(简称为接触强度)明显地高于其他类型载荷的强度。

在一个射击循环中,闭锁支撑面承受的接触应力呈脉动式规律变化,在武器的寿命周期内,闭锁支撑面承受着重复变化的接触应力作用。根据疲劳理论,其失效形式为接触疲劳。

接触构件强度设计步骤包括计算接触应力,按接触静强度确定结构尺寸,计算接触疲劳寿命。

1. 接触应力计算

1) 滚柱与内凹面接触

在图 4.32 中,设滚柱承受的总压力为 F_G,实际接触长度为 l,则单位长度载荷为

$$q = \frac{F_G}{l} \tag{4-69}$$

内凹面大圆弧半径为 R、滚柱半径为 r,两接触构件的弹性模量分别为 E_1 和 E_2,则接触处最大应力为

$$\sigma_{max} = 0.418\sqrt{2q \frac{E_1 \cdot E_2}{E_1 + E_2} \cdot \frac{R-r}{R \cdot r}} \tag{4-70}$$

若两接触构件材料相同,即 $E_1 = E_2 = E$,式(4-70)变为

$$\sigma_{max} = 0.418\sqrt{qE \cdot \frac{R-r}{R \cdot r}} \tag{4-71}$$

2) 滚柱与平面接触

平面可看成是曲率半径 $R \to \infty$ 时的曲面,如图 4.33 所示。令式(4-70)中的 $R \to \infty$,则得滚柱与平面接触时处的最大应力 σ_{max} 为

$$\sigma_{max} = 0.418\sqrt{\frac{2q}{r} \frac{E_1 \cdot E_2}{E_1 + E_2}} \tag{4-72}$$

若两接触构件材料相同,即 $E_1 = E_2 = E$,则式(4-72)可简化为

$$\sigma_{max} = 0.418\sqrt{\frac{qE}{r}} \tag{4-73}$$

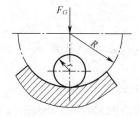

图 4.32 滚柱与内凹面接触

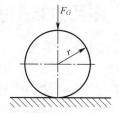

图 4.33 滚柱与平面接触

2. 滚柱闭锁支撑部分的接触强度设计

滚柱闭锁支撑部分的接触强度设计,一般按接触静强度设计和接触疲劳强度设计两步进行。

1) 接触静强度设计

(1) 接触许用应力。目前有关自动武器滚柱式闭锁机构的许用应力资料还很少。为了便于设计使用,下面给出许用应力的确定原则。若以$[\sigma]_j$表示通用机构的接触许用力,以$[\sigma]_{jw}$表示自动武器构件的接触许用应力,则$[\sigma]_{jw}$的取值范围为

$$[\sigma]_j < [\sigma]_{jw} < 5\sigma_s$$

因为通用机械的轴承、齿轮和凸轮等一般按无限寿命计算,所以其许用应力规定得很低。自动武器构件从机动性考虑,一般寿命在 2~3 万发,属于有限寿命范畴,所以应使$[\sigma]_{jw}>[\sigma]_j$。$[\sigma]_{jw}<5\sigma_s$主要是从不屈服的极限接触应力要求考虑。

(2) 接触静强度设计。接触静强度与通常静强度设计方法一样,可以分为接触强度校核和接触静强度设计两种。前者是根据接触构件材质、形状尺寸和外载荷校核承载能力;后者是根据构件材质、外载荷和静接触强度确定结构尺寸,结构尺寸一般按所需完成的运动规律确定。

对于图 4.33 所示的滚柱与平面接触情况,其强度判据为

$$\sigma_{\max} \leq [\sigma]_{jw} \tag{4-74}$$

将式(4-69)与式(4-73)代入式(4-74),可得到关于滚柱半径 r 和接触长度 l 的关系式,即

$$lr = \frac{F_G E}{\left(\dfrac{[\sigma]_{jw}}{0.418}\right)^2} \tag{4-75}$$

只要先给出 l 与 r 其中一值,另一值则由式(4-75)确定。

以上导出了两接触构件材料弹性模量相同时的尺寸确定公式。对于两接触构件材质不同的情况,同理推导。

2) 接触疲劳强度设计

当按接触静强度确定两构件的有关尺寸之后,计算接触疲劳寿命。

由接触疲劳试验得到的载荷 F_G 与循环寿命数 N 之间的关系曲线,如图 4.34 所示。

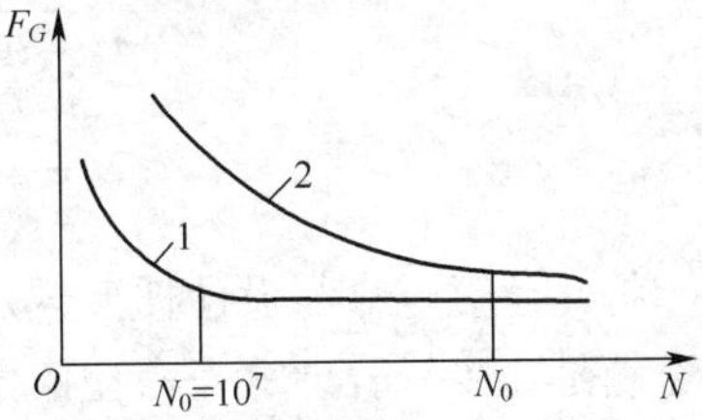

在图 4.34 中 N_0 为接触疲劳极限对应的循环数,其左侧表示有限寿命,右侧表示无限寿命,自动武器的强度设计属有限寿命,在 N_0 左侧的 F_G—N 曲线可近似表示为

$$F_G^a N = C \tag{4-76}$$

图 4.34 接触疲劳的 F_G—N 曲线

1、2—两种不同材料。

式中:a 与 C 为试验常数,对一般钢材 $a=3$。

由于应力的平方与载荷成正比,式(4-76)可以改写为

$$\sigma^6 N = C \tag{4-77}$$

式中:正应力 σ 可用式(4-70)~式(4-73)计算出最大接触应力 $\sigma_{\max}$ 代入;常数 C 可按下

述方法确定：当 $N=N_0$ 时，式(4-77)中 $\sigma=\sigma_{z0}$。N_0 一般取 10^7，该值对应的接触应力为接触疲劳极限。

接触疲劳极限 σ_{z0} 一般应由试验测定，若不具备试验条件时，σ_{z0} 可用下式近似计算，即

$$\sigma_{z0} = 2.7\text{HB} - 68.6(\text{MPa}) \tag{4-78}$$

式中 HB——两接触构件较软件的布氏硬度值。

将式(4-73)计算出的 σ_{z0} 值和 $N_0 = 10^7$ 代换式(4-77)中的 σ 与 N，即可解出常数 C 为

$$C = \sigma_{z0}^6 N_0 \tag{4-79}$$

联立解式(4-77)~式(4-79)，可求出设计构件的接触疲劳寿命。

[例] 德国 MG-42 机枪闭锁支撑面的接触疲劳寿命计算。

德国 MG-42 机枪射击时，靠滚柱与枪管节套的相应平面(闭锁支撑面)接触来关闭枪膛，结构原理简图如表 4.2 所列。该枪使用德国 7.92mm 毛瑟枪弹，其中轻尖弹的最大膛压 $P_m = 314\text{MPa}$，弹壳底部外径 10mm。设弹壳壁厚 $t = 1.2\text{mm}$，则以膛底作用力 F_p 代替壳机力 F 时，得 $F = 14.2\text{kN}$。滚柱尺寸如图 4.35 所示。

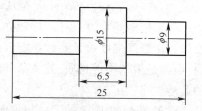

图 4.35 德国 MG-42 机枪的滚柱尺寸

该枪共有两个相同尺寸的滚柱，以 φ9 部分的上、下两端圆柱面与枪管节套的闭锁支撑面四处接触，每处接触长度 5mm，总接触长 $l = 5 \times 4 = 20\text{mm}$。单位接触长度载荷为

$$q = \frac{F_G}{l} = \frac{14.2\text{kN}}{20 \times 10^{-3}\text{m}} = 0.71\text{MPa}$$

实测滚柱硬度 HB = 418(应为滚柱表面硬度，这里以轴心硬度替代)。将 $q = 0.71\text{MPa}$、$r = d/2 = 4.5\text{mm}$、$E = 2.058 \times 10^5 \text{MPa}$、$N_0 = 10^7$、HB = 418 代入式(4-73)、式(4-77)、式(4-78)及式(4-79)，得

$$\sigma_{\max} = 0.418\sqrt{\frac{qE}{r}} = 2382\text{MPa}$$

$$\sigma_{z0} = 2.7\text{HB} - 68.6 = 1060\text{MPa}$$

$$C = \sigma_{z0}^6 N_0 = 1.42 \times 10^{25}$$

$$N = \frac{C}{(\sigma_{\max})^6} = 77738(\text{发})$$

将此计算寿命与设计任务规定的武器寿命相比较，以判定设计构件的接触疲劳强度是否满足要求。若计算寿命比武器规定寿命高得多或低得多时，则可适当调整滚柱与相关构件的接触长度 l 或滚柱接触部分直径，或改变接触构件材料，或调整接触表面硬度和粗糙度等。

下面扼要分析影响接触疲劳寿命的因素。

(1) 接触长度 l、滚柱半径 r。将式(4-69)代入式(4-73)，得

$$\sigma_{\max} = 0.418\sqrt{\frac{F_G E}{lr}} \tag{4-80}$$

由式(4-80)可知,当 l 或 r 增大时,在 F_G 与 E 一定的情况下,σ_{max} 将减小。又从式(4-79)可知,在 C 一定时,σ_{max} 减小将使寿命数 N 增大。

(2) 表面硬度。据实验表明,当接触构件表层硬度 HRC=62 时,其接触疲劳寿命最高,大于或小于此硬度值时 N 都将减小。为此,在对滚柱式闭锁支撑结构进行热处理,应尽量使其表层硬度接近或达到 HRC=62。

(3) 表面粗糙度。构件接触表面粗糙度对其接触疲劳寿命影响很大。若设表面粗糙度 $Ra0.63$ 对应的接触疲劳寿命 N_1,则 $Ra0.32$ 对应的寿命 $N_2=(3\sim4)N_1$;$Ra0.16$ 对应的寿命 $N_3=(6\sim8)N_1$。

造成上面情况的原因是接触表面的微凸起受接触挤压后,将产生高应力和高应变,最容易在此处形成疲劳裂纹。表面越粗糙,其接触疲劳寿命越低。

(4) 表面残余应力。增加表层残余压力可提高接触疲劳寿命,而拉应力会降低疲劳强度。

4.5 自由行程长度确定与防反跳自开锁措施

4.5.1 自由行程长度确定

开锁时机一般通过开锁前自由行程的长短来控制,自由行程长,则开锁时机晚,自由行程短,则开锁时机早。对于理论射速要求不高的手提式自动武器,选择较长的自由行程可使膛压降低后再开锁,这样有利于提高开锁工作部分的结构强度、减小运动部分的磨损和减小抽壳阻力。对于理论射速要求较高的高射机枪等自动武器,在选择开锁时机时,主要从提高理论射速的角度考虑,在保证可靠抽壳的前提下,尽量缩短自由行程,对于主动件在闭锁后因撞击反跳而提前开锁的问题,则通过设计专门的机构来解决。

在设计闭锁机构时,自由行程的长度可用估算和参考现有武器数据相结合的方法初定,然后通过样品调试确定。表 4.11 列出了几种步兵自动武器的自由行程。

表 4.11 几种步兵自动武器的自由行程

武器名称	口径/mm	自动式	闭锁方式	射击频率/(发/min)	自由行程/mm
56 式冲锋机	7.62	导气式	枪机回转	600	12
捷克 58 式冲锋机	7.62	导气式	卡铁偏转	600~800	8
美国 M16 自动步枪	5.56	导气管式	导气管式	750~850	3
95 式 5.8mm 自动步枪	5.8	导气管式	导气管式	650	6.5
56 式轻机枪	7.62	导气式	闭锁片偏转	650	10
捷克 59 式通用机枪	7.62	导气式	卡铁偏转	700~800	12
美国 M60 通用机枪	7.62	导气式	枪机回转	600	20
53 式重机枪	7.62	导气式	枪机偏转	600~700	14
美国勃朗宁重机枪	7.62	身管后坐式	楔闩横动	500	8

续表

武器名称	口径/mm	自动式	闭锁方式	射击频率/(发/min)	自由行程/mm
77式12.7mm高射机枪	12.7	导气+底压	短闭锁片偏移	650~750	7
56式14.5mm高射机枪	14.5	身管后坐式	机头回转	550	4

在估算时,假设自由行程长度为 l,主要应以不产生反跳自开锁来确定。设主动件闭锁后因撞击反跳产生的后坐行程为 x,主动件质量为 m_A,复进到位速度为 v_A,碰撞后又反跳速度为 v'_A,恢复系数为 b,主动件后坐运动阻力为 F_R。根据主动件后坐能量等于其克服阻力所做功的原理,得

$$x = \frac{m_A v'^2_A}{2F_R} \tag{4-81}$$

式中:正碰撞反跳速度 $v'_A = -bv_A$。

$l_{\min}$ 可以由式(4-82)确定,即

$$l_{\min} > x \tag{4-82}$$

4.5.2 防反跳自开锁措施

在自动武器中,为了保证在特种条件下射击的可靠性,自动机主动件在完成闭锁动作后仍需具有一定的剩余能量。这种剩余能量使主动件与身管等不动件发生撞击反跳并向后运动,出现反跳提前开锁现象。解决反跳问题最直接、简单的方法是增加自由行程长度,使枪机框的反跳行程小于自由行程。这种方法适合于低射速武器,但是不能用于理论射速高的自动武器。缩短自由行程后可通过防反跳措施消耗主动件多余能量,避免反跳提前开锁现象。

现代自动武器采用的防反跳开锁措施,按工作原理分为两种类型:一是通过多次碰撞消耗主动件多余能量,称为撞击式防反跳机构;二是采用限制从动件转动的专门机构,称为制动式防反跳机构。

1. 撞击式防反跳机构

撞击式防反跳机构是利用构件之间多次反复撞击来消耗枪机框反跳的能量、减小反跳行程的一种机构。采用这类防反跳机构的武器有12.7mm系列高射机枪、美国M16自动步枪等。

54式12.7mm高射机枪的防反跳机构如图4.36所示,枪机框与活塞之间用联结套联结,活塞与联结套用螺纹联结,并用销子固定成一整体,枪机框与联结套之间留有一定的活动量 Δ_1。复进簧装在活塞筒内,活塞筒可向前移动,当复进簧推动活塞、枪机框等构件复进瞬间,间隙 Δ_1 最大。复进到位时,各构件间的撞击是一个反复而复杂的过程。该机构撞击过程如下。

(1) 联结套撞击活塞筒。枪机复进到位后,复进簧仍推着活塞、联结套、枪机框等继续前进,由于 Δ_2 大于 Δ_1,因而在枪机框与枪机撞击之前,联结套先撞击活塞筒。联结套与活塞筒之间有复进簧相联,可认为联结套与活塞筒撞击后,经过多次反复撞击而最终结合在一起向前运动。联结套与活塞筒撞击结合后的速度 v_2 为

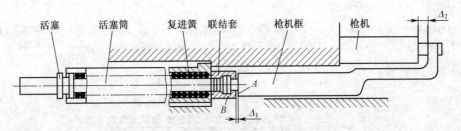

图 4.36　54 式 12.7mm 高射机枪的防反跳机构

$$v_2 = \frac{M_2 + \frac{1}{3}M_4}{M_2 + M_3 + M_4} v_1 \tag{4-83}$$

式中　M_2——活塞及联结套的质量(kg)；

　　　M_3——活塞筒质量(kg)；

　　　M_4——复进簧质量(kg)；

　　　v_1——撞击前联结套和枪机框的共同速度(m/s)。

(2) 枪机框撞击联结套。联结套撞击活塞筒后，与活塞筒一起以小于枪机框的速度 v_2 前进，枪机框仍以速度 v_1 前进，直至与联结套相撞。撞击后，枪机框和联结套的速度分别为 v_1' 和 v_2'，有

$$v_1' = v_1 - \frac{(v_1 - v_2)(1+b)}{1 + \dfrac{M_1}{M_2 + M_3 + M_4}} \tag{4-84}$$

$$v_2' = v_2 - \frac{(v_1 - v_2)(1+b)}{1 + \dfrac{M_2 + M_3 + M_4}{M_1}} \tag{4-85}$$

式中　M_1——枪机框质量(kg)；

　　　b——恢复系数。

钢制构件间撞击时，一般取 $b = 0.4$。

(3) 枪机框撞击枪机并反跳。枪机框以较原速度 v_1 小的速度复进 v_1'，在消除间隙 Δ_2 后撞击枪机尾部。假定枪机与机匣、枪管等牢固结合成一体，质量很大，且速度为零。于是，枪机框的反跳速度为

$$v_1'' = -bv_1' \tag{4-86}$$

如果没有联结套，则枪机框此时的反跳速度应为 $-bv_1$。由于 $v_1' < v_1$，即枪机框与活塞间装有联结套时，因此其反跳速度比不装联结套时小。

(4) 枪机框反跳后与正在复进的联结套撞击。若枪机框反跳后向后运动，联结套、活塞筒等则以速度 v_2' 向前运动，直至枪机框与联结套在 A、B 两撞击面间反复撞击。此后，可认为枪机框与联结套、活塞、活塞筒及复进簧一起向后运动，总速度为

$$v_2''' = v_2 - \frac{(M_2 + M_3 + M_4)v_2' - M_1 v_1''}{M_1 + M_2 + M_3 + M_4} \tag{4-87}$$

撞击后，枪机框向后运动的速度进一步减小，从而使其反跳距离小于开锁前自由行

程,达到防止过早开锁的目的。

美国 M16A1 5.56mm 自动步枪的惯性体装置,既可降低射速,也是一种撞击式防反跳机构(图 4.37)。为了防止枪机框复进到位撞击反跳而提前开锁的现象,在复进簧导管内装有 5 个惯性体、5 个橡胶垫和一个惯性管。

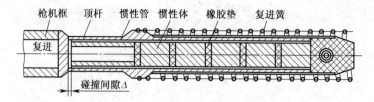

图 4.37　美国 M16 自动步枪的惯性体装置

惯性体装置的防反跳工作原理:在复进过程中,复进簧伸张并通过复进簧导管推枪机框复进,位于复进簧导管内的惯性管和惯性体在自身质量惯性的作用下紧靠在后方,于是在惯性管前端与复进簧导管内腔前壁间出现一定的碰撞间隙Δ。当闭锁动作完成后枪机框与枪管碰撞反跳后坐时,由于间隙Δ存在,惯性管与惯性体在其惯性力作用下的前进运动中将会与枪机框发生多次碰撞,吸收掉一部分枪机框反跳后坐能量,从而达到防反跳的目的。

这种防反跳装置,既可用于导气式武器,也可用于身管后坐式武器。

2. 制动式防反跳机构

活动机件复进到位时,由专门的构件制止枪机框或机体反跳的机构称为制动式防反跳机构。

德国 MG-34 轻机枪采用制转锁原理(图 4.38),实现防反跳。其工作原理:当机头复进到位,在机体作用下回转闭锁时,带弹簧的单向制转销斜面会让过机头闭锁凸笋,并在闭锁凸笋越过后及时抬起以其平面部分抵住闭锁凸笋。在机体复进到位发生撞击反跳使机头向开锁方向回转时,由于制转销不能反向偏转,故起到了防反跳作用。只有当枪管、机头与机体一起后坐一段距离让开制转销后,才能与机匣开锁加速斜面作用回转开锁。这种防反跳自动开锁装置只能用在身管后坐式武器中。

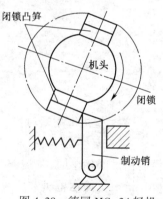

图 4.38　德国 MG-34 轻机枪制转锁原理

德国 G3 7.62mm 自动步枪的机体上装有制动卡榫(图 4.39)。机头复进到位后,机体继续复进,并带动楔铁使闭锁滚柱撑开而闭锁。同时,制动卡榫在其弹簧力的作用下进

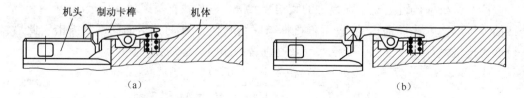

图 4.39　德国 G3 7.62mm 自动步枪防反跳机构

(a)机体复进到位,制动卡榫进入机头卡槽状态;(b)制动卡榫从卡槽内脱出以后状态。

入机头上的卡槽内,制止机体反跳。该枪的自动方式是半自由式枪机,在火药燃气对弹壳底部的压力作用下,机头向后运动,节套上的开锁工作面使滚柱向中间收拢,并通过楔铁使机体加速向后。与此同时,制动卡榫与机头上卡槽壁作用而顺时针方向回转,其钩部从卡槽内脱出。

59式12.7mm航空机枪采用防跳锁制止枪机框反跳(图4.40)。枪机框复进即将到位时,其前方左右两侧凸榫的斜面撞击防跳锁上相应的斜面,一方面使防跳锁向前运动,消除间隙Δ后与机匣相撞,消耗一部分能量;另一方面使防跳锁沿图中箭头所示的方向回转,直至其钩部与枪机框上凸起的钩部相扣合以制止枪机框的反跳。击发后,在导气室内火药燃气压力作用下,枪机框后坐,使防跳锁反向回转,以解脱对枪机框的约束。采用这种防跳锁的自动武器还有23-2型航空自动炮。

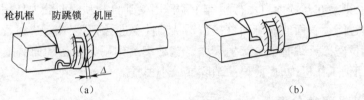

图4.40　59式12.7mm航空机枪的防反跳机构
(a)枪机框复进撞击防跳锁使防跳锁回转;(b)枪机框与防跳锁扣合。

以上两种制动式防反跳机构,当机体或枪机框复进到位反跳的能量过大时,可自动解脱防反跳构件的约束。也就是说,解脱防反跳机构约束所需的能量必须大于机体或枪机框的反跳能量。但是,如果解脱能量过大会过多地消耗机体或枪机框的后坐能量,影响武器的正常工作。

30-1型航空自动炮采用反跳锁,以阻止机芯组复进到位闭锁时,撞击炮管尾端反跳而提前开锁,造成膛炸事故。该炮自动方式采用身管后坐式,机芯组在复进距最前端位置还有4.7～5mm时,反跳锁键在片簧的簧力作用下,其前端沉入炮管匣的导槽内防止机芯组反跳后退,如图4.41(a)所示。

由于30-1型航空自动炮没有炮管簧,因此反跳锁键除了防止机芯组反跳外,还要防止炮管匣复进到最前位置撞击炮箱时反跳。当炮管匣复进到距最前端位置0.8～1mm时,反跳锁键的后端在片簧簧力作用下,快速张开到炮箱窗口中,以防止炮管匣反跳后退,保证闭锁击发时炮管匣处于最前方位置,如图4.41(b)所示。

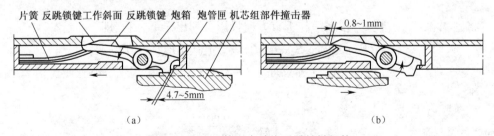

图4.41　30-1航空自动炮反跳锁键机构
(a)反跳锁键主要作用于机心组;(b)反跳锁键主要作用于炮管匣。

待发状态下,基本构件在最前位置,机芯组在后方位置。发射时,击发机释放机芯组,在复进簧作用下,机芯组复进,当距最前方位置有65mm时,机芯组撞击器凸起部作用于反跳锁键的前端,使反跳锁键沿图 4.41(b)箭头方向转动,脱离炮箱解脱炮管匣。击发后,当炮管匣后坐至 20mm 时,反跳锁键沿图 4.41(a)箭头方向转动至下方,从而解脱机心组。

此外,由于飞机空战时要做机动动作,武器的基本构件会受到很大的惯性力,如果没有反跳锁键,该惯性力还会改变炮管匣(基本构件)的原始位置,因此反跳锁键还有定位的作用。

4.6 楔紧现象与消除楔紧的措施

由斜面(或螺旋面)作用产生侧向分力而引起的附加摩擦现象称为楔紧。如果闭锁支撑面不自锁,则会在开锁前自由行程中主动件因受到自开锁侧向分力作用而产生楔紧;如果主动件通过闭锁斜面或螺旋面直接带动从动件复进,则不仅在复进过程中产生楔紧,而且在后坐到位碰撞反跳时也会产生楔紧。这种楔紧作用会使运动面磨损加剧。因此,在设计开锁、闭锁工作机构时,应设法消除或减小楔紧。

4.6.1 楔紧现象分析

1. 开锁前自由行程中的楔紧分析

如果闭锁支撑面倾角 β 大于摩擦角 ρ,则会在壳机力 F 作用下产生自开锁分力,这种自开锁分力将使主动件在开锁前自由行程阶段受到附加摩擦阻力,即产生楔紧现象。例如,图 4.42 所示的 56 式半自动步枪闭锁机构。由于偏转式闭锁机构的支撑面倾角 β 一般都设计得远大于摩擦角 ρ,所以在开锁前自由行程阶段会产生楔紧。

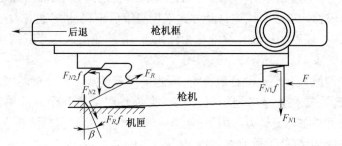

图 4.42 偏转式闭锁机构开锁前的楔紧

将图 4.42 中枪机各力在水平与垂直方向投影可列出以下方程,即

$$\begin{cases} F - F_R(\cos\beta + f\sin\beta) + f(F_{N1} + F_{N2}) = 0 \\ F_R(\sin\beta - f\cos\beta) - (F_{N1} + F_{N2}) = 0 \end{cases}$$

则

$$F_{N1} + F_{N2} = F\frac{\tan\beta - f}{1 + f^2}$$

于是得到作用在枪机框上的附加摩擦力 F_z 为

$$F_z = f(F_{N1} + F_{N2}) = fF\frac{\tan\beta - f}{1 + f^2} \tag{4-88}$$

由式(4-88)可知,附加摩擦力(楔紧力)F_z与壳机力F、闭锁支撑面倾角β及摩擦系数f等有关,其中起决定作用的是β。若$\beta=0$,则枪机框受到的摩擦阻力将很小。因此在偏转式闭锁结构中,为了减小开锁前的楔紧,应当注意β值选取。

2. 复进过程中的楔紧

1) 枪机偏转式闭锁机构

图4.43所示质量为m_a的枪机框在复进簧力F的作用下通过闭锁斜面(倾角α_b)带动质量为m_b的枪机向前复进,在闭锁斜面的法线方向产生约束反力F_R力的作用,将在机匣导轨上产生约束力F_{N1}和F_{N2}。若设摩擦系数为f,则可列出枪机框和枪机的水平运动微分方程为

$$m_a \frac{d^2 x}{dt^2} = F - F_R(\sin\alpha_b + f\cos\alpha_b) - f F_{N1} \tag{4-89}$$

$$m_b \frac{d^2 x}{dt^2} = F_R(\sin\alpha_b + f\cos\alpha_b) - f F_{N2} \tag{4-90}$$

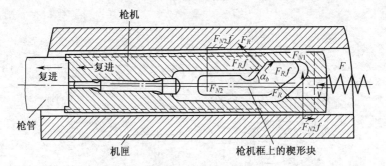

图4.43 枪机偏转式闭锁机构复进中的楔紧

由垂直投影,得

$$F_{N1} = F_{N2} \approx F_R \cos\alpha_b \tag{4-91}$$

将式(4-91)代入式(4-89)和式(4-90),并消去$\frac{d^2 x}{dt^2}$,得

$$F_R = \frac{F}{\dfrac{m_a}{m_b}\sin\alpha_b + \sin\alpha_b + 2f\cos\alpha_b} \tag{4-92}$$

将式(4-89)和式(4-90)相加,并将F_R值代入,得

$$(m_a + m_b)\frac{d^2 x}{dt^2} = F\left[1 - \frac{2f}{1 + \dfrac{m_a}{m_b}\tan\alpha_b + 2f}\right] \tag{4-93}$$

由式(4-93)可知,楔紧的结果将使活动机件复进的动力(复进簧力F)减小,其减小的程度与闭锁斜面倾角α_b、摩擦系数f及枪机框与枪机的质量比m_a/m_b等的大小有关。表4.12列出了$m_a/m_b=2$时,不同α_b和f对F的影响。

由表4.12的结果说明:在m_a/m_b一定时,增大闭锁斜倾角α_b,或减小摩擦系数f,将会使楔紧作用相应减小。这一点在设计闭锁斜面角度时应给予重视。

表 4.12 不同 α_b 和 f 对复进簧力的 F 影响

$\alpha_b/(°)$ \ f F/%	0.1	0.15	0.20
30	10	15	19
45	6	9	12
60	4	5.5	7

2) 回转式闭锁机构

图 4.44 所示为对机体与机头列出运动方程,即

$$m_a \frac{d^2 x}{dt^2} = F - F_R \sin\alpha - 2fF_{N1} \tag{4-94}$$

$$m_b \frac{d^2 x}{dt^2} = F_R \sin\alpha_b - 2fF_{N2} \tag{4-95}$$

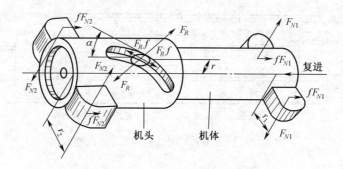

图 4.44 机头回转式闭锁机构复进中的楔紧

取约束反力矩,得

$$\begin{aligned} 2F_{N1}r_1 &= F_R r \cos\alpha \\ 2F_{N2}r_2 &= F_R r \cos\alpha \end{aligned} \tag{4-96}$$

将式(4-96)代入式(4-94)与式(4-95),得

$$(m_a + m_b)\frac{d^2 x}{dt^2} = F\left[1 - \frac{f\left(\dfrac{r}{r_1} + \dfrac{r}{r_2}\right)}{\left(1 + \dfrac{m_a}{m_b}\right)\left(\tan\alpha - f\dfrac{r}{r_2}\right) + f\left(\dfrac{r}{r_1} + \dfrac{r}{r_2}\right)}\right] \tag{4-97}$$

由式(4-97)也可得出与式(4-93)同样的结论。

3. 活动机件后坐到位撞击产生的楔紧

图 4.45 所示为闭锁片偏转式闭锁机构,当枪机框后坐到位与机匣撞击时,将使闭锁片向两侧撑开,从而对机匣侧壁产生很大作用力,这不仅造成枪机与机匣的楔紧,而且对机匣的侧壁强度产生不利影响。

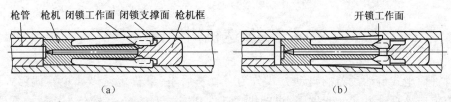

(a)   (b)

图 4.45 闭锁片偏转式闭锁机构后坐到位撞击时产生的楔紧

4.6.2 消除楔紧的措施

通过对楔紧现象的分析，可以找出影响楔紧的因素，针对这些影响因素采取相应的对策，即可达到减小或消除楔紧的目的。

1. 减小楔紧的措施

(1) 减小闭锁支撑面倾角 β 可减小开锁前的楔紧，如图 4.42 所示；

(2) 增大闭锁斜面倾角 α_b 或螺旋角 α 可减小复进过程中的楔紧，见图 4.43 与式(4-93)、图 4.44 与式(4-97)。

但是，为了使闭锁动作平稳和减小闭锁过程中的能量损耗，又需要减小 α_b 角，需要做到两者兼顾，英国勃然轻机枪的闭锁机构采用大角带动复进、小角完成闭锁的措施，结构如图 4.46 所示。

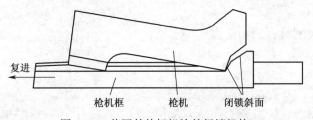

图 4.46 英国勃然轻机枪的闭锁机构

(3) 对于活动机件后坐到位反跳所产生的楔紧，措施有两种：①增大复进带动角度；②在枪机与枪机框之间加缓冲装置，如捷克 59 式通用机枪。

2. 消除楔紧的措施

采用垂直枪身轴线的平面来带动枪机复进，由于没有侧向分力，所以不产生楔紧。如图 4.47 所示捷克 ZB-53 重机枪的闭锁机构，图 4.48 所示 56 式冲锋枪的闭锁机构。前者为枪机偏转式，后者为枪机回转式。这两种闭锁机构都需要另外加启动机构，以便枪机复进到位后能及时偏转或回转闭锁。

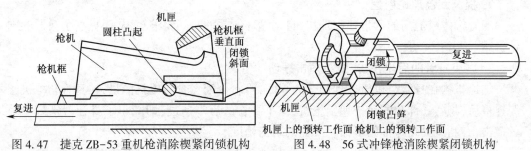

图 4.47 捷克 ZB-53 重机枪消除楔紧闭锁机构   图 4.48 56 式冲锋枪消除楔紧闭锁机构

4.7 加速机构设计

身管后坐式自动武器的自动方式分为身管长后坐、身管短后坐和枪管偏移式三种。在身管短后坐自动方式的武器中,自动机主动件开锁前为身管,开锁后为机体。在发射瞬间,机体的动能一般只占后坐总能量中一小部分,而身管的能量不仅无用,而且在后坐到位时产生碰撞,影响武器的性能。为了在较短的身管后坐行程内使机体获得足够的能量,以便带动主动件各机构完成后续的自动循环动作,常采用加速机构。

4.7.1 加速机构的作用

1. 实现身管到机体能量的转换,增加机体后坐能量

身管短后坐自动武器,在开锁前的自由行程内身管、机头与机体以共同的速度后坐;在开锁加速过程后,由于加速机构的作用使机体获得较大的后坐速度,从而增加了机体后坐能量。

设身管质量为 m_g,枪机质量为 m_j,身管与枪机在脱离连接的瞬间,共同后坐速度达到最大值 $v_{\max}$,则身管与枪机的总动能为

$$E_z = \frac{m_g + m_j}{2} \cdot v_{\max}^2 \tag{4-98}$$

枪机在开锁瞬间具有的动能为

$$E_j = \frac{m_j}{2} \cdot v_{\max}^2 \tag{4-99}$$

式(4-99)除以式(4-98),得

$$\frac{E_j}{E_z} = \frac{m_j}{m_j + m_g}$$

则

$$E_j = \frac{m_j}{m_j + m_g} E_z \tag{4-100}$$

若设身管质量为枪机质量的 3 倍,即 $m_g = 3m_j$,则 $E_j = 1/4 E_z$,即枪机惯性后坐开始所具的动能仅为总动能的 1/4,而身管所具有的动能为 3/4 总动能。加速机构作用之一就是能量合理进行分配,将身管的能量转换给枪机或炮闩,确保枪机完成一系列自动动作。

2. 提高武器理论射速

随着机体或炮闩的后坐速度加快,自动循环所需的时间将缩短,从而提高了武器的理论射速。

3. 减小身管的后坐撞击,减小撞击振动

加速机构在身管与枪机或炮闩分离瞬间,重新分配身管与枪机能量,在身管和枪机解脱连接后,将其一部分能量传递给枪机,减小身管的后坐速度,即减小了身管后坐到位时的撞击,有利于提高零件的寿命和武器的射击精度。

但是,身管短后坐式手枪一般均不设加速机构。因为手枪重量通常都比枪管大得多,

能量分配较为合理,且枪机后坐时完成各机构动作所消耗的能量也较小,所以手枪不设置加速机构。

4.7.2 加速机构的设计要求

1. 加速过程运动平稳

为使加速过程运动平稳,加速构件或工作面应与弹膛轴线对称布置,加速过程中机构传速比最好从零开始逐渐加大。

2. 应有足够的强度和寿命

由于加速过程短、机构受力大,为确保加速机构在武器寿命期内工作可靠,因此要求加速机构各组成部分应有足够的强度和工作寿命。

3. 加速时机选择适当

加速时机应适当,最好与开锁动作同步。过早加速会造成断壳故障,过晚加速会增加武器质量,甚至不能使机体获得足够的后坐能量。

4.7.3 加速机构的结构分析

自动武器的加速机构形式多种多样,按其作用原理来分类,可以分为杠杆式、凸轮式和凸轮杠杆组合式三种。此外,在自动炮上,齿轮式、液压式、弹簧式等加速机构也常有应用。

1. 杠杆式加速机构

杠杆式加速机构的原理如图 4.49 所示。这种加速机构是应用杠杆原理使机体相对身管获得较大后坐速度的。击发后,在壳机力 F 作用下身管、加速杠杆与枪机一同以 v_{AB} 速度后坐,当加速杠杆小端(l_1 臂)与机匣壁相碰时,其大端(l_2 臂)与枪机凸起作用,使枪机速度由 v_{AB} 变为 v_B。若设传动效率 $\eta=1$,则由斜冲击公式,得

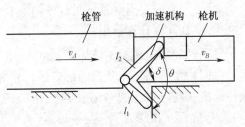

图 4.49 杠杆式加速机构原理图

$$v_B = v_{AB} \left[1 + \frac{(k-1)(1+b)}{1 + \dfrac{m_j}{m_g}k^2} \right] \qquad (4-101)$$

式中　b——恢复系数;
　　　m_j, m_g——枪机、身管的质量(kg);
　　　k——传速比。

则

$$k = \frac{v_B}{v_A} = 1 + \frac{l_2 \sin\delta}{l_1 \sin(\theta - \delta)} \qquad (4-102)$$

式中　v_A 和 v_B——枪管和枪机在加速杠杆碰撞位置附近作连续传动时的速度(m/s);
　　　l_1 与 l_2——杠杆两臂长度(mm);
　　　θ——加速杠杆两臂夹角度(°);
　　　δ——碰撞位置加速杠杆 l_2 臂与枪机运动方向的倾角(°)。

杠杆式加速机构的优点是结构简单,加工容易;缺点是碰撞影响机构运动平稳性、动作可靠性和构件强度。由于这种加速机构存在上述严重缺点,因此在自动武器中应用不多,在枪械中仅有芬兰 LS-26 轻机枪采用过,该枪为开锁后加速。自动炮上的杠杆加速机构如图 4.50 所示,为了使其工作更为平稳,减小冲击,可采用卡板杠杆式加速机构,如图 4.51 所示。

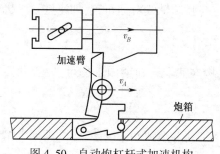

图 4.50　自动炮杠杆式加速机构

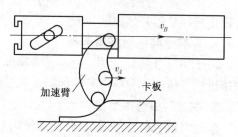

图 4.51　杠杆式卡板自动炮加速机构

2. 凸轮式加速机构

凸轮式加速机构的结构与杠杆式加速机构类似,但其工作面为凸轮曲面,目的是减小加速机构在工作时的撞击。因其加速时机与开锁过程同步,故又称为开锁加速。按开锁加速过程机头的运动规律,分为平移凸轮与回转凸轮两种。下面分别以德国 MG-42 机枪和 56 式 14.5 mm 高射机枪为例来说明其工作原理。

1) 平移凸轮加速机构

平移凸轮加速机构工作原理,如图 4.52 所示。击发后,身管、机头与机体在壳机力作用下一同后坐。当走完开锁前的自由行程之后,机匣定形板上的开锁加速凸轮曲面迫使滚柱向内移动。与此同时滚柱与机体的楔形体斜面接触,并挤压楔形体使机体与身管(机头与身管互相扣合)产生相对运动,直至开锁完毕加速过程也结束。设身管速度为 v_A,机体速度为 v_B,α 为机匣定形板凸轮曲线与滚柱接触点的切线同身管轴线的夹角,β 为机体楔形体斜面与身管轴线的倾角,其结构简图和极速度,如图 4.53 所示。

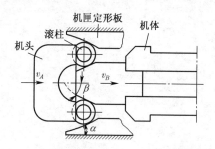

图 4.52　德国 MG-42 机枪开锁加速机构图

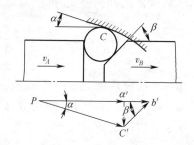

图 4.53　平移凸轮加速机构简图与极速度图

由极速度图列出传速比 k 的公式为

$$k = 1 + \tan\alpha\cos\beta \tag{4-103}$$

由于 α 角由零逐渐增大,β 角为常数,所以 k 大于 1,并随 α 的增大而增大。

由传速比定义式得 $v_B = k \cdot v_A$,所以 $v_B > v_A$。这就是说,加速的结果,使机体速度较身管与机头速度增加。

2) 回转凸轮加速机构

回转凸轮加速机构的加速凸轮的回转轴装在机匣或节套上,在枪机开锁后,身管节套平面与加速凸轮圆弧工作面作用,使凸轮绕轴回转,凸轮上端圆弧与枪机后部横平面作用使枪机后退。由于相互作用处的传动半径不同,使枪机得到加速。自动炮加速机构可简化为图 4.54 所示的一般结构。

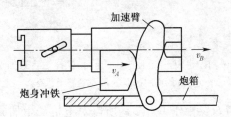

图 4.54 自动炮加速机构的一般结构

图 4.55 为美国勃朗宁重机枪加速机构,加速机构的回转轴在机匣上。主动端运动副由枪管节套的横向平面与凸轮的圆弧工作面组成;从动端运动副由枪机后部的横向平面与凸轮的圆弧端部组成。机构在进入工作时仅有较小的撞击。

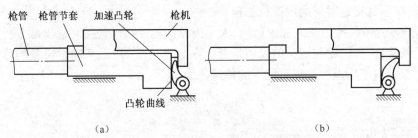

图 4.55 美国勃朗宁重机枪加速机构
(a)开始加速状态;(b)加速终了状态。

回转凸轮加速机构与平移凸轮加速机构一样,均具有的优点是开锁与加速同步,能有效地加速机体,使其获得足够的能量;开锁加速过程为平稳传动、无冲击,这对提高射击精度有利;以滚动代替滑动,摩擦系数小,开锁加速过程能量损失少,对机构动作可靠性有利。其缺点是凸轮曲面加工精度要求高;由于是接触传动,其失效形式为接触疲劳,因此对表面粗糙度和热处理硬度要求较高。

3. 凸轮杠杆组合式加速机构

凸轮杠杆组合式加速机构,如图 4.56 所示。这种加速机构由带凸轮面的杠杆和身管、枪机的相应工作面组成。有开锁后加速(如德国 MG-13 轻机枪和美国勃朗宁重机枪),也有开锁过程中加速(如苏联 HP-23 航空炮和德国 MG08 马克沁重机枪等)。加速过程,身管凸起与凸轮杠杆接触点至凸轮杠杆轴距离、凸轮弧面与枪机凸起接触点至凸轮杠杆轴距离、构件杠杆的两臂长、机构传速比与杠杆臂长有关,也与各凸起与凸轮杠杆的接触面有关。

图 4.56 所示的加速机构工作原理:当后坐中的身管弧形凸起与凸轮杠杆前面接触时(接触点至凸轮杠杆轴臂长为 l_1),凸轮杠杆的后弧面也与枪机上的相应工作面接触(接

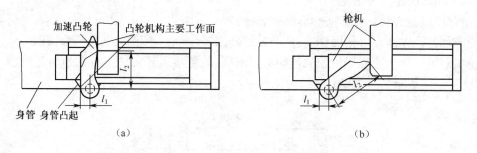

图 4.56 德国 MG-13 轻机枪的凸轮杠杆组合式加速机构
(a)开始加速状态；(b)加速终了状态。

触点至凸轮杠杆轴臂长为 l_2)，由于 $l_2/l_1>1$，所以对枪机产生加速作用。

凸轮杠杆组合式加速机构的优点是机构运动较杠杆式加速机构平稳；缺点是较凸轮式加速机构尺寸大。

4. 齿轮式加速机构

齿轮式加速机构利用齿轮和齿条作为中间构件，在炮身后坐或复进过程中使炮闩得以后坐。图 4.57(a)所示的齿轮式加速机构有两根活动齿条，一根在炮身上，另一根作用于炮闩上，在炮身复进时对炮闩进行加速。

图 4.57(b)所示的齿轮式加速机构，大小齿轮同轴。该轴连接在后坐部分上，小齿轮与固定齿条啮合，大齿轮与炮闩的齿条啮合。在炮身后坐时，由于固定齿条的作用，齿轮组传动使炮闩加速后坐。炮闩对炮身的传速比为

$$K = 1 + \frac{R}{r} = 常数 \tag{4-104}$$

式中　R——大齿轮节圆半径(mm)；
　　　r——小齿轮节圆半径(mm)。

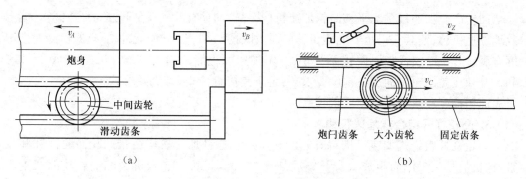

图 4.57　齿轮式加速机构
(a)齿条分别与炮身和炮闩固定；(b)齿条分别与炮闩和炮身座固定。

齿轮式加速机构结构比较复杂，且传速比为常数，开始加速瞬间将产生较大撞击。为了减小撞击，可将固定齿条改为带有齿弧的凸轮和卡板，并将凸轮连接于后坐部分，卡板固定于炮箱上，如图 4.58 所示。

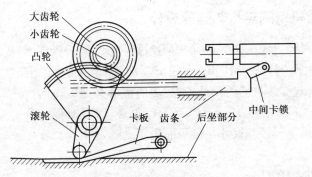

图 4.58 齿条卡板式加速机构

5. 液压式加速机构

液压式加速机构用液体作为传力介质,图 4.59 是两种液压加速工作原理图。

图 4.59(a)所示为在炮身后坐时直接作用于大活塞,压缩液体,并传动小活塞使炮闩加速后坐。

图 4.59(b)所示的液压式加速机构,卡板连接在炮身上,复进时作用于大活塞杆,大活塞上升,迫使液体经管路推动小活塞,使炮闩加速后坐运动。

液压式加速机构的优点是机构紧凑,动作平稳可靠,但结构复杂,液压部分制造精度要求高。一般仅用于自动炮上。

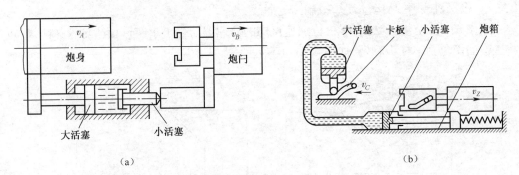

图 4.59 液压式加速机构

6. 弹簧式加速机构

利用弹簧作为加速机构的传力介质。瑞士苏罗通-37 自动炮,即弹簧式加速机构,结构原理如图 4.60 所示。当炮身、炮闩一同后坐时,加速机构的弹簧被压缩。后坐一定距离后,该弹簧被解脱而得以伸张,推动炮闩加速后坐。

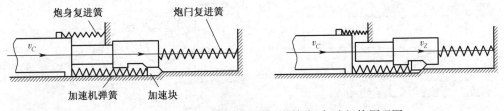

图 4.60 瑞士苏罗通-37 自动炮(弹簧式)加速机构原理图

4.7.4 加速机构的结构与强度设计

杠杆式加速机构设计比较简单,可根据加速过程主动件(身管等)与从动件(枪机或机体)的传速比要求,选择适当杠杆两臂之比。由于这类加速机构用的较少,此处不作详细介绍。

凸轮杠杆组合式加速机构的设计依据:加速机构开始工作前,身管、枪机的共同后坐速度 v_{AB};身管、枪机的质量 m_g、m_j;为保证自动循环动作的可靠完成,枪机或机体应具有足够大的速度;从运动平稳和尺寸尽量小的角度选择适当的身管加速行程等。这种加速机构的设计步骤如下:

(1) 通过运动计算求出 v_{AB};
(2) 根据自动循环动作需要初定枪机或机体应有的速度 v_B;
(3) 以 v_B/v_{AB} 定出最大的传速比 k 值;
(4) 从运动平稳性角度拟制凸轮曲线,使各接触点极速度图确定的传速比由 1 至 k 缓慢变化;
(5) 通过运动分析和样品枪试验调整确定。

由于这种加速机构与供弹机构中的凸轮杠杆输弹机构的设计方法类似,此处不作详述。下面主要介绍凸轮加速机构的设计方法。

1. 平移凸轮加速机构的结构设计

设计的主要任务是拟制机匣定形板的凸轮曲线。设计方法有以下两种。

1) 根据机头、机体运动规律拟制凸轮曲线

图 4.61(a)是德国 MG-42 机枪加速机构的原理图。为了求定形板凸轮轮廓曲线,可将工作面简化到滚柱中心处,如图 4.61(b)所示。

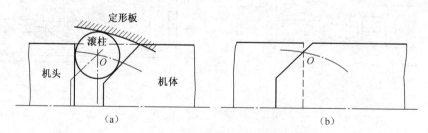

图 4.61 平移凸轮加速机构的简化

定形板凸轮曲线可看作机头(也代替身管)和机体工作面交点的轨迹。求此轨迹的作图步骤如下(图 4.62)。

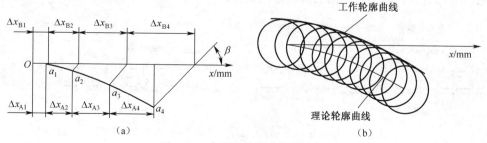

图 4.62 定形板凸轮曲线的绘制

(1) 在图 4.62(a)中,按活动机件运动方向作一直线 Ox,在 Ox 上将机头位移分成 Δx_{A1}、Δx_{A2}……若干区段,通过各分点作 Ox 的垂线,这些垂线即代表机头各瞬时所处的位置;

(2) 在 Ox 上按相应的机体位置分为 Δx_{B1}、Δx_{B2}……若干段,过各分点以机体楔形体斜面的倾角 β 作平行斜线,这些斜线代表楔形体工作面在不同瞬间所处的位置。β 角一般取 45°左右,角度太大,则加速效果差,角度太小,则复进过程楔紧严重;

(3) 机头垂线与机体斜线的交点 a_1、a_2……为滚柱中心在不同瞬时所处的位置,将这些交点用光滑曲线连接就得到定形板凸轮曲线的理论轮廓曲线,如图 4.62(a)所示;

(4) 以理论轮廓曲线上各点为圆心,以给定的滚柱半径为半径作一系列的圆,这些圆的外包络线,即定形板工作轮廓曲线,如图 4.62(b)所示。

2) 根据传速比拟制定形板凸轮曲线

传速比公式(4-103),机构简图与极速度如图 4.53 所示。

已知数据:身管、机头、机体质量分别为 m_g、m_b、m_a;身管的加速工作行程 x_A;加速开始瞬时,身管、机头与机体的共同速度 v_{AB};按自动循环所需工作能量在加速终了时,机体应达到的速度 v_B;身管和枪机复进簧工作图表;楔形体倾角 β 等。

(1) 根据开锁所需要的滚柱横向收拢距离 y_1,并按下式计算机体在加速过程的行程 x_B(图 4.63),即

$$x_B = x_A + y_1 \cot\beta \qquad (4-105)$$

(2) 只考虑身管枪机复进簧对加速过程的阻力时,由能量守恒定律可列出以下方程,即

$$\frac{1}{2}(m_g + m_a + m_b)v_{AB}^2 = \frac{1}{2}(m_g + m_b)v_A^2 + \frac{1}{2}m_a v_B^2 + F_1 x_A + F_2 x_B \qquad (4-106)$$

式中 F_1、F_2——身管复进簧、枪机复进簧在加速过程的平均簧力(N)。

由式(4-106)可得身管在加速终了时的速度 v_A 为

$$v_A = \sqrt{\left(1 + \frac{m_a}{m_g + m_b}\right)v_{AB}^2 - \frac{m_a}{m_g + m_b}v_B^2 - 2(F_1 x_A + F_2 x_B)/(m_g + m_b)}$$

$$(4-107)$$

(3) 加速终了的传速比,即

$$k_1 = \frac{v_B}{v_A}$$

(4) 当加速终了时,机匣定形板凸轮曲线切线与膛轴的夹角 α_1,有

$$\tan\alpha_1 = \frac{k_1 - 1}{\cot\beta} = (k_1 - 1)\tan\beta \qquad (4-108)$$

(5) 从运动平稳性角度,取定形板凸轮曲线开始角度 $\alpha_0 = 0$,在 α_0 与 α_1 之间取若干角,用光滑曲线与上述角边相切(图 4.64),则所得曲线为定形板的凸轮廓曲线。

2. 回转凸轮加速机构的结构设计

回转式加速机构的机匣定形板凸轮曲线为空间曲线,这种曲线不能直接采用作图法绘制。首先只有将其按定形板平均半径展开,并将机体螺旋槽也按接触长度的平均半径

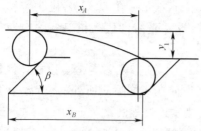 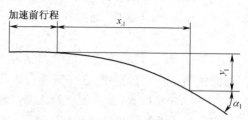

图 4.63 加速过程机体的位移(行程)　　图 4.64 由传速比绘制定形板凸轮曲线

展开;然后采用前面平移凸轮的作图方法作凸轮轮廓曲线;最后当作出凸轮轮廓曲线的展开图之后,再将其卷在以平均半径作出的圆柱面上,即可得到空间凸曲线。在具体作图时可以参考开、闭锁凸轮曲线槽的方法。

3. 凸轮式加速机构的强度设计

凸轮式加速机构有平移凸轮和回转凸轮两种。无论哪一种凸轮加速机构,都是采用滚柱与曲线槽的接触传动方式。因此其载荷性质、失效形式与强度设计方法都与滚柱式闭锁机构类似,即接触点处应力为接触应力,失效形式为接触疲劳,强度设计方法采用接触静强度与接触疲劳强度等。由于滚柱式闭锁支撑结构为滚柱与平面静接触,而滚柱式加速机构为滚柱与凹弧面滚动或滑动接触,所以二者的强度设计方法也不尽相同。

1) 接触应力计算

对于德国 MG-42 机枪和 56 式 14.5mm 高射机枪的开锁加速机构,由于其接触形式为滚柱与凹面,所以接触应力可用式(4-69)与式(4-70)或式(4-71)计算。

2) 接触静强度设计

在对其进行接触静强度设计时,机匣定形板凹弧面的曲率半径 R,应根据开锁加速运动规律要求先行确定,其设计方法见前面结构设计;滚柱半径 r 和接触长度 l 可用下面方法确定。

如果两接触构件的材料相同,则联立解式(4-69)、式(4-71)、式(4-75),得

$$\frac{F_G E(R-r)}{lRr} = \left(\frac{[\sigma]_{jw}}{0.418}\right)^2 \tag{4-109}$$

式中:滚柱总压力 F_G;材料弹性模量 E 与接触许用应力 $[\sigma]_{jw}$;机匣定形板曲率半径 R 等均为已知;未知量为 r 和 l,可参考同类结构初定其中的一个,则另一个即可确定。

3) 接触疲劳寿命估算

滚柱式开锁加速机构的接触疲劳强度设计方法基本与滚柱式闭锁支撑部分一样,此处不重复。下面主要以德国 MG-42 机枪的开锁加速机构为例,介绍其接触疲劳寿命估算方法。

击发后,壳机力推动机头、身管及机体部件一同自由后坐。当走完开锁前自由行程时,已获得一定速度和动量的滚柱(它与机头、身管结为一体)开始与机匣定形板内凹面相撞,同时挤压机体的楔形体开始开锁加速过程。例如,自由行程阶段的后坐体质量 $m=2.49\text{kg}$,开锁加速瞬间(即自由行程结束),初始速度 $v_1=0.5\text{m/s}$,末速 $v_2=4.66\text{m/s}$,经历时间 $t=1.36\times10^{-3}\text{s}$,则开锁加速瞬间,后坐体对机匣定形板内凹的撞击力 F,可用动量定理解出,即

$$F = \frac{m(v_2 - v_1)}{t} = \frac{2.49 \times 4.16}{1.36 \times 10^{-3}} = 7.62 \text{kN}$$

设一个滚柱承撞击力为 F_w，则

$$F_w = \frac{F}{2} = 3.81 \text{kN}$$

为了便于分析，图 4.65 给出一个滚柱及其相关构件的受力分析。

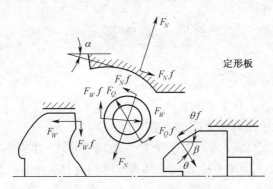

图 4.65 德国 MG-42 机枪开锁加速过程受力分析

将各力在水平与垂直方向投影，列出以下平衡方程：

$$F_W - (\sin\alpha + f\cos\alpha)F_N - F_Q(\cos\beta - f\sin\beta) = 0 \qquad (4-110)$$

$$F_N(\cos\alpha - f\sin\alpha) - F_Q(\sin\beta + f\cos\beta) - F_W f = 0 \qquad (4-111)$$

假设式中：$\alpha = 30°$，$\beta = 50°$，$f = 0.05$。将这些数据代入式(4-110)与式(4-111)，得

$$F_Q = 5.90 \text{kN}$$
$$F_N = 4.90 \text{kN}$$

由图 4.35 知滚柱 Φ15 段长度为 6.5mm，但是与该段滚柱接触的机匣定形板宽度为 5mm，故实际接触长度为 $l = 5$mm。于是得到单位接触长度载荷为

$$q_Q = \frac{F_Q}{l} = \frac{5.90 \text{kN}}{5 \times 10^{-3} \text{m}} = 1.18 \text{MPa}$$

$$q_N = \frac{F_N}{l} = \frac{4.90 \text{kN}}{5 \times 10^{-3} \text{m}} = 0.98 \text{MPa}$$

机匣定形板圆弧曲率半径为 $R = 25$mm，滚柱大圆柱半径 $r = 7.5$mm，弹性模量 $E = 2.058 \times 10^5$ MPa，得

$$\sigma_{\max Q} = 0.418 \sqrt{\frac{q_Q \cdot E}{r}} = 2378.53 \text{MPa}$$

$$\sigma_{\max N} = 0.418 \sqrt{q_N E \frac{R-r}{R \cdot r}} = 1813.55 \text{MPa}$$

由前例可知，滚柱实测硬度 HB = 418，得

$$\sigma_{z0} = 2.7 \text{HB} - 68.6 = 1060 \text{MPa}$$

考虑冲击会使材料接触疲劳极限 σ_{z0} 降低，若取折减系数 $K_c = 0.8$，则修正后的接触疲劳极限 $\sigma'_{z0} = K_c \sigma_{z0} = 848$MPa，有

$$C = (\sigma'_{z0})^6 N_0 = 3.72 \times 10^{24}$$

机匣定形板接触疲劳寿命 N_N 与楔形体接触疲劳寿命 N_Q 分别为

$$N_N = \frac{C}{(\sigma_{\max N})^6} = 104560 (发)$$

$$N_Q = \frac{C}{(\sigma_{\max Q})^6} = 20541 (发)$$

思考题

1. 简要说明闭锁机构作用及设计要求。
2. 什么是惯性闭锁？什么是刚性闭锁？试举例说明。
3. 列举各种制式枪械的闭锁机构类型。
4. 分别比较枪机或机头回转式闭锁机构与枪机偏移式闭锁机构的优缺点。
5. 试描述 54 式 7.62mm 手枪、56 式 14.5mm 高射机枪、77 式 12.7mm 高射机枪的闭锁机构过程。
6. 什么是闭锁间隙？有何作用？有哪些间隙构成？
7. 请画出发射时，弹壳与弹膛的应力—应变关系图，说明各条线的含义，并结合图解释膛压下降后，弹壳被弹膛紧紧箍住的现象。
8. 影响壳膛最终间隙的因素有哪些？
9. 什么是弹壳的极限受拉长度？弹壳临界截面 m—m 的特征是什么？结合界限长度 l_m 表达式：$l_m = d_p / f$，说明弹膛涂油的意义。
10. 分析弹壳横断的条件，对武器而言产生弹壳横断的主要原因是什么？
11. 在枪机偏移式闭锁机构中，为什么不设计成能自锁的？为了保证在高膛压下不自行开锁，应采用什么措施？
12. 简要说明枪机回转式闭锁机构的开、闭锁自由行程的作用。
13. 为什么要设置防反跳机构？试说明防反跳机构的种类和原理。
14. 楔紧现象是怎么产生？减小或消除楔紧的措施有哪些？
15. 简述加速机构的作用、类型及其特点。
16. 简述芬兰 LS26 轻机枪、56 式 14.5mm 高射机枪、苏联 HP23 航空自动炮及德国 MG42 通用机枪加速机构的开闭锁及其加速过程。
17. 身管后坐式自动武器的枪机为什么常做成机头和机体两部分？
18. 已知：56-1 式 7.62mm 轻机枪机匣材料为 50BA，材料的挤压许用应力 $[\sigma]_{挤} = 650\text{MPa}$，机匣闭锁支撑面倾角 $\alpha = 5°45'$，摩擦系数 $f = 0.1$，最大膛压 $P_m = 280\text{MPa}$，弹壳内底直径 $d_0 = 9.5\text{mm}$，卡铁支撑面高 $h = 14.5\text{mm}$，求接触面 $\not< 2/3$ 时，支撑面进入闭锁卡槽的宽度。

第 5 章　供弹机构设计

5.1　供弹机构的概述

5.1.1　供弹机构的作用和组成

供弹机构的作用首先是容纳弹药,其次是把弹药从容弹具中依次及时送到进弹口位置,最后平稳、可靠地将弹药送入弹膛。在自动武器各机构中,供弹机构是最复杂,也是最容易出现故障的机构,其动作的可靠性直接影响武器的使用性能。武器在射击过程中,供弹机构的故障率占武器总故障率的 30%~70%。

供弹机构通常由容弹具、输弹机构、进弹机构三部分组成,其中容弹具用于装载弹药,如弹匣体、弹盘体、弹链盒、弹链箱等。容弹具的形状尺寸及安装方式等对武器的机动性、维修性和射击精度均有很大影响。

自动武器的供弹动作分为两个阶段:

(1)输弹。将容弹具内的弹药依次、及时地送至进弹口或取弹口的过程称为输弹,由输弹机构完成,输弹机构的结构繁简不一。

(2)进弹。将进弹口的弹药平稳、可靠地送入弹膛的过程称为进弹,由进弹机构完成。

供弹机构一般要求结构紧凑、动作可靠、操作方便,便于迅速排除故障和维修。

5.1.2　供弹机构的分类

根据容弹具的结构特点不同,供弹机构分为弹仓式(无链)和弹链式(有链)两种。

1. 弹仓供弹机构

弹仓供弹的输弹能源通常是外能源(非火药燃气能源)。弹仓供弹机构由弹匣簧或输弹簧和托弹板组成,通过簧力和弹匣的装弹口把弹药规正在预备进膛位置,由枪机的推弹凸榫完成进弹动作。

弹仓供弹机构的优点:向进弹口输弹时,一般不利用火药燃气的能量,因此武器结构更加紧凑,重新装弹较为方便。但由于弹仓的容弹量有限,重新装弹又需要一定的时间,会降低武器的实际射速。因此,弹仓供弹机构在手枪、自动步枪、冲锋枪、轻机枪中应用较为广泛,如 54 式 7.62mm 手枪、56 式 7.62mm 冲锋枪、81 式 7.62mm 步枪、95 式 5.8mm 步枪等。

2. 弹链供弹机构

弹链供弹使用的输弹能源常为火药燃气或外能源。弹链供弹通过输弹机构(拨弹滑板、拨弹齿及传动机构)拨动弹链将弹药依次送到进弹口或取弹口,并把弹药规正在预备进膛位置或取弹口位置上,由枪机或炮闩的推弹凸榫完成进弹动作。

弹链供弹机构按其供弹方式不同,分为单程供弹与双程供弹。

1) 单程供弹机构

单程供弹机构是输弹机构(拨弹滑板)在活动机件后坐时,将弹药输送到进弹口(预备进膛位置);当活动机件复进时,将进弹口的弹药直接推入弹膛,即输弹与进弹过程是在一个射击循环中完成的,如56-1式7.62mm轻机枪、67-2式7.62mm重机枪、88式5.8mm通用机枪等。

单程供弹机构结构简单、零件少,可以减小机匣的尺寸,对减轻重量和提高武器机动性有利,在轻、重机枪中得到了广泛应用。

2) 双路供弹机构

双路供弹机构根据输弹与进弹过程分为双程进弹和双程输弹两种形式。

(1) 双程进弹。双程进弹是指输弹机构在活动机件后坐时,先将弹药输送到取弹口位置,复进时钩钳住弹药底缘,完成取弹;活动件再次后坐时,先将弹药从弹链(采用闭式链节)内退出拉到后方,同时将弹药向身管轴线移近,并保持在预备进膛位置;复进时活动件将在预备进膛位置的弹药推进弹膛。双程进弹的一发弹药进弹过程是在两个射击循环中完成的,也就是说,后坐时先取弹而后拨弹,复进时推弹和抱弹。这种机构与单程供弹机构相比,推弹阻力小,推弹前弹药轴线与身管轴线重合或很接近,避免使用弹头导引,能保证弹药顺利、确实地推入弹膛,如美国勃朗宁重机枪、德国马克沁重机枪、53式7.62mm重机枪、56式14.5mm重机枪等。但这种进弹方式会增加主动件的总行程,从而武器的质量也随之增加,对机动性不利。

(2) 双程输弹。双程输弹是指活动件复进时,大拨弹齿将待拨弹位置的链节及弹药拨送1/2弹弹行程;活动件后坐时,小拨弹齿再拨送1/2输弹行程使其到达预备进膛位置;活动件在复进时,将预备进膛位置的弹药推送入膛。双程输弹的一发弹药输弹过程在两个射击循环中完成,如85式12.7mm高射机枪的输弹动作。

弹链供弹机构具有结构复杂、容易出故障、弹链过长时不便于操作等缺点。但是由于其有很大的容弹量,能获得很高的实际射速,因此在高射速的武器中应用较为普遍。

5.2 弹仓供弹机构结构设计

5.2.1 对弹仓供弹机构的要求

1. 弹仓容弹量大

一般说来,在武器质量和结构尺寸允许的情况下,要求弹仓容弹量尽可能大,以提高武器实际射速。手枪弹匣容弹量一般为5~10发,步枪弹匣容弹量一般为30~50发,班组用机枪的弹仓容弹量则可大些,机载、舰载或车载机枪和自动炮的弹仓容弹量则尽可能大,如美国GAU-2B/A 7.62mm转管式航空机枪和M167"伏尔康"20mm牵引转管炮的弹鼓容弹量分别为1500发和1200发,我国730舰炮弹鼓容弹量为500发。对于容弹量较大的武器来说,还要考虑在射击时因满弹仓与非满弹仓质量不同,对武器动力特性影响的问题。

2. 供弹及时

在射击过程中,当活动机件后坐并离开进弹口后,弹药在输弹机构的作用下,必须能及时到达进弹口,以便活动机件在复进时能推弹入膛。采用弹簧作为动力能源输弹时,由于输弹动作与活动机件动作没有机械约束的同步关系,故必须计算供弹的及时性。当用电机作为动力同时驱动活动机件和输弹机构时,则必须在机构上有同步关系,以保证供弹及时。

3. 供弹可靠性

供弹可靠性主要包括输弹过程中的可靠性和进弹过程中的可靠性。

在输弹过程中,要求弹药有次序地按预定路线进行运动,不能卡滞,更不能使弹受挤变形。后一发弹推前一发弹运动时,弹与弹之间应为线接触,而不是点接触。用弹簧输弹时,推弹药运动的力是有限的弹簧力;当卡滞发生时,不会损坏输弹机构零件和使弹变形,这是目前多采用弹簧输弹的主要原因,如在瑞士双 35 自动高炮上,虽然输弹能源是电机,但它不直接作用于弹药,而是适时且间断地上紧输弹卷簧,使弹药在有限的簧力作用下进行运动。另外,还要保证武器后坐和前冲运动过程中供弹的可靠性。

在进弹过程中,弹药必须受强制约束而按预定的进弹路线进入弹膛。不能使弹尖顶端与导引斜面接触,特别是对于有引信的弹丸更不允许。活动机件推弹时应有足够的接触面积。

一般说来,输弹和进弹过程中出现的故障较多,但只要结构设计合理,可大大减少故障率,如美国"密集阵"20mm 转管舰炮采用弹鼓供弹系统供弹,其平均故障间隔发数(MRBF)已达 10000 发,故障率很低。

4. 供弹应平稳

弹仓的形状与尺寸应保证供弹运动平稳而有规律,推弹阻力小而稳,以减少自动武器活动机件的能量损耗。

5. 易于重新快速装弹

当使用可换弹匣或弹鼓时,在弹药发射完后,应能迅速更换满弹匣或弹鼓;更换后,应能迅速开火。目前,在单人使用的手枪和步枪中,都采用可迅速更换的弹仓,一般都设置有空仓挂机,以便及时更换弹仓和迅速开火。当使用固定弹仓时,则要求能迅速往弹仓中重新装弹,装弹后能迅速开火。小口径自动炮多采用固定弹箱或固定弹鼓,如美国、荷兰共同研制的"守门员"30mm 七管转管舰炮,固定弹鼓的容弹量为 1200 发,人工装弹时需 20min,改为自动装弹时只需 2~3min。另外,还可采用附加弹鼓,当主弹鼓中弹药射完后,附加弹鼓中的弹药能自动地输入主弹鼓并将其装满,如瑞士 GDF005 型 35mm 双管牵引高炮的附加弹箱能自动向主弹箱重新装弹。

6. 结构简单、质量小、工艺性好

一般要求供弹机构的结构越简单越好,不仅节约制造成本,而且故障少。对于单人使用的武器,要求供弹机构结构紧凑、质量轻,便于战斗携带和使用。为了减轻质量,许多武器采用铝合金和塑料弹匣/弹鼓,如美国 M16A2 步枪和法国 FAMAS 步枪采用铝合金弹匣,奥地利 AUG 步枪和我国 95 枪族采用塑料弹匣。对于大口径机枪和自动炮,弹鼓或弹箱常随枪身或摇架进行高低和方向转动,也要求其质量和转动惯量尽可能小,一般都由铝合金制成。另外,在结构设计时,必须考虑制造方便和成本,便于大量生产。

7. 足够的强度和刚度

在减轻供弹机构质量的同时,必须保证弹匣等零部件有足够的强度和刚度,使其在工作时或受到意外碰撞时,不会发生塑性变形和破损,以避免出现故障。供弹机构应尽量密封,以防尘土浸入,并应有防雨水的功能。

8. 擦拭、维修方便

弹仓供弹机构要易于分解、结合,以便于擦拭、涂油;在发生故障时,要易于排除;在停止射击时,要易于排出武器中的弹药。

5.2.2 弹仓供弹机构类型

弹仓供弹机构按结构形式可分为弹匣、弹盘、弹鼓,图 5.1 为弹仓供弹具分类图。

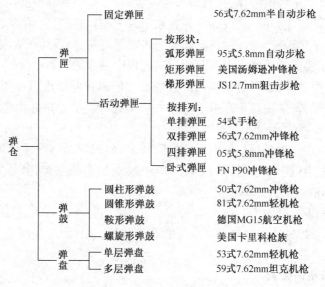

图 5.1 弹仓类型

5.2.3 弹匣供弹机构设计

1. 弹匣种类

弹药在弹匣体内成平行排列,并沿直线或弧线移动。根据弹匣与武器的连接方式分为固定弹匣和可更换弹匣。

1) 固定弹匣

习惯上称为弹仓,弹匣固定在武器上。弹药打完后,只能在武器上重新装填,非自动步枪多采用这种弹匣,如图 5.2 所示为 56 式 7.62mm 半自动步枪的弹匣。采用固定弹匣可以降低武器在战斗状态下的全重,但容弹量小,一般不超过 10 发,且重新装弹较慢,使武器的实际射速较低,密封性差。

2) 可更换弹匣(或活动弹匣)

弹药打完后,可将空弹匣取下,换上事先已装满弹药的弹匣。采用可更换弹匣的武器,更换弹匣的时间比向固定弹匣重新装弹的时间短,且容弹量大,提高了武器的实际射速。但在战斗中,必须配备足够多的弹匣,而在射手身上增加了重量。现在已采用轻金属(如铝合金)或工程塑料弹匣来减轻射手的负担,具有一定透明度的工程塑料弹匣还便于射手观察弹匣内的余弹数量。手枪、冲锋枪和突击步枪一般用于近距离交火,需要尽快装填弹药,故一般使用可换弹匣。

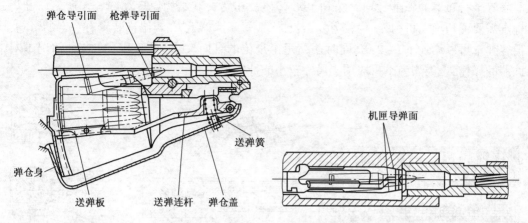

图 5.2　56 式 7.62mm 半自动步枪弹匣

2. 弹匣的形状

弹匣外形有弧形、梯形、矩形、平行四边形和卧式弹匣(与身管平行布置的弹匣)五种。弹匣的外形应根据弹壳的外形、枪弹在弹匣内的排列和保证供弹可靠的原则来确定。

弧形弹匣如图 5.3(a)所示,可使具有一定锥度的弹药在弹匣中紧密接触而有序的排列,且运动一致性好。现代冲锋枪和步枪、机枪的弹壳都有一定的锥度,且弹匣容弹量在 20 发以上,多采用弧形弹匣。弧形弹匣的携带和装箱运输的方便性比矩形和梯形弹匣要差些。

梯形弹匣(图 5.3(b))和矩形弹匣(图 5.3(c))(两者统称为直形弹匣)用于弹壳锥度较小,且容弹量不多的武器,如 20 世纪 50 年代英国列装的 L1A1 自动步枪采用梯形弹匣,美国在第二次世界大战中用的 M1 卡宾枪采用矩形弹匣。这类弹匣虽然携带和装箱运输稍方便些,但弹药在弹匣内排列不紧密,运动一致性较差,现代步枪、机枪很少采用。

平行四边形弹匣是手枪常用的弹匣,因为手枪弹外形锥度很小,且手枪弹匣一般装在握把内,根据单手持枪射击的特点,需要弹匣与枪管成大于 90°的倾角,故弹匣为平行四边形,如图 5.3(d)所示 54 式 7.62mm 手枪弹匣。

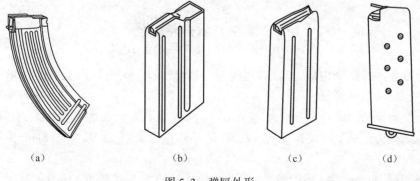

图 5.3　弹匣外形
(a)弧形;(b)梯形;(c)矩形;(d)平行四边形。

一些单兵自卫武器,为了增加弹匣的容弹量,同时又不增加武器的纵向尺寸,采用了与身管平行布置的弹匣,如 FN 公司 P90 弹匣(50 发),其结构原理如图 5.4 所示。此类弹匣需要弹药换向机构,结构较为复杂,且一般置于武器上方,对瞄准装置有一定的影响,但容弹量可以增加 1.5~2 倍,同时还缩短了全枪的纵向尺寸,便于射手在各种情况下对武器的操作,该类型弹匣一般用于尺寸较小的冲锋枪。

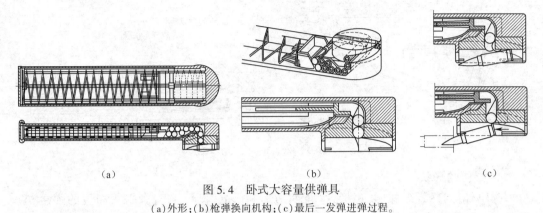

图 5.4 卧式大容量供弹具

(a)外形;(b)枪弹换向机构;(c)最后一发进弹过程。

3. 弹药的排列

弹药在弹匣内的排列分单行、双行交错和多排排列,如图 5.5 所示。

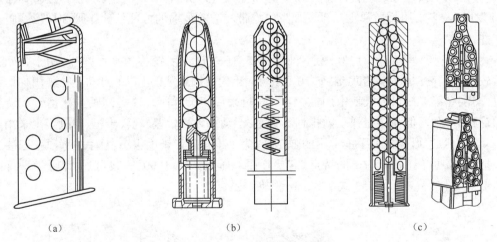

图 5.5 弹药在弹匣中排列

(a)单行排列;(b)双行交错排列;(c)多行排列。

单行排列的弹匣结构最为简单、宽度小,但容弹量较少,主要用于手枪,如图 5.5(a) 54 式 7.62mm 手枪的弹匣。

双行交错排列的弹匣容弹量大,空间利用率高,故其外形轮廓不会很大,且能使输弹簧作用力直接传至最上一发弹,因此被冲锋枪和步机枪采用,如 92 式 5.8mm 手枪、92 式 9mm 手枪等。

在弹药呈双行交错排列的弹匣中,当弹药到达进弹口位置时,有两种情况:一是在进弹口逐步变为单排,这种弹匣称为双排单进弹匣。这种结构的弹匣供弹路线简单,零件加工工艺性好,缺点是弹药在逐步变为单排时,受到的阻力较大,易被卡滞导致不供弹,如 92 式改手枪弹匣,如图 5.5(b)的左图。二是弹药在进弹口为双排,这种弹匣称为双排双进弹匣,如图 5.5(b)的右图。弹药在上升过程中只在输弹簧作用下发生纵向运动,受力情况好。现代弹匣多为这种形式,如 81 式 7.62mm 步枪的弹匣,95 式 5.8mm 步枪的弹匣。

弹药呈多行排列的弹匣,容弹量更多,但外形较宽,一般有 4 排单进结构和 4 排双进结构。我国 05 式 5.8mm 冲锋枪采用的是 4 排双进结构弹匣,如图 5.5(c)的左图。弹匣下部为两个双行交错排列结构,通过左、右口板和前、后分弹板的过渡斜面,将左右两个腔体内的枪弹逐渐变成一排,并在进弹口部形成双排,多行排列枪弹在上升变换过程中摩擦阻力较大,在现代枪械中使用较少。

弹匣通常安装在武器下方位置,以便将瞄准具和提把安装在上方,也便于在卧姿射击时隐蔽。弹匣的两侧或后方常开有观察孔,便于观察弹匣内剩余弹量,这对近距离交战的手枪十分重要。表 5.1 列出了国内外几种武器的弹匣性能数据。

表 5.1 几种国内外武器的弹匣性能数据

武器名称	弹匣形状	弹匣容量/发	空弹匣质量/kg	满弹匣质量/kg
54 式 7.62mm 手枪	平行四边形	8(单排)	0.078	0.163
64 式 7.62mm 手枪	平行四边形	7(单排)	0.039	0.091
67 式 7.62mm 微声手枪	平行四边形	9(单排)	0.031	0.101
77 式 7.62mm 手枪	平行四边形	7(单排)	0.035	0.087
89 式 7.62mm 手枪	平行四边形	10,20	10 发:0.083 20 发:0.135	10 发:0.186 20 发:0.34
59 式 9mm 手枪	平行四边形	8(单排)	0.0453	0.124
美国 M1911A1 9mm 手枪	平行四边形	7(单排)	1.13(带空弹匣全枪质量)	1.36(带满弹匣全枪质量)
美国 M92(F)9mm 手枪	平行四边形	35(双排交错)	0.5(带空弹匣全枪质量)	1.145(带满弹匣全枪质量)
苏联 5.45mm 手枪	平行四边形	35(双排交错)	0.46(带空弹匣全枪质量)	0.51(带满弹匣全枪质量)
50 式 7.62mm 冲锋枪	弧形	30(双排交错)	0.34	0.7
54 式 7.62mm 冲锋枪	弧形	20,30	0.25	0.62
56 式 7.62mm 冲锋枪	弧形	30(双排交错)	0.325	0.82
64 式 7.62mm 微声冲锋枪	弧形	20,30	20 发:0.2 30 发:0.25	20 发:0.45 30 发:0.63
79 式 7.62mm 冲锋枪	矩形	20(双排交错)	0.15	0.35
63 式 7.62mm 步枪	弧形	20(双排交错)	0.31	0.63
81 式 7.62mm 步枪	弧形	30(双排交错)	0.23	0.72
95 式 5.8mm 自动步枪	弧形	30(双排交错)	0.14	0.517
美国 M14 7.62mm 步枪	矩形	20(双排交错)	0.243	0.732
美国 M16A2 5.56mm 步枪	弧形	30	0.115	0.45
比利时 FNCS 5.56mm 步枪	弧形	30	0.225	0.66
苏联 AK74 5.45mm 步枪	弧形	30	0.233	0.554
奥地利 AUG 5.56mm 步枪	弧形	30	0.121(塑料弹匣)	0.494

4. 弹匣供弹机构轮廓设计

本书主要介绍弧形弹匣和梯形弹匣的结构设计。

1) 弧形弹匣结构设计

弹壳外形一般都有锥度。为了增加弹匣容弹量,并使弹药在弹匣中按一定的路线运动,弹药在弹匣内应紧密接触排列。排列的结果是弹药的中心轴线必交于一点,且弹底和弹头顶点形成的包络线必为两段圆弧。两圆弧曲率半径的大小,决定于弹壳锥度的大小。紧密接触的弹药形成的包络线为弧形弹匣的外轮廓,如图5.6和图5.7所示。

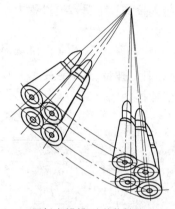

图5.6 两行交错排列弹药轴线交于一点

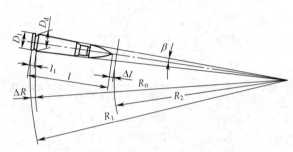

图5.7 弧形弹匣的曲率半径

目前,步枪、机枪一般都使用双排交错弧形弹匣,弹壳互相接触,任意相邻三颗弹的中心点呈三角形,如图5.8所示。

从理论上分析,为使弹药不错位,不随意摆动,且按一定路线运动,则弹壳之间以及弹壳与弹匣两侧壁之间应紧密接触。由于弹壳大、弹头小,为了保证弹头在运动过程中不与任何东西接触,避免划伤而影响飞行稳定性,只能由弹匣两侧壁导引弹壳的运动。为满足上面要求,弹匣的形状应是弹匣两侧壁导引弹壳前部的横向尺寸要小于导引弹壳后部的横向尺寸,弹匣前后壁的理论轮廓应为球面形。为了便于制造,可按与理论轮廓相近的形状进行加工。

下面以56式7.62mm枪弹为例,说明弹匣主要尺寸的确定方法。

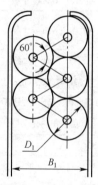

图5.8 双行交错排列弹匣

(1) 弧形弹匣体的曲率半径。图5.7所示为弹匣后内壁曲率半径,即

$$R_1 = R_0 + \Delta R = \frac{D_d}{2\sin\beta} + \frac{l_1}{\cos\beta} \quad (5-1)$$

弹匣前内壁曲率半径为

$$R_2 = R_1 - \frac{l + \Delta l}{\cos\beta} \quad (5-2)$$

式中 l——枪弹长度(mm);

l_1——弹壳底端面至一锥体后端距离(mm);

D_d——弹壳一锥体后端直径(mm);

β——弹壳体半锥角(°);

Δl——弹头尖与弹匣前壁间的间隙,一般取 $\Delta l = 1\text{mm} \sim 2\text{mm}$。

由式(5-1)可知,弧形弹匣曲率半径的大小,取决于弹壳体半锥角 β,当 β 趋于零时,曲率半径趋于无限大。故对于锥度很小的弹壳,弹匣可做成矩形。

(2) 弧形弹匣体前后壁的弧长。图5.9 所示为枪弹双排交错的弹匣体后壁弧长 S_1,即

$$S_1 = L_1 + L_2 + L_3 + L_4 + L_5 \quad (5-3)$$

式中 L_1——n 个弹壳底部所占弧长,$L_1 = (n+1)R_1 \times 2\beta/2 (\text{mm})$;

L_2——输弹板所占弧长(mm);

L_3——弹匣底盖厚度所占弧长(mm);

L_4——扣弹齿厚度所占弧长(mm);

L_5——装满枪弹时输弹簧所占弧长(mm)。

弹匣体前壁弧长 S_2 为

$$S_2 = \frac{R_2}{R_1} S_1 \quad (5-4)$$

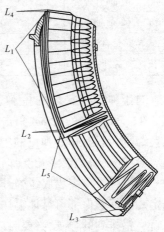

图5.9 弧形弹匣后壁弧长

(3) 弹匣内部宽度的确定。弧形弹匣的径向横断面多为矩形,弹匣内部宽度尺寸主要是指弹匣两侧弹壳体定位筋的宽度 B_1 和弹匣两侧在弹壳口部的定位筋宽度 B_2,如图5.10 所示。由于弹药双排交错时相邻三个弹的轴心点呈等边三角形(图5.8),故 B_1 可按下式,得

$$B_1 = D_1 + D_1 \cos 30° + \Delta \approx 1.866 D_1 + \Delta \quad (5-5)$$

式中 D_1——弹匣定位筋处的枪弹直径(mm);

Δ——弹匣定位筋处与枪弹之间的间隙(mm)。

弹匣两侧对弹壳口部的定位筋宽度 B_2 为

$$B_2 = 0.866 \frac{R_2'}{R_0} D_1 + D_2 + \Delta \quad (5-6)$$

式中 R_0——弹壳锥体后端面至其锥形顶点的距离(mm);

D_2——弹匣定位筋处弹壳口部直径(mm);

R_2'——弹壳口部定位筋处至弹壳锥形顶点的距离(mm)。

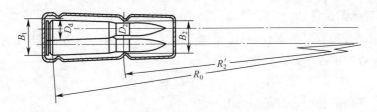

图5.10 弹匣内部宽度

弹匣上定位筋除定位弹壳外,还可增大弹匣的刚度,使其不易变形。另外还可减少弹壳和输弹板与弹匣两侧壁的接触面,减小摩擦阻力,使输弹运动灵活。

弹匣体多由薄钢板和薄铝板制成,两侧壁还冲有数条辅助筋以增大弹匣体的刚度。现将几种武器弧形弹匣的尺寸列入表5.2。

表 5.2　几种武器的弧形弹匣主要尺寸

武器名称	容弹量/发	枪弹最大直径/mm	枪弹长/mm	弹匣内长/mm	弹匣内宽/mm	扣弹齿长 l/mm	扣弹齿宽 b/mm
54 式 7.62mm 冲锋枪	35	9.95	34.85	35.6	18.65	20	10.6
56 式 7.62mm 冲锋枪	30	11.35	56	57	21.6	29	12.5
95 式 5.8mm 自动步枪	30	10.50	58	59	20	29	11.2
捷克 58 式冲锋枪	30	11.35	56	57	21.6	26	12.5

对于弹底有突缘的枪弹弹匣形状,还必须考虑避免突缘之间相互挂住的问题。图 5.11 是 79 式 7.62mm 狙击步枪的弹匣外形图,采用 53 式有突缘枪弹。装弹时,枪弹的突缘部位只有从装弹口的中部才能装入,再向后推移到位,使上面枪弹突缘处于下面枪弹突缘前方,避免突缘相互挂住。

当设计带有突出底缘弹药的弹匣时,在不同曲率半径弹匣方案中比较弹药排列情况,确定一种能够保证可靠地输送弹药到进弹口,并能顺利地推出枪弹的方案。对于弹药呈双行交错排列的弹匣,必要时应绘出其排列侧视图。

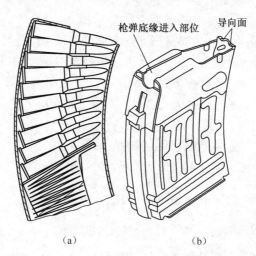

(a)　　　　　　　(b)

图 5.11　突出底缘的枪弹弧形弹匣

(a)突出底缘枪弹排列原理图;(b)79 式 7.62mm 狙击步枪弹匣外形图。

2) 梯形弹匣结构设计

梯形弹匣是弧形弹匣的简化,只适于弹壳锥度不大的弹药。梯形弹匣的后壁高度 H_1 等于图 5.12(a)所示各部分高度之和,即

$$H_1 = h_1 + h_2 + h_3 + h_4 + h_5 \tag{5-7}$$

式中　h_1——弹药底径所占高度(mm);

　　　h_2——输弹板所占高度(mm);

　　　h_3——弹匣底盖所占高度(mm);

　　　h_4——扣弹齿所占高度(mm);

　　　h_5——装满弹药时输弹簧所占高度(mm)。

为使弹药在梯形弹匣内不能随意摆动,且按一定路线运动,弹壳之间必须紧密接触。

由于弹壳有锥度,导致每个弹药轴线与弹匣后壁有不同的夹角,如图 5.12(b)、图 5.12(c)所示。

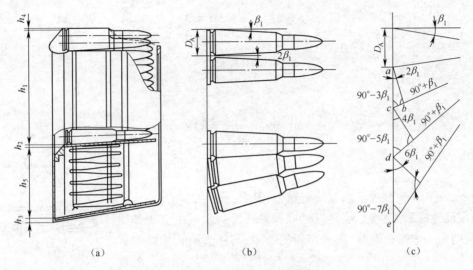

图 5.12 梯形弹匣后壁高度构成

设弹匣内一行有 n 发弹药,若弹匣进弹口处的枪弹轴线与后壁垂直(如英国 L1A1 步枪弹匣),则紧跟的第二发弹药底端面与弹匣后壁成 2β 倾角,第三发成 4β 倾角,第 n 发则成 $2(n-1)\beta$ 倾角。故弹匣后壁弹药所占高度 h_1 为

$$\begin{aligned} h_1 &= D_A + ac + cd + \cdots \\ &= D_A + \frac{\cos\beta}{\cos3\beta}D_A + \frac{\cos\beta}{\cos5\beta}D_A + \cdots + \frac{\cos\beta}{\cos(2n-1)\beta}D_A \\ &= D_A \sum_{n=1}^{n} \frac{\cos\beta}{\cos(2n-1)\beta} \end{aligned} \quad (5-8)$$

式中 D_A ——弹底缘直径(mm)。

梯形弹匣前壁高度 h_2 为

$$h_2 = h_1 - l_A \tan(2n-1)\beta$$

当弹匣内弹药为双行交错排列时,可近似地用下式求弹匣后壁弹药所占高度 H_1 为

$$h_1 = D_A \sum_{n=1}^{n} \frac{\cos\beta}{\cos(2n-1)\beta} + \frac{\cos\beta}{\cos2n\beta} \cdot \frac{D_A}{2} \quad (5-9)$$

梯形弹匣前壁高度 h_2(双行交错排列时)为

$$h_2 = h_1 - l_A \tan 2n\beta \quad (5-10)$$

式中 l_A ——弹匣内腔长度(mm)。

梯形弹匣内腔长度 l_A 的算法如下。

由于弹药在弹匣内呈不相同的倾斜角排列,因此弹药轴线在垂直弹匣后壁方向投影长度 l'_A 可用式(5-11)表示,即

$$l'_A = \frac{D_A}{2}\sin\alpha + l\cos\alpha \quad (5-11)$$

式中 α——弹药轴线与垂直于弹匣后壁垂线的夹角,α 为 $2\beta,4\beta,6\beta,\cdots,2(n-1)\beta$。

l'_A 值最大时,枪弹轴线的倾角可将上式微分后等于零,得

$$\frac{D_A}{2}\cos\alpha - l\sin\alpha = 0$$

$$\alpha = \arctan\frac{D_A}{2l}$$

则

$$l'_{A\max} = \frac{D_A}{2}\sin\left(\arctan\frac{D_A}{2l}\right) + l\cos\left(\arctan\frac{D_A}{2l}\right)$$

由式(5-12),得

$$l_A = l'_{A\max} + \Delta \tag{5-12}$$

式中 Δ——弹尖至弹匣前壁的间隙,一般取 $\Delta = 1\sim 2$mm。

在设计梯形弹匣时,若使弹匣口部第一发弹轴线垂直于弹匣后壁,则由于弹壳有锥度,随着弹药的增多,与输弹板相接触的那发弹药与后壁的倾角也就越来越大。输弹簧作用在输弹板上的垂直分力 P(推弹药运动的力)随着输弹板倾角增大而减小,水平分力 F 却增大,使弹匣对输弹板的摩擦阻力增大,如图 5.13 所示,从而造成弹药运动困难,以致影响输弹可靠性,这是梯形弹匣容弹量不宜过大的主要原因。为使输弹力 P 减小得不致过多,可将弹匣进弹口及底部都倾斜一定角度,如美国 M14 和德国 G3 自动步枪所用弹匣。79 式 7.62mm 冲锋枪使用直形弹匣,弹匣左右两侧有与枪弹第一锥体相接触的两条导引凸筋,它与水平线构成-6°的抱弹口,可旋转的输弹板能自动补偿枪弹锥角的积累。

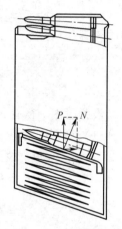

图 5.13 输弹力与输弹板倾角的关系

梯形弹匣宽度尺寸的确定与弧形弹匣相同。几种武器的梯形弹匣主要尺寸如表 5.3 所列。

表 5.3 几种武器的梯形弹匣主要尺寸

武器名称	装弹量/发	枪弹最大直径/mm	枪弹长/mm	弹匣长/mm	弹匣宽/mm	扣弹齿长/mm	扣弹齿宽/mm	进弹处的倾角/(°)	弹匣底部倾角/(°)
英国 L1A1 自动步枪	20	11.95	71.1	72	23.4	23	16.4	90	80
德国 G3 自动步枪	20	11.95	71.1	72	24	32.5	13.3	87.5	86
美国 M14 自动步枪	20	11.95	71.1	73	22.6	30.5	13.6	98.50	87.5

5. 弹匣供弹及时性

弹匣的输弹动作与枪机动作无约束关系。输弹簧是弹匣供弹的能源,必须保证在从枪机后退到其前端面越过弹药底部开始,在后坐到位并复进至推弹位置的时间内,把弹药送到进弹口(弹药被推位置)。因此,所谓供弹及时性就是要求次一发弹药升到进弹口的时间 Δt_d 小于枪机前端面离开弹药底部到枪机复进到推弹位置的时间 Δt_j,即 $\Delta t_d \leqslant \Delta t_j$。

如果供弹不及时,就会造成"卡弹"或"推空"的故障,武器会停止连续射击,为保证在

各种条件下(污垢、弹匣体微小变形、武器振动、输弹簧力减弱等)都能及时供弹,通常采用增大安全系数一倍的方法,即

$$\Delta t_d \leqslant \frac{1}{2}\Delta t_j \tag{5-13}$$

是验算供弹及时性的条件式。

1) Δt_j 的计算

设武器的理论射速为 N,枪机后坐总行程(从开锁至后坐到位)为 λ,枪机开始复进到达枪弹底部预备推弹位置的行程为 λ_1,则枪机运动一个射击循环的时间为 $60/N(\mathrm{s})$,行程为 2λ,如图 5.14(a)。

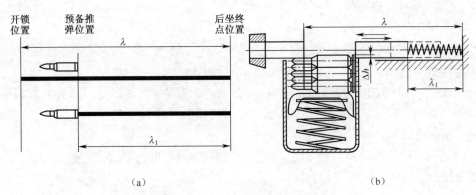

图 5.14 弹匣供弹供弹及时性
(a)枪机工作行程示意图;(b)输弹簧的供弹及时性。

设枪机是运动均速的,则枪机运动 $2\lambda_1$ 所需时间为

$$\Delta t_j = \frac{60}{N}\cdot\left(\frac{2\lambda_1}{2\lambda}\right) = \frac{60}{N}\cdot\frac{\lambda_1}{\lambda} \tag{5-14}$$

为枪机前端面离开弹药底部至枪机复进到推弹位置的时间 Δt_j。

2) Δt_d 的计算

在 Δt_d 时间内,弹匣内的弹药在输弹簧的作用下移动距离 Δh(输弹板的推弹高度),如图 5.14(b)。

设输弹簧工作时,弹药由静止状态加速至最大速度 $v_{\max}$,并近似地认为它是等加速运动,有

$$v_{pj} = \frac{1}{2}v_{\max} \tag{5-15}$$

式中 v_{pj}——输弹时弹匣内弹药运动的平均速度(m/s)。

故

$$\Delta t_d = \frac{\Delta h}{v_{pj}} = \frac{2\Delta h}{v_{\max}} \tag{5-16}$$

式中:速度 $v_{\max}$ 可以由弹匣内弹药移动 Δh 后的动能等于输弹簧作用在弹药上的力所做的功求得(由于弹药的重力比弹簧力小得多,故可略去不计)。

忽略弹簧质量的影响,并近似地取平均弹簧力为

$$F = k \cdot f$$

式中　k——输弹簧的刚度；

　　　f——每当开始推送弹药时,输弹簧的压缩量(此值是变化的,随着弹匣内弹药数量的减少而减少)。

由此,动能方程可写为

$$\frac{1}{2}m_d v_{\max}^2 = F \cdot \Delta h = k \cdot f \cdot \Delta h$$

$$v_{\max} = \sqrt{\frac{2k \cdot f \cdot \Delta h}{m_d}}$$

式中　m_d——弹匣内弹药与输弹板的质量。

由式(5-16),得

$$\Delta t_d = \frac{2\Delta h}{v_{\max}} = \sqrt{\frac{2m_d \cdot \Delta h}{k \cdot f}} \tag{5-17}$$

在式(5-17)中,由于弹药的质量 m_d 和弹簧的压缩量 f 均随弹匣内弹药数量而变化,所以每一发弹药在弹簧力的作用下达到进弹口所需的时间是不相等的。因此,应在两个极端的情况下,检验供弹的及时性。

(1) 弹匣内装满枪弹时的 Δt_{dm}。m_{dm} 为装满的弹药和输弹板的质量,f_m 表示弹簧的压缩量用,F_m 表示相应的弹簧力,得

$$\Delta t_{dm} = \sqrt{\frac{2m_{dm} \cdot \Delta h}{k \cdot f_m}} = \sqrt{\frac{2m_{dm} \cdot \Delta h}{F_m}} \tag{5-18}$$

(2) 弹匣内仅有一发枪弹时的 Δt_{d1}。m_{d1} 为一发枪弹和输弹板的质量,此时弹簧的压缩量用 f_1 表示,相应的弹簧力用 F_1 表示,得

$$\Delta t_{d1} = \sqrt{\frac{2m_{d1} \cdot \Delta h}{k \cdot f_1}} = \sqrt{\frac{2m_{d1} \cdot \Delta h}{F_1}} \tag{5-19}$$

保证供弹及时性的条件是

$$\begin{cases} \Delta t_{dm} < \frac{1}{2}\Delta t_j \\ \Delta t_{d1} < \frac{1}{2}\Delta t_j \end{cases} \tag{5-20}$$

为了保证供弹及时性,可根据式(5-18)和式(5-20)来设计输弹簧。

6. 输弹机构设计

弹匣的输弹机构装在弹匣内,主要由输弹板和输弹簧组成,其作用是依次而及时地将枪弹输至进弹口。

1) 输弹板设计

输弹板一般用薄钢板冲压制成,套在输弹簧上方。上表面与弹壳接触,在输弹簧作用下,推枪弹至进弹口。

输弹板的形状应使弹药在弹匣内有序的排列,并与最下面一发弹体锥体部紧密接触,如图 5.15 所示。对于弹药在弹匣内呈双行交错排列的输弹板,应具有使弹药呈交错排列

的台阶形,使任意三个相邻弹药的三个中心点形成等边三角形。为使二个相邻弹药轴线交于弹壳体锥体的顶点,输弹板的台阶形状应与弹壳的锥形相适应。上、下台阶之间应圆滑过渡,以保持弹体之间为直线接触,并保证弹药在输弹簧力作用下按一定路线运动,而不能随意摆动。

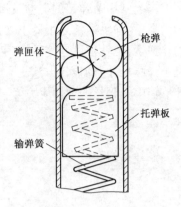

图 5.15 输弹板的形状

输弹板通常还兼作容量限制器,即限制弹匣的最大容弹量。同时还控制输弹簧的最大压缩量,使输弹簧在装满弹药受到最大压缩时各圈之间仍有一定的间隙。为了便于装弹,当弹匣内弹药装至最大容弹量,输弹板压至最低位置时,弹药与弹匣口之间需有一定的间隙,此间隙称为装弹间隙 Δ,一般可取 $\Delta = D_d/3$ (D_d 为枪弹最大直径)。

弧形弹匣输弹板的前后端应呈弧形,以保证输弹板能顺利转动。

2) 输弹簧设计

(1) 输弹簧的设计要求。①输弹簧力应适中,并能保证及时供弹;②输弹簧的工作行程 λ 较长,且要求其工作平稳和具有一定的预压力。因此要求弹簧的刚度较小,一般取 0.049N/mm~0.196N/mm,预压量 f 较大,一般取 $f = (1\sim2)\lambda$;③输弹簧与弹匣壁的间隙应适中。间隙过大易发生弯曲或卡滞,影响工作可靠性;间隙过小,则因摩擦阻力增大而影响工作。一般间隙不应超过钢丝的直径。

输弹簧一般采用棱柱螺旋弹簧。棱柱的形状可以是矩形、梯形、扁圆形或扁平形。图 5.16 所示的输弹簧,其轮廓形状由两段直线组成。弹簧的直线部分与水平面呈一升角 φ,圆弧部分为水平的。

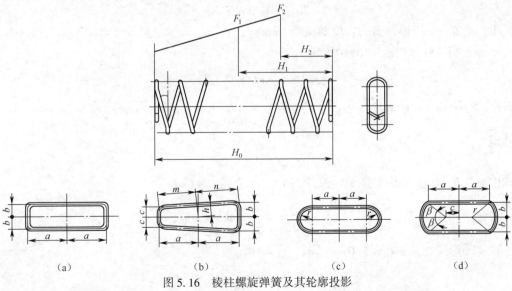

图 5.16 棱柱螺旋弹簧及其轮廓投影
(a)矩形棱柱弹簧;(b)梯形棱柱弹簧;(c)扁圆形棱柱弹簧;(d)扁平形棱柱弹簧。

(2) 常用输弹簧的类型及最小装配高度分析。在保证弹匣一定容弹量和供弹及时性的前提下，弹匣通常采用最小体积法设计。设计最小体积的弹匣，关键在于设计体积最小的输弹簧，也就是设计输弹簧的最小装配高度。下面将给出获得最小输弹簧尺寸(也是最小弹匣尺寸)的设计方法。

输弹簧钢丝的剪切应力为

$$\tau = \frac{16\alpha F}{\pi d^3} \tag{5-21}$$

输弹簧的变形为

$$f = \frac{Fn}{d^4}\beta \tag{5-22}$$

输弹簧在弹匣内的装配高度：

$$H_z = nd + \lambda + d + n\delta \tag{5-23}$$

式中 d——输弹簧钢丝直径(mm)；
n——输弹簧有效圈数；
λ——输弹簧工作行程(mm)；
δ——输弹簧各圈平均最小间隙(mm)；
F——输弹簧负荷(N)；
α、β——输弹簧形状参数 α(mm)，β(mm^5/N)。

矩形棱柱弹簧(图5.16(a))，有

$$\alpha = \sqrt{a^2 + b^2}$$

$$\beta = \frac{256}{3\pi E}(a^3 + b^3) + \frac{128}{\pi G}(a + b)ab$$

其中

$$2a = A-d, 2b = B-d$$

式中 A、B——矩形弹簧的长度和宽度(mm)。

梯形棱柱弹簧(图5.16(b))，有

$$\alpha = \sqrt{a^2 + b^2}$$

$$\beta = \frac{128}{3\pi E}(2m^3 + b^3 + c^3) + \frac{64}{\pi G}[a^2(b+c) + 2mh^2]$$

其中

$$2a = A-d, 2b = B_1-d, 2c = B_2-d$$

式中 A、B_1、B_2——梯形弹簧的长度和上、下底的宽度(mm)。

$$h = \frac{1}{2}(b+c), m = \frac{1}{2}\sqrt{4a^2 + (b-c)^2}$$

扁圆形棱柱弹簧(图5.16(c))有

$$\alpha = a + r$$

$$\beta = \frac{64}{3\pi E}(4a^3 + 3a^2 r\pi) + \frac{32}{\pi G}(12ar^3 + 2r^3 + a^2 r\pi)$$

其中
$$2a = A-d, r = R-\frac{1}{2}d$$

式中 A、R——扁圆形弹簧的长度和外圆半径(mm)。

扁平形棱柱弹簧(图5.16(d)),有
$$\alpha = c + r$$
$$\beta = \frac{64}{3\pi E}[4a^3 + 3c^2 r(2\phi - \sin2\phi)] + \frac{32}{\pi G}[4r^2(\phi r + 2c\sin\phi) + 4ab^2 + c^2 r(2\phi + \sin2\phi)]$$

其中
$$2b = B - d, r = R - \frac{1}{2}d$$

式中 2ϕ——输弹簧截面的圆弧中心角(rad);
B——弹簧宽度(mm);
R——弹簧外圆半径(mm)。

下面以常用的扁圆形棱柱簧为例,根据弹簧刚度的定义,由输弹簧在弹匣内的装配高度式(5-23)可得输弹簧的刚度 k,即

$$k = \frac{(F_2 - F_1)}{\lambda} = \frac{F}{f} = \frac{F}{\frac{Fn}{d^4}\beta} = \frac{d^4}{n\beta} \tag{5-24}$$

输弹簧有效圈数,有
$$n = \frac{d^4}{\beta k} \tag{5-25}$$

将式(5-25)代入式(5-23),得
$$H_z = \frac{\lambda}{\beta} \frac{d^5}{F_2 - F_1} + c_1 \tag{5-26}$$

由式(5-21)可得最大负荷时,装配高度为
$$H_{zm} = \frac{\lambda}{\beta} \frac{d^5}{\frac{\pi \tau_m}{16\alpha}d^3 - F_1} + c_1 \tag{5-27}$$

式中 τ_m——最大负荷 F_2 时的剪应力(MPa);
c_1——常数。

将式(5-27)对 d 求导,并令 $\frac{\partial H_{zm}}{\partial d} = 0$,得

$$\frac{\pi \tau_m}{8\alpha}d^3 - 5F_1 = 0 \tag{5-28}$$

则钢丝直径 d 为
$$d = \sqrt[3]{\frac{40\alpha F_1}{\pi \tau_m}} \tag{5-29}$$

由式(5-21),当 $F = F_2$ 时,得

$$d = \sqrt[3]{\frac{16\alpha F_2}{\pi \tau_m}} \tag{5-30}$$

式(5-29)和式(5-30)相比较,可得 $F_2 = 2.5F_1$ 或 $F_2/F_1 = 2.5$。

由上面理论分析计算可知,要获得输弹簧的最小装配高度 H_z,必须是最大负荷 F_2(弹簧压缩最大时的力)与装配负荷 F_1(弹簧装在弹匣内未装弹时的预压力)之比等于2.5时取得。因为弹簧横向尺寸取决于弹药形状,故最小装配高度也就是最小弹簧体积。当 $F_2/F_1 = 2.5$ 时,在相同装配高度条件下,输弹簧钢丝应力也最小,这对于提高弹匣使用寿命具有重要意义。需要说明的是,棱柱螺旋弹簧的计算公式为近似计算,因此上面获得最小体积具有一定的误差。

(3) 输弹簧负荷的选择。要求在弹匣仅余最后一发弹或满弹匣时选输弹簧负荷,以保证供弹的及时性。由于输弹簧力的比例 F_2/F_1 已经确定,因此剩下的问题是首先选择 F_2 还是选择 F_1。判断的依据是供弹时间的长短。

假设首先选择 F_1,且每供一发弹的输弹行程为 h,根据能量守恒定律,有

$$\frac{1}{2}(F_1 + F_1 + k \cdot h)h = \frac{1}{2}m_1 v_1^2 \tag{5-31}$$

$$k = \frac{F_2 - F_1}{\lambda} = \frac{2.5F_1 - F_1}{\lambda} = \frac{1.5}{\lambda}F_1 \tag{5-32}$$

$$\lambda = (n-1)h \tag{5-33}$$

式中 $m_1 = m_d + m_b$;

m_d——1 发弹的质量(mm);

m_b——输弹板的质量(mm);

n——容弹量(发)。

假设供弹期间速度按直线递增,即 $v_1 = 2h/t_1$,且最后一发弹的供弹时间为 t_1,将式(5-32)、式(5-33)代入式(5-31),得

$$\left(1 + \frac{0.75}{n-1}\right)F_1 = 2m_1\left(\frac{h}{t_1^2}\right)$$

则

$$t_1^2 = \frac{2m_1 h}{\left(1 + \dfrac{0.75}{n-1}\right)F_1} \tag{5-34}$$

满弹匣时,第一发弹的供弹时间 t_2,即

$$\frac{1}{2}(F_1 + F_2 - kh)h = \frac{1}{2}m_2 v_2^2$$

$$m_2 = n \cdot m_d + m_b$$

同理,得

$$t_2^2 = \frac{2m_2 h}{\left(2.5 - \dfrac{0.75}{n-1}\right)F_1} \tag{5-35}$$

由式(5-34)和式(5-35)可知,若 $t_2 > t_1$,得

$$2m_2h\left(1+\frac{0.75}{n-1}\right)F_1 - 2m_1h\left(2.5-\frac{0.75}{n-1}\right)F_1 < 0 \tag{5-36}$$

或

$$m_2\left(1+\frac{0.75}{n-1}\right) - m_1\left(2.5-\frac{0.75}{n-1}\right)$$
$$= \left[(n-2.5) + 0.75\frac{n+1}{n-1}\right]m_d - 1.5\frac{n-2}{n-1}m_0 < 0 \tag{5-37}$$

当 n 值较大时，$\frac{n+1}{n-1} \approx 1$，$\frac{n-2}{n-1} \approx 1$，则式(5-37)可变为

$$n < 1.5\frac{m_b}{m_d} + 1.75 \tag{5-38}$$

式(5-38)实际上与较大的 n 值不符，而前面的计算是首选 F_1 情况下获得的。因此为保证供弹及时性，当 $n > 1.5\frac{m_b}{m_d} + 1.75$ 时，则 $t_2 > t_1$，应首先选择 F_2。同理当 $n < 1.5\frac{m_b}{m_d} + 1.75$ 时，则 $t_2 < t_1$，应首先选择 F_1，以保证供弹及时性。

由弹匣内腔结构尺寸的大小及装弹量的多少确定所要设计的输弹簧簧圈尺寸 a 和 r 及工作行程 λ（图 5.17、图 5.18）。

参考同类武器选取适当的预压量 H_1（一般可取 $H_1 = (1\sim2)\lambda$）和预压力 F_1（一般可取 $F_1 = 10\text{N} \sim 20\text{N}$），即可求出弹簧的刚度 k 和装满枪弹时的弹簧力 F_2。

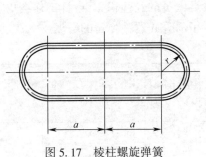

图 5.17 棱柱螺旋弹簧

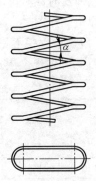

图 5.18 输弹簧簧圈的尺寸

(4) 输弹簧其他相关参数的设计计算。

① 计算弹簧丝直径。由弹簧工作时的最大载荷 F_2 和弹簧丝材料的剪切许用应力 $[\tau]$，求出弹簧丝的直径 d。对于扁圆形输弹簧，有

$$d = \sqrt[3]{\frac{F_2 \times 16(r+a)}{\pi[\tau]}} \tag{5-39}$$

弹簧丝直径应按弹簧钢丝标准向偏大的数据取值。

② 按所取的钢丝直径，再按有关公式重新计算弹簧的压缩量 H_1 及 $H_2 = H_1 + \lambda$。

③ 计算弹簧的工作圈数 n。

由压缩量 H_2 和弹簧力 F_2，求出弹簧的有效工作圈数 n，即

$$n = \frac{H_2}{\dfrac{64F_2(4a^3 + 3a^2 r\pi)}{3\pi E d^4} + \dfrac{32F_2(12ar^2 + 2r^3\pi + ra^2\pi)}{\pi G d^4}} \quad (5\text{-}40)$$

弹簧的总圈数 $n_z = n + (2\sim 3)$，增加 2~3 圈为考虑到弹簧两端与输弹板或弹匣盖联接用的支承圈。

④ 弹簧的自由长度 H_0，即

$$H_0 = (n+1)d + ne + H_2 \quad (5\text{-}41)$$

式中：间隙 e 可按式（5-42）确定，即

$$e = \frac{H_2}{4n} \quad (5\text{-}42)$$

在自动武器中为了使结构紧凑，间隙取得较小，一般为 $e = 0.5\sim 1\text{mm}$。

⑤ 弹簧的节距 t，即

$$t = \frac{H_0 - d}{n} \quad (5\text{-}43)$$

⑥ 弹簧的螺旋角 α 及弹簧丝的总长度 L，即

$$\tan\alpha = \frac{t}{4a}$$

$$L = \frac{4an_z}{\cos\alpha} + 2\pi r n_z \quad (5\text{-}44)$$

⑦ 进行供弹及时性验算及修正。

⑧ 绘制弹簧工作图。

上面的一般设计程序不是一成不变的，随着设计人员的经验积累，设计工作会更加简便有效，所设计的弹簧也会更加合理。表 5.4 列举了部分武器输弹簧的数据。

表 5.4 部分武器输弹簧参数

武器名称	弹簧圈形状	弹簧圈尺寸 长×宽/mm	钢丝直径 d/mm	自由长度 H_0/mm	圈数 N_z	节距 t/mm	空仓 H_1/mm	满装弹 H_2/mm	空仓 F_1/N	满装弹 F_2/N	旋向
54 式 7.62mm 手枪	扁圆形	33.5×10	1.2	176	16	11	155	75			左
59 式 9.0mm 手枪	扁圆形	22×8	1	184	18	10	162	80	12.7	26.5	左
54 式 7.62mm 冲锋枪	扁圆形	26.5×15	1.3	300	24	12.4	261	100	15.7	39.2	左或右
56 式 7.62mm 冲锋枪	扁圆形	53.7×15	1.5	525	23	22.7	475.3	325.5	15.7	23.5	左
95 式 5.8mm 自动步枪	扁圆形	53.5×14	1.6	310	13	21.4	175	33	16.6	34	左
德国 G3 自动步枪	矩形	43×20.5	1.6	260	8	32.5	241	115			右
美国 M14 自动步枪	矩形	43×20	1.6	242	7.5	32.5	224	98			左
比利时 FN 自动步枪	扁圆形（两头半径不相等）	62×{19 12}	1.7	290	8	36	268	142			左

注：后 3 种武器的数字为实测数据

[例] 为某新步枪设计一种能容纳 30 发弹的弹匣（56 式 7.62mm 枪弹）。弹匣的结

构形式和 56 式冲锋枪的弹匣相似,采用扁圆形棱柱压缩螺旋弹簧。

解:① 已知参数

$F_2 = 23.73\text{N}; e = 0.77\text{mm}; \lambda = 150\text{mm}; \tau_m = 932\text{N/mm}^2; a = 19.2\text{mm}; r = 6.75\text{mm}$

② 弹簧刚度及预压量计算。

因 $F_2 = 23.73\text{N}$,按 2.5 法,$F_1 = \dfrac{F_2}{2.5} = 9.49\text{N}$

弹簧刚度:$k = \dfrac{1.5}{\lambda}F_1 = 0.0949\text{N/mm}$

预压量:$f_1 = \dfrac{F_1}{k} = 100\text{mm}, a + r = 25.95\text{mm}, \beta = 4.42\text{mm}^5/\text{N}$

③ 弹簧其他参数的计算。

弹簧钢丝直径:$d = \sqrt[3]{\dfrac{16\alpha F_2}{\pi \tau_m}} = 1.5\text{mm}$

弹簧有效圈数:$n = \dfrac{d^4}{\beta \cdot k} = 12.069$,取 $n = 12$

弹簧总圈数:$n_z = n + 1 = 13$

弹簧装配高度:$H_z = nd + \lambda + d + n\delta = 12 \times 1.5 + 150 + 1.5 + 12 \times 0.77 = 178\text{mm}$

弹簧自由长:$H_0 = H_z + f = 178 + 100 = 278\text{mm}$

弹簧节距:$s = \dfrac{H_0}{n} = 23.17\text{mm}$

④ 验算及时性。

$t_1 = 0.01605\text{s}$(装满弹)

$t_2 = 0.0795\text{s}$(最后一发弹)

⑤ 56 式冲锋枪与新设计的输弹弹簧参数比较,如表 5.5 所列。

表 5.5 56 式冲锋枪与新设计的输弹弹簧参数比较

	H_0/mm	H_z/mm	s/mm	n	F_2/F_1	t_1/s	t_2/s
56 式 7.62mm 冲锋枪	525	200	22.7	23	1.49	0.01601	0.00624
新步枪	278	178	23.17	12	2.5	0.01605	0.00795

容弹均为 30 发,t_2 基本相等,采用最小装配高度计算方法,平均装配高度减小 22mm(由 200mm 降至 178mm),也就是弹匣高度减小了。

7. 空仓挂机设计

在自动武器中,凡是用弹匣供弹的一般均设有空仓挂机装置。当弹匣中的弹药打完后,空仓挂机将枪机自动停在后方,以指示弹药已经打完,呈待推弹状态。其作用:①告知射手弹药已射完,便于重新装弹或更换弹匣,提高二次装填的速度;②敞开枪膛,加速身管冷却。

空仓挂机的实现方式如下。

(1) 利用空仓挂机板或挂机榫实现空仓挂机。这种空仓挂机机构一般由空仓挂机(板/榫)、空仓挂机簧和输弹板等组成。图 5.19、图 5.20 所示分别为 56 式 7.62mm 半自动步枪和 54 式 7.62mm 手枪的空仓挂机机构。当弹仓中的枪弹发射完后,枪机后坐到离开空仓挂机所在位置时,输弹板在输弹簧的作用下,利用其尾部突起将空仓挂机推到上方位置。枪机复进时,空仓挂机的后平面将枪机挂住,并停在弹仓后方位置,以指示弹仓内无弹,射手应迅速重新装弹。更换弹匣或在弹仓中装入枪弹后,由于托弹板下移,只要稍向后拉动枪机,则空仓挂机复位(下移),枪机可复进到位闭锁。

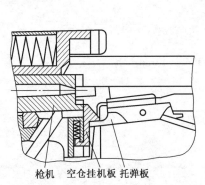

图 5.19　56 式 7.62mm 半自动步枪的空仓挂机机构

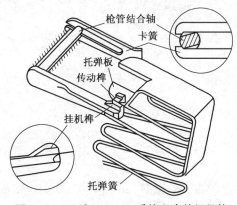

图 5.20　54 式 7.62mm 手枪空仓挂机机构

（2）利用发射机构实现空仓挂机。图 5.21 所示为美国汤姆逊 11.43mm 冲锋枪的空仓挂机机构,当弹匣中最后一发枪弹发射完后,托弹板上抬挂机杠杆前端,其后端下降使扳机与阻铁分离,阻铁在簧力作用下上抬,使枪机停在后方位置。重新更换弹匣后,由于托弹板下移,各构件在簧力作用下恢复原位,将枪机稍往后拉,阻铁后端下降,枪机即可复进。

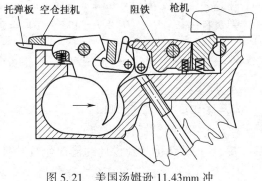

图 5.21　美国汤姆逊 11.43mm 冲锋枪的空仓挂机机构

8. 进弹机构设计

枪机将位于弹匣上进弹口的弹药推入弹膛的有关零件称弹匣进弹机构。一般包括枪机上的推弹凸榫、弹匣上的扣弹齿、机匣和枪管上的导引斜面等组成。

1) 进弹口位置的确定

进弹口的位置取决于弹匣在机匣上的位置,如图 5.22 所示。进弹口相对枪膛的高低 h、远近 s 和倾角 α 的大小直接影响着进弹的可靠性。尺寸 s、h、α 是相互关联的,其中弹尖至弹药轴线的距离 h 是首先确定。如果 h 大,为了顺利推弹入膛,则必须加大 s,但这样就使进弹行程增加;也可增大倾斜角 α,但倾角过大,推弹进膛时弹药承受的弯矩大,容易引起弹药变形和表面损坏而发生故障,如图 5.23 所示。试验表明,由于进弹口位置不正确而发生卡弹、空膛等故障率相当高的。如 56-1 式 7.62mm 轻机枪,由于弹尖到枪膛轴线的高度大,$h=10$mm,而弹尖距枪管后端的距离较小,$s=10$mm,因此倾角 α 较大,枪弹在进弹过程中,弹头要和弹膛发生较大碰撞后才改变方向进入弹膛,枪弹承受的弯矩较大。武器在长期使用和射击后,弹膛后端下方形成凹坑,出现射击抽壳困难,甚至不能抽壳。

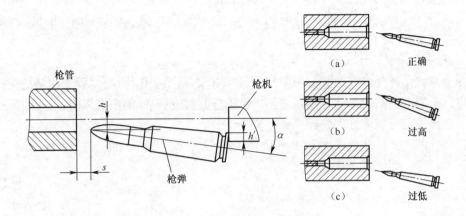

图 5.22　进弹口与枪膛的相对位置

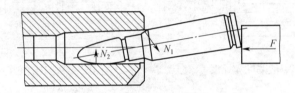

图 5.23　枪弹在进弹过程中受到的弯矩

提高进弹可靠性的主要措施如下。

(1) 尽量使位于弹匣进弹口处的弹药中心线与枪膛轴线接近,即尽量减小 h 的尺寸。

(2) 尽量使弹头靠近枪膛尾端,以缩短进弹行程 s。不仅可使弹药迅速进入弹膛,而且可缩短机匣尺寸。

(3) 在减小 h、s 的前提下,应尽量减小弹药入膛的倾角 α。若倾角太大,则由于枪机推弹入膛时弹药的急剧转动,而易使弹药底部从枪机推弹凸榫上滑脱,这是产生卡弹和跳弹的主要原因。若减小 h,增大 s,则可使倾角 α 减小。所以,在设计时,应合理布置 h、s 和 α 的大小。表 5.6 列举了几种武器进弹口的位置。

表 5.6　枪弹在进弹口的位置尺寸

武器名称	56式7.62mm半自动步枪	英国L1A1自动步枪	捷克58式冲锋枪	56式7.62mm冲锋枪	美国M14自动步枪
枪机中心线距推弹凸榫最低点尺寸 h/mm	9	8	9	10	9
弹头至枪管尾端面尺寸 s/mm	7	8	14	18	6
枪弹最大外径/mm	11.35	11.95	11.35	11.35	11.95
进弹口处枪弹的倾角 α/(°)	5.33	0.83	—	2.82	3.4

由表 5.6 中可知,进弹口位置尺寸与闭锁支承面的位置有关。因 56 式半自动步枪和英国 L1A1 自动步枪为偏移式闭锁机构,其闭锁支承面在后方,弹匣的安装位置可尽量靠

前,因而 h 和 s 都较小,而56式冲锋枪和捷克58式冲锋枪分别为机头回转式闭锁和中间零件闭锁,其闭锁支承面在前方,弹匣的安装位置须靠后些,且弹匣的扣弹齿还需在枪机闭锁凸榫的下方,故 h 和 s 较大。

2)扣弹齿设计

扣弹齿就是弹匣口部两侧的两个勾齿,是弹仓的重要工作部位,主要作用是把在输弹簧力作用下向上运动的弹药控制在进弹口位置,同时在枪机或炮闩推弹时,控制弹药按一定运动轨迹平稳可靠地进入弹膛或药室。

扣弹齿的主要尺寸是宽度 b、内半径 R_b 和长度 l,如图5.24和图5.25所示。

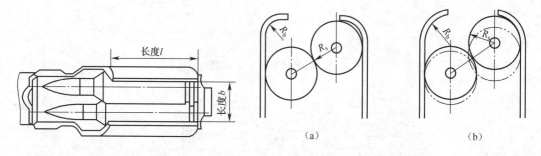

图5.24 弹匣扣弹齿的宽度和长度　　图5.25 弹匣扣弹齿内半径
(a)$R_b<R_a$;(b)$R_b>R_a$。

(1)扣弹齿宽度 b。扣弹齿宽度 b 既要保证枪机或炮闩推弹凸榫有足够的强度并能在其中顺利通过,又要能可靠抱住弹药并控制在确定位置上,而不能从弹匣中跳出。

对弹药双行交错排列弹匣,一般取 $b=(1.1\sim1.3)D_d$。

对弹药单行排列弹匣,一般取 $b=(0.75\sim0.95)D_d$。

以上两式中的 D_d 为弹药最大直径。

(2)扣弹齿的内半径 R_b。扣弹齿的内半径 R_b 既要保证弹药在推弹前有确定的位置,又要保证在推弹过程中弹药按一定路线运动。这就要求扣弹齿的内半径 R_b 应小于弹壳最大半径 R_a,使扣弹齿与弹壳呈两条线接触,弹药在簧力作用下,到达进弹口部位时,位置能准确一致,保证进弹路线的初始位置。反之,图5.25(b)所示的扣弹齿的内半径 R_b 大于弹壳半径 R_a,扣弹齿与弹壳只有一条线接触,弹药在弹匣内的位置无法保持不变,推弹时不能保持推弹高度一致。

(3)扣弹齿的长度 l。扣弹齿的长度 l 按进弹可靠性来确定,其值与进弹行程 s 大小有关(图5.22)。若 s 小,弹药少许前移即可进膛,可及早地脱离扣弹齿的控制,则 l 可短;反之,若 s 大,为保证进弹可靠,需使弹头进入弹膛一定长度后,弹底才可脱离扣弹齿的控制,l 就需长些。另外,还应使输弹簧力作用在扣弹齿的控弹范围内,以保证扣弹齿牢固地控制弹药。现有武器扣弹齿长 l,一般为全弹长度的40%~60%,输弹簧作用线应在扣弹齿内。表5.7列举了几种武器弹匣扣弹齿的尺寸数据。

弹匣应在武器上固定可靠。因为上述各尺寸数据都是由弹匣与机匣的相对位置确定的,弹匣在机匣上有任何松动都将使这些尺寸发生变化,影响进弹可靠性。为使弹匣口部不易变形,保证进弹的可靠性,常用点焊口板的方法,以加强弹匣口部的刚度。

表 5.7　几种武器的弹匣扣弹齿尺寸

武器名称	枪弹长度/mm	枪弹最大直径/mm	弹匣内长/mm	弹匣内宽/mm	扣弹齿长 l/mm	扣弹齿宽 b/mm	枪机推弹凸榫宽/mm	扣弹齿内半径 R_b/mm
81 式 7.62mm 自动步枪	56	11.35	57	21.6	28	12.5	11	5
95 式 5.8mm 自动步枪	58	10.5	59	20	29	11.2	10.5	4.8
捷克 58 式冲锋枪	56	11.35	57	21.6	26	12.8	11	5
54 式冲锋枪	34.85	9.95	35.6	18.65	20	10.6	8.4	4
美国 M14 动步枪	71.1	11.95	73	22.6	30.5	13.6	9.5	5.3
英国 L1A1 自动步枪	71.1	11.95	72	22.6	23	16.4	7	4.7

3) 导引斜面设计

进弹时,弹药的加速度很大,应避免棱角与弹药的接触,以避免刮伤弹药,影响进弹、推弹及射击精度,因此在进弹口设有引导弹药入膛的斜面,这个斜面就是导引斜面。

导引斜面的作用是导引弹丸按一定路线入膛。导引斜面常设在弹匣前壁上端、机匣(或节套)的下方和两侧、身管尾部等部位。对于双行交错排列的弹匣,位于扣弹齿控制位置的弹药轴线相对身管内膛轴线偏左或偏右。当枪机或炮闩推弹药入膛时,首先是弹匣前壁上端左侧或右侧的导引斜面导引弹壳斜肩和第一锥体接近内膛轴线,然后机匣(或节套、炮身)和身管尾端上的导引斜面导引弹药上抬和向中间靠拢按一定路线进入弹膛。

在设计导引斜面时,必须画出弹药进弹路线几何图,图 5.26 为弹药进弹路线的侧视图和俯视图。弹匣扣弹齿和导引斜面的形状和尺寸,应根据此几何图确定。在几何图上,必须保证在弹头未进入弹膛之前,要受扣弹齿和导引斜面强制约束,不能因惯性而随意运动。

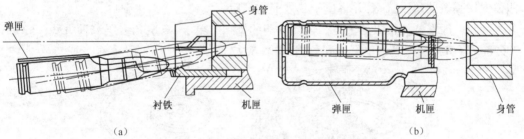

图 5.26　56 式 7.62mm 冲锋枪进弹路线图
(a) 侧视图;(b) 俯视图。

按上面方法设计制造出样机后,应在动力条件下进行试验,检验进弹可靠性。

4) 推弹凸榫设计

枪机或炮闩前端面用以推弹入膛的局部凸起,称为推弹凸榫。

弹药位于进弹口位置时,其轴线与内膛轴线并不重合,枪机或炮闩复进以斜推方式推弹入膛。推弹凸榫在推弹时,必须与弹药底端面有一定接触面积和高度,可以保证可靠地推弹入膛。推弹凸榫应有足够的推弹高度 h',如图 5.22 所示。通常接触高度 h' 应大于 $D_d/6$(D_d 为弹药最大直径),但不应撞击底火。一般说来,推弹高度 h' 较高为好,可以保证能可靠地推动弹药。但推弹高度也不宜太大,因为通常推弹凸榫是局部凸起,如果推弹凸榫过高,当枪机或炮闩开锁后坐时,推弹凸榫从下一发弹上擦过时,将迫使弹匣内全部弹药骤然下降,由于其加速度很大,回跳时容易发生跳弹或推双弹等故障,而且当弹尖距

内轴线的距离 s 较小时,枪机或炮闩后坐中可能与弹药发生干涉。因此,推弹高度要适中,必须与弹匣上的扣弹齿高度相适应,其底部尽可能平整,推弹高度一般为 1.5～3mm。回转闭锁的枪机推弹凸榫的后部要圆滑过渡到机体。此外,推弹开始,推弹力作用线应接近弹药质心,并使推弹力对弹药作用的翻转力矩方向有利于使弹药入膛。推弹宽度必须小于弹匣扣弹齿的宽度,并留有一定的间隙,保证能顺利在其中通过。

95 式 5.8mm 自动步枪的机头复进到节套后端面 64mm 时,机头开始推弹,推弹高度为 2.5mm,机头推枪弹向前运动 5.7mm 后,弹头开始与节套上的 25°导引面接触,枪弹运动过程中,枪弹在导引面强制作用下使弹头上抬。随着弹头的不断上抬,推弹高度逐渐减小,当机头推弹运动 9mm 时,推弹高度最小为 1.7mm,之后推弹高度又逐渐增加,因此推弹高度是足够的。

5.2.4 弹盘供弹机构

弹盘的容弹量大,但外形尺寸和重量也大,结构较复杂,在使用中装填弹药较困难。弹盘常用于轻机枪、坦克机枪和航空自动武器。弹盘一般呈扁平圆盒状,弹药对弹盘中心成径向排列,供弹时弹药沿圆周或螺旋线移动。

1. 弹盘的工作原理和分类

弹盘体由弹盘底和弹盘盖组成。弹盘底用以承装弹药并规正其运动,使其正确进入待进膛位置。在弹盘底上装有进弹口、挡弹板、弹盘轴和簧盒。弹盘盖是一个活动盘,盖上有两圈梳齿,限定各发弹药的排列次序,并传递弹簧的作用力。活动盘在弹簧的作用下转动,弹药依次沿导弹面到达进弹口位置。最后一发为限制假弹,固定在活动盘上,靠此假弹保持弹簧的预压状态,并将位于其之前的最后一发弹药送至进弹口。

弹盘一般安装在机匣的上方。盘内弹药的排列有单层、双层和多层三种方式。53 式 7.62mm 轻机枪的弹盘为单层排列形式,如图 5.27 所示。

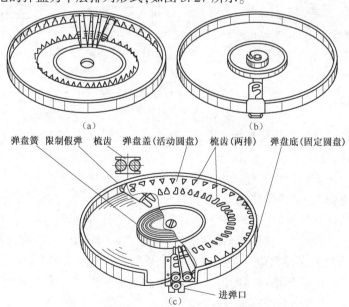

图 5.27　53 式 7.62mm 轻机枪弹盘内部结构
(a)弹盘底;(b)弹盘盖;(c)装弹后的弹盘。

在双层和多层弹盘中,弹药的排列方式有以下两种。

(1) 弹药各层按圆周平面排列,但相邻两层之间由斜面过渡加以连接。59 式 7.62mm 坦克机枪的弹盘(为三层排列)采用这种形式排列,如图 5.28 所示。

(2) 弹药各层按螺旋线排列,各层的运动轨迹均为螺旋线。英国维克斯 7.7mm 口径的航空机枪弹盘(四层排列)即为这种例子。图 5.29 为四层按螺旋线排列的弹槽示意图。

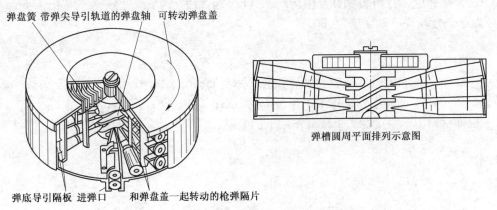

图 5.28　59 式 7.62mm 坦克机枪弹盘

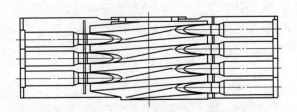

图 5.29　弹槽螺旋线排列示意图

多层排列的弹盘容弹量大、结构紧凑,但弹盘厚度大,将抬高武器的瞄准基线。这种多层排列的弹盘若用在轻机枪上,射击时不利于射手的隐蔽,携带不便,勤务性也差。但对坦克机枪和航空机枪而言,瞄准基线的抬高则对使用影响不大。

弹盘进弹口的设计参照弹匣进弹口设计。

2) 弹盘供弹及时性

弹盘的供弹及时性,可采用与弹匣供弹及时性相类似的方法验算,不同之处在于需考虑弹药回转运动的特点。

供弹及时性条件仍为式(5-13)。在弹盘中输送一发弹药所需的时间 Δt_d,可按式(5-45)近似求出,即

$$\Delta t_d = \frac{\Delta \varphi}{\omega_{pj}} \tag{5-45}$$

式中　$\Delta \varphi$——弹盘活动部分在输送一发弹时的回转角度(rad);

　　　ω_{pj}——输送一发弹时,弹盘活动部分的平均角速度(rad/s)。

回转角度 $\Delta \varphi$ 的过程可近似认为活动部分作等加速运动,有

$$\omega_{pj} = \frac{1}{2}\omega_{\max}$$

则

$$\Delta t_d = \frac{2\Delta\varphi}{\omega_{\max}} \tag{5-46}$$

式中 $\omega_{\max}$——弹盘活动部分在输送一发弹药结束瞬间的最大角速度(rad/s)。

最大角速度 $\omega_{\max}$ 可根据弹盘中活动部分(包括弹药在内)的动能,等于平面涡卷弹簧伸张 $\Delta\varphi$ 角度所作的功来确定,即

$$\frac{1}{2}I_0\omega_{\max}^2 = M_h \cdot \Delta\varphi \tag{5-47}$$

式中 I_0——弹盘中包括弹药在内的活动部分对回转轴的转动惯量(kg·mm²);
M_h——平面涡卷弹簧作用于弹盘上的力对回转轴的平均力矩(N·m)。

根据材料力学中梁在简单载荷作用下的变形,得

$$M_h = \frac{EJ}{L}\varphi \tag{5-48}$$

式中 E——材料的弹性模量(MPa);
J——弹簧钢带截面的惯性矩(m⁴),矩形截面 $J = \frac{1}{12}b\delta^3$;
b、δ、L 和 φ——弹簧钢带的宽度、厚度、长度和扭转角。

将式(5-48)代入式(5-47)中,可得到最大角速度 $\omega_{\max}$ 的表达式为

$$\frac{1}{2}I_0\omega_{\max}^2 = \frac{EJ}{L}\varphi \cdot \Delta\varphi$$

则

$$\omega_{\max} = \sqrt{\frac{2EJ\varphi\Delta\varphi}{I_0 L}} \tag{5-49}$$

将式(5-49)代入式(5-46)中,得

$$\Delta t_d = \frac{2\Delta\varphi}{\omega_{\max}} = \sqrt{\frac{2I_0 L\Delta\varphi}{EJ\varphi}} \tag{5-50}$$

I_0 与 φ 随弹盘内弹药数量的减少而下降,每一发弹药在平面涡卷弹簧力矩作用下,到达进弹口所需的时间并不相等。因此,与弹匣情况一样,应在装满弹和只剩一发弹的两个极端情况下估算弹盘的供弹及时性。

令 $M_2 = \frac{EJ}{L}$,则式(5-50)可写为

$$\Delta t_d = \frac{2\Delta\varphi}{\omega_{\max}} = \sqrt{\frac{2I_0\Delta\varphi}{M_2\varphi}} \tag{5-51}$$

式(5-50)或式(5-51)的计算方法与式(5-17)相同,只要给定武器的相关参数,就可以核算该弹盘的供弹是否及时。

5.2.5 弹鼓式供弹机构

一般将弹药轴线与弹鼓回转轴线平行(轴向排列)的供弹机构称为弹鼓,习惯上将弹

药多层径向排列的也称为弹鼓。下面主要介绍与弹药轴向并行的弹鼓,这种弹鼓常按同心圆呈多圈排列,也有按蜗线轨迹排列的。

1. 弹鼓的类型和结构特点

弹鼓一般为圆形。对锥度较大的弹药,也可做成截头圆锥形。弹鼓的容弹量较多,手提式机枪的弹鼓一般为 50~100 发;机载机枪、车载机枪和自动炮的弹鼓容弹量很大,可达 500 发以上。

弹鼓内有导引弹药由里圈向外圈运动的沟槽,弹药沿此沟槽依次排列。输弹时,弹药轴线沿圆周方向(或蜗线方向)绕弹鼓轴线回转,当转到弹鼓上的进弹口时停止,待枪机推弹入膛。

从理论上讲,为了输弹可靠,弹鼓内的弹药应沿弹壳母线紧密接触排列。这样才能避免弹药在输弹过程中随意摆动。由于弹药有锥度,因此若排列一个圆圈的弹药,其轴线在一个锥面内,锥面的顶点与弹壳体锥形顶点重合并交于弹鼓轴线上。若弹药按多个圆圈排列时,由于各圈的弹药在弹鼓内的倾角不同,弹药在弹鼓内的纵向投影长度也不同,故两圈之间的

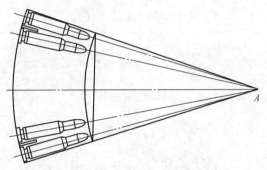

图 5.30 底与盖为球形面的切头圆锥弹鼓形状

弧线过渡处的弹药将不可能保持沿弹壳母线接触。只有把弹鼓的底与盖制作成球面形,如图 5.30 所示,使所有弹药轴线都交于弹鼓轴线上的同一点,这样才能保持所有弹药沿弹壳体母线接触,并且弹药运动到任何位置都是如此。但是,这种弹鼓制造工艺复杂,且用输弹杠杆输弹时,输弹力及弹药惯性力作用在导引面上的分力所产生的摩擦阻力较大,故这种弹鼓的容弹量不能太大。目前实际采用的弹鼓为圆柱形,在弹鼓中弹药轴线与弹鼓轴线平行排列。弹鼓内有转动弹盘(或拨弹轮),弹盘上的输弹齿将每个圆圈上的弹药按 2~5 发分成一组,限定它们的位置,可以减小由于弹壳锥度而产生的倾斜量,而且用涡线簧驱动转动弹盘输弹,可以减小弹药的运动阻力。

(1) 50 式 7.62mm 冲锋枪弹鼓中枪弹为两圈排列,容弹量为 71 发,如图 5.31 所示。弹鼓中有一转动盘,枪弹分别装在转动盘的外圈和里圈。输送外圈枪弹时转动盘转动,当外圈枪弹全部输完时,进弹口一侧的凸榫卡住转动盘,里圈的枪弹在输弹杠杆作用下,沿过渡槽到达进弹口。这种结构,在输送外圈枪弹时,里圈枪弹无相对运动,故可减小输弹时的摩擦阻力。

(2) 81 式 7.62mm 步枪和 81 式 7.62mm 轻机枪既可以使用 30 发弹匣,又可以使用 75 发弹鼓。弹鼓的外形与内部结构如图 5.32 所示,其供弹原理为涡卷簧带动拨轮转动,将枪弹沿导轨送至进弹口位置。弹鼓采用推弹器可将枪弹全部送至进弹口,弹鼓内不会有剩余弹药。

(3) 鞍形弹鼓。鞍形弹鼓的外形像英文字母的 C,故又称为 C 形弹鼓。日本 89 式航空机枪和德国 MG-34 轻机枪采用这种弹鼓,弹鼓装在机枪的上方,如图 5.33 所示。

左右两鼓中的弹药按涡线排列。涡线排列弹药弹槽中心线距弹鼓轴心的距离逐渐增

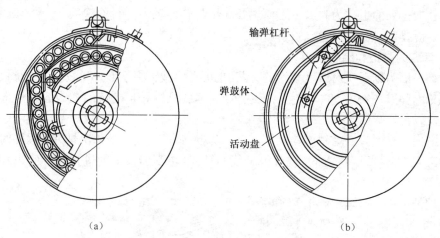

图 5.31 50 式 7.62mm 冲锋枪弹鼓
(a)输送外圈弹;(b)输送由内圈来的最后几发弹。

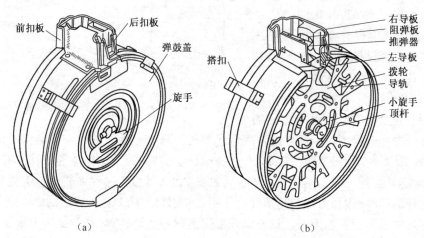

图 5.32 81 式 7.62mm 步、机枪弹鼓
(a)弹鼓外形;(b)弹鼓内部结构。

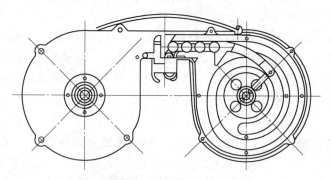

图 5.33 日本 89 式航空机枪弹鼓

大,与涡卷簧的作用力相匹配,可使输弹阻力减小。左右两鼓中的拨弹杆,分别在涡卷簧的作用下,进行交替供弹。各弹鼓中有 4 发假弹固定在拨弹杆上,当拨弹杆移到其凸起碰到弹鼓壁时,正好 4 发假弹将最后一发实弹送到进弹口,而 4 发假弹留在喉部。

204

美国贝塔公司为 M16A1、M16A2 等步枪研制了一种 C 形弹鼓,容弹量 100 发,适用于 M193、M855 和 SS109 等弹种。弹鼓装在步枪的下方,如图 5.34 所示。

图 5.34　C 形弹鼓

这种弹鼓的主要特点如下:

(1) 容弹量大,离地面低。100 发弹鼓离地面距离比 20 发弹匣低了约 10%,比 30 发弹匣低了约 30%,因而卧射的隐蔽性较好。

(2) 预装弹贮存寿命长。一般弹匣装满弹药长期贮存时,因输弹簧长期处于压缩状态,容易疲劳,对供弹及时性有影响。但 C 形弹鼓采用低应力扭簧,装满弹后可长期贮存,以备急用。弹鼓用质轻的塑料制成,耐强烈冲击;100 发空弹鼓仅为 0.614kg。

(3) 对射手具有小防盾的作用。弹鼓宽为 170mm,且装在枪身下方。卧射时,可防敌方射来的枪弹,易于伪装。

(4) 武器重心不变。因弹鼓左右对称布置,交替供弹,在射击过程中武器重心可以保持不变,使膛口跳动量减小。

(5) 与武器适配性好。武器既可用弹匣,也可用弹鼓;弹鼓与光学瞄具座和目标指示器相适匹配。

(6) 尺寸大,重量重。鞍形弹鼓的外廓尺寸较大,战术状态下操作不大方便。

2. 手持式自动武器弹鼓设计

下面以 5.8mm 枪族步枪和班用机枪用弹鼓为例,介绍手持式自动武器弹鼓的设计方法。5.8mm 枪族步枪和班用机枪既可以使用 30 发弹匣,又可以使用 75 发弹鼓。弹鼓的外形与内部结构如图 5.35 所示,适用于无托结构。弹鼓采用推弹器,可将枪弹全部送至进弹口,弹鼓内无实弹时并实现空仓挂机功能。

弹鼓一般由弹鼓体、旋手、小旋手、拨轮、涡卷簧、心轴、心轴套、棘爪和棘爪簧组成。

1) 弹鼓体的设计

弹鼓体一般应有出弹口、弹鼓盖、涡卷簧座、搭扣、导轨体和提环等,5.8mm 自动步枪/班用机枪用弹鼓的弹鼓体如图 5.35 所示。

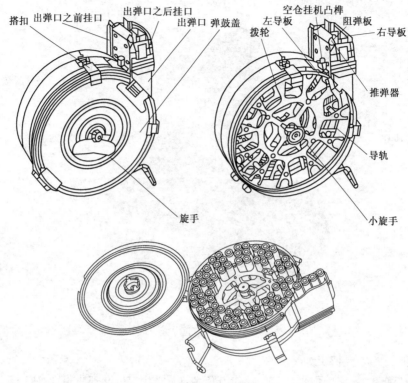

图 5.35 5.8mm 枪族步枪和班用机枪用弹鼓

(1) 弹鼓出弹口设计。弹鼓出弹口设计如图 5.36 所示,出弹口体与鼓体水平方向呈 126°,弹药由鼓体导轨进入出弹口体偏转 54°,相对于弹药由鼓体导轨进入出弹口体时需偏转 90°的对称弹鼓而言,克服了弹药在进入抱弹口时容易卡滞的弊病,偏心弹鼓的轨迹更加合理。

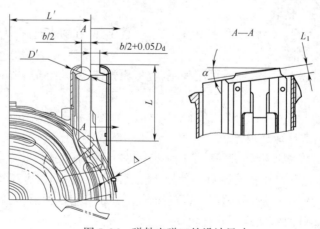

图 5.36 弹鼓出弹口的设计尺寸

出弹口的长度 L 应能保证与弹匣互换,且装在机匣上弹鼓体不应与机匣发生干涉,一般为

$$L \geq n \times D_d \tag{5-52}$$

式中　n——出弹口内容弹数量；

　　　D_d——弹底缘直径(mm)。

出弹口的扣弹齿角度 α 应能保证出弹口内的弹药弹壳一锥接触，运动平稳，一般为

$$\alpha \geq n \times 2\beta \tag{5-53}$$

式中　β——弹壳半锥度角(rad)。

扣弹齿宽度 b 与弹药双行排列弹匣设计一致，一般为

$$b = 1.1D_d \sim 1.3D_d \tag{5-54}$$

出弹口处扣弹齿与左右导板形成的圆弧直径 D'，保证弹药可靠地扣在出弹口处。若其值过大，则扣弹齿无法扣住弹药；若其值过小，则增大推弹阻力或弹药无法推出，一般为

$$D' = 1.2D_d \sim 1.3D_d \tag{5-55}$$

出弹口处拨轮与弹药的叠合量 Δ，必须保证拨轮与出弹口内第 n 发弹药的间隙大于 0.05 倍弹底缘直径 D_d，出弹门处拨轮第 $n+1$ 发弹药的叠合量 Δ，一般为

$$\Delta = 0.14D_d \sim 0.95D_d \tag{5-56}$$

Δ 值随 L' 的减小允许增大，但最大值应不超过 $0.95D_d$。

(2) 弹鼓壳体材料一般选用 35#钢板，壳体底部压制弹药弹丸的导向槽，导向槽的供弹方向一般为逆时针方向。壳体外径、深度、形状和导向槽的排数应根据弹鼓的装弹数、弹药尺寸等确定。

(3) 导轨设计。一般要考虑弹药的尺寸，以设计合理的导轨宽度，并以弹药一锥结束前处定位，以保证弹药在导轨中定位可靠。

(4) 旋手设计。旋手是弹鼓上簧力的部件，一般由旋手柄、旋手轴和旋手座组成，如图 5.37 所示。

(5) 小旋手设计。小旋手是将旋手的力矩传给涡卷簧，小旋手一般由小旋手柄、顶杆、顶杆簧和顶圈组成，如图 5.38 所示。

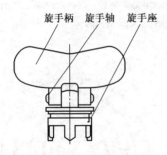

图 5.37　旋手的组成

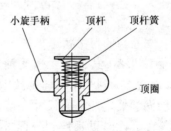

图 5.38　小旋手的组成

2) 拨轮结构设计

拨轮结构设计一般应综合考虑弹药尺寸、涡卷簧宽度及涡卷簧座深度等相关尺寸。拨轮结构一般包括上拨轮、下拨轮、棘轮、推弹器、推弹器轴和拨轮铆钉等，如图 5.39 所示。下拨轮和棘轮与心轴的间隙一般为 0.1mm，如弹鼓有空仓挂机要求，则推弹器上应设计空仓挂机凸榫。

3）涡卷簧设计

（1）涡卷簧的特性曲线。涡卷簧一般采用高弹性合金钢带，如 65Mn、50CrVA、60Si2MnA 以及 70Si2CrA 等材料，其材料标准详见 YB/T 5063-1993《热处理弹簧钢带》，特性曲线如图 5.40 所示。

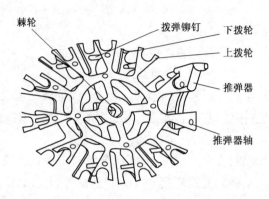

图 5.39　拨轮的结构

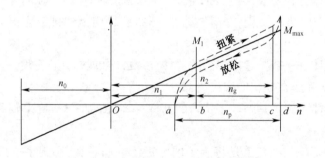

图 5.40　涡卷簧的特性曲线

n_0—自由状态涡卷簧的有效圈数；n_1—涡卷簧均匀分布在涡卷簧座内壁与心轴之间时，涡卷簧的圈数；n_g—涡卷簧的工作圈数；n_p—涡卷簧在涡卷簧座内心轴扭紧的圈数。

（2）涡卷簧的自由状态。平面涡卷簧在自由状态下呈涡线形状，其径向距离逐渐加大，为简化起见，近似地看作为阿基米德螺线，如图 5.41 所示。

平面涡卷簧内径 r 的尺寸一般比较大，若将平面涡卷簧由 r 处向里延伸到坐标极点，则其圈数一般在 2 圈以上，对于这样的涡卷簧，其钢带的近似总长度 L_0 一般为

$$L_0 = \pi n_0 \times (R + r) \tag{5-57}$$

式中　n_0——自由状态下涡卷簧的总圈数；
　　　R——涡卷簧外圈端部到中心的距离(mm)；
　　　r——涡卷簧内圈端部到中心的距离(mm)。

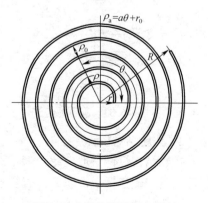

图 5.41　涡卷簧的自由状态

(3) 涡卷簧的圈数。由图 5.40 涡卷簧特性曲线可知,在原点 O 时,涡卷簧呈自由状态;在 a 点时,涡卷簧有效长度 L 全部紧贴在涡卷簧座内壁;在 b 点时,涡卷簧均匀分布在涡卷簧座内壁与心轴之间;在 c 点时,涡卷簧有效长度 L 缠紧在心轴上,如图 5.42 所示的状态为涡卷簧在工作过程中的三个极限位置。

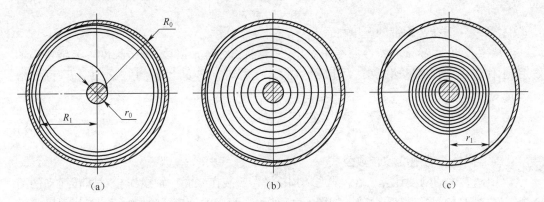

图 5.42 涡卷簧在工作过程中的三个极限位置
(a)全部紧贴在涡卷簧座内壁;(b)簧均匀分布在涡卷簧座内壁与心轴之间;(c)缠紧在心轴上。
R_0—涡卷簧外圈端部到中心的距离(涡卷簧座的内半径);
r_0—心轴的半径;R_1—涡卷簧完全紧贴在涡卷簧座内壁时内圈的半径;
r_1—涡卷簧完全缠紧在心轴上时外圈的半径。

自由状态的涡卷簧装进涡卷簧座后,圈数增加,旋紧簧由 a 点开始,力矩急剧增加,b 点对应涡卷簧布满在涡卷簧座内壁与心轴之间的状态,如图 5.40 所示,由 b 点到 c 点阶段为均匀变形过程。从涡卷簧的特性曲线可以看出,只有在 b 至 c 阶段,力矩才随转数平稳地变化,此阶段的转数决定于 b、c 两点的圈数差别,而圈数又与弹簧钢带的长度有关。

设 n_a 为涡卷簧各圈紧贴在涡卷簧座内壁时的圈数,由图 5.42(a)可知,有
$$\pi(R_0 + R_1) n_a = L$$
$$R_1 = R_0 - h n_a$$

则

$$n_a = \frac{R_0}{h}\left(1 - \sqrt{1 + \frac{hL}{\pi R_0^2}}\right) \tag{5-58}$$

式中 L——涡卷簧钢带的总长度(mm)。

设 n_b 为涡卷簧有效长度 L 均匀布满在涡卷簧簧座内壁与心轴之间的圈数,由图 5.42(b)可知,有

$$L = 2\pi\left(\frac{R_0 + r_0}{2}\right) n_b = \pi(R_0 + r_0) n_b$$

则

$$n_b = \frac{L}{\pi(R_0 + r_0)} \tag{5-59}$$

设 n_d 为涡卷簧有效长度 L 缠紧在心轴上时的圈数,则由图 5.42(c),得

$$L = 2\pi\left(\frac{r_1 + r_0}{2}\right)n_d = \pi(r_1 + r_0)n_d \tag{5-60}$$

由 $r_1 - r_0 = hn_d$ 代入式(5-60),并整理后,得

$$n_d = \frac{r_0}{h}\left(\sqrt{1 + \frac{hL}{\pi r_0^2}} - 1\right) \tag{5-61}$$

式中 h——涡卷簧钢带的厚度(mm)。

从图 5.40 涡卷簧的特性曲线中看出,涡卷簧由 c 至 d 阶段,钢带长度逐渐绕在心轴上,工作的钢带长度迅速减小,力矩骤然加大,在力矩急剧变化的阶段,必须避开,因此常取 $n_d - n_c = 1/4$,得

$$n_c = \frac{r_0}{h}\left(\sqrt{1 + \frac{hL}{\pi r_0^2}} - 1\right) - \frac{1}{4} \tag{5-62}$$

(4) 涡卷簧的刚度和转数公式。

① 涡卷簧的刚度计算。在实际结构中,涡卷簧装在绕同一轴线作相对回转运动的两个零件之间,如涡卷簧座及心轴,如图 5.42 所示。当涡卷簧座心轴相对回转时,涡卷簧承受心轴上的力矩作用,同时在涡卷簧座内臂固定处产生与心轴上同样大小的反力矩。因此可把弹簧钢带看作是各处都承受同样大小的弯矩作用下的曲杆,在此弯矩的作用下,弹簧钢带各处产生弯曲变形,各横截面曲率同时产生相应的变化。

在某些结构中,为了便于装卸,涡卷簧采用一端固定,另一端铰接的方法安装。此时反力不同,弹簧刚度与两端均为固定时略有差别,从弹簧自由状态开始,弯矩的增量与弹簧两端相对转动角的增量呈线性关系,其关系用式(5-63)表示,即

$$\frac{\Delta M}{EJ} = \frac{\Delta\mathrm{d}\varphi}{\mathrm{d}s} \tag{5-63}$$

式中 ΔM——弯矩的增量(N·m);

$\Delta\mathrm{d}\varphi$——转动角的增量(rad);

$\mathrm{d}\varphi$——转动角的微分量(rad);

$\mathrm{d}s$——对应 $\mathrm{d}\varphi$ 的弧长微分量(m·rad);

E——材料弹性模量(Pa);

J——涡卷簧截面惯性矩(m^4)。

由式(5-63),得

$$\Delta\int_0^\varphi \mathrm{d}\varphi = \frac{\Delta M}{EJ}\int_L \mathrm{d}s$$

则

$$\Delta\varphi = \frac{12\Delta M}{Ebh^3}L \tag{5-64}$$

式中 b——弹簧钢带的宽度。

设涡卷簧的刚度 M'_φ 为

$$M'_\varphi = \frac{\Delta M}{\Delta\varphi} = \frac{Ebh^3}{12L}$$

涡卷簧在工作时的转数为

$$N = \frac{\varphi}{2\pi}$$

则涡卷簧的刚度为 $M'_{2\pi}$ 为

$$M'_{2\pi} = \frac{\Delta M}{\Delta \varphi}(2\pi) = \frac{Ebh^3\pi}{6L} \tag{5-65}$$

涡卷簧的最大转数为 n_{max} 为

$$n_{max} = n_d - n_0$$

涡卷簧完全绕紧在心轴上时,弯矩 M_{max} 为

$$M_{max} = \frac{Ebh^3\pi}{6L}n_{max} = \frac{Ebh^3\pi}{6L}(n_d - n_0) \tag{5-66}$$

式中:弯矩 M_{max} 的数值必小于缠紧处理时的弯矩。

② 涡卷簧的转数与转动角的计算。设将涡卷簧自由状态旋紧 n 圈或转动 $\varphi = 2\pi n$ 时,弹簧的力矩达到 M 值,有

$$M'_{2\pi} = \frac{M}{n}$$

$$M'_{\varphi} = \frac{M}{\varphi}$$

因此,由刚度计算公式,推导圈数 n 和转动角 φ 的计算公式为

$$n = \frac{M}{M'_{2\pi}} = \frac{6ML}{Ebh^3\pi} \tag{5-67}$$

$$\varphi = \frac{M}{M'_\varphi} = \frac{12ML}{Ebh^3} \tag{5-68}$$

(5) 涡卷簧的承载应力。由材料力学可知,弯曲应力计算公式为

$$\sigma = \frac{M_{max}}{W_z} = \frac{6M_{max}}{bh^2} \tag{5-69}$$

式中 W_z ——抗弯截面模量(mm^3),矩形截面 $W_z = \frac{bh^2}{6}$。

弹簧钢带厚度 h 为

$$h \geq \sqrt{\frac{6M_{max}}{b\sigma_w}} \tag{5-70}$$

式中 σ_w ——承载力矩 M 所对应的承载应力(MPa)。

涡卷 M 略小于缠紧处理时所受的力矩,而缠紧处理时所受的力矩的大小与心棒尺寸和钢带材料性能有关。在缠紧处理时,由于弹簧钢带材料一般可看作是线性强化的,故涡卷簧内端的应力可达 $(1.6 \sim 1.8)\sigma_s$,外端的应力可达 $(1.5 \sim 1.7)\sigma_s$。

这样,在设计涡卷簧时,其最大工作应力 σ_w 可取为

$$\sigma_w = 1.5\sigma_s$$

假设 $\sigma_s = 0.9\sigma_b$,则可见当涡卷簧的弯曲承载应力达到 σ_w 时,涡卷簧的最大弯矩为

$$M_{max} = \frac{bh^2}{6} \times 1.35\sigma_b = 0.225bh^2\sigma_b \tag{5-71}$$

（6）涡卷簧的设计方法。为了符合供弹及时性的要求,平面涡卷簧要能够提供必要的力矩,且转数不能太多并具有足够的强度。因此,设计弹鼓中的平面涡卷簧时,主要解决三个问题:① 根据力矩的要求确定钢带截面尺寸,并校核弹簧卷制时的强度;② 根据弹簧工作时所需要的转数,选择弹簧钢带的长度;③ 计算涡卷簧的刚度,并绘制弹簧的产品图和特性曲线。

（7）平面涡卷簧钢带横截面尺寸的确定。在确定平面涡卷簧钢带横截面尺寸时,必须要满足供弹及时性条件所需力矩。由于平面涡卷簧放松时钢带间摩擦的影响,以及避开弹簧铜带完全缠紧到心轴前力矩骤变的1/4圈,因此用于计算强度选取的 M_{max} 应比根据供弹及时性计算出来的力矩 M_2 大 20%,得

$$M_{max} = 1.2M_2 = \frac{2.4I_0\Delta\varphi}{\Delta t_d^2}$$

式中 I_0——弹盘或弹鼓活动部分对心轴的转动惯量($kg \cdot m^2$);

$\Delta\varphi$——弹盘或弹鼓活动部分在输送一发弹药时的转动角(rad);

Δt_d——弹药在供弹簧的作用下,从枪机离开弹药底部瞬间到弹药抵达进弹口位置所需的时间(s)。

在满足供弹及时性要求的前提下,通常按照使弹鼓的径向尺寸尽可能小的原则,选择较大的钢带宽度 b,从而减少涡卷簧钢带厚度 h。一方面,可以缩小供弹具径向尺寸以提高武器的机动性;另一方面,可以使涡卷簧的力矩变化也比较小。确定 b 的具体数值时,要根据弹簧钢带材料的有关标准选定。

① 钢带厚度,即

$$h \geqslant \sqrt{\frac{6M_{max}}{1.35b\sigma_b}} \tag{5-72}$$

式中:归整后的 h 要符合弹簧钢带材料的有关标准。

根据心轴直径,选取卷制涡卷簧的心棒直径 d_b,并根据真实应变来校核卷制时的强度。

② 涡卷簧钢带有效长度。根据工作转数选择弹簧钢带的长度。为了保证供弹的可靠性,涡卷簧的有效长度 L 应使工作转数 n_g 比供弹所需的转数要大 1~2 转,即

$$n_g = n_c - n_b$$

$$n_g = \frac{r_0}{h}\left(\sqrt{1 + \frac{hL}{\pi r_0^2}} - 1\right) - \frac{1}{4} - \frac{L}{\pi(R_0 + r_0)}$$

整理后,可得到计算长度 L 的方程式为

$$\frac{L^2}{[\pi(R_0 + r_0)]^2} + \frac{(4n_g + 1)h - 2(R_0 - r_0)}{2\pi h(R_0 + r_0)}L + \left(n_g + \frac{1}{4}\right)\left(n_g + \frac{2r_0}{h} + \frac{1}{4}\right) = 0$$

(5-73)

在计算涡卷簧的有效长度 L 前,首先应根据供弹需要选定工作转数 n_g,根据弹药尺寸和配置方法以及容弹量等进行弹鼓的设计;其次选定簧盒半径 R_0 和心轴半径 r_0,弹簧钢带厚度 h 则根据弯曲应力求得;再次确定弹簧钢带的有效长度 $L>0$ 的解,最后加上不工作的长度 l_0,并经过试制调整后,即可确定弹簧钢带的总长度 L_0:

$$L_0 = L + l_0 = \pi n_1(R + r) \tag{5-74}$$

因 n_g 对应有效长度 L，所以式(5-74)中 $n_1 > n_g$。

5.3 弹链供弹机构结构设计

5.3.1 对弹链供弹机构的要求

弹链供弹机构主要用于高射速武器，为保证武器连续、可靠的射击，对弹链供弹机构有以下要求。

(1) 输弹要及时。确保次一发弹药在枪机或炮闩到达进弹口位置前，输送到进弹口(预备进弹位置)。

(2) 输弹要可靠。弹药的运动必须得到规正，并在外力强制下进行；弹链在最长和只剩最后一发弹时工作均应可靠。

(3) 弹链运动要平稳，即加速度和撞击要小，最好没有撞击。

(4) 在输弹过程中能量的消耗要尽量减少，拨弹的最大速度要小。因弹链供弹机构所消耗的能量比其他机构所消耗的能量大得多，所以对自动机运动的影响也大。如果输弹消耗的能量太多，那么当输弹阻力发生波动时就容易引起射击频率的改变，甚至出现活动机件后坐不到位的故障。

(5) 供弹机构零件应有足够的强度和刚度。在供弹过程中不因受力而产生塑性变形；在运动和使用操作中，应不易因受碰撞而变形。

当弹链出现卡滞时，其受力可达到引起拉断的数值。为了保证武器使用可靠，当弹链被拉断时，输弹机构零件不应损坏，经重新装填后武器仍可继续使用。

(6) 勤务性好，装入弹链操作方便射击准备简单、迅速，易于排除故障。

(7) 受弹器的输弹进出口应设有防尘盖。

(8) 外形尺寸小、重量轻、结构简单，加工装配容易。

弹链供弹机构由弹链、输弹机构和进弹机构组成，一般由自动机带动工作。弹链供弹机构的容弹具是弹链，利用链节具有的弹力，将弹药紧紧抱住。在输弹机构作用下，弹链依次移动，使弹药进入进弹口或取弹口位置，以便进弹机构推弹入膛。输弹机构由不同结构形式的传动机构和受弹器组成，其主要作用是移动带弹的弹链有序地将弹拨到进弹口。进弹机构一般是枪机或炮闩将位于进弹口的弹药推入弹膛或药室(单程进弹)，或将位于取弹口的弹药从弹链中抽出，后坐时移近内膛轴线，复进时推弹入膛(双程进弹)。

5.3.2 弹链设计

1. 弹链的组成

弹链是由若干个链节通过中间零件或搭挂连接而成，每一个链节容纳一发弹。链节的抱弹部具有一定的弹力，能将弹紧紧抱住，防止弹相对弹链运动。弹在链节中以弹斜肩或弹底槽作纵向定位。

2. 弹链的分类

根据弹链的结构特点,可将弹链分为刚性弹链、半刚性弹链和柔性弹链。

刚性弹链又称为弹板,是用金属板冲压出抱弹部而成,如法国哈其开斯重机枪的弹链,图 5.43 所示。刚性弹链制造简单,但横向尺寸加大,故现在武器很少采用。

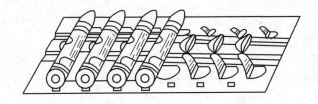

图 5.43 法国哈其开斯重机枪刚性弹链

柔性弹链是由麻棉织物制成的闭式弹链,早期的机枪采用,如德国马克沁重机枪、美国勃朗宁重机枪等,如图 5.44 所示。这种弹链吸湿性大、容易变形,影响抱弹力及定位,故可靠性差,现在武器已不采用。

现代自动武器广泛采用半刚性弹链。半刚性弹链按链节连接方式可分为散弹链、不散弹链和组合弹链三种。

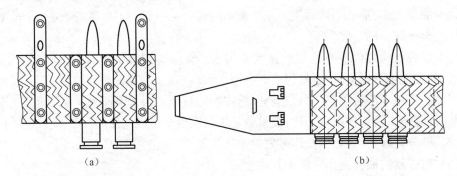

图 5.44 柔性弹链
(a)德国马克沁重机枪弹带——柔性弹链;(b) 美国勃朗宁重机枪的弹带——柔性弹链。

1) 散弹链

散弹链为互相插接或搭挂的单个金属链节,靠所装弹药连接在一起。弹药退出后,弹链就自行散开。这种弹链能任意增减容弹量,容易排除空弹链,一般适用于排链空间受到限制的航空武器和坦克武器上。图 5.45(a)、图 5.45(b)的链节是互相插接的,图 5.45(c)的链节是互相搭挂的。

2) 不散弹链

不散弹链是由一定数量的金属链节用中间零件(如螺旋钢丝、销轴等)连接或互相搭挂而成的不可拆弹链。这种弹链便于携带、保管和回收,装弹较快,一般适用于轻、重机枪及地面用高射机枪、小口径自动炮。54 式 12.7mm 高射机枪弹链的链节是互相搭挂连接,53 式 7.62mm 重机枪和 56 式 7.62mm 轻机枪弹链是用螺旋钢丝连接,如图 5.46 所示。

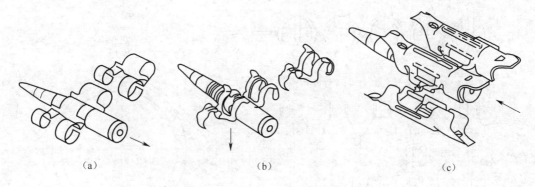

图 5.45　几种散弹链

(a)苏联 ШKAC 航空机枪弹链;(b)美国 M 自动炮弹链;(c)德国 MC131 航空机枪弹链。

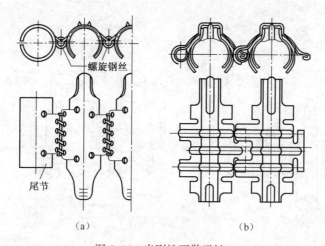

图 5.46　半刚性不散弹链

(a) 56 式 7.62mm 轻机枪弹链;(b) 54 式 12.7mm 高射机枪弹链。

3) 组合弹链

组合弹链是由几段不散弹链,首尾用散弹链的连接方式构成的弹链,射击后便自行分成几段不散弹链。组合弹链能满足武器在各种配备条件下不同容弹量的要求。图 5.47 为 88 式 5.8mm 通用机枪搭挂连接的组合弹链。67-2 式 7.62mm 重机枪的几段不散弹链之间为搭挂连接,80 式 7.62mm 多用途机枪的几段不散弹链之间为互相插接。

按弹链抱弹部位结构形式又可分为闭式弹链和开式弹链两种。

(1) 闭式弹链。闭式弹链的抱弹部是封闭的圆环,弹药只能从后方取出,供弹需采用双程进弹机构,如苏联 ЩKAC 航空机枪、53 式 7.62mm 重机枪、58 式 14.5mm 高射机枪和 80 式 7.62mm 多用途机枪,图 5.48 所示。

前抱弹部一般抱住弹壳的口部,后抱弹部一般抱住弹壳的体部。其优点是弹壳口部为圆柱形,弹药在链节内纵向移动不会引起前抱弹部变形量的变化,因而抱弹力稳定,不易掉弹。闭式链节结构比较简单,制造也较方便。由于采用双程进弹,能量消耗较少,进弹平稳,因此对提高射击精度有利。

(2) 开式弹链。开式弹链的抱弹部不封闭。弹药能从前方、下方或后方三个方向取

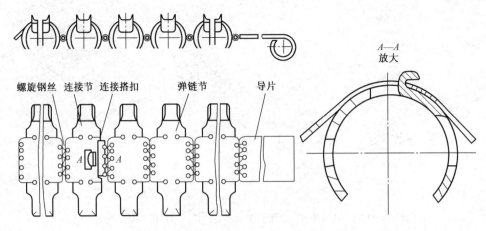

图 5.47 88 式 5.8mm 通用机枪的组合弹链

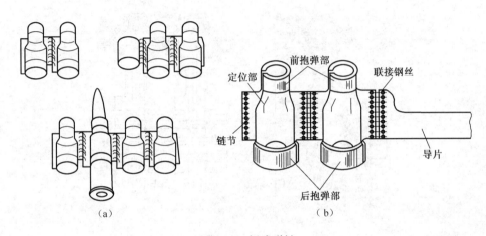

图 5.48 闭式弹链

(a)80 式 7.62mm 多用途机枪弹链;(b)53 式 7.62mm 重机枪弹链。

出,可以采用单程进弹机构将弹药直接斜推入膛,如 54 式 12.7mm 高射机枪、88 式 5.8mm 通用机枪、89 式 12.7mm 重机枪、02 式 14.5mm 高射机枪等,图 5.49 所示。

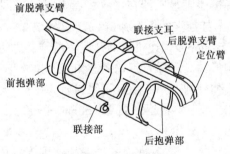

图 5.49 开式弹链

3. 弹链的工作特点

弹链在工作时有以下几个特点。

(1) 运动的逐一性。在射击过程中,当输弹机构带动弹链运动时,拨弹齿直接拨动链节的速度与拨弹齿相同,其余链节要等待前面的各链节间的间隙消除以后才逐一参加运动。也就是说,只有当拨弹齿拨动的那个链节运动一定距离后,其余悬挂部分的弹链才一起发生运动。

(2) 运动的撞击性。当拨弹到位后,拨弹齿直接拨动的链节,即停止运动;而弹链的整个悬挂部分因惯性继续运动,发生相互碰撞,而且这种运动可能持续到下一个自动机工作循环,并对下一发射击时弹链的运动速度产生影响。惯性力将使链节间受到拉力而张紧。

(3) 运动的间歇性。在连续射击过程中,输弹机构只在自动机工作循环的某一时间段内拨动弹链,因而弹链的运动是时断时续脉动变化的。

(4) 运动的摆动性。若武器装在带缓冲器的架座上进行射击,那么弹链还要随武器的纵向运动而抖动。

(5) 运动的扭转性。在高射武器中,弹链箱如果安装在固定不动的平台上,弹链将随武器高低方向转动时而发生扭转。

4. 弹链设计的要求

弹链设计时,除了满足弹链供弹机构的基本要求外,还必须满足以下要求。

(1) 弹链应有足够的强度和刚度。在供弹过程中,弹链承受到很大的作用力,因此必须具有足够的强度。例如,54 式 12.7mm 高射机枪的弹链拨弹力为 8336N;53 式 7.62mm 重机枪的弹链拨弹力为 1863~1961N;630 转管炮的弹链拨弹力为 10000~10900N;76 式双 37 的弹链拨弹力为 7180~7850N。另外,弹链不得因受力而产生过大的塑性变形;在运输和使用中,不得因撞击而产生变形。

(2) 链节抱弹应确实可靠。链节应有一定的抱弹力,以保证在自动机工作及行军过程中不致因振动而使弹药在链节内自行松动、移位或脱落。抱弹力也不宜过大,否则将在进弹过程中过多地消耗自动机能量和降低弹链的使用寿命。

(3) 弹链必须具有适当的柔度。适当的柔度是为了保证武器在各种不同的射击条件下,弹链都能顺利地从悬挂状态进入输弹机构。尤其是在弹箱与枪身或炮箱分离的情况下,当武器射向(方位、高低)变动时,弹箱并不随之变动,此时若弹链无适当的柔度,输弹机构将不能正常工作。

(4) 弹药在链节内定位要确实可靠。供弹时,弹链应保证弹药准确地被拨到受弹器确定位置上,以避免射击时因弹药倾斜而发生进弹故障。这就要求各个链节内的弹药应具有相对一致的位置,并且在向弹链装弹时易于判定此位置。因此,链节在结构上必须有定位部。

(5) 弹链节距应尽可能小。在保证自动机与输弹机构运动相互协调的条件下,弹链节距应尽可能小,以减少输弹能量消耗及提高输弹运动的平稳性,同时可使弹链紧凑。

(6) 重新装弹应迅速方便。对于反复使用的弹链,射击过的弹链应能迅速地进行重新装弹,以提高武器的战斗射速。对于小口径的武器应能用手装弹,大口径的武器应能借助简单工具装弹,同时应保证夜间装弹的正确性。

5. 弹链的结构设计与分析

弹链设计应根据武器的战术技术要求,从弹药外形和输弹与进弹等机构动作协调考虑问题。

1）弹链链节的设计

（1）闭式弹链的链节。闭式弹链的链节抱弹部的横断面为包角接近360°的圆环,如图 5.50 所示。

图 5.50　闭式弹链的链节

闭式链节通常采用斜肩定位,定位点为斜肩小端起点。这种定位方式准确,不会产生错位现象,如图 5.51 式 56 式 14.5mm 高射机枪链节的定位结构。

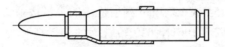

图 5.51　56 式 14.5mm 高射机枪链节定位部结构

（2）开式弹链的链节。开式弹链链节的横断面的包角通常在 270°左右,如图 5.52 所示。抱弹部横断面包角的大小影响到弹药定位和进弹工作的可靠性。包角太大,脱弹或推弹推弹时的抗力大,抱弹部变形量大,链节的使用寿命低;包角太小则抱弹不牢。几种自动武器所用弹链的包角、抱弹力,如表 5.8 所列。

开式弹链链节的前抱弹部位置与供弹方式有关。对于弹药从链节横向压出的开式链节,其前抱弹部可以设计在弹壳的口部,后抱弹部设计在弹壳的体部;对于斜推式单程进弹的武器,由于弹药要滑过前抱弹部,所以链节的前后抱弹部都包夹住弹壳的体部。对这种情况,在抱弹力小的时候,弹药容易向后脱落,应特别注意设计好链节的定位部。

表 5.8　几种自动武器链节的包角、变形量、抱弹力值

武器名称	包角/(°)		变形量/mm	拨弹力/N	材料	材料厚度/mm
	前抱弹部	后抱弹部				
56 式 7.62mm 轻机枪	269	—	0.4	58.8~107.8	T8A	9.55
56-1 式 7.62mm 轻机枪	280	—	0.85	49~88.2	T8A	0.55
57 式 7.62mm 重机枪	360	360	0.31	49~98	50	0.85
德国 MG42 通用机枪	285		0.4	58.8~98		0.65
54 式 12.7mm 高射机枪	269	276	1.05	9.8~196	50A	0.9
56 式 14.5mm 高射机枪	360	360	0.95	186.2~441	50	1.1
67-2 式 14.5mm 高射机枪	274	261	—	40~80	T8A	0.55
75 式 14.5mm 高射机枪	360	360		19~45	50	1.0
89 式 14.5mm 高射机枪	269	276	—	100~200	50A	0.9

采用斜推式单程进弹的武器,链节的抱弹部也是弹药进弹运动的导引部,因此要求前抱弹部前端至链节尾端应有一定距离 b_4,才能可靠地引导弹药入膛。前、后抱弹部应有一定的宽度 b_1 和 b_2,此尺寸影响到链节的强度、刚度和抱弹力。

抱弹部的口部有前、后抱弹部分开的和前后抱弹部为一体的两种。采用前、后抱弹部为一体时(图 5.52(a)),可增加链节的强度和刚度。但连接部尺寸受到限制,使链节采用互相搭挂的连接方式较困难,而需采用中间零件连接。采用前、后抱弹部分开时(图 5.52(b)),为了提高链节的强度和刚度,可在链节的背脊部增加加强筋,如 54 式 12.7mm 高射机枪弹链链节结构(图 5.49)。

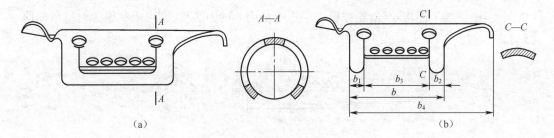

图 5.52　开式链节抱弹部的口部形状
(a)一体式抱弹部;(b)分开式抱弹部。

链节定位部开式链节的纵向定位问题比较重要,直接影响到武器工作的可靠性,一般用链节尾部的定位臂来定位。定位臂末端弯制成一定的形状,以确定弹药的纵向位置。例如,56 式 7.62mm 轻机枪的链节(图 5.53(a))中,定位臂末端附近有一凸包,枪弹装入链节后,凸包进入弹壳底槽内,以确定枪弹的纵向位置。这种定位方式可以将枪弹自链节内向前推出或向后抽出,装卸较方便。当定位臂的弹力失效后,定位可靠性降低。图 5.53(b)为 56-1 式 7.62mm 轻机枪的链节,其改进之处是定位臂尾端弯曲成 90°,包住了枪弹底面。枪弹只能从链节内向前推出,工作可靠性好。

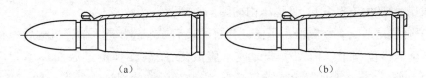

图 5.53　56 式和 56-1 式 7.62mm 轻机枪开式链节定位部结构
(a)凸包定位臂;(b)直角定位臂。

图 5.54 为 54 式 12.7mm 高射机枪链节定位部的结构,其定位臂尾端弯曲成一定角度,卡在弹壳底槽内,枪弹在链节中不能向前推出。这种定位方式可靠,不会错位,但是定位臂容易变形,链节寿命低,枪弹容易被甩掉。

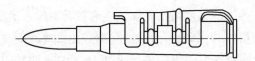

图 5.54　54 式 12.7mm 高射机枪链节定位部结构

链节脱弹支臂或隔链凸起。输弹过程中进行脱弹的开式弹链,均设有脱弹支臂部位,图 5.49 所示的链节结构就有前、后脱弹支臂,输弹过程中脱弹支臂托在脱弹齿上,枪弹被脱弹齿从链节下方挤脱。

有的武器输弹过程中不进行脱弹,而是在进弹过程中枪机或炮闩将弹药从弹链中推出。为了限制推弹时链节也跟着向前运动,应在链节上设计隔链凸起部位。图 5.53 所示 56-1 式 7.62mm 轻机枪的隔链凸起,在输弹过程中支撑在隔链齿上,进弹时被隔弹齿前壁抵住,链节不能向前运动,保证枪弹顺利地从链节内推出。其缺点是隔链凸起为悬臂形状,容易失效。图 5.55 是捷克 59 式通用机枪链节的隔链凸起,结构很简单,不是悬臂形状,强度、刚度和工艺均较好,输弹机构中用一块简单的阻链板,即可限制推弹时链节向前移动。

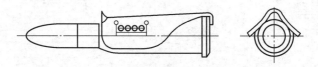

图 5.55　捷克 59 式通用机枪链节的隔链凸起

2) 各链节的连接方式、尾节和导片

(1) 各链节的连接方式。链节的连接方式要根据武器的使用条件和链节的形式而定。合理地设计链节的连接方式和结构尺寸,以保证弹链有足够的强度,尽可能小的节距以及合适的柔度。

不散弹链的中间零件多采用螺旋钢丝(图 5.46(a))。这种连接方式,通过改变孔与钢丝的间隙,就可以改变弹链的柔度。有些大口径机枪用互相搭挂后收口的连接方式(图 5.46(b))。这种连接方式可以减小弹链节距。散弹链的连接方式多采用互相插接或搭挂的形式(图 5.45)。这种连接方式有利于减小弹链节距,但柔度较小。组合弹链各段用类似散弹链的连接方式,具体结构如图 5.56 所示。

(2) 弹链尾节。有些武器为了保证弹链的最后一个链节进入输弹机构后能有确切的位置,不至因移位和歪斜而产生卡弹或空膛故障,一般在弹链最后加一尾节(图 5.46(a))。但弹链尾节并不是每种弹链都必需,当输弹机构能保证未发弹药的正常工作,就不必加尾节,如 56 式 7.62mm 轻机枪弹链经改进后就取消了尾节。

(3) 弹链导片。弹链导片是把弹链装入供弹机构内时的引导件(图 5.57),用以缩短弹链装入供弹机构的时间。弹链导片前端常卷成圆环状,以便于操作。弹链导片长度一般比供弹机构宽度大 30~40mm。

3) 弹链的柔度和节距

(1) 弹链的柔度。弹链的柔度包括平面柔度和扭转柔度。通常用弹链在平面内向两个方向自由弯曲在极限位置时,弹底所组成的包络线之曲率半径 R_1 和 R_2 来描述平面柔度,如图 5.58 所示。将弹链在空间成一条直线,由平面自由扭转成螺旋状时,相邻两发弹药轴线之间的最大扭转角 φ 表示扭转柔度,如图 5.59 所示。它们反映弹链对武器高低、方位射界变化及射击过程中弹链抖动的适应能力,适当提高弹链的柔度可以改善武器火力的机动性。但柔度过大,会引起开式弹链与枪炮身各部分发生勾挂现象,从而出现挂链故障和损坏弹链。

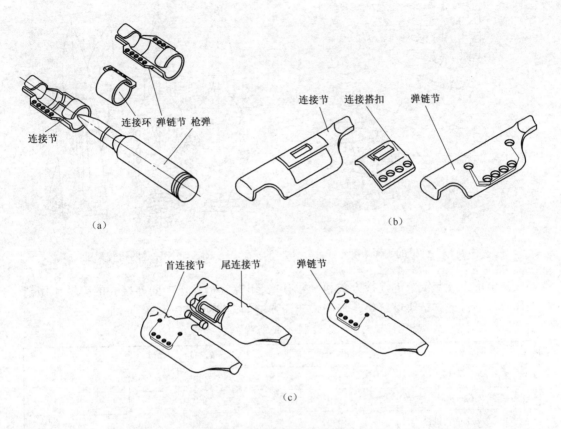

图 5.56　弹链各段间的联接方式
(a)56 式 14.5mm 高射机枪弹链;(b)56-1 式 7.62mm 轻机枪弹链;(c)捷克 59 式通用机枪弹链。

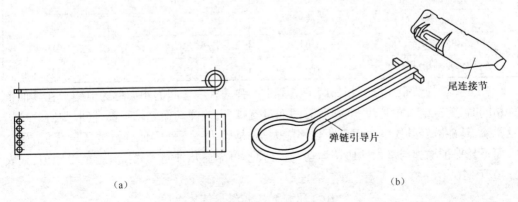

图 5.57　弹链引导片
(a)56-1 式 7.62mm 轻机枪的弹链导片;(b)捷克 59 式通用机枪的弹链导片。

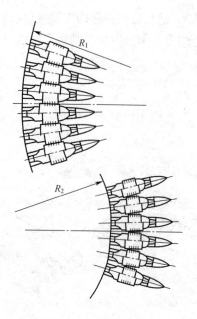

图 5.58 弹链的平面柔度

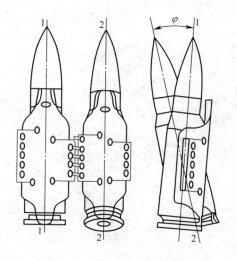

图 5.59 弹链的扭转柔度

弹链的柔度与链节的连接方式和尺寸有关,用螺旋钢丝作中间连接件的弹链比用销轴作中间零件的弹链柔度好。几种制式武器弹链的柔度值,如表 5.9 所列。

表 5.9 几种制式武器弹链的柔度值

武器名称	R_1/mm	R_2/mm	φ/(°)
56 式 7.62mm 轻机枪	185	140	10
56-1 式 7.62mm 轻机枪	160	137	8
53 式 7.62mm 重机枪	230	200	5.5
67-2 式 7.62mm 重机枪	160	137	8
89 式 12.7mm 高射机枪	<350	250	5
75 式 14.5mm 高射机枪	540	370	5
捷克 59 式通用机枪	185	140	12
捷克 ZB53 重机枪	420	300	0
德国 MG42 通用机枪	180	160	11

(2) 弹链的节距 弹链上相邻两个链节中的弹药轴线之间的距离称为节距。在其他条件相同时,弹链的节距越短,输弹所需的能量就越少,输弹动作就越平稳,同时弹链的结构越紧凑,越能减轻其质量。但节距也不能太小,是因为一方面会使弹链的柔度降低,另一方面不易保证输弹与进弹的协调运动,使供弹不可靠。几种制式武器弹链的节距值,如表 5.10 所列。

表 5.10 几种制式武器弹链的节距

武器名称	枪弹最大外径 D_A/mm	节距 t_d/mm	t_d/D_A(%)
56 式 7.62mm 轻机枪	11.35	15.3	135

续表

武器名称	枪弹最大外径 D_A/mm	节距 t_d/mm	t_d/D_A(%)
56-1式7.62mm轻机枪	12.42	20.5	165
53式7.62mm重机枪	12.42	18	145
54式12.7mm高射机枪	22	32.1	146
56式14.5mm高射机枪	27	40	148

4) 抱弹力

当弹链各链节装上弹药后,配合过盈量使抱弹部产生弹性变形将弹药夹持住,因此进弹机构从弹链中抽出或推出弹药时,必须克服一定的抗力,这种力称为抱弹力或拔弹抗力。

弹链链节上的抱弹部可简化为对称的矩形断面悬臂曲梁。假设链节抱弹时弹药对链节抱弹部施加一均匀分布的内压力,其大小与抱弹部和弹药弹壳外径之间的过盈量有关。

悬臂曲梁受力如图5.60(a)所示。曲梁单位弧长受力为q,称为压力集度(N/mm)。

(1) 悬臂曲梁各断面所承受的弯矩M。圆心角$d\alpha$所对应的微弧上的力为$qR_0 d\alpha$,其对A—A断面的力臂为$R_0\sin(\varphi-\alpha)$,即

$$M = \int_0^\Phi qR_0^2\sin(\varphi - \alpha)\,d\alpha = qR_0^2(1 - \cos\varphi)$$

式中 R_0——未装弹时链节抱弹部所形成的曲梁平均半径。

弯矩分布如图5.60(b)所示,端面处弯矩等于0,悬臂梁根部弯矩最大,其计算公式为

$$M_{\max} = qR_0^2(1 - \cos\Phi)$$

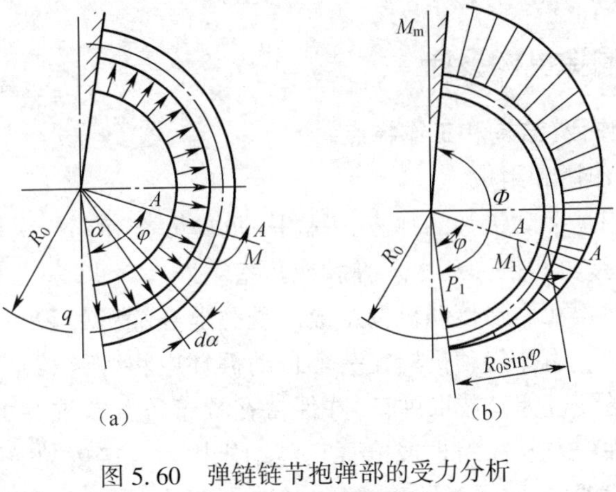

图5.60 弹链链节抱弹部的受力分析
(a)压力分布;(b)弯矩分布。

(2) 压力集度q。压力集度q取决于抱弹部装上弹药时的径向位移,即过盈量。假设链节抱弹部装上弹药后,悬臂曲梁端部产生的位移等于抱弹部的径向过盈,则利用莫尔定理可求出q的数值。在悬臂曲梁端部施加一单位力$P_1=1$,则此力在A—A断面上产生

的单位力矩为

$$M_1 = R_0^2 \sin\varphi$$

根据莫尔定理,有

$$\frac{\delta}{2} = \int_0^L \frac{MM_1}{EJ}\mathrm{d}x = \frac{qR_0^4}{EJ}\int_0^\Phi (1-\cos\varphi)\sin\varphi\mathrm{d}\varphi = \frac{qR_0^4}{EJ}\left(\frac{1}{2}\cos^2\Phi - \cos\Phi + \frac{1}{2}\right) \tag{5-75}$$

式中 $\dfrac{\delta}{2}$——抱弹部径向过盈量(m);

L——悬臂曲梁的周长(m);

E——弹链链节材料的弹性模量(MPa);

J——曲梁断面对其中心线的惯性矩(m^4),$J = \dfrac{bh^3}{12}$。

式中 b——悬臂曲梁断面宽度(m);

h——链节厚度(m)。

由式(5-75)可得压力集度的计算公式为

$$q = \frac{\delta}{2} \cdot \frac{EJ}{R_0^4} \cdot \frac{1}{\left(\dfrac{1}{2}\cos^2\Phi - \cos\Phi + \dfrac{1}{2}\right)} \tag{5-76}$$

(3) 抱弹力的计算。有了压力集度 q 的值,就可得出抱弹力或拔弹抗力 Q 的值,即

$$Q = 2qfR_2\Phi \tag{5-77}$$

式中 f——摩擦系数,$f = 0.15 \sim 0.20$;

R_2——悬臂曲梁内半径。

抱弹力或拔弹抗力的大小应适当、平稳,以保证供弹机构的正常工作。几种制式武器的弹链链节数据,如表 5.8 所列。

5.3.3 弹链输弹机构设计

1. 输弹机构的作用、结构和工作特点

1) 输弹机构的作用和组成

输弹机构的作用是拨动带弹的弹链,平稳移动弹药,把弹药依次及时地送到进弹口或取弹口位置,以便进弹机构把弹药送入弹膛或药室。

输弹机构由受弹器和输弹传动机构组成。受弹器在输弹过程中容纳和导引弹链,并控制弹链的运动方向。输弹传动机构在一个自动循环中将弹链移动一个链节,把弹链上最前端的一发弹药送到进弹口或取弹口,并保持在预备进膛或取弹的位置上。输弹传动机构是由输弹原动件(枪机、枪机框或枪管)、传动机构和直接拨动弹链的构件组成。

在大部分自动武器中,输送弹链的能量一般来自机构中某个活动件,传动机构的主动件为枪机、炮闩、身管或枪机框,直接运送弹链的构件可分为拨弹滑板式、拨弹转轮式两大类,现代机枪、自动炮多采用拨弹滑板式。

拨弹滑板作往复直移运动,传动机构通过拨弹滑板上的拨弹齿拨动弹链运动,当拨弹滑板返回时,阻弹齿即阻止弹链退回。

拨弹转轮绕固定轴作单向回转运动,固定轴与内膛轴线平行。传动机构通过拨弹转轮使弹链移动。当传动机构返回时,固定轴上有棘轮阻止转轮反转。拨弹转轮机构结构较复杂,外形尺寸和重量都较大,但转轮上的弹形槽能可靠地包住弹药,并可作为进弹时的引导面,适用于大口径自动武器。

另有少数其他形式输弹机构,如输弹传动机构的从动件作回转运动直接进行拨弹,无转轮,结构较为简单。

2) 输弹机构的分类

根据输弹传动机构的结构形式,输弹机构可分为凸轮式输弹机构、杠杆式输弹机构、凸轮杠杆组合式输弹机构、转轮式输弹机构、凸轮齿条式输弹机构和链轮齿条式输弹机构等。其工作性能与弹链运动的速度和加速度的变化有关,而加速度在很大程度上取决于传动机构的传速比。不同输弹机构的应用案例有很多,表 5.11 为典型输弹机构列表。

表 5.11 典型输弹机构列表

	形状或位置		拨弹方式	应用实例
凸轮式输弹机构	不变传速比(直线)		滑板拨弹	57 式 7.62mm 重机枪
	变传速比(直线与圆弧)			58 式 7.62mm 轻机枪
	圆柱凸轮		转轮拨弹	MG17 航空机枪
			无转轮回转直接拨弹	59 式 12.7mm 航空机枪
	螺旋曲线凸轮			捷克 59 式通用机枪
杠杆式输弹机构	平行平面		滑板拨弹	德国马克沁重机枪
	垂直平面			54 式 12.7mm 高射机枪
	空间曲拐		转轮拨弹	苏联 38 式 ДШК 高射机枪
凸轮杠杆组合式输弹机构	凸轮曲线在原动件上	双臂杆	滑板拨弹	美国勃朗宁重机枪
		曲拐		捷克 ZB53 式重机枪
	凸轮曲线在杠杆上	单杠杆		德国德莱西重机枪
		双杠杆		56-1 式 7.62mm 轻机枪
				88 式 5.8mm 通用机枪
		三杠杆		德国 MG42 通用机枪
转轮式输弹机构	定向转动的转轮		转轮拨弹	苏联 ШВАК-20 航空自动炮
				M230 系列链式炮
凸轮齿条式输弹机构	凸轮曲线在拨弹齿轮框上	齿轮齿条	拨弹板拨弹	
链轮齿条式输弹机构	链轮和齿条带动链条运动		拨弹齿拨弹	

3) 输弹机构的特点

下面以表 5.11 中武器为例简述各种类型输弹机构的特点。

(1) 凸轮式输弹机构。凸轮式输弹机构的特点是机构传速比的变化规律由凸轮轮廓曲线决定,因而可以通过合理地拟制凸轮轮廓曲线,获得预先选择的弹链运动规律,从而能避免或减轻机构传动中的碰撞和保证输弹的平稳性和可靠性。

凸轮轮廓曲线可以取在主动件上，形状可以是直线、曲线或由直线和圆弧组成的混合曲线。直线加工制造方便，但其传速比为常数，拨弹滑板在起动和停止运动时，都将产生碰撞。曲线和混合曲线传速比为变数，拨弹滑板在起动和终了时无碰撞，工作平稳。

滑板式拨弹机构应恰当选取滑板曲线，通常都取斜直线，且倾角较小。曲线槽可在导板上，也可在拨弹滑板上。前者导板宽度比拨弹行程大，后者可减小导板宽度，结构较为紧凑，其工作原理如图 5.61 所示。

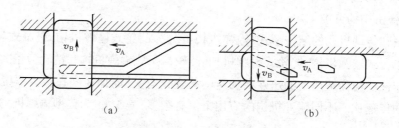

图 5.61 滑板式拨弹机构
(a)曲线槽在导板上；(b)曲线槽在拨弹滑板上。

① 57 式 7.62m 重机枪输弹机构。图 5.62 为 57 式 7.62mm 重机枪的输弹机构，采用拨弹滑板拨弹。原动件枪机框的凸轮曲线为两个直线斜槽，与拨弹滑板上的两个凸起相配合，从而决定机构的运动规律。由于原动件供弹行程较长，而枪机框宽度小，所以采用两个斜槽和两个凸起。机构的传速比为常数，拨弹滑板启动有碰撞。

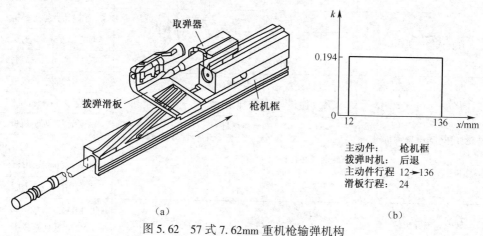

图 5.62 57 式 7.62mm 重机枪输弹机构
(a)实物图；(b)传速比图。

② 58 式 7.62mm 轻机枪输弹机构。图 5.63 为 58 式 7.62mm 轻机枪输输弹机构，采用拨弹滑板拨弹。原动件枪机框带动导板，导板上的曲线槽由一段圆弧和一段直线组成，与拨弹滑板上的圆形凸起配合。机构的传速比由零逐渐上升，增加到一定值后保持恒定，拨弹滑板启动时无碰撞。

③ 德国 MG17 航空机枪输弹机构。图 5.64 为德国 MG17 航空机枪输弹机构，采用圆柱凸轮传动，拨弹转轮拨弹，原动件枪管上有一凸起沿拨弹转轮前端下面的圆柱凸轮曲线槽内滑动，使转轮回转。拨弹转轮与圆柱凸轮之间有棘轮机构。当枪管后坐时，转轮回转拨弹，当枪管复进时转轮与凸轮脱开，拨弹转轮不动。

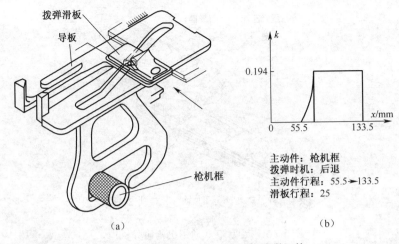

图 5.63　58 式 7.62mm 轻机枪输弹机构
(a)实物图；(b)传速比图。

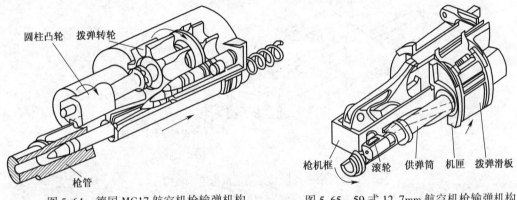

图 5.64　德国 MG17 航空机枪输弹机构　　图 5.65　59 式 12.7mm 航空机枪输弹机构

④ 59 式 12.7mm 航空机枪输弹机构。图 5.65 为 59 式 12.7mm 航空机枪输弹机构，采用圆柱凸轮传动，回转式直接拨弹。原动件枪机框上有滚轮，与具有圆柱凸轮作用的供弹筒配合使其回转，直接拨动作圆周运动的拨弹滑板进行拨弹。供弹筒上的圆柱凸轮曲线槽为螺旋线，仅两端的过渡部分展开后形状为小圆弧。

⑤ 捷克 59 式通用机枪输弹机构。图 5.66 为捷克 59 式通用机枪输弹机构，该枪采用螺旋曲面凸轮传动，回转式直接拨弹。原动件枪机框右侧有两个坡度不同的导引曲面，机匣右侧装有拨弹臂。枪机框后退时，拨弹臂下端的滚轮沿下导引曲面运动，使拨弹臂绕轴转动，其上端的活动拨弹齿直接拨弹。枪机框复进时，拨弹臂下部凸起与枪机框的上导引曲面配合，拨弹臂空回。

(2) 杠杆式输弹机构。杠杆式输弹机构的传速比取决于杠杆各臂的长度和角度，在输弹开始和结束时都有较大的撞击。作为一种基本构件，双臂杆在输弹传动机构中是比较常用的，结构简单，加工方便。

① 德国马克沁重机枪输弹机构。图 5.67 为德国马克沁重机枪输弹机构，采用拨弹滑板拨弹，杠杆机构的两臂在平行平面内运动。双臂杆的一端为圆柱凸起，与原动件枪管

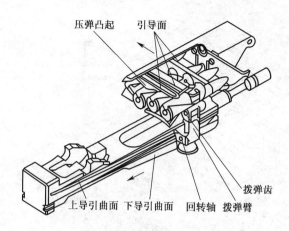

图 5.66 捷克 59 式通用机枪输弹机构

节套上的直槽配合,另一端的圆头与拨弹滑板上的长槽配合,是最简单的杠杆传动机构。

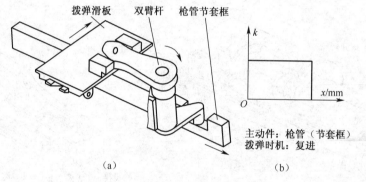

图 5.67 德国马克沁重机枪输弹机构
(a)实物图;(b)传速比图。

② 54 式 12.7mm 高射机枪输弹机构。图 5.68 为 54 式 12.7mm 高射机枪输弹机构,其输弹传动机构由回转轴相互垂直的传动臂和传动杆(两根双臂杆)组成。采用拨弹滑

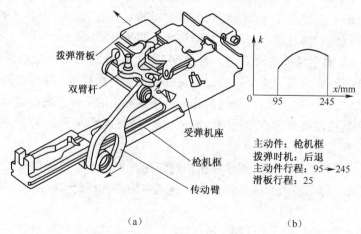

图 5.68 54 式 12.7mm 高射机枪输弹机构
(a)实物图;(b)传速比图。

板拨弹,杠杆机构的大、小臂的运动轨迹为垂直平面。大双臂杆的一端为叉形开口,与原动件枪机框的圆柄配合,带动传动臂回转,并保证转动中不产生干涉。小双臂杆(称为曲臂)的一端为圆头,与拨弹滑板的直槽配合,传动拨弹滑板左右移动。另一端为叉形开口,与大双臂杆的另一圆头端相连。

③ 苏联38式ДШК高射机枪输弹机构。图5.69为苏联38式ДШК高射机枪输弹机构,该枪采用拨弹转轮拨弹,原动件枪机框后退时,机柄使拨弹曲臂回转,拨弹曲臂上端的拨弹齿钩住转轮端面凹槽使转轮转动。转轮上有六个弹槽,拨弹曲臂每次使转轮回转一弹位。转轮一端配有棘轮机构,枪机框复进时,转轮被锁住不能回转。

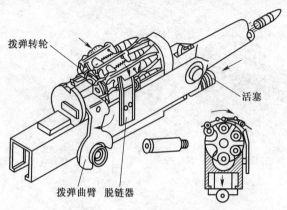

图 5.69　苏联38式ДШК高射机枪输弹机构

(3) 凸轮杠杆组合式输弹机构。凸轮杠杆组合式输弹机构具有凸轮机构和杠杆机构的双重特性。在对输弹工作要求较复杂的情况下,组合机构能使结构紧凑且运动又平稳,但这种机构往往包括太多构件。当凸轮曲线在主动件上时,杠杆机构的杆长比较短,结构紧凑。当凸轮曲线在大杠杆上时,主动件的质量轻,对提高射击频率有利。

① 美国勃朗宁重机枪输弹机构。图5.70为美国勃朗宁重机枪输弹机构,采用双臂杆凸轮杠杆组合机构,拨弹滑板拨弹,凸轮曲线槽在原动件枪机上,双臂杆的一端通过滑

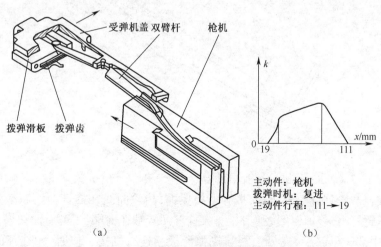

图 5.70　美国勃朗宁重机枪输弹机构
(a)实物图;(b)传速比图。

轮沿枪机上的凸轮曲线槽运动,另一端带动拨弹滑板作往复运动,机构构件少。输弹起始和结束均无冲击,工作特性好。

② 捷克 ZB53 式重机枪输弹机构。图 5.71 为捷克 ZB53 式重机枪输弹机构,采用曲拐式凸轮杠杆组合机构,拨弹滑板拨弹。原动件枪机框底平面上有曲线槽,通过双臂杆带动拨弹滑板运动。由于曲线槽在枪机框下方,拨弹滑板在枪机框上面,双臂杆为曲臂杆,其回转轴在机匣侧面。

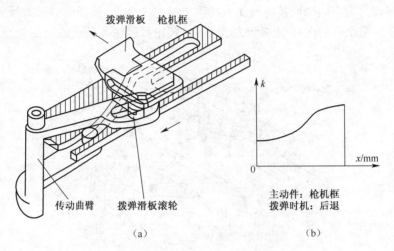

图 5.71　捷克 ZB53 式重机枪输弹机构
(a)实物图;(b)传速比图。

③ 德国德莱西重机枪输弹机构。图 5.72 为德国德莱西重机枪输弹机构,采用单杠杆凸轮杠杆组合机构,拨弹滑板拨弹。双臂杆的一臂上有凸轮曲线槽,与原动件枪机相连,另一臂与拨弹滑板相连,双臂杆的回转轴在中部。

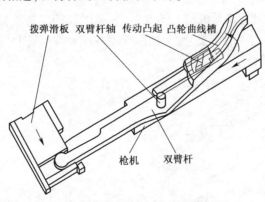

图 5.72　德国德莱西重机枪输弹机构

④ 56-1 式 7.62mm 轻机枪输弹弹机构。图 5.73 为 56-1 式 7.62mm 轻机枪输弹机构,采用双杠杆凸轮杠杆组合机构,拨弹滑板拨弹,凸轮曲线在杠杆上。原动件枪机框通过大杠杆、双臂杆将运动传给拨弹滑板。大杠杆回转轴在前端,后部有曲线槽。双臂杆一端与大杠杆中部的凸起配合,另一端与拨弹滑板相连。机构工作时,大杠杆的摆动角很小,以减小受弹机盖的宽度,使机构工作平稳无冲击。

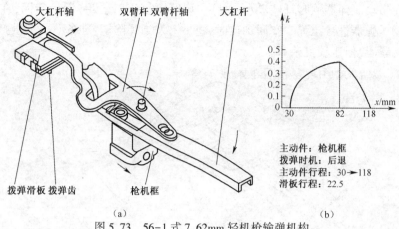

图 5.73 56-1 式 7.62mm 轻机枪输弹机构
(a)实物图;(b)传速比图。

⑤ 德国 MG42 通用机枪输弹机构。图 5.74 为德国 MG42 通用机枪输弹机构,采用三杠杆凸轮杠杆组合机构,拨弹滑板拨弹。原动件枪机通过大杠杆、中间双臂杆和小杠杆将运动传给内外两个拨弹滑板。中间双臂杆两端开有指形槽,内外拨弹滑板后端分别与小杠杆的固定回转轴两边铰接,其前端有开口槽沿导柱滑动,两滑板运动方向相反,以实现一个滑板拨弹时,另一滑板空回。该机构可实现双程输弹,结构较复杂,图 5.74(c)为该机构简图。

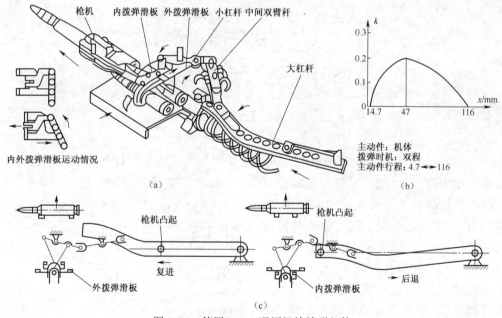

图 5.74 德国 MG42 通用机枪输弹机构
(a)实物图;(b)传速比图;(c)机构简图。

⑥ 23-1、HP23 等航空自动炮及 61 式 25mm 舰炮等的输弹机构。图 5.75 是 23-1、HP23 等航空自动炮及 61 式 25mm 舰炮的工作原理图,采用含有圆柱凸轮的凸轮杠杆组合机构,拨弹滑板拨弹。原动件炮管匣后坐时,通过传动臂转动圆柱凸轮,并通过双臂杆(杠杆)将运动传给拨弹滑板,向箭头方向移动,使整个弹带向前移动一个节距拨弹。在

拨弹的同时带动压弹器顺时针转动(空回)。炮管匣复进时,拨弹滑板空回,在空回的最后阶段带动压弹器进行压弹。空回到位时,将下一发炮弹除链,准备下一个供弹循环。其特点是结构紧凑,但比较复杂。

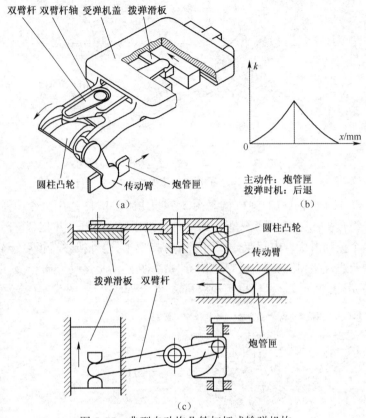

图 5.75 典型自动炮凸轮杠杆式输弹机构
(a)实物图;(b)传速比图;(c)机构原理图。

⑦ 30-1 航空自动炮的输弹机构。拨弹运动的规律取决于杠杆和凸轮曲线的形状。实际应用中,应尽可能延长拨弹运动的时间以降低拨弹板和弹带运动的最大速度。30-1 航空自动炮采用了炮身后坐和复进均拨弹的机构,如同机枪的双程输弹。其拨弹机构的工作原理如图 5.76 所示。炮身后坐时,导板向前运动。通过导板上的曲线槽使后坐拨弹滑板上的后坐拨弹齿拨弹带移动一段距离。与此同时,复进拨弹滑板空回,其上的复进拨弹齿越过第二发弹药链节并恢复至工作角度。炮身复进时,导板和两拨弹滑板均反向运动。复进拨弹齿拨动第二发弹节,使弹带在后坐拨弹的基础上继续移动,直至移动一个弹链

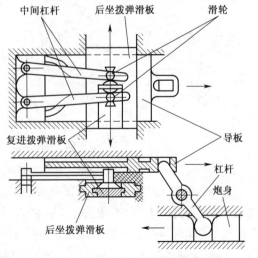

图 5.76 30-1 航空自动炮的输弹机构

节距。后坐拨弹齿则空回,越过进弹口弹药和链节。完成拨送一发弹药的整个循环运动。炮身复进末期,后坐拨弹滑板在运动最后阶段,带动压弹器迅速逆时针转动进行压弹。

在图 5.76 中的两根中间杠杆是为了减小拨弹滑板运动时的侧向力。中间杠杆前端与导板及拨弹滑板同时用滑轮相连接,后端用滑轮与供弹机体相连,因而可不改变导板与拨弹滑板之间的运动关系,又使其可承受曲线槽作用于拨弹滑板的侧向力。

(4) 转轮式输弹机构。转轮式输弹机构的应用有苏联 ШBAK-20 航空自动炮(图 5.77(a))和 M230 系列链式炮(图 5.77(b))。M230 系列链式炮采用单路供弹机构,由一个拨弹轮和一个进弹轮组成。拨弹轮装在匀速转动的供弹转轴上,供弹转轴与传动链组件相连接。拨弹转轮与圆柱齿轮联接,通过弗格森凸轮(平行分度凸轮)换位转动装置,驱动转盘(进弹轮轴)间歇转动。弗格森凸轮的主副凸轮组成的驱动轮连续转动。通过曲面轮廓驱动转盘上的滚子使转盘间歇转动。主副凸轮曲面离开滚子后,凸轮上的圆廓面锁止转盘,使转盘不能转动。两个供弹链轮不断拖动弹带,并通过一对拨弹器匀速地将弹药拨离弹带,然后依次进入处于静止状态的进弹轮三空腔之一。同时,被驱动的机芯组件推动弹药上膛,并在炮管尾部闭锁,发射弹药。经过一段闭锁时

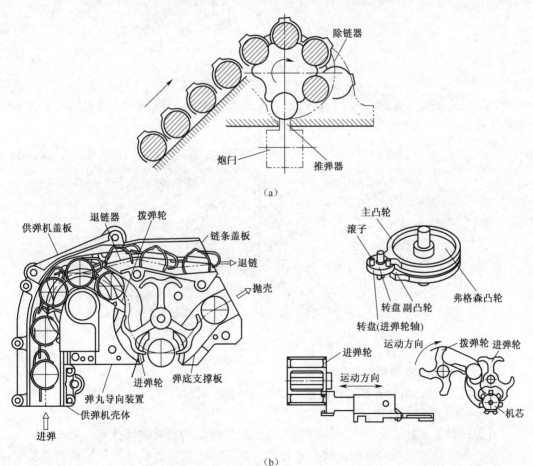

图 5.77 转轮式输弹机构图
(a)苏联 ШBAK-20 航空自动炮;(b)链式炮单路供弹和弗格森凸轮原理图。

间,弹丸飞离膛口以后,机芯开锁,通过进弹轮内腔后退、抽壳。之后,进弹轮开始旋转,弗格森凸轮换位传动装置加速进弹轮旋转,实现抛壳,并使供弹链轮上的新弹药到达机芯端面,从而完成两个发射循环。此外,弹药在到达机芯断面以前,弹壳凸缘由凸缘导槽卡住,防止弹药纵向运动,保证弹药对准机芯端面。弹药到达机芯端面后,弹壳凸缘由机芯固定退壳器卡住,防止二次进弹。

（5）凸轮齿条式输弹机构。凸轮齿条式输弹机构如图5.78所示,利用活动件上的凸耳嵌入拨弹齿轮框上的凸轮曲线槽使其转动,并通过齿轮齿条机构传动拨弹板拨弹。

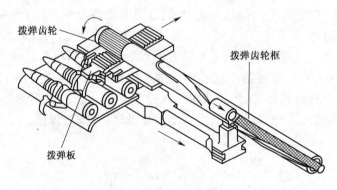

图 5.78 凸轮齿条式输弹机构

（6）链轮齿条式输弹机构。链轮齿条式输弹机构如图5.79所示。通过链轮和齿条带动链条运动,链条上的拨弹齿直接拨动弹药。

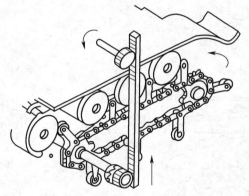

图 5.79 链轮齿条式输弹机构

2. 输弹机构的主动件和拨弹时期

设计输弹机构时,首先是选择输弹主动件,其次是选择拨弹时期。

1) 输弹主动件的选择

自动武器在发射过程中有多个构件参与运动,因此输弹机构主动件有多种选择。一般输弹主动件的选择与武器的自动方式有关。其选择原则是主动件要有足够的能量储备,以保证输弹的可靠性;主动件允许安排较长的输弹行程,以保证弹链运动的平稳性;进弹机构与输弹机构在动作上易于协调。

（1）身管后坐式武器。对于身管后坐式武器,可采用身管或枪机作为输弹主动件,两者各有利弊。

用身管作为输弹主动件的优点:身管的质量大,能量储备充足;当拨弹所消耗的能量发生波动时,对自动机的工作影响较小,故自动机的工作可靠性容易保证。其缺点:①身管一般位移较小,运动时间短,导致拨弹行程小,输弹机构传速比大,使弹链运动的速度和加速度都很大,产生较大的惯性力和撞击,因而需要加大零件尺寸以保证强度,致使输弹机构结构笨重,同时运动平稳性较差。②输弹机构与进弹机构在运动上没有联系,供弹时机较难控制,身管和枪机/炮闩运动协调困难。无论是提前还是滞后把弹药拨到进弹口或取弹口都会影响到自动机的正确动作,引起卡弹等故障。对于身管后坐式武器,若选用身管作为输弹主动件首发装填比较困难。

用枪机作为输弹主动件的优点:①输弹和进弹动作容易协调,因此大多数武器采用枪机进弹;②枪机都有较长的工作行程,输弹行程可以选择长一些,可实现较小的传速比,弹链的运动比较平稳可靠。其缺点:枪机的质量小,能量储备少。为了保证自动机的工作可靠性,往往需设置加速机构,把身管的一部分动能传递给枪机,从而自动机结构较为复杂,或用增加枪机质量的方法来提高枪机或炮闩的能量储备,枪机质量增加后机匣的横向和纵向尺寸势必加大,致使武器的总质量增加,机动性变差。

由于身管和枪机或炮闩作为输弹主动件各存不同特点,因此在选择主动件时,要根据具体情况进行具体分析。对于身管后坐式武器,一般都用枪机或炮闩作主动件。

(2) 导气式武器。对于导气式武器,可采用枪机或枪机框作为输弹主动件。从能量储备的观点考虑,两者是一样的,因开锁后枪机和枪机框是结合在一起的,故其质量大,能量储备多,输弹机构及整个自动机的工作都可靠。另外,各机构的动作(拨弹、推弹、开锁、抽壳等)也易于协调。

选用枪机框做主动件比选用枪机做主动件的优点是枪机框的总行程比枪机的行程长,这样便于实现传速比较低的传动机构,一定程度上减小了弹链速度和加速度,以满足弹链运动平稳性的要求。

由于选用枪机框作输弹主动件具有更多的优点,所以在现代导气式武器中,大多数都采用这种方式。少数导气式武器由于结构上的限制,选用枪机作主动件。

(3) 枪机后坐式武器。采用枪机后坐式武器中的枪机,一般是半自由枪机式。由于身管不动,输弹主动件只能是枪机,通常选用机体作为主动件。

2) 拨弹时期的选择

根据拨动弹链时主动件运动的时期,可以把输弹机构分为主动件后坐时期拨弹、复进时期拨弹、后坐与复进时期都拨弹三种情况。

(1) 主动件拨弹时期工作条件的分析。主动件后坐时期拨弹的特点:主动件后坐时期拨弹,拨弹能量直接从火药燃气获得,能量储备多,易于保证输弹和自动机工作的可靠性。由于复进簧不需储备输弹能量,其刚度可小些,便于首发装填。后坐时期拨弹可消耗掉主动件一部分能量,减轻了自动机后坐到位的撞击,对提高武器的射击精度有利。但主动件后坐时运动速度较高,致使传动机构启动时产生较大的加速度和惯性力或有较强烈的撞击,对零件强度和弹链运动平稳性都不利。

主动件复进时期拨弹的特点:复进时期主动件运动速度低,传动机构启动平稳。但输弹所需能量依靠复进簧在压缩时储备,致使复进簧的预压力和刚度都要增加,造成首发装填困难,对火力机动性不利;若能量储备不足时,会引起复进不到位,自动机的工作可靠性较差。由于这些缺点,复进时期拨弹在步兵自动武器中很少采用。

主动件后坐与复进时期都拨弹,又称为双程输弹,其特点:在不增加主动件运动行程的情况下,可使拨弹行程加长,如德国 MG-42 通用机枪(图 5.74),主动件总行程为 161.5mm,而拨弹行程从 14.7~116mm,这样有利于提高武器的射击频率。采用双程输弹,缩短了主动件输弹行程,提高了射击频率,而弹链运动的加速度和惯性力并未加大,输弹动作比较平稳可靠,自动机各机构的零件强度也容易保证,但往往需要用凸轮杠杆组合机构来实现,结构较为复杂。

(2) 主动件拨弹时期与进弹动作的联系。无论在哪个时期拨弹,当把弹药从弹链中向前推出或向后抽出时,都不能拨动弹链,也就是说,输弹与进弹不能发生干涉。

对于单程进弹(推式进弹)的武器,主动件后坐时把弹药拨到进弹口,复进时把位于进弹口的弹药推进弹膛,这样的安排既合理又自然,易于解决输弹和进弹在时间上的协调,因此采用这种方式的武器很多,如 56-1 式 7.62mm 轻机枪等。

对于双程进弹(抽式进弹)的武器,主动件后坐时从弹链中抽出弹药,在复进时拨弹,如美国勃朗宁重机枪。由于主动件后坐时拨弹具有很大的优越性,所以在采用双程进弹的现代自动武器中,尽管枪机后坐时要取弹,仍在后坐时拨弹,也就是说,后坐时先取弹而后拨弹,如 56 式 14.5mm 高射机枪,因枪弹的外形前小后大,只要弹壳口部脱离了弹链的抱弹部,抽弹与拨弹就不再干涉。但这样会使主动件的总行程增加,从而武器的质量也随之增加,对机动性不利。

3. 输弹传动机构的设计

输弹传动机构的作用是在主动件的输弹行程内将弹链拨动一个节距,即将弹链中最前一发弹药拨到进弹口,以便进弹机构将弹药送入弹膛。

1) 拨弹滑板行程的确定

为了可靠地把待进膛的一发弹药拨到进弹口,拨弹滑板的行程必须大于弹链的节距,原因如下:

(1) 机构各零件制造有误差;

(2) 在拨弹过程中拨弹齿后面的各链节要产生弹性拉伸变形;

(3) 当拨弹到位时,弹药的位置应超过它与阻弹齿的接触位置,以保证阻弹齿能够完全抬起而不被弹药压住;

(4) 当拨弹滑板退回时,拨弹齿应越过弹链中下一发弹药的位置,以保证拨弹齿能够完全抬起而不被弹药压住;

(5) 某些武器为了使输弹与进弹动作相协调,在拨弹齿与弹链接触前安排一段空行程。

一般而言,拨弹滑板行程 y_a 比弹链节距 t_d 大 3~5mm,即

$$y_a = t_d + \Delta \tag{5-78}$$

式中: $\Delta = 3 \sim 5 \text{mm}$。

2) 传动机构结构形式的选择

选择输弹传动机构的结构形式是在了解已有武器的各种传动机构特点的基础上,根据所设计武器的战术技术要求,配合武器的总体设计来综合考虑,以便得到既简单紧凑工

作条件,又好的结构方案。

3) 输弹传动机构的传速比曲线

(1) 对从动件运动规律的要求。为了保证弹链运动平稳和工作可靠,对从动件(拨弹滑板)的运动规律要求:① 从动件的运动速度最好从零开始。当拨弹开始时,主动件已有相当大的速度,与从动件结合时,若发生强烈撞击,对机构的工作不利。② 从动件结束运动时,允许有撞击,但最好无碰撞。拨弹滑板本身质量小,速度也不大。当拨弹滑板突然停止运动时,撞击只对拨弹滑板产生影响,危害不大。③ 拨弹所消耗的能量应尽可能小,即从动件运动的最大速度应小一些。这是因为弹链各链节之间有间隙,弹链运动到最大速度之后又下降,各链节及弹药的动能将在相互碰撞中损失掉一部分能量。④ 弹链运动的惯性力应尽可能小,即从动件运动的加速度要小。这是为了满足弹链运动平稳性的要求,并使传动零件在运动中受力减小,以保证零件强度。

(2) 从动件运动速度的拟定。无论采取什么样的拨弹滑板和弹链运动速度曲线,拨弹滑板必须在拨弹的总时间内移动一个等于拨弹滑板行程的距离。拨弹滑板的运动位移 y_n 和速度 v_B 之间的关系为

$$y_n = \int_0^t v_B \mathrm{d}t$$

式中　v_B——拨弹滑板运动速度(m/s);

　　　t——拨弹的总时间(s)。

作出拨弹滑板运动速度 v_B 在拨弹总时间内的变化曲线,如图 5.80 所示。在速度曲线下的面积表示拨弹滑板的位移。无论拨弹滑板的运动速度按何种规律变化,只要速度曲线下的面积相等,拨弹滑板在拨弹总时间内移动行程相等。用这种图解可以直观地评价和比较所选择的弹链运动规律的优劣。

图 5.80 给出了三种拨弹滑板的速度曲线,其曲线下的面积是相等的。由图可知,曲线 Ⅰ 的最大速度比曲线 Ⅱ 的大,但曲线 Ⅰ 的加速度(曲线的斜率代表加速度 $\mathrm{d}v_B/\mathrm{d}t$)比曲线 Ⅱ 的小。曲线 Ⅲ 运动结束时无撞击,但最大速度和加速度都比曲线 Ⅱ 的大些。由此看来,减小能量消耗和获得小的加速度是矛盾的。

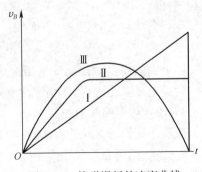

图 5.80　拨弹滑板的速度曲线

(3) 传速比曲线的求解。根据前面对从动件运动速度的要求,设计输弹传动机构时,可以拟制一条较为理想的从动件运动速度曲线,而为了使弹链的运动按照预选的规律进行,需要根据自动机运动分析计算的方法,求出传速比随主动件位移的变化曲线,然后再根据传速比变化曲线来拟制凸轮轮廓曲线。传速比曲线的求解采用逐次逼近法,其具体步骤如下。

① 第一次近似计算。取传速比为常数。设 y_n 为拨弹滑板的行程,x_n 为主动件输弹的总行程,得

$$k = \frac{y_n}{x_n} = 常数 \tag{5-79}$$

利用传速比为常数的机构运动微分方程式为

$$\left(m_A + m_B \frac{k^2}{\eta}\right)\frac{dv_A}{dt} = F_p - F_A - F_B \frac{k}{\eta} \tag{5-80}$$

式中　m_A、m_B——主动件和从动件的质量(kg)；

　　　F_p——作用到主动件上的火药燃气压力(N)；

　　　F_A、F_B——作用到主动件和从动件上的阻力(N)；

　　　k，η——传速比、传动效率，$\eta = 0.7 \sim 0.8$。

由式(5-79)和式(5-80)可以求出供弹阶段主动件的位移和速度随时间的变化曲线为

$$x = f_x(t)$$
$$v_A = \frac{dx}{dt} = F_x(t)$$

而从动件的速度随时间的变化曲线是已知的，即

$$v_B = \frac{dy}{dt} = F_y(t)$$

因此，可以找出主动件和从动件的速度随主动件位移变化的曲线 $v_A(x)$ 和 $v_B(x)$，则可以得到传速比随主动件位移的变化曲线为

$$k = \frac{v_B(x)}{v_A(x)} = f(x) \tag{5-81}$$

② 第二次近似计算。将第一次近似计算得出的传速比式(5-79)代入机构运动微分方程式，即

$$\left(m_A + m_B \frac{k^2}{\eta}\right)\frac{dv_A}{dt} + \frac{k}{\eta}m_B v_A^2 \frac{dk}{dx} = F_p - F_A - F_B \frac{k}{\eta} \tag{5-82}$$

经上面同样步骤，求出较准确的传速比随主动件位移的变化曲线。

后面重复上述过程，即用逐次逼近法求到两次计算结果之差满足要求为止。

4) 凸轮轮廓曲线的拟制

拟制凸轮轮廓曲线的方法有：预选传速比变化曲线的方法、用圆弧与直线或圆弧与圆弧相连接组成凸轮轮廓曲线的方法。

(1) 根据传速比变化曲线拟制凸轮轮廓曲线。假设已知传速比随主动件位移的变化曲线如图 5.81 所示的 $k = f(x)$，并且已知主动件的供弹行程 x_n，拨弹滑板的行程 y_n。

由 $k = \dfrac{dy}{dx}$，得

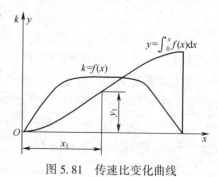

图 5.81　传速比变化曲线

$$dy = k dx = f(x) dx$$

因此,主动件的位移与拨弹滑板的位移关系为

$$y = \int_0^x f(x)\,dx$$

则

$$y_i = \int_0^{x_i} f(x)\,dx \quad (i = 0,1,2,\cdots,n) \tag{5-83}$$

将主动件位移由 0 到 x_n 分成若干路段,由式(5-83)求出对应各路段末的拨弹滑板位移(由 y_1 到 y_n),并将所得结果列成如表 5.12 所列的表格。

表 5.12　凸轮轮廓曲线的拟制

—	0	1	2	⋯	n
主动件位移	0	x_1	x_2	⋯	x_n
从动件位移	0	y_1	y_2	⋯	y_n

根据得到的主动件和从动件位移的一一对应关系,并利用相对运动原理可拟制出凸轮轮廓曲线,下面通过实例来说明曲线槽的拟制方法。

[例 1]　平移式凸轮机构曲线槽的拟制。

平移式凸轮机构如图 5.82 所示。曲线槽一般设计在主动件上,与曲线槽相互作用的凸起设计在从动件上。当主动件向左运动时,从动件则向上运动。主动件的长为 a,宽为 b,在输弹段主动件和从动件的行程分别为 x_n 和 y_n,且 $a>x_n,b>y_n$。

假设枪机框不动,根据相对运动原理,拨弹滑板相对于枪机框一边按枪机框原向左的速度向右运动,一边按其原速度向上运动。

为了绘制凸轮的理论轮廓曲线,选取一直角坐标系 xOy。沿横坐标截取枪机框的位移 $x_1,x_2,\cdots,x_n$,沿纵坐标截取拨弹滑板的位移 $y_1,y_2,\cdots,y_n$,作出平行于坐标轴的纵线及横线,将各对应纵横线的交点连接起来可得到一条曲线,此曲线即为枪机框上的理论轮廓线。

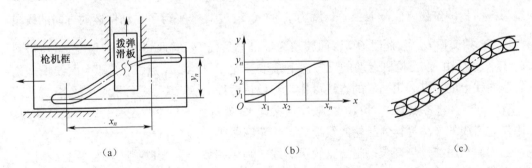

图 5.82　平移式凸轮机构曲线槽的拟制
(a)机构简图;(b)曲线槽理论轮廓曲线;(c)曲线槽工作轮廓曲线。

所得理论轮廓曲线为拨弹滑板上凸起的中心点在枪机框上的运动轨迹。要得到曲线槽工作轮廓曲线,必须以凸起的半径为半径,取理论轮廓曲线上一系列点为圆心作圆,再作出这些圆的两个外包络线,就是曲线槽的工作轮廓曲线。

[例2] 凸轮杠杆组合机构曲线槽的拟制。

曲线槽在主动件上的凸轮杠杆组合机构,如图5.83(a)所示。曲线槽在枪机上,双臂杆主动端上的凸起沿曲线槽运动,其从动端的圆头沿拨弹滑板上的横槽滑动。枪机和拨弹滑板的行程分别为 x_n 和 y_n,当枪机向左运动时,拨弹滑板向上运动。

为了合理安排拨弹滑板在受弹器上的位置,首先确定曲线槽理论轮廓曲线的起点和终点,如图5.83(b)所示。设在输弹开始时双臂杆在 C_0OD_0 的位置,在输弹结束时双臂杆在 $C_n'OD_n$ 的位置。圆弧 D_0D_n 在拨弹滑板运动方向上的投影为 y_n,y_n 在受弹器上的横向位置应适当。OD 臂从 OD_0 回转到 OD_n 的回转角 $\angle D_0OD_n=\varphi$,杠杆的另一臂 OC 应转动相同的角度,即 OC 臂从 OC_0 转到 OC_n' 的回转角 $\angle C_0OC_n'=\varphi$。

曲线槽理论轮廓曲线的终点可应用相对运动原理来确定。首先假设枪机不动,杠杆回转轴先向右移动一段行程 x_n,即由 O 的位置移到的位置 O_n,然后杠杆绕回转轴转动一个角度 φ_n,即 OC 臂转到 O_nC_n 的位置,这样理论轮廓曲线的终点 C_n 便确定了。C_0 和 C_n 的横向距离 a 和纵向距离 b 决定了理论轮廓曲线在枪机上的位置。

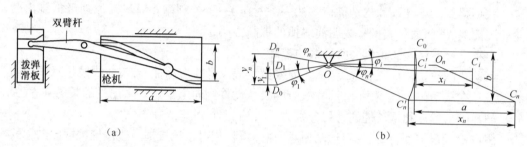

图5.83 凸轮杠杆组合机构曲线槽的拟制
(a)机构简图;(b)曲线槽理论轮廓曲线的作图。

为了使机构能实现选定的传速比变化曲线,必须求出曲线槽理论轮廓曲线上一系列的点。曲线上任意一点的作图如图5.83(b)所示。

设已根据传速比曲线求出了主动件和从动件运动的位移关系表格(表5.12)。首先沿拨弹滑板的位移方向截取任一长度为 y_i 的线段,过 y_i 作平行于主动件运动方向的线段与 $\overset{\frown}{D_0D_n}$ 相交得 D_i 点,此时 OD 臂回转角为 φ_i。然后使 OC 臂回转相同的角度 φ_i,可得到 C_i' 点。最后由 C_i' 在枪机运动的反方向上截取长度 x_i,得到 C_i 点,C_i 点即为曲线槽理论轮廓曲线上的一点。用同样的方法可作出与枪机行程 $x_1,x_2,\cdots,x_{n-1}$ 相对应的各 $C_1,C_2,\cdots,C_{n-1}$ 点,并将各点与 C_0 和 C_n 按顺序连接起来,就得到了凸轮曲线槽的理论轮廓曲线。用作包络线的方法可得到凸轮曲线槽的工作轮廓曲线。

(2)利用圆弧与直线拟制凸轮轮廓曲线。利用圆弧与直线拟制凸轮轮廓曲线时,可以在从动件启动和停止时,使主动件速度方向与圆弧入口和出口相切,则从动件启动和停止时无撞击。这种方法简单易行,但传动比曲线事先并不知道,只有在曲线槽结构确定之后通过求解才能得到。下面通过实例来说明此法的应用。

[例3] 曲线槽在杠杆上的凸轮杠杆组合机构曲线槽的拟制。

曲线槽在杠杆上的凸轮杠杆组合机构,如图5.84(a)所示。主动件枪机框上的滚轮沿大杠杆上的凸轮曲线槽作纵向运动时,大杠杆回转,而大杠杆上的凸起与双臂杆的主动端上的长形孔相互作用使双臂杆回转。双臂杆从动端的圆头在拨弹滑板直槽内滑动,以带动拨弹滑板在其导槽中运动。当主动件向右运动时,拨弹滑板则向上运动。

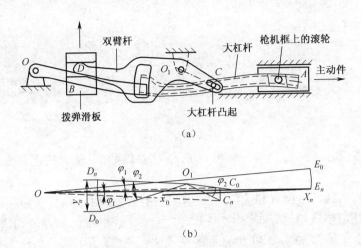

图 5.84　凸轮杠杆组合机构
(a)机构简图;(b)机构有关尺寸的选择。

首先分析机构运动的初始位置和终止位置,以便选择各构件的尺寸(图5.84(b))。

然后运动开始时,主动件滑轮在 x_0,大杠杆上的凸起在 C_0,双臂杆主动臂经过 C_0 点,从动臂为 D_0 点。

设 y_n 为拨弹滑板行程,则供弹结束时,O_1D 回转了角度 φ_2,即 O_1D 臂从 O_1D_0 位置到达 O_1D_n 位置,$\widehat{D_0D_n}$ 在拨弹滑板运动方向上的投影等于拨弹滑板行程 y_n。O_1C 臂回转同样的角度 φ_2,即 O_1C 臂从 O_1C_0 位置到达 O_1C_n 位置。凸起 C 与大杠杆回转轴的连线 OC 则从 OC_0 位置回转到 OC_n 位置,其回转角为 φ_1。

最后供弹完毕时,主动件滑轮到达 x_n,设此点对应大杠杆上的 E_n 点。若将 OE 直线从 OE_n 向 φ_1 相反的方向回转同样大小的角度,则 OE 直线到达 OE_0,这就得到了 OE 直线在运动开始时的位置 OE_0。

根据以上分析可知,大杠杆的回转角不能太大,应满足式(5-84),即

$$E_0E_n \leqslant b_0 - b \tag{5-84}$$

式中　b_0——机匣内部宽度(mm);
　　　b——大杠杆的宽度(mm)。

双臂杆回转轴 O_1 的位置可根据以下关系选择,即

$$\frac{O_1D}{O_1C} \approx \frac{y_n}{C_0C_n}$$

式中　O_1C——双臂杆主动臂长度;
　　　O_1D——双臂杆从动臂长度。

由于

$$\frac{C_0C_n}{E_0E_n} = \frac{OC_0}{OE_0}$$

所以

$$C_0 C_n = E_0 E_n \cdot \frac{OC_0}{OE_0} \leq (b_0 - b) \cdot \frac{OC_0}{OE_0}$$

得

$$\frac{O_1 D}{O_1 C} \approx \frac{y_n}{b_0 - b} \cdot \frac{OE_0}{OC_0} \tag{5-85}$$

当拨弹滑板的位置确定后,双臂杆两臂的总和不能超过由拨弹滑板到大杠杆上的凸起的距离 S,即

$$O_1 D + O_1 C \leq S \tag{5-86}$$

由式(5-85)和式(5-86),即可解出 $O_1 D$ 和 $O_1 C$ 的数值,从而选定双臂杆回转轴 O_1 的位置。

有了大杠杆的回转轴位置和转角以及运动开始和终了时主动件所对应的位置,就可利用圆弧与直线拟制凸轮轮廓曲线。56-1 式 7.62mm 轻机枪的输弹传动机构的凸轮曲线(图 5.85),由半径为 300mm 和 200mm 的两段圆弧组成(为了使传速比上升慢一些,前部圆弧半径大于后部圆弧半径在凸轮曲线的入口和出口处各有一段直线,两直线之间的夹角为 3°45′(相当于大杠杆回转角 φ_1),大杠杆外端的横向位移量为 15mm。

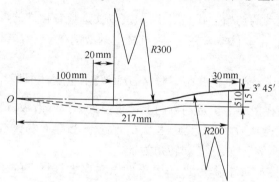

图 5.85 大杠杆上的凸轮理论轮廓曲线

圆弧与直线拟制凸轮轮廓曲线的方法,也可以用于拟制平移式凸轮机构或各种凸轮杠杆组合机构的凸轮曲线槽。

4. 受弹器及有关零件的设计

1) 受弹器

受弹器的作用是在输弹过程中容纳、导引和控制带弹药的弹链运动。就其功能而言,受弹器既是输弹机构的一部分,也是进弹机构的一部分,弹药到达进弹口位置时,受弹器内的定位装置使弹药位于规定的准确位置,等待推弹进膛或取弹后退。

受弹器包括受弹器盖和受弹器座两部分。通常,输弹传动机构的各构件安装在受弹器盖内,进弹机构各导引面设在受弹器座上,受弹器的形状尺寸应与弹链链节和弹药相适应。

(1) 受弹器的宽度一般应能容纳 3~5 发弹药,这主要是考虑到既能保证弹链运动的一致性,又不过分影响机匣的横向尺寸。

(2) 受弹器的长度取决于弹药的长度,同时应有一定的运动间隙。为了保证弹药在受弹器内前后方向定位可靠,此间隙应适当,间隙值为 2~4.5mm。

(3) 受弹器的形状。受弹器输弹入口处为喇叭形,以保证弹链在复杂的运动状态下顺利进入受弹器内腔。入口边缘应为足够的圆弧和卷边,以保证弹链进入入口时不被卡住。

受弹器上弹链的入口和出口应设置防尘盖,以提高武器的使用可靠性。

2) 拨弹齿和阻弹齿

拨弹齿和阻弹齿是安装于受弹器内的主要附件,是直接拨动弹链的零件,直接影响输弹动作的可靠性。

拨弹齿通过回转轴装于拨弹滑板上用于直接拨动弹链。当输弹机构工作时,拨弹滑板在受弹器盖或受弹器座的导轨上运动,拨弹齿就拨动弹链向进弹口接近。当拨弹滑板空回时,拨弹齿被弹药折叠(上抬或下压)越过下一发弹药,而后在拨弹齿簧的作用下恢复原位(下降或上升)又卡住次一发枪弹,等待再次拨弹,如图 5.86(a)所示。

在受弹器盖或受弹器座上装有阻弹齿,在拨弹滑板空回时阻止弹药和弹链的运动。当拨弹滑板拨动弹链时,阻弹齿被弹药折叠(下压或上抬),弹药从阻弹齿上边或下边滑过后,阻弹齿在阻弹齿簧的作用下恢复原位(上升或下降),等待下一次拨弹时阻弹,如图 5.86(b)所示。

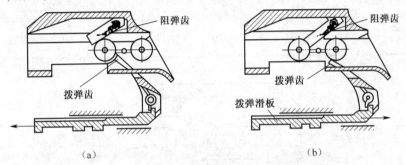

图 5.86 拨弹齿和阻弹齿的工作原理

(a)拨弹齿拨弹,阻弹齿折叠;(b)拨弹滑板空回,拨弹齿折叠,阻弹齿阻弹。

拨弹齿应满足以下四点。

(1) 合适的高度,尽量使拨弹齿与弹链接触中心在弹链的质心平面上,并且接触面的法线方向应平行或接近平行于弹链的质心平面,以改善拨动弹链时的受力状况,减小摩擦阻力,降低输弹所消耗的动能,确保拨弹动作可靠。

(2) 合适的宽度,保证在拨弹过程中,弹药运动平稳,不产生过大的左右摆动,并保证在拨弹到位时,弹药拥有合适的纵向位置而不发生左右歪斜。

(3) 拨弹齿簧有合适的簧力,保证在拨弹滑板空回到位时,拨弹齿能及时地恢复到工作状态。

(4) 拨弹齿形状应保证拨弹滑板空回时,拨弹齿不与弹链和弹药发生干涉,在拨弹滑板返回到位时,应能顺利地滑过次一发弹。

阻弹齿应满足以下三点。

(1) 高度和形状适宜,保证在拨弹滑板返回时,可靠地阻止弹链退出;在拨弹过程中能顺利滑过次一发弹。

(2) 有合适的宽度,以便控制受弹机构内带弹药的弹链保持一定的方向,且保证弹链内最前面一发弹在预备进膛位置或取弹口位置上。

(3) 阻弹齿簧有足够的簧力,保证拨弹到位时,阻弹齿能够顺利恢复工作状态。在拨弹滑板退回时,可靠地阻止弹链退出。

几种常见武器的拨弹齿、阻弹齿几何参数如表 5.13 所列,有关参数的含义如图 5.87 所示。

表 5.13 几种常见武器的拨弹齿和阻弹齿几何参数

武器名称	弹壳外径/mm	拨弹齿				阻弹齿			
		高度 h_1/mm	宽度/mm	工作面倾角 α_1	弹簧力/N	高度 h_2/mm	宽度/mm	工作面倾角 α_2	弹簧力/N
56-1 式 7.62mm 轻机枪	11.35	6.3	22.5	90°	4.9	1.3 3.5 (阻链)	48 22	65° 108°	4.9 17.6
58 式 7.62mm 连用机枪	12.42	52	16.4	97°	12.7	5	34.5	65°	17.6
57 式 7.62mm 重机枪	12.42	4.5	36	75°	19.6	5.5	35.8	72°	17.6
54 式 12.7mm 高射机枪	24.45	11	42	70°	14.7	5.5	60	45°	17.6

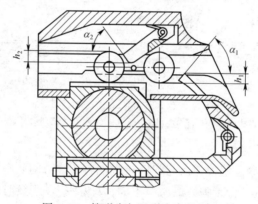

图 5.87 拨弹齿与阻弹齿参数含义

3) 输弹方向

不同武器的输弹方向是不同的。输弹方向的选择主要是考虑武器的使用方便性和武器在架座上安装的要求。在现代自动武器上,有单向弹链输弹、双向弹链输弹、弹链与弹匣双向输弹。

(1) 单向弹链输弹。对于步兵用轻、重机枪及通用机枪,一般都采用单向弹链输弹,其有右边输弹和左边输弹两种。右边输弹的机枪有 57 式 7.62 mm 重机枪、捷克 59 式通用机枪等;左边输弹的机枪有 56-1 式 7.62mm 机枪、美国 M60 通用机枪等。

(2) 双向弹链输弹。对于高射、车载、联装等武器由于武器安装和联装时受到装配位置的限制,要求武器能改变输弹方向,故多采用双向弹链输弹。双向弹链输弹机构设计的关键是改变输弹的方向。54 式 12.7mm 高射机枪的双向输弹变换方式(图 5.88(a))是采用将双臂杆主动端由一侧移到另一侧,并改变拨弹滑板的左右方向来实现的。56式14.5mm高射机枪的双向输弹变换方式(图5.88(b))是通过翻转导板和改变拨弹滑板的安装来实现的。

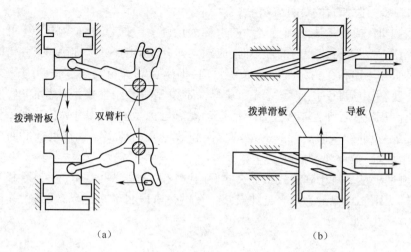

图 5.88　双向输弹的变换方式

(a)54式12.7mm高射机枪;(b)56式14.5mm高射机枪。

(3)弹链与弹匣双向输弹。对于步兵班用机枪,考虑到枪族的通用性,其供弹机构通常弹链与弹匣兼用,即采用弹链与弹匣双向输弹,其典型代表为比利时米尼米机枪,如图5.89所示。该机枪输弹的基本形式为弹链式,其输弹方向为左边输弹,但在供弹机座左下方设有弹匣插座,用于安装弹匣。在枪机上有两个推弹凸榫,按容弹具不同,将不同进弹位置上的枪弹推入弹膛。这样班用机枪可直接使用步枪弹匣,从而增加了武器的应急能力,提高了战场适应性。

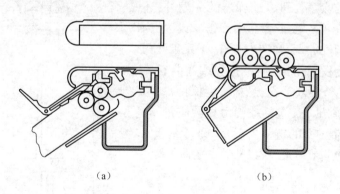

图 5.89　米尼米机枪供弹方式

(a)弹匣状态;(b)弹链供弹状态。

5. 输弹机构的运动、受力分析及拨弹力计算

1) 运动和受力分析的目的

对新设计的输弹传动机构进行运动分析和受力分析的目的如下。

(1)明确弹链运动与自动机运动的关系,确定供弹能量消耗大小以及弹链装满弹药或剩余一发弹药时供弹是否都确实可靠。

（2）了解输弹机构各构件工作时的受力状态,评定弹链运动平稳性和工作可靠性,并为构件强度或刚度计算提供原始数据。

2）输弹机构拨弹力的计算方法

武器射击时,拨弹齿拨动弹链运动的力称为拨弹力。通过拨弹力的计算可以了解弹链的受力情况。在进行拨弹力的计算时,应建立弹链运动的模型。连发时,弹链时断时续的工作,因而其运动和受力情况较复杂。目前,提出计算弹链运动和拨弹力的力学模型有:刚性模型、集中质量-拉伸弹簧模型及弹性带模型等。刚性模型计算简单,但计算结果与实际有一定差距;弹性带模型计算的运动规律与实际相似,但计算值与实测值差别较大;集中质量-拉伸弹簧模型计算的运动规律和数值大小与实际较接近。下面介绍刚性模型和集中质量-拉伸弹簧模型。

（1）刚性模型。对于弹板式或弹夹式等刚度较大的输弹具可简化为刚性模型。此模型假设弹链为刚体且弹链为垂直悬挂安装。在供弹阶段自动机运动计算时,一般可利用以下微分方程式,即

$$\left(m_A + m_B \frac{k^2}{\eta}\right)\frac{dv_A}{dt} + \frac{k}{\eta}m_B v_A^2 \frac{dk}{dx} = \pm F_A - F_B \frac{k}{\eta} \tag{5-87}$$

式中 m_A, m_B——主动件和从动件的质量(kg);

v_A——主动件的速度(m/s);

F_A——主动件所受的动力(复进供弹 F_A 取正号)或阻力(后坐供弹 F_A 取负号)(N);

F_a——从动件所受的阻力(N);

k,η——输弹传动机构的传速比和传动效率。

图 5.90 所示设弹链的最大悬挂长度为 H,则参加运动的弹链除了已进入受弹器的 n 发外,还有后面长度为 H 的一段带弹药的弹链。设 S_1 为弹链节距,则 H 长的一段弹链中有 H/S_1 发带弹药的链节。随着连发射击的进行,折叠或卷曲在弹链容弹具中的链节不断补充,悬挂长度保持不变。所以,从动件的质量 m_B 包括拨弹滑板的质量 m_H 和 $(n+H/S_1)$ 发带弹药的链节质量 $m(n+H/S_1)$, m 为一节带弹药的链节质量,所以从动件的质量为

$$m_B = m_H + m\left(n + \frac{H}{S_1}\right)$$

从动件所承受的阻力 F_B 包括弹链悬挂部分的重力 mgH/S_1 和弹链在受弹器内的运动阻力 F_{R1},以及拨弹滑板的运动阻力 F_{R2},即

$$F_B = mg\frac{H}{S_1} + F_{R1} + F_{R2} \tag{5-88}$$

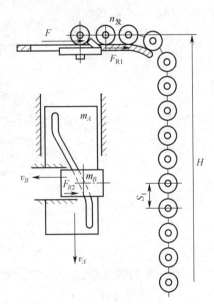

图 5.90 弹链供弹机构工作情况

利用龙格-库塔方法解微分方程式(5-87),

可得到拨弹滑板运动的最大速度 $v_{B\max}$ 和最大加速度 $\left(\dfrac{\mathrm{d}v_B}{\mathrm{d}t}\right)_{\max}$。

弹链运动时,作用到拨弹齿上的拨弹力等于弹链重力、弹链运动所承受的摩擦阻力及弹链运动的惯性力之和,即

$$F_q = mg\frac{H}{S_1} + m\left(n + \frac{H}{S_1}\right)\left(\frac{\mathrm{d}v_B}{\mathrm{d}t}\right)_{\max} + F_{R1} \tag{5-89}$$

计算供弹能量消耗时,常以弹链的最大速度为依据。因此,供弹能量的表达式为

$$\Delta E = mgH + (F_{R1} + F_{R2})y_n + \frac{1}{2}m_B v_{B\max}^2 \tag{5-90}$$

式中 y_n——拨弹滑板的总行程(mm)。

由于机构传动时有能量损失,故主动件供弹所消耗的能量为

$$\Delta E_\lambda = \frac{\Delta E}{\eta}$$

(2)集中质量-拉伸弹簧模型。对于由有一定刚度的弹链节和中间零件所组成的弹链,可简化为集中质量-拉伸弹簧模型。此模型的基本思想是带弹药的链节刚度很大,看成是具有集中质量的刚体;链节与链节之间的连接件(螺旋钢丝等)刚度很小,质量很轻,看成不考虑质量的受拉弹簧。因此,一条弹链可简化为具有多个集中质量的拉伸弹簧系统。

对此模型的数学描述,将对弹链上的每一个集中质量写出一个方程式,求得其数值解。

在进行计算时,设集中质量-拉伸弹簧模型的弹链为悬挂安装,即倾斜角 $\theta = 90°$。拨弹齿拨动弹链的一端为主动端,另一端为自由端,如图 5.91 所示。

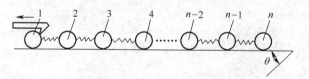

图 5.91 倾斜放置的弹链

当主动端移动一个弹链节距时,第一个链节的方程为

$$m\ddot{y} + C(y_1 - y_2) = F_1 \tag{5-91}$$

自由端链节的运动方程为

$$m\ddot{y}_n + C(-y_{n-1} + y_n) = F_n \tag{5-92}$$

中间任一链节的运动方程为

$$m\ddot{y}_i + C(-y_{i-1} + 2y_i - y_{i+1}) = F_i \tag{5-93}$$

式中 m——一个链节(包括弹药)的质量(kg);

C——两个链节之间的变形刚度(N/m);

$y, \dot{y}, \ddot{y}$——弹链运动的位移(m)、速度(m/s)、加速度(m/s²);

F_i——作用于各链节的外力(N)。

由式(5-91)~式(5-93)经过组合后,整个弹链的运动可表达为

$$M\{\ddot{y}_i\} + C\{y_i\} = \{F_i\} \tag{5-94}$$

式中 M——质量矩阵；

C——刚度矩阵，

$$C = C \cdot \begin{bmatrix} 1 & -1 & & & & \\ -1 & 2 & -1 & & & \\ & -1 & 2 & -1 & & \\ & \cdots & \cdots & \cdots & & \\ & & & -1 & 2 & -1 \\ & & & & -1 & 1 \end{bmatrix}_{n \times n};$$

$\{F_i\}$——力列阵；

$\{y_i\}, \{\ddot{y}_i\}$——位移和加速度列阵。

由于各链节所受重力，已被链节间的静拉伸变形力所抵消，并设悬挂部分无输弹导轨，重力也不引起摩擦，故除第一个链节外，其余链节均无外载荷，即

$$F_2 = F_3 = \cdots = F_n = 0$$

第一个链节所受的外力包括输弹阻力（如脱弹力及导向阻力）F_R、重力 nmg 及拨弹齿作用的拨弹力 Fq，有

$$\{F_i\} = (F_q - nmg - F_R, 0, 0, \cdots, 0)^T$$

拨弹力 F_q 的表达式为

$$F_q = m\dot{y}_1 + C(y_1 - y_2) + nmg + F_R \tag{5-95}$$

式中：第一和第二链节的运动参量为 y_1 和 y_2。

由于第一链节由拨弹齿直接带动，故除拨弹齿开始拨动第一链节瞬间发生碰撞，而有各自速度之外，输弹过程均可按式(5-96)计算，即

$$\dot{y}_1 = k\dot{x}, \quad y_1 = \int_{x_1}^{x_2} k\mathrm{d}x = \varphi(x) \tag{5-96}$$

式中 k——主动件与从动件（拨弹滑板）的传速比；

$\dot{x}$——主动件运动速度(m/s)。

为了研究弹链的运动及输弹过程中武器各机构的运动规律，要将主动件运动方程式(5-87)与式(5-96)联立求解。另外，由于弹链不传递压力，可加约束方程为

$$y_i - y_{i+1} - \frac{(n+1-i)}{C}mg \geq 0 \tag{5-97}$$

3）输弹机构运动分析实例

下面以 56-1 式 7.62mm 轻机枪的供弹机构为例进行输弹传动机构运动分析计算。

在该武器中当枪机框由行程为 30mm 处运动到 118mm 时，供弹机构进行工作。

(1) 已知数据。主动件（枪机框、1/3 复进簧、枪机、两闭锁片及弹壳）的质量 $m_A = 0.9\mathrm{kg}$，从动件（拨弹滑板及带枪弹的弹链）的质量 $m_B = 1.14\mathrm{kg}$。

主动件所受阻力（导轨摩擦阻力及复进簧力）为

$$F_A = m_A g f + K_f(f_f + x) \tag{5-98}$$

式中 f——摩擦系数，取为 0.15；

K_f——复进簧的等效弹簧刚度（$K_f = 0.445\mathrm{N/mm}$）；

f_f——复进簧的等效弹簧预压量(f_f = 154mm);

x——主动件位移(mm);

g——重力加速度,g = 9.8m/s^2。

从动件所受阻力(弹链悬挂部分重力,弹链在受弹器内的运动阻力及拨弹滑板的运动阻力)F_B = 50N,机构的传速比 k 如图 5.92 所示;机构的传动效率 η 如图 5.93 所示。

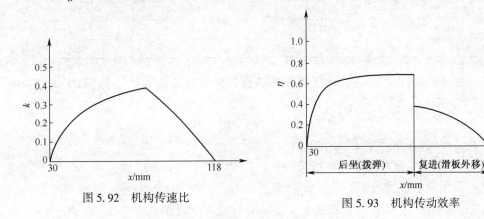

图 5.92 机构传速比　　　　　图 5.93 机构传动效率

(2) 计算初值,有
$$t = 0048s, x(t_0) = 30\text{mm}, v_A(t_0) = 6.8\text{m/s}$$

(3) 计算数学模型。假设弹链为刚性,则机构运动微分方程为

$$\left(m_A + m_B \frac{k^2}{\eta} \right) \frac{dv_A}{dt} + \frac{k}{\eta} m_B v_A^2 \frac{dk}{dx} = -F_A - F_B \frac{k}{\eta}$$

转化为以下微分方程组:

$$\begin{cases} \dfrac{dv_A}{dt} = \dfrac{-F_A - F_B \dfrac{k}{\eta} - \dfrac{k}{\eta} m_B v_A^2 \dfrac{dk}{dx}}{m_A + \dfrac{k^2}{\eta} m_B} \\ \dfrac{dx}{dt} = v_A \end{cases} \quad (5\text{-}99)$$

为了找出传速比 k 和传动效率 η 与位移 x 的函数关系,可利用曲线拟合法将 k 和 η 表示为 x 的多项式函数。经曲线拟合,有

$$k = -1.693304 + 0.9618599x - 0.159388 x^2 + 0.00897 x^3 \quad x \in [3,8]$$

$$\frac{dk}{dx} = 0.9618599 - 0.318776x + 0.02691 x^2$$

$$\eta = -4.596865 + 2.460714x - 0.3615765 x^2 + 0.0173658 x^3 \quad x \in [3,8]$$

从动件速度为

$$v_{Bi} = k_i v_{Ai}$$

从传速比曲线可知,当 x = 80mm 时,传速比达到最大值 k_{max} = 0.38,拨弹滑板的速度最大值就在此处附近。之后拨弹滑板的速度将下降,但由于弹链各链节之间的连接不是刚性的,且拨弹滑板质量很小,故可不考虑机构的逆传动,因此计算得 x = 80mm。

(4) 方程的求解。用龙格-库塔方法计算,步长 h = 0.001,计算结果列于表 5.14。表中只列出五个计算点的数值。

表 5.14 数值计算结果

t_i/(ms)	x_i/(mm)	v_{Ai}/(m/s)	v_{Bi}/(m/s)
4.8	30	6.80	0
6.8	41.5	5.97	1.16
9.8	59.0	5.77	1.59
11.8	70.5	5.68	1.75
13.5	79.7	5.43	2.12

(5) 供弹能量和作用于拨弹齿上的力的估算。供弹阶段的能量消耗(后坐供弹)可用式(5-100)来估计,即

$$\Delta E = E_0 - E_n - E \tag{5-100}$$

式中 E_0——供弹开始时主动件的能量(J);

E_n——供弹结束时主动件的能量(J);

E——压缩复进簧所需的能量(J)。

式(5-100)中三个能量值分别为

$$E_0 = \frac{1}{2}m_A v_{A0}^2 = \frac{1}{2} \times 0.9 \times 6.8^2 \approx 20.81(\text{N} \cdot \text{m})$$

$$E_n = \frac{1}{2}m_A v_{An}^2 = \frac{1}{2} \times 0.9 \times 5.43^2 \approx 13.27(\text{N} \cdot \text{m})$$

$$E = \frac{1}{2}(P_0 + P_n) \cdot (x_n - x_0) = \frac{1}{2}(81.88 + 104.00) \times (79.7 - 30) \times 10^{-3} \approx 4.62(\text{N} \cdot \text{m})$$

所以,供弹能量为

$$\Delta E = 20.81 - 13.27 - 4.62 = 2.92(\text{N} \cdot \text{m})$$

作用于拨弹齿上的最大力可近似表示为

$$F_{\max} = m_B \left(\frac{\mathrm{d}v_B}{\mathrm{d}t}\right)_{\max} + F_B = 1.14 \times \frac{1.1604}{(6.8 - 4.8)} \times 10^3 + 50 \approx 711.43\text{N}$$

5.3.4 弹链进弹机构设计

1. 弹链进弹机构的作用、结构和工作特点

1) 进弹机构的作用和组成

进弹机构的作用是把位于进弹口或取弹口的弹药从弹链内取出,并送进弹膛。

单程进弹机构一般由弹链链节、脱弹齿、压链器、定弹齿、阻弹齿、进弹口、枪机推弹凸榫、导向面及身管弹膛等组成。

双程进弹机构一般由弹链链节、定位凸榫、阻弹齿、取弹口、取弹器、压弹挺、枪机及身管弹膛等组成。

2) 进弹机构的特点

(1) 进弹机构在较短时间内(百分之几秒)将弹药移动较长的距离(大于弹药长),所以其加速度较大。

(2) 进弹机构的结构和形式在很大程度上决定自动武器的其他机构和整个自动机的复杂程度。

(3) 进弹机构的工作可靠性很大程度上决定整个自动机的工作可靠性。例如,58式62mm连用机枪在寿命试验中,故障总次数为158,卡弹和空膛故障次数为58,占总故障的37%。

2. 对进弹机构的设计要求

(1) 进弹前弹药在受弹器进弹口或取弹口的位置必须十分确定,以保证枪机推弹凸榫或取弹器能顺利且可靠地推弹或取弹。

(2) 进弹机构的各进弹导向面必须保证弹药按确定的运动路线进入弹膛,进弹路线不能受武器射击条件的影响。因此,整个进弹路线最好由结构完全强制。

(3) 在进弹过程中,弹药运动应平稳,加速度要小,以便减小惯性力。同时,撞击要小,从而能量消耗尽量小,以保证弹药不受到破坏和工作可靠性。

(4) 在进弹过程中,应尽量避免用弹头作导引,因弹头与进弹导向面相撞可能引起弹头松动和脱落,尤其使用特种弹的武器更不允许。最好利用弹药的二锥或斜肩来导向,使弹药按预定的轨迹进膛。

(5) 结构尽量简单,工艺性要好。

3. 进弹方式的选择

进弹方式与武器的战术技术要求、总体布置、弹药的形状等有关,需综合考虑,统筹安排,合理选择。弹链进弹机构的工作方式分为单程进弹(一次供弹)和双程进弹(二次供弹)两种类型。

单程进弹机构:在输弹机构将弹药输入受弹机座的进弹口位置后,在复进时期,活动件将预备进膛位置的弹药直接推弹入膛。其特点是单程进弹一般采用一次斜推进弹,故结构简单紧凑、动作少。单程进弹机构可以减小机匣的高低尺寸,但主动件的总行程加长,从而使机匣长度增加,同时复进簧的簧力较大。这是因为复进推弹时,弹药要从弹链内脱出,主动件必须在后坐时储备较多的能量。若单程进弹的武器在输弹的同时脱弹,并被链节的抱弹部从上方压住,待枪机复进时推弹入膛,则可减小机匣的高低和长度尺寸及复进簧内能。总之,单程进弹机构对减轻质量,提高武器的机动性有利,在现代的轻机枪、重机枪和高射机枪中得到广泛应用,如56-1式7.62mm轻机枪、67式7.62mm两用机枪、77式12.7mm高射机枪、54式12.7mm高射机枪等。

双程进弹机构:在输弹机构将弹药输入受弹机座的取弹口位置(一般在枪炮膛线上方)后,在后坐过程中,活动机件先将弹药从弹链内抽出,然后将弹向枪炮轴线移近,并保持在预备进膛的位置。在复进时期,活动机件再将预备进膛位置的弹药推入弹膛或药室。其特点是双程进弹一般采用先抽后推二次进弹,结构较复杂,且机匣的高度尺寸较大,但机匣的长度尺寸较小。双程进弹机构的脱弹和压弹工作均在后坐时进行,直接利用火药燃气的能量,受力平稳,推弹阻力较小,推弹前弹药轴线与内膛轴线已重合或很接近,进弹时可避免使用弹头作导引,使有引信的弹头可以较安全地入膛。双程进弹机构多用于大底缘枪弹或使用闭式链节的机枪和自动炮,如美国勃朗宁重机枪、德国马克沁重机枪、53式和57式7.62mm重机枪、56式14.5mm高射机枪等。

4. 单程进弹机构的设计

单程进弹机构的设计主要包括弹药在进弹口位置的确定、弹药定位件设计、脱链方式、导向元件确定、推弹元件设计、进弹路线分析等。

1) 弹药在进弹口位置的确定

弹链式供弹武器的弹药在进弹口位置的确定与无链式供弹武器相同。几种武器的弹药在进弹口的位置尺寸,如表 5.15 所列。

表 5.15 枪弹在进弹口的位置尺寸

武器名称	弹尖至强膛轴线的距离 y/mm	弹尖至枪管尾端面距离 x/mm	枪弹倾角 α/(°)
56-1 式 7.62mm 轻机枪	10	10	3
德国 MG42 通用机枪	20	65	3
捷克 59 式通用机枪	12	12	3
54 式 12.7mm 高射机枪	28	19	5

2) 弹药定位件的设计

弹药在进弹口的定位是通过各定位件对弹链链节和弹药的强制约束来实现的。定位件主要包括进弹口、受弹器盖内表面、脱弹齿或隔链齿(阻链板)、定弹齿等元件。定位件一般又是进弹的主要导引面,对进弹动作的可靠性影响很大。设计定位件时一般依照以下原则。

(1) 定位件应使弹药在进弹口位置上受到多方向的约束,只能按某一个确定方向运动;

(2) 定位件应使弹药轴线对身管内膛轴线呈向下的倾角 α,推弹时的作用力应尽量通过弹药质心,以减小弯曲力矩;

(3) 推弹时定位件应阻止弹链链节向前运动,使弹药顺利地从弹链内脱出。

弹药纵向位置的定位,一般由受弹机座确定。左右位置的定位,一般由阻弹齿、导弹齿、隔弹齿、进弹口等确定。上下位置的定位,一般由进弹口后部的支撑面或其他零件从下方将弹药托住。弹药的上方一般是由弹性零件或刚性限制凸起确定。

图 5.94 和图 5.95 分别为 56-1 式 7.62mm 轻机枪和 88 式 5.8mm 通用机枪进弹口位置枪弹定位结构,现以 88 式 5.8mm 通用机枪为例,分析说明定位件对枪弹的定位。

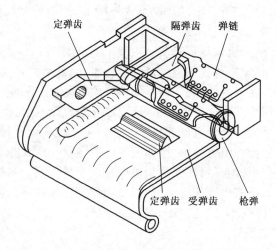

图 5.94 56-1 式 7.62mm 轻机枪进弹机构枪弹定位

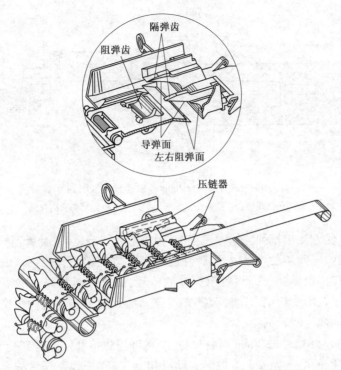

图 5.95　88 式 5.8mm 通用机枪进弹口位置枪弹定位

枪弹下部被受弹机座的进弹口托住,上部通过链节被受弹机框限制面压住。此时,隔弹齿的圆弧导棱楔入链节的隔弹凸起和弹壳口部之间,圆弧面限制枪弹前部上方,并使枪弹头部向前向下倾斜,以利于推弹进膛。

枪弹在进弹口内,左边由定弹齿及进弹口左侧面定位,右边由隔弹齿弧形面及进弹口右侧面定位。阻弹齿通过次一发枪弹将弹链限制住,防止向左退出。最后一发枪弹进弹时,虽阻弹齿已失去作用,但因枪弹前部有隔弹齿圆弧面和定弹齿的限制,并靠悬挂于枪身右边空弹链的重力拉住,仍能保证枪弹可靠定位并进入弹膛。

枪弹纵向位置的确定由隔弹齿弧形导棱前壁抵住链节,防止推弹时弹链向前移动;后方被受弹器座后壁抵住枪弹底缘,防止枪弹后移。

在隔链齿的弧形面和受弹器进弹口左右侧棱的共同作用下,弹头有一向前下方倾斜的角度 α,这有利于推弹入膛。

3) 脱链方式

在进弹过程中,枪弹脱离弹链的方式,不仅影响枪弹的定位件结构,还影响进弹导引件的结构。单程进弹机构枪弹的脱链的方式有以下四种。

(1) 从弹链内向前推出枪弹。采用这种脱链方式的典型武器有 56-1 式 7.62mm 轻机枪、美国 M60 通用机枪、德国 MG42 机枪等。输弹机构将枪弹送至进弹口后,枪机复进时推枪弹向前从弹链抱弹部内滑过,枪弹全部脱离弹链时,弹头已进入弹膛,枪机继续复进推弹入膛,完成进弹动作。在脱弹过程中,隔弹齿阻止弹链向前向下移动。隔弹齿既是限制枪弹的定位面,也是进弹导向面。图 5.96 所示为枪弹脱离弹链的过程。

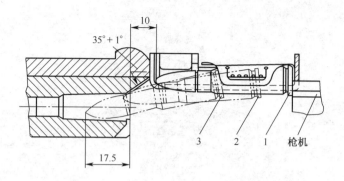

图 5.96　56-1 式 7.62mm 轻机枪枪弹脱链过程
1—枪弹在进弹口；2—枪弹在抱弹部内滑动；3—枪弹尾部脱离弹链。

（2）从弹链侧方压出枪弹。输弹过程中，弹链进入受弹器后，受弹器座上的脱弹齿伸入到抱有枪弹的弹链前端脱弹臂内，枪弹在脱弹齿下方的斜面作用下从链节开口处侧方挤出。输弹结束时，枪弹处于即将脱出弹链的位置，并被弹链抱弹部的下翼卡在进弹口上，使枪弹上下左右均受约束。这种脱链方式合理地利用了输弹机构每次拨弹的剩余能量，减少了复进推弹的能量消耗。

图 5.97 所示为 54 式 12.7mm 高射机枪，当拨弹齿将枪弹链节送到受弹器后，链节与枪弹分别沿脱弹器的上平面和下方曲面移动以相互脱开，枪弹脱开后被弹链规正在进弹口。37-1 型航炮炮弹的脱链（图 5.98）也属于这种类型，不同的是当炮弹到达进弹口位置时正好位于炮膛轴线上，且此时炮弹与链节完全脱离。

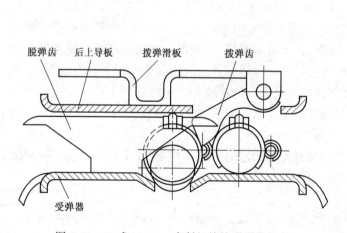

图 5.97　54 式 12.7mm 高射机枪枪弹脱链状态

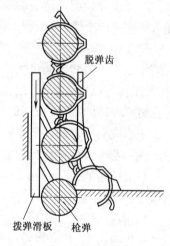

图 5.98　37-1 型航炮炮弹脱链过程

（3）用压弹装置从横向压出枪弹。输弹机构把枪弹送至内膛轴线上方后，利用压弹器，将进弹口上的枪弹从弹链中脱出并直接压入至内膛轴线上的机芯抓手内，待机芯复进时将弹药推入弹膛。图 5.99 所示为 23-1 型航炮炮弹脱链状态。压弹动作在炮闩后坐完毕之后，炮闩必须停留在后方等待压弹，炮闩的后坐行程一般只需略大于弹药全长。

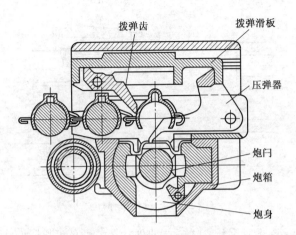

图 5.99　23-1 型航炮炮弹脱链状态

（4）弹药在链节抱弹部内滑动的同时从侧方逐渐被挤出弹链。图 5.100 所示为捷克 59 式通用机枪枪弹脱链过程。输弹机构将枪弹送至进弹口定位时，受弹器进弹口处无托弹部，枪弹在进弹口前、下方靠刚性退壳挺托住。枪机复进推弹时，枪弹在链节抱弹部内滑动 2~3mm 后，尾部就从刚性抛壳挺上滑下。枪弹在链节抱弹部内继续向前滑动的同时，枪弹底缘在链节抱弹部倾斜面的导引与挤压下逐渐被挤出链节。当弹尖进入膛内一定距离后，枪弹才完全脱离链节。枪机继续复进，推弹入膛。

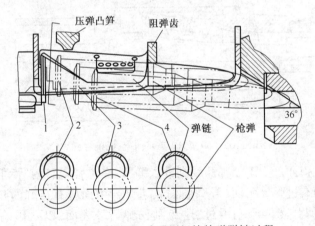

图 5.100　捷克 59 式通用机枪枪弹脱链过程

4）推弹元件和推弹导引面

（1）推弹凸榫。弹链式推弹凸榫的设计与无链式武器基本相同。但是为保证有较高的推弹凸榫而又不发生干涉，一些武器在枪机或炮闩上安装弹性推弹杆，如图 5.101 所示。当枪机或炮闩后坐时，弹性推弹杆被压下，使其与枪机或炮闩上表面平齐，不妨碍弹药进入受弹器。枪机或炮闩复进时，弹性推弹杆在弹簧作用下升起，保证枪机或炮闩与弹间的接触高度，以确保推弹入膛。

（2）推弹臂。推弹臂或炮闩从输弹出发位置推送弹药向前的同时，借助于导向面使弹药倾斜进入药室的供弹机构称为推式供弹机构。对于枪机或炮闩横动闭锁的武器，不能利用枪机或炮闩复进完成推弹动作，这种情况下常采用推弹臂，如 59 式 12.7mm 航空

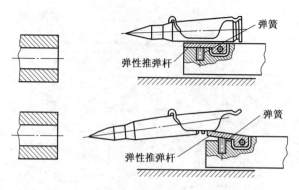

图 5.101 弹性推弹杆

机枪、瑞士双管 35mm 高射炮、23-2 航空自动炮、61 式 25mm 舰炮的进弹机构。图 5.102 为 59 式 12.7mm 航空机枪的进弹机构,其枪机框上有复进加速机构及推弹臂,枪机框复进时推弹入膛。由于复进加速机构的作用,推弹臂比枪机框的速度大、行程长,枪机框能在较短的行程内就完成推弹入膛动作,因此有利于提高武器的射速。

推式供弹机把压弹和输弹动作结合起来,供弹机构简单。推弹臂不必在后方停留,对提高发射速度有利,但弹药运动轨迹复杂,易发生故障。

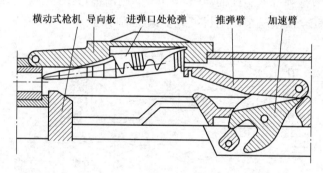

图 5.102 59 式 12.7mm 航空机枪推弹臂

(3) 进弹口导引面。为了使弹药顺利进入弹膛,在进弹口、隔弹齿下表面、身管尾断面或导弹凸榫上均有进弹导引面(导弹斜面),进弹导引面应有良好的几何形状、光滑无棱角弧面的边缘,使弹药能顺利滑过,避免刮伤弹药外表面,以致影响闭锁和抽壳,如图 5.103 所示。

受弹器座的进弹口导引如图 5.103(a)所示,进弹口的中部有弹底通过的较宽部分 b,b 应大于弹药的最大外径。后部为导引弹药进膛的托弹部。适当加大托弹部的宽度 a,可降低弹药在进弹口的高度 h 和距离 s(图 5.22)。但 a 值也不能太大,否则无法托住弹。a 值应小于弹壳外径的 0.95 倍。托弹部还应有一个合适的长度 L_1,使弹药前部进入弹膛一定长度后弹底才能从托弹部脱离。

(4) 进弹路线。分析和设计弹链供弹机构时,一般要进行进弹路线的几何分析,其目的是研究弹药自进弹口进入膛内的运动轨迹。为确保进弹可靠,从结构上必须保证弹药只能沿着规定的路线运动,排除任何弹药脱离规定路线的可能性。在设计时,通过几何分析确定进弹机构的尺寸、形状和位置。

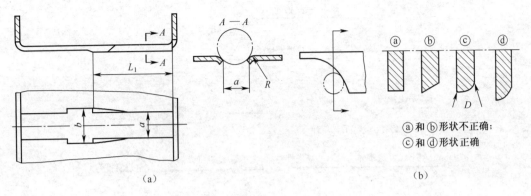

图 5.103 进弹口导引面
(a)受弹机座上的进弹口;(b)阻弹齿上的进弹导引面形状。

进弹路线几何分析的方法有两种:一是人工绘制进弹机构各零件在弹药运动面的纵向剖面和横向剖面图,并绘出几个位置的剖面图;二是利用计算机模拟动作过程。

图 5.96 所示的 56-1 式 7.62mm 轻机枪的进弹路线。可清楚地看出枪弹脱离弹链的过程。在此过程中,隔链齿阻止弹链向前向下运动,枪弹逐渐从弹链中脱出。图 5.104 所示为 54 式 12.7mm 高射机枪的进弹路线。在枪机推弹前枪弹已经与弹链脱离。推弹时,枪弹沿进弹口托弹部两侧棱和链节两边缘形成的轨道滑动,枪弹进入弹膛一定长度后,枪弹才脱离受弹器,由枪机推弹入膛。

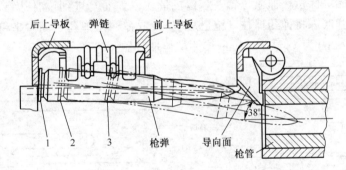

图 5.104 54 式 12.7mm 高射机枪进弹路线
1—枪弹在进弹口;2—枪弹由脱弹部和弹链引导;3—枪弹脱离受弹器,弹尖已进膛。

5. 双程进弹机构的设计

采用闭式弹链的武器,进弹方式采用双程进弹。供弹时,输弹机构先将弹药输送至内膛轴线上方。枪机或炮闩后坐时先将弹药从弹链内抽出,并向内膛轴线移近。复进时再推弹入膛,弹药移近内膛轴线的运动可以是在枪机或炮闩复进时,或是在后坐时进行。

1) 弹药运动轨迹

图 5.105 为几种武器进弹时弹药的运动轨迹。由于所选用的压弹元件不同,因此弹药的运动轨迹也各不相同。

2) 弹药在受弹器取弹口的定位

弹药在取弹口内应有确切的位置,以保证枪机或炮闩复进到位时,取弹器能可靠地抓住弹药。其定位面的设计与单程进弹的进弹口定位面类似。图 5.106(a)所示为 57 式

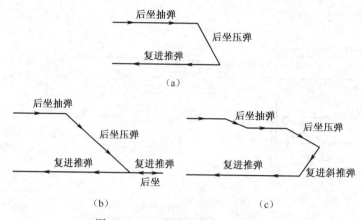

图 5.105 双程进弹弹药运动轨迹

(a)56 式 14.5mm 高射机枪;(b)58 式 7.62mm 连用机枪;(c)57 式 7.62mm 重机枪.

7.62mm 重机枪弹药在取弹口的定位。

3) 取弹器

取弹器类似于枪机上的抽壳机构,枪机或炮闩复进到位时抓住弹药底缘,后坐时从弹链内将弹抽出。取弹器上的取弹钩应有足够的弹性,以可靠且迅速地抓住并抽出弹,同时又不致在取弹时产生过大的撞击,保证进弹机构工作可靠。

图 5.106(a)所示为 57 式 7.62mm 重机枪取弹器。取弹器上有两个对称的取弹钩,利用弹簧作用始终保持在抓紧位置。当枪机带动取弹器复进到位时,因斜面作用使取弹钩张开并越过弹底缘将弹药抓住。枪机后坐时,取弹钩拉弹药一同后坐将弹药从弹链内抽出。图 5.106(b)为 58 式 7.62mm 连用机枪取弹器。

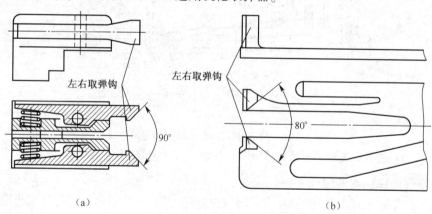

图 5.106 双程进弹武器取弹器

(a)57 式 7.62mm 重机枪;(b)58 式 7.62mm 连用机枪.

4) 压弹件、压弹导槽及压弹到位定位件

压弹件的作用是将取弹器取得的弹药压至进弹口或枪机的弹底窝内。压弹导槽是在压弹过程中导引弹药底缘运动。压弹到位定位件是保证弹药在弹底窝内的正确位置。压弹元件有多种结构形式。

(1) 楔形压弹板。楔形压弹板为一种固定于机匣或炮箱上的压弹元件,其上有一倾斜的工作面,在弹药后退过程中,弹壳底部沿该工作面滑动,弹药逐渐被下压。工作面有直线形和弧形两种,弧形工作面可以减小弹药与之接触时的撞击。图 5.107 分别为直线形和弧形工作面工作原理图。

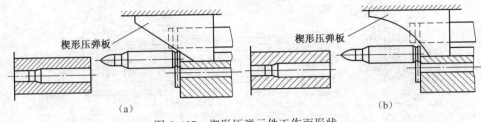

图 5.107　楔形压弹元件工作面形状

(a)直线形;(b)弧形。

(2)压弹挺。压弹挺是绕固定于机匣、炮箱、枪机或炮闩上的轴回转的压弹元件,其上装有压弹挺弹簧。当枪机或炮闩带动弹药后坐或推弹入膛时,压弹挺在压弹挺弹簧的作用下,将弹药移近内膛轴线。

图 5.108 为 57 式 7.62mm 重机枪的压弹挺,压弹挺弹簧为一个螺旋扭转弹簧。图 5.109 为苏联 ШKAC7.62mm 航空机枪的压弹挺,压弹挺弹簧为一个螺旋压缩弹簧。压弹挺向上移动弹药,又称为托弹挺。

56 式 14.5mm 高射机枪压弹挺的回转轴固定于机体上,当机体后坐时,由固定在机匣上的中棱操纵压弹挺的动作,如图 5.110 所示。其工作原理为输弹机构输送到位的枪弹停留在受弹器取弹口内。枪机连同取弹器复进到位时,取弹器抓住枪弹,压弹挺前端同时正好压在枪弹的上方。后坐时,取弹器将枪弹从弹链中抽出,压弹挺将枪弹自取弹器压入机头的压弹导槽内。压弹导槽内有定位销阻止已发射过的弹壳向下滑移,将待发射的枪弹压在弹壳上。枪机继续后坐,定位销遇机匣上的凹槽而缩进,压弹挺在机匣盖上的中棱压弹工作面的作用下,将枪弹强制向下压,同时将弹壳向下挤出。枪弹压至枪膛轴线后,定位销又离开凹槽而凸出于压弹导槽内,阻止枪弹下移。复进时,枪机带动枪弹入膛,压弹挺在机匣盖上侧棱的作用下前端抬起,便于取弹器抓取下一发弹。

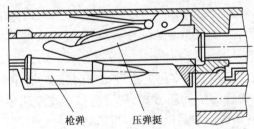

图 5.108　57 式 7.62mm 重机枪的压弹挺

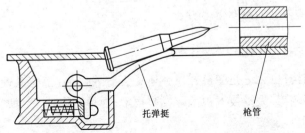

图 5.109　苏联 ШKAC7.62mm 航空机枪的压弹挺

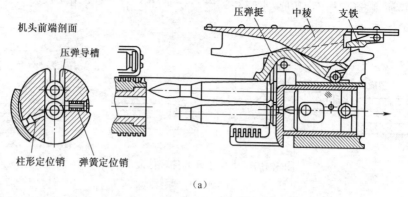

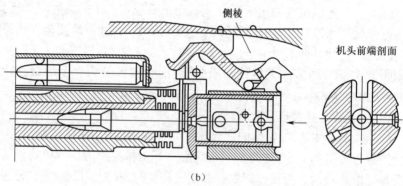

图 5.110 56 式 14.5mm 高射机枪的进弹机构
(a)机体后坐压弹及挤壳;(b)枪机复进送弹入膛。

5.4 双路供弹机构

自动机分别供应两种弹,并迅速进行弹种转换的技术称双路供弹技术。自动炮常采用双路供弹,也有三路供弹(又称为多路供弹)。能实现双路供弹技术的供弹机称为双路(向)供弹机。

双路供弹机的结构已发展了许多种。按供弹方向分类,有单向双路供弹机和双向供弹机。按供弹机在转换弹种时的运动方式分类,有移动式双路供弹机、摆动式双路供弹机。按驱动能量分类,有内能源双路供弹机、外能源双路供弹机。按工作方式分类,有弹链式双路供弹机、无弹链式双路供弹机等。按功能分类,有首发弹为所需弹种的双路供弹方式,首发弹非所需弹种的双路供弹方式。

5.4.1 双路供弹方式的关键技术

不管是什么结构,也无论是弹链式供弹还是无链式供弹,都有共性的技术问题,会对自动机性能产生影响,其关键技术包括首发弹技术、弹种转换技术、供弹与排链技术等。

1. 首发弹技术

弹种转换后,所发射的首发弹是不是所需弹种,是双路供弹机的一项重要特性。

我国第一代步兵战车25mm自动炮以及德国毛瑟 MK-30-2 型自动炮都是移动式双路供弹,首发弹为所需弹种;瑞士 KBA 型、KBB 型 25mm 摆动式双路供弹首发弹也为所需弹种。

防空火炮射速高,一次连发点射射弹量大,首发弹对毁伤概率影响不大,因此首发弹不是最关心的问题,可以不考虑首发弹的要求。

采用移动式双路供弹和摆动式双路供弹两种形式。首发弹可随供弹机体移动进入或退出待输弹位置,从而满足首发弹为所需弹种。但在技术上增加了一定的难度,主要是供弹机结构复杂和占用体积空间大。对首发弹不做严格要求时,可采用简单结构。

2. 弹种转换技术

弹种转换的作用是根据对付目标和选择弹种的不同,迅速、准确地将供弹结构转换到所需弹种供弹位置。弹种转换技术涉及转换方式、转换驱动能源的选择问题。

1) 转换方式的选择

选择转换方式主要是根据总体要求,如首发弹要求、结构尺寸范围要求。

转换部分的结构质量应尽量轻,转换行程要尽量缩短,有利于缩短转换所需的时间。转换过程中对弹链、弹药要进行约束;转换到位时,位置要准确并有可靠的定位措施。

2) 转换能源的选择

驱动弹种转换机构的能源,可选取高压空气、液压、电磁力等各种方式。每一种方式都有其特点,要进行合适的选择。

(1) 气动能源特点。其优点是转换迅速、可靠、结构简单小巧,其缺点是噪声大、储气有限时再充气或更换较慢。

(2) 液压能源特点。转换运动平稳、准确、可靠,便于控制,结构简单小巧,但液压能源结构复杂、空间大,维护要求高。在转换力比较大、工作行程较长、武器系统内有液压源的情况下,应用这种方式比较好。

(3) 电磁能源特点。由于电磁铁提供动力,便于布置,但驱动力小,在转换力较小、转换行程较短时,可采用电磁能源。

3. 供弹与排链技术

在现有空间内,双路供弹比单路供弹增加了一倍的供弹和排链路线,因而路线弯曲复杂,结构也更复杂。例如,单路供弹自动机有 1 条供弹路线、1 条输弹路线、1 条排链路线、1 条抛壳路线,共 4 条路线,而摆动式双路供弹机有 2 条供弹路线、2 条输弹路线、1 条排链路线、1 条排壳路线,共 6 条路线。由于结构和空间所限,供弹路线布置为弯曲、交叉的形式。供弹过程弹药和弹链在这些弯曲度很大的路线里运动,供弹阻力大,可靠性要求更高。在双路供弹机构设计中,供弹与排链路线的布置、方向和结构的选择、结构设计的合理性和适配性,是双路供弹机成败的关键。

5.4.2 几种典型双路供弹

1. 摆动式双路供弹

供弹机体对称地布置在自动机的上、下方位置上,每一个供弹机体在转换杠杆的作用下可绕各自的固定轴上下摆动,来实现弹种转换。结构原理为图 5.111 所示的下路供弹的状态。

发射后,炮闩座做后坐运动。后坐运动的过程一边抽出药筒,使药筒在闩体的抓弹钩内随之后坐,另一边炮闩座还带动拨弹机构和压弹机构进行后坐拨弹和把弹压到输弹线上如图 5.111(a)所示位置,同时药筒从抛壳口处被抛出。弹药在输弹线上不是处于中心线上,而是处于斜输弹的状态。后坐结束,炮闩座被扣机扣住,当释放扣机时,炮闩座在复进簧作用下复进,闩体与弹药底缘上部分相接触,输弹入膛如图 5.111(b)状态,边输弹,边规正弹药的位置,使之能通畅地输弹到位、关闩、闭锁、击发。后坐时又重复以上动作。当由下方供弹转化为上方供弹,即供另一种弹时,首先通过自动或手动驱使转换杠杆向下方向运动,使下供弹机体绕下固定轴向下摆动,并与拨弹驱动机构脱开。同时上供弹机体绕上固定轴向下摆动,并使上供弹机体与拨弹驱动机构相结合。这时上供弹机构处于供弹状态,而下供弹机构处于非供弹状态。上供弹的运动与下供弹的运动过程完全相同。

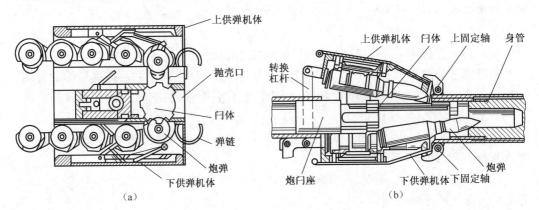

图 5.111 摆动式双路供弹机结构简图
(a)下路供弹供到输弹线上的位置状态;(b)下路供弹在输弹过程中的状态。

摆动式双路供弹机的结构性能特点如下:

(1) 供拨弹路线、排链路线基本上在同一直线方向上,路线平坦,供弹阻力小,工作可靠。

(2) 适用于弹链式供弹的双路供弹机,首发弹就是所选择的弹种。

(3) 由于弹药斜推式输弹入膛,因此对于纵动式闭锁机构较适应,横动式闭锁机构难以采用。

(4) 弹种转换机构简单,可自动可手动,转换时间短,转换力比较小。

(5) 安全位置弹离开待输弹位置,安全性好。

采用这种工作原理进行双路供弹的自动机,如美国 TRW6425 型 25mm 自动机、瑞士 KBA 型和 KBB 型 25mm 自动机。摆动式双路供弹既可用于战车炮,也适用于高炮。

2. 移动式双路供弹

通过横向左右移动供弹机进行弹种转换、完成双路供弹功能的供弹机称为移动式双路供弹机。供弹机体在移动中停在不同的位置处,可供应不同的弹。移动式双路供弹机的基本组成部分,如图 5.112 所示。从该图看出,移动式双路供弹机是由转换机构、供弹机体、凸轮滑板及传动连杆机构、传动箱和左、右离合器等组成。供弹机体横向移动有三个确定的位置,如图 5.113 所示。

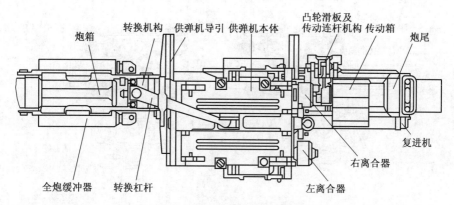

图 5.112 移动式双路供弹机的组成

1) 移动式双路供弹机各组成部分的连接关系

供弹机各个组成机构除离合器外,其他均与炮箱相连接或固定。转换机构位于供弹机体的前方位置,通过转换杠杆与供弹机体顶部滑动连接。左、右星形拨弹轮通过左、右拨弹轮轴与供弹机体前后箱板以滚动轴承相连接,轴的后端与左、右离合器分别连接。左、右离合器后端在离合器壳体上伸出有矩形连接座,在供弹时分别与传动箱上伸出的矩形连接头相连。凸轮滑板机构与传动连接机构把自动机基础构件的运动传递到传动箱输出轴上使其转动。如图 5.113(a)所示,在左供弹状态下说明供弹机构的工作原理。发射后,自动机基础构件后坐,基础构件带动凸轮滑板机构运动,把后坐的直线运动变为小滑板的垂直向上运动,通过连杆的传动,使传动箱输出轴顺时针转动(向炮口方向看),通过左离合器使左拨弹轴顺时针转动,带动左星形拨弹轮顺时针转动,使弹拨动一个链距到待输弹位置。基础构件后坐过程中拨弹,在后坐到位前拨弹到位,后坐到位后被扣机阻铁卡住。当扣机释放时,基础构件在复进簧作用下复进输弹。在复进运动中凸轮滑板带动小滑板向垂直向下的方向运动,传动连杆使传动箱输出轴逆时针转动。由于离合器为单方向传动,所以右拨弹轴不动,右星形拨弹轮不动,以保证把输弹线上的弹药约束住,顺利地输入炮膛。当需要右供弹时,首先由弹种转换机构驱动供弹机体到右供弹位置如图 5.113(c)所示,此时右离合器与传动箱上的内输出轴连接,传动箱内输出轴与外输出轴为同轴不同转向,但转动角度相同。在后坐供弹时,使右拨弹轴为逆时针转动,右星形拨弹轮也逆时针转动,使弹拨进一个链距,到输弹位置上。

当在转换机构的驱动下,使供弹机体移动到中间位置,如图 5.113(b)所示,此时左、右离合器均与传动箱输出轴脱离,基础构件后坐运动也不拨弹,基础构件复进运动也无弹可输入炮膛内。此位置为安全位置,供训练或行军状态时使用。

2) 移动式双路供弹机结构性能特点

(1) 供弹机有三个确定的位置,除能转换两种弹、进行弹种选择外,还设有中间位置,可保证训练时的安全性。另外从中间位置开始向左、右供弹位置转换,移动距离短,转换弹种时间更短,是从左供弹转换为右供弹或由右供弹转换为左供弹所需时间的一半。所以,供弹初始状态选择在中间位置上时,还有缩短转换弹种时间的优点。

(2) 具有首发弹为所要选择弹种的功能,适合于步兵战车上应用。

(3) 移动式双路供弹机在结构上可变化多种路线,供总体选择。无论自动机在炮塔

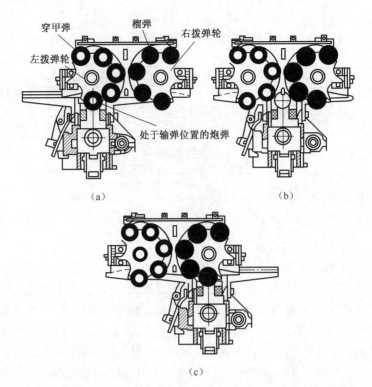

图 5.113 横向移动双路供弹机的三个位置示意图
(a)左供弹(穿甲弹)位置;(b)中间(不供弹)位置;(c)右供弹(榴弹)位置。

下部布置(内置)或在炮塔上部布置(顶置),还是采用单向供弹或两侧供弹,这种双路供弹机都有较好的适应性。移动式双路供弹机可单向或双向双路供弹,排链可从两侧排除弹链或从上方排除弹链,可根据要求进行选择。该路线示意如图 5.114、图 5.115 所示。

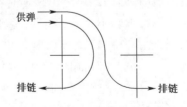

图 5.114 单向双路供弹示意图

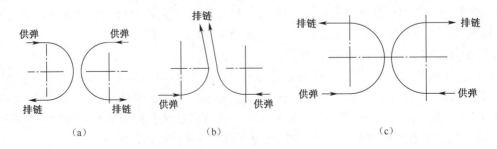

图 5.115 双向双路供弹示意图
(a)上侧供弹下侧排链;(b)下侧供弹上侧排链(中间);(c)下侧供弹上侧排链。

（4）适用于小口径弹链供弹的自动机。

（5）移动式双路供弹机对横动式闭锁机构或纵动式闭锁机构都适应。但对纵动式闭锁机构，弹不能供到炮膛中心线的正上方，输弹线为斜推弹，与摆动式双路供弹相似。

（6）供弹机在基础构件后坐时进行供拨弹，基础构件复进时进行输弹，在开门状态下进行弹种转换。

3. 组轮式双路供弹

组轮式双路供弹机由一组拨弹轮组成，依靠这组拨弹轮协调传递，把两种弹药沿不同供弹路线传送到输弹位置，完成两路供弹如图 5.116 所示。

组轮式供弹机主要由机体、传动部分、供弹部分、弹种转换部分、脱链器、导引活门和连接过渡件部分组成。传动部分主要由三对齿轮组成如图 5.117 所示。供弹部分由四个拨弹轮、两个压弹机盖及供弹导引等组成。弹种转换由离合器、防反转器、复位簧、气动活塞、气源等构成。脱链器与拨弹轮共同作用完成脱链工作。导引活门由杠杆、扭簧和摆杆等组成。

供弹机采用单向双路供弹方式（图 5-117），两条供弹路线，1、2 号拨弹轮形成上路供弹，1、3、4 号拨弹轮形成下路供弹，其中上路供弹两拨弹轮同向转动形成弹药的反向传接，通过弹性机构保持弹药平稳运动、可靠传接。两条供弹路线在 1 号拨弹处合并，通过弹种转换活门，接通上路或下路供弹。弹种转换活门的变换通过运动中的弹药，不需设计专门的转换拨动机构，因此结构简单可靠。

自动机上的大模数齿轮通过一组齿轮带动供弹机上的拨弹轮转动，上路供弹由两个拨弹轮完成供弹，拨弹轮 2 完成供弹和脱链任务，并将脱链后的弹药传入自动机的拨弹轮 1 内，而后传入机芯头内。下路供弹由三个拨弹轮完成供弹，拨弹轮 4 完成供弹和脱链任务后，脱链后的弹药经拨弹轮 3 过渡再传入拨弹轮 1 内，然后传入机芯头内。大模数齿轮与拨弹轮齿轮 2、与拨弹轮齿轮 3 的传动相位保持一定合理角度，从而保障了两路供弹的通畅性和正确性。在两条弹路线的汇合点有一个导引活门，当转换供弹路线后，在所供的第一发弹的作用下，将活门推向另一侧实现导引的转换。采用铲链方式使弹药与弹链分离，两个楔形块和供弹圆弧工作面与拨弹轮共同组成脱链机构。

图 5.116 组轮式双路供弹机结构图

在上、下两路供弹路线的传动轴上各装了一套气动控制的离合器装置，在结构上保证两个离合器不能同时工作，需要发射某一路弹药时，只需接通该气路，其离合器结合，自动机的拨弹轮 1 与该路供弹的机构同步运动，实现该路供弹。当气路断开后，离合器断开，

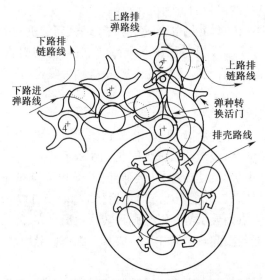

图 5.117　组轮式双路供弹机排链路线图

该路供弹的传动机构与自动机上的拨弹轮 1 脱开,供弹停止。

组轮式双路供弹机适合于高射速的弹链供弹式转管炮,如美国 M242 型 25mm 链式自动炮。

该种双路供弹机的技术特点如下:

(1) 适用于高射速,满足 6000 发/min 的射速。

(2) 供弹路线部分重合,共用拨弹轮,因此结构紧凑、重量轻、空间小。

4. 直供式双路供弹

直供式双路供弹机由两条导引将两路弹药可直接供到输弹线上,其原理如图 5.118 所示。

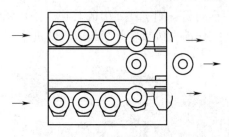

图 5.118　直供式双路供弹和排链路线图

自动炮的进弹口分列炮箱两侧,供弹滑架伸入炮箱中间。射击时,两路弹带各自挂在两个进弹口中。供弹滑架随炮身(身管和炮尾)的后坐抬起,其上的拨弹齿越过并压住待拨弹药;随着炮身的复进,供弹滑架压下,通过拨弹齿将待拨弹药压入炮箱内的输弹线上,同时除链。

炮箱上设有可摆动的弹种转换机构,由拨叉和手柄组成。拨叉骑跨在供弹滑架上,有两个确切的工作位置。通过手柄,将拨叉转动到一个位置后,供弹滑架一侧的拨弹齿被拨叉压住,在供弹滑架抬起、压下过程中,拨弹齿不能抬起拨弹药进入炮箱,且该侧的杠杆阀因缺乏拨叉的定位而不起作用;另一侧则处于正常工作状态,拨弹齿可抬起拨弹,杠杆阀在拨叉的定位下可正常工作,如图 5.119 所示。

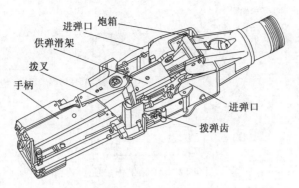

图 5.119　直供式双路供弹机构的结构图

转换弹种时,通过人工或专门的电动机构拨动手柄,将拨叉转到另一个位置,即可使供弹滑架两侧拨弹齿和杠杆阀的工作状态交换,从而变换供弹路线,快速实现弹种转换,如图 5.120 所示。若拨叉未处于工作位置,则供弹滑架两侧的拨弹齿均被压住,不能抬起拨弹,同时两侧的杠杆阀也因缺乏定位均不能起作用,使火炮处于空仓停射状态,避免了误操作带来的机构损坏。

使用这种双路供弹机有俄罗斯 2A72 型 30mm 自动机、法国 25M811 型双路供弹自动机等。

该种双路供弹机的技术特点如下:
(1) 结构简单,自动机横向尺寸较小。
(2) 弹种转换后,射击的首发弹药为所选的弹种。

5. 链式炮双路供弹

链式炮双路供弹是一种单向双路供弹方式,上路供弹、下路供弹结构,如图 5.121 和图 5.122 所示两种供弹动作的示意过程。

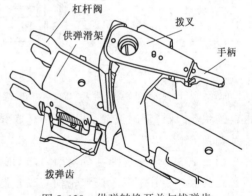

图 5.120　供弹转换开关与拨弹齿

当上路供弹时,弹种转换机构置于上供弹位置,上路供弹系统接通,下路供弹系统解脱不工作,如图 5.121 所示。电机经传动装置驱动上拨弹轮顺时针转动,弹链沿脱链板导引作直线运动,弹药在拨弹轮作用下通过上供弹导引的约束做周向运动,运动中脱链,当运动到供弹转轮位置时,供弹转轮开始逆时针转动并将弹药供到输弹线上,供弹转轮在转动的同时把发射后的药筒转到排壳位置。炮闩复进时,把输弹线上的弹药输入膛内,关闩、闭锁、击发。同时通过抛炮闩座的壳挺,把药筒推向前方抛出。

当下路供弹时,弹种转换机构置于下供弹位置,下路供弹系统接通,上路供弹系统停止工作,如图 5.122 所示。输弹时,下拨弹轮逆时针转动,转动中脱链,当弹药到达供弹转轮的位置时,供弹转轮开始逆时针方向转动,使弹药供到输弹线上,并使药筒转到抛壳位置处。输弹、关闩、闭锁击发同上路供弹。

267

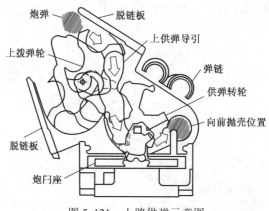

图 5.121　上路供弹示意图

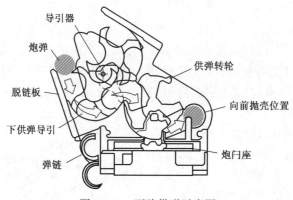

图 5.122　下路供弹示意图

脱链板上装有弹链对准器，弹链对准器能使弹药后移 9.5mm，前移 3.1mm。通过对准器的弹药，保持正确位置，从而使弹药底缘能正确地进入闩体前端抓弹钩 T 形槽中，可靠地输弹。

图 5.123 为双路供弹系统与动力传动图。链式炮的双路供弹系统有两套独立的拨弹轮和离合器。当其中一个拨弹轮轴与离合器结合时，便可供这一拨弹轮上的弹药。弹药从拨弹轮供到炮闩处，是靠一个间歇运动的供弹转轮来实现传递的。这个转轮可从两个恒速转动的拨弹轮中的任一个拨取一发弹药，并强制地压向闩体前端抓弹钩 T 形槽内，准备进行输弹。当击发、开闩抽壳后，供弹轮则把这个空药筒从闩体的前右侧推出，通过抛壳挺的作用，向前抛出车体以外。

电机直接提供动力给拨弹轮，使弹带经过脱链板以恒速进行供弹。这个拨弹轮是一个小型四齿拨轮，具有足够强度并能可靠地与弹链啮合。弹药脱链后，由拨弹轮传给供弹转轮。当供弹转轮停止转动时，炮闩首先进行输弹、闭锁、击发，然后把前一发弹药的药筒抽出，最后由一个弗格森间歇分度机构使供弹转轮平稳转动，把发射过的药筒转到闩体之外，把下一发弹药转到输弹位置。

拨弹轮由一对常啮合齿轮来传动，这对齿轮又通过另一组齿轮直接由电机来驱动。常啮合齿轮对是通过一个双作用离合器系统(图 5.124)来驱动上路拨弹或下路拨弹。离合器用于保证与拨弹轮的正确啮合，使拨弹轮转动。离合器啮合是通过电磁阀或手动机

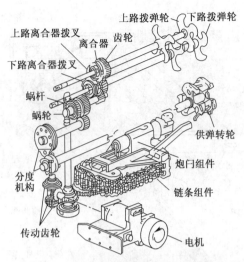

图 5.123 双路供弹系统与动力传动图

构来控制的,从该图可以看出当上路离合器啮合时,下路离合器则脱开。射击时,上路供弹拨轮处于工作状态,下路拨弹轮则被强制锁住,不能做任何转动,保证位置不错乱。

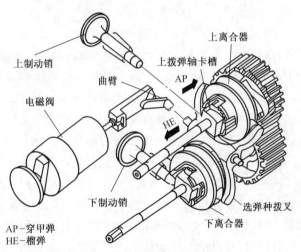

AP—穿甲弹
HE—榴弹

图 5.124 双路供弹离合器图

美国休斯直升机公司研发的 M242 型链式火炮和我国的 23mm、30mm 口径的多种结构形式链式炮均采用了这种双路供弹方式。

6. 双行程拨弹式双路供弹

双行程拨弹是指自动机后坐和复进过程都在供弹,后坐和复进都拨 1/2 供弹行程。这种结构原理的设计思想是加长基础构件的拨弹作用行程,减小拨弹运动的传速比,从而减小拨弹速度和供弹阻力使运动平稳。减小供弹阻力的主要目的是延长零部件的工作寿命。其结构如图 5.125 所示。

图 5.125 所示状态为弹种转换装置置于左供弹时的情况。闩座左、右导板与炮闩座连接。发射后,闩座进行后坐运动,并带动左、右导板运动,左、右导板的控制面与左、右前滑板上的滚轮接触。运动中,左前滑板被抬起,右前滑板下落,因为闩座左、右导板工作面

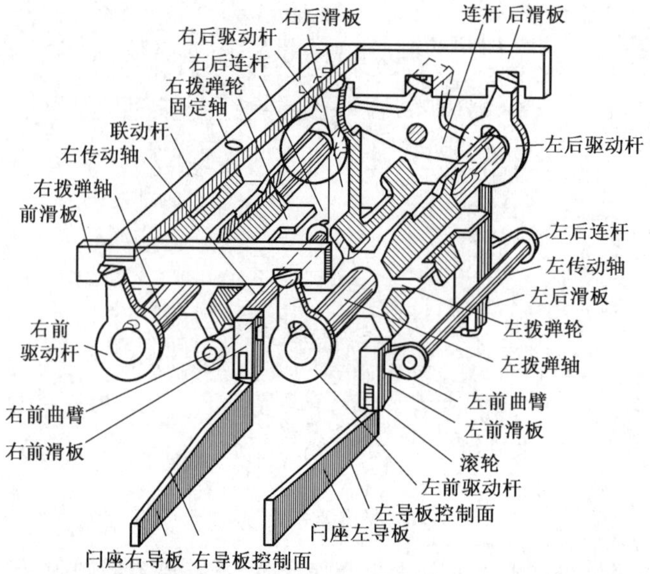

图 5.125 双行程拨弹的结构图

的倾角相同,但倾斜面方向相反。左前滑板通过左前曲臂向上转动,并通过左传动轴,带动左后滑板上升,左后滑板驱动左后驱动杆逆时针转动(向炮口方向看),并通过滑动套驱使左拨弹轴逆时针方向转动,左拨弹轮逆时针方向转动,进行后坐拨弹。当闩座导板的控制面在后坐过程中与后滑板上的滚轮接触时,仍继续拨弹。左后驱动杆逆时针转动时,带动后滑板移动,右后驱动杆空转。后滑板带动联动杆绕固定轴转动,并使前滑板向与后滑板相反的方向运动。前滑板带动左、前驱动杆顺时针转动,由于与拨弹轴空套,所以都做空转。当后坐行程结束,左供弹轮拨完 1/2 行程的弹距。炮闩座在复进时,左、右导板做复进运动,右后滑板被抬起,左后滑板下降,重复后坐时的运动,但运动方向发生了变化。左、右后驱动杆做顺时针转动,并均为空转。左、右前驱动杆做逆时针转动,右前驱动杆做空转,左前驱动杆带动左拨弹轴做逆时针转动,并使左拨弹轮做逆时针转动,在复进运动中拨完 1/2 弹距。炮闩在复进运动中同时把输弹线上的 1 发弹输弹入膛,关闩、闭锁、击发、开锁、开闩、后坐拨弹,自动循环动作依次重复。

在供弹过程中,边拨弹边横向脱链,其结构动作使弹药向输弹线方向移动,如图 5.126 所示。该图所示为左供弹状态。左拨弹轮在左拨弹轴的驱动下,在供弹时逆时针转动,使弹药向输弹线方向移动,左拨弹轮在转动中当齿端凸出部与左脱链轮接触时,便带动左脱链轮也逆时针转动,在左拨弹轮和左脱链轮同时转动中迫使弹药与弹链脱离,弹链向上运动,弹药向输弹线运动,在弹药供到输弹线上时,同时受到供弹机下导引面和左、右脱链轮的约束,因而限定在确定的输弹位置上,该结构提供了一种在转动中拨弹的脱链方式。

当转换弹种装置置于右供弹时,左供弹解脱,右供弹接通,进行右供弹,左供弹机构停止工作。转换弹种装置由电磁铁通过机械传动来控制。

双行程拨弹式双路供弹机的结构性能特点如下:

(1) 供弹阻力小。尽最大努力增加主动构件的供弹行程,使供弹速度可减到最小的限度,从而达到减小供弹阻力的目的。

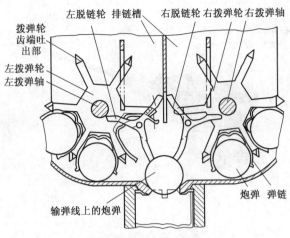

图 5.126 拨弹和脱链图

(2) 转换弹种方便。转换弹种时可保持供弹机不做任何动作,只靠转换机构即可控制左、右供弹,转换机构消耗能量少。

(3) 转换弹种后所发射出的首发弹,不是所需要的弹种,等到第二发时,才是所要转换的弹种,所以不适用于步兵战车,适用于自行高炮和牵引高炮。

(4) 适用于纵动式闭锁机构和弹链式供弹的自动机。

(5) 结构复杂,零部件多。

采用这种双路供弹原理的有我国 35mm 自动机和瑞士 KDA 型 35mm 双路供弹自动机等。

7. 无链供弹式双路供弹

供弹机不用弹链,主要组成部分为驱动机构、左和右供弹箱、拨弹机构及弹种转换机构。左、右供弹箱采用链传动,通过连接在链节上的容弹器,摆放不带弹链的弹药,并根据要求确定容弹的数量。左、右供弹箱分别置于自动机两侧,通过基础构件后坐运动带动驱动机构,使驱动机构带动链轮转动,把容弹器中的弹药供到确定的位置上,然后通过拨弹机构把供到确定位置上的弹药拨到输弹线上,复进机复进时输弹。弹种转换机构置于右供弹位置,右供弹机构接通,左供弹机构断开,右供弹机构和右拨弹机构依次完成供拨弹,左供弹机构、左拨弹机构不动。

当弹种转换机构置于左供弹位置时,左供弹机构和左拨弹机构工作,右供弹机构和右拨弹机构停止工作。当弹种转换机构置于中间位置时,左、右供弹同时停止工作,为安全状态。瑞士 KDE 型 35mm 自动机采用了这种工作原理,左、右弹匣各带弹 17 发。这种形式的双路供弹适合于射速不高、一次点射用弹量较小的情况,并且具有快速补弹接口,其外形如图 5.127 所示。

图 5.128 是我国 35mm 双路供弹战车炮以及在炮塔内的供弹布置图。弹药置于弹夹内呈环形布置,当双路供弹机内需要补弹时,人工用弹夹通过快速补弹口进行补弹。

无链供弹式双路供弹机的结构性能特点如下:

(1) 自动机、弹箱、闭合弹带三者为一体,使结构更加紧凑,便于在炮塔内布置。

(2) 弹种转换后的首发弹为所需弹种,适用于步兵战车采用。

(3) 适用于横动式闭锁机构的自动机。
(4) 弹箱带弹量较少。

图 5.127　瑞士 KDE35mm 自动机外形图

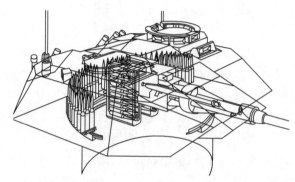

图 5.128　直动式双路供弹在炮塔内布置图

8. 火药气体直接驱动式双路供弹

火药气体直接驱动式双路供弹机利用从膛内导出的火药气体,直接驱动供弹机构运动,独立实现双路供弹动作。

1) 工作原理

火药气体直接驱动式双路供弹机的工作原理如图 5.129(图中仅表示了一路供弹时的传动关系)所示。该身管上有三个导气孔,其中从两个输弹导气孔 A 导出的火药气体推动输弹机滑筒和炮闩等零部件向后运动,从另一个供弹导气孔 B 导出的火药气体进入

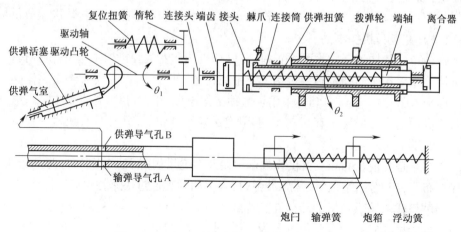

图 5.129　自动机及供弹机构工作原理示意图

供弹气室,推动供弹活塞,供弹活塞使驱动凸轮和驱动轴转动68°,驱动轴带动惰轮转动,使复位扭簧扭转,储存能量。在驱动凸轮转动68°之后,复位扭簧使驱动凸轮及时反转到初始位置。通过连接头和端齿,驱动凸轮带动接头转过64°之后,接头与棘爪啮合,以防接头倒转。与此同时,供弹扭簧一端连接在接头的内孔卡槽中,供弹扭簧此端转过64°。

当驱动凸轮反向转动时,接头被棘爪卡住不能转动,而端齿在接头端面齿斜面的作用下,压缩端齿复位弹簧向前运动;当驱动凸轮反向转动到初始位置时,端齿在复位弹簧向后运动,与接头的下一个牙型齿啮合,达到下一次供弹状态。

在驱动凸轮转动了68°时,与供弹扭簧另一固定端连接的端轴、连接筒、离合器等带动拨弹轮才转动了20°左右,此时供弹扭簧两端转角差为48°左右,其后在供弹扭簧的作用下,拨弹轮继续转动到60°,将一发弹药拨至输弹线上,完成整个供弹动作。

在供弹过程中,与拨弹轮同轴转动的规正轮带动规正块、定位板将供到输弹线上的弹药定位,并保持其正确的输弹位置和输弹轨迹。

在下一次射击开始前,接头和拨弹轮转过一个端齿与接头啮合,供弹机处于初始供弹状态。重复上述循环动作,供弹机可实现连发供弹功能,如图5.130所示。

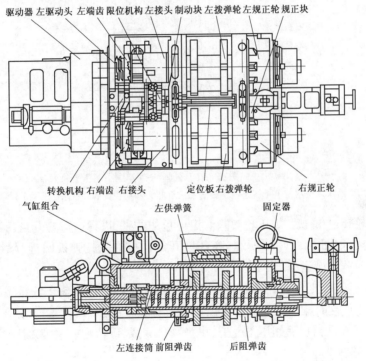

图 5.130　火药气体直接驱动式双路供弹机

2)供弹路线、排链路线及除链方式

供弹机由两套左右对称布置的拨弹机构组成。

供弹机体在工作状态下,左右驱动头与驱动器左、右驱动轮结合,在驱动器的驱动下左、右驱动头同时向相反方向回转。在转换机构和气缸组合共同作用下,左右端齿中的一个与其对应的左接头(或右接头)结合,另外一对处于分离状态。如图5.131(a)所示,左拨弹轮在驱动器驱动下向供弹机体内侧转动(一个射击循环内转动60°),拨弹轮转动时拨动弹带向供弹机体中心移动。该供弹机采用铲链方式,在弹链导槽作用下弹药横向脱链。

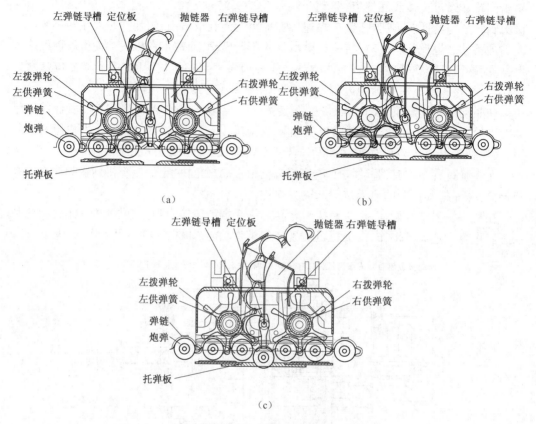

图 5.131　拨弹轮拨弹图
(a)初始状态;(b)定位板打开状态;(c)供弹到位状态。

当拨弹轮转过11°后,规正轮解除对定位板的约束,进弹通道打开,拨弹轮转23.5°时弹与弹链分离,如图5.131(b)所示,弹药推开定位板进入托弹板凹槽(输弹线),弹链沿供弹机体的弹链导槽运动。

拨弹轮转到32°时规正轮开始推动定位板复位,转到46°时规正轮将定位板规正到位(图5.131(c)),这时输弹线上的弹药被定位板、托弹板约束住,只能向前方运动。左端齿(或右端齿)在驱动器扭簧作用下复位,供弹动作完成,等待炮闩输弹入膛。

3) 输弹路线

如图5.132所示,炮闩复进时,推动输弹线上的弹药向前运动,在定位板、托弹板的导向约束下弹药沿图示路线进入身管药室。

图 5.132　输弹路线示意图

4）弹种转换原理

图 5.133 所示为左右拨弹轮分别拨两种不同弹药，弹种转换时通过气缸组合和转换机构，控制左端齿与左接头的啮合、右端齿与右接头的分离，或者右端齿与右接头的啮合、左端齿与左接头的分离，实现左、右拨弹轮一个工作、一个定位不动停止工作。工作侧的拨弹轮在驱动器带动下旋转将弹药依次供向输弹线。

图 5.133 所示状态为左拨弹轮工作状态，转换到右路弹种时，通过上进气口输入高压空气，活塞杆向下运动推动凸轮旋转，凸轮上的曲线槽带动左滑杆向左滑动，带动左端齿向左移动，与左接头分离，同时凸轮带动右滑杆向右滑动，在复位簧作用下右端齿向右移动，与右接头啮合。

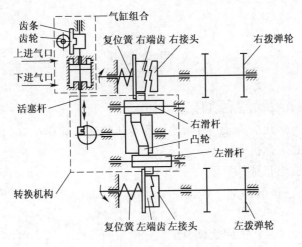

图 5.133　弹种转换原理图

弹种转换机构有手动转换机构，可以使用扳手转动齿轮，带动齿条、活塞杆上下移动，实现弹种转换。

5）助力机构

借助助力机构，供弹机体在打开或合下时能够有效抵消部分重力作用，如图 5.134 所示。

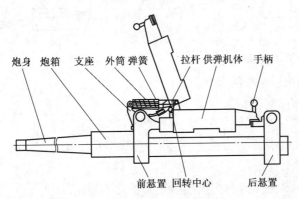

图 5.134　助力机构示意图

该机构工作原理:供弹机自重回转落下时,通过助力机构拉杆压缩弹簧,弹簧力对供弹机重力产生一个反向力矩,抵消了部分重力。供弹机体质量86kg,采用弹簧式助力机构后,使开合供弹机体的操纵力由原来的430N减小到150N左右,有效减小了供弹机开合力,单人即可轻松打开、闭合,减轻了操作者的劳动强度,提高了安全性和勤务性。

火药气体直接驱动式双路供弹技术特点如下:

(1)火药气体直接驱动和扭簧结构的柔性传动相结合传动路线短,传动冲击小,结构简单、可靠性好。

(2)双路供弹自动机总体结构简单、紧凑,占用空间小,有利于总体布置。

采用这种双路供弹机有我国PGZ09式35mm履带式自行高炮和南非GA型35mm自动机等。

思考题

1. 简述供弹机构的作用、组成和分类。
2. 供弹动作分为哪几个阶段?各阶段由哪个机构完成动作?
3. 简述对弹仓式供弹机构的要求。
4. 弹仓式供弹机构有哪些类型?
5. 某武器发射7.62mm NATO弹,射频为600发/min,请采用最小体积法,设计一双排弧形弹匣结构。
6. 什么是供弹及时性?如何验算弹匣供弹的及时性?
7. 结合下图,说明提高进弹可靠性主要措施有哪些?

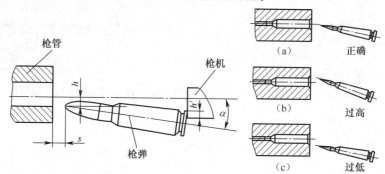

8. 简述鞍形弹鼓的主要特点。
9. 简述对弹链供弹机构的要求。
10. 简述弹链的工作特点及其设计要求。
11. 弹链有哪些分类方式?各包含哪些类型的弹链?
12. 弹链的柔度包括哪些?用哪些量描述弹链的柔度?为什么要求弹链有一定的柔度?
13. 弹链输弹机构有哪几种类型?简述其各自的特点。
14. 简述弹链供弹机构的主动件选择原则,并分析主动件拨弹时期工作特点。
15. 为什么滑弹板的行程大于弹链的节距?

16. 如何用传速比曲线拟制输弹传动机构的凸轮轮廓曲线？

17. 结合下图，说明拨弹齿和阻弹齿的作用和工作原理，并简述设计时应满足哪些要求？

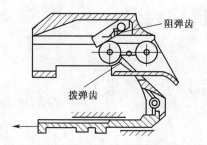 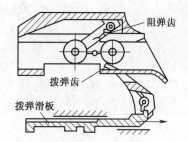

18. 如何计算弹链供弹机构的拨弹力？

19. 弹链供弹机构有哪几种脱链方式？

20. 什么是双路供弹技术？双路供弹方式的关键技术有哪些？有哪些典型的双路供弹机构？

第6章 退壳机构设计

6.1 退壳机构的作用及设计要求

6.1.1 退壳机构的作用

1. 退壳机构的作用

(1) 退壳是指将发射过的弹壳(药筒)从膛内抽出,并把其抛出武器之外。

(2) 退弹是指能顺利地将处于待发状态的弹药及训练弹从膛内抽出,并抛出武器之外。

退壳机构的作用是将射击过的弹壳或未射击的弹药从弹膛内抽出,并将其抛出武器之外,以便进行下一发的装填。

2. 退壳机构的组成

为了完成退壳与退弹作用,退壳机构应具有抽壳和抛壳两种功能,相应由抽壳机构和抛壳机构两部分组成。抽壳机构主要由抽壳钩(也称为拉壳钩)和抽壳钩簧(也称为拉钩簧)等组成;抛壳机构主要由抛壳挺(也称为退壳挺)和抛壳窗等组成。

6.1.2 退壳机构的设计要求

退壳机构的结构虽然简单,但却是保证自动武器动作可靠性不可缺少的机构。退壳机构工作受力较大,退壳情况也较为复杂,容易引起故障,因此退壳机构必须满足一定的要求。

(1) 零件应有足够的强度和使用寿命。通常拉壳钩形状较为复杂,在抽壳时承受很大的抽壳阻力作用;拉壳钩簧安装位置通常较小,在工作时承受弯扭复合应力作用;抛壳挺工作时承受冲击载荷作用。因此,这些构件应有一定的静强度、疲劳寿命和耐冲击性,要求使用寿命高。

(2) 工作可靠性。抽壳机构应当做到抓壳容易,抱壳有力,抽壳可靠;抛壳机构应使抛壳路线一致,并有足够的抛壳力。

(3) 应有合适的拉壳钩间隙。拉壳钩钩部与弹底窝镜面之间的间隙称为拉壳钩间隙,其大小对退壳机构作用是否可靠有很大的关系。拉壳钩间隙过小,就不能保证钩部跳过弹壳底缘;拉壳钩间隙过大,就不能保证确实地抱住弹壳。

(4) 拉壳钩簧应具有足够的簧力,以保证拉壳钩钩部跳过弹壳底缘后,能可靠地抱住弹药。

(5) 拉壳钩、退壳挺的安装定位应确实,并有足够的刚度,不易产生永久变形,以保证自动武器在连发射击中动作可靠。

(6) 构造简单,结构紧凑,零件工艺性好,便于大量制造、迅速排除故障和维修。

6.2 退壳机构的类型及选择

6.2.1 退壳机构的类型

退壳机构的结构和闭锁、供弹方式有关。根据抛出弹壳的方式不同,大致可分为顶壳式、挤壳式、甩壳式(拨壳式)、打壳式、火炮横动式、火炮直动式等六种类型。退壳机构的结构类型和实例,如表6.1所列。

表6.1 退壳机构的结构类型

类 型				典 型 枪 例
顶壳式	抽壳机构	弹性抽壳钩		德国希买斯40式冲锋枪(图6.1(a))
		回转抽壳钩		美国M16自动步枪(图6.2(b))
		平移抽壳钩		捷克ZB-53式重机枪(图6.3(b))
		偏转抽壳钩		美国M60通用机枪(图6.4)
	抛壳机构	刚性抛壳挺	固定式	56式冲锋枪(图6.5)
			折叠式	53式轻机枪(图6.6)
			撞杆式	85式12.7mm高射机枪(图6.7)
			杠杆式	德国G3自动步枪(图6.8)
		弹性抛壳挺	抛壳挺簧式	美国M14自动步枪(图6.9)
			缓冲簧式	德国MG-42通用机枪(图6.10(a))
挤壳式	抽壳	刚性抽壳钩		56式14.5mm高射机枪(图6.11)
	抛壳	压弹挤壳		56式14.5mm高射机枪(图6.11)
		取弹挤壳		德国马克沁重机枪(图6.12)
甩壳式	推弹除壳器			59式12.7mm航空机枪(图6.13)
打壳式	打壳杠杆			日本九九式轻机枪(图6.14)
火炮横动式自动机退壳机构	抽筒子机构	杠杆冲击作用式		65式37mm高炮(图6.15)
		凸轮均匀作用式		—
	推弹除壳臂机构			23-2航炮(图6.17)
火炮直动式自动机退壳机构	转管炮退壳机构			美国M61式转管炮(图6.18)
	链式炮退壳机构			美国M230式30mm链式炮(图6.19)

1. 顶壳式退壳机构

枪机作纵动式武器,枪机带动拉壳钩从膛内抽出弹壳,后退一定距离后,抛壳挺撞击弹底缘的另一边,形成一力偶,使弹壳从抛壳窗抛出,这种退壳称为顶壳式。顶壳式退壳机构包括抽壳机构和抛壳机构两部分。现代自动武器大都采用这种类型的退壳机构,如苏联AK47自动步枪。

1) 抽壳机构

抽壳动作是由枪机上的拉壳钩完成的。拉壳钩在拉壳钩簧力作用下,可以转动或移动,以便推弹入膛时,钩部能顺利跳过弹壳底缘,并抱住弹壳,抛壳时弹壳又能顺利脱离。

抽壳机构的作用是把射击过的弹壳或未射击的弹药从膛内可靠地抽出。因此,要求抽壳钩在推弹进膛后能顺利地跳过弹壳底缘,并以一定抱弹力将弹壳抱住。抽壳时能可靠地将弹壳从膛内抽出,而不会滑脱。抛壳时弹壳能绕钩齿回转,并朝一定方向将弹壳抛出。按照抓壳时抽壳钩的运动方式和抱壳力的能量提供方式的不同,抽壳机构又分为弹性抽壳钩、回转式抽壳钩、平移式抽壳钩和偏转式抽壳钩四种,下面分别进行分析。

(1) 弹性抽壳钩。弹性抽壳钩是一个弹簧片,其抱壳力是靠抽壳的钩体在抓壳时产生的弹性弯曲提供,典型武器如图 6.1 所示的德国希买斯 40 式冲锋枪抽壳钩,日本三八式重机枪抽壳钩以及在抽壳钩体的外部再加一片弹簧,以增强抱弹力的苏联 ДП 轻机枪抽壳钩。

弹性抽壳钩的优点是结构简单,缺点是尺寸较长、容易折断、寿命不长。

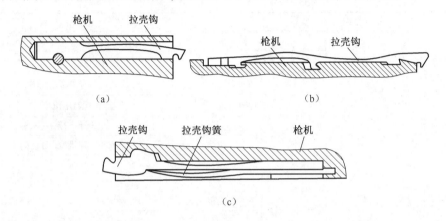

图 6.1 弹性抽壳钩
(a)德国希买斯 40 式冲锋枪抽壳钩;(b)日本三八式重机枪抽壳钩;(c)苏联 ДП 轻机枪抽壳钩。

(2) 回转式抽壳钩。回转式抽壳机构由抽壳钩、抽壳钩簧及抽壳钩轴三部分组成。抽壳钩簧一般采用圆柱螺旋弹簧。弹簧的位置大多采用平行枪机轴线,如 95 式 5.8mm 步枪等的抽壳钩;也可以垂直于枪机轴线,如美国 M16 5.56mm 自动步枪的抽壳钩;也有倾斜于枪机轴线,如图 6.2 所示的美国 M14 自动步枪的抽壳钩。

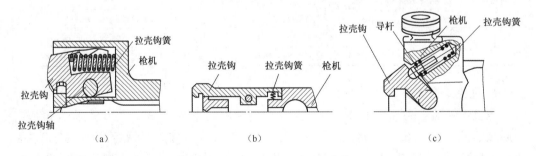

图 6.2 回转式抽壳钩
(a)53 式轻机枪抽壳钩;(b)美国 M16 自动步枪抽壳钩;(c)美国 M14 自动步枪抽壳钩。

抽壳钩工作(抓壳与抱壳)时抽壳钩绕轴回转,抱壳力由抽壳钩簧提供,其值取决于抽壳钩轴至簧力作用线的距离与弹簧力的乘积同抽壳钩轴至钩齿槽距离之比;抽壳阻力由抽壳钩轴承受,这对抽壳钩轴强度要求较高。

回转式抽壳钩的优点是结构简单,运动灵活;缺点是抓壳与抽壳时抽壳钩轴直接承受冲击载荷作用,对抽壳机构强度不利。这种抽壳机构在自动武器中应用较多,如53式轻机枪、56式冲锋枪、57式重机枪和美国M14、M16自动步枪等。

(3) 平移式抽壳钩。平移式抽壳钩在枪机的定形槽内运动。其抓壳和抱壳动作是通过抽壳钩后部凸棱沿枪机相应凹槽的平移运动来完成的,如图6.3所示。按运动方式有垂直于枪机轴线平移和倾斜于枪机轴线平移两种。垂直于枪机轴向平移的抽壳钩,通常采用片状弹簧,如日本九一式轻机枪的抽壳钩(图6.3(a));倾斜于枪机轴线平移的抽壳钩,通常采用螺旋压缩弹簧,如捷克ZB-53重机枪的抽壳钩(图6.3(b)),也有采用弹簧钢丝的,如德国G3自动步枪的抽壳钩(图6.3(c))。

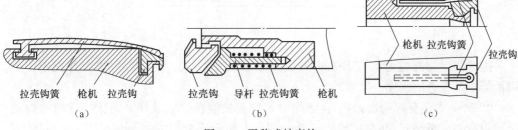

图 6.3　平移式抽壳钩

(a)日本九一式轻机枪的抽壳钩;(b)捷克ZB-53重机枪的抽壳钩;(c)德国G3自动步枪的抽壳钩。

垂直于枪机轴线平移的抽壳钩,增加了枪机横向尺寸,并且不便于采用螺旋弹簧作抽壳钩簧,现在枪械中已很少使用。

倾斜于枪机轴线平移的抽壳钩,在抓壳时便于跳过弹壳底缘,在抽壳时又能可靠地抱住弹壳,克服了垂直于枪机轴线平移抽壳钩的缺陷。

平移式抽壳机构的优点是抽壳阻力由具有较大断面尺寸的凸棱凹槽承受,因而强度好、寿命长;缺点是抓壳时钩齿运动欠灵活。

(4) 偏转式抽壳钩。偏转式抽壳钩在抽壳时,抽壳钩支撑在枪机的斜面上,通常采用螺旋弹簧作拉壳钩簧。在抓壳与抱壳时能绕瞬时中心偏转。抽壳时,抽壳阻力由枪机凹槽的前斜面承受,故抽壳钩强度高,并且由于斜面的作用,使抽壳钩越拉越紧贴枪机,从而可靠地抱住弹壳,故现代武器中采用这种抽壳钩的较多,如德国MG-42通用机枪和美国M60通用机枪,典型机构如图6.4所示。

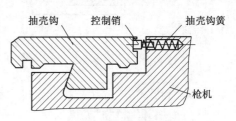

图 6.4　偏转式抽壳钩
(美国M60通用机枪的拉壳钩)

偏转式抽壳钩的优点是强度好、寿命长,运动较平移式灵活。

2) 抛壳机构

在顶壳式退壳机构中,按抛壳动作有无弹簧缓冲,又把抛壳机构分为刚性抛壳挺与弹性抛壳挺两类。

(1) 刚性抛壳挺。以抛壳挺直接撞击弹壳底缘将弹壳抛出,这种抛壳机构称为刚性抛壳挺,典型结构有以下四种。

① 固定式。这种抛壳挺常与机匣导轨连为一体,需在枪机上开出抛壳挺纵向让位通

槽。当枪机后坐至弹壳底平面与抛壳挺相撞时,即产生抛壳力矩将弹壳抛出。因抛壳挺对弹壳的撞击速度高(撞击速度等于枪机后坐速度),所以能可靠而有力地把弹壳从抛壳窗抛出武器之外,如56式冲锋枪的抛壳挺(图6.5)、81式7.62mm枪族、95式5.8mm枪族均采用这种抛壳方式。

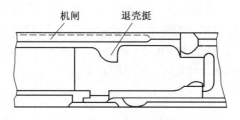

图6.5 固定式刚性抛壳

固定式抛壳挺的优点是结构简单,抛壳可靠而有力;缺点是需在枪机上开通槽让位,因而影响了枪机的强度。

② 折叠式。有些武器,为了克服固定式抛壳挺需在枪机上开纵向让位通槽的缺点,把抛壳挺做成折叠式,并在枪机前部做一斜槽。抛壳挺通常用轴固定在机匣上,在簧力作用下,使抛壳挺紧贴枪机。抛壳挺平时被枪机抬起,退壳时则进入枪机弹底窝撞击弹壳底缘使弹壳抛出,典型结构如图6.6所示。

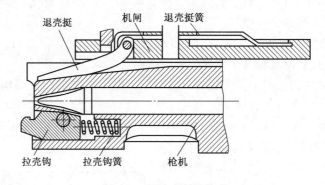

图6.6 折叠式刚性抛壳

这种抛壳挺保留了固定式抛壳挺抛壳有力的优点,避免了在枪机开纵向通槽的缺点,只需在枪机前部开一段斜槽,因而有利于枪机强度的提高和结构的合理布置。但是,这种抛壳挺需用轴将其与机匣连接,需要专门安装抛壳挺簧以使其与枪机紧贴,因此结构较固定式复杂。

③ 撞杆式。撞杆式抛壳挺装在枪机前部的斜孔内,用小销将其拴住。这种抛壳挺的抛壳动作是枪机推弹进膛闭锁之后,弹壳底平面将抛壳挺压出,其后端突出在枪机上平面之外,在机匣上开出相应让位槽;当枪机后坐到抛壳位置时,撞杆式抛壳挺被机匣斜面压回到枪机内,与此同时给弹壳以一定回转力矩,并将弹壳抛出武器之外。为使抛壳挺能撞击弹壳底平面,需在其上铣出一段让位槽。其典型结构,如85式12.7mm高射机枪抛壳挺,如图6.7所示。

撞杆式抛壳挺结构简单,并克服了前两种抛壳挺的缺点,又保留了它们的优点,是一种较好的抛壳机构。

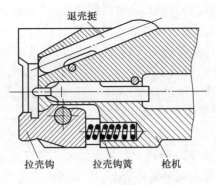

图6.7 撞杆式刚性抛壳

④ 杠杆式。这种抛壳挺做成双臂杠杆形,中部为轴,固定在发射机座上;在枪机前部开一斜槽。当枪机后坐到抛壳位置时,枪机后部压抛壳挺后臂使其前端进入枪机斜槽内,随后撞击弹壳底平面产生抛壳力矩将弹壳抛出武器之外。

杠杆式抛壳挺结构简单,动作可靠,但尺寸较大。其典型结构,如图6.8所示的德国G3自动步枪的抛壳机构,88式5.8mm通用机枪也是采用这种抛壳机构。

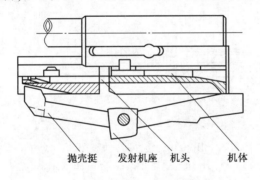

图6.8 杠杆式刚性抛壳

(2) 弹性抛壳挺。利用弹簧力推动抛壳挺将弹壳抛出武器之外的抛壳机构称为弹性抛壳挺。按所用弹簧的不同,又分为抛壳挺簧式和缓冲簧式两种。

① 抛壳挺簧式。这种抛壳机构由抛壳挺、抛壳挺簧及销三个零件组成。抛壳挺簧有安装在枪机上的,也有安装在枪/炮身上的,典型结构如图6.9所示的美国M14、M16自动步枪的弹性抛壳挺。

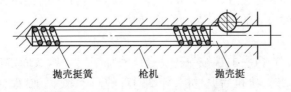

图6.9 安装在枪机内的弹性抛壳

其工作原理是在枪机推弹进膛的过程中,弹壳底平面将抛壳挺压入枪机上的抛壳挺孔内,此时抛壳挺簧被压缩。由于受到抛壳挺簧力作用,抛壳挺紧紧顶在弹壳底面上。接

283

触点作用力与其作用线至抽壳钩齿之间距离的乘积为抛壳力矩,抛壳前此力矩始终存在。弹壳出膛前因受到弹膛内表面的约束,只有回转趋势。当弹壳全长被抽出弹膛时,因约束被去除,弹壳将在抛壳力矩作用下被抛出武器之外。

这种弹性抛壳挺的优点是抛壳时无撞击,抛壳挺簧孔较易加工;缺点是壳膛径向间隙、枪机与机匣侧向间隙及枪机后坐速度等都对抛壳可靠性有较大影响;因枪机的结构尺寸安装能量较大的抛壳挺簧有困难,而抛壳的行程又不可能太长,故抛壳速度较小;枪机推弹入膛时,压缩抛壳挺簧还需消耗部分复进能量,抛壳速度、方向不够稳定,因而抛壳能量有限,工作不太可靠。

② 缓冲簧式。这种抛壳挺在枪机上的安装结构与撞杆式刚性抛壳挺类似,所不同的是抛壳时这种抛壳挺尾端撞在枪机缓冲簧上,从而缓冲了抛壳时武器的振动。其典型结构,如图 6.10(a)所示的德国 MG-42 通用机枪的弹性抛壳机构。有的将抛壳挺与弹簧都装在炮箱上,可相对于炮箱移动。抛壳时,弹壳撞击带弹簧的抛壳挺后被抛出,可以减小抛壳时的撞击,如图 6.10(b)所示的德国 MK20 自动炮抛壳机构。

缓冲簧式弹性抛壳挺的优点是能缓冲抛壳撞击;缺点是尺寸较大。

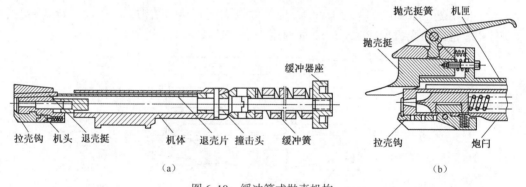

图 6.10　缓冲簧式抛壳机构

(a)德国 MG-42 通用机枪退壳机构;(b)德国 MK20 自动炮抛壳机构。

2. 挤壳式退壳机构

在枪机的前端有两个刚性拉壳钩,当弹壳被抽出弹膛后,下一发弹药压被至身管轴线位置,并将该弹壳挤出武器之外。它的抛壳是利用压弹过程来进行的,因此这种退壳称为挤壳式。其主要用于双程进弹的武器,如 56 式 14.5mm 高射机枪。

挤壳式退壳机构由双钩式固定抽壳钩和挤壳机构组成。在枪机或枪机的活动机头上,有两个刚性的钩齿。在进弹和抽壳时,两钩齿都扣住弹壳的底缘。在弹药靠近内膛轴线的过程中,将弹壳从横向挤出,称为压弹挤壳。当活动机头上抬取弹时,弹壳被另一个零件所阻止而脱离机头上的拉壳钩,称为取弹挤壳。

1) 压弹挤壳

(1) 抽壳机构。在机头前端按弹药底缘尺寸加工出双钩式固定抽壳钩槽,使弹壳能沿槽上下运动。发射时,枪机后退,机头前端对称的两个取弹钩从取弹位置抽出一发弹药后坐。开锁时,机头从弹膛内抽出弹壳。采用双程进弹武器,通常利用压弹过程挤出弹壳,典型结构如图 6.11(a)所示的 56 式 14.5mm 高射机枪抽壳机构。

这种抽壳机构的优点:结构简单、加工容易;其缺点:仅限于双程进弹的自动武器中使用,因为弹药只能在进弹过程由抽壳钩槽的上方挤入,而不能在推弹进膛过程中抓取。

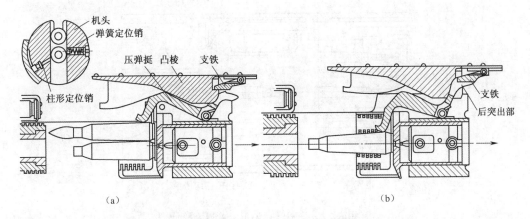

图 6.11　56 式 14.5mm 高射机枪抽壳机构
(a)抽壳机构;(b)最后一发弹壳抛出。

(2) 挤壳机构。对图 6.11(a)所示的抽壳机构而言,其抽壳过程是与进弹过程同步进行的。在机体带动机头后坐过程中,抽壳钩向后抽壳的同时,压弹挺在凸棱作用下将弹药从取弹器中压入抽壳钩槽中。当弹药被压到与弹壳接触时,弹壳已全部脱离弹膛,机头上的柱形定位销与机匣上的让位槽相对;随着弹药被压下移,弹壳也下移,挤过柱形定位销,直至把弹壳挤出机头,定位销因为受机匣斜面作用被挤入抽壳钩槽中,并将新进入的弹药定位。

由于压弹挤壳式是利用弹药挤出弹壳,因此当射击最末一发弹药后,就需要一个辅助装置将弹壳排除。56 式 14.5mm 高射机枪在机匣盖上设置一个支铁,当射击完最后一发弹药,枪机后退时,压弹挺在簧力作用下,前端下降紧贴于弹壳上,后端上抬较高。当枪机后退到抛壳位置时,支铁撞击压弹挺后端,迫使压弹挺逆时针回转,前端向下撞击出最后一发弹壳,如图 6.11(b)所示。

2) 取弹挤壳。取弹挤壳式退壳机构也用于双程进弹的自动武器中,如德国马克沁重机枪,其结构如图 6.12 所示。

该枪机头是活动的,可沿机体前端导轨上下作往复运动,机头上有双钩式固定抽壳钩槽。机体带动机头后坐过程中,活动机头抓取弹药,并在机匣盖上片弹簧作用下带弹向下运动,同时将击发过的弹壳从膛内抽出。枪机后坐到位时,弹药对准弹膛,弹壳对准退壳管。复进过程中弹药进入弹膛,弹壳进入退壳管。当枪机快复进到位时,由于枪机连杆转动压拨弹杠杆回转将机头拨动上移。在机头向上抓取新弹过程中,前发弹壳即留在退壳管中,直至被另一发弹壳顶出武器之外。此后又重复前述过程。

这种结构的优点是退壳可靠,没有撞击,又能退出最后一发弹药而不需专用工具。但结构比较复杂。

3. 甩壳式退壳机构

有的自动武器采用枪机摆动或枪机横动的闭锁机构,枪机不能抽壳。当枪机打开枪膛后,由一拨壳杠杆拨壳的底缘,使弹壳沿弹膛滑出。它的抽壳与抛壳是由同一个机构完成的,这种退壳称为甩壳式,也称为拨壳式。

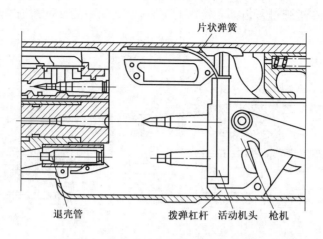

图 6.12　德国马克沁重机枪退壳机构

枪机横动闭锁,不能利用枪机的运动退壳,只能利用原动件(枪管或枪机框)的运动退壳。图 6.13(a)所示为 59 式 12.7mm 航空机枪的推弹甩壳机构工作原理,图 6.13(b)所示为丹麦麦德森机枪甩壳机构。

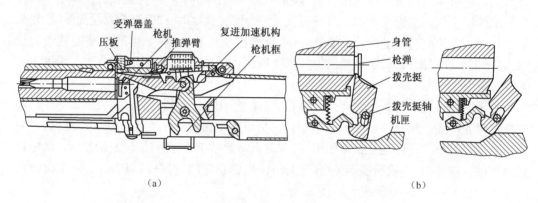

图 6.13　甩壳式退壳机构
(a)59 式 12.7mm 航空机枪;(b)丹麦麦德森机枪。

59 式 12.7mm 航空机枪自动方式为导气式,闭锁方式为枪机横动式,推弹甩壳机构兼负推弹和退壳两项任务。枪机框后坐时,推弹甩壳臂将弹壳从膛内拔出;枪机复进时,推弹甩壳臂又将弹药推送进膛,并抓住弹壳底缘。这种推弹甩壳机构复进过程与加速机构联动的优点是有利于理论射速的提高,缺点是武器横向尺寸较大。

枪机摆动式武器,如丹麦麦德森机枪,用枪管短后坐自动方式和枪机摆动闭锁方式,甩壳机构装在枪管的节套上。当枪管后坐带动机头向上摆动打开枪膛时,节套上的拨壳挺在机匣斜面的作用下上升,拨壳齿挤入弹壳底缘的槽内。当拨壳挺的下端碰到机匣的退壳面时,拨壳挺绕其轴回转,上端拨弹壳的底缘,使弹壳从枪管内拔出。

4. 打壳式退壳机构

少数自动武器为了提高抽壳的可靠性,在枪机上装有两个弹性拉壳钩,或在拉壳钩对面做成容纳弹壳底缘的沟槽。当枪机从膛内抽出弹壳后,枪机驱动装在机匣上的打壳杠杆打击弹壳体,使弹壳沿抛壳窗抛出,这种退壳方式称为打壳式。

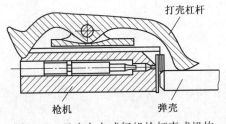

图 6.14 日本九九式轻机枪打壳式机构

图 6.14 所示为日本九九式轻机枪的打壳式退壳机构,由抽壳钩和打壳杠杆两部分组成。其主要退壳零件为一杠杆,此杠杆的回转轴安装在机匣上。当枪机抽壳至抛壳位置时,其后部上斜面撞击打壳杠杆后臂,使打壳杠杆绕轴回转,前部打击弹壳并将弹壳抛出武器之外。

这种退壳机构抛壳时抽壳钩受力很小,但抛壳机构的尺寸太大,又经常暴露在机匣外侧,不便于维护保养,现代自动武器已很少采用。

5. 火炮横动式自动机退壳机构

一般来说,对炮闩横动式火炮,因为不能直接利用炮闩抽出药筒,必须设置专门的抽壳机构。常见的机构有抽筒子机构和推弹除壳臂机构。一般来讲,抽筒子机构常见于中大口径火炮中;而推弹除壳臂机构用在小口径火炮中。

(1)抽筒子机构。根据抽筒子结构和抽筒过程又可分为杠杆冲击作用式和凸轮均匀作用式两种。

① 杠杆冲击作用式。杠杆冲击作用式抽筒子的优点是结构简单、制造容易、操作使用方便。其缺点是冲击时受力很大,容易引起抽筒子损坏及药筒底缘抽脱,通常带有备件。如 65 式 37mm 高炮(图 6.15)。

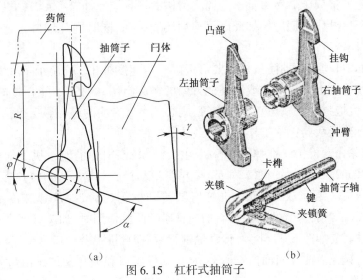

图 6.15 杠杆式抽筒子
(a)结构示意图;(b)抽筒子结构。

左、右抽筒子下端有冲臂,上端有抽筒子凸部和挂钩,当闩体下落时,冲铁下端冲击抽筒子冲臂,使抽筒子上端猛然向后倒,抽筒子凸部即向后抽出药筒;挂钩用于钩住闩体冲铁上端,使闩体保持在开闩状态。

杠杆式抽筒子轴通常安装在炮尾内,两个抽筒子在其上可相对摆动一个角度,以防某一个挂钩磨损、损坏变形或碰离闩体挂臂时,另一个抽筒子仍可钩住闩体处于开闩状态。

② 凸轮均匀作用式。凸轮均匀作用式抽筒子的优点是抽筒平稳、工作可靠。其缺点是制造较困难,输弹到位的速度不能太大,否则药筒底缘和抽筒子抓钩接触部位容易发生

塑性变形。凸轮均匀作用式抽筒子结构,如图6.16所示。

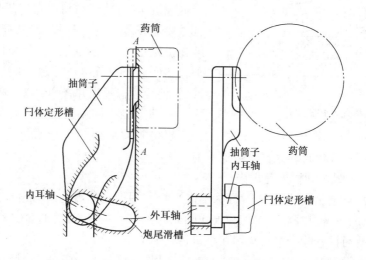

图 6.16　凸轮均匀式抽筒子

下部有两个同心的内、外耳轴,外耳轴插入炮尾的弧形滑槽内,内耳轴插入闩体定形槽中,抽筒子前面贴于身管尾端面上。开闩时,内耳轴沿闩体定形槽前移,外耳轴在炮尾滑槽中运动,迫使抽筒子后转以抽出药筒。滑槽的形状应使抽筒子在开闩初期转动缓慢,让药筒稍有移动,开闩末期应使抽筒子迅速后转而抽筒,同时内耳轴进入定形槽水平段,使闩体保持开闩位置。

炮闩横动式自动机的抽筒机构主要负责以一定速度抽出,并沿身管轴线向后快速抛出药筒,有别于枪械上的向侧方或者其他方向的抛壳行为。对于不能直接向后抛壳的其他炮闩横动式火炮,如舰炮、坦克战车炮等,则必须设置专门的抛壳导引机构,或者相应的药筒收集器等,确保武器正常工作以及和载体平台的协调。

(2) 推弹除壳臂机构。推弹除壳臂机构常见于较高射速的航空机关炮中,也有的用在航空机枪中,如23-2式闭锁机横动导气式单管滑动机心航炮(图6.17)。

射击后,当机芯组完成开锁后,推弹臂随传动框等速后退,从弹膛内抽出弹壳,如图6.17(a)所示。当加速臂的前凸角与加速臂座的凸部作用时,加速臂便产生转动,使推弹臂加速向后抽壳,如图6.17(b)。传动框继续后退时,推弹臂卡齿将弹壳拉到抛壳板的弧形导向面上,弹壳沿此导向面向下运动,从传动框窗口和炮身窗口抛出炮外,如图6.17(c)所示,完成抛壳。

6. 火炮直动式自动机退壳机构

炮闩直动式火炮通常口径较小,药筒较短。可以利用炮闩上的抽壳钩(抽筒钩),在炮闩后坐运动时便可直接抽出药筒,如前面介绍的各种抽壳机构。其抛壳方式可以根据自动原理方便地进行安排。例如,转管炮抛壳动作是靠固定在炮箱上方的抛壳横梁来完成,如图6.18所示。弹壳被机心抽出后即被抛壳横梁的抛壳引导面从机心抓手内铲出,抛到转管炮体外。对于美国M61转管炮,当装在飞机上时,对排出来的弹壳还需要经过软导引引导进入弹壳收集器。链式炮则采用挤壳结构,利用下一发弹将弹壳挤到推壳挺

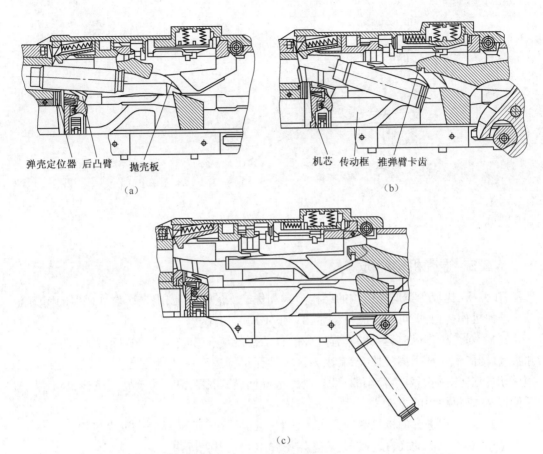

图 6.17 推弹臂抛壳原理

(a)从膛内抽出弹壳;(b)推弹臂加速向后抽壳;(c)弹壳抛出机体外。

前方,在推弹进膛过程中将弹壳从前方推出,如图 6.19 所示。这种退壳方式属于挤壳式。也有采用专门的除壳器进行除壳的,如双联 23 航空炮。

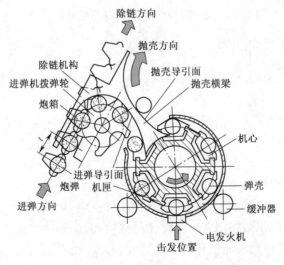

图 6.18 转管炮退壳原理

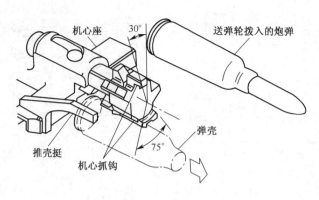

图 6.19 链式炮退壳原理

6.2.2 退壳机构的选择

在分析、比较各类退壳机构的结构形式和优缺点的基础上,根据所设计武器的闭锁方式、进弹机构类型,即可对退壳机构做出以下不同的选择。

(1) 对枪机作纵向运动的单程进弹的自动武器,应优先选择顶壳式退壳机构。其中,抽壳机构应优先选用偏转抽壳钩,因为这种抽壳机构运动灵活、可靠,能承受较大抽壳阻力作用;其次对抽壳阻力较小的武器,也可选择回转式抽壳钩。对于抛壳机构,应优先选用刚性抛壳机构中的撞杆式,其次为固定式。

(2) 对双程进弹的枪机纵动式自动武器,可酌情选用压弹挤壳式退壳机构。

(3) 对枪机横动式自动武器,可选用推弹甩壳式退壳机构。

6.3 抽壳阻力分析

为了计算抽壳钩强度、确定开锁时机、分析新枪抽壳困难等原因,就需要知道抽壳阻力数值,了解影响抽壳阻力的因素和减小抽壳阻力的措施。

6.3.1 抽壳阻力的产生

抽壳阻力的产生有以下两方面原因。

1. 壳膛压力

在膛压 p 作用下,弹壳产生切向应力和轴向应力,同时发生切向变形和轴向变形。随着膛压的升高,迫使弹壳产生的切向变形消除初始相对间隙,同时产生轴向变形,消除壳机初始间隙之后壳机贴合,并产生壳机力 F。闭锁机构承载部分在 F 力的作用下将发生轴向弹性变形,形成弹性间隙 Δ_e,其值随着 F 的增大、闭锁机构刚度的减小而增加。当膛压开始下降时,闭锁机构将发生弹性恢复,从而把在膛压上升阶段已经发生塑性胀大的弹壳压回弹膛,造成壳膛压力的增大。同时,因为弹壳温度较弹膛温度高,也会因弹壳切向变形量较弹膛切向变形量大而使壳膛压力增大。壳膛压力的增大,必然使壳膛之间的摩擦力增大。

2. 射速

自动武器为了提高理论射速,一般在膛压下降阶段,膛内尚有一定膛压的情况下开锁,这时壳膛间有膛压 p 引起壳膛压力 p_1 的增加,使抽壳轴向阻力增大。

6.3.2 抽壳阻力的计算

将弹壳从膛内抽出时,作用在弹壳或拉壳钩上的力,称为抽壳阻力或抽壳力,以 F_z 表示。计算抽壳力的目的是为了验算弹壳和抽壳钩的强度,以及进行自动武器运动分析。

影响抽壳力的因素很多,如膛压及其变化规律、身管及弹壳的尺寸和材料、身管和弹壳的受热程度、弹壳及弹膛工作表面状况等。在理论计算时,若全部考虑这些因素,将使计算过程非常复杂,不便于应用。

1. 基本假设

为简化计算过程,作以下四点基本假设。

(1) 设弹壳为圆柱形,其外径为 d_1,壁厚 h 不变。
(2) 略去温度变形。
(3) 把弹壳看成一薄壁圆筒。
(4) 有膛压 p 时抽壳。

2. 抽壳阻力计算

下面在基本假设的前提下建立抽壳力的近似计算公式。

射击后,弹壳与弹膛之间的最终间隙为负值,抽壳时产生摩擦力 F_f,如图 6.20 所示,故抽壳力的大小为

$$F_z = F_f - p_{td} \tag{6-1}$$

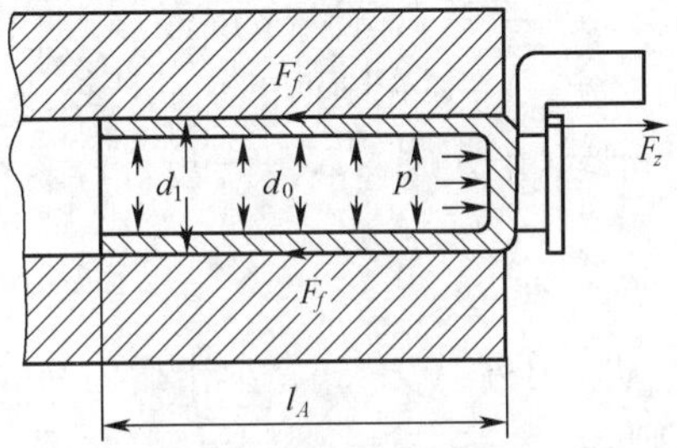

图 6.20 抽壳力作用简图

式中 F_f——弹壳与膛壁之间的摩擦力(N);

p_{td}——弹壳内底上所受到的火药燃气作用力(N)。

F_f 和 p_{td} 的大小可表示为

$$F_f = fN = f \cdot \pi d_1 l_A p_1 \tag{6-2}$$

$$p_{td} = \frac{1}{4}\pi d_0^2 p \tag{6-3}$$

式中 f——摩擦系数;

d_o——弹壳内径(mm);

l_A——弹壳长度(mm);

p_1——弹膛壁对弹壳外壁的正压力(MPa);

p——抽壳时的膛压(MPa)。

将式(6-2)和式(6-3)代入式(6-1),得

$$F_z = \pi \left(f d_1 l_A p_1 - \frac{d_0^2}{4} p \right) \tag{6-4}$$

抽壳时,弹膛作弹性恢复,弹壳壁内切向为压缩应力。为了求出弹膛壁对弹壳外壁的压力 p_1,取半个弹进行分析,如图 6.21 所示。

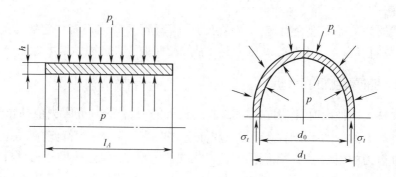

图 6.21 弹壳的静力平衡图

在弹膛内,半个弹壳在压力 p_1、p 中和内力的作用下应处于平衡状态,所以各力在垂直方向上投影和为零,即

$$p_1 d_1 l_A = p d_0 l_A + 2\sigma_t h l_A$$

将上式简化后,得

$$p_1 d_1 = p d_0 + 2\sigma_t h \tag{6-5}$$

式中 h——弹壳壁厚(mm);

σ_t——弹壳断面的切向压缩应力(MPa)。

把式(6-5)代入式(6-4),得

$$F_z = \pi \left[f l_A (p d_0 + 2\sigma_t h) - \frac{d_0^2}{4} p \right] \tag{6-6}$$

切向压缩应力 σ_t 是射击后由弹壳与膛壁间的紧缩量形成的。如把弹壳看成薄壁圆筒,则

$$\sigma_t = E \cdot \delta \tag{6-7}$$

式中 E——弹壳材料的弹性模量(MPa);

δ——弹壳与弹膛间的最终间隙的绝对值(mm)。

把式(6-7)代入式(6-6)即可得抽壳力 F_z 为

$$F_z = \pi \left[f l_A (p d_0 + 2 E \delta h) - \frac{d_0^2}{4} p \right] \tag{6-8}$$

6.3.3 影响抽壳阻力的因素

抽壳阻力的大小影响退壳机构的工作可靠性,也影响自动武器的工作性能。为了分析新枪研制过程中抽壳困难的原因,有必要对影响抽壳阻力的因素进行分析。

1. σ_{e1},D,h 与 δ_0 对 F_z 的影响

弹壳材料的弹性强度极限 σ_{e1},强化模量 D,弹壳壁厚 h 与壳膛初始相对间隙 δ_0 对抽壳阻力有相同的影响倾向,即当上面4个变量增大时,抽壳阻力 F_z 将减小。这是因为

$$p_0 = \frac{h}{r} [\sigma_{e1} + (\delta_0 - \varepsilon_{e1}) D] \tag{6-9}$$

当上面4个变量增大时,导致贴膛初始压力 p_0 增大,根据式(4-34)可知,相应的壳

腔压力 p_1 减小。

但是需要注意的问题是当 σ_{e1} 过分增大时,将使弹壳冲压成形困难;h 增大时会导致弹壳质量增加,对机动性和战士的携弹量不利;δ_0 增大过多会使弹壳发生纵裂。因此,设计时要统筹兼顾,选择要恰当。

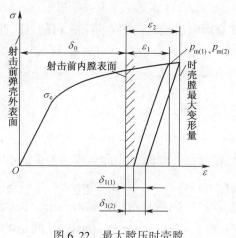

图 6.22 最大膛压时壳膛应力应变关系

2. 弹壳长度 l_A,壳膛之间的摩擦系数 f 对 F_Z 的影响

从式(6-4)可知,l_A、f 对抽壳阻力有相同的影响倾向,即当 l_A、f 增大时,抽壳阻力 F_Z 亦增大。因为在弹壳外径 d_1 一定的情况下,壳膛接触长度 l_A 增大意味着接触面积增大,于是摩擦阻力 F_{Z1} 将会加大。在接触面积一定时,若接触面粗糙度加大或接触力加大,都会使摩擦系数 f 增大,这也会使摩擦阻力 F_{Z1} 加大。摩擦阻力大,抽壳阻力 F_Z 也大。

3. 最大膛压 p_m 和弹膛壁厚 a 对 F_Z 的影响

在弹壳材料和结构尺寸一定的情况下,对于一定的身管弹膛,若使最大膛压 p_m 从 $p_{m(1)}$ 增加到 $p_{m(2)}$,则弹壳的变形量也从 ε_1 增大到 ε_2 如图 6.22 所示。

为了简化问题,在图 6.22 中没有考虑弹壳变形过程的强化作用。无论在有膛压还是无膛压情况下抽壳,结果都是高膛压时抽壳阻力大,由图中两条恢复线平行,可以说明这一问题。

弹膛壁厚 h 的影响,在弹壳材料、结构尺寸与最大膛压 p_m 一定的情况下,增大弹膛壁厚尺寸,将使弹壳变形量减小,相应的壳膛紧缩量也减小,这对抽壳阻力有利。但是,利用增加弹膛壁厚来减小抽壳阻力,效果并不显著,相反会使武器的质量增大,对机动性不利。采用筒紧或自紧的方法要比单纯增加弹膛壁厚效果好。

4. 弹壳锥度 β 与闭锁机构刚度 k 对 F_Z 的影响

增大弹壳和弹膛一锥锥度 β,可使抽壳过程中壳膛紧缩量很快减小,从而使抽壳阻力 F_Z 很快减小或消失。但是还必须和闭锁机构一起考虑:当闭锁机构的刚度 k 较大时,增大 β 对抽壳阻力减小有利;当 k 较小时,因弹性间隙 Δ_e 较大,膛压上升阶段弹壳后移量就大,此时若 β 较大,弹壳的切向膨胀量也大,这将使得弹性恢复过程中壳膛间的紧缩量大,从而导致抽壳阻力 F_Z 增加。由此说明,增大闭锁机构刚度,对改善抽壳条件也是有利的。

5. 开锁时机对 F_Z 的影响

开锁时机的早晚对抽壳阻力 F_Z 有很大影响。因为早开锁时,膛内压力 p 高,壳膛间压力 p_1 大,从而导致抽壳阻力 F_Z 也大。

6. 弹性模量 E_1 和壳膛温度对 F_Z 的影响

实践证明,铜弹壳较钢弹壳的抽壳阻力小,这是因为铜弹壳的弹性模量较钢弹壳小的缘故。但是，铜的价格要大大高于钢，因此自动武器弹药普遍采用覆铜钢弹壳。

壳膛温度高，对抽壳不利。因为温度高，使得弹壳的切向热变形量较大，从而形成较大的紧缩量。

6.3.4 减小抽壳阻力的措施

抽壳力过大会把弹壳底缘拉断形成缺口，严重影响活动机件的运动和武器的可靠性。减小抽壳力，改善抽壳条件，主要应从在弹壳不发生纵裂条件下增加最终间隙（或减小过盈量）和减小弹壳与弹膛壁之间的摩擦力两方面来考虑。

1. 弹药方面

1）提高弹壳材料的机械性能

弹壳材料的机械性能指标主要指弹性极限 σ_e 与弹性模量 E。由 $\varepsilon = \sigma_e/E$ 知，提高 σ_e 或减小 E 都能使弹壳的切向弹性变形 ε_t 增大，从而使最终间隙 δ_1 增大（或过盈量减小），有利于抽壳，如图 6.23 所示。在图 6.23(a) 中 $\sigma_{e1(2)} > \sigma_{e1(1)}$，$|\delta_{1(2)}| < |\delta_{1(1)}|$，在图 6.23(b) 中 $E_{1(2)} < E_{1(1)}$，$|\delta_{1(2)}| > |\delta_{1(1)}|$。前者过盈量变小了，后者最终间隙增大了。

例如，黄铜的 $E = 100\text{GPa}$，$\sigma_e = 320\text{MPa}$，软钢的 $E = 210\text{GPa}$，$\sigma_e = 400\text{MPa}$。软钢的 E 比黄铜的高 2.1 倍，而 σ_e 仅高 1.25 倍，故软钢的切向应变 ε_t 小于黄铜在相同的武器上，其最终间隙小于黄铜，因此抽壳阻力比黄铜弹壳大。为克服软钢的这种不利因素，多采用提高冲压时的冷作硬化、提高含碳量、热处理等方法提高软钢的弹性极限 σ_e，从而提高其弹性恢复量，以改善抽壳条件。

2）保持一定的初始间隙和最大膛压

适当增大径向初始间隙 δ_0 能增大最终间隙，有利于抽壳。例如，用 14.5mm 覆铜钢弹壳试验的初始间隙 δ_0 对最终间隙的绝对量 δ_1 的影响，如表 6.2 所列和图 6.24 所示。

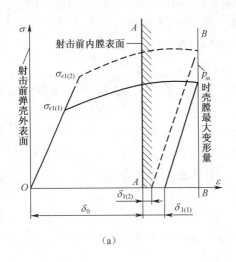

(a)

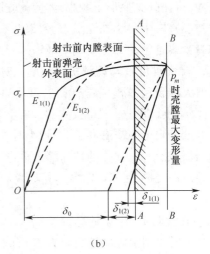

(b)

图 6.23　σ_e、E 对 δ_1 影响

(a) $\sigma_{e1(2)} > \sigma_{e1(1)}$；(b) $E_{1(2)} < E_{1(1)}$。

表 6.2　14.5 覆铜钢弹壳 δ_0—δ_1 值

距底面 25mm	δ_0/mm	0.081	0.105	0.107	0.111	0.183	0.215
	δ_1/mm	-0.079	-0.077	-0.075	-0.069	-0.058	-0.055
距底面 50mm	δ_0/mm	0.078	0.086	0.096	0.100	0.212	0.252
	δ_1/mm	-0.062	-0.061	-0.056	-0.053	-0.051	-0.050
距底面 80mm	δ_0/mm	0.094	0.102	0.136	0.172	0.244	0.270
	δ_1/mm	-0.062	-0.060	-0.058	-0.057	-0.056	-0.054

由表 6.2 可见,随着初始间隙 δ_0 的增大,最终间隙的绝对量 δ_1 越大,即过盈量越小,但减小的程度越来越慢。因为在射击时,弹壳材料的塑性变形将提高材料的强度,使弹壳的弹性恢复量增加,从而使最终间隙 δ_1 增大。但是用增大初始间隙 δ_0 来改善抽壳条件也有一定的限度,因为塑性变形增大时,材料强度提高并不大。若初始间隙增大过多,特别是在低温射击时,会引起弹壳纵裂。

图 6.24 所示为弹壳体肩部(曲线 3)、中部(曲线 2)由于多次延伸冷作硬化而提高了 σ_e,故最终间隙(过盈量)较小。曲线 3 和曲线 2 比曲线 1 高,曲线 3 由于肩部回火,σ_e 略有降低,故又低于曲线 2。

最大膛压 p_m 增大,则弹壳的塑性变形量增大,因而残余变形量也就增加,使最终间隙减小(或过盈量增大),如图 6.25 所示。当 $p_{m(2)} > p_{m(1)}$ 时,最终间隙 $\delta_{1(2)}$(过盈)大于 $\delta_{1(2)}$。因此,最大膛压 p_m 升高会使最终间隙减小,导致抽壳条件的恶化,使抽壳困难,影响武器的可靠性。

3) 合理设计弹壳的结构尺寸

尽量减小弹壳的长度 l_A,从而使抽壳过程中弹壳与弹膛壁的摩擦力小,有利于抽壳。

弹壳壁厚增大,能适当减小弹膛的弹性变形量,有利于抽壳。但壁厚大,冲压加工困难,对提高 σ_e 不利。故在保持一定强度条件下,弹壳壁厚不宜太大。

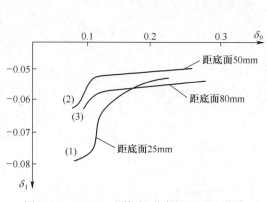

图 6.24　14.5mm 覆铜钢弹壳的 δ_0—δ_1 曲线

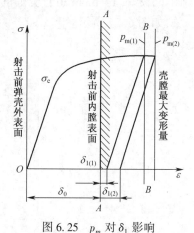

图 6.25　p_m 对 δ_1 影响

有锥度弹壳当向后抽出一定距离 x 时,弹壳与弹膛之间将形成间隙 $x \cdot \tan\beta$,如图 6.26 所示。增大弹壳体锥度,即倾斜角 β 增大,向后抽出一定距离时,弹壳与弹膛之间间隙 $x \cdot \tan\beta$ 增大,抽壳力将减小,故有利于改善抽壳条件。但锥角 β 也不能太大,否则在一定压力下抽壳,弹壳的径向变形量将加大,弹壳易产生纵裂。

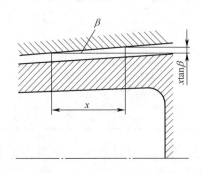

图 6.26 弹壳体锥度对抽壳的影响

2. 武器结构方面

1)增大闭锁机构刚度

在射击中,由弹壳传给闭锁机构的力使闭锁零件产生弹性变形,同时弹壳也后退并伸长。若闭锁机构刚度较小,则在射击时闭锁零件的弹性变形量 Δ_e 将增大,在火药燃气作用下,弹壳后端会露出弹膛,发生径向环形膨胀,严重时还会造成剪断;当膛压下降后,在闭锁零件弹性恢复时,将弹壳强迫推入弹膛,使弹壳紧卡在弹膛内,因而大大增加抽壳力。因此,闭锁零件应有足够的刚度。

应该尽可能采取闭锁支撑面靠近身管尾端的闭锁机构,如回转式、滚柱式、短闭锁片式和卡铁偏转式等,可以减小弹性间隙 Δ_e,从而可以减小弹壳恢复过程的壳膛紧缩量,以降低抽壳阻力。

2)弹膛弹性变形要小

适当增加弹膛的壁厚 a,可以减小弹膛的弹性变形量 ε_k,对减小抽壳力,改善抽壳条件是有利的。但壁厚的不断增大不能使 ε_k 无限减小,到一定程度时 ε_k 的减小将很慢。例如,58 式 14.5mm 高射机枪枪管弹膛的弹性变形量 ε_k 随弹膛壁厚 $a(=r_2/r_1)$ 变化的关,如图 6.27 所示。当 $a>2.5\sim3$ 时,ε_k 的减小量很小。

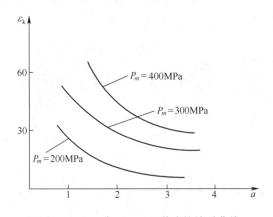

图 6.27 58 式 14.5mm 弹膛的关系曲线

3)弹膛开纵槽

对理论射速要求高的大威力自动武器,可以通过弹膛开纵槽,射击时使弹壳前部内外燃气压力平衡,不产生变形,只有后部分弹壳产生变形与膛壁贴紧,减小壳膛压力和接触面积,从而减小抽壳时的摩擦阻力,有利于抽壳,如 92 式 5.8mm 手枪和 05 式 5.8mm 冲锋枪的弹膛。

4）控制开锁时机

对理论射速要求不高的自动武器,尽量延迟开锁,这是减小抽壳阻力的最直接有效途径。

5）采用预抽壳闭锁机构

对于有锥度的弹壳,其抽壳阻力的最大值在开始抽壳瞬间。若在开锁过程中使弹壳向后有一定位移产生,则大大减小抽壳时所受的抽壳阻力,闭锁支撑面有螺旋倾角的回转式闭锁机构具有预抽壳的功能。

6）减小壳膛接触面摩擦系数

除在弹壳外表面附铜、涂漆之外,在弹膛表面镀铬、渗硫或硫氮共渗等都可以达到提高接触面耐磨性,并降低摩擦系数的目的。

（1）镀铬。其主要是提高弹膛内表面的耐磨性和抗烧蚀性。关于减小抽壳阻力的作用,主要是通过减小壳膛接触面摩擦系数 f 来达到此目的。

（2）渗硫。身管需要进行调质处理,如果在调质过程中同时进行渗硫,则称为高温渗硫。如果在弹膛局部淬火低温回火时进行渗硫,则称为低温渗硫。前者主要是减小摩擦系数,后者既可提高耐磨性,又可减小摩擦系数。另外在渗氮过程中同时渗硫称为硫氮共渗,同样可提高耐磨性和减小摩擦系数。

6.4 退壳机构设计

采用单程进弹的枪机纵动式武器,退壳机构多数采用顶壳式。打壳式因尺寸较大,现在已经基本不用或者很少采用。枪机横动式可以采用甩壳式退壳方式,但是只在航空自动武器和自动炮中被采用。挤壳式只适用于双程进弹武器,因其退壳与供弹密切相关,主要应在供弹机构设计中解决。因此,下面着重讨论顶壳式退壳机构的抽壳和抛壳机构设计。

6.4.1 抽壳机构的尺寸关联受力分析

抽壳机构在工作时需要完成抓壳、抱壳和抽壳等动作,要求抓壳容易、抱壳有力、抽壳可靠。为了给结构与强度设计提供必要数据,首先应对抽壳机构进行受力分析。下面以常用的回转式抽壳机构和偏转式抽壳机构为例分别介绍。

1. 回转式抽壳机构

下面以 56 式 7.62mm 冲锋枪的抽壳机构为例,介绍回转式抽壳机构的工作原理。

1）抓壳

枪机推弹进膛到位后,抽壳钩前端斜面与弹壳底缘相遇,并产生张开力,受力分析如图 6.28 所示。此力过作用点垂直于抽壳钩前斜面;设 F_R 力作用线至抽壳钩轴的距离为 b,则 $F_R b$ 为使抽壳钩张开的张开力矩。设抽壳钩簧力为 F_P,F_P 力作用线至抽壳钩轴的距离为 a,则 $F_P a$ 为阻止抽壳钩张开的阻力矩。抓壳过程中抽壳钩对其轴产生支反力

F_N。这一过程受力分析如图 6.28 所示(未画摩擦分力)。

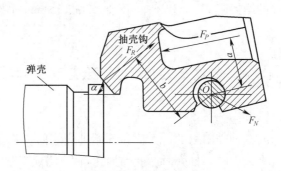

图 6.28　回转式抽壳钩抓壳过程受力分析

当 F_R、F_p、F_N 三力呈平衡状态时,对抽壳钩轴 O 点取矩,得

$$F_R b = F_P a \tag{6-10}$$

随着枪机继续向前运动,张开力 F_R 将加大。当张开力矩 $F_R b$ 大于阻力矩 $F_P a$ 时,抽壳钩张开并跳过弹壳底缘,此时 F_R 力消失,而后在 $F_P a$ 力矩作用下,抽壳钩齿逆时针回转卡入弹壳底缘槽中。力矩不等式 $F_R b > F_P a$ 称为张开条件。

通过上面分析,可以得出以下结论:

(1) 为了使抽壳钩张开容易,在阻力矩 $F_P a$ 一定条件下,应将抽壳钩轴向后移动,这样可使力臂 b 增大。

(2) 在 $F_P a$ 与抽壳钩轴位置一定时,减小抽壳钩前斜面倾角 α,也可使力臂 b 增大。

2) 抱壳与抽壳

图 6.29 所示为抽壳过程的受力分析。F_Z 为抽壳阻力,其作用线至抽壳钩轴中心的距离为 d;F 为与抱壳力等价的支反力,其作用线至抽壳钩轴中心 O 的距离为 c;F_N 为抽壳钩轴的支反力。在抽壳前,抽壳阻力 F_Z 等于零,此时抱壳力为

$$F = \frac{F_P a}{c} \tag{6-11}$$

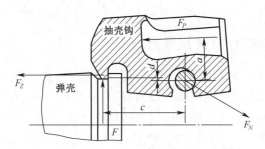

图 6.29　回转式抽壳钩抽壳过程的受力分析

在抽壳时,抽壳钩齿上有抽壳阻力产生 F_Z,此时抱壳力为

$$F = \frac{F_P a + F_Z d}{c} \tag{6-12}$$

在抽壳时,为了抱壳可靠,应增大抱壳力矩 $F \cdot c$。但是,$F_P \cdot a$ 对抓壳为阻力矩,若

增大 $F_P \cdot a$，则将使抓壳时抽壳钩张开困难。因此，应当按以下方法设计抽壳机构。

（1）使抽壳阻力 F_Z 的作用线位于抽壳钩轴外侧，即远离枪机轴线，以便使力臂 d 增大（注意：不能通过增大 F_Z 来使抱壳力矩增大。因为 F_Z 增大，会使抽壳困难，对抽壳机构强度不利）。由式（6-12）可知，当 F_Z 作用线通过抽壳轴钩轴中心时，$F_Z \cdot d = 0$。当 F_Z 作用线在抽壳钩轴中心内侧，即位于抽壳钩轴与枪机轴线之间时，抱壳力 F 为

$$F = \frac{F_P a - F_Z d}{c} \tag{6-13}$$

这对增大抱壳力不利，抽壳时抽壳钩齿容易从弹壳槽中滑出。

（2）在结构允许情况下，尽量使抽壳钩簧力作用线远离枪机轴线，并将抽壳钩轴向后移动。这样，既增加了抱壳力矩，又不会使张开阻力矩过分增加。

2. 偏转式抽壳机构

下面以 56 式 7.62mm 半自动步轮的抽壳机构为例，介绍偏转式抽壳机构的工作原理。

1）抓壳

图 6.30 所示为枪机复进到位时，抽壳钩前斜面与弹壳底缘相遇时的受力分析（未画摩擦分力）。当抽壳钩前斜面（倾角 α）与弹壳底缘相碰时，使抽壳钩产生张开力 F_R。在钩齿张开过程，抽壳钩后斜面（倾角 β）的沿枪机抽壳钩槽的前斜面 A 滑动，在接触点 a 产生支反力 F_{N1}。抽壳钩尾端 b 点沿枪机 B 平面滑动，在接触点 b 产生支反力 F_{N2}。延长 F_{N1} 作用线使其与 F_{N2} 作用线的反向延长线交于 O 点，则 O 点为抽壳钩张开过程的瞬时回转中心。

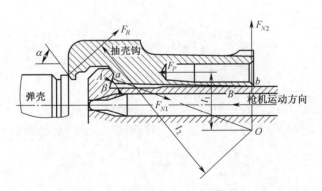

图 6.30 偏转式抽壳构抓壳过程受力分析

设抽壳钩簧力 F_P 的作用线与 O 点的距离为 l_1，张开力 F_R 作用线与 O 点的距离 l_2。当 F_R、F_P、F_{N1} 和 F_{N2} 四力呈平衡状态时，将各力对 O 点取矩，得

$$F_R l_2 = F_P l_1 \tag{6-14}$$

随着枪机继续向前运动，张开力 F_R 将增大。当张开力矩 $F_R \cdot l_2$ 大于阻力矩 $F_P \cdot l_1$ 时（$F_R \cdot l_2 > F_P \cdot l_1$，称为抽壳钩张开条件），抽壳钩张开并跳过弹壳底缘，此时 F_R 力消失，而后在 $F_P l_1$ 力矩作用下，抽壳钩反时针回转使钩齿卡入弹壳底缘槽中，完成抓壳动作。

由图 6.30 可知，减小 α 与 β 角，增长抽壳钩纵向尺寸，都可使张开力矩增大，从而使抽壳钩更易张开。一般情况下，偏转式抽壳钩的张开力臂 l_2 大于回转式抽壳钩的张开力

臂 b，所以前者较后者张开容易。

2）抱壳与抽壳

图 6.31 所示为偏转式抽壳钩在抽壳过程的受力分析。b 点为抽壳钩在抽壳过程的回转点。设 F_p 作用线至 b 点的距离为 l_1、抱壳力的反力 F 的作用线至 b 的距离为 l_2，支反力 F_{N1} 的作用线至 b 的距离为 l_3，抽壳阻力 F_Z 的作用线至 b 的距离为 l_4。

在抽壳前，$F_Z=0$，在图 6.31 中各力对 b 点取矩，得

$$Fl_2 = F_P l_1 + F_{N1} l_3 \tag{6-15}$$

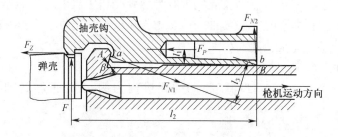

图 6.31　偏转式抽壳钩抽壳过程的受力分析

取各力的水平投影，得

$$F_{N1}\sin\beta - F_P = 0 \tag{6-16}$$

则

$$F_{N1} = \frac{F_P}{\sin\beta} \tag{6-17}$$

将此值代入式(6-15)，得

$$F = \frac{F_P(l_1 + l_3/\sin\beta)}{l_2} \tag{6-18}$$

为抽壳前或抽壳阻力消失后，抽壳钩对弹壳的抱壳力表达式。

关于抽壳阻力作用线位置对抱壳力的影响，偏转式抽壳钩也与回转式抽壳钩有类似的规律，即当抽壳阻力 F_Z 的作用线在 b 点的外侧，且 $F_Z>0$ 时，抱壳力 F 为

$$F = \frac{F_Z(l_4 + l_3/\sin\beta)(l_1 + l_3/\sin\beta)}{l_2} \tag{6-19}$$

当 F_Z 作用线通过 b 点时，抱壳力 F 的表达式为

$$F = \frac{F_Z l_3/\sin\beta + F_p(l_1 + l_3/\sin p)}{l_2} \tag{6-20}$$

当 F_Z 作用线在 b 点的内侧时，抱壳力 F 的表达式为

$$F = \frac{F_P(l_1 + l_3/\sin\beta) - F_z(l_4 - l_3/\sin\beta)}{l_2} \tag{6-21}$$

通过上面分析可得到以下结论。

（1）当抽壳阻力作用线在 b 点外侧时，抱壳力增大，这对可靠抽壳有利。

（2）减小抽壳钩后斜面倾角 β，可使抱壳力 F 和张开力 F_R 增加，这对抱壳和抓壳都有利。

(3) 若减小 l_2 长度,则可使抱壳力 F 增加,但这会使抽壳钩张开力矩减小,设计时不能采取这一措施。

6.4.2 抽壳机构的设计

1. 抽壳钩

为了便于分析问题,图 6.32 所示为抽壳钩齿和弹壳底缘槽的有关形状及尺寸符号。

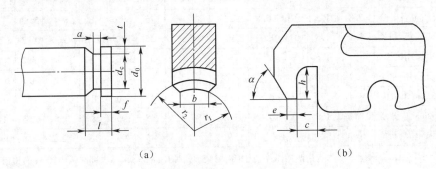

图 6.32 弹壳底缘槽和抽壳钩齿的形状及尺寸符号
(a)弹壳底缘槽;(b)抽壳钩齿。

1) 抽壳钩齿与弹壳底缘槽的尺寸关系

钩齿顶弧半径 r_1,根弧半径 r_2 应略大于弹壳底缘槽半径 $d_c/2$ 和底缘半径 $d_0/2$;钩齿高度 h 应大于弹壳底缘槽深度 t;钩齿厚度 e 应小于弹壳底缘槽宽度 a;抽壳钩槽宽度 c 应大于弹壳底缘厚度 f。只有满足以上要求,才能保证抽壳钩齿顺利地卡入弹壳底缘槽中。

2) 钩齿前倾角 α

为了在抓壳时抽壳钩容易张开,要求钩齿前倾角 α 不能太大,其值一般可在 40°~60° 范围内选取,也可参考表 6.3 所列数据选取。

表 6.3 部分武器抽壳钩的结构数据

(a)回转式抽壳钩　　(b)偏转式抽壳钩

武器名称	b/mm	h/mm	c/mm	R_1/mm	R_2/mm	α/(°)	β/(°)	γ/(°)	d/mm	e/mm	f/mm	m_1/g
54式7.62mm手枪	3.8	1.6	0.3~0.4	平顶	平沟	59	87		6	2.2	5.5	2.1
59式9.0mm手枪	3.9	1.7	0.5	平顶	平沟	60	85	15	2.75	8	6.5	2.6
54式7.62mm冲锋枪	5	1.2	0.28~0.4	5	5.9	45	90		2.25	9.5	15.4	
56式7.62mm冲锋枪	7.2	1.5	0.6~0.75	4.75	6.25	50	90	8.5	4.5		7.9	3.9
捷克58式冲锋枪	7	1.6				50	90	20	3.1	4.5	5.7	3.3
56式半自动步枪	8.3	1.5	0.6~0.75	5	6.5	51	90				7.2	8.6
英国L1A1半自动步枪	7	2				62	90	18	4.6	5.5	4	5.8

续表

武器名称	b/mm	h/mm	c/mm	R_1/mm	R_2/mm	$\alpha/(°)$	$\beta/(°)$	$\gamma/(°)$	d/mm	e/mm	f/mm	m_1/g
美国 M14 半自动步枪	7.8	0.5	0.6~0.7	5.5	6.5	34	90	7.17	2.7	7.2	7.4	4
美国 M16 自动步枪	5.5	1.3				50	85	5	2.76	9	18	3.8
德国 G3 自动步枪	9	1.3		6	6	45	90		4.3			4.2
95式 5.8mm 自动步枪	4	1.5	2.05~2.3	平顶	0.6	56.5	90		6.4	0.8	7.6	
53式 7.62mm 轻机枪	7.8	1.5	0.66~0.8	6.25	7.4	45	90	13	6.4	5.45	11	7.8
56式 7.62mm 轻机枪	5.9	1.3	0.5~0.65	5.7	平沟	45	90	12.25	5.1	6.2	8.56	
美国 M60 通用机枪	9	1.6				50	90	7.17	4.75	3.2		5.3
捷克 59 通用机枪	7.3	1.6				51	90	11.5	4.5	4.3	6.2	7.1
53式 7.62mm 重机枪	8.4	1.2	0.7~0.8	6.25	7.4	45	90	8	6		11	7
57式 7.62mm 重机枪	8.4	1.2	0.7~0.8	6.25	7.4	45	90	8	5	6	11	7
54式 12.7mm 高射机枪	16.4	2	1.6	9	11	45	90	18	12.2	5.8	1.8	23

注:b 为钩齿宽;h 为钩齿高;c 为钩齿前端厚;R_1 为钩齿前端圆弧半径;R_2 一钩齿根部圆弧半径;α 为钩齿前倾角;β 为钩齿前底面与前端面之间的角度;γ 为抽壳钩的偏转角;d 为抽壳钩轴(或支承点)距枪机轴线距离;e 为抽壳钩轴(或支承点)距弹簧作用线距离;f 为钩齿后平间距抽壳钩轴(或支承点)距离;m_1 为抽壳钩质量

3) 钩齿顶弧

为了使抛壳动作灵活无卡滞,在钩齿顶弧内侧应倒角或倒圆。

4) 钩齿厚度 e

钩齿厚度 e 应小于弹壳底缘槽宽度 a。钩齿在抽壳和抛壳时,都受到很大的撞击力,为了保证钩齿的强度,尺寸应尽可能大一些,但受到弹药结构尺寸的限制。抽壳钩槽是根据弹壳底缘的强度确定的,钩齿的强度必须大于弹药底缘的强度。对带凸出底缘的弹壳,钩齿的厚度还受到身管上抽壳钩让位槽的限制,身管上不允许有很深的凹槽。在这种情况下,常在身管上加工一个斜面,当枪机到达前方位置时,此斜面将抽壳钩挤开,这样即使不能在身管上做出深的凹槽,也可增加抽壳钩钩齿的厚度。

5) 钩齿宽度 b

为使抛壳路线一定,钩齿顶弧部应有一定宽 b。按照抽壳的要求钩齿应宽些为好,它可增大钩齿的强度,同时弹壳底缘也不易拉坏。但抛壳又要求钩齿宽度小些好,以便弹壳能顺利地离开抽壳钩。钩齿宽度不宜过大或过小,因此要在保证弹壳能顺利抛出的条件下增大钩齿的宽度,一般自由式枪机武器的钩齿窄。膛压高,抽壳力大的武器钩齿较宽。

6) 钩齿高度 h

钩齿高度 h 应大于弹壳底缘槽深度 t;钩齿的高度 h 一般比弹壳沟槽的深度 t(带凸缘弹药为凸缘高度)大 0.5~1mm,以保证可靠地钩住或抱住弹壳。

7) 装配要求

装配后的抽壳钩最大转角应能使钩齿跳过弹壳底缘,并且不能使抽壳钩从枪机沟槽中掉出。在设计抽壳钩时,其他有关尺寸,如表 6.3 所列。

2. 枪机弹底窝

为了保证抛壳前抽壳钩抱壳可靠,在枪机前端面常设有容纳弹壳底部的弹底窝。

图6.33所示为几种弹底窝的结构形状。

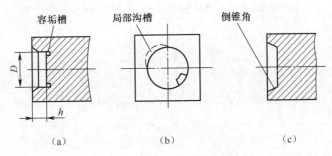

图 6.33 几种弹底窝的结构形状

1) 弹底窝直径 D

为使弹壳底缘顺利进入枪机弹底窝,要求弹底窝直径 D 大于弹壳底缘 $0.2\sim0.5\text{mm}$,并且在弹底窝口部应倒角;为了使弹底窝内有污垢时也能保证一定的弹底间隙,有的武器在弹底窝底平面(也称为镜面)上加工出环形槽(容垢槽),具体结构如图6.33所示。

2) 弹底窝深度 h

为使抱壳可靠,要求枪机弹底窝有一定深度 h;为了抛壳灵活,要求 $h<l$,l 为弹壳底平面至底缘槽前倒角长度,如图6.33(a)、图6.33(b)所示。

3) 弹底窝所受影响

抽壳钩与枪机装配对弹底窝和枪管结构的影响,按图6.34所示两种情况作简要说明。对于图6.34(a)所示的抽壳钩前端面突出枪机前端面的情况,弹底窝深度 h 只要大于弹壳底缘厚度 f 即可。但是这种结构需在枪管尾端加工抽壳钩让位槽。

对于图6.34(b)所示的抽壳钩前端面与枪机前端面齐平的情况,不需要在枪管尾端面加工抽壳钩让位槽,但是应使 $h<l$。

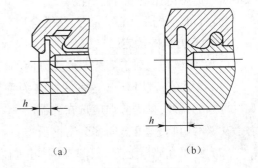

图 6.34 抽壳钩与枪机装配图

为了便于设计时参考,表6.4列出了几种弹底窝结构尺寸数据。

表 6.4 几种弹底窝的结构尺寸数据

武器名称	弹底窝直径/mm	弹底窝深度/mm	弹壳底至沟槽上端高度/mm	弹壳底缘直径/mm
59式 9.0mm 手枪	10.2	3.4	$3.2^{+0.3}_{0}$	$9.95^{0}_{-0.12}$
56式 7.62mm 冲锋枪	11.5	$2.8^{+0.05}_{0}$	$3.2^{+0.3}_{0}$	$11.35^{0}_{-0.12}$
56式 7.62mm 轻机枪	$11.45^{+0.12}_{0}$	2.8	$3.2^{+0.3}_{0}$	11
53式 7.62mm 重机枪	14.6	2.2	$1.63^{0}_{-0.13}$	$14.48^{0}_{-0.12}$
捷克59式通用机枪	14.6	1.5	$1.63^{0}_{-0.13}$	$14.48^{0}_{-0.12}$
54式 12.7mm 高射机枪	$22.1^{+0.1}_{0}$	5	$6^{+0.3}_{0}$	$21.8^{0}_{-0.28}$
捷克58式冲锋枪	11.5	3.5	—	11.23
美国 M60 通用机枪	12.2	3.6	$3.65^{+0.3}_{0}$	$11.95^{0}_{-0.12}$
美国 M14 半自动步枪	12.2	2.76	$3.65^{+0.3}_{0}$	$11.95^{0}_{-0.12}$

续表

武器名称	弹底窝直径/mm	弹底窝深度/mm	弹壳底至沟槽上端高度/mm	弹壳底缘直径/mm
美国 M16 自动步枪	9.7	3.2	3.13	$9.60_{-0.08}^{0}$
95 式 5.8mm 自动步枪	$10.65_{0}^{+0.12}$	$2.8_{0}^{+0.05}$	$3.2_{0}^{+0.3}$	$10.50_{-0.15}^{0}$
英国 L1A1 半自动步枪	12.12	3	$3.65_{0}^{+0.3}$	$11.95_{-0.12}^{0}$
德国 G3 自动步枪	12.16	3.1	$3.65_{0}^{+0.3}$	$11.95_{-0.12}^{0}$
德国 MG-42 通用机枪	12.1	3.6	3.1	$11.95_{-0.1}^{0}$

6.4.3 抛壳机构的设计

抛壳机构的动作关系到武器的可靠性。在抛壳时,弹壳运动是复杂的,要求抛出的弹壳运动规律基本一致,以便使发射过的弹壳都能可靠地从抛壳窗中抛出。如果抛壳无力,将会发生卡壳,从而使武器无法连续射击。因此,自动机要有足够的速度,但抛壳速度波动不应太大;抽壳钩抱弹要牢固,弹壳在弹底窝位置不得有变动;抛壳窗与退壳挺的相对位置配合要适当。

抛壳路线要恰当,不应使射手受到抛壳动作的威胁。高射武器要有导壳板,使抛出的弹壳不致落到副射手和弹药手的身上;步枪、机枪的抛壳方向在右前方为好,使抛出的弹壳不妨碍其他战士的战斗操作等。

总之,可以概括为抛壳有力,路线合理,一致性好。

1. 抛壳方向的确定

1) 供弹机构及射击姿势对抛壳方向的影响

(1) 弹匣在武器下方。这种武器多为手提式抵肩右眼瞄准射击,为了不妨碍瞄准和观察目标的视线,抛壳方向应选在武器右上方。多数武器采用这种抛壳方向。考虑到对射手友邻的影响,抛壳方向多为右前上方。

(2) 弹匣在武器上方。有些武器的弹匣或弹盘装在机匣上方,此时抛壳方向向下。这种供弹具安装位置影响射手视线,并且在卧姿射击时抛壳不方便。

(3) 弹链式供弹武器。这种武器的受弹器安装在机匣上方,其抛壳方向不能向上,只能向下或向左右两侧。对于枪机框位于枪机下方的武器,由于向下抛壳不便,一般抛壳方向安排在侧方。当输弹方向自右向左时,抛壳方向朝左侧,如 57 式重机枪以及 53 式 7.62mm 重机枪;当输弹方向自左向右时,则右侧抛壳,如美国 M60 通用机枪。这样安排抛壳方向不妨碍弹链箱(盒)的安装,对抛壳可靠有利。这类武器也有向下抛壳的,如 56 式轻机枪,此时需在枪机框上设计抛壳窗,因其对枪机框强度和尺寸安排带来诸多不便,现已较少采用。对于机头位于机体前方的武器,如 56 式 14.5mm 高射机枪,因其退壳机构为压弹挤壳式,并且机体不妨碍抛壳方向的选择,所以采用向下抛壳。

2) 抛壳挺与抽壳钩的安装位置

抽壳钩安排在抛壳方向的同侧,即向右上方抛壳时,抽壳钩安排在枪机的右上方。

抛壳挺安排在抽壳钩的相对面,即向下抛壳时,抽壳钩在枪机下方,抛壳挺安排在弹底窝上方。图 6.35 为抽壳钩与抛壳挺的安装位置图。

3) 影响抛壳方向的其他因素

枪机后坐速度、抛壳力矩、抽壳钩齿宽、抛壳挺形状等都对抛壳方向有很大影响。因此难以一次用几何分析方法确定,一般应通过实弹射击方可最后确定下来,或通过高速摄像观察抛壳路线,进行分析进行优化与调整。

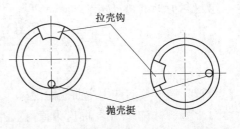

图 6.35 轴壳钩与抛壳挺的安装位置图

2. 抛壳窗的位置与尺寸

抛壳窗位置应尽量靠近身管尾端,具体确定应根据所使用的弹药尺寸和抛壳方向而定。

抛壳窗的长度以自由通过整个弹药为准,一般为弹药长度的 1.1 倍左右。

抛壳窗的宽度应考虑自动机的速度和弹壳在弹底窝位置的波动,一般为弹药最大直径的 1.5 至 2.5 倍。

6.4.4 退壳机构的强度设计

退壳机构在工作中承受循环冲击载荷作用,尤其抽壳钩形状复杂、抽壳钩簧受力状态不好,在使用中常发生早期破损。为了保证机构工作的可靠性,在结构设计中应进行强度的分析与设计。

1. 抽壳机构的强度设计

1) 抽壳钩

抽壳钩一方面受枪机尺寸的限制,不能太大;另一方面抽壳钩在工作时又受到很大的撞击。因此,设计时应保证其强度,而且结构形状复杂、断面尺寸变化大,在交变冲击载荷作用下很容易产生应力集中,如回转式抽壳钩的钩齿根部及轴孔处,偏转式抽壳钩的钩齿根部及后斜面根部等处。因此,在结构设计时应在这些容易发生应力集中的部位以圆角过渡;选择强度和韧性好的材料,通常采用合金钢;热处理时注意强度和韧性的合理配合,并进行细粒喷丸表面强化处理,以便去除残余拉应力,增加残余压应力,从而达到减小应力集中、提高疲劳强度的目的。

下面以回转式抽壳钩为例,说明强度校核过程。

回转式抽壳钩,在抽壳时抽壳钩部处悬臂状态,应按悬臂梁分析,主要受弯曲力作用。在作强度校核时,应按最恶劣情况下考虑,即认为抽壳力 F 是作用在钩部顶端,钩部受到的弯矩为 $M = F \cdot h$,如图 6.36 所示。

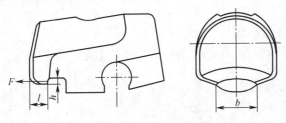

图 6.36 拉壳钩强度校核

由材料力学可知,最大弯曲应力 $\sigma_{u\max}$ 为

$$\sigma_{u\max} = \frac{M_{\max}}{W} = \frac{F \cdot h}{\frac{1}{6}b\,l^2} = \frac{6Fh}{b\,l^2} \qquad (6-22)$$

若抽壳钩材料的许用弯曲应力为 $[\sigma]_u$,则当 $\sigma_{u\max} < [\sigma]_u$,弯曲强度足够。

对于塑料材料,许用弯曲应力值可取许用拉伸应力 $[\sigma]_p$,且

$$[\sigma]_u = [\sigma]_p = \frac{\sigma_b}{n} \qquad (6-23)$$

式中 σ_b——材料强度极限(MPa);

n——安全系数。

重复载荷作用时可取 $n = 5 \sim 15$;撞击载荷作用时可取 $n = 2.8 \sim 5.0$。

2) 抽壳过程承力结构的选择与设计

在抽壳过程中,除了钩齿承受抽壳阻力之外,对于回转式抽壳钩,主要是抽壳钩轴;对于偏转式抽壳钩,主要在后斜面根部;就承载强度而言,后者较前者好。在结构设计中应尽量避免用小轴承受较大载荷。

2. 抽壳钩簧的强度设计

在自动武器的寿命试验中,除了抽壳钩容易损坏之外,抽壳钩簧也是易损件之一。分析抽壳钩簧损坏的原因,大致表现在以下几方面。

1) 抽壳钩簧在枪机上的安装

抽壳钩簧在枪机上的安装位置对其工作时的受力状态有很大影响。例如,美国 M16 自动步枪,该枪抽壳钩簧在工作时只承受压缩载荷作用;而美国 M60 通用机枪,其抽壳钩簧在工作时除承受压缩载荷外,还承受剪切和弯曲载荷作用。将上面两种枪的抽壳钩簧的安装与受力状态相比较,显然 M16 自动步枪比 M60 通用机枪要好。实践证明,像 M60 通用机枪那样的抽壳钩簧安装结构,弹簧最容易在枪机簧孔端面处被划伤、破断。因此,设计时应在簧孔端面处倒角,或改用其他弹簧安装结构。

2) 抽壳钩簧加工质量

抽壳钩簧在枪机上的安装位置有限。为了增加抱壳力,一般采用多股螺旋压缩弹簧,如 56 式冲锋枪的抽壳钩簧。各股钢丝在并头时应避免出现过烧现象,否则会在并头处最先发生断裂。

抽壳钩簧在工作中承受循环应力作用,簧丝表面锈蚀或划伤都会严重影响其疲劳寿命。因此,在弹簧绕制、热处理、装配各工序中,应进行严格检验,对有疵病的弹簧应全部剔除不用。

3) 抛壳挺的强度与刚度

抛壳挺在工作中承受冲击载荷作用,设计时应注意提高它的强度、刚度和耐冲击性。

思考题

1. 退壳机构的作用是什么?退壳机构有哪些类型?请简要分析各退壳机构的特点。

2. 结合图 6.7 说明撞壳式退壳机构的抛壳过程。

3. 分析 56 式 14.5mm 高射机枪退壳机构的工作原理。

4. 分析 56 式 7.62mm 冲锋枪抽壳机构的工作原理。

5. 抽壳阻力产生原因有哪些？哪些因素影响抽壳阻力？如何影响？

6. 减小抽壳阻力的措施有哪些？

7. 分别分析回转式抽壳机构和偏转式抽壳机构抓壳动作受力情况和张开条件。如何使抽壳钩容易张开？

8. 分别分析回转式抽壳机构和偏转式抽壳机构抽壳过程受力情况，给出抱壳力的计算，并分析如何使抱壳有力？

9. 已知：53 式铜壳枪弹弹壳材料的弹性模量 $E=10^5$ MPa，弹壳最大壁厚 $h=0.8$mm，弹壳内底直径 $d_0=10.64$mm，相对紧缩量 $\delta_1=12\times 10^{-5}$，弹壳长 $l_A=52$mm，摩擦系数 $f=0.15$。求 53 式 7.62mm 重机枪在以下两种膛压下的抽壳力。

（1）抽壳时存在膛压 $p=6$MPa。

（2）抽壳时膛压 $p=0$。

10. 已知：53 式 7.62mm 重机枪的抽壳钩的几何尺寸：$l=2$mm，$b=8$mm，$h=1.2$mm，$F=1500$N，抽壳钩材料的强度极限 $\sigma_b=1100$MPa。试校核抽壳钩的强度。

第 7 章 击发机构设计

7.1 击发机构的作用、类型和要求

武器弹药的发射都由特定的机构以一定的能量引燃底火药来完成。所以,用一定的能量引燃底火药的各零件组合称为击发机构。

引燃底火的方式常见的有机械引燃和热力引燃。机械引燃是利用一个物体,以一定的动能撞击底火以引燃底火药。热力引燃是利用电流通过金属丝对底火药加热引燃底火药。击发机构根据弹药底火的不同,可分为机械式击发机构和电击发机构。

7.1.1 机械式击发机构

1. 机械式击发机构的工作原理、构造和设计要求

机械式击发机构一般由击针、击锤(或击铁)、击针(锤)簧等零件组成。击针是基本零件,通常装在机体内,撞击底火。

机械式击发机构的工作原理:弹药的机械底火结构,如图 7.1(a)所示。在射击时,击针撞击底火壳,使底火壳(也称为火帽)变形,将击针撞击能量的一部分传给底火药(也称为击发药、火帽药),与击砧一起使底火药受到猛烈的挤压而发火,通过传火孔引燃弹壳内的发射药,以发射弹丸,如图 7.1(b)所示。击发机构工作的状况不仅影响武器工作的可靠性,还对射击精度产生一定的影响。

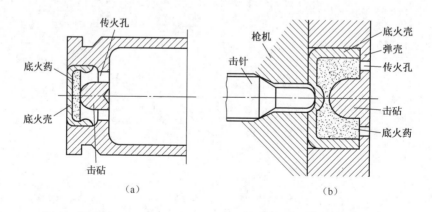

图 7.1 机械式击发机构工作原理
(a)底火在弹壳底部的装配;(b)击针撞击底火的情况。

在射击中,击发机构常见的故障有不发火、击穿底火而漏烟、击针断裂、早发火(未完全闭锁就击发)、迟发火等。

根据击发机构的作用和常见的故障,对击发机构提出以下要求。

1) 击发可靠

在各种使用条件下,击发作用要完全可靠,击针应具有足够打燃底火所需的能量,但又不能打穿底火壳,以免火药燃气经底火壳而后泄。击针还应具有足够的强度、硬度和韧性,并保证具有一定的寿命。

2) 射击过程安全

在机体推弹的过程中,击针不能因惯性或其他原因自行打燃底火;同时应有保证机体没有完全闭锁时不能撞击底火的保险装置。

3) 工作过程快速

要求击发机构工作的延续时间(由射手扣压扳机到击针撞击底火的时间)要短,以避免影响武器的射击精度。这一点对快速运动目标的射击尤为重要。

4) 操作使用方便

在射击过程中出现故障,应易于排除,击针损坏后应能快速、方便更换。

2. 机械式击发机构的类型与结构特点

根据受力件运动形式以及所受外力作用特点和能量来源的不同,机械式击发机构可分为击针式和击锤式两大类。

1) 击针式击发机构

击针式击发机构的击针能量直接由击针簧或复进簧获得。

(1) 利用击针簧能量的击针式击发机构。击针所获得的击发能量由击针簧提供,击针成为待击有两种形式,即自动机后坐时成待击和自动机复进时成待击。

① 枪机后坐时,击针成为待击,如美国勃朗宁7.62mm重机枪、德国MG42 7.92mm通用机枪和77式7.62mm手枪的击发机构。图7.2(a)为77式7.62mm手枪的击发机构,击针装在套筒(枪机)内,当击针相对于枪机向后运动时,压缩击针簧,直至待发凸榫卡在击发阻铁上为止。扣动扳机使击发阻铁待发面向下脱离击针待发凸榫后,击针簧伸张,推击针向前撞击枪弹底火,形成击发。

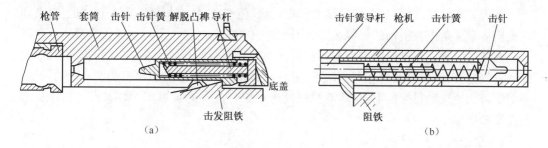

图7.2 利用击针簧能量的击针式击发机构

(a)77式7.62mm手枪的击发机构;(b)日本南部14年式8mm手枪的击发机构。

② 枪机复进时,击针成为待发,如美国M134 7.62mm转管机枪和日本南部14年式8mm手枪的击发机构。图7.2(b)为日本南部14年式8mm手枪的击发机构,枪机在复进过程中击针被阻铁卡住,扣动扳机,阻铁下降,解脱击针,击针在击针簧作用下向前撞击枪弹底火,形成击发。

(2) 利用复进簧能量的击针式击发机构。击针所获得的击发能量由复进簧提供。击针的固定形式有以下三种。

① 击针固定在枪机上。击针与枪机连为一体而没有相对运动,这种击发机构结构简单,打击底火的能量充足,但对退壳和进弹有一定的影响,如 85 式 7.62mm 冲锋枪即为此形式,如图 7.3(a)所示。

② 击针为活动形式。击针不固定在枪机上,与机体之间有相对运动,采用这种击发机构的武器不少,如 58 式 14.5mm 高射机枪、比利时 9mm 勃朗宁手枪的击发机构。图 7.3(b)所示为 58 式 14.5mm 高射机枪的击发机构。

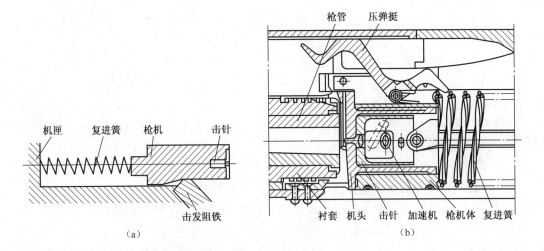

图 7.3 利用复进簧能量的击针式击发机构
(a)85 式 7.62mm 冲锋枪的击发机构;(b)58 式 14.5mm 高射机枪的击发机构。

③ 击针固定在枪机框上。击针与枪机框成一体,保证闭锁后击针才能突出枪机弹底窝镜面进行击发,起到不闭锁不能击发的保险作用。

复进簧击针式击发机构,复进簧兼作击针簧,枪机、机体或机框又起击针体的作用,闭锁机构通常又是击发机构的保险装置,即只在枪机闭锁确实后,击针才能打燃底火。

这种机构常用在枪机停在后方而成待发的连发武器上。其特点:结构简单,有足够打燃底火的能量,因而击发可靠。其缺点:第一发射击时,从解脱枪机至打燃底火的时间长,不利于对快速运动目标的射击;活动机件复进到位时击发能量过多,撞击较严重,因而影响首发命中率。

2) 击锤式击发机构

击锤式击发机构,击针的能量来自于击锤的撞击,工作能量由击锤簧或复进簧获得。根据击锤的运动方式不同,击锤式击发机构可分为击锤回转式和击锤直动式两种。

(1) 击锤回转式击发机构。利用击锤的回转运动打击击针,完成击发动作,常用于单发或单、连发武器。根据能量来源不同,击锤式回转式击发机构可分为以下两种。

① 击锤簧为能源的击锤回转式击发机构。击锤在击锤簧的作用下作回转运动打击击针,完成击发。例如,54 式 7.62mm 手枪、56 式 7.62mm 冲锋枪、81 式 7.62mm 步枪和轻机枪、88 式 5.8mm 狙击步枪的击发机构,如图 7.4(a)所示。

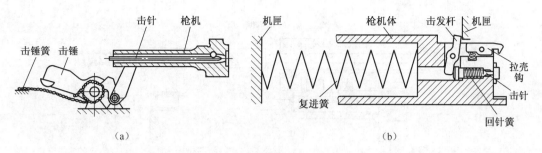

图 7.4 击锤回转式击发机构
(a)击锤簧为能源的击锤回转式击发机构;(b)复进簧为能源的击锤回转式击发机构。

这种形式的击发机构,击锤成待击状态是在活动机件后坐过程中完成,待击过程简单,作用可靠;击锤成为待击时,自动机已闭锁,故可随时射击;击发动作的延续时间较短,击发时对武器的撞击较小,因而单发或第一发射击精度较好。因此,在手枪和自动步枪中常采用这种形式的结构。

② 以复进簧为能源的击锤回转式击发机构。击锤是在复进簧的作用下作回转运动以打击击针,完成击发。例如,美国 M1928A1 式 11.43mm 汤姆逊冲锋枪和 04 式 35mm 榴弹发射器的击发机构,如图 7.4(b)所示。

这种形式的击发机构不仅在枪械上有所应用,有时还出现在小口径自动高射炮上,如瑞士苏罗通 20mm 高射炮的击发机构。由于这种击发机构的能源来自复进簧而省去了专用的击锤簧,故结构比较简单,常用在连发武器上。但射击时解脱枪机至击发的时间长,对快速运动目标的射击不利,同时由于撞击大,对首发精度不利。

(2) 击锤直动式击发机构。利用击锤的平移运动打击击针,完成击发动作。根据能量来源不同,击锤直动式击发机构可分为以下两种。

① 以击锤簧为能源的击锤直动式击发机构。击锤是在击锤簧的作用下作平移运动以打击击针,完成击发。例如,捷克 58 式 7.62mm 冲锋枪、95 式 5.8mm 枪族的击发机构,如图 7.5(a)所示。

这种形式的机构通常用于具有单发、连发的武器上,一般是自动机位于前方闭锁弹膛,而击锤停在后方成待发状态。

其优点:击锤高度小,可使机匣尺寸减小,从而可保证武器结构安排紧凑,有利减轻重量,提高武器机动性;击锤的击发行程比较长,通常击锤走完击发行程所需的时间约占整个自动机循环所需时间的 16% 左右,故对降低射速有一定作用;因降低了身管轴线下方机匣的高度,使武器质心到身管轴线的距离缩短,减小了射击时的回转力矩,有利于提高射击精度。

其缺点:击锤直动需要良好的导引装置,从而使结构复杂;击发机构动作可靠性较差,尤其在特种条件下使用时,难以保证机构动作的可靠性;由于直动击锤行程较长,击锤簧吸收枪机后坐能量也多,影响了自动机运动的平稳性,对射击精度不利;也加大了装填拉柄的拉力。

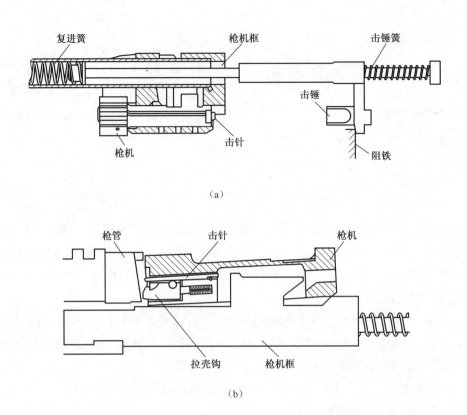

图 7.5 击锤直动式击发机构
(a)击锤簧为能源;(b)复进簧为能源。

② 以复进簧为能源的击锤直动式击发机构。击锤是在复进簧的作用下作平移运动以打击击针,完成击发。例如,53 式 7.62mm 重机枪、67-2 式 7.62mm 重机枪、77 式 12.7mm 高射机枪的击发机构,如图 7.5(b)所示。

这种结构形式的优点:机构很简单,且击针尺寸可小些,故能减小活动机件尺寸或提高活动机件强度;击针有足够的能量和速度打燃底火,击发可靠。其缺点:第一发射击时,解脱活动机件到打燃底火延续时间较长,不利于对快速目标的射击;活动机件在前方的撞击大,影响首发命中精度。但由于该机构的结构简单,击发可靠,在机枪中被广泛使用。

7.1.2 电击发机构

电击发机构由击针、击针簧、导电针和击发电路等机构组成。当推弹入膛完全闭锁以后,电底火的击发线路被接通,底火在电流作用下引燃。对射速高的转管武器和无人操控武器采用电击发机构,可以避免迟发火产生的问题,目前国内外小口径转管武器多采用这种机构。

图 7.6 所示为转膛航炮的电击发机构,电击发线路中的击发电流强度要求如表 7.1 所列。

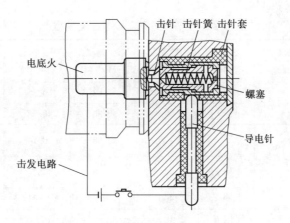

图 7.6 转膛航炮的电击发机构

表 7.1 电击发线路中的电路参数

航炮型号	电压/V	电流/A	发火时间/μs	最低发火电流/mA
转膛炮×××	24~27	4	700	500
航炮×××	330~350	1	>700	—

7.2 机械击发机构的击发可靠性分析

7.2.1 打燃弹药底火所需要的能量分析

击发机构在工作时,击针撞击底火瞬间必须具有足够的动能,才能使底火可靠发火。可靠点燃底火所需要的能量除了与底火的构造有关外,还随着弹药口径的增加而增加。

目前我国枪弹底火验收技术条件中规定的数据是由落锤试验得到的打燃几种枪弹底火所需能量如表 7.2 所列,供设计参考。

击针撞击底火时,只要撞击动能等于或大于表 7.2 中击发能量 E_s 上限,底火即可 100%发火,有

$$\frac{1}{2}m_B v_B^2 > E_s \tag{7-1}$$

式中 m_B——击针质量(kg);
v_B——击针撞击底火速度(m/s)。

因此,击发能量上限应作为设计击锤和击锤簧的依据。

从式(7-1)可知,击针撞击底火能量与击针质量和撞击速度有关。表 7.3 为 53 式 7.62mm 步枪弹击针质量、速度与击发能量的关系。

从表 7.3 可知,随着击针质量的减小,击针速度必须增加,而可靠打燃底火所需要能量则有所下降。这是因为击针速度 v 越大,底火壳变形速度就越大,能量集中性越好,局部区域温升较高,击发药越容易引燃。因此,当击发瞬间的击针速度 v 增加时,打燃底火

的击发能量 E 可减少。

表 7.2　各种枪弹底火的击发能量

枪弹种类	落锤质量/kg	击发能量界限	落锤高度/mm	撞击速度/(m/s)	击发能量/(N·m)	发火率/%	设计所取能量/(N·m)
54式7.62mm手枪弹 59式9.0mm手枪弹	0.200	上限E_s	180	1.88	0.36	100	0.3~0.4
		下限E_x	40	0.89	0.08	0	
56式7.62mm步枪弹 95式5.8mm普通弹 88式5.8mm机枪弹	0.250	上限E_s	220	2.08	0.54	100	0.6
		下限E_x	80	1.26	0.2	0	
54式12.7mm机枪弹 56式14.5mm机枪弹	0.307	上限E_s	400	2.8	1.21	100	1.2~1.5
		下限E_x	100	1.4	0.307	0	

表 7.3　53式7.62mm步枪弹击针质量、速度与击发能量的关系

击针质量/g	0.75	0.25	0.20	0.15	0.10	0.05	0.025	0.012
击针速度/(m/s)	1.44	2.38	2.62	2.73	3.28	4.56	6.28	8.86
击发能量/(N·m)	0.778	0.708	0.687	0.559	0.538	0.520	0.493	0.471

7.2.2　击针的结构参数对发火率的影响

1. 击针尖的尺寸和形状

击发能量一定时，击针尖的形状和尺寸对可靠打燃底火有较大的影响。表 7.4 是对 54 式 12.7mm 枪弹作试验，当击发能量为 0.784J 时，所得到圆球形击针尖、椭圆形击针尖形状和尺寸的变化对可靠打燃底火的影响(枪弹底火直径为 9mm)。

表 7.4　击针尖形状和尺寸对可靠打燃底火的影响

圆球形击针尖		椭圆柱形击针尖	
击针尖直径 a/mm	发火率/%	击针尖尺寸 $b×c$/mm×mm	发火率/%
2	60	1.2×0.8	60
3	90	2×0.5	100
3.5	80	2×1.2	90
3.8	60	2.4×2	40

由表 7.4 可知，击针尖尺寸过大或过小都不可靠，而圆球形击针尖直径 $a=3$mm 或椭圆形击针尖 $b×c=2$mm×0.5mm 时，发火率最高。

对于用击发簧为能源工作的击发机构，如果击针尖直径过小，底火上的撞击面积小，被打击的底火药体积小，所生成的热量不能引燃底火药，因此发火的机会就少，打燃底火的可靠性降低，同时底火壳易被击穿。但若击针尖直径过大，由于撞击底火的总冲量是定值，撞击底火面积增大，则单位面积上底火药所承受的撞击力减小，容易造成不发火，可靠性也降低。因此，在击发能量与底火结构一定的条件下，不同形状的击针尖，应选择确保发火率的最佳配合尺寸，如图 7.7 所示。

2. 击针突出量

击针尖突出枪机弹底窝镜面的尺寸称为击针突出量。击针突出量由强制突出量与惯性突出量两部分组成。

击针尖受主动件(击锤)的强制(击针尾端与击针孔后平面齐平)而使击针尖突出枪机弹底窝镜面的长度,称为强制突出量。击针强制突出量的作用在于可靠地打燃底火。

主动件(击锤)运动被枪机阻止后,击针因惯性作用仍向前运动一段距离(称为惯性行程),当击针向前的惯性运动受到限制(如锥孔、台阶或枪机尾端)后,击针尖在枪机弹底窝镜面处的突出量增加值,称为惯性突出量。

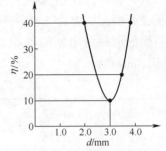

图 7.7 苏联 12.7mm 机枪弹击针尖直径 d 与瞎火率 η 的关系曲线

强制突出量和惯性突出量(等于惯性行程)之和称为最大突出量,如图 7.8 所示。

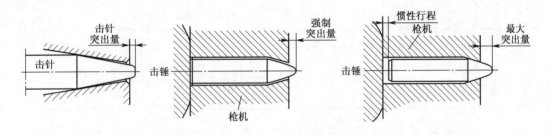

图 7.8 击针最大突出量

枪械的击针一般都有这两种突出量。若击针只有强制突出量而没有惯性突出量,击锤的能量全部消耗于击针的撞击,击针在强制突出的情况下,前面受枪机击针孔锥面的限制,后面又有击锤的强制力,容易造成击针弯曲变形,同时还因为击针强制撞击枪机,对于锥部定位的击针将会影响到枪机的强度。对于尾部定位的击针将影响击针的强度,特别是在空枪击发时,这种撞击更为严重。56 式 7.62mm 半自动步枪由于仅有强制突出量,曾在部队训练中,大量空枪瞄准击发,特别是在平时战备训练中,空枪击发时撞击严重,会造成大量的击针折断或弹底窝击针孔裂缝。所以,没有惯性行程的结构是不合理的。

底火被打燃是由于击针撞击底火后,使底火药向前移动,挤压底火药而发火的,如图 7.9 所示。由该图可以看出,如果击针突出量 h 过小,底火壳变形小,与击砧之间的挤压能量不够,则会产生瞎火;若击针突出量 h 过大,底火壳变形较大,容易产生破裂,导致击穿底火。

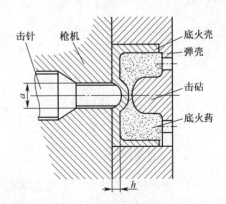

图 7.9 击针撞击火帽的状态

3. 底火壳厚度及其在巢内配合的深度

底火壳越厚,击针撞击底火时,须有较多的能量消耗于使底火壳变形上,可靠地打燃底火所需要的击发能量就越多。例如,用 53 式 7.62mm 枪弹做实验,其底火壳厚度与可靠地打燃底火所需击发能量如表 7.5 所列。53 式 7.62mm 枪弹底火壳厚度一般选为 $0.65_{-0.05}^{0}$ mm。

表 7.5 底火壳厚度与可靠地打燃底火所需击发能量

底火壳厚度/mm	0.3	0.4	0.6	0.7	0.8
击发能量/J	0.353	0.470	0.657	1.009	1.196

底火在底火巢内配合的深度对打燃底火的可靠性也有很大影响。若底火陷入弹壳底平面越深,则底火药越靠近发射药,传火路径越短,热量损失越少,可靠打燃底火所需击发能量越小。反之,若底火陷入弹壳底平面很小,甚至底火突出弹壳底平面,则越不容易打燃底火。表 7.6 为 53 式 7.62mm 枪弹底火陷入深度与所需击发能量的试验值。

表 7.6 底火焰入弹壳底平面深度与所需击发能量

底火焰入弹壳深度/mm	-0.3	-0.2	-0.1	+0.1	+0.2	+0.3
击发能量/J	0.529	0.588	0.647	0.715	0.774	0.951

注:"-"表示陷入,"+"表示突出

现在制式枪弹,底火都是陷入式的,如 53 式 7.62mm 枪弹底火焰入枪弹底平面深度一般为 $-0.12_{0}^{+0.13}$ mm,56 式 7.62mm 枪弹 $-0.1_{0}^{+0.15}$ mm,大口径机枪弹为 $-0.15_{0}^{+0.2}$ mm。

4. 击针偏火度

击针偏火度是指击针在撞击底火时,击针的中心与弹药底火中心的偏差距离(偏心程度)。当偏火度太大时,可能出现瞎火。因此,在技术条件中规定,击针偏火度不应超过一定的数值,以保证击针打燃底火的可靠性。例如,对 57 式 7.62mm 重机枪,规定其击针偏火度不得超过 0.5mm。

7.3 击发机构的结构设计

击针和击发簧是击发机构的主要工作零件。击针工作载荷复杂,且受结构限制,尺寸较小,容易发生损坏;击发簧提供可靠打燃底火能量。因此,击发机构的设计主要是击针和击发簧的设计。

7.3.1 击针的设计

击针是击发机构中的一个受力零件,击针强度和击针寿命是武器使用中的突出问题。

1. 保证击针强度和寿命的一些措施

击针装在枪机的击针孔内,并直接撞击底火。由于受到底火、枪机和击针孔限制,击针形状往往细长,并且断面多处有变化,工作时承受较大的撞击力,容易损坏,从而使武器发生故障。在设计时可采用如下措施来保证击针强度和寿命。

1) 选用优良的击针材料

一般选用优质合金钢制造击针,采用合适的热处理工艺以提高击针强度,使其具有一定的硬度和韧性。

2) 采用合理的击针结构

为了避免在热处理时产生内应力和在受力时产生应力集中,击针各断面之间过渡部分不应有急剧的变化;加工时不应有横向刀纹;若击针尺寸较大时,则可将击针分做成击针体和击针尖两个单独的零件,并采用更好的材料做击针尖。

3) 改善击针的受力性能

击针体不应太粗,适当减小击针的断面,有利于在撞击底火时,自身产生一定的弹性变形而吸收动能,减小击针尖的动应力,从而保证击针的撞击强度。

4) 击针运动要有良好的导向性

击针工作时,运动灵活性要好,击针尖只能与底火碰撞,不允许与枪机其他部位碰撞,也不允许击针尖受弯曲。

2. 击针体的强度和形状

1) 常用的击针体形状

击针体长度主要取决于自动机的长短和发射机构位置的配置等结构因素。击针的基本形状通常是细长杆件,而击针横截面形状的选择,主要取决于有利击针运动灵活,并要综合考虑定位、导引和撞击强度等因素。

现有的几种制式武器的击针形状和主要尺寸如图7.10所示,供设计参考。

击针横截面的形状有①扁平形,将柱形击针体两边铣削成平面,只在前端保留一小段圆柱形作运动定位,如图7.10(a)所示;②三角形,将柱形击针体铣削成三角形,但两端保留小段圆柱形以作运动定位,如图7.10(b)所示;③三棱形,将柱形击针体铣削三条槽而成三棱状,如图7.10(c)所示;④圆柱形,如图7.10(d)所示;⑤多棱形,将柱形击针体铣削多条槽而成形,如图7.10(e)所示。

2) 扁击针体厚度的选取

圆形击针体虽然定位性和刚度均较好,但这种击针体在受撞击时,体内压应力比较大,寿命有时难以保证。若加大击针体尺寸(质量 m_B 增大),从击发可靠性考虑,在满足 $1/2 m_B v_B^2 > E_s$ 的条件下,击针质量大些,则击针速度(因击锤撞击击针后击针获得的速度)可小些,击针所受应力也可减小,这对保证击针寿命是有利的。这些分析结论是在击针不失稳不弯曲的条件下得到的。但是若击针质量加大,则又带来击针复进到位时因惯性大而不安全。为了安全起见,防止击针(或击针尖)随活动机件复进到位后,因惯性而早发火,击针的质量应越小越好。

采用扁形击针体可以获得较好的效果是因为可以大幅度减轻击针质量,也可以改善击针体受击锤撞击时的受力状态,使其寿命大大提高。该击针是一个细长杆件,长厚比在20倍以上,加之击锤打击击针时的偏心,所以击针受撞击后会产生弯曲,获得一定的挠度而消耗部分撞击能量,以减小击针体内的压应力,从而提高了击针的强度。例如,56式7.62mm冲锋枪以及81式枪族均采用扁平形击针。曾经对81式枪族的击针,进行了从1.3~2.3mm七种不同厚度试件的实验,最后确认1.7mm是81式枪族的最佳击针厚度。

3. 常用的击针尖形状

击针尖直接与弹药底火相撞,其端部的形状应既有利于底火壳的变形,又不能对底火壳产生剪切作用,以防止底火被剪坏而后泄火药燃气。图 7.10 所示几种制式武器击针尖的形状:顶端带圆弧面的圆柱形(图 7.10(a))或顶端为圆球形(图 7.10(d)、图 7.10(e))。还有将击针尖做成截圆锥体的形状(图 7.10(b)、图 7.10(c))。总之,击针尖顶部应光洁、圆滑。

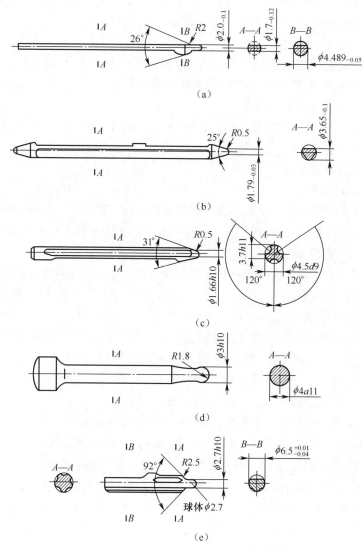

图 7.10 几种武器的击针形状和主要尺寸
(a)56 式 7.62mm 冲锋枪;(b)56 式 7.62mm 半自动步枪;(c)56 式 7.62mm 轻机枪;
(d)57 式 7.62mm 重机枪;(e)54 式 12.7mm 高射机枪。

4. 击针尖直径的确定

对于每一种弹药的底火,在一定击发能量条件下,有一个最适当的击针尖直径。打燃底火的击针尖直径 d 一般按下面经验公式确定,即

$$d = \left(\frac{1}{2} \sim \frac{1}{3}\right)D \tag{7-2}$$

式中 D——弹药底火直径(mm)。

为了保证底火不被膛内火药燃气压力作用而剪断,击针尖直径取得小一些较好。这是由于底火壳被击针撞击后形成一击窝,在最大膛压时击窝周边所受剪切应力 τ 为

$$\tau = \frac{\pi}{4}d^2 p_m / \pi d \delta = \frac{p_m}{4\delta} \cdot d \tag{7-3}$$

式中 p_m——底火壳内的最大火药燃气压力(MPa);

δ——底火壳材料厚度(mm);

d——击针尖直径(mm)。

由式(7-3)可知,对确定的枪和弹,$p_m/4\delta$ 是一定的,则击窝周边所受的剪切应力 τ 与击针直径 d 成正比例,因为火药燃气对击窝面上所产生的压力作用与击窝面积(击针直径 d)有关。

在通常情况下,对于口径在 5~8mm 的枪弹,一般取击针尖的直径为 2mm;对于口径 12.7mm 以上弹药,击针尖直径一般取 2.5~3mm。现有制式枪弹的底火直径和底火壳厚度,如表 7.7 所列。

表 7.7 制式枪弹的底火直径和底火壳厚度

枪弹底火名称	底火直径/mm	底火壳厚度/mm
51 式 7.62mm 步枪弹底火	$5.05^{\,0}_{-0.04}$	$0.48^{\,0}_{-0.06}$
59 式 9mm 步枪弹底火	$5.06^{\,0}_{-0.06}$	0.4 ± 0.02
92 式 9mm 手枪弹底火	$4.50^{\,0}_{-0.04}$	$0.52^{\,0}_{-0.05}$
53 式 7.62mm 步枪弹底火	$6.55^{\,0}_{-0.075}$	$0.71^{\,0}_{-0.04}$
56 式 7.62mm 步枪弹底火	$5.55^{\,0}_{-0.05}$	$0.65^{\,0}_{-0.05}$
7.62mm 步枪弹通用底火	$5.55^{\,0}_{-0.05}$	$0.71^{\,0}_{-0.05}$
5.8mm 步枪弹底火	$5.54^{\,0}_{-0.04}$	$0.71^{\,0}_{-0.05}$
大口径枪弹底火	$9.07^{\,0}_{-0.05}$	$0.93^{\,0}_{-0.07}$

7.3.2 击针孔的设计

1. 弹底窝上的击针孔径

弹底窝上的击针孔径与击针尖尺寸有关,但不能太大。如果击针孔太大,底火壳在膛内火药燃气压力作用下被剪坏或压入击针孔内。在此情况下,击针向后运动不是把底火拉出,就是火药燃气沿周围破裂后泄,造成对自动机击针孔、击针的烧蚀,并影响抛壳动作。因此应校核底火壳在火药燃气压力作用下的强度。

当击针后方不受自动机限制时,要保证底火壳的强度,根据式(7-3)应满足下列条件,即

$$\tau = \frac{p_m d_1}{4\delta} \leq [\tau] \tag{7-4}$$

根据式(7-4)要求,击针孔直径 d_1 必须满足,即

$$d_1 \leq 4\delta[\tau]/p_m \tag{7-5}$$

式中　d_1——击针孔(弹底窝处)直径(mm)；
　　　$[\tau]$——底火壳材料的许用剪切应力(MPa)。

[例]　对 53 式 7.62mm 强装药枪弹,$\delta = 0.7$mm,$[\tau] = 350$MPa,$p_m = 380$MPa,则根据式(7-5),击针孔直径 d_1 为

$$d_1 \leqslant 4 \times 0.7 \times 350/380 = 2.58(\text{mm})$$

击针孔直径 d 应在 2~2.5mm 为宜。

如果在射击时,枪机或枪机框等其他零件顶住击针,底火壳不易被损坏,则击针孔的尺寸可取稍大一些。

2. 击针孔的形状

击针孔的基本形状应与击针形状相配合,击针体与击针孔之间间隙要小,以便很好地引导击针的纵向运动而不致歪斜。一般选用四级精度、动配合。

击针孔中对应击针体与击针尖的两个圆柱部分之间应用圆锥过渡连接。设击针孔的圆锥锥角为 β,而击针相应过渡部分的锥角为 α,则应满足 $\beta < \alpha$,如图 7.11 所示。

例如,当击针孔锥角为 25°时,击针尖锥角可取 26°。这主要是为了避免空膛击发时,击针尖与枪机锥孔间起楔紧作用,影响击针孔的强度;否则,弹底窝处击针孔周围会在频繁的撞击中易产生疲劳碎裂,使枪机损坏。

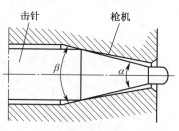

图 7.11　击针与击针孔锥度的配合

几种制式武器击针孔的形状和主要尺寸,如图 7.12 所示。

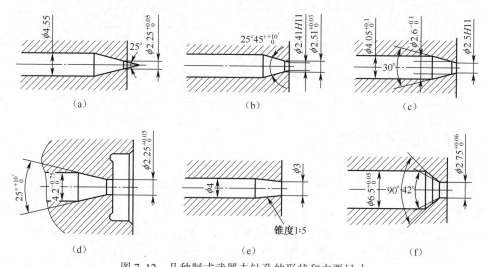

图 7.12　几种制式武器击针孔的形状和主要尺寸
(a)56 式 7.62mm 冲锋枪；(b)56 式 7.62mm 半自动步枪；(c)56 式 7.62mm 轻机枪；
(d)95 式 5.8mm 自动步枪；(e)57 式 7.62mm 重机枪；(f)54 式 12.7mm 高射机枪。

7.3.3　击针突出量

击针突出量与击针在枪机击针孔内的定位方式有关。

1. 击针在枪机中的纵向定位

1) 锥部定位

锥部定位是以击针体或击针尖的过渡圆锥部与枪机内击针孔的相应锥孔接触定位(图7.8)。绝大多数的枪械均采用此种方式。其优点是结构紧凑、定位可靠。但这种定位方式对锥部加工精度要求较高。

2) 尾部定位

尾部定位是利用击针尾部增加的凸起与枪机击针孔后端相应的限制面相配合,以限定击针在最前方的位置。这种定位方式的装配工艺性好,击锤与击针的撞击面积大,不易变形。一般当枪机尾部尺寸较大时,可采用这种定位方式。

有些武器击针的质量较大,为防止击针因惯性向前自行击发底火而采用回针簧。击针尖在回针簧的作用下,经常缩回枪机内,便于进弹。这种方式的击针,有时没有前部定位,如英国L1A1式7.62mm半自动步枪。

有的武器装有击针销,击针销的作用是防止击针从枪机中脱出,并控制击针向后移动的距离,但不起前方定位的作用。

2. 击针强制突出量和最大突出量

在现有自动武器的击发机构中,绝大多数武器的击针突出量,均具有强制突出量和最大突出量。

击针最大突出量的数值既应保证可靠发火,又不打穿底火,所以选取必须适当。在步兵自动武器中,击针突出量一般在1.1~1.6mm,小口径炮的击针突出量一般为1.8~2.5mm,如67-2式7.62mm重机枪击针突出量为1.3~1.5mm。一般击针突出量根据大量试验确定。

例如,对53式7.62mm轮弹底火做实验,击针突出量对击发可靠性的影响如表7.8所列。

表7.8 突出量对53式7.62mm步枪弹的击发可靠性的影响

击针突出量/mm	0.7	0.8	1.0	1.8	1.9	2.0	2.3	2.5
瞎火率 η/%	75	0	0	0	0	0	0	0
击穿底火率/%	0	0	0	0	0	15	25	45

由表7.8可知,击针突出量 $h = 0.5 \sim 1.9$mm 均能保证53式7.62mm枪弹可靠发火。但从可靠性出发,一般选取中间值1.4~1.6mm,加上惯性突出量,一般 $h \geqslant 1.8$mm,它不会打穿底火,而经过一定磨损后又不致瞎火,击发可靠性得到保证。

不同类型的击发机构,因其击发能量不同,虽然使用同一种弹药,击发突出量也不同。对于采用复进簧提供能量的击发机构,由于复进簧能量较大,当击锤(或击铁)撞击击针后,击针的速度较大,容易击发底火,故击针突出量选取的较小。对于采用击锤簧或击针簧能量击发机构,由于击发能量不太大,所以击针突出量选取的较大些。例如,56式7.62mm枪弹的几种武器的击发突出量:56式7.62mm冲锋枪、81式7.62mm步枪、轻机枪为1.4~1.52mm,56-1式7.62mm轻机枪为1.24~1.36mm。

几种步兵自动武器击发机构的有关数据(击针和击针孔直径、击针突出量等),见表7.9所列。几种航炮击针尖的直径和击针突出量等有关数据,如表7.10所列。

表 7.9 几种步兵自动武器击发机构的数据

武器名称	击发机构类型	击发能量来源	击针质量/g	击针材料	硬度HRC	击针尖直径/mm	击针孔直径/mm	强制突出量/mm	最大突出量/mm
53 式 7.62mm 步骑枪	击针式	击针簧	50		42~48	$2.38_{-0.1}^{0}$		1.7~1.9	
56 式 14.5mm 高射机枪		复进簧	3.2(尖)	30CrNi3A	30~46	$3_{-0.16}^{-0.08}$	3	1.6~1.7	1.7~2.1
59 式 9mm 手枪	击锤回转式	击锤簧	2.7	25CrNiWA	41~47		2.3	1.1~1.35	1.35~1.9
56 式 7.62mm 冲锋枪			4.8	30CrMnMoTiA	44~50	$2_{-0.12}^{0}$	$2.25_{0}^{+0.05}$	1.4~1.52	1.52~1.66
56 式 7.62mm 半自动步枪			8.5	30CrMnMoTiA	46~52	$1.7_{-0.03}^{0}$	2.41	1.4~1.52	
美国 M14 式 7.62mm 自动步枪			9.6		45~51	$2_{-0.33}^{-0.27}$	$2_{0}^{+0.06}$	1.3~1.45	1.20~1.41
95 式 5.8mm 自动步枪				25Cr₂Ni₄WA	44~48	$2_{-0.1}^{0}$	$4.2_{0}^{+0.75}$	1.13~1.28	1.2~1.28
捷克 58 式 7.62mm 冲锋枪	击锤平动式	击锤簧	1.8				2.2	1.36	1.68
56 式 7.62mm 轻机枪		复进簧	6.5	30CrMnMoTiA	40~47	$1.66_{-0.04}^{0}$	$2.5_{0}^{+0.06}$	1.24~1.36	1.39~1.55
57 式 7.62mm 重机枪			3.6	35CrMnSiA	44~52	$3_{-0.048}^{0}$	3	1.4~1.6	1.7~2.15
54 式 12.7mm 高射机枪			7(尖)	30CrMnSiA	45~50	$2.7_{-0.048}^{0}$	$2.75_{0}^{+0.06}$	1.45~1.6	1.65~1.8
美国 M60 式 7.62mm 轻重机枪			10.1				2.6	0.8	1.0

表 7.10 几种航炮的击针数据

航炮型号	击针尖尺寸/mm	强制突出量/mm	击针质量/g	击针材料	硬度 HRC
23-1	φ3	1.45~1.55	26.0	35CrMnSiA	44~50
23-2	3.8×1.9	1.35~1.48	2.5	25CrNiWA	42~48
30-1	φ4	1.5~1.65	22.0	30CrNi2MoVA	46~50
37-1	φ3	1.38~1.50	33.0	35CrMnSiA	46~50
23-3	4×2	1.63~1.70	0.4	30CrNi2MoVA	45~50

7.4 击发能量的计算

7.4.1 击发簧类型的选择

击发机构的能量来源于弹簧压缩（或扭转、弯曲）时的位能,能量的储备必须保证可靠地打燃底火,所以在设计击发机构时,需要选择合适的弹簧类型,设计出满足击发可靠性要求的弹簧。

对于用复进簧能量工作的击发机构,在击锤式的结构中,假若是只靠击针的惯性来打击底火时(如美国 M1928A1 式 11.43mm 汤姆逊冲锋枪击发机构),必须要验算击针所具有的能量是否足够;而在击针式的结构中(如 56 式 14.5mm 高射机枪),复进簧传给活动机件的能量远远超过需要,不必验算击针所具有的能量。

对于用击发簧能量工作的击发机构,就需要选择击发簧的形式和计算出应储备的能量,并设计出满足要求的击发簧。

根据击发机构的类型来选择不同形式的击发簧。对于击针式击发机构,击针簧通常采用圆柱螺旋压缩弹簧(如美国 0.3 英寸勃朗宁重机枪的击针簧);对于击锤直动式的击发机构,其击锤簧也常采用圆柱螺旋压缩弹簧(如捷克58式7.62mm冲锋枪的击锤簧);对于击锤回转式的击发机构,其击锤簧多数采用扭转弹簧(如56式7.62mm冲锋枪的击锤簧),但有时采用片弹簧(如59式9mm手枪击锤簧为弧状梯形片弹簧),也有采用圆柱螺旋压缩弹簧(如64式7.62mm手枪的击锤簧)。

因此,击发簧的设计过程是首先应根据击发机构的类型,然后确定击发簧的形式和应有的能量储备,最后按照所选择的弹簧形式,计算其结构尺寸。

7.4.2 击发簧能量储备的确定

1. 击针式击发机构

在待发状态下击针位于后方,击针簧处于压缩状态。发射时解脱击针,击针由击针簧提供能量向前撞击底火,实施发射,如图7.13所示。弹簧工作图中面积 A,即为击针簧应储备的能量。

击针簧对击针所做的功,应大于或等于击针能可靠地打燃底火所需的动能,即

$$A = \frac{F_1 + F_2}{2}\lambda = \frac{1}{2}m_B v_B^2 \geq E_j \tag{7-6}$$

式中 F_1——击针簧的预压力(N);

F_2——针簧的最大工作力(N);

λ——击针簧的工作行程(m)。

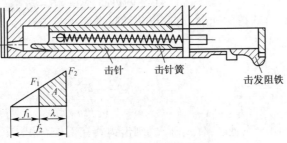

图7.13 击针式击发机构

考虑到击针运动时的摩擦阻力,击针簧应有的能量储量 A_1 为

$$A_1 = (1.2 \sim 1.3)E_j \tag{7-7}$$

2. 击锤直动式击发机构

在这种击发机构中,击锤自后方的待发状态下解脱,在击锤簧作用下向前,首先与击针发生碰撞,然后击针撞击底火实施发射,如图7.14所示。

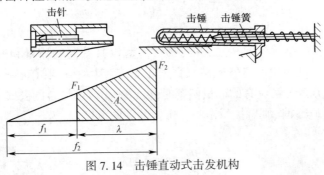

图7.14 击锤直动式击发机构

击锤和击针碰撞后,可能出现两种情况:一是碰撞分离(碰撞后击针单独向前完成打燃底火);二是碰撞结合(碰撞后击锤和击针结合在一起共同向前打燃底火)。无论是哪种情况,均应用对心正碰撞的速度计算公式,确定击锤簧应有的能量储备。

1) 击锤与击针碰撞分离

碰撞后击锤运动受到限制,不再继续向前,只有击针单独前进,以其惯性打燃底火。计算击锤簧应有的能量储备时,可以应用碰撞分离的公式。

设 m_A 和 m_B 分别为击锤和击针的质量(由机构设计得到)。若碰撞前击锤的速度为 v_A,击针的速度为 $v_B=0$,则击锤和击针碰撞后,击针的速度 v_B' 为

$$v_B' = \frac{(1+b)m_A}{m_A + m_B} v_A \tag{7-8}$$

式中 m_A——击锤质量(kg);
m_B——击针质量(kg);
v_A——碰撞前击锤速度(m/s);
v_B'——碰撞后击针速度(m/s);
b——恢复系数,一般取为 0.4~0.5。

则

$$v_A = \frac{m_A + m_B}{(1+b)m_A} v_B' \tag{7-9}$$

根据碰撞后击针所获得的速度,以及可靠地打燃底火时击针必须具有的动能 E_j,得

$$E_j = m_B v_B'^2 / 2 \tag{7-10}$$

将式(7-10)代入式(7-9),得

$$v_A^2 = \frac{(m_A + m_B)^2}{(1+b)^2 m_A^2} \cdot \frac{2E_j}{m_B} \tag{7-11}$$

要保证击锤在撞击击针时具有 v_A 速度,则击锤簧在工作行程中释放的弹簧功 A_2 为

$$A_2 = m_A v_A^2 / 2 \tag{7-12}$$

将式(7-11)代入式(7-12),得

$$A_2 = \frac{(m_A + m_B)^2}{(1+b)^2 m_A m_B} E_j \tag{7-13}$$

考虑摩擦损失时,则

$$A_2 = (1.2 \sim 1.3) \frac{(m_A + m_B)^2}{(1+b)^2 m_A m_B} E_j \tag{7-14}$$

2) 击锤与击针碰撞结合

碰撞后击锤仍能继续向前运动,并与击针一起以其共同的质量和速度打燃底火(如 56 式 7.62mm 半自动步枪的击发机构),此时击针在结构上必须有足够的强制突出量保证打燃底火。计算击锤簧应有的能量储备时,可以应用碰撞结合的公式。

当恢复系数 $b=0$ 时,则碰撞后击锤与击针的共同速度 v_{AB}' 为

$$v_{AB}' = \frac{m_A v_A}{m_A + m_B} \tag{7-15}$$

得

$$v_A = \frac{m_A + m_B}{m_A} v'_{AB} \qquad (7-16)$$

打燃底火时,击锤和击针共同的动能应为 E_j,则

$$E_j = \frac{1}{2}(m_A + m_B) v'^2_{AB} \qquad (7-17)$$

将式(7-17)代入式(7-16),得

$$v_A^2 = \frac{m_A + m_B}{m_A^2} \cdot 2E_j \qquad (7-18)$$

击锤簧在工作行程上应释放的能量 A_3 应为

$$A_3 = \frac{1}{2} m_A v_A^2 \qquad (7-19)$$

将式(7-18)代入式(7-19),得

$$A_3 = \frac{m_A + m_B}{m_A} E_j \qquad (7-20)$$

考虑摩擦损失时,则

$$A_3 = (1.2 \sim 1.3) \frac{m_A + m_B}{m_A} E_j \qquad (7-21)$$

3. 击锤回转式击发机构

击锤回转式击发机构的工作情况如图 7.15 所示。

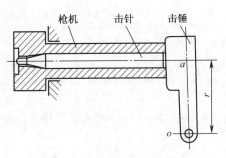

图 7.15 击锤回转式击发机构

在图 7.15 中 O 为击锤的回转轴,a 为击针中心线(撞击力的作用线)与经过击锤轴的交点。

假设将击锤的全部质量替换到 a 点,应用对心碰撞理论计算击锤簧的功,则所得到的击锤与击针的碰撞形式同击锤直动式击发机构形式上相同的公式。其不同的是击锤质量要以击锤的替换质量 m'_A 代替。

$$m'_A = \frac{J_o}{r^2} \qquad (7-22)$$

式中　J_0——击锤回转轴 O 的转动惯量(kg·m^2);

　　　r——击锤回转轴 O 至击锤质量替换点 a 的距离(m)。

撞击前击锤上的撞击点应有的线速度 v_A 为

$$v_A = r\omega$$

式中 ω——击锤撞击击针前应有的角速度（rad/s）。

撞击前击锤应具有的动能 E_A 为

$$E_A = \frac{1}{2}J_o\omega^2 = \frac{1}{2}m'_A r^2 \omega^2 = \frac{1}{2}m'_A v_A^2 \tag{7-23}$$

得到的式(7-23)与击锤直动式的动能公式相似。

经过上面替换后，即可利用计算击锤直动式击发机构的公式，确定击锤回转式击发机构中击锤簧应有的能量储备之值。

(1) 击锤与击针碰撞分离。击针以惯性向前打燃底火，与击锤直动式碰撞分离的公式相似，击锤簧应具有的能量储备为

$$A_4 = (1.2 \sim 1.3)\frac{(m'_A + m_B)^2}{(1+b)^2 m'_A m_B}E_j \tag{7-24}$$

(2) 击锤与击针碰撞结合。碰撞后击锤和击针共同前进，击针以强制突出量打燃底火。打燃底火时，击锤和击针共同应具备的能量为

$$E_j = \frac{1}{2}(m'_A + m_B)v'^2_{AB} \tag{7-25}$$

撞击前的线速度为

$$v_A = \frac{m'_A + m_B}{m_A}v'_{AB} \tag{7-26}$$

与击锤直动式碰撞结合的公式相似，击锤簧应具有的能量储备为

$$A_5 = (1.2 \sim 1.3)\frac{m'_A + m_B}{m'_A}E_j \tag{7-27}$$

7.5 保证击发安全的措施

为了防止击发机构早发火和偶发火，也就是闭锁机构未完全闭锁前不能击发，可以采取以下一些措施。

1. 击针质量减到最小

对于击锤式击发机构，当活动件带击针复进到位，击锤还未打击击针，会发生击针因惯性向前运动打击底火，造成早发火的危险。为了防止击针惯性早击发现象的发生，从安全角度考虑，设计时应满足以下条件：

$$\frac{1}{2}m_B v_H^2 \ll E_r \tag{7-28}$$

式中 v_H——活动机件复进到位的速度（m/s）；

E_r——底火发火率为零时的击发能量（J）。

活动机件复进到位时，必须有一定的速度以保证自动机可靠地闭锁，所以击针的质量应尽量的小，以避免早击发。因此，击针质量应满足，有

$$m_B \ll 2E_r/v_H^2 \tag{7-29}$$

现有的几种制式武器其击针各参量满足击发安全的情况,如表 7.11 所列。

表 7.11　几种制式武器击针参数满足击发安全性情况

武器名称	击针质量/g	击针惯性撞击底火时速度/(m/s)	$E_r/(N \cdot m)$	击针惯性能量/(N·m)
56 式 7.62mm 冲锋枪	4.89	4.8		0.056
56 式 7.62mm 冲锋枪(扁击针)	6.38	4.8		0.073
56 式 7.62mm 半自动步枪	8.66	3.6	0.2	0.056
56 式 7.62mm 轻机枪	6.63	4.4		0.064
57 式 7.62mm 重机枪	3.67	4.0		0.029
54 式 12.7mm 高射机枪	7.14	5.3	0.307	0.1

2. 设置回针簧

对击锤式(直动或回转)击发机构,可以在击针的前方安装弹簧,阻止或减小活动机件到位时击针的前进运动,避免早击发。例如,54 式 7.62mm 手枪、92 式 9mm 手枪、德国 P9S 9.0 手枪均设有回针簧。这种弹簧使击针在待发状态下缩进击针孔,称为回针簧,如图 7.16 所示。

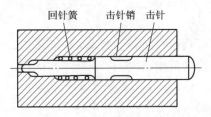

图 7.16　带回针簧的击发组件

回针簧除上述作用外,还在偏移(枪机或枪管)式闭锁的武器(如 54 式手枪的回针簧)和横向抛壳(如挤壳)的武器中使用,使击针在击发后立即缩进枪机,有利于开闭锁、抛壳和进弹等动作的顺利进行,避免开锁或抛壳动作折断击针尖,以改善击针缩回运动的灵活性和击发机构工作的可靠性。

设计回针簧时,应使它在行程中吸收的能量,大致等于活动机件复进到位时击针所具有的动能,即

$$E_H = \frac{1}{2} m_B v_H^2 \tag{7-30}$$

式中　E_H——回针簧在工作行程中吸收的能量(J)。

采用回针簧以后,对用击锤簧工作的击发机构,在确定击锤簧的能量储备时,应加大 A 数值,不能用 $E_j = E_s$,因为击针在撞击底火前,首先要消耗掉 E_H 能量压缩回针簧,然后打燃底火,因此 E_j 应为

$$E_j = E_s + E_H \tag{7-31}$$

3. 采用机构工作顺序保证击发安全

对用复进簧能量工作的击发机构,机构本身的工作顺序就能保证击发安全。例如,56 式 7.62mm 轻机枪,击针体的扩张部就是闭锁斜面,只有在闭锁片完全张开枪机闭锁确实

后,击针尖才能伸出枪机的前端面实施击发,如图 7.17 所示。

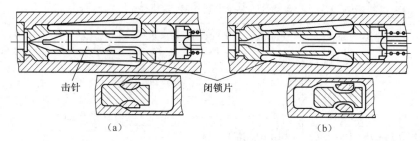

图 7.17　机构工作顺序以保证击发安全
(a)未闭锁不能击发;(b)闭锁确实后即可击发。

4. 用自动发射机承担保险任务

在采用击发簧能量的击发机构中,连发射击时,由自动发射机完成每次发射动作(参阅第 8 章发射机构设计),而自动发射机由活动机件加以控制。当活动机件没有完全复进到位前,也就是自动机还没有完全闭锁确实,则击发动作不可能产生,达到保险的目的。

思考题

1. 引燃底火的方式有哪几种?如何引燃底火?
2. 简述机械式击发机构的工作原理。
3. 机械式击发机构的设计要求有哪些?如何保证这些要求?
4. 机械式击发机构有哪些种类?各有什么特点?
5. 击针设计的突出问题是什么?设计时,如何解决这些问题?
6. 什么是"可靠打燃底火"?分析影响可靠打燃底火的因素有哪些?
7. 为什么"在击针质量一定时,随着击针速度增加,可靠打燃底火所需要能量则有所下降"?
8. 什么是击针的强制突出量、惯性突出量和最大突出量?
9. 如何确定击发簧能量储备?
10. 保证击发安全的措施有哪些?

第8章 发射机构设计

8.1 发射机构的概述

8.1.1 发射机构的作用、组成和设计要求

1. 发射机构的作用

发射机构是控制击发机构,使其成待发状态和实施击发的机构。武器在发射前,必须使击发机构处于待发状态,即由发射机构中的击发阻铁扣住击针、击锤或枪机(活动机件)成待发;在射击时,射手扣动扳机,使击发阻铁解脱击发机构即可实施击发;在停止射击时,则又使击发机构回到待发状态。

有些武器把发射机构和击发机构连为一个整体,如56式7.62mm半自动步枪的发射机构。由于保险机构直接控制发射机构和击发机构的工作,因此发射机构与保险机构也有着直接的联系,而有些武器将发射机构中的某个零件兼起保险机的作用,如56式7.62mm冲锋枪发射机构中的快慢机,不仅可以控制单、连发动作,还能完成保险作用。

2. 发射机构的组成

发射机构有机械和电控两种形式。机械发射机构一般由扳机、扳机簧、阻铁、阻铁簧和保险杆等零件以及发射机座组成。阻铁是发射机构中的主要零件,直接与击发机构的击针、击锤或击铁(在利用复进簧能量击发的击发机构中有时为活动机件)相扣合。扳机由射手操纵,通过一定的机构与阻铁相连。当射手扣压扳机时,阻铁头即解脱击发机构的击针、击锤或活动机件而实施击发;当射手松开扳机时,阻铁簧伸张,阻铁又及时地恢复到原来位置,阻铁头扣住击针、击锤或活动机件,使武器处于待发状态。

3. 发射机构的设计要求

设计发射机构应满足以下要求。

1) 机构动作的可靠性。

在各种使用条件下,发射机构的动作要确实可靠。

(1) 发射前要可靠地将击针、击锤或活动机件牢固地扣合在待发位置;发射时要能及时可靠地解脱。

(2) 单发、连发位置变换后,必须保证:单发射击时,不得出现连发;连发射击时,不得产生停射或单发现象,更不得失控。

2) 发射过程的安全性

须有防止早发火和误发火的保险装置。当把发射机构置于保险位置时,必须保证不能实施击发。

3) 零件必须具有足够的强度与耐磨性

在待发和停射时,阻铁与击发机构中与其相扣合的零件常产生撞击和摩擦,特别是当

阻铁与活动机件扣合时,撞击载荷很大。因此,发射机构的零件一定要有足够的强度和硬度,具有良好的耐磨性。

4)扣压扳机时不应影响武器射击准确性

(1)扣压扳机力的大小要适宜,以保证武器的射击精度和使用安全。

(2)扣压扳机的行程要适宜。

(3)扳机最好有预告装置,即在扣压扳机的大部分行程上所需的力较小,而待阻铁快要解脱击发机构时扳机力较大,尤其对射击精度要求较高的手持武器更应有此装置。

5)保证灵活的火力机动性

发射机构的操作要简便,火力变换迅速、准确(如打开和关闭保险、单连发变换等)。在夜间使用时,应易于识别,以防出错。

6)保证良好的勤务性

发射机构结构要简单、零件数目尽量少,最好一个零件有多种用途。机构的分解与结合应方便,勤务性能好。即使在能见度很低时,装枪(一般称为"盲"结合)也不易出错。

8.1.2 机械发射机构的类型与结构特点

自动武器设计时,一般在结构允许时,拟采用或参考已有武器中结构简单、可靠的发射机构;对于拟定的新颖结构,必须首先通过分析计算决定各零件的尺寸与参数,然后与样品枪一起试制、装配、试验和修改调整。由于对不同用途的自动武器有不同的火力要求,因此发射机构的类型也是多种多样,形式变化也很大。通常发射机构有连发、单发、单连发和点射等不同的类型,而且大部分含有保险机构,有些武器还采用双动发射方式实现单发发射。下面以典型发射机构为例,说明各种类型发射机构的结构和工作原理。

1. 连发发射机构

连发发射机构通常应用在机枪上,便于对集团目标和重要地面、水面或空中目标进行快速有效的射击。操作方式与武器的种类有关,轻机枪和通用机枪一般采用扳机扣动式,以便于抵肩射击;重机枪和高射机枪常用左右对称的扳机按压式,以便于扫射;对装在车体枪架上的高射武器,最好采用足踏踏板式的发射机构。

1)与活动机件扣合的连发发射机构

现代自动武器中连发武器的击发机构,一般是利用复进簧能量进行工作。待发时,发射机构的阻铁头直接扣在活动机件的击发卡槽(或卡榫)上。发射时,扣动发射机构的扳机,阻铁头解脱活动机件,活动机件在复进簧的作用下复进,并在枪机完全闭锁后击发。停射时,放松扳机,阻铁复位,阻铁头再次扣住活动机件而成待发状态。例如,56式7.62mm轻机枪、67-2式7.62mm重机枪、美国M60通用机枪、57式7.62mm重机枪、58式14.5mm二联高射机枪和捷克59式通用机枪等的发射机构。

(1) 67-2式7.62mm重机枪的发射机构。图8.1为67-2式7.62mm重机枪的发射机构。其工作原理:在待发位置扣动扳机,压阻铁下降,阻铁尾部放开枪机框,枪机框复进并击发,扣住扳机不放,即成连发。放开扳机,阻铁在阻铁簧的作用下回转,其后部上升扣住枪机框实现停射,并使扳机复位。将保险销的半圆柱面转至上方挡住阻铁,即不能击发。

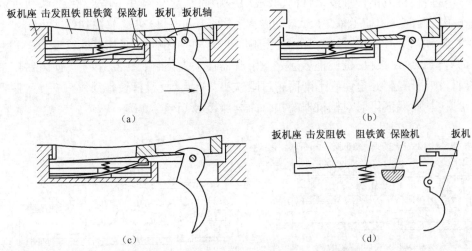

图 8.1　67-2 式 7.62mm 重机枪的发射机构
(a)发射状态;(b)待发状态;(c)保险状态;(d)机构简图。

(2) 美国 M60 通用机枪的发射机构。图 8.2 为美国 M60 通用机枪的发射机构。其工作原理：在待发位置扣动扳机,扳机顶阻铁前端上升,阻铁尾部下降,放开枪机框,枪机框复进并击发,扣住扳机不放,即成连发。放开扳机,阻铁在阻铁簧的作用下回转,其后部上升扣住枪机框实现停射,并使扳机复位。

这类发射机构由于击发阻铁将活动机件扣在后方成待发状态,具有结构简单、作用可靠、击发阻铁强度好、勤务性好等优点,故在机枪中得到广泛应用。

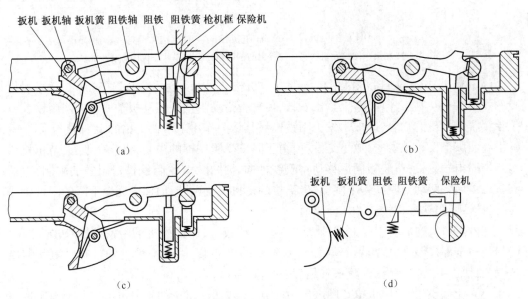

图 8.2　美国 M60 通用机枪的发射机构
(a)待发状态;(b)发射状态;(c)保险状态;(d)机构简图。

(3) 57 式 7.62mm 重机枪的发射机构。图 8.3 为 57 式 7.62mm 重机枪的发射机构。

其工作原理：扳机或推杆推发射杆向前，发射杆中间凸起与阻铁下凸部脱离，枪机框在复进簧作用下向前并迫使阻铁下降(自动脱离，图8.3(a))，枪机框前进到位产生击发。若停射时，阻铁未上升到位，枪机框由后方前进时，可迫使阻铁头下降而继续发射。若枪机框在前方位置放松扳机，枪机框后退先压解脱器拨动发射杆(图8.3(c))，使阻铁尾部离开发射杆中间凸起，并迫使它下降而越过阻铁头。此后，发射杆簧带动发射杆使解脱器和阻铁上升，从而保证停射对枪机框的扣合面全部接触，不致撞坏阻铁。

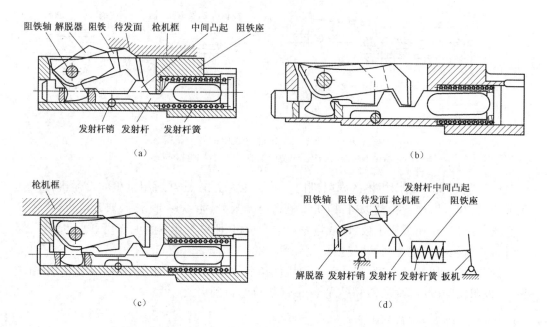

图 8.3　57 式 7.62mm 重机枪的发射机构
(a)待发状态；(b)发射状态；(c)停射前的动作；(d)待发状态机构简图。

(4) 58 式 14.5mm 二联高射机枪的发射机构。图 8.4 为 58 式 14.5mm 二联高射机枪的发射机构。其工作原理：上抬击发杆，传动板带动阻铁绕传动板轴回转。当阻铁前方上抬解脱对枪机的扣合，即成击发。阻铁榫在其簧力作用下卡住上抬的阻铁下方，限制阻铁下降而成连发。停射时，放下击发杆，由于阻铁受阻铁榫的限制，仍停在上方，待枪机后坐到位撞击解脱板，解脱板向后移动将阻铁榫向外挤出，解脱阻铁榫对阻铁的限制，阻铁在簧力作用下转动。阻铁钩下降，后坐到位的枪机又复进，向前撞击完全下降的阻铁钩并压缩阻铁簧，阻铁才将枪机扣住而停射。

这种发射机构的特点是利用辅助扣机和传动板，以保证枪机的阻铁凸榫与击发阻铁的扣合面全部接触；利用阻铁簧兼作击发阻铁的缓冲簧，以减小枪机停射时对阻铁的撞击，从而使停射可靠，并保证阻铁有足够的强度。

(5) 捷克59式通用机枪。图 8.5 为捷克59式通用机枪的发射机构。其工作原理与美国 M60 通用机枪的发射机构相似。其特点是利用制动器抵住阻铁，当扳机即将恢复原位时，才压转制动器解脱阻铁，使阻铁的上升不受放开扳机快慢的影响。因此，在停射时枪机框与阻铁局部接触的机会极少，能防止在停射时枪机框撞坏击发阻铁。

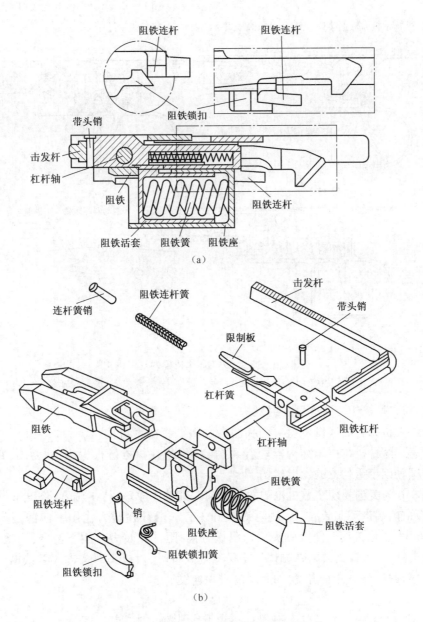

图 8.4　58 式 14.5mm 二联高射机枪的发射机构
(a)工作原理图;(b)零件组成及名称。

采用与活动机件扣合的连发发射机构的武器的特点如下:

① 结构简单。无需专设防止早发火的保险装置,由闭锁机构本身给予保证;利用枪机框(或枪机)兼作击发机构的击锤(或击针体),并利用复进簧兼作击锤簧(或击针簧)。

② 易于冷却枪管。停射时,枪机在后方位置,枪膛敞开,膛内无弹,便于冷却枪管和免除因枪弹自燃而发火的故障,故勤务性好,适用于火力强大的武器。

③ 活动机件复进到位和停射挂机时撞击力大,应注意各零件的强度。从击发阻铁解脱活动机件到击发的时间长,故首发射击精度较差。

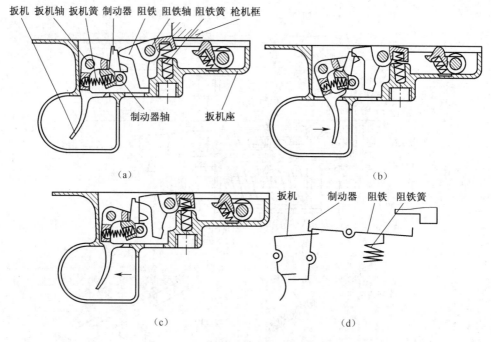

图 8.5 捷克 59 式通用机枪的发射机构
(a)待发状态;(b)发射状态;(c)制动器与阻铁分离状态;(d)机构简图。

2) 与击发机扣合的连发发射机构

与击发机扣合的连发发射机构利用击发阻铁将击发机构(击针或击锤)扣在后方成待发状态。这种机构由于结构较复杂,可靠性差,现在机枪已很少用,如德国马克沁重机枪和美国勃朗宁重机枪的发射机构。

图 8.6 为美国勃朗宁重机枪的发射机构。其动作原理:待击位置(图 8.6(a)),扣动扳机,扳机前端带动阻铁向下,使阻铁放开击针。击针在簧力作用下向前击发,击发后(图 8.6(b)),枪机后退使扳机头部与阻铁分离,阻铁在簧力作用下上升,当枪机上的拨杆拨回击针后,击针又被阻铁扣住。枪机复进到位时,扳机头部又进入阻铁槽内,迫使阻铁下降,阻铁放开击针而击发,如此反复实现连发。

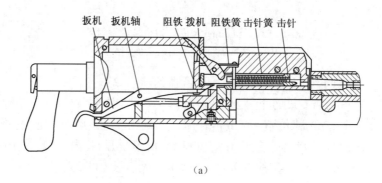

(a)

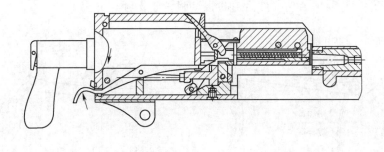

(b)

图 8.6 美国勃朗宁重机枪的发射机构
(a)待发状态;(b)发射状态。

2. 单发发射机构

单发发射机构主要设置在火力强度较小的手枪和半自动步枪中,用于发射一发枪弹就能使目标失去战斗力的单个有生目标的射击。

在这类武器中,一般选用击发簧能量工作的击发机构,因此发射机构的阻铁头都与击锤或击针相扣合。为了实现单发射击,这种发射机构中有一个专门的单发装置,使击发阻铁在每次发射后能自动与扳机有关零件分离,击发阻铁可恢复到原来的位置。当活动机件后退,击锤被压到后方位置时,不管射手是否已放开扳机,阻铁都应保证把击锤扣住。当射手松开扳机后,扳机又自动与击发阻铁相扣合,使击发机构处在待发位置而实施单发。

这种发射机构的优点是击发机构处在待发状态时,枪弹已入膛,枪机已闭锁,击发时,击锤对武器的撞击力小,击发的时间短,有利于提高武器的射击精度;由于单发武器的火力强度较小,故待发时枪机停在前方也不致产生自发火现象。其缺点是这种机构的结构较复杂。

在半自动武器中,使击发阻铁恢复到原来位置以实现单发的措施很多,现举几种常见的形式。

1)活动机件后坐完成强制分离

当活动机件(枪管与套筒)后坐时,通过一压杆强制扳机与阻铁分离而实现单发,如54 式 7.62mm 手枪和 59 式 9mm 手枪等的发射机构。

图 8.7 为 59 式 9mm 手枪的发射机构。在射击时,扣动扳机,扳机推阻铁下端向后,使其尖端向前,压缩阻铁簧,解脱击锤而击发,如图 8.7(a)所示。在发射后,套筒后退将拨杆压下,使扳机架与阻铁分离,阻铁在簧力作用下恢复原位。当套筒继续后退将击锤压倒时,击锤则被阻铁卡住停在后方,如图 8.7(b)所示。当套筒复进放开击锤时,阻铁则将击锤控制在待发位置。套筒复进到位后,放松扳机,扳机在簧力作用下恢复原位,同时推压杆向上,扳机架后端重新对准阻铁,击发机构又处于待发状态。

59 式 9mm 手枪的发射机构的特点是发射机构由扳机、拨杆、阻铁、击锤、保险机及片簧六大构件组成,零件尺寸较大、强度好,许多零件都有多种用途,机构简单、紧凑。例如,片簧既是击锤簧和扳机簧,又是拨杆簧和弹匣扣簧;扭簧既是阻铁簧又是空匣挂机簧;保险机既能限制击锤转动,又能限制套筒后退;阻铁既是击发阻铁也是防偶发阻铁;发射机构组装于套筒座上,利用活动机件后退时强制阻铁与击锤相分离。

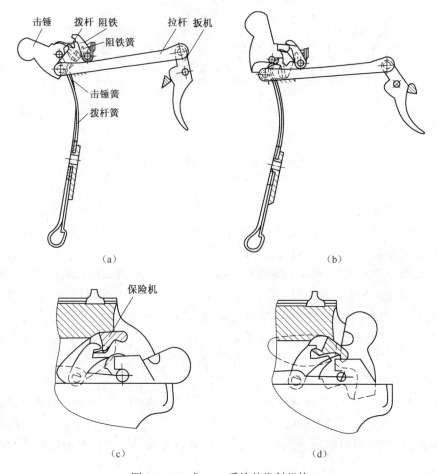

图 8.7　59 式 9mm 手枪的发射机构
(a)击锤处于待发位置;(b)击锤处于前方位置;(c)保险处于射击位置;(d)保险处于保险位置。

2）击锤回转完成强制分离

利用击锤的回转运动来完成强制分离,使扳机与阻铁自行滑脱,以实现单发,如 56 式 7.62mm 半自动步枪和 85 式 7.62mm 狙击步枪等的发射机构。

图 8.8 为 56 式 7.62mm 半自动步枪利用击锤回转强制扳机与阻铁分离的发射机构。待发状态时,扳机传动杆的前端对准阻铁,如图 8.8(a)所示。

在击发时,扣动扳机,传动杆推阻铁向前,解脱击锤而击发。在击锤向前回转的同时,其弧形凸起压下不到位保险,不到位保险又下压扳机传动杆,迫使传动杆前端与阻铁脱离,如果扣扳机不放,阻铁已在簧力的作用下已恢复原位。在击发后,枪机后退带动击锤向后回转,此时的传动杆的前端仍处于阻铁下方位置,以确保单发动作的可靠,如图 8.8(b)所示。

松开扳机后,传动杆在簧力作用下上抬,当枪机复进到位闭锁,压下不到位保险,使传动杆前端对正阻铁,同时击锤被阻铁卡住,再次成待发状态如图 8.8(a)所示。

56 式 7.62mm 半自动步枪发射机构的特点是利用击锤前转或后倒时,迫使阻铁与

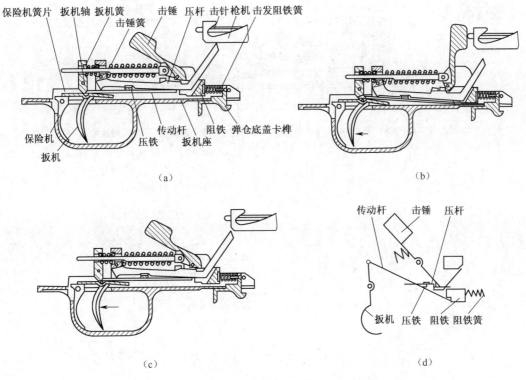

图 8.8　56 式 7.62mm 半自动步枪的发射机构
(a)待发状态;(b)发射状态;(c)枪机未闭锁到位状态;(d)机构简图。

击锤分离而实现单发射击,机构动作确实可靠,如当传动杆前端向下弯曲,在枪机未前进到位确实闭锁、能扣动扳机之前,或击发阻铁的待发面磨损而不能控制击锤时,在压杆中段设有一卡槽,将扣住击锤的垂面,使击锤不能向前回转撞击击针,形成不到位保险。当击锤的弧形凸起磨损,在击锤向前回转过程中不能使传动杆与阻铁脱离时,增设的辅助零件压铁便在击锤压倒时将传动杆压下,使其与阻铁脱离,保证阻铁恢复原位扣住击锤以完成单发射击;发射机构为一个单独部件,装卸较方便,但小轴较多,结构较复杂。

图 8.9 所示为 85 式 7.62m 狙击步枪的发射机构。其动作原理:在待击位置(图 8.9(b)),扣动扳机,扳机拉杆左移,其上的钩部拉击发阻铁,使击发阻铁绕其轴顺时针转动,其待发面逐渐放开击锤进行击发;击发后,枪机框后坐压倒击锤,并放开不到位保险机。击锤头中间槽部压扳机拉杆前端圆头,迫使其下移,放开击发阻铁,击发阻铁在弹簧的作用下恢复原位。

扣住扳机不放时,枪机框复进时,击锤跟着反转,但不到位保险机的下部前端与击锤扣合,击锤停止转动;枪机框复进到位时,下凸部压下不到位保险机,放开击锤,击锤转动一小角度后,即被击发阻铁扣在待发位置;松开扳机,扳机拉杆在弹簧的作用下向上向前,其钩部落在击发阻铁的下方,成待发状态。

3) 阻铁簧力完成强制分离

利用击发后阻铁簧的能量,使阻铁与扳机分离(阻铁上有椭圆孔能沿阻铁轴平移),

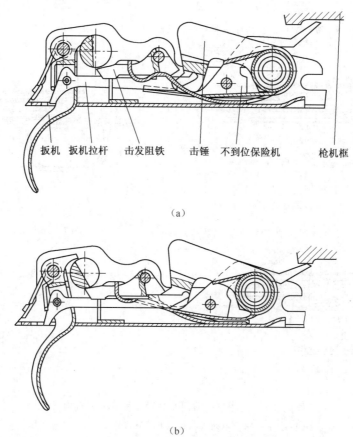

图 8.9　85 式 7.62mm 狙击步枪的发射机构
(a)发射后击锤被压倒状态；(b)待发及保险状态。

当活动机件后退压倒击锤后，利用击锤簧的能量使阻铁回到待发位置。例如，美国 M1 卡宾枪、英国 L1A1 式 7.62mm 半自动步枪等的发射机构均是此种类型。

英国 L1A1 半自动步枪的单发发射机构，如图 8.10 所示。其动作原理：在待发状态扣动扳机，扳机旋转，迫使阻铁后端上升、前端下降，解脱击锤进行击发。阻铁解脱击锤后在阻铁簧的作用下前移（由扁圆孔限制其前移量），阻铁的前端上抬抵在击锤下方，后端滑到扳机上方的台阶（脱离扳机平台），为单发作好准备（图 8.10(b)）；击发后，枪机后坐，压倒击锤，击锤被不到位保险扣住，阻铁前端进入击锤的卡槽（图 8.10(c)）。只有放开扳机，扳机回转复位，由于受击锤簧的推压，阻铁向后移动，其尾端滑到扳机平台上方。如枪机已复进到位并解除了不到位保险，则发射机构又恢复到如图 8.10(a)所示的待发状态。

英国 L1A1 半自动步枪发射机构的特点是发射机构组装在枪托、握把上，零件尺寸较大，强度好；击锤簧与导杆组成一组零件，装卸方便；利用阻铁簧的能量使阻铁与扳机分离，然后又使阻铁恢复原位，即利用阻铁和阻铁簧代替了单发机构，机构较简单紧凑。

4) 两个阻铁头控制击锤

利用两个击发阻铁头对击锤不同部位不同时机扣合和分离，实现单发，如捷克 ZH-29 半自动步枪和美国强生半自动步枪的发射机构。

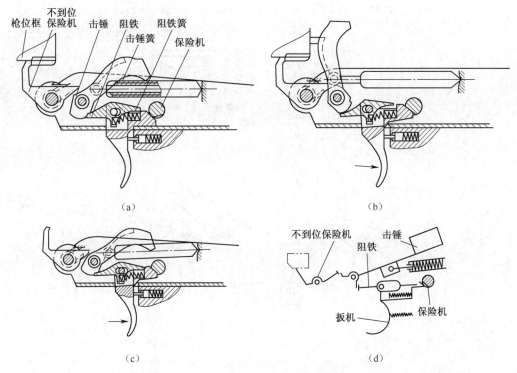

图 8.10 英国 L1A1 半自动步枪的发射机构
(a)待发状态;(b)发射状态;(c)击锤被压倒状态;(d)机构简图。

捷克 ZH-29 半自动步枪发射机构,如图 8.11 所示。其动作原理:击发机构成待发状态时,扣动扳机,扳机后臂推阻铁后臂回转,阻铁前钩下降、放开击锤,击锤在簧力作用下回转,打击击针击发。发射后,枪机框后坐,压倒击锤,被单发阻铁扣住不能击发(图 8.11(c))。松开扳机,阻铁在簧力作用下回转前端上升,扣住阻铁,同时单发阻铁解脱对击锤的控制,处于待击发状态。再扣扳机,才能发射。

捷克 ZH-29 半自动步枪发射机构的特点是利用阻铁与单发阻铁的往返转动,交替扣合与解脱击锤,形成单发,动作协调、可靠;零件数量少,尺寸较大,强度好,结构简单。

图 8.12 为美国强生半自动步枪发射机构。其动作原理与捷克 ZH-29 半自动步枪的发射机构相似,但是其采用刚性的单发阻铁和击发阻铁作平移往复运动,使其分别扣合或放开击锤以实现单发。其特点:结构简单;因单发阻铁为刚性体,当枪机压倒击锤与单发阻铁头扣合时,将迫使阻铁与扳机前移,射手的手指将产生振动,影响动作可靠;无不到位保险机构,动作不够确实可靠。

5) 击锤簧导杆完成强制分离

利用击锤簧导杆使扳机与击发阻铁分离,以实现对击锤的"再控制",如苏联托加烈夫半自动步枪,如图 8.13 所示。

苏联托加烈夫半自动步枪发射机构的动作原理:在待击状态扣动扳机,扳机上端推杆推阻铁下部向前,其上部向后并放开击锤,击锤在簧力作用下向前回转,撞击击针实现发射。枪机后坐时,压倒击锤,使击锤簧导杆向后,导杆后端的斜面将击发推杆压下,使它与阻铁分离,阻铁在击锤簧的作用下,上部向前处在扣合击锤的位置,击锤的下端被不到位

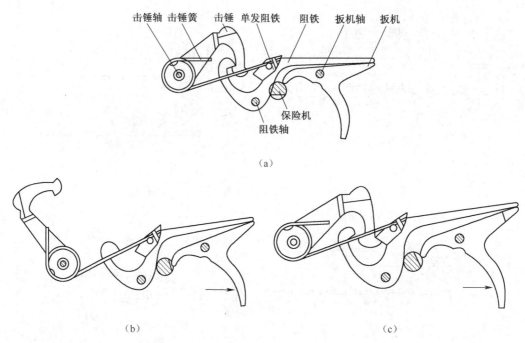

图 8.11 捷克 ZH-29 半自动步枪的发射机构
(a)保险状态;(b)发射状态;(c)击锤被单发阻铁扣住状态。

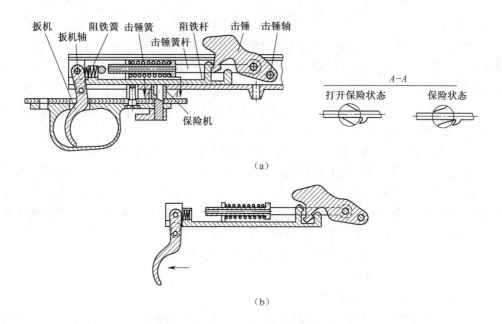

图 8.12 美国强生半自动步枪发射机构
(a)待发状态;(b)击锤被单发阻铁扣住状态。

保险阻铁扣住,枪机闭锁后,击锤才被阻铁扣住不能击发(图 8.13(c)),实现对击锤的"再控制"。只有放开扳机,扳机在簧力作用下回到待击位置,同时扳机前端向上与击发阻铁扣合,再扣扳机,才能发射。

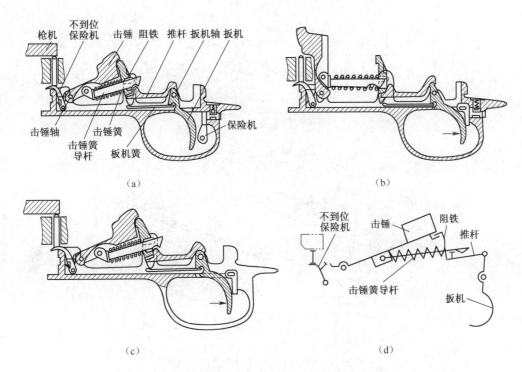

图 8.13　苏联托加烈夫半自动步枪的发射机构
(a)待发状态；(b)发射状态；(c)发射后未放开扳机状态；(d)机构简图。

苏联托加烈夫半自动步枪发射机构的特点是利用击锤簧导杆使扳机与阻铁强制分高而实现单发射击，发射机构为一单独部件，装卸较方便。

3. 单连发发射机构

采用单连发发射机构的武器，便于射手根据战斗需要选用射击方式。这种发射机构是由单发和连发两个机构紧密结合而成。

单发与连发的变换，一般通过变换装置实现。例如，采用带槽的回转圆杆、移动离合器、改变扳机行程和改变扳机转角等，其中以采用回转圆杆改变单、连发的方式较多，这种带槽的回转圆杆，称为发射转换杆。

下面列举几个典型的实例，介绍其结构原理和结构特点。

1) 转换杆式(快慢机)单连发机构

转换杆上开有若干深浅不同的缺口，转动转换杆可以控制扳机拉杆的高低位置，实现单发、连发和保险，这种类型目前应用最为广泛，如 56 式 7.62mm 冲锋枪、81 式 7.62mm 步枪、95 式 5.8mm 步枪、美国 M16 自动步枪、德国 G3 自动步枪和捷克 58 式冲锋枪等的发射机构。

(1) 81 式 7.62mm 步枪的发射机构，如图 8.14 所示。

① 单发发射。变换杆在后方时为单发位置(图 8.14(c))，变换杆放开单发阻铁，扣扳机时，单发阻铁随扳机向前转动，阻铁放开击锤而击发，枪机框后坐压倒击锤，击锤被单发阻铁扣住，不能再击发，必须放开扳机，击锤从单发阻铁解脱，被阻铁扣住，再扣扳机，才能发射。

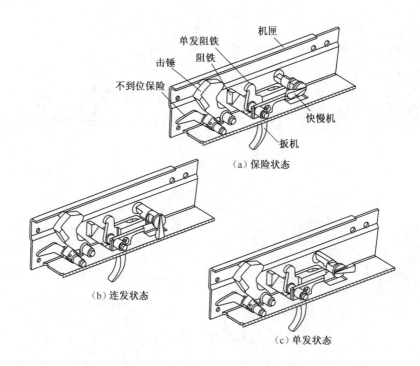

图 8.14　81 式 7.62mm 步枪的发射机构

② 连发发射。将变换杆置于中间为连发位置(图 8.14(b)),单发阻铁后端被发射变换杆压住,不能随扳机转动,击锤被阻铁扣住。若扣动扳机,阻铁放开击锤,击锤在簧力作用下回转打击击针而击发。击发后,枪机框后退压倒击锤,击锤被不到位保险扣住,枪机框复进到位解脱不到位保险,继续击发,实现连发。只有放开扳机,阻铁扣住击锤才停止射击。

③ 保险。保险状态(图 8.14(a))时,单发拉杆和连发杆均被变换杆压住,无法扣动扳机解脱阻铁。

这种发射机构的特点:利用变换杆实现单发、连发和保险三个状态,发射机构由扳机、单发阻铁、击锤、不到位保险机及弹簧等主要零件组成,零件尺寸较大,工作可靠,强度好,故障率低,不少零件具有多种用途,结构简单紧凑,如扳机与击发阻铁为同一个零件,击锤簧兼作扳机簧,不到位保险机簧兼作三个轴的定位簧。

(2) 捷克 58 式冲锋枪的发射机构,如图 8.15 所示。

① 单发发射。单发状态(图 8.15(a))时,变换杆将连发拉杆压向下与击发阻铁脱离,单发拉杆位于变换杆的缺口内(在上方位置)。扣扳机,单发拉杆带动击发阻铁使其后端向下,解脱击锤击发。枪机框后退时,左侧解脱面压单发拉杆向下与击发阻铁脱离。枪机复进时,击锤即被击发阻铁扣在后方,若需再次射击,则必须松开扳机。

② 连发发射。连发状态(图 8.15(b))时,变换杆的圆弧面将单发拉杆压下与击发阻铁脱离,其缺口对正连发拉杆,使连发拉杆能向上与击发阻铁对正。扣扳机时,连发拉杆带动击发阻铁使其后端向下,解脱击锤形成击发。枪机框后退到后方,击锤被连发阻铁扣住。活动机件复进到前方(闭锁后),枪机框压下不到位保险机,使连发阻铁向下,解脱击锤击发,形成连发射击。

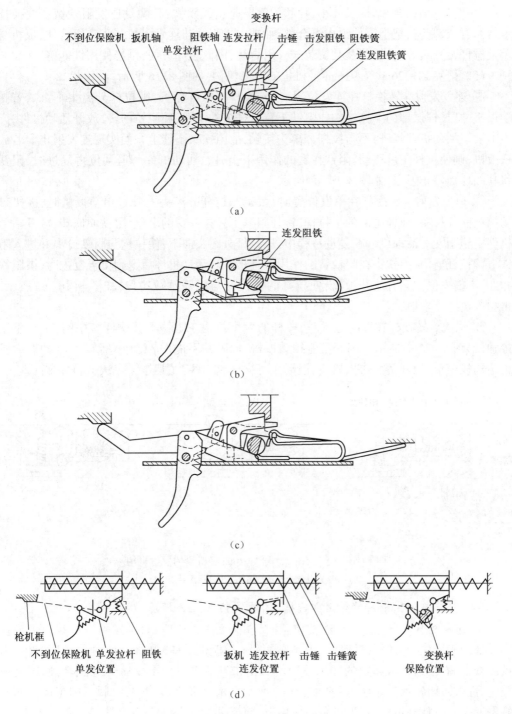

图 8.15 捷克 58 式冲锋枪的发射机构
(a)单发状态;(b)连发状态;(c)保险状态;(d)三种状态机构简图。

③ 保险。保险状态(图 8.15(c))时,单发拉杆和连发杆均被变换杆压下与击发阻铁脱离,扣动扳机无法解脱阻铁。

这种发射机构的特点:采用两个发射拉杆,由变换杆控制以实现单发和连发;击发阻铁与直动击锤相扣合,结构尺寸小;片状弹簧既是击发阻铁簧,又是连发阻铁簧和变换杆卡簧,结构较紧凑,把小零件组成组合件,如把击发阻铁与连发阻铁装成一组合体;扳机与单发拉杆及其簧、连发拉杆及其簧装成一组合体,因此装卸方便,维修使用性能好。

(3) 捷克 ZB-26 式 7.92mm 轻机枪的发射机构,如图 8.16 所示。

① 连发发射。转换杆在连发位置时,转换杆将拉杆压下,则拉杆分离头下沉。若扣动扳机,则拉杆尾部的下拉钩钩住阻铁下臂拉杆窗的下壁,使阻铁回转,放开活动机件,产生击发。活动机件复进,不与拉杆分离头接触,故阻铁头不能上升而实现连发射击。若放松扳机,则使拉杆向后移动,阻铁在簧的作用下上升。活动机件后退到位再复进时,阻铁将其扣住而停止射击,如图 8.16(a)所示。

② 单发发射。转换杆在单发位置时,扳机的拉杆分离头上升。扣动扳机时,扳机带动拉杆向前移动,拉杆尾部的上拉钩,钩住阻铁下臂拉杆窗的上壁,阻铁便回转,放开活动机件实施击发。活动机件在复进过程中,压拉杆分离头向下,使拉钩与阻铁分离并进入阻铁下臂拉杆窗内,阻铁头在阻铁簧的作用下上抬。当活动机件后退到位再复进时,被阻铁扣住,不能发射。只有放开扳机,使拉杆的上拉钩与阻铁重新钩住,如图 8.16(b)所示。再扣扳机才能发射,实现单发射击。

③ 保险。转换杆在保险位置时,拉杆的两个拉钩在阻铁下臂拉杆窗中间,不与阻铁接触,如图 8.16(c)所示。因而虽能扣动扳机,但阻铁不能回转,形成保险。这种发射机构结构较简单,拉杆簧兼作扳机簧,但动作可靠性差一些,尤其是保险状态的可靠性差。

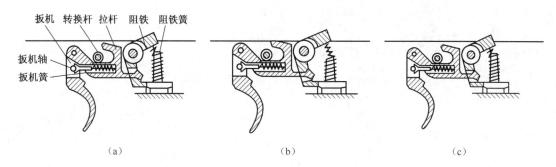

图 8.16 捷克 ZB-26 式 7.92mm 轻机枪的发射机构
(a)连发状态;(b)单发状态;(c)保险状态。

(4) 56 式 7.62mm 冲锋枪发射机构,如图 8.17 所示。

① 连发发射。当变换杆在连发位置时,如图 8.17(a)所示,单发阻铁后端被变换杆的下部凸榫压住,不随扳机转动。击锤被阻铁(与扳机一体)扣住。此时若扣压扳机,阻铁放开击锤,击锤在击锤簧的作用下回转打击击针而击发。击发后,枪机框后退压倒击锤,击锤被不闭锁保险扣住,如图 8.17(b)所示。枪机框复进到位,解脱不闭锁保险而连续击发。只有放开扳机,在扳机簧的作用下,使扳机复位,由阻铁扣住击锤才停止射击。

② 单发发射。当变换杆在单发位置时,如图 8.17(c)所示,变换杆的下凸榫与单发阻铁分离。扣动扳机时,单发阻铁跟随阻铁向前回转,阻铁放开击锤而击发。枪机框后退压倒击锤,击锤被单发阻铁扣住,枪机框复进到位,解脱不闭锁保险,但单发阻铁扣住击锤,使之不能击发。必须放开扳机,单发阻铁解脱击锤,但又被阻铁扣住,再扣扳机才能

击发。

③ 保险。当变换杆在保险位置时,如图 8.17(d)所示,变换杆的下部凸榫压住扳机。如果击锤在待发位置,则扳机不能回转而不能击发。如果击锤在前方位置,则因扳机不能回转,枪机框不能压倒击锤,也不能装填枪弹。

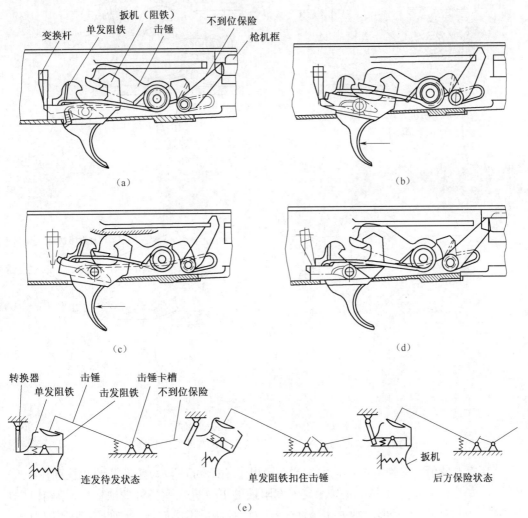

图 8.17　56 式 7.62mm 冲锋枪发射机构
(a)连发状态(击锤被阻铁扣住);(b)连发状态(击锤被不到位保险扣住);
(c)单发状态;(d)保险状态;(e)三种状态机构简图。

该发射机构的特点:利用变换杆实现连发、单发和保险。扳机上的固定和活动阻铁,在扳机的往返回转过程中,扣住可放开击锤以实现单发。该机构的一些零件具有多种用途,如扳机与击发阻铁为同一零件;击锤簧兼作扳机簧;连发阻铁簧兼作各轴的固定器。

(5) 美国 M16 自动步枪发射机构,如图 8.18 所示。

① 单发发射。当变换杆在单发位置时,如图 8.18(a)所示,连发阻铁由于变换杆圆柱面的限制,不与击锤接触。击发时,扣动扳机,扳机前端向下回转,解脱击锤击发。枪机框后坐时,压倒击锤,击锤被单发阻铁扣住。放开扳机,即扳机在扳机簧作用下回转复位,

345

单发阻铁解脱击锤,同时扳机前端顶住击锤下部凸起,使其不能回转,成待发状态。若再扣扳机,则放开击锤而再击发。

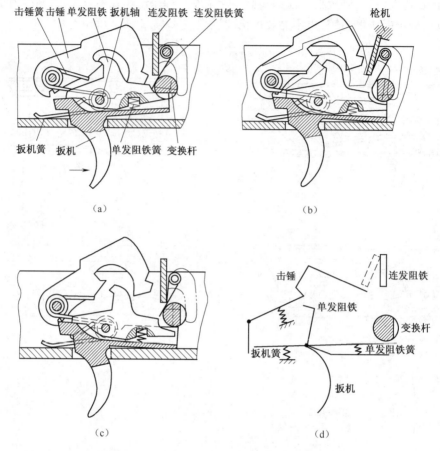

图 8.18 美国 M16 自动步枪发射机构
(a)单发状态;(b)连发状态;(c)保险状态;(d)保险状态机构简图。

② 连发发射。变换杆处于连发位置时,如图 8.18(b)所示,变换杆的圆柱面压下单发阻铁,单发阻铁头不能与击锤接触。连发阻铁的下臂进入变换杆的缺口内。发射时扣压扳机,扳机前端向下回转,放开击锤而击发。如扣住扳机不放,则枪机框后坐压倒击锤,由连发阻铁下臂扣住;枪机框复进到位时,撞击连发阻铁上臂,连发阻铁绕轴回转,其下臂放开击锤而击发,从而实现连发发射。

③ 保险。若变换杆处于保险位置时,如图 8.18(c)所示,变换杆的圆柱面在下方,限制了扳机和单发阻铁的回转,扳机不能扣动。连发阻铁头也被变换杆限制到最前位置,不与枪机框接触。但击锤在击发位置时,由于击锤挡住扳机前臂的原因,变换杆不能拨到保险位置。

该发射机构特点:采用变换杆控制单发阻铁、连发阻铁和扳机的回转,以实现单发、连发和保险。打开和关闭保险方便,保险时击锤在待发位置,可迅速开火。连发阻铁在发射机构的后部,由枪机控制,还起到不闭锁保险的作用。

(6) 德国 G3 自动步枪发射机构,如图 8.19 所示。

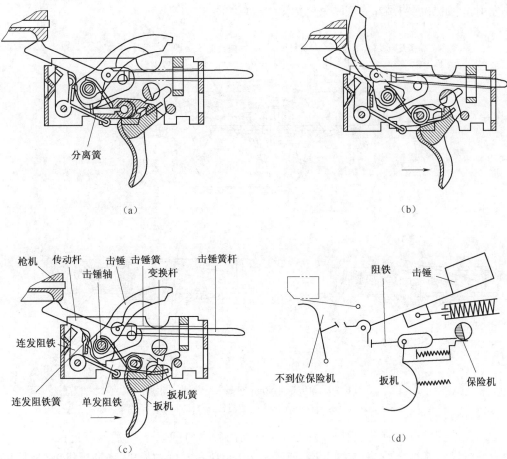

图 8.19 德国 G3 自动步枪发射机构
(a)保险状态;(b)单发状态;(c)连发状态;(d)机构简图。

① 单发发射。将变换杆置于单发位置(图 8.19(a)),在待发位置击发后扣引扳机,其回转角度较小,单发阻铁(兼作击发阻铁)放开击锤击发后,单发阻铁在分离簧的作用下向前移动而恢复原位。活动机件后退压倒击锤,击锤被单发阻铁扣住,放开扳机,扳机在簧力作用下复位,其后端落在击发阻铁下方成待发状态。在单发状态下,连发阻铁起不到位保险作用。

② 连发发射。将变换杆置于连发位置(图 8.19(b)),扳机回转角度较大,使单发阻铁前方不能与击锤接触,在枪机后坐压倒击锤且未复进到位时,连发阻铁扣住击锤。枪机复进到位时,使连发阻铁解脱击锤而进行击发,扣住扳机不放实现连发。

③ 保险。变换杆置于保险位置(图 8.19(c)),变换杆压住扳机,无法扣动扳机,实现保险。

这种发射机构的特点:单发机构是利用弹簧使单发阻铁与扳机分离,用击锤簧的能量使单发阻铁回到待发位置;用扳机和单发阻铁回转较大角度使单发阻铁不与击锤接触而实现连发;发射机构与握把组成为单独部件,冲压零件多,工艺性好。

2) 离合器平移式(移动快慢机式)单连发机构

通过移动离合器,改变单发杆的前后位置,控制扳机头与阻铁的关系,以实现单发和连发射击,如50式7.62mm冲锋枪的发射机构,如图8.20所示。

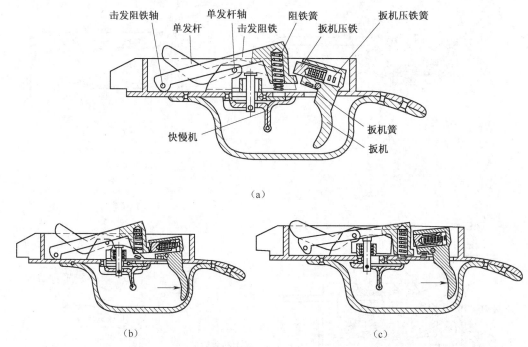

图8.20　50式7.62mm冲锋枪的发射机构
(a)单发状态;(b)单发时扳机压铁被单发杆挤进扳机的状态;(c)连发状态。

(1)单发发射。单发发射时,首先拉离合器向后,此时单发杆的后端靠近扳机头。当枪机呈待发状态时,单发杆前端上抬,如图8.20(a)所示。手扣扳机,弹性扳机头(扳机压铁)压阻铁向下回转,放开枪机。枪机复进,推压单发杆前端,其后端则向上挤压扳机头,使它进入扳机体内而与阻铁分离,阻铁在其簧力的作用下上升,如图8.20(b)所示。当枪机后坐到位再次复进时,又被阻铁扣住。松开扳机时,扳机在扳机簧的作用下恢复原位,扳机头滑过阻铁后,被阻铁簧推回,又与阻铁扣合,恢复到如图8.20(a)所示的待发状态。只有再次扣扳机方可重新射击,形成单发。

(2)连发发射。连发发射时,将离合器推到前方,单发杆后端不与扳机头接触,前端也不伸入机匣。扣动扳机压下阻铁,若扣住扳机不放,扳机头与阻铁不再分离,故阻铁不能上升,枪机往返运动无阻,形成连发射击,如图8.20(c)所示。

这种发射机构的特点:发射机构组装成一组合件,装卸较方便,但零件数量多,结构较复杂,且保险机单独安装在枪机上操作不方便。

3)扳机行程变化的单连发机构

这种机构的典型例子有德国MG-34式7.92mm轻机枪的发射机构,如图8.21所示。

(1)单发发射。单发发射时,扣扳机上弧,离合杆、连发机与扳机一同向后移动,压缩扳机簧。离合杆后端推击发推杆后移顶传动杆转动,传动杆前臂压阻铁向下转动而放开枪机。扳机后移至连发机尾部顶住扳机座为止。枪机复进中推离合杆转动,使离合杆后端与击发推杆前端脱离接触。阻铁头在阻铁簧作用下上升,枪机后坐到位再复进时,又被阻铁扣住,不能击发,如图8.21(b)所示。放开扳机后,扳机、离合杆与连发机恢复原位,

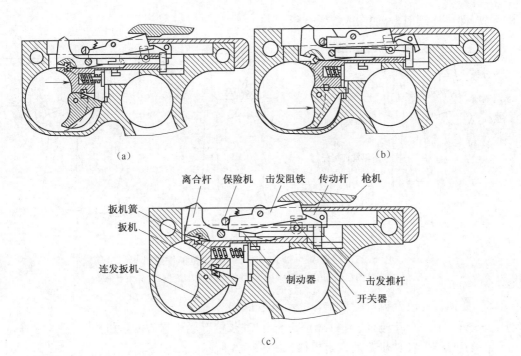

图 8.21 德国 MG-34 式 7.92mm 轻机枪的发射机构
(a)单发状态;(b)连发状态;(c)保险状态。

离合杆尾端又与击发推杆前端接触,使发射机构恢复到待发状态。

(2) 连发发射。连发发射时,扣扳机的下弧(或两个手指扣扳机),如图 8.21(c)所示。由于连发机先转动,因此扳机移动距离比单发时长。扳机与离合杆顶击发推杆后退,通过传动杆使阻铁回转而放开枪机。枪机复进时推离合杆转动,使阻铁、传动杆和击发推杆恢复原位。但因扳机继续向后移动,扳机体的尾端直接推击发推杆头部并一起后移,通过传动杆再次压下阻铁,使阻铁处在发射位置,机枪则进行连发射击。

(3) 保险。保险机压击发阻铁,使其不能回转,从而无法释放阻铁成保险状态,如图 8.21(a)所示。

这种发射机构是利用扣压扳机和连发扳机的方法以改变火力,使用方便、迅速,提高了火力机动性,但零件数量多。

4) 扳机转角变化的单连发机构

捷克 VZ-52 式 7.62mm 轻机枪的发射机构属此类,其结构如图 8.22(a)所示。

(1) 单发发射。单发发射状态时,扣压扳机上部,扳机顺时针方向转动并带扳机连杆回转,通过一套简单的传动装置使阻铁旋转,解脱活动机件;此时单发杆尾杆没有回转,单发杆头凸出于机匣内,活动机件运动时撞击单发杆头,迫使其向下,于是单发杆尾杆反时针转动,使阻铁上抬,如图 8.22(b)所示。当阻铁上抬时,单发杆凸齿便将其顶起,所以阻铁再次挂住活动机件不能解脱,形成单发。

(2) 连发发射。连发状态时,扣压扳机下部。扳机连杆向后,通过传动迫使阻铁回转,解脱活动机件,同时扳机底端向后的凸起又顶在单发杆尾杆上,使其逆时针方向转动,而单发杆头向下,离开活动机件往复运动的路线,因此阻铁挂不住活动机件,只要扣动扳机不放,即可连续射击,如图8.22(c)所示。

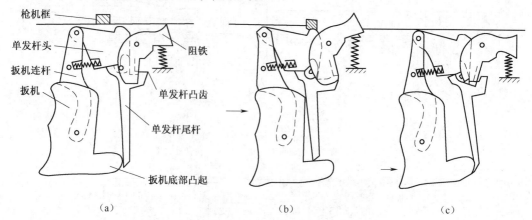

图 8.22 捷克 VZ-52 式 7.62mm 轻机枪的发射机构

(a)结构示意图;(b)单发状态——阻铁被单发杆凸齿顶起;(c)连发状态。

5)变换杆与改变扳机行程结合的单连发机构

奥地利的 AUG 步枪、法国 FAMAS5.56 自动步枪等属于这类发射机构。

(1)奥地利 AUG 步枪的发射机构,如图8.23所示。

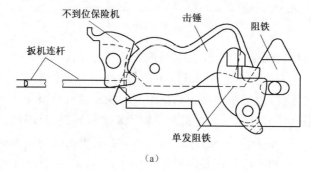

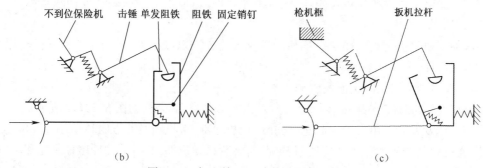

图 8.23 奥地利 AUG 步枪的发射机构

(a)发射机构的组成;(b)单发状态(发射转换器处于中间位置);(c)连发状态(发射转换器处于最右位置)。

① 单发发射。发射转换器处于中间位置时,扳机运动受到限制,只能完成单发射击。如果在击发后,扣住扳机不放,由于单发阻铁碰到固定在发射机座上的销钉,击锤后倒挤开单发阻铁,被单发阻铁扣住,只有松开扳机,单发阻铁解锐击锤,击锤又被击发阻铁扣住,成待发状态。

② 连发发射。当发射转换器处于最右端位置时,若将扳机加到全行程的一半位置,则可完成单发射击;如果将扳机扣到底,则在扳机连杆作用下,单发阻铁被固定在发射机座上的销钉顶开,不能扣住击锤,击发阻铁位置靠后,也无法扣住击锤。枪机框复进到位时,压下不到位保险,解脱击锤,完成击发动作,以此完成连发射击。

③ 保险。发射转换器处于左端位置,将扳机制动使之不能工作,武器为保险状态。

该发射机构不需扳动发射转换器就可以迅速转变单发、连发两种射击状态,但是控制单发、连发比较困难,凭扳机行程感觉来控制很难掌握,因此该武器的发射转换器专门设了半自动射击来控制扳机行程。如果采用显著增大连发射击时的扳机压力来控制单发,则容易引起瞄准线突变,显著增大点射时的散布。如果缩小单连发扳机压力差,往往又使单发、连发不易区分,射手控制发射机构感到很紧张。

(2) 法国 FAMAS 5.56mm 自动步枪的发射机构,如图 8.24 所示。

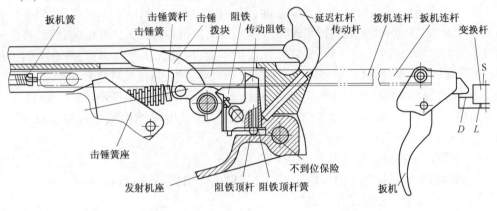

(a)

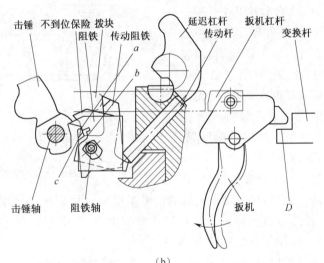

(b)

图 8.24　法国 FAMAS 5.56mm 自动步枪的发射机构
(a)发射机构的组成;(b)单发、连发动作。

法国 FAMAS 5.56mm 自动步枪的发射机构有三种发射方式,即单发、连发和点射,其中点射机构的工作原理在 8.13 小节介绍。

① 单发发射。变换杆置于单发状态时,待发状态扣动扳机,传动阻铁的 c 面与阻铁的 a 面贴合(图8.24(b))。扳机连杆、拨块随之向前运动,传动阻铁带动阻铁绕其轴顺时针转过约9.2°,扳机行程约7~8mm,阻铁释放击锤。在击锤簧的作用下,击锤回转打击击针,实现击发。此时,传动阻铁的 c 面与阻铁的 b 面扣合。

在火药燃气作用下,枪机后坐,压倒击锤。枪机在复进时,击锤被不到位保险扣住。复进终了时,枪机推延迟杠杆转动。其左脚向下压传动杆,传动杆向下压不到位保险的前下角,不到位保险绕阻铁轴顺时针转动释放击锤,击锤即刻被阻铁扣住以实现停射。继续向后扣不动扳机,因变换杆的 D 面使扳机行程限制在8mm之内,扳机连杆向前运动受到限制,传动阻铁不能带阻铁回转而释放击锤。若要再击发,则必须放开扳机,在传动阻铁与阻铁分离的瞬间,击锤始终压在阻铁上,消除阻铁上长圆孔与阻铁轴套之间1.1mm的间隙,发射机又成待发状态。

② 连发发射。变换杆置于连发状态时,第一发击发动作和单发方式相同,但变换杆在连发位时"L"面起作用,扳机行程较长约为12mm,扳机连杆可大幅度向前运动,使阻铁释放击锤后继续回转约达17.5°,只要扣住扳机不放,阻铁无法扣住击锤,只有不到位保险控制阻铁,枪机复进到位,不到位保险解脱击锤进行击发,从而实现连发动作。

③ 保险。当变换杆置于中间位置时,扳机无法扣动,武器处于保险状态。

法国FAMAS 5.56mm自动步枪发射机构的优点是只用一个阻铁,通过控制扳机行程的办法实现单、连发动作,发射机构动作可靠。

6) 利用两个扳机的单连发射机构

法国沙特洛轻机枪的发射机构属于这类发射机构,如图8.25所示。

(1) 单发发射。扣动单发扳机时,单发扳机逆时针旋转,单发扳机后端上抬,使击发阻铁顺时针旋转,击发阻铁后端下降,解脱活动机件,活动件件复进到位击发;单发扳机后端与击发阻铁脱离,击发阻铁在阻铁簧作用下,击发阻铁后端上抬,活动件运动此位置再次被扣住,无法击发,从而实现单发发射。只有松开扳机,在簧力作用下使单发扳机后端下降,重新回位到击发阻铁前端下方。

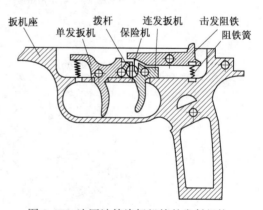

图8.25 法国沙特洛轻机枪的发射机构

(2) 连发发射。扣动连发扳机时,连发扳机逆时针回转,连发扳机后端上抬带动击发阻铁顺时针旋转,击发阻铁后端下降,解脱活动机件,活动件件复进到位击发。扣住连发扳机不放,阻铁后端无法上抬扣住活动件,活动件在火药气体作用做往复运动,实现连发。

(3) 保险。单发扳机和连发扳机被顶住,无法扣动,实现保险。

这种发射机构的特点:采用两个扳机以实现单发、连发,火力变换较快,可提高火力机动性,但单发扳机离握把较远,操作使用不方便,维修使用性能较差。

4. 点射发射机构

现代自动步枪,特别是在小口径突击步枪的单发、连发发射机构中,一般都装有点射机构。点射机构可以提高命中率和节省弹药。

点射机构是一种可控制点射射弹数量的发射机构。使用这种机构,射手每扣压一次扳机,只能连续射出一定数量的枪弹(一般为3发,也有射弹数量可变,如2~5发)。通常由控制机构与单连发发射机构结合而成,有专门的零部件(如棘轮装置)控制或代替阻铁,使之发射规定数量的枪弹后即自动停射。点射发射机构多用于突击步枪,如法国FA-MAS 5.56mm自动步枪,比利时FN. CAL 5.56mm自动步枪和苏联AK103-2突击步枪等。

1) 比利时FN. CAL 5.56mm自动步枪的点射机构

该武器的发射机构具有三发点射装置,如图8.26所示,发射转换器置于"3"时为点射状态。

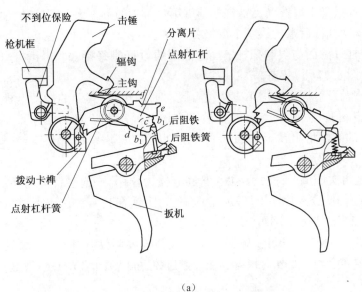

(a)

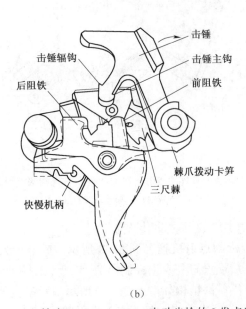

(b)

图 8.26 比利时 FN CAL 5.56mm 自动步枪的 3 发点射机构

(1) 第一发发射。扣压扳机解脱击锤后,击锤带动装在其上的拨动卡榫向上转动,使点射杠杆前端的第一个棘齿 a_1 向上方转动,点射杠杆后端的第一个计数齿 b_1 推阻铁向后,使后阻铁卡在计数齿 b_1 和 b_2 之间的凹槽内,不能向前回转。发射一发后击锤被枪机框压倒时,不能挂在阻铁上,而被不到位保险扣住,点射机构成图 8.27(a)状态。

(2) 第二发发射。枪机框第二次复进到位,压下不到位保险,击锤即被解脱向前回转,同时击锤上的拨动卡榫又带动点射杠杆的第二个棘齿 a_2 向上转动,点射杠杆后端的计数齿 b_2 压阻铁向后,后阻铁上的凸起 c 被 b_2 上方的面卡住,阻铁仍被卡在后方。

枪机后坐压倒击锤,击锤回转带动拨动卡笋让过支臂杠杆第二个齿爪,在拨动卡笋簧的作用下拨动卡笋回位。枪机二次进弹复进到位并解脱不到位保险,击锤在簧力作用下旋转,同时带动拨动卡笋拨动支臂杠杆前端第二个齿的下平面一起旋转,使单发阻铁上的固定卡笋与支臂杠杆后端的第一个齿槽分离并进入第二个齿槽,在单发阻铁簧作用下卡紧,这时支臂杠杆下面与限制杠杆下面弯曲部的 D 面刚好接触。击锤打击击针完成第二发发射,处于图 8.27(b)状态。

(3) 第三发发射。当击锤第三次被解脱向前回转时,其上的拨动卡榫带动点射杠杆的第三个棘齿 a_3 向上转动,点射杠杆后下方压分离片上凸起 d 使分离片向下转动。此时,分离片上的 e 面将阻铁上的凸起 c 卡住,点射杠杆后端的计数齿与阻铁的凸起 c 分离,如图 8.27(c)所示。

当枪机框再次压倒击锤时,点射杠杆在其簧力作用下,逆时针方向转动,并作用在分离片的凸起 f 上,使分离片向上转动,解脱阻铁,阻铁在其簧力作用下逆时针回转将击锤扣住,如图 8.27(c)所示,实现了 3 发点射。

松开扳机,击锤被单发阻铁解脱的同时又被连发阻铁挂住,而再次成为 3 发点射状态,如图 8.27(d)所示,如改变棘齿数和计数齿数,可得到所需的点射发数。

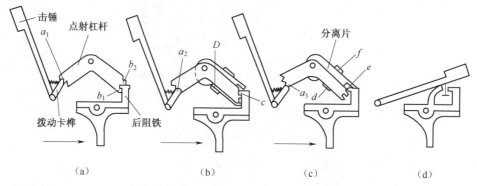

图 8.27 比利时 FN.CAL 5.56mm 自动步枪点射机构的点射过程示意图
(a)第一发发射;(b)第二发发射;(c)第三发发射;(d)恢复为第一发状态。

2) 苏联 AK-47 自动步枪的点射发射机构

苏联 AK-47 自动步枪的点射机构如图 8.28 所示。其点射发射机类似苏联 AK-47 自动步枪的发射机,在其后端设置一点射控制器 B,实现点射控制。点射发射机构组成如图 8.28(a)所示,控制器各零件结构如图 8.28(b)所示。转动变换杆使其下部凸榫压住阻铁尾端,如图 8.28(c)所示,发射机构处于点射发射状态。

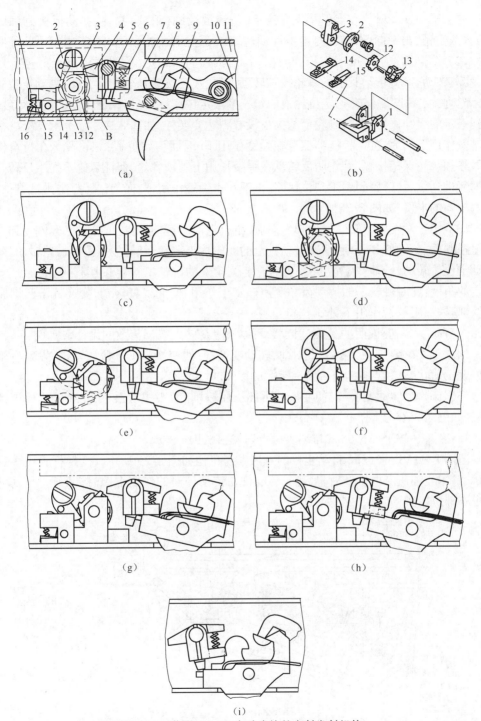

图 8.28 苏联 AK-47 自动步枪的点射发射机构

(a)点射发射机构组成;(b)点射控制器分解图;(c)点射状态,首发枪弹待发状态(未扣扳机);(d)点射状态,首发枪弹待发状态(扣动扳机);(e)点射状态,第一发发射后(枪机框在后方);(f)第一发发射后点射控制器摆臂恢复到初始状态;(g)点射状态,第二发发射后(枪机框在后方);(h)单发状态(枪机框在后方);(i)保险状态。

1—点射控制器机座;2—棘轮拨爪;3—摆臂;4—变换杆;5—变换杆弹簧座;6—变换杆弹簧;
7—阻铁;8—击锤;9—扳机(阻铁);10—不闭锁保险;11—枪机框;12—定位轮;13—棘轮;
14—定位轮定位摆杆;15—棘轮防发转爪;16—弹簧;B—点射控制器。

(1) 第一发发射。在点射待发状态下,击锤被扳机(阻铁)扣住,扣动扳机,扳机(阻铁)释放击锤,击锤向前回转,打击击针,形成第一发枪弹的击发,如图8.28(d)所示。

(2) 第二发发射。第一发枪弹发射后,枪机框向后运动,枪机框撞击点射控制器摆臂,使其转动,摆臂带动其上的棘轮拨爪转动,棘轮拨爪拨动棘轮转动,同时带动定位轮转动,转动一定角度后(60°),定位轮上的定位槽被定位摆杆固定,保证转动确定的角度,并起到一定的缓冲作用;此时棘轮上的拨齿没有到达变换杆,如图8.28(e)所示。枪机框在复进簧作用下向前复进,控制器摆臂在弹簧作用下,返回初始位置,棘轮拨爪在扭簧作用下始终和棘轮保持接触,棘轮防反转爪在弹簧作用下制动棘轮,保证棘轮不发生反转。枪机框复进到位后,解脱闭锁不到位保险,击锤在击锤簧作用下,向前回转打击击针,形成第二发枪弹的击发,如图8.28(f)所示。

(3) 第三发发射。第二发枪弹发射后,枪机框向后运动,枪机框撞击已经恢复到位点的射控制器摆臂,使其转动,摆臂带动其上的棘轮拨爪转动,棘轮拨爪拨动棘轮转动,同时带动定位轮转动,转动一定角度后(60°),定位轮上的定位槽被定位摆杆固定,保证转动确定的角度;此时棘轮上的拨动齿和变换杆发生作用,使变换杆转动,变换杆下凸榫脱离阻铁,阻铁在阻铁簧作用下处于挂机位置,击锤被阻铁扣住,形成半自动发射状态,如图8.28(g)所示。需要说明的是,点射发数可以通过棘轮上拨动齿数的设计来实现。

(4) 单发(半自动)发射。发射前,转动变换杆,使变换杆下部脱离阻铁,发射机构处于单发发射状态,和点射停止状态一致,如图8.28(h)所示。

(5) 保险。转动变换杆,使变换杆下部压住扳机,无法扣动扳机,发射机构处于保险状态,如图8.28(i)所示。

3) 法国FAMAS 5.56mm自动步枪点射发射机构

法国FAMAS 5.56mm自动步枪的点射发射机构如图8.29所示。变换杆置于3发点射状态,偏心轴使点射拉杆后移,棘轮传动杆在传动杆簧的作用下顺时针回转,与棘轮横轴中心部位接触,如图8.31所示。

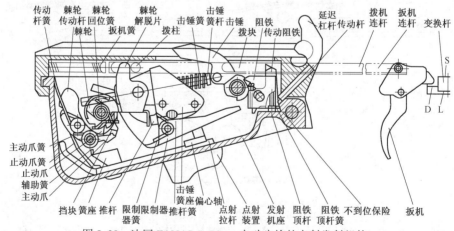

图8.29 法国FAMAS 5.56mm自动步枪的点射发射机构

扳机处于放松状态时,棘轮解脱片使主动爪、止动爪与棘轮的齿总是处于分离状态棘轮处于原始的正常位置。待发状态扣着扳机不放,就以连发方式发射三发而停止。

扣动扳机时,扳机连杆、拨柱向前运动,拨柱与棘轮解脱片分离,在推杆簧的作用下,推杆推棘轮解脱片顺时针绕其支点转动,其下支片释放主动爪、止动爪,击发的瞬间,主动爪、止动爪已在棘轮的棘齿下面,如图 8.30 所示。主动爪在棘轮传动杆右侧的下方,止动爪在棘轮传动杆的左侧下方。棘轮左右两侧各有三个棘齿,左侧齿落后于右侧齿一个位置,即左侧第一个齿与右侧第二个齿同位。

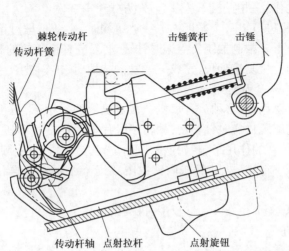

图 8.30 法国 FAMAS 5.56mm 自动步枪点射机构的点射旋钮的作用

在火药燃气作用下,枪机后坐压倒击锤,击锤簧杆向后撞棘轮传动杆,棘轮传动杆带动主动爪向前推棘轮右侧第一个齿到限定位置,止动爪则进入棘轮左侧第一个齿的下方(图 8.31(a))。

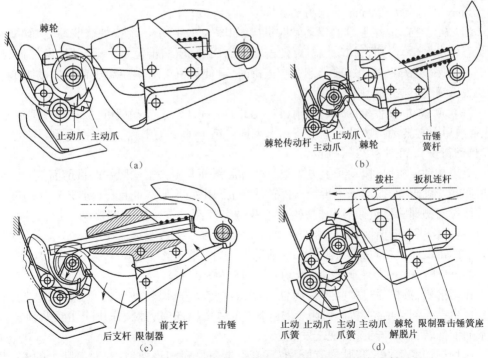

图 8.31 法国 FAMAS 5.56mm 自动步枪点射机构的三发点射发射过程
(a)点射状态第一发后枪机压倒击锤;(b)点射状态第二发射击(击锤未压倒时);
(c)点射状态第三发发射后(不松开扳机);(d)主动爪、止动爪与棘轮分离,棘轮恢复原位。

在复进簧的作用下,枪机复进到位,不到位保险解脱击锤,击锤完成击发动作的瞬间,击锤簧杆在击锤簧作用下向前运动,释放棘轮传动杆。棘轮传动杆在传动杆簧的作用下恢复原位,止动爪顶在棘轮左侧第一个齿的齿根下,阻止棘轮倒转,主动爪遇到棘轮右侧第二个齿的下面的待推位置(图8.31(b))。击发后,在火药燃气作用下,枪机自动循环,点射机构重复上述动作,手扣扳机不放,以连发方式射击3发。

射完第三发,枪机进行下一个循环。击锤被压倒时,主动爪推过第三个齿,止动爪顶在棘轮左侧第三个齿下。限制器绕支点逆时针转动,后支杆由棘轮的高位处降到低位处,前支杆位置抬高。当枪机复进到位,完成下一发的装填时,击锤被卡住而不能回转,射击停止(8.31(c)),即第一个点射完毕。

要进行第二个点射循环,必须放开扳机。在扳机簧的作用下,扳机连杆向后运动,其上的拨柱向后拨棘轮解脱片逆时针转动,棘轮解脱片下面的支片下压止动爪和主动爪与棘轮分离,在棘轮回位簧的作用下,棘轮恢复原始位置,被挡块挡住,限制器也随之回到原位,释放击锤(8.31(d))。于是,击锤被阻铁扣住,处于待发状态。再扣扳机,即实施第二个点射循环。

该点射机构有70多个零件。零件较多,机构比较复杂。

5. 双动发射机构

双动发射是指击锤处于前方位置时(非待发状态),扣动扳机,击锤能自动后倒,压缩击锤簧成待发状态,之后自行解脱击锤,击锤向前回转打击击针使弹药发火。双动发射采用特殊的联动机构实现动作。采用这种联动机构的发射机构称为双动发射机构。

1) 手枪的双动发射机构

有些手枪的单发发射机构,采用双动发射机构,以满足火力机动性的特殊要求,如92式5.8mm手枪、59式9mm手枪的发射机构。

(1) 92式5.8mm手枪的双动发射机构,如图8.32所示。手枪处于装填枪弹的非待发状态(图8.32(a))时,扣动扳机可使击锤向后回转,压缩击锤簧,并带动击发杠杆转动解脱击针保险(图8.32(b));当继续扣扳机时,可使扳机架后端脱离击锤的联动卡槽,从而解脱击锤,实现击发(图8.32(c))。

(2) 59式9mm手枪的双动发射机构,如图8.33所示。扣动扳机,拨动子在其簧力作用下,向后上方转动。拨动子上的拨动卡齿推击锤上的双动卡齿,使击锤后倒,压缩击锤簧(自动待击),如图8.33(c)所示。

继续扣动扳机时,拨动子上方的单发凸榫后平面与阻铁上的阻铁凸榫前面接触,单发凸榫回转受到限制,拨动子不再推击锤转动,而沿阻铁凸榫前面上升。上升一定高度,当击锤待发卡槽即将接近阻铁头时,击锤上双动卡齿滑过拨动子上的拨动卡齿,击锤被解脱,在簧力作用下向前回转,打击击针而击发,如图8.33(d)所示。在击锤被解脱的同时,拨动子的击发面上抬阻铁头,阻铁扣住活动件,停止射击。

2) 自动步枪下挂榴弹发射器双动发射机构(图8.34)

扣动扳机,扳机通过中间零件阻铁带动击锤转动,击锤转动压击锤簧顶杆压缩击锤簧。扳机扣压到位后,扳机解脱阻铁,击锤在击锤簧顶杆(击锤簧作用于击锤簧顶杆)作用下向前回转,打击击针,实现击发。

这种机构的优点是当膛内有枪(榴)弹时,能争取时间迅速射击;对于瞎火的枪(榴)弹,也便于立即补火。

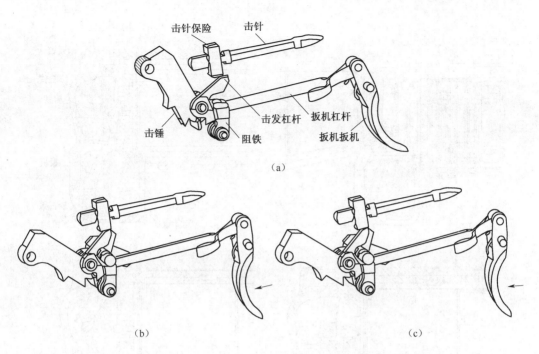

图 8.32 92 式 5.8mm 手枪的发射机构
(a)非待发状态;(b)发射状态,解脱击针保险;(c)发射状态,解脱击锤。

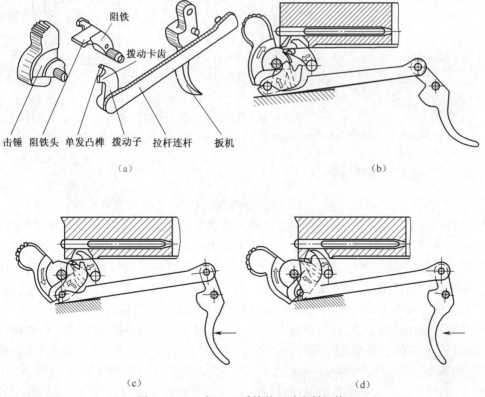

图 8.33 59 式 9mm 手枪的双动发射机构
(a)发射机构的主要零件;(b)发射机构平时状态;(c)扣动扳机,拨动击锤向后回转;(d)扣动扳机,解脱击锤向前回转。

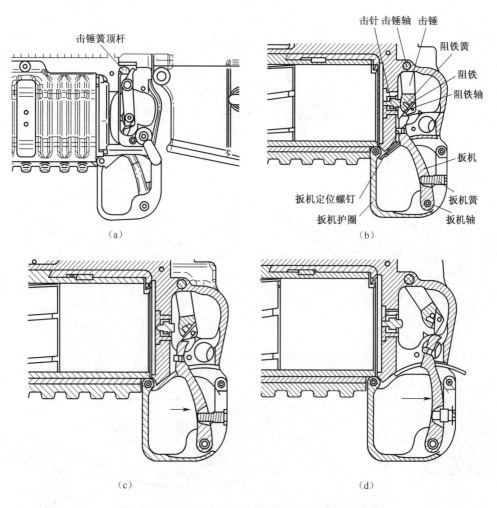

图 8.34 一种自动步枪下挂榴弹发射器双动发射机构
(a)发射机构的外形;(b)发射机构平时状态;(c)扣动扳机带动击锤回转;(d)扣压扳机到位解脱击锤。

8.1.3 电控发射机构

利用电磁铁控制阻铁运动,实现击发或停射的机构称为电控发射机构。

这种机构主要用在坦克机枪、航空机枪或航空自动炮上,因射手不能直接操纵扳机,一般采用遥控电击发机构。图 8.35 所示为苏联 H-37 航空自动炮的电控发射机构。发射时按压电钮,电磁铁通电,吸引铁芯向下运动,使小杠杆和大杠杆转动,推压推杆向前,其下端支撑面离开阻铁,阻铁在炮闩及复进装置作用下自动放开,如图 8.35(a)所示,火炮实施发射。只要不放松电钮,阻铁斜面始终被挂住,就可连续发射。

当放松电钮断电后,则在推杆簧力的作用下各构件回位,炮闩再次复进即被扣住而停止射击。若停射时,炮闩位于阻铁的前方,为了不发生撞击和卡死而损坏零件,还装有如图 8.35(b)所示的保险机构——解脱杠杆,炮闩先压解脱杠杆顺时针回转,使推杆向前,解脱对阻铁的限制,从而炮闩顺利越过阻铁头。此后,推杆簧带动推杆使解脱杠杆和阻铁复位,从而保证停射时与炮闩的扭合面全部接触不致撞坏阻铁。

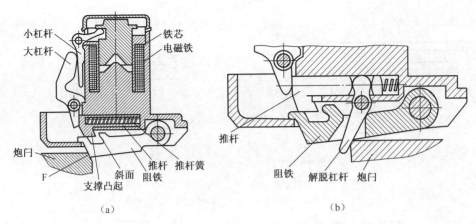

图 8.35 苏联 H-37 航空自动炮的电控发射机构
(a)机构处于待发状态;(b)停射时的传动过程。

8.1.4 保险机构

保险机构往往与发射机构紧密结合在一起,无法单独隔离,因此本书不另列章节详细分析。

保险机构是确保自动武器使用和活动机件工作安全的各零件的组合,通常是由保险机及簧、不到位保险机及簧等组成。其作用是保证武器在射击、操作和携带时安全可靠,防止偶发和早发事件的发生。

对于保险机构的要求:①保险动作要确实、可靠,不得因偶然外力而解脱保险。保险状态时,扣扳机不能击发。活动机件前进到位但未闭锁确实时,击针不能打燃底火。打开保险后,能保证击发、发射机构确实可靠地工作。②勤务操作要方便、迅速。打开和关闭保险要方便、迅速,零件数量要少,以利于分解结合、维修和制造,提高武器的经济性和勤务性。

为了保证武器的安全、可靠,保险机构通常设有防早发保险机构、防偶发保险机构和机构工作安全保险等。

1. 防偶发保险机构

为防止偶然原因(不在意地扣扳机、振动、撞击等)而造成击发的装置,称为防偶发保险机构。根据射手实施保险时所作的动作特点不同,通常有自动保险与人工保险两种类型。

1)自动保险

打开和关闭保险时,不需射手专门操作的保险机构,称为自动保险。如苏联ДД7.62mm 轻机枪的保险机构,如图 8.36 所示。

当射手握住枪颈时,同时压保险机后端,使保险机前端下降,解脱扳机。扣扳机,扳机绕轴转动,扳机上端压下击发阻铁解脱枪机框,实现发射,如图 8.36(b)所示。当射手放开枪颈时,保险机在簧力作用下自动恢复原位,保险机前端抵住扳机后端,使扳机不能后转,故扣不动扳机,形成保险。

这种保险机构战斗准备迅速,提高了火力机动性。但在操作使用武器时,射手经常握住枪颈,这时自动保险即被解脱,不能完全保证使用武器时不产生偶发,故防偶发保险不

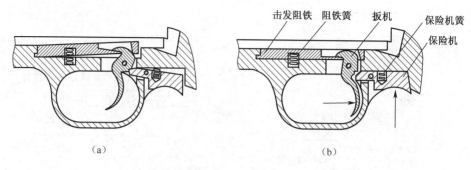

图 8.36　苏联 ДД7.62mm 轻机枪自动保险机构
(a)保险状态；(b)发射状态。

够确实可靠。目前,自动保险可以和人工保险联合使用,增强保险的可靠性,如 05 式 5.8mm 冲锋枪的握把保险(自动保险)和快慢机"0"位置一同起到防偶发的作用。

2) 人工保险

打开和关闭保险时,需要射手专门操作的保险机构,称为人工保险。人工保险虽在打开和关闭保险时要做专门的动作,但这种保险机构动作确实可靠,结构也较简单。

人工保险机构根据其作用原理分为制动式保险机构与分离式保险机构两种形式。

(1) 制动式保险机构。保险时,将击发机构或发射机构中的一个零件或几个零件制动住,使其不能工作,这种保险机构,称为制动式保险机构。

制动式保险机构的多种制动方式,有制动扳机式的,如 56 式 7.62mm 半自动步枪;有制动击发阻铁式的,如 77 式 7.62mm 手枪、67-2 式 7.62mm 重机枪、95 式 5.8mm 枪族;有制动击锤的,如 54 式 7.62mm 手枪、92 式 5.8mm 手枪;有同时制动扳机和阻铁式的,如 56 式 7.62mm 冲锋枪、81 式 7.62mm 步枪、85 式 12.7mm 高射机枪等,还有制动击针的,如德国 P9S9.0 手枪等。

德国 P9S 9.0mm 手枪的制动式防偶发保险机构(图 8.37)为一个圆柱形切体,即保险(杆)机构中间部分的横断面。当保险杆处于可发射状态时(图 8.37(a)),保险杆不妨碍击针运动;当保险杆处于保险状态时(图 8.37(b)),即使扣动扳机使击锤解脱,击锤也只能撞到保险杆圆柱面 A 处,撞不到击针,而且保险杆也阻止击针向前运动,使击针不能撞击底火。只有转动保险杆,使击针处于可发射状态,扣动扳机才能击发。

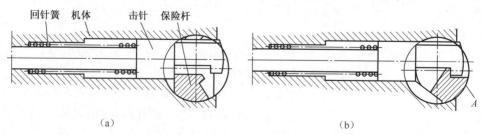

图 8.37　德国 P9S 9.0mm 手枪的制动式防偶发保险机构
(a)待发状态；(b)保险状态。

在自由枪机后坐式的冲锋枪上,采用击针常与枪机固结成一个整体。为防止偶发火,平时常将枪机锁在前方,使其不能自由运动。例如,某轻型冲锋枪,当枪机处在前方位置时,拉机柄左端插入机匣左侧孔中(图8.38(a)),也是一种制动击针的形式。打开保险时,只需将拉机柄向左压,并绕轴转动90°,拉机柄在拉机柄簧的作用下,左端缩入枪机内,不影响枪机运动(如图8.38(b))。

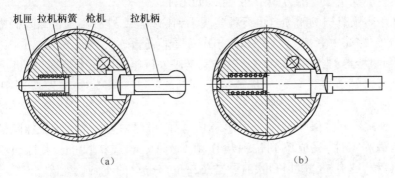

图 8.38　某轻型冲锋枪的制动式防偶发保险机构
(a)保险状态;(b)待发状态。

制动式保险机构以制动击发阻铁的保险机构最为可靠,它在武器受到剧烈的振动和撞击时,以及打开保险时,都能防止偶发,不易走火。

(2) 分离式保险机构。保险状态时,将发射机构的一个或几个零件从机构动作中分离出来,使发射机构与击发机构失去联系,这种保险机构称为分离式保险机构,如捷克58式冲锋枪的保险机构,如图8.15所示。保险时,使扳机与击发阻铁相分离,故扣动扳机时不能使击发阻铁解脱击锤。

分离式保险机构结构较简单,但由于阻铁没有被卡住,当武器遇到剧烈振动或撞击时,可能使阻铁解脱击锤而导致偶发,故防偶发作用不太可靠,现在枪械中很少采用。

各种枪械的保险机构除要求具有防偶发的作用外,一般还能控制重新装填,即拉不动枪机或枪机不能拉到位,如56式7.62mm冲锋枪的快慢机柄,77式7.62mm手枪的保险机导棱,92式9mm手枪的保险机限制凸齿,54式7.62mm手枪的压杆等。有的是利用击发阻铁不能下降,来控制枪机不能向后拉到位,如85式12.7mm高射机枪。

另外,在92式9mm手枪中,除设置有制动式防偶发保险外,还设置击针保险和带弹保险。在未实施击发时,击针始终被击针保险销限制向前,即使击锤无意滑脱打击击针,也不能使枪弹发火,形成击针保险。只有扣扳机时,击发杠杆上齿顶击针保险销向上,才能解脱对击针的限制。该枪还带弹保险,当打开保险机后,击锤在簧力作用下向前回转,击锤上的安全卡槽被击发阻铁扣住使其不能再向前回转,形成带弹保险。此时,扳机后端与击锤联动卡槽扣合。扣动扳机时,即解除带弹保险。

2. 防早发保险机构

早击发有两种可能情况:①当枪机前进到位但尚未确实闭锁时,发射机构便解脱击发机构而打燃底火;②当枪机复进到位但尚未确实闭锁时,击针即以惯性向前打燃底火。

为防止枪机前进到位但尚未确实闭锁时,发射机构便解脱击发机构而打燃底火的机构,称为不到位保险机构或不闭锁保险机构。

为防止枪机前进到位但尚未确实闭锁时,击针即以惯性向前打燃底火的机构,称为不击发保险机构。

1) 不到位保险机构

不到位保险机构的作用:保证枪机未前进到位或前进到位但尚未确实闭锁时,不能解脱击发机构而打燃底火,以避免导致武器的损坏和影响射手的安全。

根据实现不到位保险的方式不同,有以下几种。

(1) 利用闭锁机构的闭锁自由行程实现不到位保险。这种不到位保险机构不要设置专门零件,故结构简单紧凑。如 53 式 7.62mm 重机枪、67-2 式 7.62mm 重机枪和 85 式 12.7mm 高射机枪等,当枪机或闭锁卡铁未完全进入机匣的闭锁卡槽时,枪机框上的击铁不能向前打击击针。在大多数枪机与枪机框停于后方成待发的连发武器中采用这种方式。

(2) 阻铁式不到位保险机构。这种不到位保险机构采用一个不到位保险机以控制击发机构的击锤等零件,完成不到位保险作用。例如,56 式 7.62mm 半自动步枪、56 式 7.62mm 冲锋枪、捷克 58 式冲锋枪、81 式 7.62mm 步枪等的不到位保险机构,当枪机未前进到位闭锁确实时,不到位保险机卡榫扣住击锤,扣扳机,击发阻铁虽能离开击锤,但击锤不能向前回转,形成不到位保险。闭锁确实后,由枪机或枪机框解脱不到位保险机,击发机构才能击发。阻铁式不到位保险机构,由于结构简单,动作确实可靠。

(3) 分离式不到位保险机构。这种保险机构是采用一个传动杆和传动斜面使扳机与击发阻铁分离,以完成不到位保险作用。例如,54 式 7.62mm 手枪的压杆和压杆巢前斜面,在套筒复进不到位时,使扳机与击发阻铁分离而不能击发,如图 8.39 所示。92 式 9mm 手枪的压杆和套筒上压杆巢前斜面配合,在套筒复进不到位时,使扳机架不能与击发杠杆扣合,扣扳机不能形成击发。

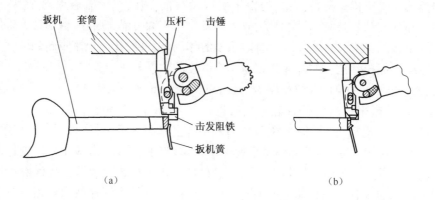

图 8.39　54 式 7.62mm 手枪分离式不到位保险机构
(a)发射前;(b)发射后。

(4) 空击发不到位保险机构。这种保险机构采取一些特殊结构,当机枪前进到位但尚未确实闭锁时,即使击发阻铁解脱击锤,击锤也打不着击针,起到不到位保险作用。例如,美国强生轻机枪的不到位保险机构,如图 8.40 所示。

当枪机未前进到位闭锁时,击锤的宽头部撞击机体中部击发凹槽两侧的保险突起上,故击锤打不着击针,形成不到位保险。例如,56 式 7.62mm 冲锋枪的枪机框后突起部、81

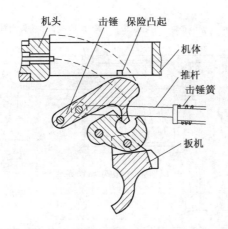

图 8.40 美国强生轻机枪的不到位保险机构

式 7.62mm 步枪枪机框的后垂面和 95 式 5.8mm 步枪机框体后定位面,在闭锁不确实时,也都能控制击锤使其不能打击击针。

2) 不击发保险机构

不击发保险机构就是要控制击针向前的惯性能量,使其小于打燃底火所必需的能量,避免对武器零件的损坏和对射手的危害。因此,必须采取措施,使枪机前进到位但未确实闭锁时,击针不应打燃底火。

3. 机构工作安全保险

为防止机构零件位置不正确,损伤零件及伤害射手而设置的保险,以及为防止击发阻铁咬断或卡死的保险等,均属于机构工作安全保险。

1) 防击发阻铁咬断的保险

58 式 14.5mm 高射机枪发射机构中的阻铁榫与解脱板,捷克 59 式通用机枪扳机与击发阻铁之间的制动器,都是起防止击发阻铁被咬断的作用。在 58 式 14.5mm 高射机枪发射机构中,击发杆下降缓慢时,阻铁榫始终控制击发阻铁使其不能下降。一旦随击发杆一起下降的解脱板下降至机体待发凸榫运动的路径上,枪机后退到后方即撞击解脱板向后,击发阻铁即在簧力作用下迅速下降扣住机体待发凸榫,防止了因阻铁缓慢下降而撞断阻铁钩部,如图 8.41 所示。

2) 防击发阻铁卡死的保险

为防止猛拉枪机而使击发阻铁卡死的保险,如 67-2 式 7.62mm 重机枪保险机扳上的限制凸榫即为此目的而设置。

3) 零件位置不正确保险

零件位置不正确保险,在大口径、高射速的武器上已越来越受到重视,如 58 式 14.5mm 高射机枪受弹机盖内的卡钩,当枪机在后方而传动板在前方时,卡钩顶在枪机待发凸榫上,使受弹机盖不能关闭。发射机构的阻铁保险,当受弹机盖在打开状态时,阻铁保险用于阻止击发阻铁钩部上抬,使待发状态的枪机不能解脱,确保操作安全,防止损坏零件。

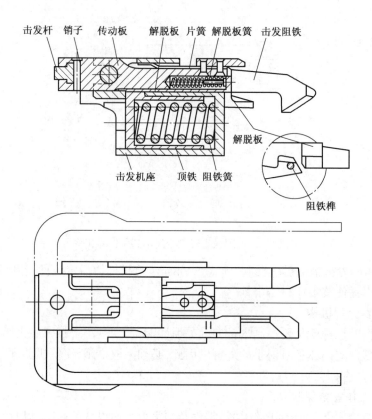

图 8.41 58 式 14.5mm 高射机枪发射机构防击发阻铁咬断的保险

8.2 发射机构动作的几何分析

8.2.1 几何分析的目的

发射机构的结构方案初步确定后,须进行几何分析,其目的是检查结构的合理性和动作的可靠性。

几何分析的主要内容如下:

(1) 机构动作的可行性。检查所拟制的方案能否可靠地完成连发、单发和点射动作以及保险作用。检查单连发发射机构在火力变换后,应保证不发生差错。

(2) 各零部件的形状及其相关性。确定发射机构中各零部件的形状、尺寸及零件间的相对位置。

(3) 重要技术指标的完成性。扳机行程和扳机力是发射机构中的重要技术指标,应分析和计算是否达到要求。

(4) 主要特征量的满足性。各零件装配后,扣合面的重叠量或间隙量的范围,应作必要的初步尺寸链分析和计算。

8.2.2 几何分析的方法

1. 机构动作模拟

机构动作模拟是一种常规的方法。将发射机构中的运动零件放大(一般放大 2~5 倍)绘出二维图或建立三维模型,按其装配关系在同样放大倍数的主体零件(机匣或扳机座)图上进行动作分析,检查其各动作的可行性。发现问题后,可调整修改零件位置、形状或尺寸并重新检查。

以 56 式 7.62mm 冲锋枪为例,说明如何应用几何分析来检查单连发动作的可靠性。各种射击状态下各零件的相关位置,如图 8.42 所示。

1) 检查击锤与击发阻铁扣合的可靠性

扳机在放松位置,压倒击锤,击锤头部压在击发阻铁头上,迫使它向前回转,并越过击发阻铁头。否则,必须改变击锤头部与击发阻铁头上部的形状,使它们接触时,力的作用线应通过扳机轴的前方,如图 8.42(a)点画线部分所示。

击锤头部越过击发阻铁后,转动扳机图形回到原位,使击锤与击发阻铁扣合,击锤与击发阻铁应有适当的扣合面,本枪此处的扣合量应大于等于 3mm。否则,必须改变击发阻铁与击锤的击发卡座的接触面,并使它们扣合力的作用线通过扳机轴或在该轴的前方,使扳机不能向前回转,如图 8.42(a)所示的实线部分。

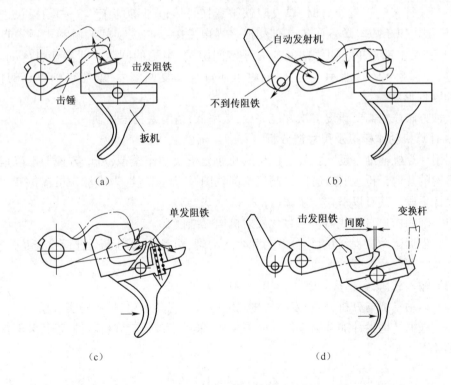

图 8.42 56 式 7.62mm 冲锋枪的发射机构

(a)检查击锤与击发阻铁扣合的可靠性;(b)确定自动发射机的位置;
(c)检查单发阻铁的动作可靠性;(d)保证在连发位置不产生单发。

2)确定自动发射机(不到位保险)的位置

自动发射机包含不到位保险杆和不到位阻铁。当枪机框由击锤与击发阻铁头扣合位置起再压倒击锤时,击锤的卡槽应被自动发射机的不到位阻铁扣住。击锤卡槽与不到位阻铁头的扣合面应有一定尺寸,本枪为大于等于1.7mm。扣合面上力的作用线应通过自动发射机轴或在该轴的后方,如图8.42(b)实线部分所示。当枪机框到达最后方时,击锤处于最下方的位置,如图8.42(b)双点画线部分所示。

当枪机框复进使枪机闭锁,自动发射机的不到位保险杆完全压下以后,不到位阻铁头应从击锤的卡槽内完全脱出,解脱阻铁。

3)检查单发阻铁的动作可靠性

当扣压扳机接近到位时,压倒击锤,击锤应能越过单发阻铁头而被其扣住。否则,须改变单发阻铁头及击锤头部的形状,使二者接触时力的作用线通过单发阻铁轴的后方,单发阻铁可以顺利向后回转,如图8.42(c)点画线部分所示。在单发阻铁恢复原位后,击锤向前回转时应能被单发卡座扣住,其扣合面本枪应大于等于1.8mm,如图8.42(c)所示的实线部分。

放松扳机,扳机在簧力作用下回到扣动前的位置。这时击锤应与单发阻铁脱离,再回转一小角度,击锤上的击发卡座就被击发阻铁扣住。

4)保证在连发位置不产生单发

当变换杆置于连发位置时,单发阻铁被变换杆限制不参与工作。扣动扳机进行连发时,压倒击锤不应与单发阻铁头部相遇。当单发阻铁与变换杆接触和击锤被自动发射机扣住时,击锤与单发阻铁之间应有一定间隙量,本枪的间隙大于等于0.4mm能保证通过,如图8.42(d)所示。这样,通过上述过程反复调整后,就能得到可靠的位置、尺寸和零件形状。

这种方法往往需要重复多次才能完成,效率低、精度差且很烦琐。

2. 计算机动作模拟及尺寸链分析

利用计算机辅助自动武器发射机构的几何分析及动作模拟,可以方便而准确地实现发射机构的几何分析、动作模拟、绘制机构部位图及尺寸测量,为设计人员提供有力的分析与设计手段。其有以下典型步骤(图8.43)。

(1)准确构建自动武器可参数化发射机构三维模型。

(2)根据运动过程,将机构分解为几个运动副,对各运动副逐一进行检查及分析,发现问题及时调整及修改。

(3)输入载荷,包括火药燃气作用力、弹簧力等。

(4)运动模拟与分析,检查发射机构功能能否实现和运动,是否确实可靠?

(5)根据结构设计加载给零件的公差尺寸,采用三维公差分析软件,进行装配仿真和扣合量计算。

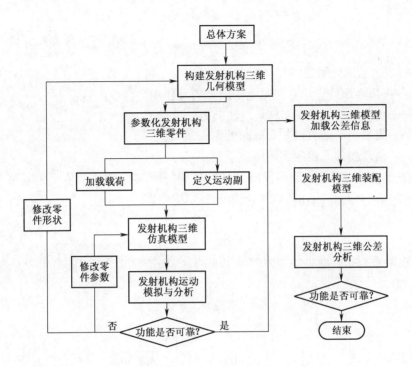

图 8.43 发射机构计算机运动模型的流程图

8.3 发射机构主要零件的强度设计

8.3.1 阻铁受力分析

1. 活动机件作用在阻铁头上的力

活动机件在复进簧力的作用下,被阻铁扣合在后方成待发状态。以航空自动武器阻铁为例,其机构简图和受力情况如图 8.44 所示。

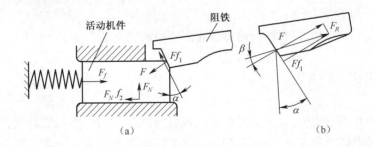

图 8.44 活动机件被阻铁扣合在后方成待发状态
(a)活动机件受力图;(b)阻铁受力图。

根据活动机件的受力情况,可得扣合时活动机件所受力的平衡方程式为

$$\begin{cases} F_f - F\cos\alpha - Ff_1\sin\alpha - F_N f_2 = 0 \\ F_N - F\sin\alpha + Ff_1\cos\alpha = 0 \end{cases} \quad (8-1)$$

式中 F_f——活动机件所受的复进簧力(N)；

F_N——活动机件作用在机匣上法向力的反作用力(N)；

F——活动机件作用在阻铁头上法向力的反作用力(N)；

f_1——阻铁与活动机件扣合面间的摩擦系数；

f_2——活动机件与机匣间的摩擦系数。

因为阻铁表面有时有其他金属的镀层(如铬、镉等)，所以 f_1 和 f_2 的值可能不同。

解式(8-1)，可得作用在阻铁扣合面的法向力 F，即

$$F = \frac{F_f}{(f_1 + f_2)\sin\alpha + (1 - f_1 f_2)\cos\alpha} \quad (8-2)$$

作用在阻铁头扣合面上的力为 F 与 $f_1 F$ 的合力，并与法线方向的夹角为 β，如图 8.46(b)所示，得

$$F_R = \sqrt{F^2 + f_1^2 F^2} = F\sqrt{1 + f_1^2}$$
$$= \frac{F_f\sqrt{1 + f_1^2}}{(f_1 + f_2)\sin\alpha + (1 - f_1 f_2)\cos\alpha} \quad (8-3)$$

2. 解脱阻铁所需的力

在现有的自动武器中，活动机件被阻铁扣住成待发状态后，有以下两种情况。

1) 阻铁扣合后活动机件能够自锁

当阻铁与活动机件扣合面的倾角为零或很小时，即 $\alpha < \beta = \cot f_1$，这时阻铁依靠阻铁簧力 F_Z 将活动机件卡在后方，其受力情况如图 8.45 所示。

显然，解脱阻铁时所要满足的条件为

$$F_T l > F l_2 + F_Z l_1$$

式中 F_T——解脱阻铁时所需的力(N)；

F_Z——阻铁簧力(N)。

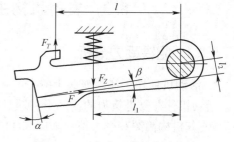

图 8.45 α 角小于自锁角时的情况

为了保证解脱阻铁的可靠性，可将解脱阻铁所需的力加大一倍，即

$$F_T l > 2(F l_2 + F_Z l_1) \quad (8-4)$$

可解出解脱阻铁所需的力为

$$F_T > 2(F l_2 + F_Z l_1)/l \quad (8-5)$$

如果是电控发射机构，且由电磁铁直接拉引阻铁时，则 F_T 力就是电磁铁铁芯所需具备的拉力；否则，还需将 F_T 力通过发射机构的某一杠杆作用转化为手扣扳机的力或电磁铁的拉引力。

计算 F_T 力时，应当考虑武器有严重污垢的情况，扣合面处摩擦阻力比较大，此时与扣合面法线方向呈最大的摩擦角，摩擦系数可取 $f_{1\max} = 0.25 \sim 0.3$。

设计中确定 α 角大小时，应当考虑武器润滑得最好(摩擦角取最小值 $\beta_{\min}$)的情况，

使力始终应通过阻铁轴的下方。

2) 阻铁失去支撑后活动机件能自动解脱

扣合时阻铁受力状态和支撑阻铁的滑块的受力状态,分别如图 8.46(a)、图 8.46(b)所示。

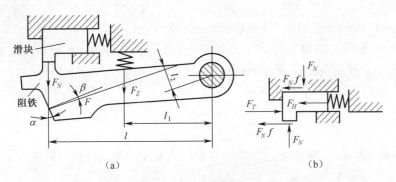

图 8.46 α 角大于自锁角时的情况
(a)阻铁受力图;(b)滑块受力图。

阻铁所受各力对阻铁轴心力矩平衡(8.46(a)),写出力矩平衡方程为

$$F_N = (Fl_2 - F_Z l_1)/l \tag{8-6}$$

式中 F_N——滑块对阻铁的支撑力(N)。

为了解脱对阻铁的支撑,由滑块受力图(图 8.46(b))可知,移动滑块所要满足的条件为

$$F_T > 2F_N f + F_H \tag{8-7}$$

式中 F_T——移动滑块而放开阻铁所需的力(N);

F_H——滑块的弹簧力(N)。

为了保证活动机件能可靠的被解脱,可将移动滑块所需的力加大一倍,即

$$F_T \geq 2(2F_N f + F_H) \tag{8-8}$$

将式(8-6)代入式(8-8),得

$$F_T \geq 4f \frac{Fl_2 - F_Z l_1}{l} + 2F_H \tag{8-9}$$

计算 F_T 力时,应当考虑武器润滑得最好(摩擦角取最小值 $\beta_{\min}$)的情况,此时阻铁压在滑块上的力 F_N 最大。

设计中确定 α 角大小时,以滑块脱离阻铁后,活动机件在复进簧力的作用下能自动解脱阻铁。显然,此式应当满足的条件为

$$Fl_2 \geq 2F_Z l_1 \tag{8-10}$$

检查此条件是否满足时,应使 F 力与法线成最大摩擦角 $\beta_{\max}$,因这时放开阻铁的力矩为最小。

8.3.2 发射机构零件强度校核

对于阻铁与活动机件扣合的连发武器,停射时阻铁受着活动机件复进时的撞击。由于活动机件质量很大,因此复进扣合时的撞击力也很大,必须要特别注意保证发射机构中

零件撞击部分的强度。

复进扣合时，阻铁头所受的撞击力，可根据能量法算出。阻铁头与活动机件撞击时的受力和变形情况如图8.47所示。

假设阻铁头的外露高度为h，其顶面受撞击力F。撞击时阻铁头受剪切，设剪切面的面积为S，剪切应变为γ，阻铁顶面对剪切面的相对位移为δ，于是得到剪切应变与剪切应力分别为

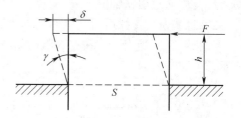

图8.47 阻铁头受撞击后的变形状态

$$\begin{cases} \gamma = \delta/h \\ \tau = F/S \end{cases} \tag{8-11}$$

假设阻铁受撞击后，撞击力所做的功以弹性应变能的形式存在于阻铁头上部，其值为

$$U = \frac{F\delta}{2} \tag{8-12}$$

由胡克定律$\tau = G\gamma$代入式(8-11)，可得

$$\delta = \frac{Fh}{GS} \tag{8-13}$$

将式(8-13)代入式(8-12)中，得

$$U = \frac{F^2 h}{2GS} \tag{8-14}$$

若再假设撞击力取最大值时，活动机件的速度降低为零，即全部动能转化为剪切应变位能，有

$$\frac{1}{2} m_H v_H^2 = \frac{F^2 h}{2GS} \tag{8-15}$$

式中 m_H——活动机件的质量(kg)；

v_H——撞击时活动机件的速度(m/s)；

G——切变模量(Pa)。

则

$$F = \sqrt{\frac{m_H v_H^2 GS}{h}} \tag{8-16}$$

计算获得撞击力F后，即可检查其是否满足材料的强度要求。

为保证发射机构零件强度常采取以下一些措施。

1）改善阻铁头的强度和受力条件

在停止射击时，阻铁头承受的撞击力将产生挤压和剪切应力，因而阻铁头应有足够的扣合面积和剪切面积。在决定这些工作面的尺寸时，可以根据扣合时活动机件的速度（由自动机运动计算或测速实验结果得出），采用碰撞理论，求出撞击力的大小。当没有可靠的材料许用应力数据时，可对已有同类型的发射机构也进行同样的计算，用对比的方法加以比较，得出适当的数据和结论。

在结构尺寸许可的情况下，阻铁头的宽度应大一些。必要时，选用经过热处理的优质

合金钢来制造阻铁,以保证阻铁头的强度,还可给予特殊的镀层(如镀铬等),以防止阻铁表面被挤伤。

为了保证足够的强度,在发射机构中不应使用过多的小零件或细长的零件。对作回转运动的阻铁,不要使它绕真实的小轴回转,因为阻铁轴孔处,不仅横截面的面积小,而且有很大的应力集中,强度难以保证。对于这种绕轴回转的阻铁,在结构上应采用支撑面来代替轴,并将阻铁前端做成带有圆弧的形状,以支撑牢靠,如图 8.48 所示 56 式 7.62mm 轻机枪的发射机构,以提高阻铁的强度。

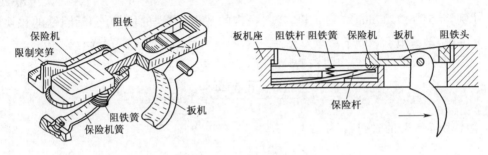

图 8.48　56 式 7.62mm 轻机枪的发射机构

2) 尽可能缩短阻铁上升的时间

对于连发武器,射手随时可以放开扳机停止射击,如果正好在活动机件复进离阻铁不远的地方放开扳机,这样当活动机件的卡槽到达阻铁位置时,阻铁头若没有完全上升,可能被剪坏。因而在设计发射机构时,应在不过分地增加扳机力的条件下,尽可能缩短阻铁上升的时间,以减小在阻铁未完全上升时与活动机件扣合的机会。

例如,对平移式阻铁(54 式 12.7mm 高射机枪的发射机构,如图 8.49 所示),其阻铁上升的时间可用以下方法估算。

假设阻铁运动速度由零开始,完全上升(行程 h)时达到 $v_{\max}$,则阻铁所具有的动能等于弹簧所作的功,即

$$F_{pj}h = \frac{1}{2}m_L v_{\max}^2 \qquad (8-17)$$

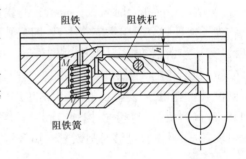

图 8.49　54 式 12.7mm 高射机枪的发射机构

式中　F_{pj}——在阻铁上升行程中阻铁簧的平均力(N);

　　　m_L——阻铁的质量(kg)。

由式(8-17)可得 $v_{\max}$,即

$$v_{\max} = \sqrt{\frac{2F_{pj}h}{m_L}}$$

假设阻铁上升速度是按直线规律变化,则平均速度 v_{pj} 可取

$$v_{pj} = \frac{v_{\max}}{2}$$

阻铁完全上升的时间 t_Z 为

$$t_Z = \frac{h}{v_{pj}} = \frac{2h}{v_{\max}} \qquad (8-18)$$

活动机件由最后方位置运动到扣合位置的时间 t_H 为

$$t_H = 2s/v_{H\max} \qquad (8-19)$$

式中 S——活动机件由最后方位置到被阻铁扣住的行程(m);

$v_{H\max}$——活动机件复进到扣合位置时的最大速度(m/s)。

阻铁上升的及时性条件为

$$t_Z < t_H \qquad (8-20)$$

【例】 54 式 12.7mm 高射机枪,发射机构的数据:阻铁的质量(包括阻铁的替换质量) $m_Z = 0.12$kg,阻铁簧的平均簧力 $F_{pj} = 50$N,阻铁上升的高度 $h = 4.4$mm。

根据上列数据计算,得出阻铁上升的最大速度 $v_{\max}$ 为

$$v_{\max} = \sqrt{\frac{2 \times 50 \times 0.0044}{0.12}} = 1.9 (\text{m/s})$$

阻铁完全上升的时间 t_Z 为

$$t_Z = \frac{2 \times 0.0044}{1.9} = 4.6 \times 10^{-3} (\text{s})$$

本枪扣合行程(活动机件由最后方位置到被阻铁扣住的行程长度)为 17mm,假设活动机件复进速度为 2.5m/s,则活动机件由最后方位置运动到扣合位置的时间 t_H 为

$$t_H = \frac{0.017}{2.5} = 6.8 \times 10^{-3} (\text{s})$$

因此,只要放松扳机的时机不是恰好在这段行程中,阻铁就能及时上抬。

3) 增设保证扣合时阻铁完全上升的装置

为了保证扣合时阻铁完全上升,即阻铁头与活动机件卡槽全面接触以免阻铁头被剪切破坏,某些武器在发射机构中增设了一些装置使阻铁上升能及时。例如,在 57 式 7.62mm 重机枪的发射机构中,枪机框与阻铁扣合面为倾斜角较大的斜面,如果阻铁未上升到位,枪机框就迫使阻铁下降,射击仍继续进行,待再次后退才产生停射。又如在 56 式 14.5mm 高射机枪的发射机构中,辅助扣机可使每发停射前,枪机必在最后方位置时即解脱阻铁,确保阻铁有足够时间恢复到扣合位置,如图 8.50 所示。

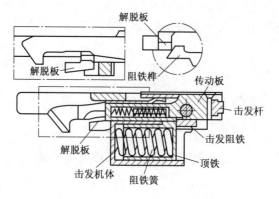

图 8.50 56 式 14.5mm 高射机枪发射机构

4) 利用弹簧减缓与活动机件的撞击

对于一些高射速的武器,活动机件对阻铁的撞击力很大,有时需要用弹簧来缓冲阻铁以保证强度的要求。

例如,在56式14.5mm高射机枪发射机构中,安装了一个起缓冲作用的阻铁簧(图8.50)。当活动机件(机头和机体)自最后方复进与完全升起的阻铁撞击时,由于阻铁可以向前移动,所以阻铁就通过顶铁而压缩阻铁簧。这时阻铁簧吸收部分撞击能量,从而减轻了自活动机件带来的捶击力,保证了阻铁头的强度。

又如在苏联ЩКАС航空机枪中,发射机构设计成为一个能够作平移运动的单独装置。在此装置中,又装了一个专门的阻铁缓冲簧以吸收来自活动机件的撞击力。撞击时,阻铁缓冲簧被压缩,撞击后阻铁恢复原位,与活动机件扣合,如图8.51所示。

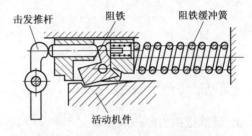

图8.51 苏联ЩКАС航空机枪发射机构

8.4 扳机力的计算

8.4.1 决定扳机力大小的因素

扳机力是射手为发射弹药而对扳机施加的作用力。

扳机力的大小对武器射击精度有一定的影响,尤其对于手持式武器,射手扣动扳机所需的力应小些为好。因为扳机力太大,射击时射手用力过猛,容易使武器已经瞄准好的位置变动而降低射击精度。但扳机力太小,武器容易走火,行军和使用时不安全。

扳机力的大小,因武器使用的具体要求及结构差异而不同。一般来说,决定扳机力的大小和影响扳机力大小有以下因素。

(1) 武器的种类不同,扳机力大小要求不同。一般来说,单发或半自动武器的扳机力比连发面杀伤武器的扳机力稍小些。

(2) 不同用途的武器时,扳机力大小要求不同。战斗用的武器由于使用条件恶劣,为了行军和使用安全可靠,一般扳机力要大些;而用于射击比赛的武器,为了保证具有好的射击精度,通常扳机力尽可能小些。

(3) 射手的训练程度不同,扳机力要求也不同。训练有素和熟练的射手,扳机力可小些;否则,为了安全可靠,扳机力应大些为好。

(4) 武器所处的状态对扳机力大小有影响。例如,武器磨损的程度,发射机构各摩擦部位的粗糙度,组成发射机构的活动部件的润滑程度等,都直接影响扳机力的大小。

扳机力的变化范围比较大,对于高水平射击比赛的单发手枪,其扳机力可以小到0.8~3N。同一种类的手枪用于非正式比赛或自卫时,其扳机力可为10~35N,而用于战斗时其扳机力还可大些。几种常见武器的扳机力和扳机行程如表8.1所列。

表 8.1 几种武器的扳机力和扳机行程

武器名称	54式 7.62mm 手枪	56式 7.62mm 冲锋枪	捷克58式 7.62mm 冲锋枪	56式 7.62mm 半自动步枪	美国M16 5.56mm 自动步枪	53式 7.62mm 轻机枪	56式 7.62mm 手枪	美国60 7.62mm 轻重机枪
扳机力/N	19.6~49.1	单发 14.7~24.5 连发 19.6~34.3	单发 34.3 连发 29.4	19.6~31.4	单发 29.4 连发 34.3	24.5	15.7~29.4	44.2
扳机行程/mm	4.3	8.5	9	7	单发 2.5 连发 3.0	12	9.5	11.5

8.4.2 扳机力计算

1. 计算扳机力的一般步骤

在设计发射机构时,可以进行扳机力的近似计算,使之达到所要求的数值。在大量生产时,可根据零件尺寸公差确定检验的技术条件,给出扳机力的数值范围(扳机力的最大值和最小值)。

计算扳机力的一般步骤如下:

(1) 画出发射机构的结构简图或机构图。

(2) 绘出扣压扳机时各零件(或部件)的受力图。画出各受力面上所受的力,如弹簧力、各工作面的摩擦阻力以及运动副中的约束反力和其他主动力等。

(3) 建立平衡方程式。一般利用静力平衡关系,建立包括扳机力在内的力平衡方程式(或方程组)。

(4) 进行数值计算。给出方程式中各已知量的基本尺寸和公差数值,编出计算的子程序,用计算机算出扳机力的数值范围。

2. 计算扳机力的实例

[例1] 56式7.62mm半自动步枪扳机力的计算。

解:① 绘出发射机构待发时的结构图,如图8.52所示,并进行力分析。

② 绘出各零部件的受力图,如图8.53所示。

③ 建立平衡方程式。

由受力图8.53(a)对击锤回转轴取矩,即

$$F_N d + f F_N y - F_3 d_1 = 0$$

略去 $f F_N y$ 项,得

$$F_N = \frac{F_3 d_1}{d} \tag{8-21}$$

式中 F_N——击锤压在击发阻铁上的法向约束反力(N);

F_3——击锤簧的弹簧力(N);

d_1、d——力臂(mm)。

由受力图8.53(b)取水平投影方程(略去扳机推杆回转轴上的摩擦损失),得

$$F_T = F_1 + F_2 + 2f F_N \tag{8-22}$$

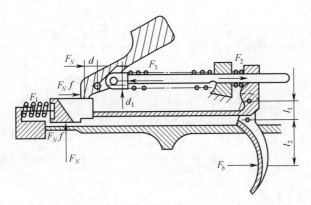

图 8.52 56 式 7.62mm 半自动步枪发射机构

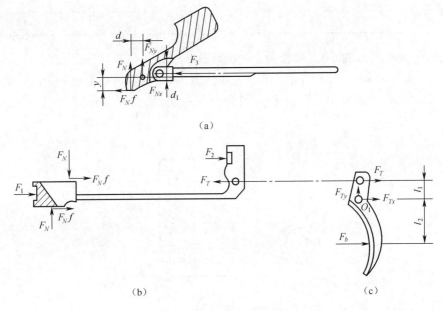

图 8.53 各零部件受力图

(a)击锤组件受力图;(b)阻铁与扳机推杆组件受力图;(c)扳机受力图。

式中　F_1——阻铁簧的弹簧力(N);

　　　F_2——扳机推杆簧的弹簧力(N)。

由受力图 8.53(c)(略去扳机推杆回转轴上的摩擦损失),将各力对扳机轴取矩,得

$$F_b l_2 = F_T l_1 \tag{8-23}$$

式中　F_b——扳机力(N)。

联立解式(8-21)~式(8-23),则可得到扳机力为

$$F_b = \frac{l_1}{l_2}\left(F_1 + F_2 + 2F_3 \frac{d_1}{d}f\right) \tag{8-24}$$

式中　l_1、l_2——力臂。

④ 给出各参量名称及其数值。通过查阅图纸或给出式(8-24)各参量的数值,并列出相应的表格,如表 8.2 所列。为了提高计算的精度,各参量数值均采用双精度。

表 8.2　各参量代号及其原始值

序号	所涉及参量及单位	参量数值		
		基本数值	上偏差	下偏差
1	l_1/mm	6.997	+0.05	-0.05
2	F_1/N	30.492	0	0
3	F_2/N	15.092	0	0
4	F_3/N	157.339	0	0
5	d_1/mm	2.132	+0.042	-0.042
6	d/mm	3.236	0	0
7	f	0.15	0	0
8	l_2/mm	19.437	+0.42	-0.42
9	F_b/N	—	—	—

[**例 2**]　56 式 7.62mm 冲锋枪扳机力的计算。

解:56 式 7.62mm 冲锋枪发射机构在连发位置,第一发装填后枪机处于闭锁状态,自动发射机已解脱,若此时扣动扳机,则发射机各零件的受力情况,如图 8.54 所示。

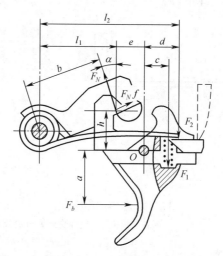

图 8.54　56 式 7.62mm 冲锋枪发射机构受力图

将扳机零件取为自由体,忽略扳机轴中的摩擦阻力,利用平衡方程式对扳机轴 O 取力矩,得

$$eF_N(\cos\alpha + f\sin\alpha) - hF_N(\sin\alpha - f\cos\alpha) + F_1 c + F_2 d - F_b a = 0 \quad (8\text{-}25)$$

式中　F_1——单发阻铁簧的弹簧力(N);

　　　F_2——击锤簧的分支对扳机的作用力(N);

　　　F_N——击锤上击发卡座对击发阻铁的反作用力(N)。

由力矩平衡方程式可得扳机力的计算公式为

$$F_b = \frac{eF_N(\cos\alpha + f\sin\alpha) - hF_N(\sin\alpha - f\cos\alpha) + F_1 c + F_2 d}{a}$$

弹簧力 F_2 和反作用力 F_N 的作用使击锤保持平衡,则

$$F_2 l_2 = F_N b$$

代入扳机力的计算公式中,就得出 F_b 之值。

[例 3] 苏联 HP-23 航炮电控发射机构电磁铁引力的计算。

苏联 HP-23 航炮电控发射机构,其扣合待发状态如图 8.55 所示。此发射机构,当阻铁失去支撑后活动机件能自动解脱。

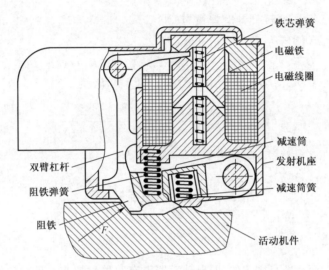

图 8.55 苏联 HP-23 航炮电控发射机构

按压电钮击发时,各部分的受力状态如图 8.56 所示。

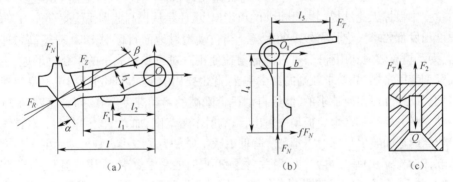

图 8.56 解脱阻铁时各零件受力图
(a)阻铁受力图;(b)双臂杠杆受力图;(c)铁芯受力图。

由阻铁受力图 8.56(a)可得方程为

$$F_N = (F_1 l_2 + F_R l_3 - F_Z l_1)/l \tag{8-26}$$

式中　F_Z——阻铁簧弹簧力(N);

F_1——减速筒簧弹簧力(N);

F_R——活动机件作用在阻铁上的合力(N);

F_N——双臂杠杆的支撑力(N);

l、l_1、l_2、l_3——力臂(mm),如图 8.56(a)所示。

由双臂杠杆受力图 8.56(b)可得方程为

$$F_T = F_N(b + fl_4)/l_5 \tag{8-27}$$

式中 F_T——电磁铁作用于双臂杠杆上的力(N);

b、l_4、l_5——力臂。

由铁芯受力图 8.56(c)可得解脱阻铁时,电磁铁引力应满足的条件式为

$$Q \geqslant F_2 + F_T \tag{8-28}$$

式中 F_2——铁芯与双臂杠杆簧的弹簧力(N)。

将式(8-26)、式(8-27)代入式(8-28),得

$$Q \geqslant F_2 + (F_1 l_2 + F_R l_3 - F_Z l_1)(b + fl_4)/(l \cdot l_5) \tag{8-29}$$

而由式(8-3)可知,活动机件作用在阻铁上的合力 F_R 为

$$F_R = \frac{F\sqrt{1 + f_1^2}}{(f_1 + f_2)\sin\alpha + (1 - f_1 f_2)\cos\alpha} \tag{8-30}$$

将式(8-30)代入式(8-29)即可得电磁铁引力 Q。

8.5 变射频发射机构

8.5.1 概述

自动武器的射速一般是固定的,但自动武器也有两种射频或几种射频的。有一种射频以上的自动武器称为变射频自动武器。变射频是根据战术的使用要求而设计的。例如,现代火炮要求具有多用途性,既可对付空中的快速飞行目标,也可对付地面上慢速运动的目标。对付空中目标无论从提高毁歼概率的角度出发,还是从提高武器系统生存能力、自卫能力的角度出发都要求火炮具有较高的射频。当自动炮对地面目标射击时,对于高射速的高射武器,为了更有效地利用弹药,可以降低射速使用。对于步兵战车的车载自动炮,主要对付地面轻型装甲车辆,并要求较高的命中率,因此也要用较低的射频进行射击。高射速是对飞行目标提高毁歼概率所追求的,但给自动机带来高的运动速度、高的撞击速度,加剧了炮口的振动。弹丸始终是在炮口振动中射出,影响射击密集度,加大了射弹散布。对首发命中率要求较高的地面装甲目标射击不利。降低射频主要是为了减小火炮振动对射击精度和散布的影响,以提高命中率。再如,为了提高枪械开火时的命中概率,采用点射发射原理前 2~3 发高速射击,之后开始自动降低射速,这是因为第三发以后身管振动开始加剧,弹头无法保持"自然散布",命中率明显降低,只能把射速降低以减小振动。

对不同运动速度和性质的目标采用不同的射速,是变射频的基本设计指导思想,如某 25mm 战车炮,射击条件相同,只改变射频,其立靶密集度值有明显的不同,具体情况如下。

(1) 射频 100 发/min 时,立靶密集度小于 1.0mil×1.0mil;

(2) 射频 400 发/min 时,立靶密集度为 2.0mil×3.0mil。

8.5.2 变射频的工作原理

自动机有不同的结构和工作原理,弹药也有机械底火和电底火之分,适应不同自动机

原理和结构的变射频控制主要有以下几种原理。

1. 控制输弹时机的变射频原理

这种控制射速(也称为变射频)主要是靠控制自动机某些局部构件的运动时间来实现的。控制输弹时机的工作原理,实际上就是人为地控制输弹机构在后坐到位的位置上停留的时间。停留时间越长,射频降得越低。停留时间的长短是根据变射频要求而确定的。在实践中可以有不同的结构和方式,下面介绍典型两种形式,即机电组合式变射频控制和缓冲式变射频结构。

1) 机电组合式变射频控制

机电组合式变射频控制主要由电扣机和控制电路两部分所组成,其系统工作,如图 8.57 所示。

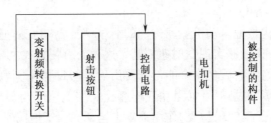

图 8.57　机电组合式变射频系统工作框图

武器的自然射频给定后,每发弹的射击循环时间 $t=(60/n)$ s。当射频需要降到 n_1 时,则 $t_1=(60/n_1)$ s。由于 $n_1<n$,所以 $t_1>t$,$t_1-t=\Delta t$,Δt 就是所要控制的停留时间。由控制电路的通电、断电时间,控制电扣机的释放时间。输弹机构为被控制的构件,按电扣机的通电、断电时间进行停留和运动,完成变射频控制。射频转换开关,根据要求的射频配置,有几种射频就有相同数量的转换位置。按下按钮即可接通电源进行射击,操作简单方便。

电扣机为一般自动机常用的变射频控制机构,结构如图 8.58 所示。

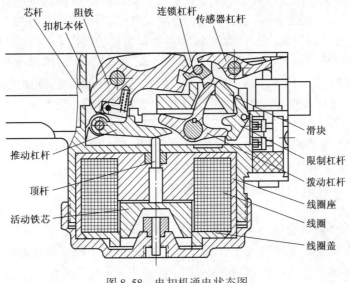

图 8.58　电扣机通电状态图

线圈通电时,活动铁芯向上运动,使推动杠杆绕轴向上抬起,带动拨动杠杆顺时针绕轴转动,并推动滑块向右运动。作用在阻铁工作面上的控制构件在弹簧力作用下,使阻铁压下,电扣机释放被扣住的控制部件,使其在复进簧作用下复进输弹。

当电扣机线圈断电时,弹簧推动芯杆向右运动,阻铁绕轴逆时针旋转抬起,滑块在弹簧作用下向左运动,顶杆下移,活动铁芯下移。

控制电路的原理实际上是延迟控制。这种控制方式有多种方法,可以根据实际情况进行选择。机电组合式的优点是自动机结构可不做任何变化,只要有电扣机,在此基础上设计一个简单的带控制电路的控制盒,即可以实现变射频控制,简便易行。机电组合式的缺点是在变射频控制中增加了控制构件对电扣机阻铁的撞击次数,因此,对电扣机可靠性要求高。一般电扣机的工作寿命可达到 6000 发以上。

2）缓冲式变射频结构

缓冲式变射频结构是把自动机主动构件的后坐缓冲器与变射速功能结合起来,既可达到后坐缓冲的功能,又能够实现变射速控制。这种变射频方式主要用在火炮上。

自动机主动构件炮闩的后坐剩余能量需要由后坐缓冲器来吸收,并使缓冲行程控制在一定的长度上。在缓冲过程中,通过快速连接接头使炮闩座与缓冲器活动部分连接起来,缓冲行程结束,炮闩座在复进簧的作用下复进运动。由于炮闩座与缓冲器活动部分已连接在一起,该活动部分也一起复进。通过液压阻力的作用,活动部分只能缓慢地运动,运动到一定行程时,快速连接接头方能解脱。解脱后,炮闩座可在复进簧作用下,不受活动部分的约束进行复进运动。活动部分对炮闩座复进开始时的约束,延长输弹时间。利用这种方法实现变射频结构简单。其具体结构及工作原理如图 8.59 所示。

在图 8.59 中,炮箱 1 通过螺纹与缓冲筒 14 连接。缓冲头 2 也与炮箱 1 相连。缓冲簧 3 一端顶在缓冲筒 14 上,另一端支承在缓冲头 2 的端面上。滑动头 6 与缸体 5 连接,并可在缓冲头 2 中滑动。活塞 4 可相对缸体 5 运动。活塞 4d 的端部固定在缓冲筒 14,复位簧 8 套在缓冲簧 3 内,其一端顶在滑动头 6 上,另一端顶在缓冲筒 14 上。

炮闩 12 的后端伸出连接头 13,炮闩 12 后坐,连接头 13 可伸进缓冲头 2 直至连接头端面 13a 与滑动头 6 的端面 6a 接触。当再继续后坐时,滑动头 6 压缩复位簧 8。同时使缸体 5 后坐,并使其前腔 5a 变小,前腔 5a 中的液体通过活门孔 4a 打开活塞座 10 压缩弹簧 11 使液体经过活门流入后腔 5b。因为活门孔 4a 面积较小,液体流过时要产生很大阻力,所以使前腔 5a 压力升高,产生液压阻力。当炮闩 12 继续后坐,端面 12a 将与缓冲头 2 的端面 2a 接触,并带动缓冲头 2 向后运动。缓冲头 2 压缩缓冲簧 3,弹簧产生对后坐的阻力。所以,缓冲器的总阻力等于弹簧阻力和液压阻力之和。炮闩 12 在缓冲器的作用下使后坐速度为零时,缓冲簧 3 和复位簧 8 释放能量,炮闩 12 的复位簧开始释放能量,驱使炮闩 12 做复进运动。在复进运动中该结构具有以下两个功能。

（1）使炮闩和缓冲器连接为一体,一起做复进运动;运动到一定行程时,才能脱开炮闩 12。当连接头的端面 13a 进入滑动头 6,并与端面 6a 贴合后,滑动头 6 开始后坐,4 个销轴 7 在缓冲头 2 内表面作用下压向连接头 13 的表面处,把连接头 13 的头部 13c、13b 卡住。当炮闩反向复进运动时也不会脱开滑动头 6,相当于刚性连接在一起了。只有当滑动头 6 相对缓冲头 2 向外运动到缓冲头 2 内径加大处,在连接头头部 13c 的推动下,使销轴 7 向外运动,才能使炮闩 12 与缓冲器脱开。

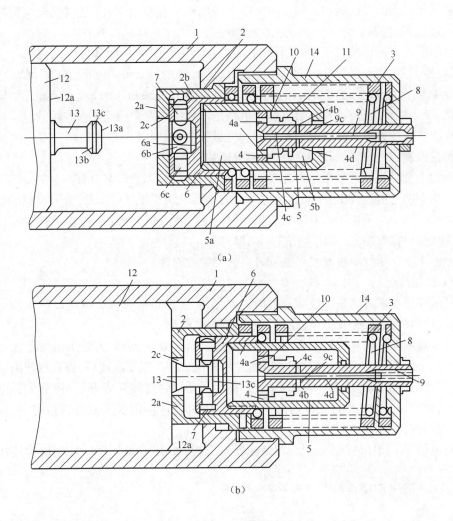

图 8.59 缓冲式变射频结构
(a)炮闩连接头与缓冲器接触状态；(b)炮闩连接头与缓冲器接触状态。
1—炮箱；2—缓冲头；3—缓冲簧；4—活塞；5—缸体；6—滑动头；7—销轴；8—复位簧；9—控制杆；
10—活塞座；11—弹簧；12—炮闩；13—连接头；14—缓冲筒；4a、4b—活门孔；4d—活塞杆；
5a、5b—液压前、后腔；2a、6a、12a、13a—端面；13b、13c—连接头的头部。

（2）靠液压阻力控制脱开前的复进时间，即控制复进的功能。复进时缸体 5 向左运动，此时要压缩缸体 5 的液压腔 5b。在液体压力和弹簧 11 的压力作用下，活门孔 4a 被关闭，液体不能流出，只能通过流液孔 4b 流出。该孔流出面积的大小受控制杆 9 控制。控制杆 9 的端部为锥形部 9c，与活塞杆 4d 的内孔构成流液孔。调节这一流液孔的大小，就可达到控制复进速度或复进时间的目的。

这个结构的特点是射频变化可调，且调节范围较大；变射速机构同缓冲器合二为一，对导气式自动机比较合适，适用于小口径炮自动机。

2. 控制击发时机的变射频原理

根据不同的底火击发方式，击发时机的控制方法也有所不同。电底火可设计专用电路控制从闭锁到击发的延迟时间。机械底火可用机械或机电组合(电扣机或电机控制击锤)的办法进行控制。

控制电底火的击发时机是在闭锁确实后,控制通电时间。如某自行火炮的可变射频射击,自然射频 1000 发/min 用以对付空中目标,慢射频 250~400 发/min 用以对付海(岸)上目标;当火炮装置与射击指挥系统出现大于 12mil±4mil 的误差角时,自动切断射击电路,使火炮不能进行射击;给出射击电路正常和第一发弹药已装入炮膛的显示信号。

控制机械底火击发时机的控制方式有机械控制、电机或电扣机控制。对于火炮一般用电扣机控制,对于枪械通常采用机械或电机控制。

控制击发时机无论采用何种方式,有一点是共同的,即自动机闭锁后,在控制机构的控制下均不能马上进行击发,只有经过一定的延迟时间才能进行击发,所要控制的是释放击发机构的时间。用控制击发时机实现变射频,在射击过程中瞄准手应一直瞄准目标,直到弹丸从炮口发射出去,相应地增加了瞄准时间。

下面主要介绍控制机械底火击发时机的变射频原理。

1) 机械控制

机械控制击发时机是通过减速机构实现降频,这种机构也称为减速发射机构。机械式降低射击频率的措施较多,现介绍几种典型的结构形式。

(1) 延期复进式减速发射机构。延期复进式减速发射机构,大都用枪机停在后方而待发的连发武器上,一般都有一减速阻铁。活动机件复进很短距离后,先在减速阻铁上停留一段时间,再由减速机构解脱减速阻铁,最后活动机件速度从零开始,使整个复进速度降低,同时增加了活动机件在减速阻铁上停留的时间,因而增长了复进的总时间,从而降低了武器的射击频率。

美国勃朗宁 1918A2 式轻机枪的减速发射机构,如图 8.60 所示。减速机构装在枪托

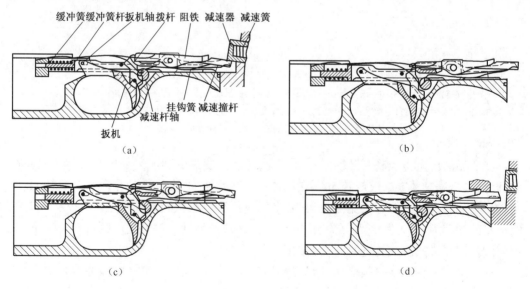

图 8.60 美国勃朗宁 1918A2 式轻机枪的减速发射机构
(a)慢发状态;(b)待发状态;(c)连发状态;(d)单发状态。

内与阻铁联系,减速动作:当枪机框后坐到位撞击减速撞杆,复进时被阻铁扣住。同时减速撞杆又撞击减速器,减速器受到撞击后获得能量后退,压缩减速簧,直至被减速簧导管阻住为止,其后减速器在减速簧的作用下复进,到前方位置时撞击减速撞杆,撞杆又撞击发阻铁后端的斜面,使阻铁下降,解脱枪机框。减速器后退的距离越长,枪机停在阻铁上的时间也越长。因而武器的射击频率也越低。该枪不用减速器时的射击频率为 600 发/min,而使用减速器后为 350 发/min,减速效果显著。美国勃朗宁 7.62mm 轻机枪的减速发射机构,如图 8.61 所示。

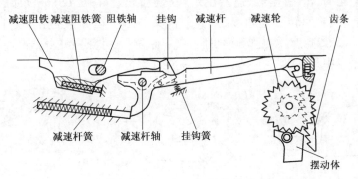

图 8.61　美国勃朗宁 7.62mm 轻机枪的减速发射机构

这种减速机构与发射机构一起装在扳机座内。它有两个阻铁,即击发阻铁和减速阻铁。在慢发射情况下,当枪机框后坐到位复进时,碰到减速阻铁,推减速阻铁向前移动,并推开挂钩。挂钩解脱减速杆。枪机框移动一小段距离后即停止运动。减速杆在其簧力的作用下转动,但因受齿条减速轮及摆动体的作用回转速度较慢。当减速杆向上回转到位时,推动减速阻铁回转,减速阻铁才解脱枪机框。枪机框复进过程中还必须压下减速杆,增加了枪机框复进时的阻力,更加延长了复进的时间,达到了降低射速的目的。枪机框复进压减速杆向下时,挂钩在簧力的作用下又将减速杆挂住,减速阻铁在其簧力作用下回到原位。枪机框后坐到位再复进,又重复以上的减速动作。当变换杆(图中未画出)在快发位置时,变换杆的圆柱面将减速杆及减速阻铁的后端抬起,前端下降,故减速器不起作用。

哈其开斯 T11 式轻机枪减速发射机构,如图 8.62 所示。

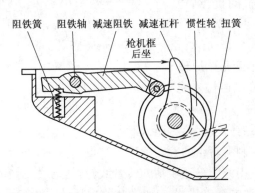

图 8.62　哈其开斯 T11 式轻机枪减速发射机构

该减速机构与发射机构构成一个部件。其动作过程:枪机框后坐快到位前撞击减速杠杆，带动惯性轮作回转运动，并使惯性轮沟槽内的减速阻铁后端抬起。枪机框复进时，被减速阻铁扣住。待扭簧伸张，惯性轮作反方向转动至减速阻铁后端又落到惯性轮的沟槽内，自动解脱枪机框，达到降低射击频率的目的。

（2）延迟击发式减速发射机构。延迟击发式减速机构，用在活动机件停在前方而待发的单发、连发武器。它使枪机闭锁后延迟一段时间才解脱击锤，因而增大两发射弹之间的时间，降低武器的射击频率。

图 8.63 所示的苏联 AKM 自动步枪的减速发射机构就是利用该原理减速的。其动作过程：当连发射击时，击锤先与减速器在 A 点发生撞击，如图 8.63(a) 所示，使减速器向逆时针方向回转。当它回转一定角度后，其前部又与击锤在 B 点撞击，阻止击锤回转，如图 8.63(c) 所示。待减速器在弹簧作用下恢复原位后，才解脱击锤，从而延长了击发时间，降低了射击频率。

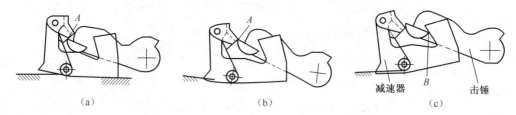

图 8.63 苏联 AKM 自动步枪的减速发射机构
(a)击锤与减速器在 A 点撞击；(b)减速器回转；(c)击锤与减速器在 B 点撞击。

2）电机控制

图 8.64 所示为电机控制的一个示例。打开电源开关，扣动扳机接通回转驱动元件电源，回转驱动元件带动凸轮旋转，当凸轮的最高点触及阻铁时，阻铁解脱击锤完成一次击发。通过控制电机的转速控制阻铁解脱击锤的时机，达到变射频的目的。这种射频控制不需要改变自动机，结构简单，操作方便，可实现连续的射频控制。

3. 外能源自动武器变射频原理

外能源自动武器可以通过外能源控制一个自边循环时间，控制射频。

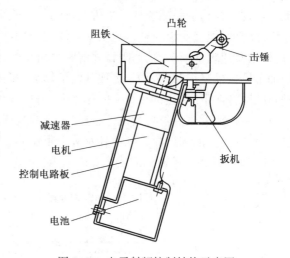

图 8.64 电子射频控制结构示意图

目前的外能源自动武器有转管武器和链式武器。

转管武器是通过控制身管组的旋转速度实现变射频的。外能源的驱动方式不同，变射频的方法也不一样。用液压马达驱功的转管武器，是通过变换驱动功率或液压油流量等方法实现；用电机驱动的转管武器，是变化外加电压的方法控制射速。

链式武器是通过控制自动机按链条的运动速度实现变射频，用减小外加电压、降低转速，使射频得到降低。

4. 控制行程的变射频原理

俄罗斯的 AN-94 5.45mm 自动步枪采用"改变后坐冲量的枪机(blowback shifted pulse, BBSP)"系统,结构如图 8.65 所示。

图 8.65　俄罗斯 AN-94 5.45mm 自动步枪的"BBSP"系统

BBSP 原理是一种高速装填次发弹的技术。其基本原理:绕过滑轮的钢索,一端连着的枪机框,另一端连着的撞锤,当枪机框后坐时,绕过定滑轮的钢索把滑车撞锤向前拉。枪弹并非直接从弹匣内推进弹膛内,而是由两个阶段组成,即首先从静止的弹匣中推到正在后坐的机匣内,这个过程是由两个动作同时实现——供弹板在后退的同时,撞锤把弹匣上的最上一发弹推到供弹板上;然后复进的枪机再把枪弹推进弹膛内。AN-94 自动步枪的弹匣向右侧倾斜约 15°,以便钢索和点射中第二发弹的预装填位置及机匣复进簧的位置。钢索缠在滑轮上以支撑并转向,结构如图 8.66 所示。

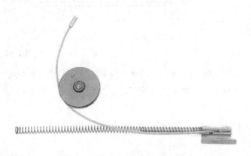

图 8.66　钢索和供弹撞锤

俄罗斯 AN-94 5.45mm 自动步枪工作过程,如图 8.67 所示。其工作过程:拉动机柄,枪机框后退,开启并带动枪机一起后退。同时,钢索拉动撞锤向前运动,把弹匣上的第一发弹推进机匣中的供弹板上,同时压倒击锤成待击状态。当释放拉机柄后,自动机复进,把放置在供弹板上的枪弹推进弹膛,并闭锁成待发状态。假如快慢机装定在"点射"或"全自动"模式进行发射,则当被发射的弹头经过导气孔后,自动机首先在火药燃气作用下开锁、后坐、抛出空弹壳;同时,枪管和机匣组在枪壳上开始后坐,压缩机匣复进簧,撞锤迅速地把弹匣上的下一发弹推进后退中的供弹板上。然后,自动机在其枪机复进簧和缓冲器的作用下开始复进,把供弹板上的第二发弹推进弹膛。当枪机组与枪管闭锁后,击锤会自动释放,因此第二发就以每分钟 1800 发的理论射速发射出去。此时,机匣仍在枪壳内后坐,因而其后坐尚未影响到枪和射手。当第二发弹离开枪管后,机匣才后坐到位,而击锤也保持在待击位置。此时,射手才会感觉到两发弹发射时的后坐。因此,后坐力对枪身产生的位移不会对第二发弹产生影响,从而提高了前两发的射击精度。

这种变射频结构较为复杂,钢索易断、成本高。另外,偏向 15°的弹匣会导致中心偏向一边,使人机功效变差。

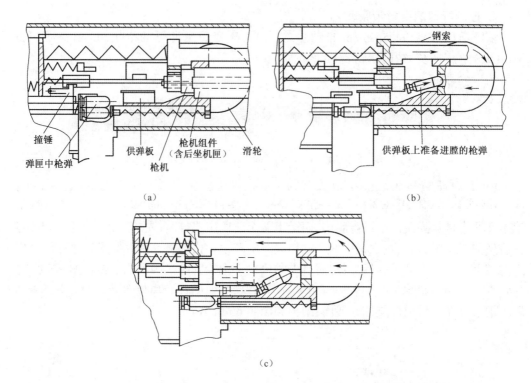

图 8.67 俄罗斯 AN-94 5.45mm 自动步枪前两发弹的供弹过程
(a)枪机在后方位置;(b)枪机在复进进弹过程;(c)枪机后坐过程,撞锤将第二发弹进到供弹板上。

8.5.3 电扣机控制的机电组合式变射频控制的设计

1. 总体设计

1) 明确指标要求

变射频控制设计的依据是战术技术指标。其需要几种射频、每种射频的指标范围,及对点射长度的要求,在战术技术指标中都应有明确规定。

2) 系统组成及操作

根据对变射频设计的使用要求、结构要求组成系统,画出系统组成和工作框图,要求操作简单、方便、可靠。

按自动武器的总体要求,确定变射频结构的具体布置位置,进行电扣机和电路设计。

2. 电扣机设计

1) 对电扣机的设计要求

(1) 电压要求。电扣机的输入电压应满足系统电压值的要求。目前我国在车辆上提供的直流电压为 26V±4V。电扣机在这个电压下应能正常工作。

(2) 环境温度要求。环境温度在 -50~+40℃,温升在 65℃ 以下,可正常工作。

(3) 释放和复位时间要求。电扣机释放时间、复位时间要求短。电扣机通电,由电磁力驱动传递机构,使扣机阻铁解脱被扣构件过程所需时间为释放时间。电扣机断电,到使阻铁恢复到可扣住构件的初始位置经过的时间为复位时间。

(4) 寿命要求。电扣机的工作寿命应等同于自动机的寿命。

（5）可靠性要求。电扣机应在使用寿命内可靠地工作；为防止意外滑机，在设计时应考虑保险措施；为防止阻铁与被扣构件在接触时的刚性撞击，设计时要有缓冲，一般缓冲行程为3~5mm。对线圈要有绝缘要求，装配好的线圈应进行绝缘性能检查，不符合要求的不能使用。

（6）使用要求。自动武器的分解、结合时操作方便；导线外部要有钢丝保护；导线插头与插座应有限位标记，防止接错线；电扣机应设有手动解脱机构，在没有电源的情况下能释放被扣机构。

2）电扣机的计算

计算的已知条件是被扣构件作用在电扣机阻铁上的水平力 F_2。F_2 为输弹机在被电扣机阻铁扣住状态的弹簧力。电扣机受力简图（图8.68），F_2 是滑块簧作用力，F_2 是外力，F_3 是阻铁受的簧力，F_0 是电磁力。

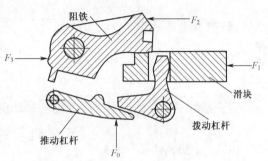

图8.68 电扣机受力图

电扣机通电时，电磁力 F_0 应足以使滑块产生运动，向右脱开阻铁，阻铁在 F_2 力的分力作用下绕轴向下运动，释放被扣构件。通电时，已知力 F_1、F_2、F_3 计算电磁力 F_0。

电扣机断电时，阻铁在 F_3 作用下恢复原位，滑块在 F_1 簧力作用下向左返回原位，因此，要分别计算出运动时间，以合理协调其运动。

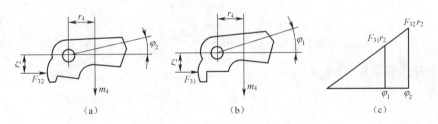

图8.69 阻铁工作图
(a)解脱状态；(b)工作状态；(c)力矩图。

（1）阻铁的运动计算。阻铁工作图（图8.69），m_4 为阻铁质量；F_{32} 为解脱状态弹簧力；F_{31} 为工作状态弹簧力；φ_1、φ_2 分别为两种状态下的工作角；$F_{32}r_2$、$F_{31}r_2$ 分别为两种状态下的弹簧力矩。

其运动方程为

$$J\ddot{\varphi} = Fr_2 - C\varphi - m_4 r_4 \tag{8-31}$$

式中　C——转动刚度（N·m/rad）。

且有

$$C = (F_{32} - F_{31})r_2 / (\varphi_2 - \varphi_1)$$

简化后，得

$$\ddot{\varphi} + \omega^2(\varphi - \beta) = 0 \tag{8-32}$$

式中：$\omega^2 = K/J$；$\beta = \dfrac{F_{32}r_2 - m_4 r_4}{C}$。

由式(8-31)和式(8-32)，得

$$\varphi - \beta = A\sin(\omega t - \theta)$$

$$\dot{\varphi} = A\omega\cos(\omega t - \theta)$$

$$A = \sqrt{(\varphi - \beta)^2 + \left(\dfrac{\dot{\varphi}}{\omega}\right)^2} \tag{8-33}$$

式中：初始条件为 $t=0$；$\varphi = \varphi_1$；$\dot{\varphi}=0$。

则

$$A = \varphi_1 - \beta,\ \theta = \arccos\dfrac{\varphi}{A \cdot \omega} = \dfrac{\pi}{2}$$

阻铁从解脱状态到返回工作状态的转动角度为

$$\varphi_K = \varphi_2 - \varphi_1 = (F_{32} - F_{31})r_2/C$$

由式(8-33)，得

$$t = \dfrac{1}{\omega}\left(\arcsin\dfrac{\varphi - \beta}{A} + \theta\right)$$

$$t_K = \dfrac{1}{\omega}\left(\arcsin\dfrac{\varphi_K - \beta}{A} + \theta\right)$$

$$\dfrac{\varphi_K - \beta}{A} = -\dfrac{F_{31}r_2 - m_4 r_4}{F_{32}r_2 - m_4 r_4}$$

$$t_K = \sqrt{\dfrac{J}{C}}\left(\dfrac{\pi}{2} - \arcsin\dfrac{F_{31}r_2 - m_4 r_4}{F_{32}r_2 - m_4 r_4}\right) \tag{8-34}$$

若忽略阻铁质量，即 $m_4 = 0$ 时，有

$$t_K = \sqrt{\dfrac{J}{C}}\left(\dfrac{\pi}{2} - \arcsin\dfrac{F_{31}}{F_{32}}\right) \tag{8-35}$$

（2）滑块的运动计算。滑块在弹簧力作用下做直线运动。在压缩弹簧 F_1 力作用下，弹簧由右向左做伸张运动。滑块受力，如图8.70所示，F_1 是簧力，m_2 是滑块质量，F_R 是阻力。

其运动方程为

$$m_2 \ddot{x} = F_1 - cx - F_R \tag{8-36}$$

图 8.70 滑块受力图

则

$$\ddot{x} + \dfrac{c}{m_2}x + \dfrac{F_R - F_1}{m_2} = 0 \tag{8-37}$$

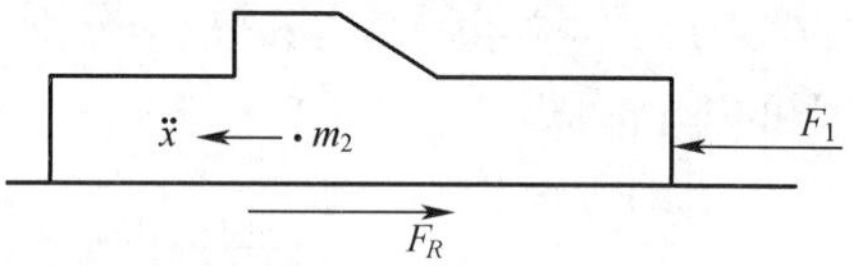

由式(8-36)和式(8-37)，得

$$t_{(x)} = \dfrac{1}{\omega}\left(\arcsin\dfrac{F_1 + cx + F_R}{c} - \arcsin\dfrac{F_1 + F_R}{c}\right) \tag{8-38}$$

式中　x——位移(mm)；

c——弹簧刚度(N/mm);
ω——振动圆频率(l/s)。

全行程 x_k 的运动时间为

$$t_{2K} = \frac{1}{\omega}\left(\arcsin\frac{F_1 + cx_k + F_R}{c} - \arcsin\frac{F_1 + F_R}{c}\right) \qquad (8-39)$$

计算结果,应使阻铁的返回时间 $t_K < t_{2K}$,即运动协调,不发生干涉。

(3)电磁力心的计算。从图8.68分别对4个构件取分离体,进行受力分析,建立力平衡公式,进行计算。

推动杠杆受力(图8.71),拨动杠杆受力(图8.72),滑块受力(图8.73),阻铁受力(图8.74)。

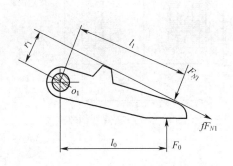

图8.71 推动杠杆受力图

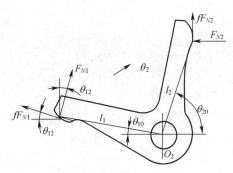

图8.72 拨动杠杆受力图

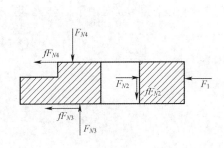

图8.73 滑块受力图

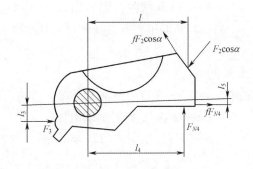

图8.74 阻铁受力图

在图8.70中,推动杠杆力矩平衡方程为

$$F_0 l_0 - F_{N1} l_1 - f F_{N1} r_1 = J_1 \varepsilon_1 \qquad (8-40)$$

在图8.71中,θ_{10}、θ_{20} 分别为 l_1 与 l_2 水平方向的初始角度,θ_{12} 为 F_{N1} 和 fF_{N2} 的初始角度,θ_2 为运动角。拨动杠杆受力平衡方程为

$$F_{N1} l_1 [\cos(\theta_{12} + \theta_2) + f\sin(\theta_{12} + \theta_2)] \\ - F_{N2}\sin(\theta_{20} - \theta_2) l_2 - f F_{N2}\cos(\theta_{20} - \theta_2) l_2 = J_2 \varepsilon_2 \qquad (8-41)$$

在图8.72中,滑块受力平衡方程为

$$F_{N2} - f F_{N3} - f F_{N4} - F_1 = m_2 \ddot{x} \qquad (8-42)$$

在图 8.73 中,阻铁受力平衡方程为

$$F_2 l\cos\alpha\sin\alpha - fF_2 l\cos\alpha\sin\alpha - F_{N4}l_4 - fF_{N4}l_5 - F_3 l_3 = J_4\varepsilon_4$$

则

$$F_2\sin\alpha\cos\alpha(1-f)l - F_{N4}(l_4 - fl_5) - F_3 l_3 = J_4\varepsilon_4 \tag{8-43}$$

联立以上方程可解出 F_0 的大小。初步计算时可按静力计算,不计惯性力影响。

3) 电扣机电磁铁的初步计算

电扣机中的活动铁芯在电磁力作用下,通过操纵机构控制自动武器的发射,电磁铁的结构原理,如图 8.75 所示。

电磁力的计算公式如下:

$$F_0 = \left[\frac{d_o \times H}{1852}\right]^2 \tag{8-44}$$

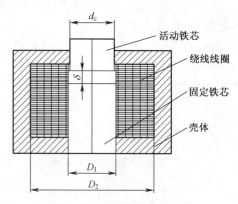

图 8.75 电磁铁结构原理图

式中 F_0——电磁力(N);
d_c——活动铁芯外径(mm);
H——气隙磁扬强度(A/mm)。

气隙磁场强度可按下式计算,即

$$H = \frac{1.25 I\omega}{\delta} \tag{8-45}$$

式中 I——通过线圈的电流(A);
ω——线圈的匝数;
δ——工作气隙(活动铁芯工作行程)(cm)。

当已知线圈中导线直径和材料、线圈的平均直径时,安匝数 $I\omega$ 可由下面公式,得

$$I\omega = \frac{d^2 \cdot U}{4\rho \overline{D}} \tag{8-46}$$

式中 d——导线直径(mm);
U——线圈工作时的端电压(V);
ρ——导线电阻率($\Omega \cdot$ mm);
$\overline{D}$——线圈的平均直径(mm)。

当已知线圈内径和线圈外径时,$\overline{D} = (D_1 + D_2)/2$。

现有几种航炮的电扣机电磁力计算的已知参数,如表 8.3 所列。

表 8.3 电磁力计算的已知参数

参数 航炮型号	d_c/mm	δ/cm	U/V	d/mm	$\overline{D}$/mm
30-1	20	0.30	27	0.55	27
23-2	22	0.27	27	0.62	39
23-3	20	0.25	27	0.55	31

按式(8-44)~式(8-46)求得的电磁力的有关数据,如表 8.4 所列。

表 8.4　电磁力计算的数据与结果

计算内容 航炮型号	$I\omega/\text{A}$	$H/(\text{A/cm})$	F/N
30-1	4312	17967	376
23-2	3793	17560	435
23-3	3755	18775	411

当设计新的电磁铁时,首先由式(8-46)在已知端电压 U,导线直径 d 的情况下,按结构要求初步确定线圈的平均直径 $\overline{D}$,并计算出安匝数 $I\omega$;然后选定合适的工作气隙 δ,由式(8-45)求出气隙磁场强度 H;最后根据启动所需要的电磁力 F_0,由式(8-44)计算出活动铁芯的外径 d_c。经试验验证启动和释放时间基本符合设计要求以后,再将结构参数 D_1、D_2、δ 和 ω 做适当调整,并重新对电磁力 F_0 进行验算。

3. 控制电路的设计要求

对控制电路设计主要有以下要求。

(1) 按火炮战术技术指标的射频要求,控制电扣机电磁铁的通断电时间,以保证不同的射频。

(2) 对每一种射频,能控制一次射击的点射长度,也就是能控制一次射击发射出去的弹药发数。

(3) 控制电路元件性能可靠,适应在炮塔内安装,能抗冲击振动,对 $-50 \sim +50$℃ 的环境温度能可靠地工作,具有要求的使用寿命。

思考题

1. 发射机构的作用是什么?发射机构有哪几种形式?
2. 简述发射机构的设计要求。
3. 机械发射机构一般有哪些组成?
4. 发射机构有哪些类型?
5. 简述 56 式冲锋枪的单发、连发和保险的实现过程。
6. 简述美国 M16 自动步枪的单发、连发和保险的实现过程。
7. 简述比利时 FN CAL 5.56mm 自动步枪三发点射机构的工作原理。
8. 简述苏联 AK47 自动步枪点射发射机构工作原理。
9. 简述 92 式 5.8mm 手枪的双动发射工作原理。
10. 简述保险机构的作用,并列举常用的保险机构类型。
11. 结合图 8.45 说明解脱阻铁时所要满足的条件。
12. 为保证发射机构零件强度常采取哪些措施?
13. 在发射机构设计时,需要进行哪些计算?
14. 决定扳机力大小的因素有哪些?

15. 简述变射频机构的作用,有哪些变射频原理?并列举几种典型的机械控制原理的变射频机构。

16. 请根据图 8.76 所示,计算 56 式 7.62mm 半自动步枪扳机力。

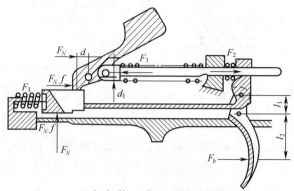

图中各符号参量的原始值

参量	l_1/mm	F_1/N	F_2/N	F_3/N	d_1/mm	d/mm	f	l_2/mm
值	7	30.5	15	157.3	2.1	3.2	0.15	19

图 8.76 计算 56 式 7.62mm 半自动步板扳机力

第 9 章 膛口装置设计

9.1 膛口装置的类型

膛口装置是安装在武器膛口,利用后效期火药燃气能量对自动武器产生一定作用的能量转换装置。膛口装置按功用不同,大致可分为膛口制退器、膛口助退器、膛口防跳器、膛口消焰器、膛口消声器和膛口助旋器等类型。

1. 膛口制退器

膛口制退器是一种控制后效期火药燃气流量、气流方向和气流速度的能量转换装置。其主要是利用膛口喷出的火药燃气对装置产生的反作用力,减小武器射击时所产生的后坐力及后坐冲量,从而减轻射手或架体所承受的载荷。对于手持式武器,减小后坐冲量可以减轻射手的疲劳,提高武器的连发精度。对于有架座的武器,可以提高武器的稳定性,减轻武器重量。

2. 膛口助退器

膛口助退器是利用后效期火药燃气增加身管后坐能量的装置。身管后坐式武器中利用助退器加速身管的后坐运动,有利于武器可靠地完成自动动作,提高射击频率。

3. 膛口防跳器

膛口防跳器是用于改变枪口流出的部分气流方向,以减少射击时枪口跳动的装置,从而提高手持式武器的连发精度。

4. 膛口消焰器

膛口消焰器是减弱或消除膛口火焰的装置,以避免影响射击瞄准,防止暴露射击位置。

5. 膛口消声器

膛口消声器是用以消除或减弱武器射击时膛口气流噪声的装置。

6. 膛口助旋器

膛口助旋器是通过改变膛口气体流动,获得驱动身管组旋转力矩的装置。

其他膛口装置还包括消烟器、膛口引射器等。实际上,很多武器的膛口装置具有综合作用。例如,58 式 14.5mm 高射机枪的膛口装置,既是助退作用,又有制退和消烟的作用;54 式 7.62mm 冲锋枪的膛口装置,既有制退作用,又有防跳作用;85 式 7.62mm 狙击步枪的枪口装置,既有消焰作用,又有减跳作用;德国 MG3 通用机枪的枪口装置兼有助退和消焰的作用。

9.2 膛口制退器

9.2.1 膛口制退器的类型及工作原理

膛口制退器的结构形式一般如图9.1所示。制退器的内部空腔,作用为火药燃气在其中膨胀,称为制退腔。制退腔可以由 $0 \sim n$ 个制退室组成。

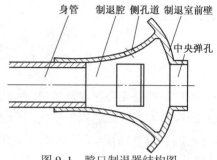

图9.1 膛口制退器结构图

膛口制退器主要是设法减小后效时期的动推力。膛口安装制退器后,当弹丸飞出膛口时,大量火药燃气随之由膛口喷入制退器内,由于体积的增大,气体发生膨胀,气流速度随之增大。中心部分的火药燃气高速向前运动,通过制退器的中央弹孔流出。由于中央弹孔较小,减小了向前气体的流量,也就减小了流出时作用于武器的反作用力,从而减小了武器后坐的能量。外围部分的火药燃气向四周膨胀,冲击制退器前壁或从制退器侧孔流出,改变了气流的方向和大小。向后喷出的火药燃气对武器产生一个向前的反作用力,从而减小了武器的后坐能量。因此,膛口制退器的作用原理就是以不同的结构形式控制后效期内火药燃气经中央弹孔与侧孔道的流量比,控制侧孔道气流的方向和速度,以动量传递的方式减小火药燃气对武器的后坐能量。

从上面可知,膛口制退器作用原理如下:

(1)减少火药燃气经中央弹孔的流量,使后效时期火药燃气的一部分从侧孔道流出,从而减小向后的推力。侧孔道面积越大,经侧孔道流出的火药燃气量越多,其制退的效果越明显。例如,苏联12.7mm 德什卡高射机枪的制退器,就是采用很大的侧孔以提高制退作用的,如图9.2所示。

(2)膛口制退器具有一定的侧孔前壁或具有较大的前壁,当火药燃气向前高速喷出时,将对制退器前壁产生机械冲击,这个冲击力对武器的后坐产生一定的制动作用。

(3)改变侧孔道气流的方向和速度。一般侧孔道具有向后的倾角 α,膛口气体稍向后流出,在制退器上产生向前的反作用力,并使侧孔道的横断面积不断增大,以增大喷出火药燃气的速度,从而增大制退效果。例如,54式12.7mm 高射机枪的膛口制退器,设有四个左右对称的偏向后方的孔道,如图9.3所示。

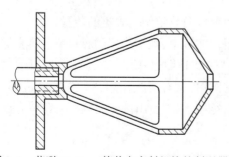

图9.2 苏联12.7mm 德什卡高射机枪的制退器

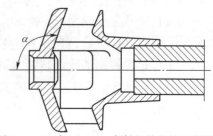

图9.3 54式12.7mm 高射机枪的枪口制退器
(单室单排膛口制退器)

1. 根据膛口制退器的结构形式分类

1) 单室单排膛口制退器

单室单排膛口制退器只有一个直径较大、长度较短的内腔和周向排列的侧孔道。膛口喷出的火药燃气在制退器内腔膨胀,部分气流从侧孔道排出,其余气流从中央弹孔排出。例如,54 式 12.7mm 高射机枪的膛口制退器就采用了这种形式,如图 9.3 所示。

2) 单室多排膛口制退器

单室多排膛口制退器由一个较大、较长的内腔和多排侧孔构成。美国 P50 式 12.7mm 狙击步枪膛口制退器就是这种类型,如图 9.4 所示。

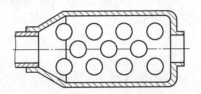

图 9.4　单室多排膛口制退器

3) 多室多排膛口制退器

多室多排膛口制退器内腔被隔板分成若干室(一般最多为 4 室),各室都有一排侧孔道。隔板中央多呈内凸形,便于使冲向隔板的气流向侧孔分流。丹麦麦德森 20mm 高射炮膛口制退器和美国 6 管 20mm 航炮膛口制退器就采用这种结构,如图 9.5 所示。

4) 无室膛口制退器

无室膛口制退器的外形多为扁平形状,内腔直径较小,有多排侧孔且侧孔道较长,故称为无室型。这类制退器,火药燃气在内腔的膨胀很小,高压燃气到侧孔内或侧孔口部才膨胀并加速喷出。例如,美国巴雷特 M82 式 12.7mm 狙击步枪的膛口制退器就是这种结构,如图 9.6 所示。

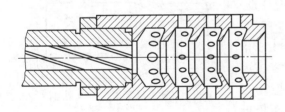 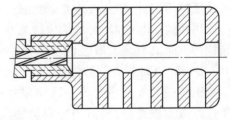

图 9.5　多室多排膛口制退器　　　　图 9.6　无室膛口制退器

除上面外,还有其他结构形式的膛口制退器,如倒锥形膛口制退器和 T 形膛口制退器等。

2. 根据制退器的工作原理分类

1) 冲击式膛口制退器

冲击式膛口制退器也称为开腔式膛口制退器,典型结构如图 9.7 所示。冲击式膛口制退器的结构特点是腔室直径较大(一般不小于 2 倍口径),两侧具有大面积侧孔,前方带有一定角度的反射挡板。

其工作原理:进入膛口制退器的火药燃气在制退腔内加速膨胀,火药燃气冲击反射挡板并产生制退力,减小武器的后坐能量。这种结构的膛口制退器要获得大的制退力,主要依靠较大尺寸的制退器内腔、大面积反射挡板和足够大的侧孔面积,而气流方向取决于挡板导流面的角度和长度。

为了进一步利用从中央弹孔向前流出的这部分气体,许多冲击式膛口制退器都采用了双腔室结构。在相同质量的条件下,冲击式膛口制退器的效率一般高于其他结构膛口制退器的效率。

2) 反作用式膛口制退器

反作用式膛口制退器的典型结构如图9.8所示,其结构特点是腔室直径很小(一般不超过1.3倍口径),没有或只有很小的前反射挡板,侧孔多排布置。为保证火药燃气较好地膨胀,有时将侧孔加工成扩张喷管状。

其工作原理:当火药燃气进入膛口制退器腔室后,膨胀不大,仍然保持较高的压力,其中一部分火药燃气继续向前,从中央弹孔流出,另一部分火药燃气则经侧孔二次膨胀后排出,其速度方向由侧孔控制。火药燃气从侧孔喷出形成反冲力作用在膛口制退器上,产生制退力。

为了获得必要的侧孔流量,要求膛口制退器足够大,以保证足够的侧孔入口面积。因此,在效率相同的条件下,反作用式膛口制退器的纵向尺寸较长,加工也较复杂。

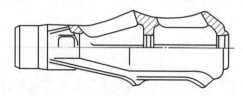

图9.7 冲击式膛口制退器

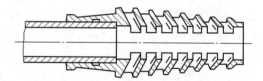

图9.8 反作用式膛口制退器

3) 冲击反作用式膛口制退器

在实际应用中,膛口制退器很少是单纯的冲击式或反作用式,往往是两种类型的混合型,即冲击反作用式膛口制退器,典型结构如图9.9所示。其结构特点是具有较大直径的腔室(大于1.3倍口径)和分散的圆形或条形侧孔。火药燃气进入膛口制退器的腔室后进行第一次膨胀加速,但由于不存在大面积腔室,气流不能直接膨胀至极低

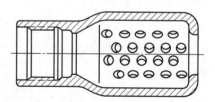

图9.9 冲击反作用式膛口制退器

的压力,因而侧孔仍起到二次膨胀加速和分配流量的作用。由此可见,该类型膛口制退器兼有冲击式与反作用式两类膛口制退器的结构特点。火药燃气对前反射挡板的冲击和侧孔气流的反冲作用均是构成膛口制退器向前制退力的因素。

9.2.2 膛口制退器的特征量及影响因素

1. 膛口制退器的特征量

表征膛口制退器性能的特征量有结构特征量 α'、效率 η_z 和冲量特征量 χ 等。

膛口制退器的结构特征量 α' 的值仅取决于膛口制退器的结构,而与弹道条件无关。其结构特征量 α' 定义为

$$\alpha' = \frac{F_z}{F^*} \tag{9-1}$$

式中 F_z——膛口制退器各出口截面气流总反力的轴向合力(N);

F^*——膛口制退器入口截面(膛口)的气流总反力(N)。

膛口制退器的效率 η_z 是评价制退器所起制退作用大小的一个系数,可以按制退器所吸收的冲量与武器原有后坐冲量之比确定。假设没有制退器时后坐体的质量 m_z,后效期终了时后坐体的速度 v_z,在其他条件不变的情况下,安装制退器后,后坐体的质量为 m_{hz},后效期终了时后坐体的速度 v_{hz},则制退器的效率为

$$\eta_z = \left(1 - \frac{m_{hz}v_{hz}}{m_z v_z}\right)\% \tag{9-2}$$

后效期终了时,若后坐体的速度为零,则制退器的效率为100%,实际上这是达不到的,通常现有制式制退器的效率为25%~60%。

膛口制退器的冲量特征量 χ 的计算公式为

$$\chi = \frac{4\alpha' - k}{4 - k} \tag{9-3}$$

式中 k——绝热指数。

在非定常后效期理论中,膛口制退器的冲量特征量 χ 基本上只取决于膛口制退器的结构特征量 α',而与弹道条件无关。

2. 影响膛口制退器的因素分析

膛口制退器的结构形式一般为圆锥形或圆柱形,如图9.10所示。有的制退器其制退室被若干隔板分为几个。制退器通常均设有侧孔道,侧孔道的结构形式各不相同。有的侧孔道断面面积不大,孔道方向与内膛轴线成一定的角度;有的侧孔道断面面积很大,以致使制退器侧壁变成了筋的形式。制退器效率的高低与制退器的结构尺寸及弹道条件有关,如制退腔的直径、长度、锥角、侧孔道面积、倾角以及口径等。

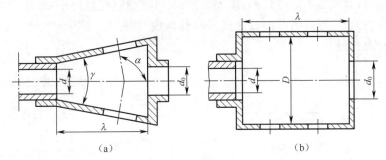

图9.10 膛口制退器的形状与结构

(a)圆锥形制退器;(b)圆柱形制退器。

1) 制退腔结构

(1) 制退腔直径 D。在其他条件不变的情况下,若制退腔的直径 D 增加,则效率提高。但 D 增大到一定值时,对效率的影响就不大了。

(2) 制退腔锥角 γ。由实验可知,当制退腔的长度 λ 一定时,膛口制退器的效率将随锥角 γ 的增大而提高。这是因为气流在制退腔内的流速增大,从而使侧孔流量增大的缘

故。但锥角 γ 过大时,流速增大就不明显了。锥角 γ 增大后使膛口制退器的横向尺寸加大,给武器的使用带来不便,故 γ 角一般约为 25°~35°。

(3) 制退腔长度 λ。当制退腔锥角 γ 值一定时,制退腔长度 λ 增加,则气流容易膨胀,对提高效率有利。但制退腔长度过大时,作用不大。对于锥角大的膛口制退器,制退腔可设计得短一些;锥角小的膛口制退器,制退腔可设计得长一些。对于口径不大的枪械,膛口制退器长度与口径之间一般取 $\lambda = (3\sim10)d$。若制退腔锥角 γ 较大时,则使制退腔长度 λ 小一些;若锥角 γ 较小时,则使 λ 大一些。

2) 膛口制退器中央弹孔直径 d_0

减小中央弹孔直径 d_0 对提高膛口制退器效率有较大的效果。因为 d_0 减小了,自中央弹孔流出的火药燃气量就少了。通常 d_0 的减少受到限制,即要保证弹丸能顺利通过中央弹孔,不致把弹孔壁打坏,或破坏弹头的飞行稳定性。根据经验一般采用为

$$d_0 \geq d_H + 2\lambda \tan(\varepsilon + \delta) \tag{9-4}$$

式中 d_H——膛线阴线直径(mm);

λ——制退腔长度(mm);

δ——弹丸的摆角,一般取 $\delta = 0°12'\sim0°40'$;

ε——由于加工公差及装配所造成的膛口制退器轴和内膛轴间所成的倾斜角,一般取 $\varepsilon = 0°3'$。

如果能在弹头飞出中央弹孔后,依靠一定的机构将中央弹孔立即关闭,使火药燃气不从中央弹孔流出,则可进一步提高制退效率。

3) 膛口制退器侧孔道断面面积 S_b

在其他条件不变的情况下,侧孔道断面面积之总和增加,自侧孔道流出的火药燃气量增多,膛口制退器效率将提高。但侧孔道断面面积过大时,经侧孔道流出的部分火药燃气将直接向前喷出而不经前壁反射向后喷,因此效率反而下降,如图 9.11 所示。

侧孔道的形状对效率也有影响,纵向长的侧孔道,气流容易向前喷射,对提高效率不利,故侧孔道的断面宜宽不宜过长,为增大总面积,可增加侧孔数目 n,如 77 式 12.7mm 高射机枪的枪口制退器,侧孔道断面就由很多圆孔构成,如图 9.12 所示。侧孔道的位置尽量靠近前壁较为有利。

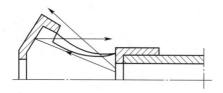

图 9.11 侧孔道形状对效率的影响

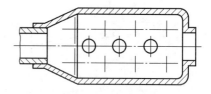

图 9.12 很多小圆孔组成的侧孔道

4) 膛口制退器侧孔道角度 α

当膛口制退器侧孔与内膛轴线夹角 α 增加时,侧孔道气流反力的轴向分力要增大,对膛口制退器效率的提高有利。但 α 角过大,膛内气流进入侧孔道时转弯过大,气流速度损失增大,将减少侧孔道的流量,效率反而下降。改变侧孔道的入口角度,可以改善气流的流动条件,如图 9.13 所示,但加工较为困难,通常 $\alpha = 105°\sim115°$。

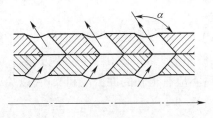

图 9.13　改变侧孔道入口角

5）制退室数目

一般来说,增加制退室的数目,增多了前壁,对提高效率有利,图 9.14 所示为多室膛口制退器。各个制退室对效率的影响是不同的,靠近膛口的制退室所起的作用最大,占总效率的 70%~80%,第二个制退室占 15%~20%。

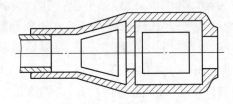

图 9.14　多室制退器

6）弹道诸元

同一制退器在不同的弹道条件下射击,其效率是不同的。

(1) 在同一弹药的情况下,若身管加长,则火药燃气在内弹道时期对身管的作用增大,在后效期内对身管的作用相对减小。膛口制退器是在后效期内起作用的,因而使效率下降。

(2) 在同一口径不同弹道诸元的条件下,影响膛口制退器效率的主要因素是膛口压力,膛口压力高,膛口制退器的效率亦高。

(3) 对于不同口径来说,在弹道条件和制退器结构尺寸不变的情况下,口径增大则制退器效率下降。

因此,评定膛口制退器效率时,不应脱离射击条件,而应明确是在何种武器上进行射击得出的效率值。

设置膛口制退器后,虽然可以减小武器后效期的后坐动推力,但也给武器带来了缺陷:火药燃气从侧方流出,使膛口火焰增大,目标容易暴露,且影响瞄准;射击时声响大,使射手感到震耳和疲劳,影响射击精度;向侧后喷出的高温、高速火药燃气会影响射手安全;膛口制退器的尺寸和重量都较大,导致携带和使用不便等。但是在大口径机枪上,减轻武器系统重量,尤其是枪架重量是十分重要的,因此一般都设置枪口制退器,以减小武器后坐对枪架的冲击,从而可使枪架重量减轻。

9.2.3　膛口制退器的设计

1. 膛口制退器的设计要求

(1) 膛口制退器设计得合理与否对射击精度有很大影响。对于手持式武器,要求安装膛口制退器后有较好的连发精度,对于有架座的武器,则要求在减轻重量的情况下(与全枪配合)保证一定的精度。

(2)膛口制退器的结构尺寸不宜太大,特别是横向尺寸不能太大,重量要尽量轻。例如,手持式武器安装较大的膛口制退器,使用操作都不方便。

(3)安装膛口制退器后不应有很强的冲击波和噪声,以免威胁或伤害射手,影响射击精度。

2. 膛口制退器的设计步骤

设计膛口制退器可以根据理论计算拟定设计方案。但由于影响膛口制退器效率的因素较多,理论计算不能完全反映客观实际,计算结果和实际情况相差较大,并且计算较繁杂,因而实际设计时常通过实验研究来确定方案。其具体步骤如下:

(1)按总体提出的膛口制退器效率指标,选择膛口制退器的类型,确定结构方案。

(2)对膛口制退器结构进行详细设计(包括分析计算)。在确定膛口制退器的几何尺寸时,通常要考虑的问题:①中央弹孔直径应保证弹丸能顺利通过,不相碰。同时中央弹孔直径也不能过大,以免造成膛口制退器效率降低;②从有效利用膛口气流出发,侧孔的总面积应与前反射挡板面积相近,或稍大于前反射挡板面积,以使冲击在前反射挡板上的火药燃气可以从侧孔顺利排出;③侧孔的导向性要好,即侧孔的长度与宽度之比要足够大,通常应大于0.8;④其他一些重要的结构尺寸,如腔室直径、制退腔长度及侧孔角度等,取决于膛口制退器的效率,首先可以根据经验确定,然后通过效率的计算来反复修正,也可以通过优化方法来确定。

(3)加工制造,在所设计武器或实验装置上进行实弹射击试验、修改结构方案。

9.3 膛口助退器、防跳器与助旋器

9.3.1 膛口助退器

在身管后坐式自动武器中,为了保证完成自动动作或提高武器的射击频率,往往在膛口安装助退器。

其工作原理:弹丸出膛口后,自膛口喷出的高压火药燃气进入助退室内并急剧膨胀,通过助退器膛口活塞的作用,使身管又获得一部分后坐能量,以加速身管后坐,从而确保武器的自动动作的完成,并提高了武器的射击频率,如图9.15所示。

膛口助退器的结构形式多种多样,有时和其他膛口装置结合起来应用。例如,58式14.5mm高射机枪的膛口装置,膛口喷出的火药燃气作用在膛口端面活塞上,促使身管加速后坐,达到助退作用;作用在助退腔前壁上,使枪身受到一向前的力,达到制退作用;助退腔前面消焰器的锥形罩起消焰作用,如图9.16所示。

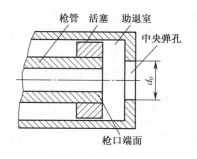

图9.15 膛口助退器的结构原理

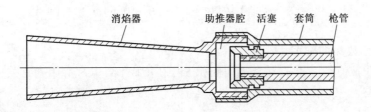

图 9.16　14.5mm 高射机枪的膛口装置

1. 助退器结构参数对工作性能的影响

1) 中央弹孔直径 d_0

中央弹孔直径 d_0 对助退器工作的影响很大。若中央弹孔直径 d_0 增大,则助退腔内的压力下降,助退作用减小。

2) 活塞横断面积 S_S

在其他结构条件不变的情况下,活塞横断面积 S_S 增大,则活塞端面受到的力加大,助退作用就好。但活塞面积增大,武器的横向结构尺寸加大,这将给武器的机动性带来不利。因此,在不增大活塞直径条件下,把活塞加工成球形凹面,使气流产生向前回流,而不易从活塞周围溢出,使气室压力下降缓慢,相对来说提高了火药燃气对活塞的作用冲量,达到增大助退作用的目的。

3) 助退腔初始容积

助退腔初始容积增大,火药燃气充满助退腔所需的时间增长,助退室内的火药燃气压力降低,助退作用减小。

2. 有助退器时后坐体速度的确定

(1) 无助退器时,火药燃气作用终了时身管的自由后坐速度 v_h' 为

$$v_h' = \frac{m_d + \beta\omega}{m_h} v_0 \qquad (9-5)$$

式中　m_d——弹头质量(g);

　　　m_h——自动机整个后坐部分质量(g);

　　　β——后效系数;

　　　ω——装药质量(g);

　　　v_0——弹头初速(m/s)。

(2) 有助退器时,火药燃气作用时期身管的后坐速度 v_h 为

$$v_h = \frac{m_d + 0.5\omega}{m_h} v_0 + \mu i S \frac{1}{m_h} \qquad (9-6)$$

式中　μ——助退系数;

　　　S——内膛横断面积(mm^2);

　　　i——后效期内某瞬时火药燃气后效期对后坐体的单位压力冲量(N/mm^2)。

(3) 有助退器时，火药燃气作用终了时后坐体的后坐速度 v_h' 为

$$v_h' = \frac{m_d + 0.5\omega}{m_h}v_0 + \mu\frac{(\beta - 0.5)\omega}{m_h}v_0 \qquad (9-7)$$

3. 助退系数 μ 的确定

助退系数 μ 值与口径 d、活塞端面面积 S_S、中央弹孔面积 S_0 等因素有关，即

$$\mu = 1 + n \qquad (9-8)$$

式中：$n = \dfrac{S_S}{S}\chi_0$；χ_0 为与内膛横断面积 S、中央弹孔面积 S_0 等有关的系数，可由图 9.17 查得。

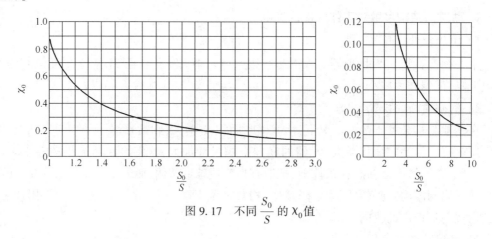

图 9.17 不同 $\dfrac{S_0}{S}$ 的 χ_0 值

9.3.2 膛口防跳器

膛口防跳器也称为膛口减跳器。自动武器在射击时，在后坐力及自动机运动的影响下，武器会有两个方向移动：一是沿内膛轴线的纵向移动，通常称为武器后坐；二是膛口在垂面上的横向移动，通常称为膛口跳动。膛口跳动对武器射击精度和射手都有很大的影响，因此设计时要尽量避免或消除。

1. 武器跳动的原因

由于武器一般相对于通过内膛轴线的垂直平面上基本左右对称，所以膛口的横向移动通常是垂直平面内进行的上下跳动。

引起膛口跳动的原因是多方面的，但主要的、影响较大的是武器重心偏离内膛轴线的距离 e，在膛底压力作用下产生动力偶矩 $P_{td} \cdot e$，使武器向上跳动。对于手持式武器，当抵肩射击时，由于枪托对枪膛轴线存在夹角，所以对肩部支点，膛底压力的分力 P_1，会产生一个转动力矩 P_1L，导致枪口产生向上的跳动，如图 9.18 所示。因此，对于抵肩射击武器，尽量使枪托与枪膛轴线平行或一致，以消除使膛口跳动的转动力矩 P_1L。

单发武器在快速射击时，每一次射击武器的跳动将会影响到次一发的瞄准；连发武器膛口跳动将严重影响武器的连发精度；对于手持式武器还会使射手易于疲劳。

在膛口安装膛口防跳器，可利用膛口喷出火药燃气的作用来减小射击时膛口的跳动，以提高武器的射击稳定性。

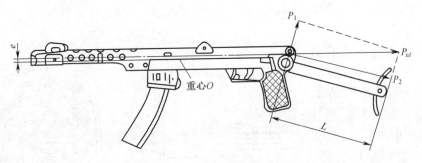

图 9.18 产生膛口跳动的原因

2. 膛口防跳器的工作原理

膛口防跳器的工作原理与膛口制退器工作原理基本相同。膛口防跳器在结构上设置上下不对称的侧孔道，当火药燃气自不对称的上下侧孔道流出时，产生向下的反作用力，构成减跳力矩，以减小膛口向上的跳动，如图 9.19 所示。

膛口防跳器并不能消除武器的跳动，因为动力偶矩和抵肩射击产生的转动力矩在内弹道时期就产生了，膛口防跳器只是在后效期起作用。所以，武器跳动是必然的。但在连发射击时，可使次一发弹药发射时身管轴线的位置与前一发尽量趋于一致，以减小射弹散布，提高射击精度。

某些手持式自动武器的膛口防跳器往往和其他的膛口装置结合起来应用，如图 9.20 和图 9.21 所示。

膛口防跳器的设计比较简单，膛口防跳器设计的好坏最终由实验来确定。

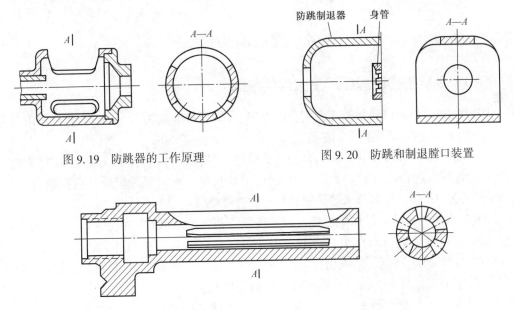

图 9.19 防跳器的工作原理　　图 9.20 防跳和制退膛口装置

图 9.21 防跳和消焰相结合的膛口装置

9.3.3 膛口制退助旋器

对于转管武器而言，需要膛口装置能够改变气体流动的特点，获得驱动转管武器身管组旋转的驱动力矩——助旋。因此,膛口装置除了制退作用外,还须具备助旋作用,即膛口制退助旋器。

膛口制退助旋器的结构原理如图 9.22 所示。自膛口流出的火药燃气,在制退腔内产生突然膨胀,部分火药燃气从中央弹孔流出,另一部分火药燃气侧向流入拉瓦尔喷管通道。由于有部分火药燃气自拉瓦尔喷管通道流出,因此中央弹孔的流量大为减少,使后坐力得到了减小,这是膛口制退助旋器起制退作用的一面。同时,从拉瓦尔喷管通道流出的火药燃气,在其口部形成旋转气流,由于喷管壁面的作用,气流的动量矩产生了很大的变化,根据作用与反作用定律,旋转气流将对喷管壁面产生一个气流反推力矩,此力矩为转管武器驱动身管组旋转所需的驱动力矩,即膛口制退助旋器起助旋作用。从某种意义上讲,膛口制退助旋器是将制退器和助旋器合二为一的多功能膛口装置。

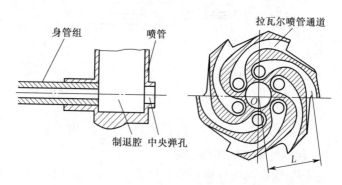

图 9.22　膛口制退助旋器的结构原理

在设计膛口制退助旋器时需要考虑的问题:①身管口部质量加大;②助旋有逐渐加速作用,达到稳定的射速有一定困难。

9.4　膛口消焰器

9.4.1　武器射击时膛口产生火焰的原因

武器射击时,在膛口经常能观察到一团火焰,有的膛口火焰长达 1~2m。武器射击时产生火焰的原因主要有以下几个方面。

(1) 一次焰。若设计内弹道时,火药的燃烧终点在膛口外,则弹丸飞出膛口时,膛内火药尚未完全燃烧完毕,在膛外继续燃烧,因此形成火焰。有时虽然燃烧终点在膛内,但由于火药形状不规则,有部分未燃尽的药粒在膛外燃烧。

(2) 二次焰。火药在膛内的燃烧过程是负氧平衡,即在燃烧生成物中有大量氧化不完全气体,如一氧化碳(CO)、甲烷(CH_4)以及氢气(H_2)等,这些气体约占总气体量的 60% 左右,这些高温、高压气体喷出身管后,和空气中的氧气相混合,只要混合后的温度超过点火温度,则气体即刻燃烧。这些气体的点火温度如表 9.1 所列。

表 9.1　膛口氧化不完全气体点火温度

氧化不完全气体	$2H_2+O_2$	$2CO+O_2$	$2CH_4+O_2$
点火温度	500°C	700°C	800°C

点火温度将随着可燃气体的浓度而变化。图 9.23 所示为几种发射药燃烧时膛口气

体与空气的质量比不同时的点火温度。如果实际温度达到其点火边界温度时,则会产生燃烧而形成火焰。

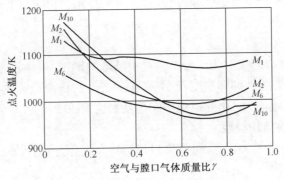

图 9.23　各种发射药的点火温度

(3) 火药燃气高温辐射。射击时自膛口喷出的火药燃气中,具有大量的固体微粒、液体粒子和气体分子,在高温下产生热辐射,也要形成光亮。在射击时,有时能看到自膛口流出的气体中有火星四射,就是这个原因造成的。当弹丸在膛内运动时,由于弹丸嵌入膛线,以及弹丸与膛线之间的摩擦而产生一些金属微粒自弹头壳上或膛线上掉下来和膛内的火药气体混合在一起,在膛内时期金属微粒吸收了大量的热使温度升高,当喷射到膛外后,虽然火药气体因膨胀而温度很快下降,但金属的热容量大、降温慢,因此以高温、高速向外喷射时,造成明亮的火星。其他杂质,如火药残渣等微粒也可由同样原因形成火星。

消除武器射击时产生火焰的措施有多种:一是从内弹道方案设计和火药及底火设计来解决;二是在膛口安装消焰器。

9.4.2　膛口消焰器的工作原理与结构类型

1. 消焰器工作原理

1) 屏蔽前期焰、一次焰及二次焰火光

膛口安装膛口消焰器后,自膛口喷出的火药燃气流入消焰器内,一部分未燃尽的火药微粒可在膛口消焰器内得到燃烧(图 9.24),因此屏蔽了由前期焰及一次焰而生的火光。同时,氧化不完全的气体在膛口消焰器内与外界空气混合进行燃烧,使二次焰在膛口消焰器内部形成,不致暴露在外界。

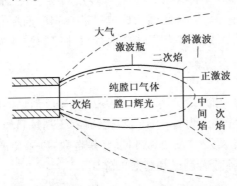

图 9.24　膛口气流中各种火焰的位置分布

2)降低出口处火药燃气温度

自膛口喷出的火药燃气射流在膛口装置中经过膨胀得到降温,使气流流出装置时温度已较低,因此失去了产生火焰的条件,起到灭火的作用。自膛口消焰器流出的火药燃气温度更低,能减少二次焰及热辐射。

3)降低出口处火药燃气压力

自膛口喷出的火药燃气射流在膛口装置中已得到膨胀,气体流出装置时的压力已很低,因此气体出膛口装置后的膨胀度较小,膨胀后产生的正激波强度也较低,气体通过马赫盘后的压力回升值亦较小,由此避免中间焰及二次焰的产生。

2. 膛口消焰器的结构类型

按照膛口消焰器的结构特点,可将膛口消焰器大致分为以下几种。

1)圆锥形遮光罩

一种圆锥角大而短的锥形膛口装置。由于圆锥张角大,使出口的火药燃气膨胀度大,压力、温度下降较快,因而减小了一次焰和膛口辉光。但也因其锥角大尺寸短,使膛口消焰器出口处产生了较强的激波,反而加大了中间焰和二次焰。由于其消焰效果不佳,后来被锥形消焰器所取代。

2)圆锥形消焰器

例如,捷克59式通用机枪的膛口装置(图9.25),结构与锥形遮光罩看似相同,但其圆锥角小、锥形尺寸长,这从根本上克服了锥形遮光罩的缺点。为了增加膨胀度,提高消焰效果,可以在膛口消焰器侧壁上开许多小孔或椭圆孔,使部分气流自侧孔排出来加大总的膨胀度,如图9.26所示捷克ZB-26轻机枪的圆锥形消焰器。

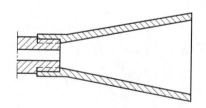

图9.25 圆锥形消焰器

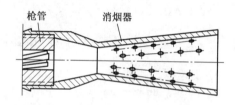

图9.26 捷克ZB-26轻机枪的圆锥形消焰器

3)圆柱形消焰器(也称为筒形消焰器)

例如,美国勃朗宁轻机枪的膛口装置(图9.27),圆柱形消焰器内截面积较大,火药燃气能充分膨胀,温度容易降低,但火药燃气从膛口进入膛口消焰器是突然膨胀,容易产生激波,且截面越大激波越强,因此要合理选择内径尺寸控制激波强度,以达到减小中间焰和二次焰的目的。

4)叉形消焰器

例如,美国M16自动步枪的膛口装置(图9.28),叉形消焰器的内腔一般有锥形过渡段,其内角约为20°,长度较短,侧壁开有长条孔,有利于消焰且可减少由膛口消焰器引起的附加后坐力。适当选择叉条(叉条的数目最好是奇数,以避免产生共振)和缝槽的尺寸和方位,还可使膛口消焰器兼有制退和防跳的作用。

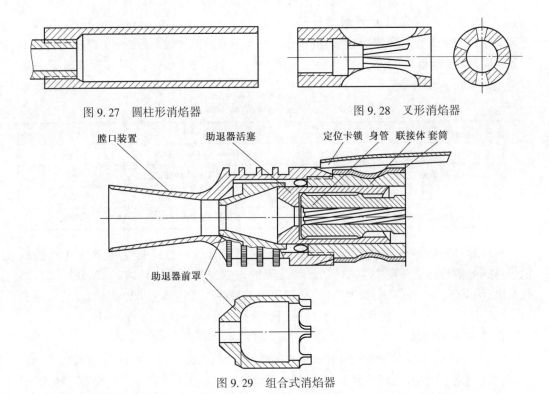

图 9.27 圆柱形消焰器　　　　图 9.28 叉形消焰器

图 9.29 组合式消焰器

5）组合式消焰器

组合式消焰器是综合利用上面几种膛口消焰器的特点,将 2 种或 2 种以上的结构形式组合起来,故称为组合式消焰器(图 9.29)。这类膛口消焰器一般兼具制退、防跳或消声的功能。

9.4.3　常用膛口消焰器设计

下面介绍圆锥形和圆柱形膛口消焰器的设计,结构如图 9.30 所示。

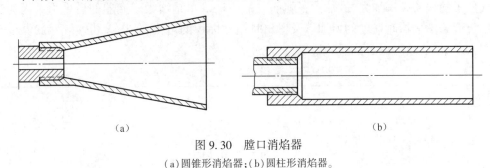

(a)　　　　　　　　　　　　　　(b)

图 9.30　膛口消焰器

(a)圆锥形消焰器;(b)圆柱形消焰器。

1. 圆锥形消焰器

圆锥形消焰器在设计时,其主要结构尺寸是锥角、长度、出口断面面积以及侧孔等。膛口消焰器的出口断面面积越大,则气流在膛口消焰器内的膨胀越充分,对降温有利。增大膛口消焰器出口断面面积的措施:一是在锥角不变的情况下,增加膛口消焰器的长度。但膛口消焰器过长,对武器的机动性不利;二是在膛口消焰器长度一定时,增大锥角也可增大出口面积。但锥角过大,会使气流在膛口消焰器内产生激波,温度反而升高,对降温不利。据现有武器统计,膛口消焰器的锥角α一般在20°范围内。捷克59式通用机枪消焰器锥角较大(锥角为32°),也有较好的消焰效果。表9.2列出了几种步兵自动武器膛口消焰器锥角α的数据。

表9.2 几种圆锥形消焰器锥角值

武器名称	锥角α	武器名称	锥角α
53式7.62mm轻机枪	12°	德国MG-42通用机枪	18°
捷克ZB-26轻机枪	20°	56式14.5mm高射机枪	10°
捷克ZB-53重机枪	14°	捷克59式通用机枪	32°
德国MG-34轻机枪	18°	美国M16自动步枪	22°

如果膛口消焰器不能过长,锥角不能太大,又要求有较好的消焰效果,这时可在膛口消焰器的侧壁开孔道来解决这一矛盾。当气流射入膛口消焰器锥体内时,部分气体自侧孔流出,使气流进一步膨胀,温度降低,达到消焰的目的。通过实验可以明显看出,武器上安装圆锥形消焰器后,火焰变小;当圆锥形消焰器开有很多小孔时,火焰更小。

2. 圆柱形消焰器

圆柱形消焰器的主要结构尺寸是圆筒直径、长度及侧孔道。圆筒直径小,气流膨胀不充分,消焰效果差;若圆筒直径小到与口径相近,则膛口消焰器实际不起作用。圆筒直径大,则膛口消焰器内的气流可以得到膨胀,但圆筒直径过大又将引起气流的突然膨胀,形成激波,反而引起强烈的火光。为了使直径较小的膛口消焰器能得到较好的消焰效果,可以在膛口消焰器的侧壁开孔道。英国L1A1半自动步枪及美国M60通用机枪均采用圆柱形带长孔道的膛口消焰器,有一定的消焰效果。这种膛口消焰器的横向尺寸较小,适宜在步机枪上应用。

消焰器典型结构图例,如表9.3所列。在膛口设置膛口消焰器后,也给武器带来了两个副作用。一是加大了朝前方的声响。因为火药燃气在膛口消焰器内膨胀作功,压力、温度下降,流速增大,从膛口消焰器内高速流出的火药燃气则加剧了与空气分子的撞击,使空气分子的振动频率加大,故加大了朝前方的声响。二是增大了武器的后坐力。因为火药燃气流入消焰器时速度的增加以及流出时横截面积的增大,使得火药燃气对武器的反作用力要增大,故增大了武器的后坐力。

表9.3 消焰器典型结构图例

序号	结构图例	主要特点
1	50式7.62mm冲锋枪膛口装置 (60°, φ32.5, φ29.6, φ14, 15)	锥角较大,长度轻短,能起消焰作用,对全枪有附加后坐力

续表

序号	结构图例	主要特点
2	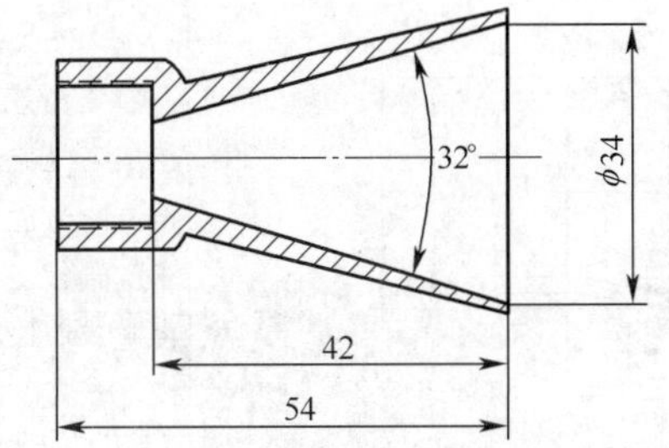 捷克59式通用机枪膛口装置	锥角较大,长度较短,消焰作用较好,对全枪有附加后坐力
3	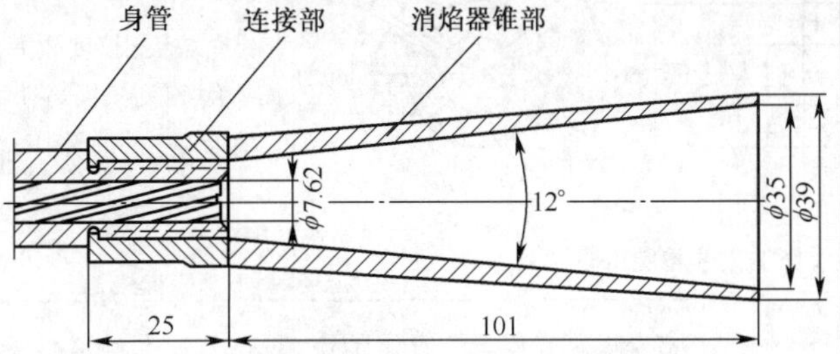 53式7.62mm轻机枪膛口装置	锥角较小,长度较长,气流出膛口后,在膛口消焰器内得到充分的膨胀,有一定消焰作用,对全枪有附加后坐力
4	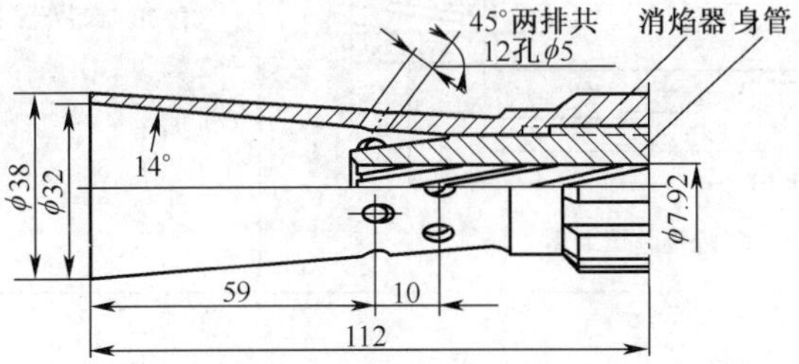 捷克ZB-53重机枪膛口装置	后部开有二排向后倾斜的孔,使膛内气流向外喷射时,带动外界的冷空气通过侧孔吸入膛口消焰器内,以增强消焰效果
5	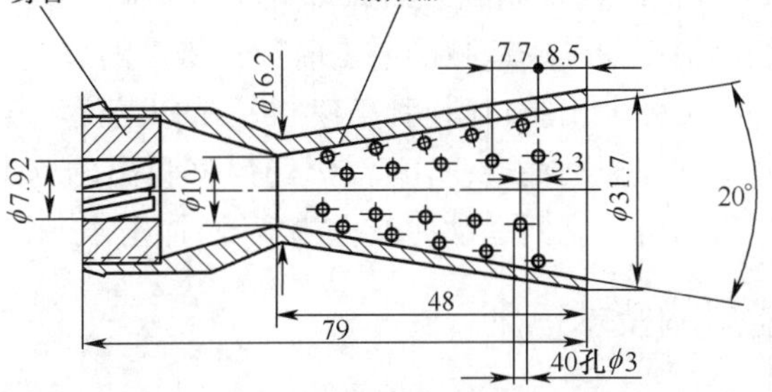 捷克ZB-26轻机枪膛口装置	膛口消焰器由两个锥体组成,气体先入倒锥,再入大锥。倒锥的作用:①降温降压;②抵消部分附加后坐力;③减缓气流速度,增长后效期,增强气流对活塞的作用。 锥体上开有很多小孔,可使部分气流自小孔流出,进一步降温、降压,对消焰器有利

续表

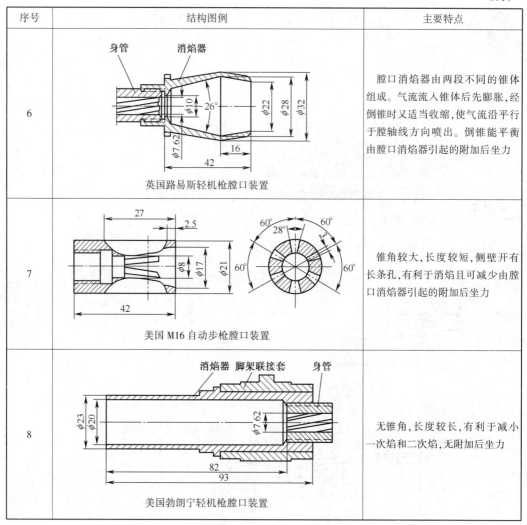

序号	结构图例	主要特点
6	英国路易斯轻机枪膛口装置	膛口消焰器由两段不同的锥体组成。气流流入锥体后先膨胀,经倒锥时又适当收缩,使气流沿平行于膛轴线方向喷出。倒锥能平衡由膛口消焰器引起的附加后坐力
7	美国M16自动步枪膛口装置	锥角较大,长度较短,侧壁开有长条孔,有利于消焰且可减少由膛口消焰器引起的附加后坐力
8	美国勃朗宁轻机枪膛口装置	无锥角,长度较长,有利于减小一次焰和二次焰,无附加后坐力

9.5 膛口消声器

射击时剧烈声响是暴露射手位置的重要原因。因此设计了各种微声或无声武器,如各种无声手枪、微声冲锋枪。膛口消声器是用来减弱射击时膛口噪声的装置。

射击时产生膛口声音的原因:①弹丸出膛口瞬间,高速、高压的火药燃气自膛口喷出,急剧膨胀和冲击大气,使空气分子剧烈振动而产生声音,火药燃气喷出的速度越大、压力越高,则声音越大;②射击瞬间,活动机件来回运动而产生的摩擦、撞击声。

9.5.1 降低膛口声源能量的技术措施

射击时,声音的产生及其大小,是与从膛口喷出的火药燃气的压力和速度有关的,因此,在满足武器战术技术要求的前提下,选择对消声有利的弹道方案,使弹丸在具有一定

动能的情况下,尽量减少装药量,可以降低武器膛口压力,从而降低膛口噪声。其具体措施如下:

(1) 在同样装药量和弹丸质量的条件下,增长身管,降低膛口压力,提高弹丸的初速,降低膛口声源能量。

(2) 在初速不变的条件下,采用相同火药而减少装药量,增加装填密度,使最大膛压值升高,而膛口压力降低,对消声是有利的。

(3) 在达到一定初速的条件下,变更火药性能,采用速燃火药,也可使最大膛压靠近膛底,而膛口压力较低,达到更好地利用火药燃气能量的作用。

(4) 在身管前端开设多排通孔。当弹丸向前运动经过每一排通孔时,便有一部分火药燃气流出内膛,以保证进一步降低膛口压力,如64式7.62mm微声冲锋枪。

(5) 在膛口前端设置膛口消声器。安装膛口消声器后,火药燃气进入膛口消声器内,经过多次膨胀,不断消耗火药燃气剩余能量,从而减小流出中央弹孔时的压力、密度、速度,这就减小了对外界空气的冲击作用,从而达到消声的目的。

9.5.2 膛口消声器的消声量评价

膛口消声器的消声量是评价其声学性能好坏的重要指标,一般有4种方法用来表征膛口消声器的消声量。

1. 传声损失(L_{TL})

传声损失也称为传递损失或透射损失。膛口消声器的传声损失是膛口消声器入口处的声功率级与膛口消声器出口处的声功率级之差,由于声功率级不能直接测量,因此需要通过测量声压级来计算声功率级和传声损失。

2. 插入损失(L_{IL})

插入损失是在未安装膛口消声器前某定点的声压级与安装膛口消声器后同一定点的声压级之差。插入损失常用于现场测量膛口消声器的消声量。但是这种现场测量的插入损失因受环境噪声和距离衰减的影响,不可能完全正确地评价膛口消声器的消声效果,有时对测量结果要进行修正。

3. 减噪量(L_{NR})

减噪量也称为声压级差或两端点差。膛口消声器进口端面的平均声压级与出口端面的平均声压级之差,减噪量受声源和环境影响。如果声源内阻抗和终端阻抗相等,则声源和终止端就无反射,这时减噪量大于插入损失和传声损失。

4. 衰减量(L_A)

膛口消声器内部两点间的声压级的差值称为衰减量。其主要用来描述膛口消声器内声传播的特性,通常以膛口消声器单位长度的衰减量(dB/m)来表征。

在上面几种消声量的评价方法中,传声损失、衰减量是属于膛口消声器本身的特性。它受声源和环境的影响较小,而插入损失、减噪量不仅是膛口消声器本身的特性,还受声源端点反射以及测量环境的影响。因此,在给出膛口消声器消声量的时候,一定要注明是采用何种评价或测量方法,以及是在何种环境下测得的。

9.5.3 典型膛口消声器

膛口消声器的种类很多,按消声机理,可分为阻性消声器、抗性消声器和小孔消声器等三大类型。按消声原理主要有膨胀式、涡流式、能量吸收式、密闭式、身管开孔式等五大类型。

1. 按消声机理分类

1）阻性消声器

阻性消声器主要是利用多孔吸声材料降低噪声。把吸声材料固定在气流通道的内壁上或按照一定方式在管道中排列,构成阻性消声器。当声波进入阻性消声器时,一部分声能在多孔材料的孔隙中摩擦而转化成热能耗散掉,使通过膛口消声器的声波减弱。阻性消声器就如电学上的纯电阻电路,吸声材料类似于电阻。因此,这种膛口消声器称为阻性消声器。阻性消声器对中高频消声效果好,而对低频消声效果较差。

2）抗性消声器

抗性消声器是由突变界面的管和室组合而成的,像是一个声学滤波器,与电学滤波器相似,每一个带管的小室是滤波器的一个网孔,管中的空气质量相当于电学上的电感和电阻,称为声质量和声阻。小室中的空气体积相当于电学上的电容,称为声顺。每一个带管的小室都有自己的固有频率。当包含有各种频率成分的声波进入第一个短管时,只有在第一个网孔固有频率附近的某些频率的声波才能通过网孔到达第二个短管口,而另外一些频率的声波则不可能通过网孔。只能在小室中来回反射,因此这种对声波有滤波功能的结构称为声学滤波器。选取适当的管和室进行组合,就可以滤掉某些频率成分的噪声,从而达到消声的目的。抗性消声器适用于消除中频、低频噪声。把阻性结构和抗性结构按照一定的方式组合起来,就构成了阻抗复合式消声器。

3）微孔板消声器

微孔板消声器一般是用厚度小于1mm的纯金属薄板制作,在薄板上用孔径小于1mm的钻头穿孔,穿孔率为1%~3%。选择不同的穿孔率和板厚不同的腔深,就可以控制膛口消声器的频谱性能,使其在需要的频率范围内获得良好的消声效果。

4）小孔消声器

小孔消声器的结构是一根末端封闭的直管,管壁上钻有很多小孔。小孔消声器的原理是以喷气噪声的频谱为依据的,如果保持喷口的总面积不变而用很多小喷口来代替,当气流经过小孔时,喷气噪声的频谱就会移向高频或超高频,使频谱中的可听声成分明显降低,从而减少膛口噪声。

2. 按消声原理分类

1）膨胀式消声器

膨胀式消声器是在膛口处安装一个大容积的膨胀室,使高温高压的火药燃气得以膨胀、减压后再进入大气。

2）涡流式消声器

涡流式消声器是将膛口消声器中的膜片制成螺旋形状,使火药燃气沿轴向运动,产生涡流,降低中心部位的压力,延缓火药燃气流出膛口的速度。

3）能量吸收式消声器

能量吸收式消声器是在膛口消声器内装有吸声或吸热材料,当火药燃气通过时,部分能量被吸声或吸热材料所吸收,使火药燃气冷却、减压。

4) 密闭式消声器

密闭式消声器是在膛口消声器口部安装弹性材料,如橡胶垫,在橡胶垫中心开有小于弹头直径的孔,或在橡胶垫中心预制缝隙,发射时弹头穿过橡胶垫,而火药燃气则被封闭在膛口消声器内慢慢释放。

5) 身管开孔式消声器

身管开孔式消声器是在身管上靠近膛口的一段距离内打许多小孔,膛口消声器套在外面。射击时,在弹头出膛口之前就已经有一部分火药燃气进入了膛口消声器,从而达到降低膛口压力、减小膛口噪声的目的。

第1种～第4种消声原理对单发射击的消声效果很明显,但对连发射击的消声效果则不太明显。最后一种消声原理虽然适用于连发射击,但降低了弹药的杀伤性能。因此,在实际应用中,常常是两种或两种以上消声原理综合考虑,以获得最佳的综合效果,如64式微声冲锋枪的膛口消声器采用了膨胀式和身管开孔式两种原理。

3. 常用的典型膛口消声器

1) 网式消声器

网式消声器的结构形式如图9.31所示。在身管的前端开有多排侧孔,外面套有圆筒,筒内放有卷紧的网丝。射击时部分气体自侧孔流出,并流入网内,部分气体从膛口流出。由膛口流出的气体一部分经膨胀也流入网内,另一部分自中央弹孔流出膛外。由于自中央弹孔流出的气体只是一部分,又经过膨胀,压力、密度都较低,减弱了气流对空气的冲击作用而达到减声目的。原先流入网内的气体待膛内压力降低后,再慢慢流入大气,也不会产生大的声音。当武器连续射击时,若网内的气流来不及流出,而使气体压力逐渐升高,降压作用就受到影响,消声效果逐渐减弱。

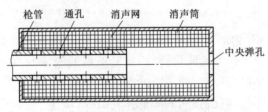

图9.31 网式消声器

2) 隔板式消声器

隔板式消声器的结构特点是在消声筒内安放有消声隔板或消声碗,如图9.32所示。自膛口喷出的气流经过消声隔板,受到阻力,消耗能量,流出消声筒时能量很小,从而减小了气流对外界大气的冲击作用,达到消声的目的。

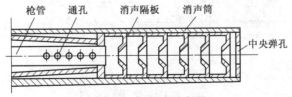

图9.32 隔板式消声器

3) 封闭式消声器

封闭式消声器的结构形式是在膛口安装一消声筒,消声筒的中央弹孔处用一橡皮封闭(图9.33)。当射击时弹丸迅速穿过橡皮,橡皮被穿孔后,由于本身的弹性作用很快收缩而堵住气流,因此使气流只能自小孔慢慢流出,避免突然冲击大气,达到减声的目的。

实验证明,这种措施的消声效果较好,但在多次射击后,橡皮上的小孔逐渐扩大,消声效果逐渐降低;弹丸通过橡皮时,由于橡皮对弹丸作用的力不均匀,因此严重影响到射击精度。

4)混合式(复合式)消声器

(1)消声碗+螺片的混合式消声器。这种混合式的消声装置采用两端是消声碗,中间加螺片装置的结构形式。其消声原理:自膛口喷出的高速高压气体,在消声筒内产生剧烈的涡流效应,使气流的直线速度能经涡流和摩擦后变为热能而损失,从而降低弹丸出膛口时的气体压力。螺片用两根螺杆将螺片串起来,各螺片相隔一定的距离,自膛口喷出的火药气体流入消声器的消声碗后进入主体段内,气体通过螺片时发生离心旋转,在整个长度上产生涡流。在靠近消声装置的口部连接消声碗,使剩下的气体再次膨胀进一步降低噪声。其结构如图9.34所示。

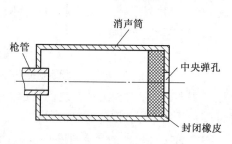

图9.33 封闭式消声器

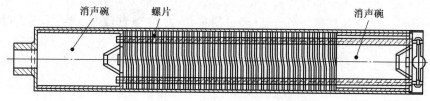

图9.34 消声碗+螺片的混合式消声器

(2)多孔+膨胀室+反射的复合式消声器。这种复合式消声器组合方式多种多样,如图9.35所示是最左端带多孔的膨胀管,经一次膨胀后的气体,一部分自侧孔进入膨胀腔再次膨胀,另一部分遇反射板反射,通过波的叠加减弱波形,经小孔进入膨胀管再次膨胀和反射,这样经过多次膨胀和反射,从而降低弹丸出膛口时的气体压力。这种消声器的结构较为紧凑,消声效果好。例如,95式5.8mm自动步枪采用这种消声器可以使膛口噪声降低了30%,而且体积比一般的消声碗式消声器小得多。

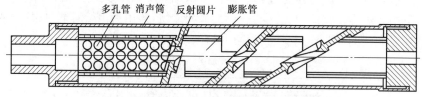

图9.35 多孔+膨胀室+反射的复合式消声器

思考题

1. 膛口装置有哪些类型?简述各种膛口装置的作用。

2. 膛口制退器的作用原理有哪些？膛口制退器有哪些分类和类型？
3. 表征膛口制退器性能的特征量有哪些？这些特征量由哪些因素决定？
4. 什么是膛口制退器的效率？
5. 影响膛口制退器作用效果的因素有哪些？说明这些因素对制退器效率的影响。
6. 简述膛口助退器的工作原理，并说明哪些结构参数影响其工作性能？
7. 分析引起枪口跳动的主要原因，并简述膛口防跳器的工作原理。
8. 分析膛口火焰产生的原因，并说明膛口消焰器的工作原理。
9. 膛口消焰器有哪些结构类型？
10. 武器射击时，产生噪声的原因是什么？降低膛口噪声的技术措施有哪些？
11. 有哪些方法评价膛口消声器的消声量？简述其含义。
12. 膛口消声器有哪些类型？简要说明各类膛口消声器的工作原理。

第 10 章　导气装置设计

10.1　导气装置的工作原理及分类

10.1.1　导气装置的作用及工作原理

导气装置是利用从身管侧孔导出的部分膛内火药燃气推动自动机原动件工作,以保证武器完成自动动作的装置。导气装置的结构一般由导气箍、活塞或导气管和气室等组成,如图 10.1 所示。

导气孔是指膛内火药燃气流入气室的通道。

气室是指容纳火药燃气的空间。

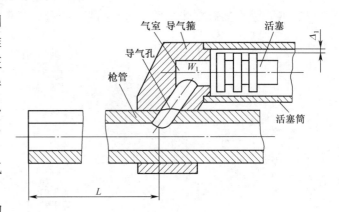

图 10.1　导气装置的结构简图

活塞是指直接承受火药燃气作用,并推动活动机件后退完成自动动作。

武器射击时,部分火药燃气经身管壁上的导气孔流入气室中,并作用于活塞上推动活塞运动,活塞带动与之相连接的自动机基础构件运动,完成自动循环动作。

10.1.2　导气装置的分类及特点

导气装置具有结构简单、动作可靠等优点,故在自动武器中得到了广泛的应用。

1. 根据有无活塞分类

根据导气装置的结构特点,有活塞式和导气管式两类。

1) 活塞式导气装置

活塞式导气装置的明显特征是导气装置中具有一个承受火药燃气的活塞。根据活塞与自动机原动件的连接和运动情况,又可分力活塞长行程和活塞短行程两种。苏联 AK47 突击步枪(图 10.2)为活塞长行程,它的特点是活塞与自动机原动件(枪机框)连为一体共同运动,二者具有相同的运动行程。我国 81 式 7.62mm 枪族(图 10.3)、56 式半自动步枪、95 式 5.8mm 自动步枪等为活塞短行程,其特点是活塞与自动机原动件(枪机框)单面连接,二者共同后坐一个短行程后,活塞则停止运动并在其活塞簧的作用下复进,而枪机框则单独后坐完成自动循环动作。

2) 导气管式导气装置

导气管式导气装置的一个明显特征是导气装置中没有活塞构件,而是一个比较长的导气管。美国 M16 自动步枪(图 10.4)、85 式 12.7mm 高射机枪、89 式 12.7mm 重机枪等就是这种结构原理。这种导气装置导出的火药燃气直接作用于自动机原动件(枪机框)并使其工作。

这种导气装置气室的最大压力低,工作平稳;导气管可将气流引导至内膛轴线最小的距离,动力偶小,有利于提高射击精度;由于没有活塞,因此有利于减轻重量和撞击,结构紧凑。但这种导气装置不好擦拭,勤务性能差、气室压为低、冲量小,不利于提高理论射速。

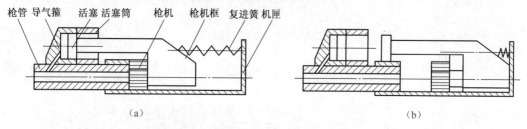

图 10.2　苏联 AK47 突击步枪工作原理
(a)活塞、枪机、枪机框在前方;(b)活塞、枪机、枪机框在后方。

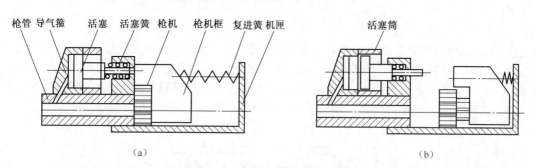

图 10.3　81 式 7.62mm 枪族工作原理
(a)活塞、枪机、枪机框在前方;(b)活塞在前方,枪机、枪机框在后方。

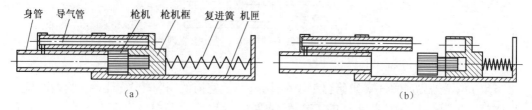

图 10.4　美国 M16 自动步枪工作原理
(a)活塞、枪机、枪机框在前方;(b)活塞在前方,枪机、枪机框在后方。

2. 根据气室结构分类

根据导气装置气室结构的不同,可分为闭式气室和开式气室两类。

1) 闭式气室导气装置

闭式气室导气装置的结构原理如图 10.5 所示。该气室呈圆筒形,筒体较长,活塞在活塞筒内运动,活塞外径与活塞筒内径之间的间隙较小,活塞筒可作为活塞运动的导向筒。工作时,火药燃气在较长的行程上推动活塞运动。闭式气室的特点是对火药燃气的密封性能好,可充分利用气室中火药燃气的能量,另外,活塞的运动也比较平稳。

2) 开式气室导气装置

开式气室导气装置的结构原理如图10.5所示。该气室较短,活塞运动时将移动到气室之外,所以活塞杆要设置专门的导向件。工作时,火药燃气冲击活塞,使活塞迅速获得足够的能量进行工作。开式气室的特点是火药燃气冲击性大,活塞运动初期的加速度大于闭式气室,对火药燃气密封性差,利用率较低。

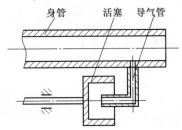

图10.5 开式气室的导气装置结构原理

3. 根据火药燃气作用性质分类

根据火药燃气对活塞的作用性质不同,导气装置可分为静力式、动力式和动力静力式三类。

1) 静力式导气装置

静力式导气装置的气室初始容积较大,活塞与活塞筒的间隙较小,火药燃气自导气孔进入气室后,气体急剧膨胀和扩散,气体对活塞的作用时间较长,气流的速度已在气室中散失,气室内最大压力较低,火药燃气对活塞没有动力作用,只靠气体的静力膨胀作用于活塞,使活塞产生运动。闭式气室属于这一类型,如图10.6所示。

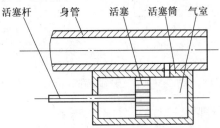

图10.6 闭式气室的导气装置结构原理

2) 动力式导气装置

动力式导气装置的气室初始容积较小,活塞与活塞筒的间隙较大,且导气管截面积是逐渐扩张的,其出口正对着活塞的工作面,自身管导出的火药燃气直接冲击在活塞端面上,推动活塞运动。由于活塞与气室壁之间的间隙较大,冲击活塞的气流可自由地排至空气中,因此气室内的压力不会升高,气体对活塞的作用主要是动力作用。其结构原理如图10.7所示。

这类导气装置对活塞作用的冲量大,活塞在短时间内能获得较高的速度,有利于提高射击频率。同时高压、高速火药燃气对气室前壁的冲击,将使武器产生动力偶矩,从而降低武器的射击精度。

3) 动力静力式导气装置

既有动力式的某些特点,又有静力式的某些特点,但不完全满足动力式或静力式的导气装置称为动力静力式导气装置,也可称为混合式导气装置,如图10.8所示。

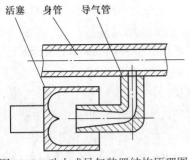
图10.7 动力式导气装置结构原理图

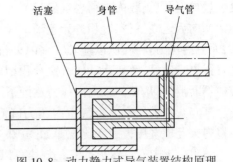
图10.8 动力静力式导气装置结构原理

4. 根据气体膨胀方式分类

根据火药燃气膨胀方式不同,导气装置可分为膨胀式和截流膨胀式两类。

1) 膨胀式导气装置

膨胀式导气装置的主要特点是气室初始容积较大,导气孔距膛底一般较远。它除了高压火药燃气对活塞的冲击作用外,还通过气室内气体的膨胀对活塞作功。它的气室压力较低,活塞加速度较小,工作较平稳,如捷克 ZB-26 轻机枪导气装置即采用膨胀式气室。其结构原理如图 10.9 所示。

2) 截流膨胀式导气装置

截流膨胀式导气装置结构特点是活塞前端是中空的,气室初始容积大。其工作过程分两个阶段:首先火药燃气经导气孔流入气室推活塞后移,当活塞后退一短距离,导气孔即被关闭,气体停止流入气室;然后气室内的气体膨胀,继续对活塞作功。

这种结构可避免气室内的气体向膛内反流,故效率较高;气室压力可小一些,活塞加速度小、工作较平稳;能对活塞能量起调节作用。若气室开始压力高,活塞速度大,则气孔被关闭的早一些,可减少火药燃气的进入量。若气室开始压力低,活塞速度小,则气孔被关闭的晚一些,可增加火药燃气的进入量,促使活塞加速后退,以保证活动机件运动平稳,动作确实可靠。

其缺点是结构较复杂,外廓尺寸较大,不易清除火药残渣。美国 M60 通用机枪导气装置采用截流膨胀式气室。其结构原理如图 10.10 所示。

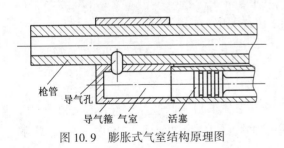
图10.9 膨胀式气室结构原理图

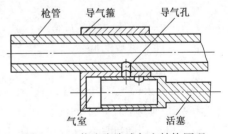
图10.10 截流膨胀式气室结构原理

10.2 气室内火药燃气压力

10.2.1 气室内火药燃气压力的变化规律

气室内火药燃气压力的变化与膛压变化类似,射击后弹丸沿身管内膛向前运动,当弹丸越过导气孔后,膛内火药燃气经导气孔流入气室,气室内压力迅速增大,并对活塞作用,使活塞向后运动,气室容积开始逐渐增大。由于活塞开始运动位移较小,气室容积增加不大,而膛内压力较高,所以随着气室内火药燃气不断增多,气室压力继续增大至最大值,活塞获得更大速度;活塞运动使气室容积增大,并且膛内压力逐渐降低,火药燃气从活塞间隙中不断泄出,从而使气室内压力逐渐下降。当膛内压力与气室内压力相同时,膛内的火药燃气停止进入气室。当气室内压力降到大气压力时,火药燃气即停止对活塞的作用。气室内火药燃气压力的变化规律如图 10.11 所示。

图 10.11 中气室压力的变化规律可以由马蒙托夫近似公式或布拉温近似公式进行描述,也可以通过气体动力学理论进行数值求解。

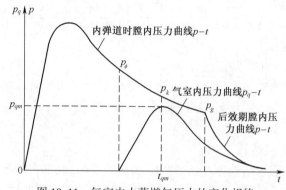

图 10.11　气室内火药燃气压力的变化规律

p_ϕ—弹丸到达导气孔瞬间膛内的压力;p_{qm}—气室内的最大压力;t_{qm}—到达气室最大压力的时间;

p_k—气室内压力达到最大值时的膛内压力;p_g—弹丸出枪口瞬间膛内压力。

1. 马蒙托夫近似公式(马蒙托夫经验法)

马蒙托夫经验法只适用于静力作用式(闭式气室结构)的导气装置近似计算。马蒙托夫在试验与理论计算的基础上,给出了气室压力变化规律的经验公式为

$$p_q = p_{qm} z e^{1-z} \tag{10-1}$$

或者

$$p_q = p_{qm} e z e^{-z} \tag{10-2}$$

式中　p_{qm}——气室最大压力(MPa),其 p_q—t 曲线如图 10.12 所示;

e——自然对数的底;

z——相对时间,$z = t/t_{qm}$;

t——由火药气体开始进入气室瞬间算起的时间(s)。

为了定量地解出 p_q—t 曲线,马蒙托夫提出了基本假设,即气室压力(单位面积压力)全冲量 I_{k0} 与弹丸通过导气孔后膛内压力(单位面积压力)全冲量 I_0 之比为一常数,此常数取决于导气装置的结构参数。

I_{k0} 与 I_0 之比称为比冲量效率 η_k,即

$$\eta_k = \frac{I_{k0}}{I_0} \tag{10-3}$$

所以

$$I_{k0} = \eta_k I_0 \tag{10-4}$$

式中：η_k 可根据导气装置的结构参数求出；I_0 可由内弹道条件求出。

由式(10-4)确定 I_{k0} 后，即可确定气室压力变化规律 p_q—t。

I_0 及 I_{k0} 如图 10.12 所示。

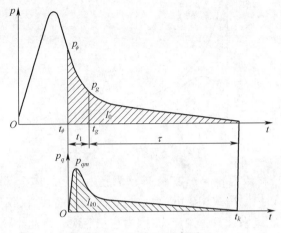

图 10.12　I_0 及 I_{k0} 示意图

2. 布拉温近似公式（布拉温经验法）

布拉温经验法与马蒙托夫经验法一样，仅适用于静力作用式的导气装置近似计算。

布拉温提出的基本假设也是认为气室内火药燃气压力（单位面积压力）全冲量 I_{k0} 与弹丸通过导气孔后，膛内火药气体压力（单位面积压力）全冲量 I_0 之比为一常数，此常数取决于导气装置的结构参数。不同的是，布拉温认为影响气室内压力变化规律的导气装置结构参量主要是两个因素：导气孔最小横截面积 S_Φ 与活塞面积 S_h 之比 σ_0 和活塞的断面负荷 K_0，即

$$\sigma_0 = \frac{S_\Phi}{S_h}, K_0 = \frac{m_0}{S_h}$$

布拉温给出气室压力变化规律的经验公式为

$$p_q = p_\Phi e^{-\frac{t}{B}(1 - e^{-\alpha \frac{t}{B}})} \tag{10-5}$$

式中　p_Φ——弹丸通过导气孔瞬间膛内火药气体压力（MPa）；

B——取决于膛内压力变化规律的函数；

α——取决于导气装置结构参数的系数。

设

$$p = p_\Phi e^{-\frac{t}{B}} \tag{10-6}$$

式(10-6)表示弹丸通过导气孔后膛内压力的变化规律，则气室及膛内压力变化规律如图 10.13 所示。

当 α 值变化时，气室压力曲线为一组曲线，这些曲线被式(10-6)所表示的弹丸通过导气孔后的膛内压力曲线所限制。

当 $\alpha = 0$ 时，$p_q = 0$；α 越大，$e^{-\alpha \frac{t}{B}}$ 越小，曲线越升高；当 α 接近 ∞ 时，$p_q = p_\Phi e^{-\frac{t}{B}}$。

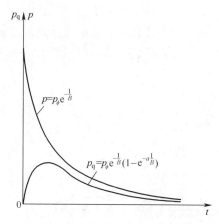

图 10.13 气室及膛内压力变化曲线

通常当 $\alpha>40$ 时,就认为 $p_q = p_\phi e^{-\frac{t}{B}}$,即认为膛内火药气体全部在流气室中。

应该强调指出,布拉温用式(10-6)表示的膛内压力曲线,仅仅用来限制气室压力的变化范围,而不能用此式来计算膛内压力,因为它不能代表弹丸经导气孔后膛内压力的实际变化规律,用此式计算将会产生较大的误差。

由式(10-5)可知,只要能求出系数 B 和 α,则由此式表示的气室压力规律就被完全确定。

10.2.2 影响气室火药燃气压力的因素

1. 导气孔的位置 L

导气孔越靠近弹膛,开始流入气室时的火药燃气压力越高,气室压力上升快,压力高,而气体对活塞作用时间也越长,故活塞得到的冲量越大。但对导气孔、气室壁及活塞烧蚀大。

2. 导气孔的横断面积 S

导气孔横断面积越大,流入气室的火药燃气越多,压力升得越高,且活塞得到的冲量越大。

3. 活塞与气室(或活塞筒)壁间的间隙 Δ_1

活塞与气室(或活塞筒)壁间的间隙大,泄出的火药燃气就多,则气室内压力升得慢,压力低,活塞得到的冲量就小。

4. 气室初始容积 W_1

在其他条件不变的情况下,气室初始容积增大,气室内压力上升得慢,压力低,活塞得到的冲量小。

5. 活塞端面面积 S_S

活塞端面积增大后,作用力将增大,活塞得到的冲量也增大。

6. 活塞质量 m_S

活塞质量是指气室压力作用时期和活塞一起运动的零件总质量。

在其他条件不变的情况下,活塞质量增加则活塞的运动速度要下降,使气室容积增长减慢,气室压力相应地会略有升高。由于活塞速度下降,活塞通过一定行程的时间增长,使气体对活塞作用时间增加,因此这对提高武器射速是不利的。

7. 散热状况

气室内火药燃气温度较高,部分火药燃气热量将通过气室壁散入大气。散热状况良好将引起气室内压力下降,使活塞得到的冲量就小。

10.3 导气装置的结构设计

10.3.1 导气装置主要结构分析

1. 导气孔

导气孔在身管上的位置及孔径的大小,对自动机的动作有很大影响。若导气孔位置靠前(靠近膛口),则活塞的结构尺寸和质量增加,且往往不易满足自动机对能量的要求。但导气孔位置靠前,气室压力低,冲量增加慢,自动机工作较平稳,并能降低射速。若导气孔位置靠后(向膛底方向),则结构较紧凑,有利于提高射速。但气孔处高压火药燃气的烧蚀和冲刷作用较严重,容易使气孔直径扩大,影响自动机的动作。另外,火药未燃尽的颗粒容易残留在气室中,结成块后难以清理,影响气室初始条件与火药燃气作用效果。

导气孔位置设置得靠前一些,其直径相应要大些,如捷克 ZB-26 轻机枪,枪管总长为 600mm,导气孔设置在离枪口 26mm 位置,其直径为 8.8mm;导气位置设置得后一些,其直径相应要小些,如美国 M1 式半自动步枪,枪管总长为 452mm,导气孔设置在离枪口 328mm 处,其直径为 1.5mm。表 10.1 列举了导气式武器中导气孔的位置及大小数据,可供设计时参考。

表 10.1 导气孔位置及直径的参考数据

武 器 名 称	身管总长 L/mm	导气孔距身管尾端位置	导气孔直径/mm
56 式 7.62mm 半自动步枪	520	0.67L	$\phi 3.5$
56 式 7.62mm 冲锋枪	413	0.74L	$\phi 4.2$
捷克 58 式冲锋枪	348	0.39L	$\phi 3.5$
美国 M16 自动步枪	376	0.57L	$\phi 3$
95 式 5.8mm 自动步枪	463	0.74L	$\phi 1.8, \phi 2.8$
美国 M60 通用机枪	590	0.66L	$\phi 4.5$
54 式 12.7mm 高射机枪	1000	0.74L	$\phi 3, \phi 3.5, \phi 4$

2. 气室

静力式导气装置(如捷克 ZB-26 轻机枪)主要靠气室内的气体膨胀对活塞有较长时间的作用,使活塞达到预期的速度,这种结构的气室初始容积较大一些,气室内的最大压力较低,活塞的加速度小,工作较平稳。

动力式导气装置对活塞的作用主要靠气室内开始充气阶段高压火药气体对活塞的冲击,使活塞短期内获得较高的速度。

截流式导气装置(如美国 M60 通用机枪)的气室最大压力可以低一些,活塞加速度小一些,工作比较平稳,并能对活塞能量起调节作用。若气室开始压力高,活塞速度大,则气孔被关闭得早一些,可减少气体的进入量;反之,若气室开始压力低,活塞速度小,则气孔被关闭得晚一些,可多进一些气体,促使活塞加速后坐。

导气管式导气装置依靠膛内火药燃气经导气孔和导气管直通至枪机框的某端面,推动枪机框向后运动。其气室内的最大压力较低,自动机的工作较平稳,省略了活塞,结构较紧凑,活动件质心可以安排得更接近枪膛轴线,有利于提高连发精度,但这种结构的枪机、枪机框熏烟较严重,擦拭不方便,如美国 M16 自动步枪。

3. 活塞

根据活塞与枪机框的运动情况,可把活塞分为结合式活塞与分离式活塞两种形式。

结合式活塞是活塞与枪机框连为一体,则活塞行程等于枪机框行程。活塞承受气室火药燃气冲量后即与枪机框一起后退。结合式活塞结构简单,应用较多,如 56 式 7.62mm 冲锋枪、56-1 式 7.62mm 轻机枪、67-2 式 7.62mm 重机枪等均采用结合式活塞。

分离式活塞是活塞与枪机框不连为一体,当活塞承受气室火药燃气冲量后对枪机框作用一短行程,活塞即停止对枪机框的作用,枪机框靠惯性后退。分离式活塞结构紧凑,枪机框的质心位置容易安排得靠近内膛轴线,故有利于提高武器的连发精度;即使导气孔安排在上方也不影响在上方用弹夹压弹。但活塞在短时间内要获得较大的速度,气体对活塞的动力作用较大。我国制式枪械大多采用分离式活塞,如 56 式 7.62mm 半自动步枪、81 式 7.62mm 枪族、85 式 7.62mm 狙击步枪和 95 式 5.8mm 枪族等。

1) 活塞与枪机框的连接

活塞与枪机框的结合形式较多,通常采用螺纹连接后加横销防止转动。故在更换活塞后应保持活塞底端面与枪机框接触,以承受火药燃气的轴向推力,要避免横销受力,防止剪断。有些武器,如 67-2 式 7.62mm 重机枪,当活塞与枪机框连接后,要求活塞有小量的摆动,其目的是为了便于装配使活塞易于进入气室和保证活塞运动灵活。

2) 活塞端面形状

活塞端面形状对活动机件的动作是有影响的。活塞端面的形状一般有平面、凹面及凸面多种形式,如图 10.14 所示。凹面活塞头,可使得反射的气流集中,以减少漏气,增强火药燃气的作用效果;环形凹面的活塞端面形状可以改变气流自凹面反射回来的速度方向,使气流较平行于膛轴,以免气流因相互撞击而损失能量。

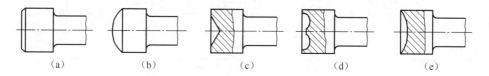

图 10.14 活塞端面形状

(a)平面;(b)球形凸面;(c)球形凹面;(d)锥形凹面;(e)环形凹面。

3) 活塞和气室壁之间的间隙

为了便于装配并保证活动机件动作灵活,在活塞与气室壁(活塞筒壁)间通常均保留一定间隙。

活塞上有闭气沟,当火药燃气进入闭气沟时,由于体积增大而膨胀,使火药燃气的压力、速度减小,故闭气沟能减小火药燃气泄出,避免因大量漏气而造成冲刷作用而使间隙增大。

4. 调整器

调整器是通过改变导气装置的某个因素,调整气室内火药燃气对活塞的作用,使武器在正常条件下,自动机以较小的能量保证动作可靠,有利于提高射击精度。在恶劣条件下,用较大的能量以保证正常射击。调整火药燃气能量的方法很多,现有武器通常采用的方法有以下几种。

1) 改变导气孔道的最小断面面积

改变导气孔道的最小断面面积是通过调节器上不同截面积的孔或沟槽来实现的。改变导气孔道的最小断面面积,也就是改变了火药燃气进入气室的流量,使活塞得到不同的速度,以保证活动机件动作可靠。这种调整方式效果较明显,结构也较简单,如 56 式 7.62mm 轻机枪、67-2 式 7.62mm 重机枪、81 式 7.62mm 枪族、95 式 5.8mm 枪族等的气体调节器,均采用这种调整方式,且不需要专门的工具,用枪弹即可调整。

2) 改变气室的初始容积

改变气室的初始容积,也就是改变了气室的压力,从而使活塞得到不同的速度,以保证活动机件动作可靠。这种调整方式的缺点是调整量小,但对自动机动作影响不大;若调整量大,则拧调整器不方便,如德国 MP-43 式冲锋枪采用这种方式调整,如图 10.15 所示。

3) 改变气室的漏气量

改变气室的漏气量,可达到改变气室压力的目的,使活塞得到不同的速度,保证活动机件动作可靠。

这种调整方式,在武器正常工作条件下,调整器必须经常放气,只有在特殊条件下,活动机件需要能量较大时,才调整气室使其少漏气或不漏气,故对火药燃气能量的利用是不合理的。采用这种调整方式武器有英国 L1A1 式半自动步枪,如图 10.16 所示。我国 85 式 7.62mm 狙击步枪调节套也是采用达种原理。

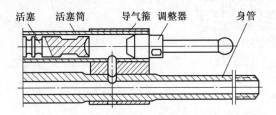

图 10.15 改变气室初始容积的导气装置

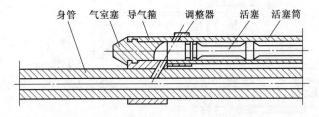

图 10.16 改变气室漏气量的导气装置

表 10.2 所列为武器的典型导气装置结构,设计时可供参考。

表 10.2 武器的典型导气装置结构

序号	结 构 图 例	导气孔距身管尾端面位置	主要特点
1	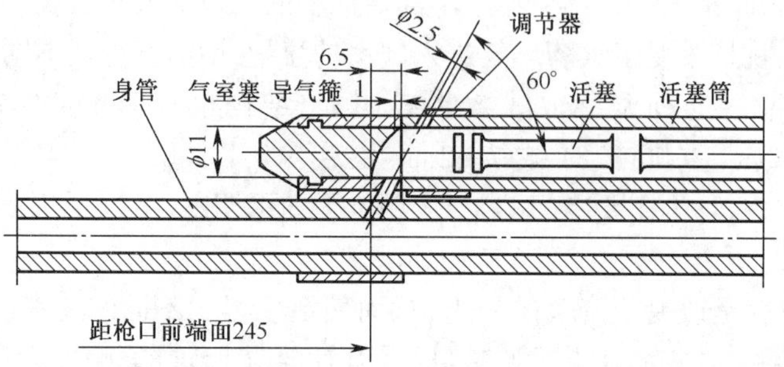 英国 L1A1 半自动步枪导气装置	0.61L	① 导气装置通过改变漏气量调节。活塞后退一段距离后,气室 ϕ2.5mm 的调节孔即被打开,调节孔的外层套有一带曲面的套圈。转动套圈,借套圈上的曲面覆盖调节孔面积的多少来达到调节流出的气体量,调节级数较多,理论上可以设计成无级调节; ② 气室的前端面有一气室塞,正常射击时,导气孔与气室相通。若发射枪榴弹时,将气室塞转动 180°,导气孔完全关闭,自动机不能工作
2	56 式 7.62mm 半自动步枪导气装置	0.67L	① 导气装置不能调节; ② 活塞和枪机框不相连(火药气体推动活塞,活塞通过推杆推动枪机框),活塞和推杆作用一段距离后,即停止运动,枪机框靠惯性继续后坐
3	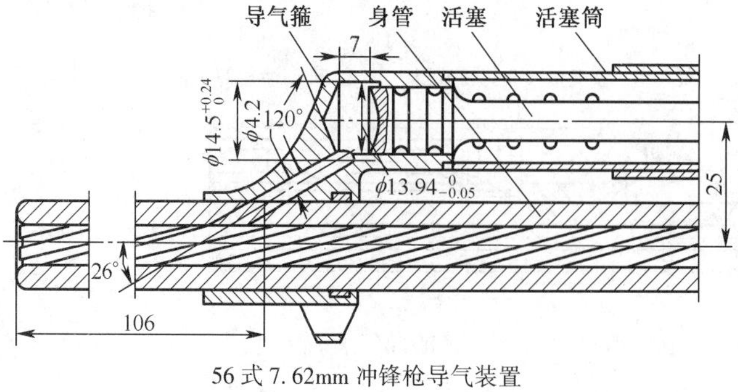 56 式 7.62mm 冲锋枪导气装置	0.74L	① 导气装置不能调节; ② 活塞与枪机框为螺纹连接; ③ 活塞后坐约 25mm 后,气室通过活塞筒上小孔与外界大气相通; ④ 同类型武器中后坐能量较大,自动机工作可靠,但连发精度较差

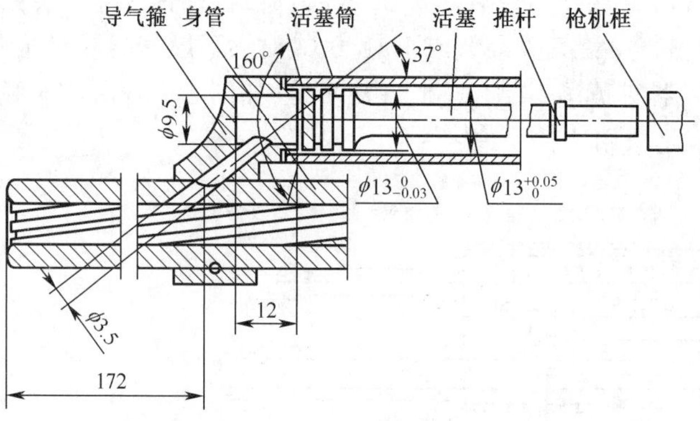

续表

序号	结构图例	导气孔距身管尾端面位置	主要特点
4	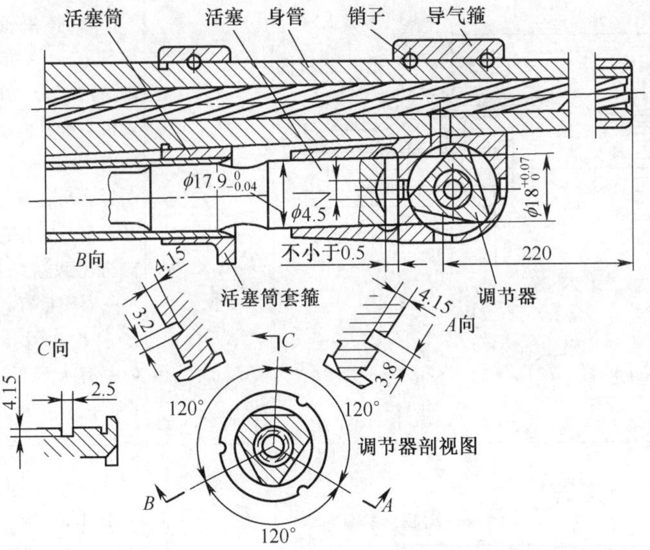 56式7.62mm轻机枪导气装置	0.77L	① 改变导气孔通道断面积进行调节； ② 活塞与枪机框为螺纹连接； ③ 活塞后坐约30mm后离开气室，气室与大气相通
5	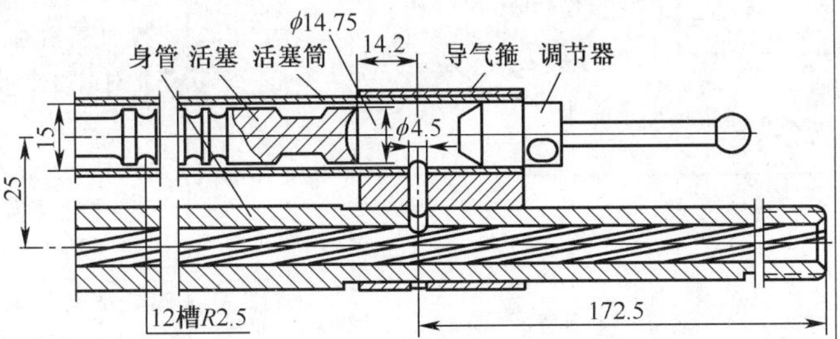 德国MP-43冲锋枪导气装置	0.58L	① 改变其初始容积进行调节； ② 距导气孔39mm处的活塞筒上有两个直径5mm的气孔，活塞后退24mm后，即开放气孔，气室与外界大气相通； ③ 气室初始容积较大，气室内压力不致很高，自动机工作较平稳； ④ 活塞上有12个沟槽，能较好地防止漏气

续表

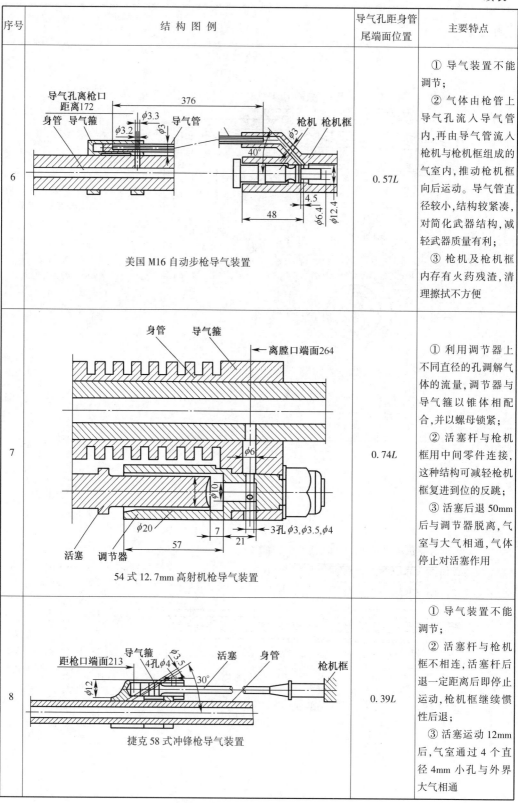

序号	结构图例	导气孔距身管尾端面位置	主要特点
6	美国 M16 自动步枪导气装置	0.57L	① 导气装置不能调节；② 气体由枪管上导气孔流入导气管内，再由导气管流入枪机与枪机框组成的气室内，推动枪机框向后运动。导气管直径较小，结构较紧凑，对简化武器结构，减轻武器质量有利；③ 枪机及枪机框内存有火药残渣，清理擦拭不方便
7	54式12.7mm高射机枪导气装置	0.74L	① 利用调节器上不同直径的孔调解气体的流量，调节器与导气箍以锥体相配合，并以螺母锁紧；② 活塞杆与枪机框用中间零件连接，这种结构可减轻枪机框复进到位的反跳；③ 活塞后退 50mm 后与调节器脱离，气室与大气相通，气体停止对活塞作用
8	捷克58式冲锋枪导气装置	0.39L	① 导气装置不能调节；② 活塞杆与枪机框不相连，活塞杆后退一定距离后即停止运动，枪机框继续惯性后退；③ 活塞运动 12mm 后，气室通过 4 个直径 4mm 小孔与外界大气相通

430

10.3.2 导气装置的设计

1. 导气装置的结构类型选择原则

在确定导气装置的结构形式时,一般根据武器总体方案布局要求和自动机工作能量要求,采用类比方法确定导气装置的结构形式,其选择原则如下:

(1) 活塞式导气装置一般采用动力静力式导气装置。

(2) 为降低气室最大压力,减小活塞加速度,使自动机工作平稳,可以考虑采用静力式导气装置。

(3) 为降低气室最大压力,减少活塞加速度,并能根据膛压变化自动调节活塞能量,可考虑采用截流膨胀式导气装置。

(4) 为减少自动机活动机件质心与身管内膛轴线的距离,提高连发精度,并使自动机工作平稳、结构紧凑,可以考虑采用导气管式导气装置,但这类导气装置擦拭不方便。

2. 导气装置的结构设计方法

设计导气装置时首先拟订结构形式,然后用估算法和试验法决定参数。估算法是首先根据设计要求,预先选定某几个结构参数,如导气孔位置、活塞面积和间隙等;然后估算其他参数,如导气孔最小断面面积等。所设计的结构是否合理,可通过仿真和试验的方法验证,如发现设计方案有问题,则根据情况再作适当调整,直至方案合理为止。若所设计的结构原理比较新颖,现成的计算方法不能适用,则需研究新的计算方法或通过试验来确定。此时,可首先进行导气实验装置的设计,在实验装置上进行试验,找出结构诸元对自动机工作影响的规律,然后在样机上进行调试,最后确定设计方案。用估算法设计导气装置的步骤如下:

(1) 设计时,已知数据为武器的内弹道诸元以及膛内压力随时间及弹丸位移的变化规律。

(2) 根据武器总体布置,并参考现有武器的结构诸元,概略确定活塞的质量 m_S(包括导气装置工作时,参加活塞运动的其他零件质量)。

(3) 根据所设计武器的射击频率要求及保证自动机正常工作所需能量,初步确定活塞的最大后坐速度 v_m。

(4) 根据自动机所需能量的大小及结构特点,初步选定导气孔在身管上的位置及活塞端面横截面面积 S_S。

(5) 由以上数据估算气室的冲量效率 η_S 值,自动机需气室供给的全冲量为 $S_S i_{0S} = m_s v_m$,导气装置工作时膛内单位面积压力的全冲量为 $i_0 = \dfrac{p_d + p_k}{2} t_{dk} + \dfrac{(\beta - 0.5)}{S} \omega v_0$,气室的冲量效率为 $\eta_S = \dfrac{i_{0S}}{i_0}$;

(6) 根据选取的活塞端面横截面面积 S_S 及活塞间隙 ΔS_S 计算得出 $\dfrac{S_S}{\Delta S_S} = \dfrac{S_S / S_d}{\Delta S_S / S_d} = \dfrac{\sigma_S}{\sigma_\Delta}$,在初步选择导气孔面积时近似地取 $\eta_S \approx \eta_{S0}$,则由 η_{S0} 及 $\dfrac{\sigma_S}{\sigma_\Delta}$ 值查图 2.36 即可得到

σ_Δ 及 σ_S 值,从而得出导气孔端面面积 $S_d = \dfrac{\sigma_S}{\sigma_\Delta} S_S$。由此,导气装置的主要结构参数已经初步确定。

10.4 内能源转管武器导气装置的结构原理

内能源转管武器是利用发射时膛内的高压火药燃气推动活塞方式,驱动武器身管组件转动,对载体的依赖性小,大幅度提高应用范围,减小后勤供应和保障的难度。内能源转管武器工作原理是依次将身管内部分火药燃气导出,通过活塞曲柄连杆机构或者凸轮机构驱动转管武器的机匣和身管组旋转,并传动供弹机构、闭锁机构等工作,以完成高速连续射击动作。

10.4.1 内能源转管武器的工作原理

双向驱动导气式内能源转管自动机是利用身管侧孔导出的部分膛内火药燃气能量推动自动机原动件进行工作的武器。其原动件一般是活塞及其连接的构件,原动力是导气装置气室内的火药燃气压力。内能源转管武器导气装置的结构由导气孔、导气槽、前后活塞、前后气室、活塞套筒和排气孔组成,如图10.17所示。

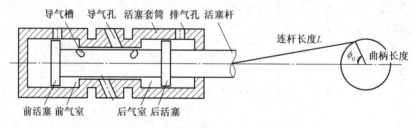

图 10.17 内能源转管武器气室结构及驱动原理图

武器击发后,弹丸经过身管上的导气孔后,膛内的部分火药燃气通过导气孔沿导气槽进入气室,气体急剧膨胀,气室压力升高,推动活塞向后运动,同时活塞带动与之相连的曲柄连杆和锥齿轮驱动自动机各机构运动;当活塞越过排气孔时,气室内的火药燃气排向大气,为下一发弹的火药燃气进入气室推动活塞做准备。内能源转管武器一般是偶数管,每个身管导出的火药燃气依次推动活塞前后运动,如6管内能源转管武器1、3、5管导入的气体使活塞向后运动,则2、4、6管导入的气体就使活塞向前运动,活塞运动的距离正好是曲柄长度的两倍,身管组件就旋转一周发射6发弹。由于火药燃气进入气室的导气孔道出口,并没有正对活塞工作面,没有气流的直接冲击,气体对活塞没有动力作用,只靠气体的静力膨胀平稳地作用于活塞,使活塞做直线往复运动,并通过曲柄连杆和锥齿轮驱动机芯匣和身管旋转,完成自动机循环动作,所以内能源转管武器的气室类型属于截流膨胀式导气装置。

由于内能源转管武器在结构组成、驱动方式上与传统导气式武器有较大的差别,活塞质量是影响气室工作的主要因素之一,而内能源转管武器的活塞质量包括前/后活塞、活塞杆,以及曲柄连杆、锥齿轮等与活塞相连部件的转换质量,远远超出了经验计算图表的所查范围,无法按前面单管武器求解结构诸元的比例系数,对内能源转管武器气室压力的求解只能采用气体动力学原理和热力学理论建立数学模型求解的理论计算方法,来揭示其气室压力的变化规律。

10.4.2 内能源转管武器气室压力微分方程的建立方法

为建立气室压力随时间变化的理论公式,需采用若干假设,具体如下:
(1) 火药燃气从膛内流向气室为一维定常流动;
(2) 火药燃气在膛内和流入气室后均为滞止状态;
(3) 导气装置中气流的摩擦与散热,满足雷诺比拟关系。

理想气体的比焓 $h=c_p T$ 仅是温度的函数。气体在等熵流动中,温度将不断下降,也就是气体的比焓将不断减小,这实际表明静止状态的气体温度最高,其中比焓最高,静止的平衡状态称为滞止状态。

流管内能源转管武器的气室的工作原理如图 10.18 所示。

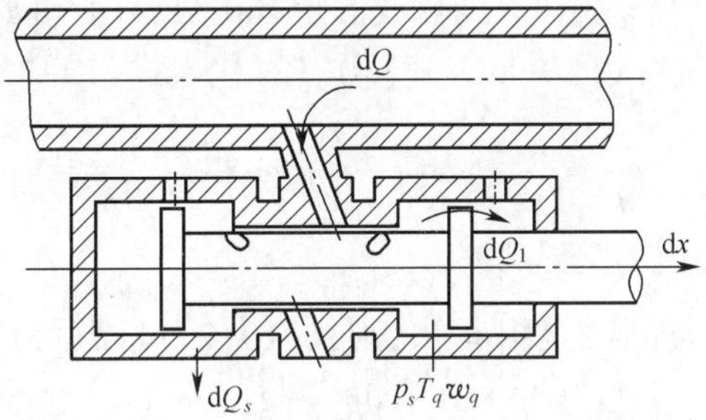

在导气装置工作的 dt 时间内,从身管经导气孔流入气室的热量为 dQ,同时从活塞与气室壁间的环形面积 ΔS_s 漏失了热量 dQ_1,经过气室筒壁散失了热量 dQ_s,气室内气体推动活塞作功 dA,气室内气体内能的变化为 dE,根据热力学第一定律,得

$$dQ - dQ_1 - dQ_s = dA + dE \tag{10-7}$$

图 10.18 内能源转管机枪气室的工作原理

式中 dt——时间内流入气室的热量为 $dQ = c_p \cdot T \cdot G dt$;

c_p——火药燃气的定压比热容,$J/(kg \cdot K)$;

G——火药燃气流入导气孔气体的秒流量(mm^3/s)。

dQ_1——从活塞与气室壁间的环形面积 ΔS_s 漏失的热量,即

$$dQ_1 = c_p \cdot T_q \cdot G_q \cdot dt \tag{10-8}$$

dQ_s——经过气室筒壁散失的热量,即

$$dQ_s = a \cdot \rho \cdot (T_q - T_b) \cdot S_q dt \tag{10-9}$$

式中 T_q——气室内火药燃气的绝对温度(K);

G_q——气室内火药燃气经间隙 ΔS_s 流入大气的秒流量(mm^3/s);

S_q——气室和筒壁的接触(散热)面积(mm^2);

T_h——筒壁的平均绝对温度(K);

a——传热系数;

ρ——气室内火药燃气的密度(kg/mm^3)。

由于在单位时间内散失的热量与 S_q、气体与筒壁间的温度差及单位面积上撞击气体的质量成正比,密度 ρ 与比容 ω 为倒数,气体状态方程 $p\omega = RT$,所以经过气室筒壁散失的热量为

$$dQ_s = a \cdot \frac{p_s \cdot S_q}{R}\left(1 - \frac{R \cdot T_b}{p_s \cdot w_q}\right)dt \tag{10-10}$$

式中　R——气体常数;

　　　ω_q——气室中火药燃气的比容(m^3/kg)。

气体推动活塞做功为

$$dA = p_s \cdot S_s dx \tag{10-11}$$

式中　x——活塞位移(m)。

气室内能的增量为

$$dE = d(e \cdot m_q) = d\left(e \cdot \frac{V}{\omega_q}\right) = d\left(c_V \cdot T_q \cdot \frac{p_s \cdot V}{R \cdot T_q}\right) = \frac{c_V}{R}d(p_s \cdot V) \tag{10-12}$$

式中　e——气室内单位质量气体的内能(J/m^3);

　　　m_q——气室内气体质量(kg);

　　　c_V——火药燃气的定容比热容($J/(kg \cdot K)$)。

将式(10-8)~式(10-12)代入式(10-7),得气室压力随时间变化规律的方程式为

$$\frac{dp_s}{dt} = \frac{k}{V} \cdot p\omega G - \frac{k}{V}p_s\omega_q G_q - \frac{k-1}{RV} \cdot a \cdot S_q\left(1 - \frac{R \cdot T_b}{p_s \cdot \omega_q}\right)p_s - \frac{k}{V} \cdot p_s \cdot S_s\frac{dx}{dt}$$

$$\tag{10-13}$$

若不考虑热散失,则式(10-2)可以写为

$$\frac{dp_s}{dt} = \frac{k}{V} \cdot p\omega G - \frac{k}{V}p_s\omega_q G_q - \frac{k}{V} \cdot p_s \cdot S_s\frac{dx}{dt} \tag{10-14}$$

式(10-14)为气室中火药燃气的能量守恒方程,$\frac{k}{V} \cdot p\omega G$是单位时间内从腔内流入气室的能量,$\frac{k}{V}p_s\omega_q G_q$是从活塞与气室壁间隙漏掉的能量,$\frac{k}{V} \cdot p_s S_s \frac{dx}{dt}$是气体推动活塞做功,$\frac{dp_s}{dt}$为气室压力随时间的变化率,来自于气室内能的增量。

因为实际情况补偿公式中未计存在的热损失,所以需适当地调整流量系数保证与实际情况相吻合。

在式(10-14)中,秒流量G和G_q可由气体状态方程确定,p_s、V、ω_q和x都是未知数,由于内能源转管武器气室活塞的运动规律受曲柄机构控制,因此气室的工作腔分为前腔和后腔。火药燃气交替作用在两个气室,所以导气室的初始容积由两部分组成,一部分是导气室活塞极限位置时的初始容积V_0;另一部分是火药燃气进入导气室时,使活塞向后运动产生位移x'。随着转速的不同,导气室的初始容积不同,考虑曲柄连杆机构时的初始容积计算公式为

$$V = V_0 + S_t \cdot x' = V_0 + \frac{\pi \cdot D_t^2}{4}x' \tag{10-15}$$

式中　V——气室容积(m^3);

　　　V_0——气室的初始容积(m^3);

S_t——气室容积的断面积(m^2);

D——气室内径(m)。

曲柄连杆机构决定活塞位移 x'。曲柄转角不同,气室所对应的初始容积不同,活塞的位移 x' 也不相同。

当 $\alpha<180°$ 时,活塞的位移为

$$x' = L + l - \sqrt{L^2 + l^2 + 2Ll\cos(\alpha + \beta)}$$

当 $\alpha>180°$ 时,活塞的位移为

$$x' = \sqrt{L^2 + l^2 + 2Ll\cos(\alpha - \beta)} - (L - l)$$

式中 α——曲柄连杆的初始角度(°);

β——曲柄连杆的转角(°);

L——连杆长度(m);

l——曲柄长度(m)。

根据质量守恒定律,dt 时间内,气室中气体质量的变化等于从膛内流入和从间隙漏掉的气体质量之差,得

$$\frac{d}{dt}\left(\frac{1}{\omega_q}\right) = \frac{1}{V}(G - G_q) - \frac{S_t}{V \cdot \omega_q} \cdot \frac{dx}{dt} \tag{10-16}$$

活塞运动方程为

$$m_s \frac{d^2 x}{dt^2} = S_s p_s - F_R$$

活塞位移与速度的关系为

$$\frac{dx}{dt} = v$$

流入导气孔气体秒流量 G 和经气量间隙流入大气秒流量 G_q 的关系如下:

(1) 正流阶段:弹丸越过导气孔,膛内火药燃气流入气室,直到气室压力与膛内压力相等为止。

当 $p/p_s>1.8$ 时,气体为超临界流动状态,得

$$G = \mu \cdot S_d \cdot \left(\frac{2}{k+1}\right)^{\frac{1}{2} \cdot \frac{k+1}{k-1}} \sqrt{\frac{kp}{\omega}} \tag{10-17}$$

当 $p/p_s = 1.8$ 时,临界流动状态及 $p/p_s<1.8$ 时,亚临界流动状态,得

$$G = \mu \cdot S_d \cdot \sqrt{\frac{2k}{k-1} \cdot \frac{p}{\omega} \cdot \left[\left(\frac{p_s}{p}\right)^{\frac{2}{k}} - \left(\frac{p_s}{p}\right)^{\frac{k+1}{k}}\right]} \tag{10-18}$$

当 $p = p_s$ 时,气体没有流动,$G = 0$。

(2) 反流阶段:气室压力大于膛内压力后,火药气体流向膛内。

当 $p_s/p<1.8$ 时,流动为反流亚临界流动状态,得

$$G = -\mu \cdot S_d \cdot \sqrt{\frac{2k}{k-1} \cdot \frac{p}{\omega} \cdot \left[\left(\frac{p}{p_s}\right)^{\frac{2}{k}} - \left(\frac{p}{p_s}\right)^{\frac{k+1}{k}}\right]} \tag{10-19}$$

当 $p_s/p > 1.8$ 时,流动为反流超临界流动状态,得

$$G = -\mu \cdot S_d \cdot \left(\frac{2}{k+1}\right)^{\frac{1}{2} \cdot \frac{k+1}{k-1}} \sqrt{\frac{kp_s}{\omega_q}} \qquad (10\text{-}20)$$

式中 μ——流量系数,由实验确定,一般小于1。

现在计算气室内火药气体通过间隙 ΔS_s 流向大气中的秒流量 G_q,在开始一段时间内,气室内外都是大气压,火药气体进入气室后,在 p_s<1.8个大气压的这段时间内,气体处于亚临界流动状态,流量 G_q 如下:

$$G_q = \mu_1 \cdot \Delta S_s \cdot \sqrt{\frac{2k}{k-1} \cdot \frac{p_s}{\omega_q} \cdot \left[p_s^{\frac{2}{k}} - p_s^{\frac{k+1}{k}}\right]} \qquad (10\text{-}21)$$

当气室压力上升至 p_s>1.8个大气压,气体处于超临界状态,流量 G_q 如下:

$$G_q = \mu_1 \cdot \Delta S_s \cdot \left(\frac{2}{k+1}\right)^{\frac{1}{2} \cdot \frac{k+1}{k-1}} \sqrt{\frac{kp_s}{\omega_q}} \qquad (10\text{-}22)$$

式中 S_q——气室内表面积(mm^2);

μ_1——气室内气体通过间隙 ΔS_s 的流量系数,由实验确定。

联立式(10-14)~式(10-22),即内能源转管武器导气装置气室动力学基本方程组。

10.4.3 内能源转管武器导气装置的优化设计

导气装置是内能源转管武器的主要结构,导气室的初始状态与常规武器有很大区别,不同的转速下初始容积不一样,曲柄连杆机构控制了活塞运动规律。转管武器击发和导出火药燃气的气室容积初始位置、导气孔的有效截面积、活塞有效端面积等导气装置结构参数直接影响火药气体作用在内能源转管自动机上的压力冲量大小。为了使内能源转管自动机运动平稳、可靠,导气装置提供的系统驱动力矩和系统阻力矩必须合理匹配,才能提高内能源转管武器的稳定射速、减小射速波动和提高射击密集度。

针对如何减小射速波动、降低后坐阻力的内能源转管武器自动机系统优化问题,采用正交优化设计理论,保证转管武器射速与机构运动平稳性的前提条件下,优选导气装置的结构参数,合理确定导气室的初始容积,可以使导气装置工作期间,导气室内的最大压力为最小,以利于内能源转管自动机运动的平稳性,避免射速波动和保证射击精度,提高武器零件的寿命。

1. 导气装置气体动力学方程组

为建立气室压力随时间变化的理论公式,需采用以下若干基本假设。
（1）火药燃气从膛内流向气室为一维定常流动,不考虑导气装置内气流参数的分布。
（2）导气室内气流满足理想气体状态方程。
（3）忽略导气孔道气流的摩擦与散热。
（4）气室与活塞之间的间隙漏气作为临界流动情况处理。

根据热力学第一定律,建立气室动力学基本方程组。
活塞位移和速度的关系式为

$$\frac{dx}{dt} = v \qquad (10\text{-}23)$$

自动机运动学方程组为

$$\left[J_1 + nJ_4 + \sum_{j=1}^{n}\left(m_{2j}\frac{t_{2j}^2}{\eta_{2j}} + m_{3j}\frac{t_{3j}^2}{\eta_{3j}} + m_{4j}\frac{t_{4j}^2}{\eta_{4j}} + m_{5j}\frac{t_{5j}^2}{\eta_{5j}}\right)\right]\ddot{\theta} + \sum_{j=1}^{n}\left(m_{2j}\frac{i_{2j}i_{2j}'}{\eta_{2j}} + m_{3j}\frac{i_{3j}i_{3j}'}{\eta_{3j}}\right.$$

$$\left.+ m_{4j}R_4f\frac{i_{4j}i_{4j}'}{\eta_{4j}} + m_{5j}\frac{i_{5j}i_{5j}'}{\eta_{5j}}\right)\dot{\theta}^2 = \sum_{j=1}^{n}\left(p_q S_k \frac{i_{5j}}{\eta_{5j}} - F_{6j}\frac{i_{4j}}{\eta_{4j}}\right) - F_7 R_7 \frac{i_7}{\eta_7} \qquad (10\text{-}24)$$

式中 J_1——基础构件(含进弹机构和身管组等)的转动惯量(kg·m²);

J_4——机芯组绕身管—机芯匣回转轴的转动惯量(kg·m²);

m_{2j}——依次进入压弹机的枪弹质量(kg);

m_{3j}——依次抛壳运动的弹壳质量(kg);

m_{4j}——依次闭锁运动的机芯质量(kg);

m_{5j}——活塞质量(kg);

R_4——机芯到机芯匣回转轴的距离(mm);

F_{6j}——抽壳力(N);

F_7——弹带阻力(N);

R_7——拨弹轮上弹带阻力作用线与拨弹轮中心的垂直距离(mm);

i_7/η_7——拨弹轮对机芯匣的力换算系数;

i——传动比;

η——传动效率;

η_{31}——枪身对活塞的传动效率;

η_{32}——枪身对齿轮 2 的传动效率。

2. 优化设计数学模型

1) 设计变量

根据自动武器气体动力学的相关理论,影响导气装置功能的主要结构参数有导气孔的有效截面积 S_d、气室排气行程 L_d、活塞有效端面积 S_S、导气孔距膛底的距离 L_t、导气室的初始容积 V_0。其他结构参数,如活塞与导气室壁的间隙面积、起始时气体与气室的接触面积等,由于本身的取值变化并不大,可直接确定。由于曲柄连杆机构本身传动是不均匀的,曲柄长 l、连杆长 L 和击发点曲柄的初始角度 ϕ_0 影响着射击点的气室初始容积,也决定着导气驱动装置对自动机的传动效率,因此取导气装置的主要结构参数和 ϕ_0, l, L 等 8 个参数作为优化变量,即

$$X = [S_d, S_n, L_d, V_0, L_t, \phi_0, l, L]^T \qquad (10\text{-}25)$$

2) 目标函数

在理想射速的情况下,选取最大气室正力最小值 p_{qm} 为评价指标。它实际上是所取设计变量的隐函数,只能通过数值计算确定其值为

$$f(X) = \min p_{qm} \qquad (10\text{-}26)$$

3) 约束条件

根据优化思想,保证内能源转管武器导气式自动机的可靠性,限定曲柄连杆传动机构参数,机芯运动凸轮曲线槽与机芯参数,武器射速和活塞平均速度,同时考虑曲柄连杆部件的强度,选择以 F 约束条件如下:

(1) 设计变量可行值范围约束,即 $x_{i\min} \leq x_i \leq x_{i\max}(i=1,2,\cdots,5)$。

(2) 开锁结束时膛底压力小于许用压力,以保证开锁的安全,即 $p_t \leq 5\text{MPa}$。

(3) 稳定射速后,射速应在规定的范围内,即 $n_{w\min} \leq n_w \leq n_{w\max}$。

(4) 到达理想稳定转速时所需要的射弹发数 N_w 限制,即 $0 \leq N_w \leq N_{w\max}$。

(5) 稳定射速时,用来评价两发之间的身管转速波动的最大转动不均匀系数 $\delta_{w\max}$ 应小于给定值,即 $\delta_{w\max} \leq [\delta_w]$。

3. 优化设计的数学模型求解

在导气装置优化设计数学模型中,目标函数发 $f(X)$ 和约束条件及设计变量都是隐函数关系,应采用不需计算目标偏导的约束优化方法。因为设计变量较多,为节省计算工作量,所以选择正交设计法。

正交设计法是解决有约束优化问题的直接方法。其基本思路:首先将设计变量的变化区间划分网格,利用正交表均匀地选取一部分网格点作为设计点,然后对每个设计点检查它们是否满足约束条件,若满足(称为允许点),则计算该点的的目标函数值。比较各允许点对应的目标函数值,即可从中选出与目标函数值最优值对应的计算点,即最优解。正交设计法只计算了部分网格点的目标函数值,因此计算量大大的减小了,但所计算的网格点在整个寻优区间内均匀分布,具有很好的代表性。它们以相当高的可信度代表了全部网格点的计算结果,这一点在实践中已得到证明。导气装置优化设计的求解流程如图 10.19 所示。

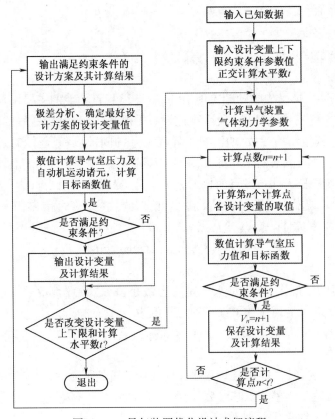

图 10.19　导气装置优化设计求解流程

思考题

1. 简述导气装置的作用和工作原理。
2. 导气装置有哪些类型？简述各类导气装置的原理和特点。
3. 请分别写出马蒙托夫和布拉温的气室压力变化规律的经验公式,并绘出气室及膛压随时间变化曲线。
4. 影响气室火药燃气压力的因素有哪些？如何影响的？
5. 调节器调整气室内火药燃气能量的方法有哪些？
6. 简述内能源转管武器导气装置的工作原理。
7. 简述流入导气孔气体秒流量 G 和经气室间隙流入大气秒流量 G_q 的关系。
8. 内能源转管武器建立导气装置气体动力学方程组作了哪些基本假设？

第 11 章 缓冲装置设计

自动武器在射击过程中,常伴有冲击运动,尤其是自动机和枪(炮)身后坐与复进到位时的冲击很大,这些冲击运动产生很多撞击。撞击时,在极短的时间内零件之间作用有很大的撞击应力,产生极高的瞬间应力,导致零件寿命的降低。同时,射击时武器零件之间的撞击,必然引起武器的振动,导致射击精度的降低。

在自动武器中广泛采用各种形式的缓冲装置,以减小武器零件间的撞击,提高武器的射击精度和零件寿命。缓冲装置包括枪机(炮闩)缓冲装置和枪(炮)身缓冲装置。根据缓冲零件不同,又分为活动机件缓冲器、枪(炮)身缓冲器、击发阻铁缓冲器和车轮缓冲器等。

(1) 活动机件缓冲器:射击时,用于减小活动机件后坐到位时对枪身的撞击。
(2) 枪(炮)身缓冲器:射击时,用于减小枪(炮)身后坐及复进时对架座的撞击。
(3) 击发阻铁缓冲器:射击时,用于减小活动机件成待发时对击发阻铁的撞击。
(4) 车轮缓冲器:行军时,用于减小车载武器的振动。

缓冲装置的作用是吸收构件运动到位的动能,减小冲击力,提高零部件的寿命。枪机和枪身(炮闩和炮身)缓冲装置能减小对架座或射手的后坐力,提高射击稳定性和射击精度,或减轻射手的疲劳,有时还要求缓冲装置将吸收的能量再释放出来,变成枪机和枪身(炮闩和炮身)的动能,提高射速。

11.1 枪机(炮闩)缓冲装置

枪机(炮闩)缓冲装置是一种吸收和消耗枪机(炮闩)组件(活动机件)后坐的剩余能量,以减轻后坐到位撞击的活动机件缓冲装置。

在设计武器时,考虑到武器在恶劣条件下也能确实可靠地完成自动动作,活动机件必须有一定的能量储备,以保证任何条件下机构动作的可靠性。因此,在正常条件下,活动机件在后坐和复进到位时,必然要产生较强烈的撞击。这种撞击使武器产生强烈振动,射手易于疲劳,降低了射击精度和零件寿命,也易使射手疲劳,故需设置枪机(炮闩)缓冲装置。

11.1.1 枪机(炮闩)缓冲装置的作用

枪机(炮闩)缓冲装置的作用是吸收活动机件后坐到位时的多余能量,使活动机件后坐到位时具有较低的速度,以减小对枪(炮)身的撞击和振动,减轻射手疲劳,提高武器射击精度和零件寿命。

11.1.2 枪机(炮闩)缓冲装置的结构特点

枪机(炮闩)缓冲装置的工作能量和结构形式,与活动机件后坐到位时能量的大小、武器的射速和具体结构特点有关。对于高射速武器,要求活动机件缓冲器吸收的能量尽量放出,以提高活动机件复进速度,增大射击频率,如 56 式 14.5mm 高射机枪的枪机缓冲器。有些自动武器,则要求活动机件缓冲器吸收的后坐能量尽可能的消耗而不放出来,以减小活动机件后坐和复进到位时的撞击,降低射击频率,如 85 式 12.7mm 高射机枪和 79 式 7.62mm 冲锋枪的枪机框缓冲器。

按照缓冲方式,枪机(炮闩)缓冲装置可分为弹簧缓冲、摩擦弹性缓冲、衬垫缓冲和液压缓冲等四大类型。

1. 弹簧缓冲装置

弹簧缓冲装置是用弹簧作缓冲元件的装置。弹簧缓冲装置一般有螺旋弹簧缓冲装置、碟形弹簧缓冲装置和环形弹簧缓冲装置等。

(1) 螺旋弹簧缓冲装置用圆柱形螺旋弹簧作缓冲元件,弹簧丝的断面形状有圆形、矩形、方形等。这种缓冲装置主要由缓冲簧筒、缓冲簧、顶杆等组成,能将所吸收的大部分能量返回枪机组件,应用较广泛。

(2) 碟形弹簧缓冲装置用碟形弹簧作缓冲元件,主要由一系列碟形簧片、顶杆等组成。这种缓冲装置吸收和放出的能量与碟形簧片的形状、数量和排列组合的方式等有关,具有能承受较大的冲击载荷且变形较小的特点。

(3) 环形弹簧缓冲器的环形弹簧的结构参数和特性曲线,如图 11.1 所示。由环形弹簧的特性曲线可知,当环形弹簧变形时,外加载荷与各环的弹性力和摩擦力相平衡,由于摩擦力在压缩和伸张时改变方向,所以刚度的大小在两个阶段是不相等的。在压缩和伸张的一个周期之内,由于弹簧变形的能量损失约为总能量的 60%~70%,因此环形弹簧的缓冲能力很高,在需要吸收大量的后坐能量而不返回给运动件的缓冲器中常用这种弹簧。由于环形弹簧工作时,材料发生拉伸变形,所以其刚度较大,弹簧损坏和磨损后不必全部更换,只需将损坏的圆环更换即可,维修方便、经济性好。但由于环形弹簧在工作时所消耗能量的绝大部分都转化成了热能,因此使得弹簧温度升高,弹簧特性发生变化,强度和耐磨性降低,甚至在高频连续工作时,会出现环与环之间的烧结而造成弹簧的破坏,必须进行很好的润滑。

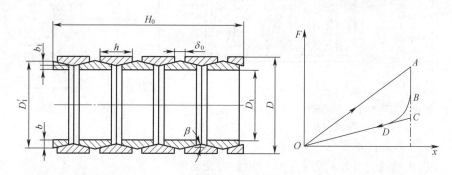

图 11.1 环形弹簧结构参数和特性曲线

2. 摩擦弹性缓冲装置

摩擦弹性缓冲装置是利用摩擦和弹性元件的变形,吸收活动机件剩余能量的缓冲装置。一般有开口环式摩擦弹性缓冲装置和摩擦块式弹性缓冲装置两种。

1）开口环式摩擦弹性缓冲装置

开口环式摩擦弹性缓冲装置由许多环、开口环配对,另加一根圆柱螺旋弹簧等组成。环内表面和开口环外表面为圆锥面,环套着开口环。当活动机件后坐撞击顶杆时,迫使各组环向后运动,压缩弹簧。在后坐过程中,首先环与开口环互相挤紧,并迫使开口环收拢,然后依靠弹簧的伸张和各环的弹性力复原。

这种缓冲装置,能承受较大的载荷,消耗较多的能量,但其工作性能受各环接触面粗糙度和润滑条件的影响较大,其性能没有弹簧缓冲装置的稳定。

2）摩擦块式弹性缓冲装置

摩擦块式弹性缓冲装置是在弹簧缓冲装置中增加了几个摩擦块,由缓冲筒、衬筒、锥形套、缓冲簧、摩擦块等组成。当活动机件后坐撞击顶杆时,压缩缓冲簧,迫使两个锥形套接近,向外挤压衬筒,推动摩擦块,使摩擦块与缓冲筒内壁产生很大的摩擦,消耗活动机件的一部分能量。这种缓冲装置能吸收较多能量,但摩擦表面的状况和润滑条件的差异会影响工作性能的稳定。

在各种类型的勃朗宁式机枪中,几乎都安装有结构相同的同种摩擦缓冲器,用于吸收枪机后退到位时的多余能量,控制射速和改善相关零件的受力。这种摩擦缓冲器与其他类型的缓冲器相比具有许多优点。

勃朗宁式机枪使用摩擦缓冲器的结构,如图11.2所示。枪机通过顶杆挤压紧贴在后面的摩擦环,摩擦环与锥芯套配成一对摩擦副,多个摩擦副串联在一起,最后一个摩擦副由一根弹簧支承。摩擦副的构造与普通环式缓冲器的构造相似,只是摩擦环是开口的,周围对称地刻有深槽,如图11.3所示,以便在锥芯套作用下使其外表面与套筒内壁能较均匀地接触,产生轴向摩擦力。当顶杆挤压摩擦环时,串联在后面的各摩擦副相继产生摩擦抗力,弹簧也产生形变,于是枪机的能量就由此摩擦所消耗和弹簧变形所吸收。这种装置既避免了环式缓冲器刚度太大的缺点,又可通过调整摩擦副的构造和数量控制缓冲特性。其结构简单,调整方便,优点显著。

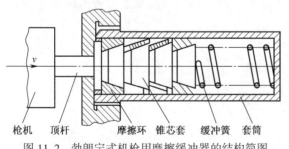

图11.2 勃朗宁式机枪用摩擦缓冲器的结构简图

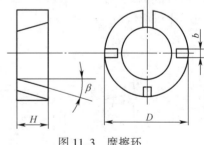

图11.3 摩擦环

摩擦缓冲器的设计要点如下:

（1）改变和调整吸收系数 k_1、k_2,可以获得需要的工作参数。

（2）k_1、k_2 的值,仅取决于楔角 β,而与摩擦副的大小无关,这就有可能做到用体积较小的缓冲器吸收较大的枪机能量。

（3）应用这种缓冲器的武器,往往是为了降低射击频率,使活动机件复进的初始速度为零,即缓冲器不释放能量。摩擦副的材料如果已经确定,摩擦系数 f 也就基本确定。小的楔角会使摩擦环不能很快收缩,以致使缓冲器不能及时回复原位,这就要适当增大楔角 β。

(4) 增大楔角 β 以后,因 $k_2 \neq 0$,只有增加摩擦副数量 n,才能减小释放能量,但过多地增加摩擦副数量不经济,因此楔角 β 也不能过分增大。

(5) 当摩擦副的结构已确定,并且吸收能量及释放能量限定时,摩擦副的数量也就决定了(n 值应取整数)。

(6) 吸收系数 k_1 与 k_2 不仅与楔角 β 有关,还与摩擦系数有关。在具体推导过程中,把摩擦系数作为常数,但在实际使用条件下,由于润滑条件的变化、尘埃的污染等,因此摩擦系数不可能是定值,缓冲器的工作参数就要发生变化。现有的这种缓冲器都是一个封闭的整体,与防尘有关,且摩擦环都用铜合金制成,可提高摩擦系数的稳定性。

(7) 根据对摩擦缓冲器的结构分析,为保持其稳定工作,摩擦副的质量应尽可能小,摩擦环应该比较薄。同时,为了减小变形能量,摩擦副与套筒内壁的间隙以保证灵活运动(在不受力情况下)为限,即

$$\begin{cases} k_1 = \dfrac{1 + f\cot(\beta + \gamma)}{1 + f^2} \\ k_2 = \dfrac{1 - f\cot(\beta - \gamma)}{1 - f^2} \end{cases} \quad (11-1)$$

式中 β——锥芯楔角(锥角之半)(°);

f——摩擦系数;

γ——摩擦角(°),$\gamma = \arctan f$。

3. 衬垫缓冲装置

衬垫缓冲装置是用衬垫作缓冲元件的缓冲装置,主要由外筒、衬垫、顶杆等组成。常见的衬垫材料有胶木、橡胶、纤维板、纸板和塑料等。活动机件后坐到位,撞击顶杆,使衬垫受撞击而变形,将所吸收的大部分能量转变为摩擦热能而散失。这种缓冲装置结构简单,制造容易,使用保养方便,但一般不能承受很大的冲击。

4. 液压缓冲装置

液压缓冲装置是利用液体作为缓冲介质的缓冲装置。它能承受较大的载荷,能把吸收的大部分能量转化为热能散失,运动平稳,使用寿命长,但对密封要求严格,调整麻烦,结构复杂。在连续射击时,由于温度升高液体过热而使工作性能不稳定。典型的液压缓冲装置,如瑞士厄利空双 35mm 牵引高炮液体缓冲器。

一般的液体的压缩性很小,常称为不可压缩液体。在液体缓冲器中常用的液体与一般液体相比,具有较大的压缩性,因此把这种液体称为可压缩液体,如可压缩硅油。

瑞士厄利空双 35mm 牵引高炮的缓冲器使用的液体就是可压缩硅油。这种缓冲器是用来对炮闩后坐到位的缓冲,其结构如图 11.4 所示。缓冲器作为一个部件,用缓冲器本体上的联结螺纹旋在炮箱尾部。本体上有齿圈,与炮箱上的卡锁配合,用以防止螺纹松转。缓冲器本体有前、后两个腔。前腔为工作油腔,其中装有可压缩硅油和活塞;后腔为补偿油腔,装有补偿硅油和用特种橡胶制成的补偿器,其中充有氮气。补偿器的后端安装有注气装置,用来向补偿器中注氮气,使氮气压力始终保持约 10MPa。在前、后腔之间装有钢珠活门式单向阀,作用在炮闩撞击活塞之前保持工作油腔硅油压力也是 10MPa。若

工作油腔因漏油或其他原因而使压力下降时,补偿器则可自动地通过单向阀向工作油腔供油。前、后腔均有密封装置,以防炮闩撞击活塞时高压硅油的泄漏。

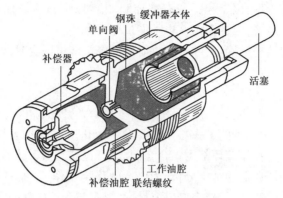

图 11.4　可压缩硅油缓冲器

该缓冲器的工作过程是当炮闩以大约 16kg 的质量以大约 10m/s 的速度与缓冲器上的活塞发生撞击时,钢珠立即封闭活门,活塞压缩硅油,其压力增大到 80MPa～100MPa。炮闩的后坐动能被完全吸收后,硅油立即膨胀,油压下降。当活塞返回原位时,炮闩仍以 10m/s 的速度开始复进。

可压缩液体缓冲器的显著优点:① 可压缩硅油的刚度大,在压缩较短的行程内就能吸收较大的能量,有效地利用了空间,使缓冲器的结构紧凑;② 可压缩硅油的刚度曲线近似线性变化,几乎能将吸收的能量全部放出,能提高炮闩复进速度,从而提高射速。

瑞士厄利空双 35mm 牵引高炮为了提高射速,采用外能源供弹,炮闩在后坐与复进过程中消耗的能量很少,而且采用刚度较小的炮闩复进簧,使炮闩在后坐过程中一直保持较高的速度,直到后坐到位时,炮闩仍有约 10m/s 的速度。采用可压缩液体缓冲器的目的是将质量较大、速度较高的炮闩缓冲下来,但更重要的是能在极短的行程和极短的时间内吸收并放出全部能量,使炮闩在复进开始时就有很高的速度。

由上面可知,可压缩液体炮闩缓冲器有缓冲和提高射速的双重作用。

枪机(炮闩)缓冲装置的现有常见结构如表 11.1 所列。

表 11.1　常见枪机(炮闩)缓冲装置

序号	种类	简图、特点和实例
1	圆形断面圆柱螺旋弹簧	受压缩后,能很快恢复原位,并将吸收的能量大部分释放出来,是一种能在短时间内作用的高效率缓冲装置,结构比较简单,制造容易,应用较广泛,如 54 式 12.7mm 高射机枪的缓冲装置

续表

序号	种类	简图、特点和实例
2	矩形断面圆柱螺旋弹簧	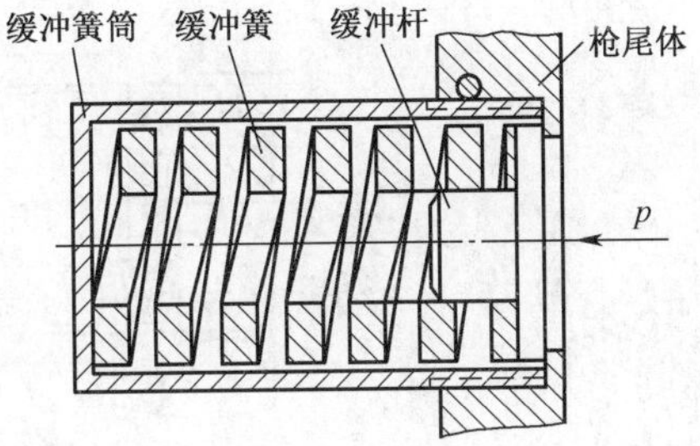 具有圆形断面圆柱螺旋弹簧缓冲装置的优点,并且在外廓尺寸相同时,能承受更大的载荷,有利于减小缓冲装置的结构尺寸和减轻武器重量,如苏联 yБ 12.7mm 航空机枪的缓冲器
3	特殊断面圆柱螺旋弹簧	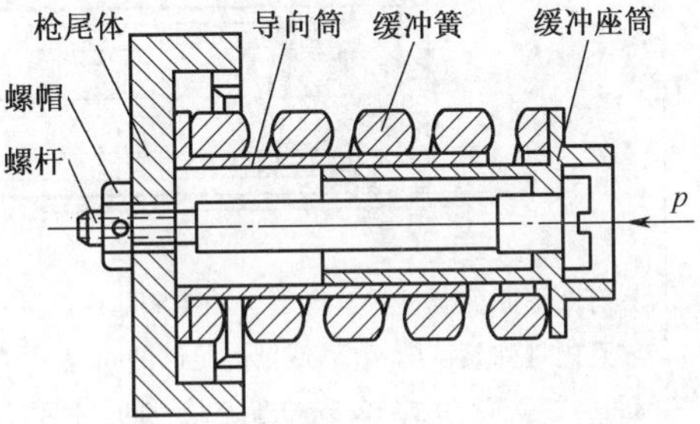 特点与矩形断面画柱螺旋弹簧缓冲装置相同,如 56 式 14.5mm 高射机枪和 62 式 14.5mm 高射机枪的枪机缓冲器
4	环形弹簧	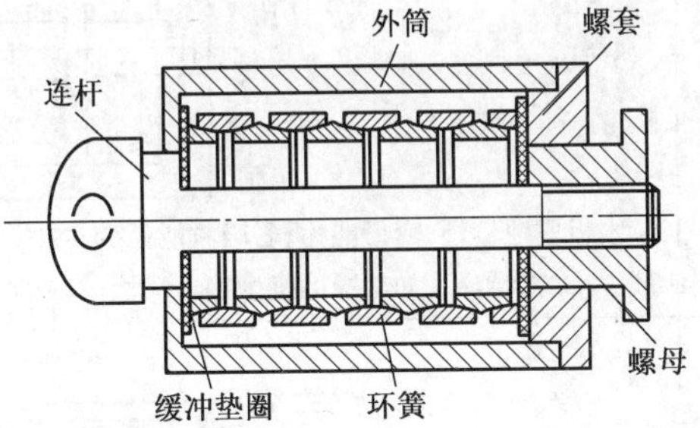 工作时,内外环锥面上产生很大的摩擦力,消耗掉所吸收的大部分能量,而放出的能量只有吸收的总能量的 1/3 左右(或更少一些)。可适用于自动机多余能量较大的武器上,但其工作性能与内外环锥面的粗糙度和润滑条件关系很大,如苏联 HP-23 航空自动炮的机芯缓冲装置、85 式 12.7mm 高射机枪的枪机框缓冲器

续表

序号	种类	简图、特点和实例
5	碟形弹簧	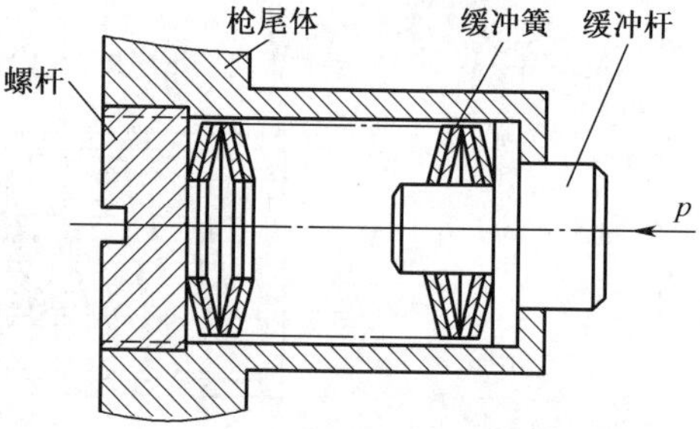 碟形弹簧吸收和放出的能量与排列重叠的片数有关。一般来说,碟形弹簧能承受较大的冲击载荷,变形量较小,结构紧凑。另外,还具有结构简单、制造容易和不易损坏等优点
6	组合弹簧	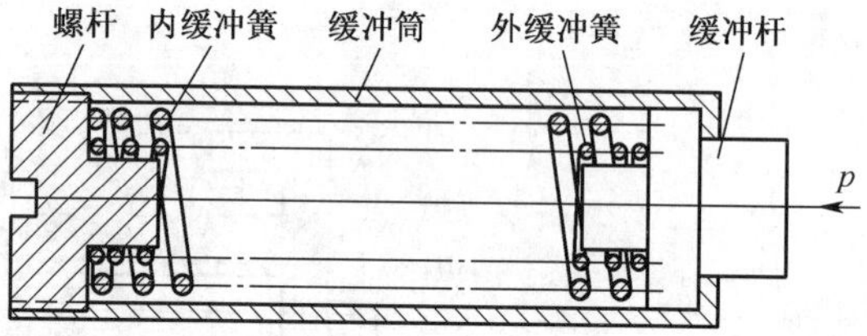 具有圆形断面圆柱螺旋弹簧缓冲装置的优点,但外形尺寸小,能吸收较多的能量。应用时,注意内外弹簧旋向相反,或留有足够的间隙,并在端部设有定位机构,防止工作时两根弹簧扭在一起,如59式12.7mm航空机枪的缓冲装置
7	胶木板缓冲垫	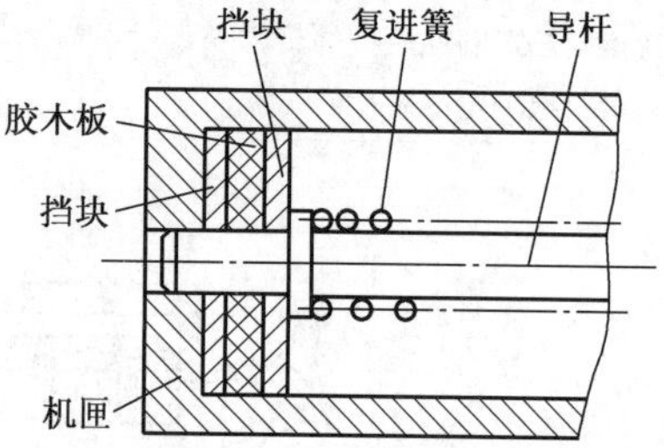 胶木板质地较硬,变形能力弱,吸收能量少,缓冲效果差。但其结构简单,制造容易,可用于威力小的武器中,如美国的汤姆逊冲锋枪、54式7.62mm冲锋枪的枪机缓冲装置(器)
8	橡胶缓冲垫	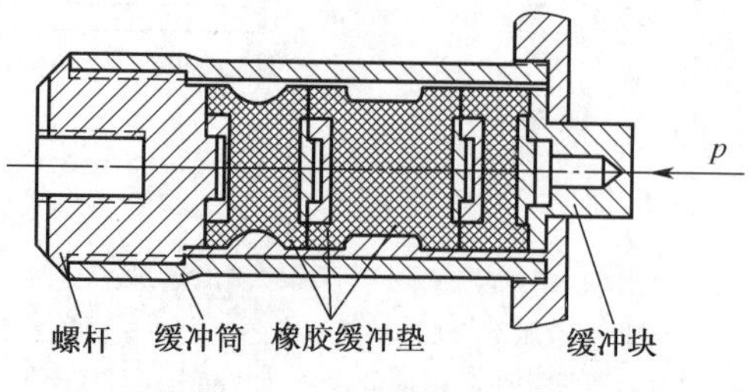 工作时,能把吸收的一部分能量转化为弹性变形能和热能而消耗掉。其缓冲效果与所用的橡胶性能有关。这种装置具有结构简单,容易制造,使用和保养方便等优点。通常用在手持式武器上,如德国G3自动步枪的缓冲器、79式7.62mm冲锋枪的枪机缓冲器

续表

序号	种类	简图、特点和实例
9	纤维片缓冲装置	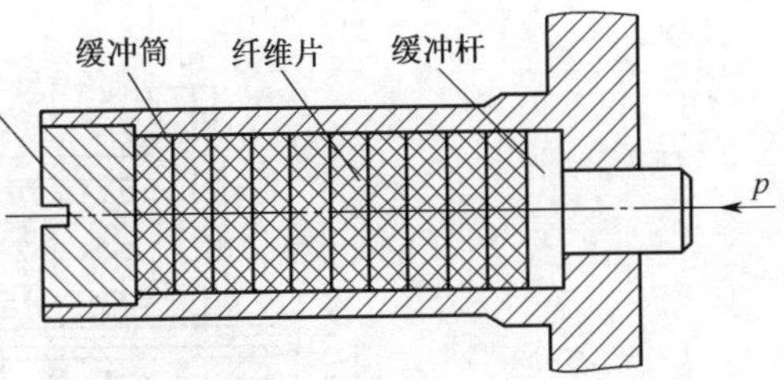 （图：螺杆、缓冲筒、纤维片、缓冲杆） 这种缓冲装置变形能力差,但不易损坏,能承受较大的载荷,吸收的能量较多而放出的能量较少,其中大部分能量以摩擦热能的形式散失掉,如美国11.7mm勃朗宁航空机枪的枪机缓冲器
10	开口环与弹簧组合	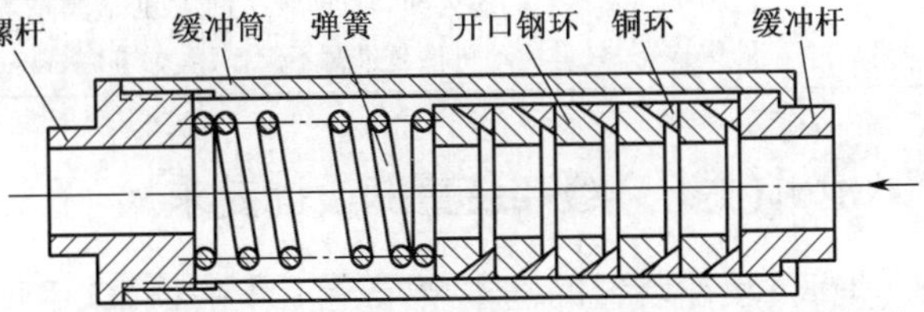 （图：螺杆、缓冲筒、弹簧、开口钢环、铜环、缓冲杆） 这是一种由机械摩擦面和弹簧混合组成的缓冲装置。在压缩和伸张时,铜环和开口钢环的接触锥面上产生很大的摩擦力,消耗较多的能量。因此,能承受较大的载荷,吸收较多的能量而放出很少的能量,是一种很好的减振机构。其工作性能与各环接触面的粗糙度和润滑条件有很大关系,性能没有弹簧式缓冲装置稳定,如美国勃朗宁轻机枪的缓冲装置
11	摩擦块与弹簧组合	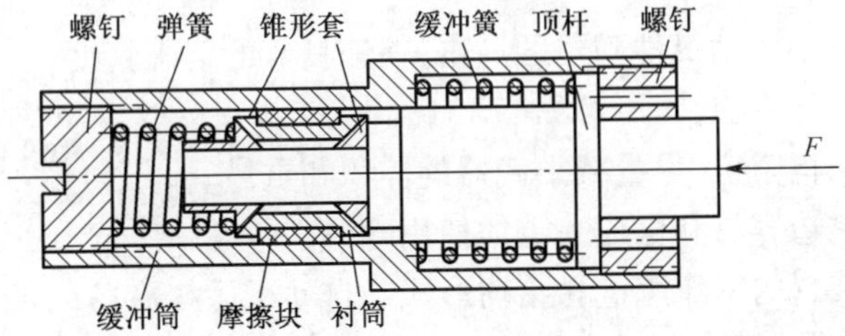 （图：螺钉、弹簧、锥形套、缓冲簧、顶杆、螺钉、缓冲筒、摩擦块、衬筒） 这种缓冲装置是在弹簧式缓冲装置中增加了几个摩擦块。当自动机后坐碰到顶杆时,压缩缓冲簧和推动摩擦块,使摩擦块与缓冲筒间摩擦消耗掉自动机一部分能量。摩擦功的大小与摩擦块和缓冲筒间的挤压力有关系,挤压力越大,摩擦消耗的能量越多。挤压力的大小可以根据需要由螺钉和弹簧调整。摩擦块一般是由摩擦系数较大的耐磨塑料制成。这种装置能吸收较多的能量,但结构复杂,如美国M60通用机枪的缓冲装置
12	液压缓冲装置	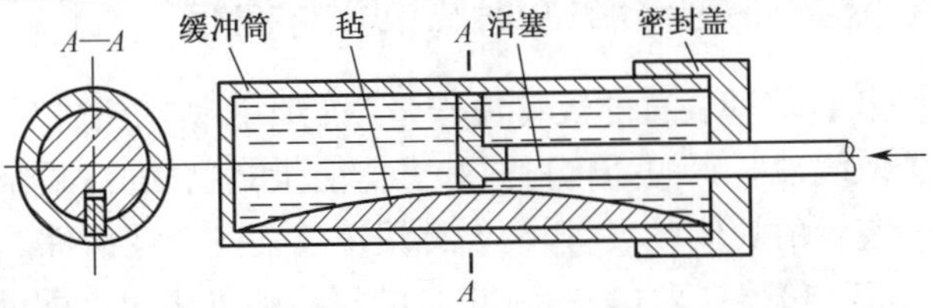 （图：缓冲筒、毡、活塞、密封盖，A—A剖视） 这种缓冲装置和弹簧式缓冲装置的特性不同:挤压力越大,阻力就越大,能把吸收的大部分能量转变为热能而散失掉。其优点:①能承受较大的载荷,吸收较多的能量;②可以获得阻力按一定规律变化的特性曲线,使活动机件运动平稳,撞击振动小,提高武器射击稳定性;③对活动机件的后坐和复进都有缓冲作用;④使用寿命长。其缺点:结构较复杂,密封性要求高,制造和调整比较麻烦

续表

序号	种类	简图、特点和实例
13	气体缓冲装置	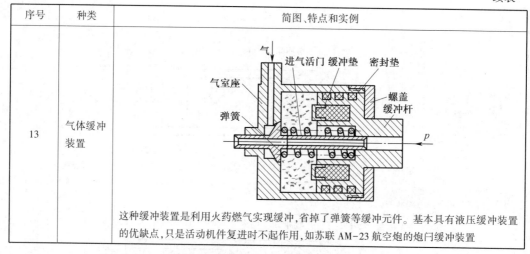 这种缓冲装置是利用火药燃气实现缓冲,省掉了弹簧等缓冲元件。基本具有液压缓冲装置的优缺点,只是活动机件复进时不起作用,如苏联 AM-23 航空炮的炮闩缓冲装置

11.1.3 枪机(炮闩)缓冲装置的设计要求

对枪机(炮闩)缓冲装置的基本要求是工作平稳、作用可靠,体积小、重量轻、结构紧凑;制造容易、使用寿命长。

由实践经验可知,缓冲装置的工作性能会影响武器的射击精度、自动机工作的可靠性和操作武器的方便性。为使缓冲器具有良好的工作性能,设计缓冲装置时,对它的要求如下:

(1) 减小活动机件到位的撞击,保证良好的射击精度。
(2) 工作平稳,作用可靠。
(3) 结构紧凑,尽量减小武器的体积和重量。
(4) 制造容易和保证一定的使用寿命。

缓冲装置的工作能量和结构形式与自动机后坐到位时能量的大小、武器射速和具体结构特点有关。

新设计的自动武器应根据对它的性能要求和结构允许的尺寸进行缓冲装置的设计。同时,参照现有同类型武器的缓冲装置初步选取一种,进行计算,然后在武器试验中进行修正,最后确定缓冲装置的具体数据。

11.1.4 枪机(炮闩)缓冲装置的设计流程

枪机(炮闩)缓冲装置的设计流程是首先计算活动机件后坐到位时的能量,根据武器性能要求选取缓冲装置的结构形式和工作能量,然后进行武器试验修正缓冲装置参数,最后确定缓冲装置的具体参数,详细设计缓冲装置各个零部件。

[例] 已知条件:某 14.5mm 机枪的机头和机体的总质量 $m=4.06$kg,当枪机后坐到缓冲簧位置时枪机的速度 $v_1=3.143$m/s,后坐到位时 $v_2=0$,缓冲行程 $\lambda=4.5$mm。试设计该武器的枪机缓冲簧。

解:① 确定弹簧类型。

由于大口径机枪设计时产生的后坐力很大,所设计的缓冲簧承受的载荷较大,同时要求其体积较小,所以选择承载能力较大的矩形断面圆柱螺旋压缩弹簧。

② 根据能量法确定弹簧刚度。

根据已知条件,当枪机在缓冲簧作用下,后坐到位时,其能量全部被缓冲簧所吸收。

设 F_1 为枪尾缓冲簧的预压力,F_2 为缓冲簧工作压力,k 为缓冲簧刚度,有

$$\frac{1}{2}m(v_1^2 - v_2^2) = \frac{1}{2}(F_1 + F_2)\lambda$$

$$F_2 = F_1 + k\lambda \text{,取 } F_1 = 3520\text{N}$$

将已知条件代入上式,得 $k = 416\text{N/mm}$

③ 计算弹簧相关参数。

选取弹簧材料为 $60\text{Si}_2\text{MnA}$,其切变弹性模量 $G = 78453\text{MPa}$。为缩短弹簧的长度,选择矩形断面平绕螺旋弹簧,根据结构选取弹簧中径 $D = 24\text{mm}$,弹簧断面高度 $b = 9\text{mm}$,宽度 $a = 8\text{mm}$,则 $D/b = 2.67, b/a = 1.125$。

根据矩形断面不同边长比,查表 11.2 和图 11.5,采用插值法,得

$$\psi = 3.48, \Delta = 4.55$$

弹簧的有效圈数:$n = \dfrac{G \cdot a^2 \cdot b^2}{\Delta \cdot D^3 \cdot k} = 15.54$ 圈,取 $n = 15.5$ 圈

调整弹簧刚度:$k = \dfrac{G \cdot a^2 \cdot b^2}{\Delta \cdot D^3 \cdot n} = 417\text{N/mm}$

弹簧的预压量:$f_1 = \dfrac{F_1}{k} = 8.44\text{mm}$

弹簧的预压力:取 $f_1 = 8.5\text{mm}$,则 $F_1 = kf_1 = 3544\text{N}$

弹簧的总圈数:若弹簧的两端各磨平半圈,则总圈数:$n_1 = n + 1 = 16.5$ 圈

弹簧的节距:$t = a + \dfrac{\lambda + f_1}{n} + \delta$,取 $t = 9\text{mm}$

弹簧的自由高度:$H_0 = nt + a = 147.5\text{mm}$

弹簧的安装高度:$H_1 = H_0 - f_1 = 139\text{mm}$

弹簧的工作压力:$F_2 = k(f_1 + \lambda) = 5421\text{N}$

④ 验算弹簧的强度。

最大切应力为:$\tau_{\max} = \psi \cdot \dfrac{F_2 D}{ab \cdot \sqrt{ab}} = 741\text{MPa}$

若弹簧为车制,$[\tau] = 800\text{MPa} \sim 1100\text{MPa}$,则 $\tau_{\max} < [\tau]$,弹簧的强度满足要求。

⑤ 绘制弹簧零件图(略)。

表 11.2 矩形断面的不同边长比与 ξ、Δ 的数值

$\dfrac{b}{a}$	1	1.2	1.5	1.75	2	2.5	3	4
ξ	2.40	1.90	1.44	1.20	1.02	0.77	0.62	0.44
Δ	5.57	3.94	2.67	2.09	1.71	1.26	1.00	0.70

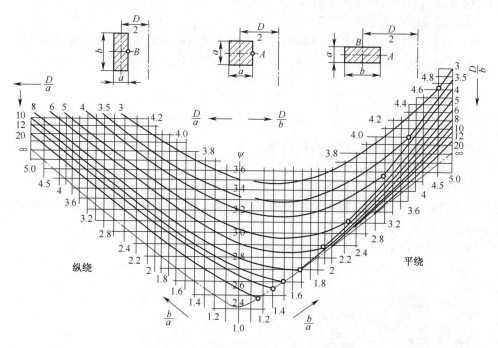

图 11.5　矩形断面弹簧的应力计算公式的系数与 $\dfrac{b}{a}$、$\dfrac{D}{b}$ 的关系图

11.2　枪(炮)身缓冲装置

枪(炮)身缓冲装置固定在摇架上不动,可动构件——连杆(滑板)与枪(炮)身连接。发射时,枪(炮)身的运动受到缓冲装置的制约,枪(炮)身通过缓冲装置将力传递给枪(炮)架,吸收和消耗枪(炮)身组件后坐或复进的剩余能量,以减小枪(炮)身后坐与复进时对枪(炮)架的撞击,减小枪(炮)架的变形和振动,从而提高自动武器的射击稳定性和射击精度。

11.2.1　常用的枪(炮)身缓冲装置类型

缓冲装置一般都采用弹簧缓冲装置,装有缓冲簧的缓冲器筒(滑板座)。

1. 弹簧缓冲装置

弹簧缓冲装置中弹簧的种类多种多样,有圆柱螺旋压缩弹簧(包括圆形、方形或矩形截面的压缩弹簧)、碟形弹簧、环形弹簧等。圆形截面螺旋压缩弹簧可以用于承受一般的载荷,方形或矩形截面的压缩弹簧和碟形弹簧可以提供较大的刚度。进行缓冲装置设计时,可以根据具体的要求选择相应的结构形式进行设计。

自动武器常用的枪(炮)身弹簧缓冲装置有四种结构形式:有预压的双向缓冲装置、无预压的双向缓冲装置、单向缓冲装置和带阻振器的双向缓冲装置。弹簧缓冲装置的缓冲形式应用如表 11.3 所列。

表 11.3　弹簧缓冲装置的缓冲形式和作用阶段

名　　称	有预压双向	单向	无预压双向	有阻振双向
缓冲簧有无预压力	有	有	无	有
枪身后坐或前冲时起缓冲作用	后坐和前冲	后坐	后坐和前冲	后坐和前冲
装有此级冲装置的武器举例	56式14.5mm高射机枪	54式12.7mm高射机枪	53式7.62mm重机枪	59式12.7mm航空机枪

1) 有预压的双向缓冲装置

有预压的双向缓冲装置通常采用单根缓冲弹簧。缓冲簧有预压力,枪(炮)身后坐或前冲时均起缓冲作用的枪(炮)身缓冲器,称为有预压的双向缓冲器,如图11.6所示。

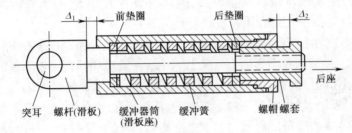

图 11.6　有预压的双向缓冲装置

56式14.5mm高射机枪的枪身缓冲器采用的是有预压的双向缓冲器,其预压力 F_1 = 3871N,工作行程 λ = 6mm,终压力 F_2 = 8114~10094N。

双向缓冲器装由缓冲簧的缓冲器筒,固定在摇架上不动,螺杆的突耳与枪身相连接。射击时,枪身带动螺杆一起后坐,由于缓冲簧的后端抵在缓冲器筒上保持不动,螺杆上的环形突起压前垫圈及缓冲簧向后,而缓冲簧的后端抵压在由筒体与螺帽支承的后垫圈上不动,使缓冲簧受压缩,从而吸收了枪身的后坐能量,减小了枪身对枪架的撞击。后坐到位后,被压缩的缓冲簧伸张,推动螺杆带动枪身复进。当枪身复进到位后,由于枪身复进速度很大,故枪身继续惯性向前运动(称前冲),此时由于缓冲簧的前端抵在缓冲器筒上保持不动,螺杆上的螺套推垫圈及缓冲簧向前,缓冲簧又被压缩,从而吸收了枪身的前冲能量,减小了枪身在前方时对枪架的撞击。前冲到位后,缓冲簧伸张,又推枪身向后,从而使枪身在平衡位置附近作往复振动。这样,枪身的运动周而复始,每循环一次,构成后坐、复进、前冲、返回四个运动阶段。

这种缓冲装置结构较简单,能消除枪(炮)身对枪(炮)架的后坐和复进到位的撞击,减小枪(炮)架受力,有利于提高枪(炮)架的射击稳定性。

2) 无预压的双向缓冲装置

无预压的双向缓冲装置通常采用二根组合缓冲弹簧。组合缓冲簧的合成预压力为零,枪(炮)身后坐或前冲时均起缓冲作用的枪(炮)身缓冲器,称为无预压的双向缓冲器,如图11.7所示。

这种缓冲装置的大、小缓冲簧始终与枪(炮)身不脱离接触,作用于枪(炮)身的力为两簧力的代数和。射击前枪(炮)身处于静止状态,两簧的预压力相等但方向相反,故其合力为0,即组合缓冲簧的合成预压力为0。转动固定螺帽,可改变缓冲簧的压缩量,改变枪(炮)架的受力,但组合缓冲簧的合成预压力始终为0。例如,53式7.62mm重机枪的枪

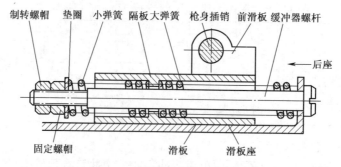

图 11.7 无预压的双向缓冲装置

身缓冲器采用的是无预压的双向缓冲器,其缓冲簧的预压力 $F_1 = 323$N,工作行程 $\lambda = 5.5$mm,终压力 $F_2 = 519$N,组合缓冲簧的合成预压力始终为 0。

双向缓冲器的大小缓冲簧装在滑板内,并用缓冲器螺杆固定在滑板座上,大缓冲簧后端抵在滑板座上,前端抵在滑板隔板后壁上。小缓冲簧后端抵在滑板隔板的前壁上,前端抵在垫圈上。射击时,枪(炮)身带动滑板一起后坐,小缓冲簧伸张,由于大缓冲簧后端抵在滑板座上保持不动,滑板隔板压缩大缓冲簧,从而吸收了枪身(炮)后坐能量,减小了枪(炮)身对枪(炮)架的撞击。枪(炮)身后坐终止后,大缓冲簧伸张,推动滑板带动枪(炮)身复进,压缩小缓冲簧。当枪(炮)身复进到位后,由于枪(炮)身复进速度很大,故枪(炮)身继续惯性前冲,小缓冲簧继续被压缩,从而吸收了枪(炮)身的前冲能量,减小枪(炮)身在前方时对枪(炮)架的撞击。前冲到位后,小缓冲簧伸张,又推枪(炮)身向后,从而使枪(炮)身在平衡位置附近做往复振动。

无预压的双向缓冲器的结构较简单,能较好地消除枪(炮)身对枪(炮)架的撞击,减小枪(炮)架受力,有利于提高枪(炮)架的射击稳定性。

3) 单向缓冲装置

单向缓冲装置通常采用单根缓冲弹簧。缓冲簧有预压力,枪(炮)身后坐时起缓冲作用的枪(炮)身缓冲器,称为有预压的单向缓冲器,如图 11.8 所示。

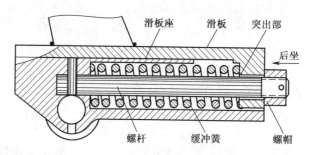

图 11.8 单向缓冲装置

54 式 12.7mm 高射机枪的枪身缓冲器采用的就是有预压的单向缓冲器,其预压力 $F_1 = 1872$N,工作行程 $\lambda = 10$mm,终压力 $F_2 = 2719.5$N。

单向缓冲装置的缓冲簧、缓冲螺杆通过螺帽固定在滑板座上不动,滑板的突耳与枪身相连接。射击时,枪(炮)身带动滑板一起后坐,由于缓冲簧后端抵在滑板座上保持不动,滑板上的突耳部压缓冲簧前端向后,压缩缓冲簧,从而吸收了枪(炮)身的能量,减小了枪

(炮)身对枪(炮)架的撞击。枪(炮)身后坐终止后,缓冲簧伸张,推动滑板带动枪(炮)身复进,直至滑板突出部前端撞击螺帽为止。

有预压的单向缓冲器只在枪(炮)身后坐过程中起缓冲作用,结构较简单,能减小枪(炮)架的受力,但在前方时对枪(炮)架有撞击。

4) 带阻振器的双向缓冲装置

带阻尼的双向缓冲器的结构与有预压的双向缓冲器相同。其特点是缓冲器螺杆较长,在螺杆上装有一摩擦阻尼器。摩擦阻尼器是由阻尼簧、锥形套、衬筒、摩擦块、阻尼器体、螺盖及固定螺帽组成。摩擦阻尼器的作用是在射击时,增大枪(炮)身后坐与前冲时的阻力,以进一步减小枪(炮)身对枪(炮)架的撞击。

图 11.9 所示为 59 式 12.7mm 航空机枪的枪身缓冲器就是采用的带阻尼器的双向缓冲器。

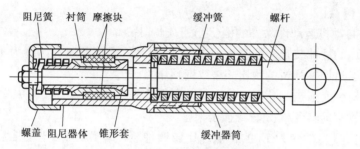

图 11.9 带阻振器的双向缓冲装置

摩擦阻尼器的阻尼器体与缓冲器筒连接一体后固定在摇架上不动,两个锥形套在阻尼簧与缓冲螺杆之间,在阻尼簧作用下,锥形套挤压衬筒向外。射击时,枪(炮)身带动缓冲螺杆一起后坐,螺杆上的前环形突起压缩缓冲簧,吸收了枪(炮)身的后坐能量;螺杆上的后环形突起带动锥形套、阻尼簧、衬筒、摩擦块、螺盖等一起向后,由于摩擦块在阻尼簧、锥形套、衬筒作用下,紧贴于阻尼器体内壁上,形成的摩擦阻力进一步吸收了枪(炮)身的后坐能量,从而大大减小了枪(炮)身对枪(炮)架的撞击。

转动螺盖能改变阻尼簧的预压力,以改变摩擦力的大小。

带阻尼器的双向缓冲器,在双向缓冲装置的基础上增加了一个摩擦阻振器,以增大枪(炮)身运动时的摩擦阻力,故其吸振性能较好,但结构较复杂,后坐阻力略大。这种缓冲器能较好的消除枪(炮)身对枪(炮)架的撞击,减小枪(炮)架受力,故有利于提高武器的射击精度。

各类弹簧枪(炮)身缓冲装置有以下特点。

(1) 结构上的特点。单向和双向无预压的缓冲装置结构较简单,双向带阻振缓冲装置的结构最复杂。

(2) 减振性能的特点。四种缓冲装置,通常都采用圆柱螺旋弹簧。因弹簧的弹内耗能量很小,故不能只靠弹簧内耗减振。有阻振器的缓冲装置,通过调整的摩擦力而减振,故减振性能好。单向缓冲装置,利用枪(炮)身复进到位撞击架座(由于结构所限制),也能很快减振。双向有预压以及双向无预压缓冲装置的减振,是利用枪(炮)身运动和自动机运动的有利配合(前冲击发),或改用环间摩擦大的环形弹簧来达到。枪(炮)身后坐复进一次,环形弹簧摩擦消耗后坐能达 60%~70%。

(3) 调整枪(炮)身振动周期的特点。新设计缓冲簧的试验阶段,常需改变枪(炮)身振动周期,即枪(炮)身后坐与复进一次的时间 t_{HF},使其与自动机循环成有利配合。制成的弹簧无法改变刚度(除非另换一根),但能通过调整初始压缩长度改变预压力。由式(11-2)可知,改变弹簧刚度或预压力都能改变枪(炮)身后坐复进时间为

$$t_{HF} = \frac{2}{\omega}\left(\frac{\pi}{2} - \arcsin\frac{F_1}{F_2}\right) \tag{11-2}$$

式中 t_{HF}——枪(炮)身后坐与复进一次的时间(s);
F_1——枪(炮)身后坐开始时缓冲簧预压力(N);
F_2——枪(炮)身后坐终止时缓冲簧工作压力(N);
ω——枪(炮)身在缓冲簧作用下的自由振动圆频率(Hz),即

$$\omega = \sqrt{\frac{k}{m_q}}$$

式中 m_q——自动机运动件除外的枪(炮)身质量(kg)。

双向无预压的缓冲装置不能改变预压力(因两簧的合成预压力始终为零),其余三种缓冲装置都能通过调整弹簧的预压长来改变预压力。

(4) 消除对架座撞击的特点。单向缓冲装置除外,只要能保证工作中弹簧不压靠,其余三种缓冲装置都能避免枪(炮)身撞击架座。

(5) 减小枪(炮)架受力 F_R 的特点。比较四种缓冲装置,当后坐动能和后坐长不变时,双向无预压力比其余三种缓冲装置的 F_R 要大。

2. 液压缓冲装置

液压缓冲装置与弹性缓冲装置相比,液压缓冲装置能承受较大的载荷并能吸收更多的能量,且将吸收的一部分能量转变为热能散失掉而不再释放给运动件。各种自动武器的液压缓冲装置一般都采用液流消耗动能转化为热能的原理。

液压缓冲装置的基本结构一般由缓冲筒、活塞、活塞杆和密封元件等组成,如图 11.10 所示。活塞上开有流液孔或筒上开有沟槽,以便让液体流过。筒中的缓冲介质可用驻退机油、液压油或煤油等。

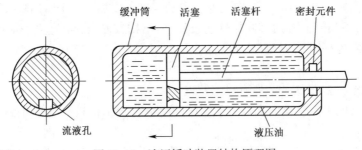

图 11.10 液压缓冲装置结构原理图

被缓冲的运动构件可与缓冲筒连接,也可与活塞杆连接,使活塞与缓冲筒发生相对运动。当活塞向右运动时,筒内的液体因受压而经流液孔流到左面的腔中,活塞受到液压给它的阻力,称为液压阻力。此阻力对武器运动件起到制动缓冲作用。当活塞向左运动时,同样起到制动缓冲作用。液体经流液孔高速运动时,液体之间以及液体与活塞、筒体之间

产生摩擦、冲击、涡流等作用,从而将运动件的动能转化成液体热能而散失。所以,液压缓冲装置有很好的吸能作用。

液压缓冲装置的结构形式有多种多样,下面仅介绍三种结构形式。

1) 活门式液压缓冲装置

活门式液压缓冲装置的结构原理如图 11.11 所示。它由带活塞的活塞杆、活门和缓冲筒等基本构件组成。活塞杆右端空心,径向开有小孔。活塞主要起导引作用,其上的流孔较大。当活塞随机匣复进时,由于 C 腔内的压力较高,将活门压向左方,关闭活塞杆上的孔,C 腔内的液体只能经活门台阶与缓冲筒内径形成的环状流孔,流向 B 腔产生阻力起到制动作用。当活塞随机匣后坐时,活门被压向右方,将活塞杆上的孔打开,产生的液压阻力不大。因此,这种缓冲装置适用于复进制动。

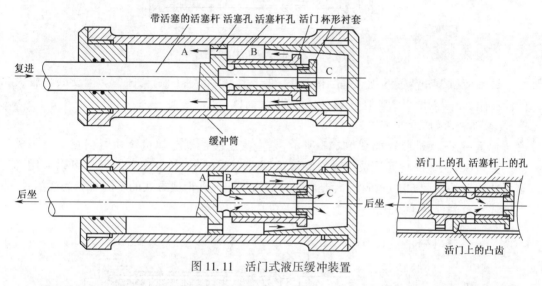

图 11.11 活门式液压缓冲装置

这种缓冲装置可在活门上开孔,且使活门上的凸齿嵌入筒体的直槽中,使其与筒体不产生相对转动;还可用转动活塞杆的办法改变孔与活塞杆上孔的重合程度,以达到调节流孔截面大小控制机匣后坐距离的目的。

2) 针形液压缓冲装置

针形液压缓冲装置的工作原理如图 11.12 所示。23-1 型航炮采用了这种形式的缓冲装置,主要由带活塞的活塞杆、制动针和筒体组成。

活塞上流孔截面积较大,活塞在向左运动时产生的阻力不大。只在活塞向右运动时,制动针要将活塞杆空腔中的液体挤出,因而产生较大阻力而起制动作用。阻力的大小决定于活塞杆空腔直径 d_1 的大小及其与制动针直径之差值。因此,这两个直径的制造公差,必须满足所需的流孔间隙和阻力的要求。制动针一般制成锥形,使流孔间隙不断变化,即活塞杆速度大时间隙大,活塞杆速度小时间隙小。由液压阻力的计算公式可知,这样可使液压阻力平稳变化。

还须指出,活塞杆本身有一定的体积,它由缓冲筒中出来的那部分体积,会造成缓冲筒中有相等的真空容积,所以在设计缓冲装置时,必须考虑真空容积问题。

另外,还需考虑因温度升高,液体膨胀问题,可留有适量气体。

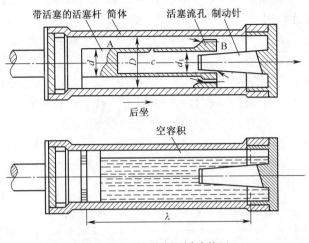

图 11.12 针形液压缓冲装置

针形液压缓冲装置的优点是结构简单,便于实现单行程的制动任务。但要获得较大的液压阻力,则需增大活塞杆孔径,也就需增大筒体直径。

3) 弹簧-液压缓冲装置

弹簧-液压缓冲装置如图 11.13 所示,是由液压缓冲器与弹簧缓冲器相互结合组成的。弹簧-液压缓冲装置是采用弹簧和液体两种介质工作,其中弹簧的设计可以采用弹簧缓冲装置的设计方法进行设计,液压缓冲器按照流液孔形成方式的不同可分为活门式、沟槽式和节制杆式等形式。

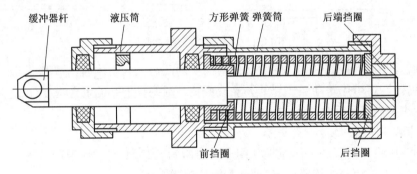

图 11.13 弹簧-液压缓冲装置工作原理图

弹簧-液压缓冲装置的工作过程:枪(炮)身通过缓冲器杆前端的销孔与缓冲装置相联接,缓冲装置通过固定环与架座固定在一起。后坐时,缓冲装置产生液压阻力,缓冲器杆通过轴肩作用于前挡圈,压缩弹簧,此时的弹簧力向左;复进时,弹簧通过前挡圈压轴肩作用于轴,弹簧力仍然向左,液压力阻碍缓冲器杆复进;前冲时,前挡圈停止运动,后挡圈在后端挡圈的作用下压缩弹簧,此时弹簧产生的力向右,液压力仍为阻碍运动的力;返回时,弹簧通过后挡圈作用于后端挡圈,带动缓冲器杆返回。

由于弹簧-液压式缓冲装置有弹簧和液体两种介质工作,因此有较大的优越性,其特点主要如下:

(1) 用弹簧作为蓄能元件,结构简单、工作可靠。

(2) 由于工作液体流动时,将一部分的动能转化为液体的热能,因而可消耗一部分后坐部分的能量,减后坐力的效果显著。

(3) 对速度的变化有一定的自调节功能,易于保证工作位移的稳定。

(4) 工作原理可靠,可根据需要调整参数,以提高对同一型号中各种武器的适应能力。

(6) 需解决密封问题,以防止漏油。

11.2.2 枪(炮)身缓冲装置的设计要求

由实践经验可知,缓冲装置的工作性能会影响武器的射击精度、自动机工作可靠性和操作武器的方便性。对枪(炮)身缓冲装置的基本要求是应合理选择枪(炮)身最大后坐行程(λ),后坐行程不致过长;最大后坐阻力(F_R)较小;枪(炮)身运动周期(τ)与自动循环周期合理配合,从而获得较稳定的工作条件,以提高射击精度。为使缓冲装置有良好的工作性能,具体要求如下。

1. 保证良好的射击精度

采用适宜的缓冲弹簧,能够减小架座受力,从而使架座振动减小,并且稳定性易于保证,这是保证射击精度的重要因素。此外,缓冲装置的结构形式,对射击精度也有一定的影响,因此有以下要求。

1) 结构上应保证枪(炮)身能准确地沿内膛轴线方向后坐

经常实施连发射击的自动武器,为了保证点射精度,要求在一次点射的枪(炮)身运动过程中,其内膛轴线不变位或变位很小(在高低和方位上)。故常设置导向装置(枪(炮)身上装导向滑板,摇架上装滑板座),以控制枪(炮)身运动方向;导向面应正确地与内膛轴线平行,导向结构还应限制枪(炮)身不能上下左右偏转。

2) 减小动力偶

枪(炮)身后坐时,作用于枪(炮)身的各外力,其合力一般不通过枪(炮)身质心,从而对质心构成一个力矩(常称为动力偶),迫使枪(炮)身绕其质心回转而使瞄准线变位。因此,在作枪(炮)身与缓冲装置的结构布置时,应尽量减小动力偶值。

3) 减小滑板和滑板座间的配合间隙

一般情况下,不能完全消除动力偶,为了保持枪(炮)身后坐灵活(避免因卡滞增大后坐阻力),滑板与滑板座间还应有一定的配合间隙。由于间隙的存在,枪(炮)身在动力偶作用下必然有偏转,影响射击精度。增大前后两滑板座间的距离,可以减小枪(炮)身转角;滑板采用耐磨材料,并经过适当的热处理或采取润滑、开沟槽等办法,能减小磨损和间隙的扩大;也可采用可调配合间隙的措施以减小间隙。

4) 避免枪(炮)身后坐与复进到位时撞击架座

撞击能使架座跳动、变位、振动加剧,致使平均弹着点偏移,射弹散布椭圆变形(如拉长、倾斜、分叉),严重降低射击密集度。撞击又能使架座各构件的连接松动与磨损增大,并降低自动机工作可靠性,增大故障率。因此,选择缓冲装置,要避免或减小撞击。例如,采用后坐与前冲都能起缓冲作用的双向缓冲装置,缓冲簧工作时要有较多的势能储备不被压死。若采用仅在后坐中起作用的单向缓冲装置,则可设计成复进击发的柔性缓冲装置,或者设置前冲缓冲垫以减轻枪(炮)身复进到位的碰撞。

5) 减小射击时的架座变形

有枪(炮)身缓冲装置的架座,其架座刚度通常比缓冲簧刚度大十倍以上,以减小射击时和发生撞击时架座的变形。

6) 减小架座受力

在考虑上面各项要求的同时,设计缓冲簧应尽量减小最大缓冲簧力,即减小架座受力,以保证良好的射击稳定性。

7) 后坐起点应一致

点射时每发射1发弹枪(炮)身后坐的起点位置应尽量相同,即使架座受力均匀和枪(炮)身变位一致,这与所取缓冲簧的参数有关。

2. 保证自动机工作的可靠性

为使自动机工作可靠,活动机件行程和加速度要小。行程过长会使射击频率变低,甚至使活动机件不能后坐到位而停射,弹链可能因扭曲过大而使供弹发生故障。当加速度太大时,弹药可能因惯性力大而从弹链中脱出,或者使弹丸缩进弹壳内。

11.2.3 枪(炮)身缓冲装置的设计

1. 弹簧缓冲装置

射击时,不管作用于枪(炮)身的后坐力怎样变化,只要使枪(炮)身不撞击架座而仅压缩缓冲簧,则架座受力就等于缓冲簧力 F 加上或减去导轨上的摩擦阻力 F_r(枪(炮)身动力偶只引起摩擦力大小的改变)。

在枪(炮)身运动一个循环中,摩擦阻力 F_r 和缓冲簧力 F 的方向都有变化。若人站在枪(炮)尾位置,缓冲簧力 F 与 F_r 以向枪(炮)尾方向为正,反向为负,则 F 与 F_r 的符号变化如表11.4所列。

表11.4 缓冲簧力 F 和摩擦阻力 F_r 的符号

名称	后坐	复进	前冲	返回
F	−	−	+	+
F_r	−	+	+	−

现对上面各结构类型的架座受力 F_R 进行分析。

架座受力 F_R 可用下式表示

$$F_R = F \pm F_r = F_1 + kX \pm F_r \tag{11-3}$$

式中 F_1——缓冲簧的预压力(N);

k——缓冲簧的刚度(N/mm);

X——枪(炮)身位移(mm);

F_r——枪(炮)身在定向滑板座上运动时的摩擦阻力(N)。

缓冲簧力 F 随位移 X 呈线性变化,所取摩擦力 F_r 为常量。

1) 架座受力 F_R 随位移 X 的变化

(1) 有预压的双向缓冲装置。现以有预压的双向缓冲装置为例(图11.6),枪(炮)身的运动周而复始,每循环一次,构成后坐、复进、前冲、返回四个运动阶段,如图 11.14 所示。

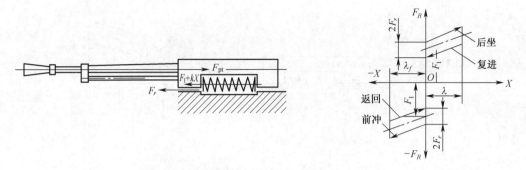

图 11.14 有预压双向缓冲方式的 $F_R = f(x)$

可通过转动螺帽与螺套改变缓冲簧的预压力。为使螺杆和螺套不致撞击缓冲器筒,在图 11.6 中的 Δ_1 应大于枪(炮)身后坐行程,Δ_2 值应大于枪(炮)身的前冲行程。

(2) 单向缓冲装置。单向缓冲装置(图 11.8),因枪(炮)身无前冲阶段的运动,复进到位时以其向前的速度撞击架座,将使架座产生弹性变形,如图 11.15 所示。

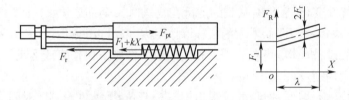

图 11.15 单向缓冲方式的 $F_R = f(x)$

(3) 无预压双向缓冲装置。无预压双向缓冲装置的结构(图 11.7),射前枪(炮)身处于静止状态,两簧的预压力相等方向相反,故其合力为 0,即组合弹簧的预压力为 0,如图 11.16 所示。

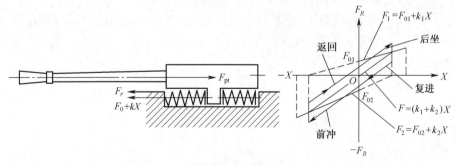

图 11.16 无预压双向缓冲方式的 $F_R = f(x)$

(4) 带阻振器的双向缓冲装置。带阻振器的双向缓冲装置(图 11.9)的结构与有预压的双向缓冲装置相同,阻振簧力作用于锥形套,挤压衬筒向外,迫使摩擦块紧压阻振器体内壁,以增大枪(炮)身与连杆运动时的摩擦阻力。除 F_r 增大外,其 F_R 随位移的变化规律相同,如图11.17所示。转动螺盖能改变阻振簧的预压力,以改变摩擦力的大小。

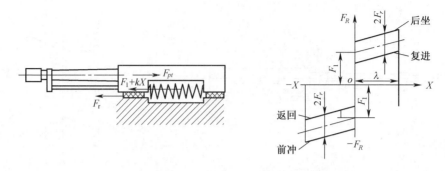

图11.17 带阻振器的双向缓冲方式的 $F_R=f(x)$

2) 弹簧缓冲装置设计方法

(1) 给出射击时枪(炮)身的缓冲运动的假设条件。采用弹簧缓冲装置研究枪(炮)身缓冲运动时,通常认为后坐动能主要转换为缓冲簧的变形能,而略去其他因素所吸收的较小能量,即采取以下假设:①架座保持稳定,否则,架座的移动和跳动要吸收一部分后坐能量;②架座是刚体,即略去其变形吸收的能量;③略去缓冲簧因内耗损失的能量,认为弹簧力随位移呈线性变化,后坐时吸收的能量在复进时又全部放出;④为了便于计算,取射角等于0°;⑤略去因动力偶而增大的滑板摩擦阻力,取滑板摩擦阻力 F_r 为一常量。

根据上面假设,枪(炮)身在后坐力和缓冲簧力作用下仅作直线运动。武器的实际工作情况若和假设差别较大,则应按具体情况作修正计算。

(2) 求解枪(炮)身缓冲运动,须求出枪(炮)身位移、速度及其随时间变化的规律,从而得出最大后坐阻力 F_H、全行程 λ、后坐和复进时间 t_{HF} 等参量,用以检验缓冲器对武器性能的影响,即①用 F_H 检验射击时武器的稳定性,基本部分构件的强度和刚度;②用后坐长度 λ 以及最大加速度值检验对自动机工作的可靠性的影响;③用 t_{HF} 检查枪(炮)身运动和自动机运动周期间的配合关系。

3) 枪(炮)身缓冲运动微分方程的建立和求解

有预压的双向缓冲装置的工作原理带有普遍性,因此只描述这种缓冲装置作用下的枪(炮)身运动,所得解法用于其他种类的缓冲装置时可以类推。

枪(炮)身后坐运动微分方程为

$$m_q \frac{dv}{dt} = F_P - F_R \tag{11-4}$$

式中　m_q——枪(炮)身质量(kg);

　　　$\dfrac{dv}{dt}$——枪(炮)身运动加速度(m/s²);

　　　F_P——后坐力(N);

　　　F_R——后坐阻力(N)。

枪(炮)身运动一个循环的四个阶段中,因有缓冲簧力与摩擦力的方向变化,将其代入式(11-4)可得各不同阶段的运动微分方程为

① 后坐阶段：
$$m_q \frac{dv}{dt} = F_P - F_1 - kX - F_r \tag{11-5}$$

② 复进阶段：
$$m_q \frac{dv}{dt} = F_P - F_1 - kX + F_r \tag{11-6}$$

③ 前冲阶段：
$$m_q \frac{dv}{dt} = F_P + F_1 + kX + F_r \tag{11-7}$$

④ 返回阶段：
$$m_q \frac{dv}{dt} = F_P + F_1 + kX - F_r \tag{11-8}$$

将上面四个阶段的运动微分方程变换为以下形式。

① 后坐阶段：设 $F_R = F_1 + kX + F_r$，原方程变为
$$\frac{dv}{dt} = \frac{F_P - F_R}{m_q} \tag{11-9}$$

② 复进阶段：设 $F_R = F_1 + kX - F_r$，原方程变为
$$\frac{dv}{dt} = \frac{F_P - F_R}{m_q} \tag{11-10}$$

③ 前冲阶段：设 $F_R = -F_1 - kX - F_r$，原方程变为
$$\frac{dv}{dt} = \frac{F_P - F_R}{m_q} \tag{11-11}$$

④ 返回阶段：设 $F_R = -F_1 - kX + F_r$，原方程变为
$$\frac{dv}{dt} = \frac{F_P - F_R}{m_q} \tag{11-12}$$

因此得到动力学微分方程组如下：
$$\begin{cases} \dfrac{dX}{dt} = v \\ \dfrac{dv}{dt} = \dfrac{F_P - F_R}{m_q} \end{cases} \tag{11-13}$$

采用龙格-库塔法，通过编制程序求解微分方程组，即可求出后坐阻力、后坐位移及后坐速度随时间变化的规律，从而求出满足设计要求的缓冲装置的参数，利用此参数进行具体的结构设计。

不同的自动方式以及在自动机运动的不同阶段，作用于枪（炮）身的后坐力不同。它一般包括火药燃气和自动机作用于枪（炮）身的力。自动机作用于枪（炮）身的力是指活动机件运动时，压缩复进簧或缓冲簧的力及其后坐与复进到位时对枪（炮）的撞击力，以及直接作用于枪（炮）射的力和给予枪（炮）射的摩擦力。

4）弹簧缓冲装置的设计步骤

弹簧缓冲装置设计的任务是根据枪（炮）身的结构和性能，确定缓冲簧的参数——预

压力 F_1、刚度 k 和最大工作行程 λ,并由此设计出能满足要求的缓冲装置结构。

由于弹簧缓冲装置的性能与很多因素有关,在设计时难以确定,因此在实际工作中往往是根据枪(炮)身的结构和性能,先确定缓冲簧参数的近似值,再通过试验调整确定其精确值。其具体设计步骤如下:

(1) 确定缓冲簧的类型和结构。
(2) 建立内弹道计算模型并求解。
(3) 建立动力学模型。
(4) 利用龙格-库塔法,通过编程进行求解枪(炮)身运动规律或虚拟样机仿真方法,求解出满足要求的弹簧参数,从而进行弹簧结构尺寸设计。
(5) 试制弹簧,并通过试验调整,最后确定缓冲簧参数及缓冲装置结构。
(6) 绘制零件图。

其中,缓冲装置的结构,通常参考已有缓冲架座和一般机械设计基础知识即可解决,而缓冲簧参数则与缓冲簧工作性能有关。因此,下面将研究缓冲簧参数的确定方法,特别是缓冲簧参数初步确定的方法。

5) 确定缓冲簧参数的原则

选择缓冲簧刚度,常用有利刚度法。所谓有利刚度,是指能使自动机运动与枪(炮)身运动作最有利配合,使枪(炮)身尽快息振的缓冲簧刚度。

根据对弹簧缓冲装置的要求,在确定缓冲簧参数时应遵从以下原则。

(1) 缓冲簧预压力 F_1 的确定。缓冲簧预压力 F_1 的下限,应能使枪(炮)身在停射时保持在射前位置。由于枪(炮)身在最大射角时,所需保持枪(炮)身在原始位置的弹簧力最大,因此 F_1 值应为

$$F_1 \geqslant m_q g\sin\theta_{\max} + fm_q\cos\theta_{\max}$$

式中　$\theta_{\max}$——最大高低射角。

对于高、平两用的架座和高射架座,不等式右边项的极大值略大于 $m_q g$,并应给适量储备,一般取值:$F_1 \geqslant 1.2 m_q g$。

若要缩短振动周期,需增大缓冲簧预压力,则一般经验数据取值:$F_1 \geqslant (2 \sim 3) m_q g$。

选取的 F_1 值适当与否,还与武器运输方式有关。若运输时振动较小,则可引用上面经验数据;若运输时振动较大,则应根据需要选较大的 F_1,有的武器 F_1 值达 10 倍 $m_q g$ 以上。

如因增大 F_1 而妨碍合理选择弹簧运动规律,或因预压量过长而使缓冲装置装配困难,则可安装枪(炮)身行军固定器,以避免运输中枪(炮)身振动使滑板磨损。

(2) 缓冲簧刚度 k 的确定。所选缓冲簧刚度 k 应使枪(炮)身运动周期与自动机运动周期配合得当,以保证连发时次一发弹射击之前枪(炮)身基本停止运动;使连发对枪(炮)身的位移不致叠加,且尽量接近单发的作用。

为使射后枪(炮)身很快停止运动,可利用自动机运动件后坐到位对机匣的撞击抵消枪(炮)身前冲,即所选缓冲簧刚度,应使枪(炮)身复进到位时,运动件正好后坐到位,并撞击机匣,使前冲骤减;待运动件再次复进到位并射击次一发弹时,枪(炮)身运动能停止或接近停止。这种配合,对于单向缓冲装置还可减小甚至消除枪(炮)身复进对架座的撞击,但因射速不稳定,还应使枪(炮)身复进到位前,运动件已后坐到位并撞击枪(炮)身。

通常为了使自动机在恶劣条件下工作可靠,运动件后坐到位时应有一定速度,即有能量储备。只要能按上面配合要求控制冲量方向,即可满足使枪(炮)身运动基本停止的要求。但对运动件到位冲量过大或过小的特殊情况,无法满足枪(炮)身运动基本停止的要求,这就需另外采取专门措施。例如,当运动件到位冲量小,不足以抵消枪(炮)身复进到位的冲量时,可增设枪(炮)口制退器以减小枪(炮)身后坐冲量;当运动件后坐到位的冲量过大,以致枪(炮)身不能复进到位时,可增设运动件缓冲器,以减小其对枪(炮)身的撞击冲量。

(3) 最大缓冲力 F_2 的确定。应按满足稳定性的条件选取最大缓冲力 F_2,初步计算时,可由纵向射击时,枪(炮)身后坐阶段稳定条件的近似式求出 F_2,即

$$F_2 \leq \frac{WgD}{H\cos\theta_{lim} - l_k\sin\theta_{lim}} - fW_q g\cos\theta_{lim} + W_q g\sin\theta_{lim} \tag{11-14}$$

式中　H——火线高(mm);

　　　l_k——耳轴中心到后支点水平距离(mm);

　　　D——质心到后支点的距离(mm);

　　　θ_{lim}——稳定极限角(°);

　　　W——全枪(炮)的质量(kg);

　　　W_q——枪(炮)身的质量(kg)。

当枪(炮)身的结构和性能已定,在初步确定架座结构尺寸 H、l_k、D、重力参数 W、W_q 和 θ_{lim} 之后,由式(11-14)求出 F_2 的上限值。此外,F_2 的值还应满足复进和横向射击时的稳定性。

(4) 最大后坐行程 λ 的确定。最大后坐行程 λ,应不致影响自动机工作可靠和使用方便。导气式武器一般取 λ 值小于武器口径。现有几种缓冲架座的 λ 值如表 11.5 所列。

表 11.5　缓冲簧参数表

枪架名称	F_1/N	f_1/mm	k/(N/mm)	λ/mm	f_2/n	t_{HF}/s
53式7.62mm重机枪枪架	0	0	98	5.5	530	0.017
54式12.7mm高射机枪枪架	1900	23	86	10	2800	0.015
56式14.5mm四联高射机枪枪架	3950	4.2	720~1060	6	8280~10300	0.027

2. 液压缓冲装置

1) 液压缓冲装置的设计特点和使用要求

按照液压缓冲装置的工作原理及其对基本构件运动规律的作用和要求,在设计时应着重考虑以下几个方面的功用和特点。

(1) 吸收剩余能量,防止在极限位置发生严重撞击。液压缓冲装置能利用改变流液孔面积的办法来获得阻力变化的规律,同时液压缓冲装置的阻力有随运动件速度变化的特性。

(2) 保证后退距离,使其满足规定的范围要求。

(3) 液压缓冲装置必须在活塞杆通过的地方装上密封装置,以防止液体的泄漏。

缓冲液是液压缓冲装置的工作介质,选择液压缓冲装置液体时,需要满足以下要求:

(1) 凝固点要低,沸点要高。
(2) 热容量要大,汽化热要高。
(3) 密度和黏度较大,而且随温度变化要小。
(4) 化学稳定性要好。
(5) 原料丰富、生产简便、价格便宜,并可以保证战时能大量及时的供应。
(6) 无毒无害。

2) 液压阻力计算

通常情况下,液压作为缓冲介质时,应作以下假设。
(1) 工作液体不可压缩,在任何压力下液体的密度保持不变。
(2) 液体为一维定常流。
(3) 液体在缓冲器中的流动以地球为惯性参照系。

由流体力学可知,液压压力为

$$p = \frac{K\rho}{2}\left(\frac{A}{a} - 1\right)^2 \dot{x}^2 \tag{11-15}$$

式中 K——液压阻尼系数,取 $K=1.45$;
ρ——液压密度,取 $\rho=1110\,\text{kg/m}^3$;
A——活塞的工作面积(m^2);
$\dot{x}$——活塞速度(m/s);
a——活塞上的流液孔面积(m^2)。

在式(11-15)中,一般 a 比 A 小很多,故可以简化为

$$p = \frac{K\rho A^2}{2a^2}\dot{x}^2 \tag{11-16}$$

则液压阻力 $F_{\psi h}$ 的表达式为

$$F_{\psi h} = pA。$$

令 $C = \dfrac{K\rho A^3}{2}$,则

$$F_{\psi h} = \frac{K\rho A^3}{2}\cdot\frac{\dot{x}^2}{a^2} = C\frac{\dot{x}^2}{a^2} \tag{11-17}$$

由式(11-17)可知,液压阻力与运动件速度的平方成正比,与流液孔截面积的平方成反比。因此,有些武器为了使阻力的大小和变化规律满足必要的条件,流液孔的大小是可变的。

3) 液压缓冲装置内腔的确定

液压缓冲装置筒腔体积的大小与注油部分和不注油部分的容积有关。注油部分的体积根据工作时需要油液的数量来确定,空隙部分主要考虑油液温度增高时,使其有膨胀的余地。

(1) 液压缓冲筒中注油体积的确定。筒体中注入的油量必须保证在规定的最大连续发射弹数内,不使油液过度受热,以避免引起黏性变化使武器工作的稳定性降低。

设,每射击一发弹药,液压筒吸收的能量为 E,即

$$E = E_1 + E_2 \tag{11-18}$$

式中 E_1——后退时液压减冲筒吸收的能量(J);

E_2——复进时液压减冲筒吸收的能量(J)。

则液压减冲筒注油部分的体积 V 为

$$V = \eta \frac{n(E_1 + E_2)}{427 \cdot c \cdot d \cdot \Delta T} \tag{11-19}$$

式中 η——油液吸收热量与液压减冲筒吸收的全部热量之比,$\eta<1$;

n——规定的最多发射弹数;

c——油液的比热容(J/kg·℃);

d——油液的相对密度(kg/m³);

ΔT——射击后油液的温升(℃),一般 $\Delta T = 50 \sim 60$℃。

(2) 液压减冲筒中不注油体积的确定。空隙部分的体积主要考虑油液在高温时的膨胀,设膨胀后的体积增量 ΔV,有

$$\Delta V = \beta V \Delta T \tag{11-20}$$

式中 β——油液的膨胀系数;

V——注油部分的体积(m³)。

11.2.4 枪(炮)身缓冲装置设计案例

[例1] 已知:口径 $d = 12.7$mm,采用 54 式 12.7mm 穿甲燃烧弹;射速 $N = 600$ 发/min,枪身质量 $m_q = 33$kg,装药量 $\omega = 18$g,初速 $v_0 = 840$m/s,弹丸质量 $m = 40$g。

试设计该导气式武器枪身缓冲装置,要求最大后坐位移不超过 10mm,最大后坐阻力不超过 3000N。

解:1) 内弹道求解

建立内弹道方程组,通过编程求解出内弹道的压力及位移随时间变化的曲线。

2) 动力学模型的建立及方程求解

把枪身、枪机及枪机框看作一个整体,作为后坐部分的质量,建立单自由度方程,同时分后坐及复进两个阶段建立微分方程。通过编程,解出符合设计要求的弹簧的刚度及预压力,并绘制出后坐力和后坐位移随时间变化的曲线。选取其中的一部分计算结果如表 11.6 所列。

表 11.6 动力学计算结果

弹簧刚度/(N/mm)	弹簧预压力/N	后坐位移/mm	后坐力/N
...	...	...	...
80	1786.6	9.5	2546.6
83	1855.48	9.2	2619.08
86	1900	9	2674
90	1943	8.8	2735
93	2026.25	8.5	2816.75
...	...	...	...

综合考虑各种因素,取弹簧刚度 $k=86\mathrm{N/mm}$,预压力 $F_1=1900\mathrm{N}$。在该缓冲装置作用下,最大后坐位移为 9mm,最大后坐力为 2674N。

3) 弹簧缓冲装置具体设计

弹簧选用圆柱螺旋压缩弹簧。选取缓冲簧的材料为 $60\mathrm{Si}_2\mathrm{MnA}$,其切变弹性模量 $G=78453\mathrm{MPa}$。通过动力学计算,求出缓冲簧的预压力 $F_1=1900\mathrm{N}$、刚度 $k=86\mathrm{N/mm}$,由结构确定缓冲簧的中径 $D_2=24\mathrm{mm}$,并取簧丝直径 $d=5\mathrm{mm}$,则其有关结构尺寸为

① 单圈刚度:$k'=\dfrac{Gd^4}{8D_2^3}=443.4\mathrm{N/mm}$;

② 弹簧有效圈数:$n=\dfrac{k'}{k}=5.15$ 圈,取 $n=5$;

③ 弹簧刚度:$k=\dfrac{k'}{n}=88.7\mathrm{N/mm}$;

④ 弹簧的预压量:$f_1=\dfrac{F_1}{k}=21.4\mathrm{mm}$,取 $f_1=21.5\mathrm{mm}$,则 $F_1=f_1\times k=1907\mathrm{N}$;

⑤ 弹簧的总圈数:若弹簧的端部为并紧磨平,支承圈为 1 圈,则总圈数 $n_1=n+2=7$;

⑥ 弹簧在工作位置时的最大压缩量:$f_2=f_1+\lambda=21.5+9=30.5\mathrm{mm}$;

⑦ 余隙:$e=\dfrac{f_2}{5n}=1.22\mathrm{mm}$;

⑧ 弹簧自由高度:$H_0=n_1d+ne+f_2=71.6\mathrm{mm}$;

⑨ 弹簧装配高度:$H_1=H_0-f_1=50.1\mathrm{mm}$;

⑩ 弹簧的工作压力:$F_2=F_1+\lambda=2705\mathrm{N}$。

4) 绘制弹簧零件图(略)

[**例2**] 已知:口径 $d=5.8\mathrm{mm}$;枪弹质量 $m=13.1\mathrm{g}$;弹长 $l=58\mathrm{mm}$;弹头质量 $m_d=4.8\mathrm{g}$;装药量 $\omega=1.7\mathrm{g}$;药室容积 $V_0=1.74\mathrm{m}^3$;火药力 $f=102\times10^3\mathrm{J/kg}$;线膛断面积 $S=0.27584\mathrm{m}^2$;火药燃烧系数 $u_1=6.4\times10^{-5}$;火药热力系数 $\theta=0.2$;火药尺寸 $2e_1=0.0003\mathrm{m}$,$2c=0.0009\mathrm{m}$,$b=\infty$;药室缩颈长 $L_0=0.0631\mathrm{m}$,燃速指数 $V=0.83$;次要功系数 $\varphi=1.2$;二项式特征量 $\chi=1.33$,$\lambda=-0.25$;枪身质量 $m_q=12\mathrm{kg}$。

试设计该导气式 5.8mm 机枪弹簧液压缓冲装置,要求最大后坐位移不大于 10mm,最大后坐阻力不超过 700N。

解: 1) 内弹道计算模型

① 形状函数:$\psi=\chi Z(1+\chi Z)$;

② 燃烧方程:$\dfrac{\mathrm{d}e}{\mathrm{d}t}=u_1p$;

③ 弹丸的运动方程:$\dfrac{\mathrm{d}v}{\mathrm{d}t}=\dfrac{Sp}{\varphi m}$;

④ 内弹道学基本方程:$sp(l_\psi+l)=f\psi\omega-\dfrac{\theta}{2}\varphi mv^2$;

式中 l_ψ——药室自由容积缩径长,$l_\psi=l_0\left[1-\dfrac{\Delta}{\delta}-\Delta\left(\alpha-\dfrac{1}{\delta}\right)\psi\right]$;

Δ——装填密度，$\Delta = \dfrac{\omega}{V_0}$；

l_0——药室容积缩径长，$l_0 = \dfrac{V_0}{S}$。

2）建立动力学模型

(1) 基本假设。为简化计算，便于分析，把后坐部分看作一个整体，并作出如下假设：①后坐部分的质心在缓冲器杆中心轴的延长线上；②除弹簧和液体外，后坐部分和架座全部是刚体；③不考虑弹簧的内耗；④发射时，所有的力均作用在射面内；⑤忽略弹丸作用于膛线导转侧的力矩。

(2) 理论模型的建立。活动机件各阶段受力，如图 11.18 所示。

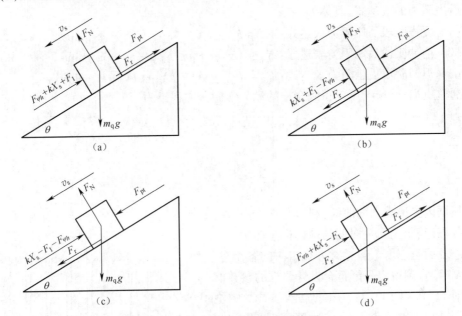

图 11.18　活动机体各阶段受力图

(a)后坐受力图；(b)复进受力图；(c)前冲受力图；(d)返回受力图。

F_{pt}—枪膛合力(N)；F_1—预压力(N)；X_s—后坐位移(mm)；v_s—枪身后坐速度(m/s)；

F_N—支撑力(N)；$F_{\psi h}$—液压阻力(N)；θ—射角(°)。

根据受力分析的结果可知，缓冲装置在这些力的共同作用下，产生后坐、复进、前冲以及返回四个运动。

(3) 缓冲装置受力分析。枪膛合力为

$$F_{pt} = Sp$$

式中　S——线膛断面积(mm^2)；

p——膛内压力(MPa)。

(4) 液压阻力 $F_{\psi h}$ 的确定。在本例中，液压缓冲装置的液体采用斯切奥尔-M 液。由式(11-17)计算液压阻力。

(5) 摩擦力计算。摩擦力为

$$F_r = \mu F_N$$

式中：$F_N = m_q g\cos\theta$；$\mu = 0.1 \sim 0.13$。

3）建立动力学方程组

以枪身为研究对象，分析枪身的受力情况，设枪身后坐方向为正，根据牛顿第二定律，可以得出枪身运动的动力学方程。

后坐阶段的动力学方程：$m_q \dfrac{\mathrm{d}v}{\mathrm{d}t} = F_{pt} + m_q g\sin\theta - F_1 - kX_S - F_r - F_{\psi h}$

令 $F_R = F_1 + F_r + kX_S + F_{\psi h} - m_q g\sin\theta$

则原方程可变为 $\dfrac{\mathrm{d}v}{\mathrm{d}t} = \dfrac{F_{pt} - F_R}{m_q}$

由于其余三个阶段只是后坐阻力的表达式中其他各力的符号不同，故给出其他三个阶段后坐阻力的表达式，具体如下：

（1）复进阶段后座阻力表达式：$F_R = F_1 + kX_S - F_{\psi h} - F_r - m_q g\sin\theta$

（2）前冲阶段后座阻力表达式：$F_R = kX_S - F_1 - F_{\psi h} - F_r - m_q g\sin\theta$

（3）返回阶段后座阻力表达式：$F_R = F_{\psi h} + F_r + kX_S - F_1 - m_q g\sin\theta$

通过上面的分析，可以得到全枪的动力学微分方程组为

$$\begin{cases} \dfrac{\mathrm{d}X}{\mathrm{d}t} = v \\ \dfrac{\mathrm{d}v}{\mathrm{d}t} = \dfrac{F_{pt} - F_R}{m_q} \end{cases}$$

根据内弹道求出的曲线，利用龙格-库塔法解微分方程组，求出每一时间对应的后坐阻力、后坐位移以及后坐速度。通过对方程组中的各个参数进行调整，直到得出一组符合设计要求的参数值。

图 11.19 ~ 图 11.21 为根据设计要求，求出的后坐阻力、后坐位移及后坐速度随时间变化的曲线。

由计算结果确定缓冲簧的预压力、刚度、流液孔的直径、活塞面积等参数，即可进行弹簧液压缓冲装置的具体总体方案设计。

4）绘制弹簧液压缓冲装置图（略）

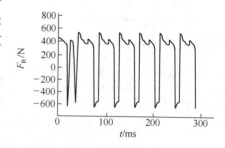

图 11.19 后坐阻力与时间关系图

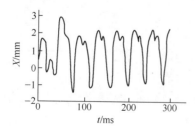

图 11.20 后坐位移与时间关系图

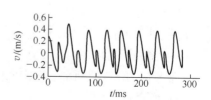

图 11.21 后坐速度与时间关系图

思考题

1. 简述缓冲装置的作用。
2. 常见的枪机(炮闩)的缓冲装置有哪些类型?
3. 常见的弹簧缓冲装置有哪些种类?各有什么特点?
4. 简述枪机(炮闩)的缓冲装置的基本设计要求。
5. 常见的枪(炮)身的缓冲装置有哪些类型?
6. 简述枪(炮)身缓冲装置的基本设计要求。
7. 简述有预压的双向缓冲装置的工作过程。
8. 简述液压缓冲装置的工作原理,通常液压装置有哪些构件组成?
9. 请画出采用有预压的双向缓冲装置的架座受力图及架座受力与枪(炮)身位置之间的关系。
10. 写出液压阻力公式,并说明液压阻力的影响因素,如何调节液压阻力?

第 12 章 瞄准装置设计

12.1 瞄准装置种类和基本要求

自动武器射击时,需将身管相对目标赋予合适的射向,使弹丸命中目标。赋予身管射向的操作称为瞄准。武器瞄准技术是用于装定射击诸元、赋予武器射角和射向的技术,实现瞄准功能的装置称为瞄准具或瞄准装置(简称为瞄具)。早期的瞄准装置通常由光学瞄准镜与机械瞄准具组成。随着火控技术的发展,出现了向量瞄准具、计算瞄准具、指挥瞄准具、火控系统、火力综合控制系统和战术 C^4ISRK 系统等。

瞄准是命中目标的重要因素。对于枪械,常采用直接瞄准,即对看得见的目标直接瞄准射击;对于火炮,则直接瞄准和间接瞄准并用。瞄准装置的作用是使身管内膛轴线形成射击命中目标所需的瞄准角和提前角。目标的距离及运动速度不同,瞄准角和提前角也就不同。

12.1.1 瞄准装置的种类

1. 按瞄准装置的观测系统不同分类

(1) 机械瞄准装置。机械瞄准装置主要由准星和带照门的表尺组成。瞄准角和提前角的装定靠移动表尺照门实现。机械瞄准装置用于手持式自动武器,包括对地面目标射击的普通机械瞄准装置和对空中目标射击用的环形缩影瞄准装置。

由于机械瞄准装置结构简单、作用可靠,在现代枪械中仍广泛采用。但是,普通机械瞄准装置受人眼视力、鉴别力及天气等因素的影响,瞄准精度随射击距离的增大而降低,故对于远距离射击的重机枪、大口径机枪、高射机枪等,已逐渐配备了光学瞄准装置(白光、微光及红外瞄准装置等)。

(2) 光学瞄准装置。光学瞄准装置以光学望远系统为主体构成。瞄准角和提前角由分划板上的分划实现,或由分划与机械传动部分共同实现。

光学瞄准装置一般置于武器的表尺位置上,高低与方向均可调整。光学瞄准具是表尺装置的发展,不仅增加了瞄准距离,而且使间接瞄准成为可能。第一次世界大战期间出现了白昼使用的可见光瞄准具,第二次世界大战期间出现了主动红外夜间瞄准具,目前发展重点是被动的微光、热成像瞄准具。

(3) 光电瞄准装置。无论是准星-表尺机构,还是光学瞄准具,都要求装定目标距离。目视测距是最原始的测距方法,以后相继出现了光学(基线合影、标杆)测距、雷达测距与激光测距等方法。在光学瞄准具上增加高低方位伺服和角度测量机构,即构成光电瞄准具。

2. 按射击对象不同分类

（1）对地面目标瞄准装置。机械瞄准装置和光学瞄具都可对地面目标瞄准。一般枪械均配有简易机械瞄准装置，狙击步枪和部分步枪、机枪配有光学瞄具。

（2）对空目标瞄准装置，又称为高射瞄准装置。由准星和照准环构成简易环形瞄准装置、光学缩影环形瞄准装置以及由光学瞄准镜和机械传动部分组成的自动向量瞄准装置。

3. 根据适应目标清晰程度不同分类

（1）白昼用瞄准装置。这种瞄准装置一般没有照明装置。

（2）夜用瞄准装置。这种瞄准装置是在光线暗淡和夜间使用的夜视瞄具，如主动式红外瞄具、被动式红外瞄具、微光瞄具、激光瞄具和热成像仪等。

12.1.2 瞄准装置的技术要求

随着科学技术的发展以及对瞄具战术技术的要求不断提高，自动武器的瞄具（或称为火控系统）已发展成光机电的综合体。高射武器的火控系统已能自动寻敌、自动检测、自动跟踪和自动瞄准射击。对各类瞄具的技术要求主要有以下内容。

1. 应具有一定的精度

瞄准精度是指武器实际射角和射向与理论值的接近程度，瞄准误差越小，武器实际射角和射向与理论值越接近，精度越高。不同类型的瞄准系统，瞄准精度不同。瞄准精度通常包括目标坐标测定精度、目标运动状态估计精度、射击诸元解算精度、射击弹道及其修正精度、气象修正精度、火炮随动系统精度和火力精度等。

设计瞄具时，应根据类型、用途和工艺技术条件，尽可能减少影响瞄准的误差。用瞄具瞄准目标射击时的误差有目标参数的测定误差，如目标距离、航速、航路等的测量误差；武器结构及其工艺技术、气象条件等引起的散布误差；瞄具设计和制造误差等。瞄具本身精度高，则射击精度必然高。

瞄具的结构简单，与武器紧固刚性连接以及操作方便，可提高瞄准精度。若需采用传动机构，则应避免其运动的复杂性，减少传动链，设置排除空回措施。

2. 系统反应时间短

系统反应时间简称为反应时间，又称为响应时间。反应时间通常是指目标突然临空时，从目标搜索系统发现目标起，到允许武器发射或射击所需的时间。如图12.1所示，反应时间通常包括发现时间、识别时间、截获时间、跟踪时间、解算时间、协调时间等，即

$$t = t_f + t_d + t_i + t_t + t_s + t_h \quad (12-1)$$

式中：t 为反应时间；t_f 为发现时间；t_d 为识别时间；t_i 为截获时间；t_t 为跟踪时间；t_s 为解算时间；t_h 为协调时间。

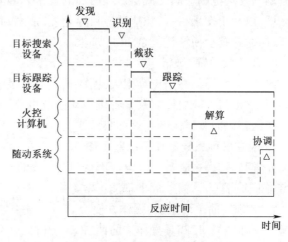

图12.1 反应时间构成示意图

不同类型的瞄准系统,反应时间不同。式(12-1)构成的响应时间各过程可以合理重叠,缩短反应时间。

在实际作战中,当敌我双方均具有攻击能力时,反应时间越短,越能先开火,击毁对方的概率和自身生存的概率越大。此外,缩短反应时间可以提供较长的可射击时间。因此,在作战状态下,反应时间是重要的因素之一,也是瞄准系统、火控系统的主要战术技术指标之一。

3. 光学瞄具应满足必要的光学性能

光学瞄具的光学性能主要有视放大率、视场角、出瞳直径、出瞳距离、分辨率。

视放大率应满足清晰观察到必要的距离和对目标的瞄准精度。但视放大率过大的瞄具安装在有振动和摇晃的武器架座上时,会使人感到目标的像模糊。

观察固定目标的瞄具,视场角可以小些;观察活动目标的瞄具,应根据目标速度和距离,尽可能增大视场角。

出瞳直径的大小决定了自瞄具射出光通量的大小。为保证有足够的亮度,出瞳直径不宜太小。正常工作条件使用瞄具时,出瞳直径应等于人眼瞳孔直径。但人眼瞳孔直径是变化的,白天约为2mm,黄昏为2~5mm,黑夜为7~8mm。故一般军用光学仪器的出瞳直径为4~5mm,以便白天和黄昏都能使用。安装在易于振动和摇晃的架座上的瞄具,出瞳直径应大些,否则眼睛很难对准出瞳,妨碍观察。

出瞳距离是指光学系统最后一面顶点到出瞳平面与光轴交点的距离。使用瞄具时,人眼瞳孔应当与出瞳重合,可最大限度地接受自瞄具射出的光通量,并能观察整个视场。出瞳距离小于6mm时,眼睫毛会碰到目镜。一般光学仪器出瞳距离为12~15mm。枪械射击时有振动和后坐运动,必要时射手还要戴防毒面具,为避免射手眼睛碰伤和便于瞄准,出瞳孔距离可达30~100mm。

光学瞄具的分辨率是指瞄准镜能分辨物体细节的本领。若分辨率高,则瞄准精度高。

4. 保证必要的工作范围

瞄具的工作范围必须与武器的性能(如射程、射界、弹丸初速等)以及载体和目标(飞机、坦克等)的性能相适应,不能因瞄具而限制武器发挥其最大威力。例如,瞄准角或表尺分划的装定范围应满足武器最大射程的要求。瞄具还应有足够的视界,能观察到所需的区域,以利于搜索目标;还应适应目标速度,能对目标不断跟踪。但瞄具的工作范围也不能过大,否则会使结构复杂、尺寸加大。

5. 工作应可靠

射击时,武器的冲击振动很大,因此瞄具应有足够的强度,各零件之间的连接要确实可靠,防尘密封性能要好。瞄具各机构动作应可靠,不能因射击振动而改变装定的分划,也不能因转运而改变已校正好的零位线。

6. 应在各种气候条件下都能工作

光学瞄具、夜视瞄具及其电器部分对气候条件的敏感性较高。应保证瞄具在高低温、雨雪、潮湿等恶劣气候条件下都能正常工作。

7. 结构应简单而紧凑,操作方便

为了抓住战机,瞄具操作应简便、迅速、准确,避免复杂的运算和操作程序,各分划应清晰,瞄具位置应便于射手操作,以缩短射击前的准备时间。出厂时已经调整好的瞄具,在使用过程中瞄准线与身管内膛轴线的正确关系有可能发生改变,需进行检查及必要的调整,要求调整检查方便。

8. 应设置校正装置

由于测量误差和气象条件变化,可能产生射击偏差,因此瞄具上最好设置有俯仰和方向校正装置,以便根据观察结果直接校正射弹偏差,如移动瞄准镜的瞄准十字线或者转动整个瞄准镜。

12.2 普通机械瞄准装置

12.2.1 普通机械瞄准装置的作用

根据弹丸在膛外运动的规律,对一定距离的目标射击时,要使弹丸命中目标,必须赋予枪身一定的瞄准角。瞄准角的大小可由武器的基本射表查出。普通机械瞄准装置就是把射表上的射击距离与瞄准角的关系,通过表尺上的照门和准星相互关系反映出来。在实际使用时,只要装定一定的表尺分划,通过照门、准星和目标构成瞄准线,即自动地赋予了枪身相应的瞄准角和射向。

总之,普通机械瞄准装置的作用是对不同距离的目标射击时,赋予枪身相应的瞄准角和射向。有的普通机械瞄准装置也能修正风偏和定偏及赋予对活动目标射击的提前量。

12.2.2 普通机械瞄准装置的特点

普通机械瞄准装置有以下优点。

(1) 结构简单。普通机械瞄准装置通常由准星、表尺组成,而构成准星和表尺两部分的零件结构也都很简单。

(2) 制造方便。多数零件为普通机加工件,有些零件还可以采用精密铸造,零件加工精度要求不高,故生产加工容易,经济性好。

(3) 使用方便,勤务性好。射手通过表尺赋予枪身所需的瞄准角后,当照门、准星和目标三点构成一直线,即可射击,操作使用较方便。零件均为普通金属构件,维修容易。

普通机械瞄准装置有以下缺点。

(1) 瞄准精度较低。射手眼睛的视线必须通过照门、准星和目标三个点,但眼睛不可能同时看清楚这三个点。三点中的两点在视网膜上形成的不是点,而是模糊不清的小圆圈。

在结构上,简易机构瞄具的瞄准精度与瞄准基线长(准星与照门之间的距离)有关。当照门和准星高差一定时,瞄准基线越长,瞄准的角误差越小,瞄准精度越高,因此在结构设计时,尽可能加长瞄准基线。

(2) 瞄准距离较近。只能对眼睛看得见的近距离目标(一般在400m以内)进行瞄准。

12.2.3 普通机械瞄准装置的分类

机械瞄具由准星部件(简称为准星)和表尺部件(简称为表尺)组成。准星部件一般包括准星、准星座、准星滑座和紧固螺钉等。校枪时,可使准星上下左右调节。有些枪(如手枪)的准星则固定在枪身上。表尺部件一般包括表尺板或表尺框、照门、表尺轴、表尺座以及用于左右微调的游标等。手枪的表尺和照门一般为一体,直接固定在枪身尾端。

1. 准星的分类

准星在瞄准过程中仅作为照准点,通常在射效矫正后就不再变动。

根据准星尖部截面形状可分为三角形、矩形和梯形三种类型。根据准星连接方式可分为非回转体与回转体两种类型,如表12.1所列。

现代枪械大都采用矩形截面回转体准星,且均设有护翼,以提高勤务性能。

表 12.1 准星的分类及典型结构

序号	分类		结构简图	采用武器
1	三角形截面准星	非回转体（片状）	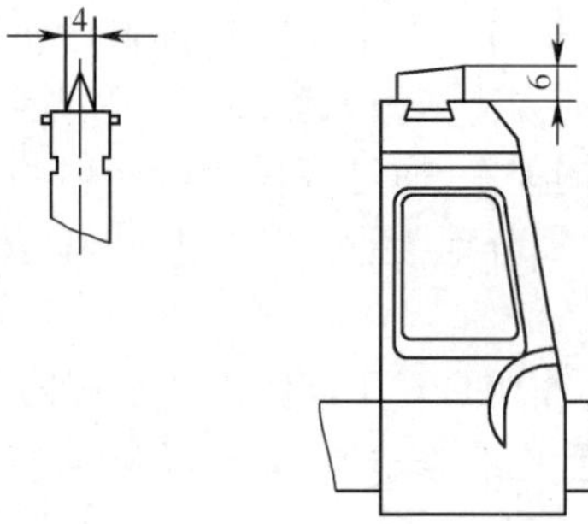	德国 MP-43 冲锋枪
2	矩形（柱形）截面准星	非回转体（片状）	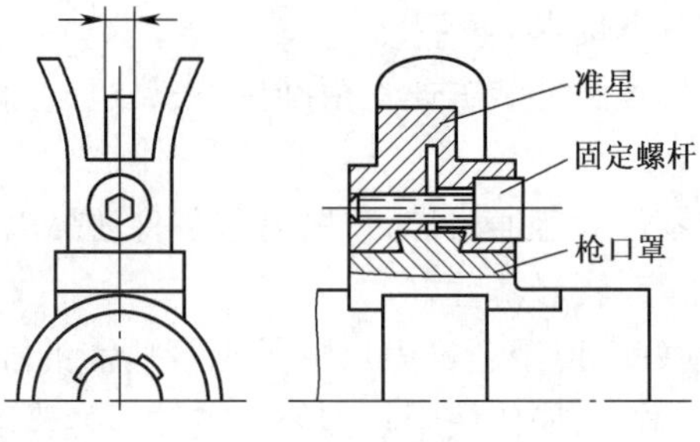	美国 M14 自动步枪 美国 M1 半自动卡宾枪 美国 M60 通用机枪
		回转体（圆柱）	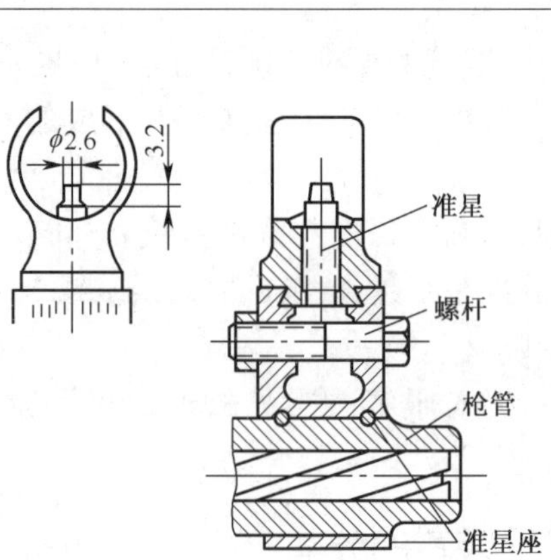	56 式 7.62mm 冲锋枪 56-1 式 7.62mm 轻机枪 81 式 7.62mm 枪族 67-2 式 7.62mm 重机枪 85 式 7.62mm 狙击步枪 95 式 5.8mm 枪族 捷克 58 式冲锋枪 捷克 59 式通用机枪

续表

序号	分类	结构简图	采用武器
3	梯形截面准星	非回转体（片状）	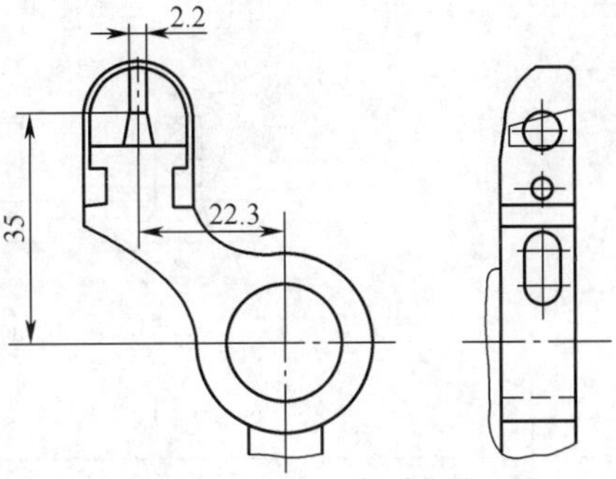 德国 MG-42 通用机枪 捷克 ZB-26 轻机枪
		回转体（截顶圆柱）	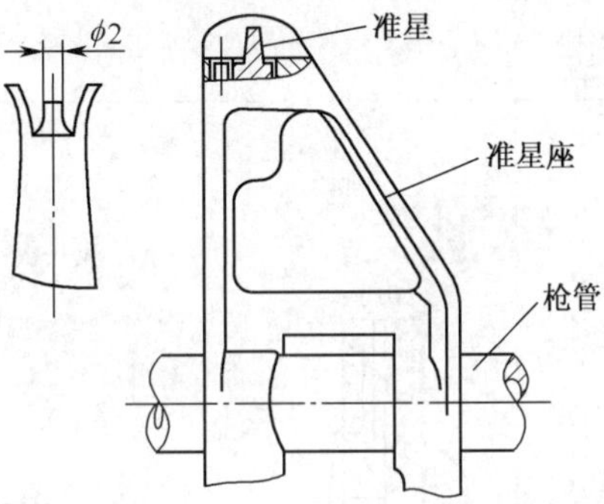 德国 G3 自动步枪 美国 M16 自动步枪

2. 表尺的分类

表尺部件的作用主要是改变照门的高度,使枪膛轴线与瞄准线构成不同射距的瞄准角。有些还设有横表尺或游标,对弹丸飞行方向进行横向修正。通常讲的表尺只指装定瞄准角的表尺。

根据改变表尺高度的方法不同,可分为照门直移式和照门回转式两种类型。

1) 照门直移式

照门在游标上,随着游标的上下移动而直线移动,固定表尺为其特例。平时将表尺板倒下,以免行军时碍事或碰坏,战斗时将其直立。这种类型的优点是表尺板上的表尺射程分划装定的范围较大,能对远距离目标进行射击。其缺点是表尺板上的分划不等距,装定近射程时易出差错。根据表尺板形状不同,又可分为固定式、立柱式和立框式三种形式,如表 12.2 所列。

2) 照门回转式

照门在表尺板上,随着表尺板的转动而作回转运动,L 型表尺为其特例。这种类型的优点是表尺板上的分划为等距,装定分划时不易出错。其缺点是表尺板分划装定的范围较小。根据表尺板回转方式不同,又可分为多照门式齿弧式、弧形座式、斜面式、凸轮式等五种形式,如表 12.2 所列。

表 12.2　表尺的分类及典型结构

序号	分类	项目	
1	固定式表尺	结构简图	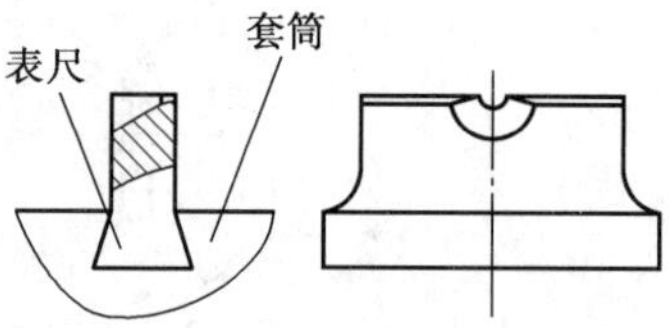 54 式 7.62mm 手枪
		结构特点	结构最简单,没有专门距离装定机构,只有一个平均瞄准角
		应用范围	适用于近距离射击的手枪,如 54 式 7.62mm 手枪、92 式 5.8mm 手枪
2	照门直移式 立柱式表尺	结构简图	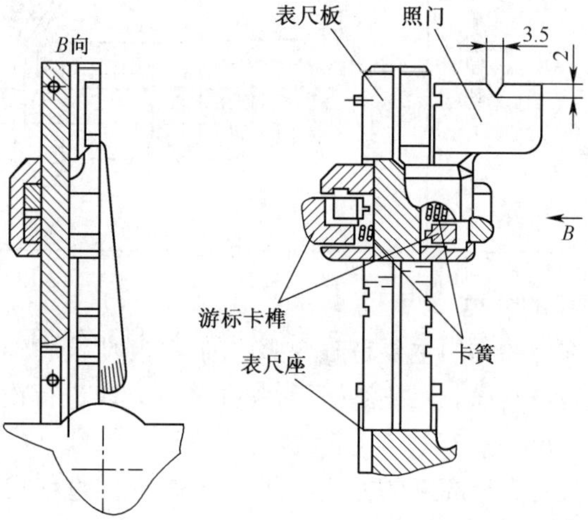 德国 MG-34 轻机枪表尺
		结构特点	由带缺口的游标和刻有距离分划的立柱组成,游标可沿立柱上下移动以及改变照门高度,因其结构影响射界故未被广泛采用
		应用范围	适用于射程较大的武器

续表

序号	分类		项目	
3	照门直移式	立框式表尺	结构简图	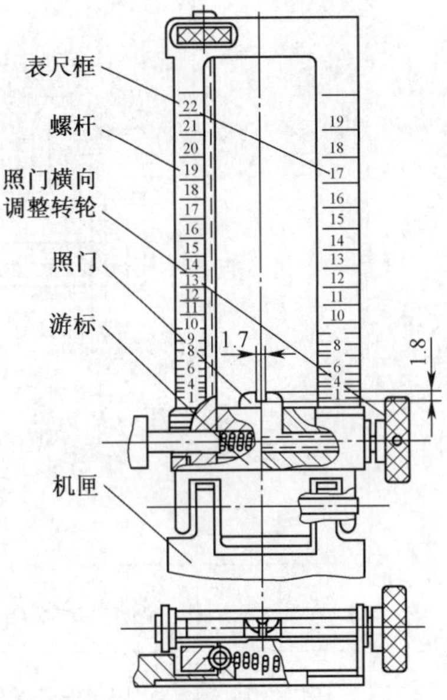 67-2式7.62mm重机枪表尺
			结构特点	由带缺口的游标和刻有距离分划的立框组成,有微调装置,并可横向调整。结构简单,且视界大。由于分划不等距,近距离装定易出错
			应用范围	适用于大射程武器,如85式12.7mm高射机枪、89式12.7mm重机枪等
4	照门回转式	多照门式表尺	结构简图	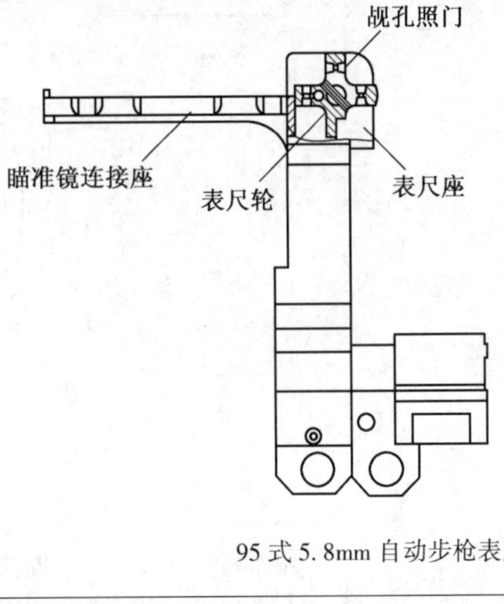 95式5.8mm自动步枪表尺
			结构特点	由多个照门组成,结构简单,加工方便,便于操作。两个照门的L型表尺是最简单类型
			应用范围	适用于冲锋枪和近射程的步枪,如85式7.62mm冲锋枪、05式5.8mm冲锋枪、03式5.8mm步枪、88式5.8mm狙击步枪等

续表

序号	分类	项目	
5	齿弧式表尺	结构简图	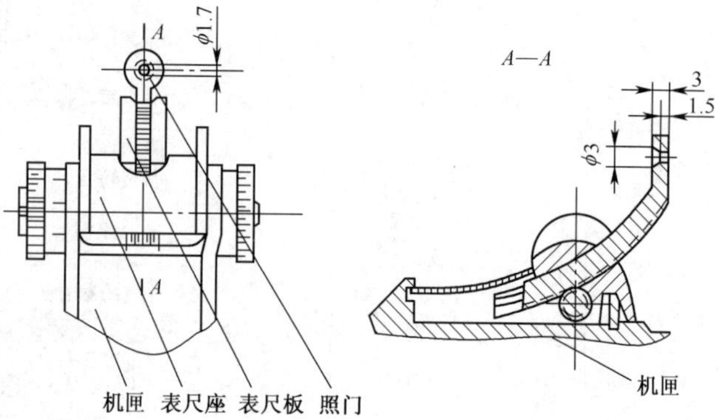 美国 M14 自动步枪表尺（机匣、表尺座、表尺板、照门）
		结构特点	靠齿弧的伸缩进行装定。结构紧凑，但加工较复杂
		应用范围	适用于中射程武器，如美国强生半自动步枪等
6	照门回转式 弧形座式表尺	结构简图	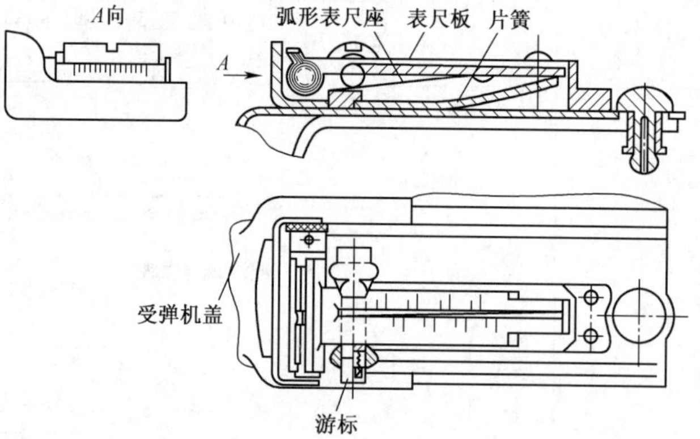 56式7.62mm 轻机枪表尺（弧形表尺座、表尺板、片簧、受弹机盖、游标）
		结构特点	由刻有等距分划的表尺板、带缺口的游标和弧形表尺座组成。构造简单，结构紧凑，动作可靠、精度高
		应用范围	广泛应用于步枪、轻机枪等，如56式7.62mm冲锋枪、85式7.62mm狙击步枪、88式5.8mm通用机枪等

续表

序号	分类	项目	
7	斜面式表尺	结构简图	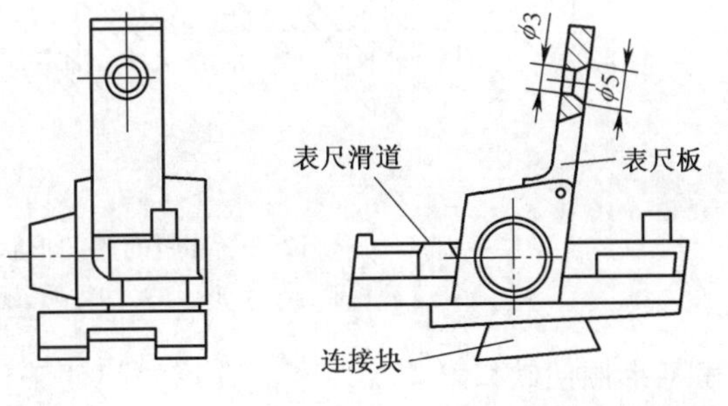 英国 L1A1 半自动步枪表尺
		结构特点	结构简单,制造容易,具有表尺距离分划不等距的缺点,受结构尺寸限制不能装定大射距的瞄准角
		应用范围	适用于射距不大的武器,如德国 MG-42 通用机枪
8	照门回转式 凸轮式表尺	结构简图	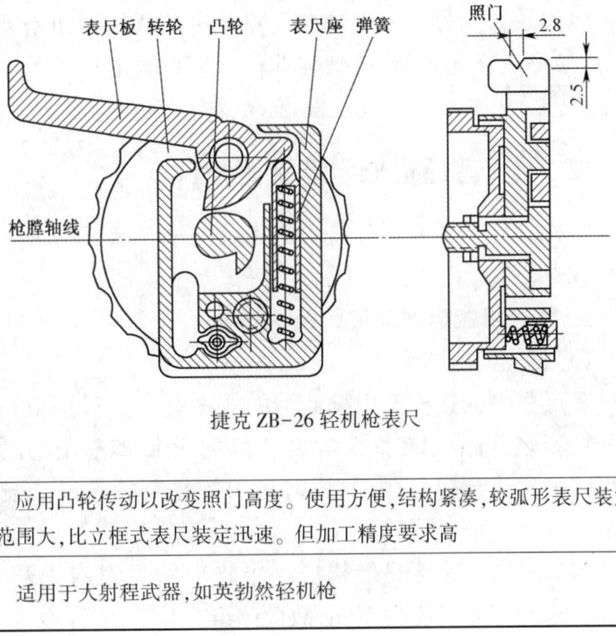 捷克 ZB-26 轻机枪表尺
		结构特点	应用凸轮传动以改变照门高度。使用方便,结构紧凑,较弧形表尺装定范围大,比立框式表尺装定迅速。但加工精度要求高
		应用范围	适用于大射程武器,如英勃然轻机枪

3. 照门缺口的类型

普通机械瞄准装置的表尺上的照门缺口有 U 形、V 形、方形和觇孔形四种,如图 12.2 所示。

觇孔形照门能使眼睛迅速而准确地确定圆孔中心,从而自动地将准星尖置于觇孔中央,使准星尖与瞄准点两点迅速吻合,简化了瞄准动作,便于迅速准确地瞄准目标。觇孔还有光阑作用,都可提高瞄准精度。现代枪械较多采用觇孔形照门,如美国 M1、M2、M14、M16、强生以及德国 G3、英国 L1A1 自动步枪,95 式 5.8mm 枪族和 88 式 5.8mm 狙击步枪。觇孔形照门的缺点是视界有限,对活动目标及在光线不良条件下,瞄准较困难,觇孔易被油垢堵塞。

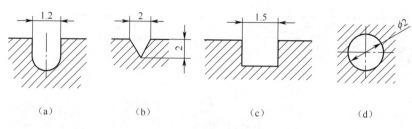

图 12.2　常用的照门形状
(a)U 形；(b)V 形；(c)方形；(d)觇孔形。

U 形和 V 形照门缺口基本保持了觇孔形照门便于找到中心的优点,又因去掉了圆孔的上半部,从而使视界大大增加,克服了觇孔形照门的缺点,故在枪械中得到广泛应用,如 56 式 7.62mm 冲锋枪、54 式 7.62mm 手枪等。

方形照门缺口的优点是视野大,易于加工,但瞄准精度较 U 形和 V 形照门缺口差,通常多用于连发武器上,如 81 式 7.62mm 轻机枪、67-2 式 7.62mm 重机枪、85 式 12.7mm 高射机枪等。

照门缺口的最大不足是当武器经过部队长期使用后易被磨白,影响瞄准;阳光直射瞄准时,易形成虚光,影响精确瞄准。为了克服上述不足,在照门缺口上方设置一简易护罩(或遮光栏),如 81 式 7.62mm 枪族,能有效地克服上述不足,提高瞄准精度。

12.2.4　普通机械瞄准装置设计

结构设计的主要任务是确定表尺类型及装定参数范围、瞄准装置的安装位置、瞄准基线长、准星和表尺的主要几何尺寸等。

1. 普通机械瞄准装置的结构设计

1) 表尺类型的确定

表尺类型的选择要根据武器的战术要求。对主要用于射击近距离目标的武器,其装定分划不多,可采用较简单的表尺;对于远距离射击的武器,一般装定分划较多,有时还需采用横表尺进行横向修正,故需采用较复杂的表尺。根据表尺的特点,可归纳以下设计原则。

(1) 手枪可采用只能构成一个瞄准角的固定式表尺。结构简单,便于携带和使用。一般手枪的有效射程为 50m,故此瞄准角应按 50m 设计。

(2) 射距不大的冲锋枪和步枪可采用 L 型表尺。例如,美国 M16A1 自动步枪的有效射程为 400m,其 L 型表尺短边的射距为 0~300m,长边的射距为 300m~500m。短边的一面无标志,长边的一面标以"L"字,以示区别。

(3) 中等射距的步、机枪多采用弧形座表尺和齿弧形表尺,并有横表尺。

(4) 射距较大的重机枪和大口径机枪多采用立框式表尺,一般应有修正射向的横表尺。

(5) 坦克上的并列机枪和航空机枪大多数取消了机械瞄具,而采用车上或飞机上的瞄准镜进行瞄准。

(6) 在结构设计时,要注意瞄具各零件不能因射击振动而松动。表尺板最好装在槽内,以减少表尺板的横向摆动,并保护其不受碰撞。应消除传动件之间的空回,以提高射击精度。表尺脊的上方应有护翼,以避免表尺脊磨白反光而影响瞄准。凡是射手在瞄准时能看见的部分,都应表面处理,避免反光。

2) 瞄准基线长度的确定

瞄准基线越长,对提高瞄准精度越有利。下面从计算上说明这一点,如图12.3所示,设瞄准基线长 $L_0 = Oa$,射击距离 $D = OM$,照门瞄视点与准星顶点关系位置误差(或射手在瞄视照门和准星时产生的瞄准误差)为 ab,由于 ab 引起的弹着点偏差为 MN,则由此构成的两个相似三角形,得

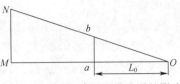

图 12.3 瞄准基线长对瞄准误差影响

$$\frac{ab}{MN} = \frac{Oa}{OM}$$

$$MN = \frac{ab \times D}{L_0} \tag{12-2}$$

由式(12-2)可知,当射击距离 D 和瞄准误差 ab 一定时,弹着点的偏差 MN 与瞄准基线长 L_0 成反比,即瞄准基线越短,则误差 ab 对弹着点偏差的影响越大。例如,用53式重机枪进行射击,如果瞄准时有误差,准星偏向右 0.5mm,则当瞄准基线长为 855mm 时,500m 处弹着点的偏差为 292mm。若瞄准基线减为 500mm,则弹着点的偏移量增至 500mm。可见瞄准基线的长短,对弹着点偏差的影响相当大。实际上,各种武器的瞄准基线长主要取决于武器本身的结构安排。在结构允许的条件下,应尽可能地增长瞄准基线。美国 M14 自动步枪的准星座安装在枪口消焰器上,以达到增长瞄准基线的目的,如图12.4所示。

图 12.4 美国 M14 自动步枪的准星座制作在枪口消焰器上

3) 瞄准装置在武器上的安装位置

瞄准装置在武器上的安装位置影响武器射击精度。在武器总体设计时,应作合理安排。一般要求尽可能将准星和表尺、照门安装在同一零件上,或安装在装配后不能拆卸且没有相对运动的同一部件上,以避免使用中准星和照门发生相对位移,带来瞄准误差。在布置准星和照门位置的同时,要尽可能使瞄准基线增长。

对于枪管与机匣固联的武器,如大部分单人携带武器,一般尽量把准星安装在靠近枪口部位,表尺则尽可能远离准星。

对于枪管可更换的武器,如重机枪和高射机枪等,在布置准星和表尺的位置时,应考

虑到更换枪管后正、备两枪管弹着点的一致性。枪管有护筒,且护筒与机匣为不可拆卸的固定连接。一般把表尺装在机匣上,准星装在护筒上,如53式轻机枪(图12.5);也有表尺和照门都装在护筒上的,如德国MG-42通用机枪(图12.6)。这种安装方法的优点是准星和照门在使用过程中不会产生相对位移。其缺点是在更换枪管时,平均弹着点可能整体偏移。

枪管无护筒时,一般把表尺安装在机匣上或机匣盖上,准星装在枪管上。例如,56式冲锋枪、53式重机炮和80式通用机枪(仿苏联ΠKMC)都采用这种安装方法,如图12.7所示,更换枪管时连准星一起更换。可用调整准星的方法进行校枪,但对枪管与机匣的配合间隙应严格控制,否则会影响射击精度。

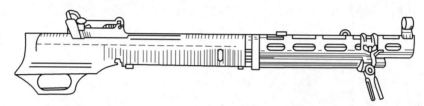

图12.5　表尺装在机匣上,准星装在护筒上

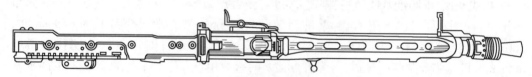

图12.6　表尺和照门都装在护筒上

图12.7　表尺安装在机匣上或机匣盖上,准星装在枪管上

4) 准星的结构设计

(1) 准星结构方案。手枪的准星应简单,一般与枪身成一体,直接在枪身前端加工而成,如图12.8所示。但是对于步枪、机枪一般要求在射击校正时,准星的高低方向可调;校枪完毕后,再将准星紧定牢固。有些圆柱形准星的螺纹部制成切口,使其具有弹性,以防松动。整个准星部件要牢固地装在准星座上,准星座应与枪管端部成紧配合连接,并用销钉销住。

(2) 准星高低和横向调节方式。准星的高低调节,一般采用调节准星螺纹部的方法。当调节到满足校枪要求后,再加以紧定。采用准星螺纹部开切口可以紧定准星,也可用定位销固定准星,如图12.9所示。为了实现微调,准星螺纹部的节距都很小(一般在1mm以下),如美国M16A1自动步枪的准星每旋转一个缺口,在100m处的弹着点可向上或向下移动 28mm,如图 12.10 所示。

准星横向调节滑座有圆柱形滑座和带紧定螺钉的燕尾榫滑座,前者如 81 式步枪和 80 式机枪,后者如 81 式机枪和 77 式高射机枪。圆柱形滑座与准星座为紧配合,施力以后可校正瞄准线的偏差。

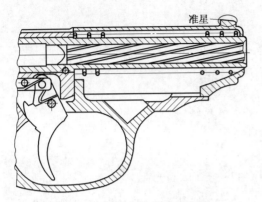

图 12.8　准星直接在枪身前端

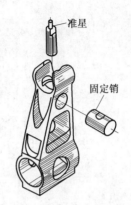

图 12.9　可调节的准星和准星座

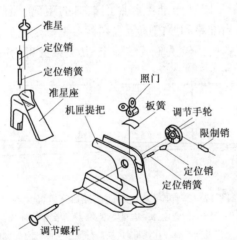

图 12.10　美国 M16A1 自动步枪的 L 型表尺和圆柱形准星

(3) 准星应有护罩。除手枪外,一般枪械都有准星护罩。护罩主要作用是防止准星碰弯或磨白反光。护罩有翼形和环形两种,翼形护罩的视野比环形护罩宽,但在夜间射击时,射手有可能将其中一个护翼误认为准星;环形护罩有避强光作用。

(4) 准星和照门上可设发光柱。为了夜间能看清准星和照门,67-1 式机枪的准星和照门上方有红色和绿色的发光柱或称荧光管。64 式微声冲锋枪也采取了这种措施,如图 12.11 所示。

(5) 准星顶端至膛轴距离。此距离越大,在瞄准时射手暴露的面积也越大,对射手的安全不利,而且会对行军作战,尤其是在丛林地带作战带来不便。在结构允许下,尽可能减小这个尺寸。

(6) 准星形状与尺寸。表 12.1 列出了三角形、矩形、梯形三种准星顶端的形状。现代武器多采用圆柱体准星,且顶端截面为矩形。这是由于圆柱体准星便于设计成高低、左

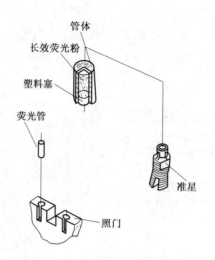

图 12.11　64 式微声冲锋枪准星和照门的荧光管

右均可调节,加工也很方便。但手枪上多采用片状三角形截面准星,这种形式易于制作在枪身上,且刚度较好,不易变形。

准星的宽度取决于射手眼睛至准星和照门缺口的距离、照门缺口宽度、瞄准基线长度,以瞄视清晰为原则。当准星和照门的位置在武器上确定之后,准星宽度和照门缺口宽度可通过几何关系概略估算,并经试验调整确定,其关系式可由图 12.12 得出。

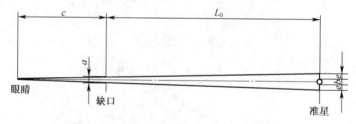

图 12.12　准星宽度和照门缺口宽度的关系

a—照门缺口宽度;b—准星宽度;c—人眼到缺口距离;
L_0—瞄准基线长;e—在瞄准时,缺口与准星两侧应有的宽度。

图 12.12 所示,若宽度 e 过小,则背景不亮,不易瞄准;若宽度过大,则不易对中,影响瞄准。一般 e 值由试验确定。

根据相似三角形的性质,得

$$\frac{a/2}{c} = \frac{e + b/2}{c + L_0}$$
$$b = \frac{c + L_0}{c}a - 2e$$

(12-3)

由式(12-3)可知,当 c、a 和 L_0 确定后,准星宽度 b 可求得。c 值应在射手眼睛的明视距离范围。例如,56 式半自动步枪的 c 值为 320mm,56 式冲锋枪及班用机枪为 260mm,53 式重机枪为 140mm。现有武器的准星宽度在 1.5~3mm 范围内,照门缺口宽度在 1.2~3mm 范围内。表 12.3 列举了部分典型武器的准星和照门宽度值。

表 12.3　典型武器的照门和准星宽度值

	56 式 7.62mm 冲锋枪	95 式 5.8mm 自动步枪	美国 M16A1 自动步枪	德国 G3 自动步枪	77 式高射机枪
a/mm	1.2	0.9	$\phi 2$	1.5	1.2
b/mm	$\phi 2$	$\phi 2$	$\phi 1.7/\phi 3.0$(锥形)	$\phi 1.5$	$\phi 2$

5) 照门结构设计

照门装在表尺上,应防止纵向和横向松动。81 式步、机枪的照门制在表尺板上,表尺板装在表尺座的槽内,可防横动和碰撞。

照门缺口的宽度取决于射手眼睛至缺口的距离。若距离小,缺口尺寸可相应缩小;若距离大,缺口宽度可相应增大,枪械的照门缺口宽度一般在 1.2~2m 范围内。

物体对眼睛构成的张角,称为视角。射手在瞄准射击时,所看到的准星宽度和照门宽度的相应视角称为能见宽度(以密位计)。能见宽度与准星宽度、照门宽度以及人眼到准星、缺口的距离有关。显然,缺口能见宽度要大于准星能见宽度。表 12.4 是我国几种仿苏联武器的准星和缺口宽度以及能见宽度。

表 12.4　几种武器的准星、照门缺口宽度及能见宽度

武器名称	准星宽度 b/mm	准星能见宽度/mil	缺口宽度 a/mm	缺口能见宽度/mil
56 式半自动步枪	2	2.4	1.2	3.6
56 式冲锋枪	2	3	1.2	4.4
56 式轻机枪	2.5	2.7	1.5	5.5
53 式重机枪	2	2	1.5	9.5

注:密位制(gradient system)是度量角的一种方法。把一个圆周分为 6000 等份,那么每个等份是 1 密位,表示为 1mil。1 密位 = $0.06° \approx 0.001$rad。

由表 12.4 可知,射程较远的机枪,缺口能见宽度也较大。设计时,若要增加缺口能见宽度,在结构允许情况下,可适当加大缺口宽度或将缺口移近眼睛。

2. 普通机械瞄准装置的刻制原理

对不同距离的目标瞄准时,首先要在表尺上装定瞄准角,即确定瞄准线在射面内的位置。照门升降的不同高度,即构成不同的瞄准角。

照门升降构成瞄准角的大小是通过表尺板上被刻制成一杠一杠的分划表示出来的。因为射手在战场上能够测得目标的距离,不能测出目标所需的瞄准角,所以分划不是以角度值表示,而是以射距(斜射程)表示,即按射距来装定分划。例如,81 式步枪的表尺射程为 500m,表尺板分划杠旁刻制 1、2、3、4、5 字样,这些字样分别对应的射距是 100m、200m、300m、400m、500m。又如美国 M2 自动步枪的表尺射程为 300yd(表示 300 码),表尺分划上标有 1、2、2.5、3 字,相对应的射距为 100yd、200yd、250yd、300yd。

当射手装定某分划时,游标或转轮上必须有相应的定位缺口或定位钢珠,以便将游标或转轮定位住,如美国 M2 自动步枪是靠钢珠定位的。

下面的设计计算主要是表尺板上的分划与射距关系的计算。表尺结构形式不同,确定分划板上分划的方法也不同。同时,分别叙述照门直移式和照门回转式表尺分划的刻制原理和计算方法,即确定射距与表尺分划的关系。

1) 直移式表尺分划与射距的关系

直移式表尺最常见的是立框式表尺,其照门在游标上。照门随着游标沿表尺滑道在垂直膛轴的方向上下移动,以改变照门至枪膛轴线的高度,从而构成不同的瞄准角。

刻制表尺分划时,假设表尺框垂直于枪轴,高低角 $\varepsilon=0$,则其相应的瞄准角(也称为高角)记为 α_0。瞄准角为 α_0 时,照门相对于准星尖的高度,即相应的表尺分划高度,记为 h。当照门与准星连线与枪膛轴线平行时,表尺分划为 0,即 $h=0,\alpha_0=0$。

当 $\alpha_0=0$ 时,照门中心到准星尖中心的距离,称为瞄准基线长,记为 L_0,如图 12.13 所示。根据三角函数关系即可求得表尺分划高度为

$$h = L_0 \cdot \tan \alpha_0 \tag{12-4}$$

式中　h——照门相对于准星尖的高度(mm);

L_0——瞄准基线长(mm);

α_0——高低角 $\varepsilon=0$ 时的瞄准角(°)。

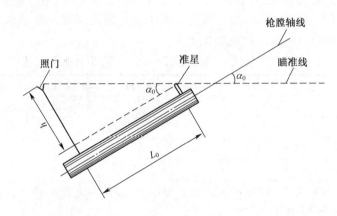

图 12.13　立框式表尺分划刻制原理

各枪的瞄准基线长 L_0 是一定值,不同射距所需的瞄准角 α_0,可由射表查出或由外弹道计算求出。这样,根据式(12-4)就能算出不同射距对应的照门高度 h。当武器结构确定了准星尖到枪膛轴线的距离后,即可由此确定表尺分划的位置,刻制出表尺分划。但在表尺框上,各个分划所标注的并不是高度的数值,而是相应射击距离的百米数。

在建立式(12-4)时,未考虑枪口高低角 ε 的影响。从图 12.14 可看出,当 $\varepsilon=0$ 时,斜射程 $D=0m$ 与水平射程相等;当 $\varepsilon \neq 0$ 时,赋予枪身相同的瞄准角 α,则斜射程与水平射程不等;当 ε 为正时,斜射程小于水平射程;当 ε 为负时,斜射程大于水平射程。步枪、机枪一般都是对枪口高低角较小的目标射击,当 $\varepsilon<15°$ 时,其值对射距的影响不大。高射机枪对空中目标射击时,枪口高低角都很大,此时简易机械瞄具不适用,必须采用高射瞄准具。

以 67-2 式 7.62mm 重机枪表尺为例,由式(12-4)计算出 67-2 式 7.62mm 重机枪表尺分划高度如表 12.5 所列。

从表 12.5 可知,直移式表尺的距离分划是不均匀的,特点是下密上疏。射击距离越近,分划间隔越密;射击距离越远,分划间隔越稀。

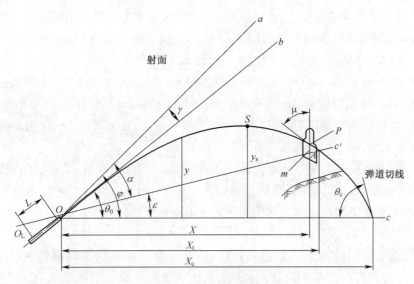

图 12.14 弹道示意图

表 12.5 67-2 式 7.62mm 重机枪表尺分划高度 ($L_0 = 670$mm)

射击距离/m	α_0	$\Delta\alpha_0$	h/mm	Δh	射击距离/m	α_0	$\Delta\alpha_0$	h/mm	Δh
100	9′	—	1.75	—	900	50′	9′	9.75	1.76
200	11′	2′	2.14	0.39	1000	1°00′	10′	11.69	1.94
300	14′	3′	2.73	0.59	1100	1°12′	12′	14.03	2.34
400	18′	4′	3.51	0.78	1200	1°25′	13′	16.57	2.54
500	22′	4′	4.29	0.78	1300	1°42′	17′	19.89	3.32
600	28′	6′	5.46	1.17	1400	2°02′	20′	23.79	3.90
700	34′	6′	6.63	1.17	1500	2°26′	24′	28.47	4.68
800	41′	7′	7.99	1.36	—	—	—	—	—

直移式表尺分划下密上疏的原因如下。

(1) 当射击距离增量相同时,瞄准角的增量 $\Delta\alpha_0$ 随初始瞄准角 α_0 的增大而增大。从表 12.5 可知,当射击距离由 200m 增大至 300m 时,瞄准角增量 $\Delta\alpha_0$ = 3′;当射击距离由 800m 增大至 900m 时,瞄准角增量 $\Delta\alpha_0$ = 9′。这是因为弹丸在空气中飞行时,受空气阻力作用做减速运动,射击距离越远,弹速降低得越多,降弧段的曲率越大,如图 12.15 所示,若要弹丸飞到较远的距离,必须给弹丸一个较大的瞄准角 α_0。

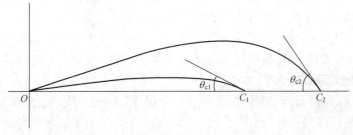

图 12.15 弹道弯曲程度随射击距离的变化

(2) 瞄准角增量 $\Delta\alpha_0$ 相等，正切函数 $\tan\alpha_0$ 的增量不等。当 α_0 小时，$\tan\alpha_0$ 增量小；当 α_0 大时，$\tan\alpha_0$ 增量大。因瞄准角增量 $\Delta\alpha_0$ 随 α_0 的增大而增大，则 $\tan\alpha_0$ 的增量就更大了。分划高度 $h = L_0 \cdot \tan\alpha_0$，$L_0$ 为一常数，故 h 随着 α_0 的增大而增大。

从表 12.5 可知，射击距离由 200m 增大至 300m 时，$\Delta h = 0.59$；当射击距离由 900m 增大至 1000m 时，瞄准角增量 $\Delta\alpha_0 = 9'$，$\Delta h = 1.94$。因此，表尺分划的间隔是不均匀的。在刻制分划时，近距离分划（初始瞄准角小）在表尺框的下面，远距离分划（初始瞄准角大）在表尺框的上面，故表尺分划具有下密上疏的特点。

在上面两条原因中，第一条原因是主要的；而第二条原因，当 α_0 在几度内变化时，正切函数的增量增大的情况并不明显。如 α_0 从 10′ 增大到 20′，则正切函数增量 0.0029；α_0 从 3°10′ 增大到 3°20′，则正切函数的增量仍为 0.0029。对于枪来说，在表尺射程内 α_0 是很少超过 3°的，所以第二条原因影响不大。

由于立框表尺分划间隔下密上疏，所以当射距离较近时，分划间隔很密，往往容易装错表尺。对有效射程在 600m 以内的枪械，由于大量使用于近距离歼敌，因此为了克服立框式表尺的缺点，通常采用弧形座式表尺。

2）回转式表尺分划与射距的关系

弧形座式表尺的照门在表尺板上，表尺分划间隔是等距离、均匀的。利用游标在表尺板上前后移动时，与表尺座弧形侧棱相作用，使表尺板做定轴回转，以改变照门到枪膛轴线的高度，从而构成不同的瞄准角。例如，56 式 7.62mm 冲锋枪和 85 式 7.62mm 狙击步枪的表尺均为弧形座式表尺，如图 12.16 所示。

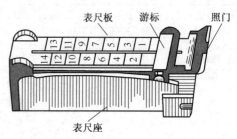

图 12.16　弧形座式表尺

在设计回转式表尺时，首先是根据武器射程的远近确定分划的多少，并考虑结构上的紧凑设计表尺板的长度，再按相等的射距增量（一般为 100m）来刻制表尺板上的分划，最后设计凸轮曲面（弧形座表尺是表尺座的弧形滑道，齿弧式表尺是其表尺座的齿弧曲面）。凸轮表尺是由凸轮曲面通过同一轴的不同半径，赋予各射距分划所需的照门高度，即所需的瞄准角。

设计凸轮曲面，也就是设计凸轮轮廓曲线。下面以弧形座表尺为例，阐述凸轮轮廓曲线的设计方法。

当通过移动表尺板上的游标实现不同射距的瞄准角时，游标下端接触点的运动轨迹，就是凸轮轮廓曲线。该曲线形成弧形表尺座侧棱的形状。游标的横断面形状有方形（如 56 式 7.62mm 半自动步枪）和圆形（如 56 式 7.62mm 冲锋枪）两种。由于游标的形状不同，凸轮轮廓曲线略有不同，但曲线的设计原理和方法是一样的。简述圆形断面游标表尺凸轮轮廓曲线的设计步骤如下：

(1) 查射表或进行外弹道计算，求得表尺分划各射距所对应的瞄准角值。

(2) 设计表尺结构尺寸，画出尺寸链简图，如图 12.17 所示。表尺与游标上的有关尺寸及分划标志如图 12.18 及图 12.19 所示。

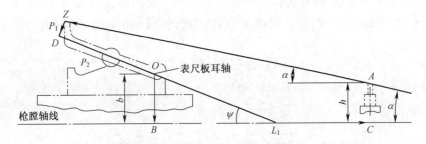

图 12.17　瞄具结构尺寸链简图

h—准星顶端至枪膛轴线的高度；b—表尺板耳轴至枪膛轴线的高度；
L_1—准星至表尺板耳轴的(平行于枪膛线的)水平距离；
P_1—表尺脊(照门上棱边)至表尺板耳轴的距离在垂直于表尺板方向上的投影；
P_2—表尺脊至表尺板耳轴的距离在平行于表尺板方向的投影。

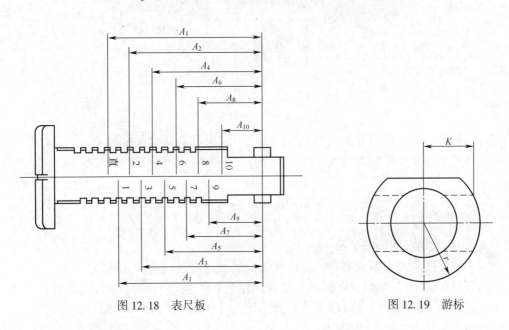

图 12.18　表尺板　　　　　　　图 12.19　游标

(3) 确定表尺板倾角 ψ。由图 12.17 可知,将图示尺寸投影到与瞄准线相垂直的方向上,可得表尺板倾角 ψ 与瞄准角 α 的关系,即

$$(b-h)\cos\alpha - L_1\sin\alpha + P_1\cos(\psi-\alpha) + P_2\sin(\psi-\alpha) = 0 \quad (12\text{-}5)$$

对于步兵武器,ψ 与 α 角都很小。可取 $\cos\alpha \approx 1$,$\cos\psi \approx 1$,$\sin\psi \approx \alpha$。将此四值代入上式,并简化得

$$\psi = \frac{h - b + (L_1 + P_2)\alpha - P_1}{P_2 + P_1\alpha} \quad (12\text{-}6)$$

根据表尺装配示意图,如图 12.20 所示,可得 P_1 与 P_2 值为

$$P_1 = A_{13} - \frac{A_{14}}{2}$$

$$P_2 = A_{11} + A_{12}$$

489

由于 P_1 与 α 值很小，故在运算中常略去 $P_1\alpha$ 项。又因为在瞄具结构设计时，已确定 h、b、P_1、P_2、L_1 等结构尺寸，只有瞄准角 α 随射距的不同而变化。为了便于运算，将式（12-6）改写为

$$\psi = M\alpha - N \tag{12-7}$$

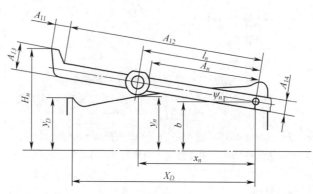

图 12.20　表尺装配示意图

则

$$M = (L_1 + P_2)/P_2$$
$$N = (b + P_1 - h)/P_2$$

将不同射距所对应的瞄准角 α_n 代入式（12-7）中，便可求出相应的 ψ_n 值。

（4）计算表尺座凸轮轮廓曲线与游标接触点的坐标值，由图 12.20，可得

$$x \approx L_n \cos\psi_n \tag{12-8}$$
$$y \approx b + L_n \sin\psi_n - \gamma \tag{12-9}$$
$$L_n = A_n + K$$

式中　γ——圆形游标的外圆半径。

首先将已知的 L_n 及前面求得的 ψ_n 代入式（12-8）和式（12-9），便可求出表尺座凸轮轮廓曲线与游标不同接触点的坐标值，然后将各点平滑连接便可得凸轮轮廓曲线。

将外弹道学中射距与瞄准角相关的公式以及式（12-6）~式（12-9），即可获得表尺座凸轮轮廓曲线每一点的数值结果。

（5）弧形座式表尺分划刻制。弧形座式表尺的构造原理，是以立框式表尺分划刻制原理为基础，将游标装定在等间隔的表尺分划上，在装定不同射程的瞄准角时，游标下端的运动轨迹为一个弧形，此弧形就是表尺座侧棱的形状。下面用图解的方法进行弧形座式表尺的"弧形"的确定。

① 根据瞄准基线长 L_0，确定表尺为零时照门的位置；根据表尺板长度，确定表尺轴的位置。

② 查射表找出相应于不同射击距离的瞄准角 $\alpha_{01},\alpha_{02},\cdots,\alpha_{010}$。根据 $h = L_0 \cdot \tan\alpha_0$，求出相应的照门高度 $h_1,h_2,h_3,\cdots,h_{10}$，并划出不同射程的瞄准线，如图 12.21 和图 12.22 所示。

③ 在表尺板上刻制等间隔的表尺分划，并注上 $1,2,3,\cdots,10$。

④ 以表尺轴为圆心，表尺轴至照门的距离为半径作圆，圆弧与不同距离瞄准线的交

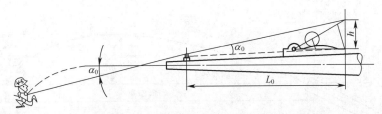

图 12.21　弧形座式表尺构造原理

点就是相应于不同射击距离的照门高度。

⑤ 作各个照门高度与表尺轴的连线。

⑥ 分别在照门与表尺轴的连线上,以表尺板上相应于照门高度的分划数为圆心,游标高度的一半为半径作圆,再作一光滑曲线与各圆同时相切,则此曲线即为表尺座侧棱的"弧形"形状。

从表尺的构造原理可知,当赋予照门一定的瞄准角后,将枪瞄准目标,即给定枪膛轴线一定的瞄准角。瞄准角的大小,影响到射程的远近或弹道的高低。因此,照门位置正确与否,将直接影响武器的射击精度。

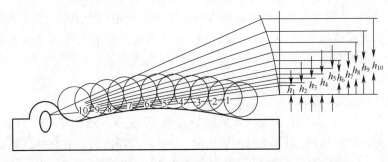

图 12.22　确定弧形的作图步骤

多照门式表尺、凸轮式表尺、斜面式表尺、齿弧式表尺的结构原理在此不再详述。多照门型表尺由于结构简单、加工方便、工作可靠,在手提式枪械中应用比较广泛。照门的不同高度,由照门中心到表尺轴中心的距离来确定,如 95 式 5.8mm 枪族、03 步式 5.8mm 步枪、88 式 5.8mm 狙击步枪的表尺。81 式 7.62mm 枪族表尺是通过带偏心平面的表尺轮即凸轮赋予不同的照门高度,属于凸轮式表尺。

3) 直射距离分划的构造原理

直射距离("D"或"Π")分划是根据武器的直射距离确定的。

用某一表尺进行射击时,其瞄准线上的最大弹道高等于目标高,则此表尺的距离,称为直射距离。直射距离的大小决定于目标高度和某一表尺的最大弹道高,如图 12.23 所示。若目标越高,弹道越低伸,则直射程越长。

对不同目标射击时,目标高度不同,其直射距离也不同。如 56 式 7.62mm 冲锋枪表尺装定"3"时,瞄准线上的最大弹道高为 35cm;装定表尺"4"时,瞄准线上的最大弹道高为 75cm。56 式 7.62mm 冲锋枪是近战武器,主要用于对付掩体内步兵(人头目标,高为 30cm)和卧倒的步兵(人胸目标,高为 50cm)。对掩体内步兵,其直射距离约为 300m;对卧倒的步兵,其直射距离约为 350m。由于表尺上没有表尺 3.5 的分划,故通常采用 300m

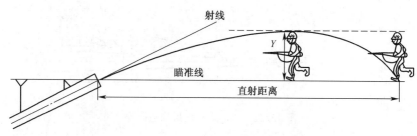

图 12.23 直射距离

作为直射距离。在实战中,装定表尺"3"以后,只要目标在 300m 以内的任何一个位置上,不需改变表尺就可以直接进行瞄准射击,做到不误战机。对 300~350m 的目标射击,则应提高瞄准点(瞄目标上沿)才能命中。

为了便于装定相应于直射距离的表尺分划,实现迅速瞄准杀伤敌人,可专门设置直射程分划"D"。例如,56 式 7.62mm 冲锋枪在表尺"1"的后方刻制有"D"分划,"D"分划所装定的瞄准角与表尺"3"分划所装定的瞄准角是一致的。85 式 7.62mm 狙击步枪在表尺"1"的后方刻制有"Π"分划,对应的直射距离为 550m。

95 式 5.8mm 步枪表尺装定"3"时瞄准线上的最大弹道高为 19cm,而表尺装定"4"时瞄准线上的最大弹道高为 38cm,表尺装定"5"时瞄准线上的最大弹道高为 67cm,故其直射距离约为 400m,即在有效射程内均能直接进行瞄准射击,在表尺上便不再体现直射距离。

4) 横表尺分划刻制原理

对远距离目标射击时,由于横风和偏流的影响,将使弹着点在左右方向上偏离目标,需要进行修正;另外当对地面运动目标射击时,需要装定提前量。故有些武器要求能进行方向瞄准,一般采用横表尺,即使照门能左右移动,以改变瞄准线在水平方向的位置而达到修正目的。

横表尺分划用以装定横风修正量、对活动目标射击的提前瞄准量及定偏修正量。横表尺分划的间隔值,应根据表尺划分清晰,便于射手装定和计算的原则确定。

(1) 横表尺分划间隔的计算。照门横向移动量与方向瞄准角的关系,如图 12.24 所示。当瞄准基线长 L_0 确定后,照门移动量 Z 与方向瞄准角 δ 的关系式为

$$Z = L_0 \tan\delta \tag{12-10}$$

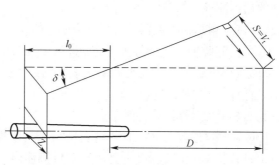

图 12.24 横表尺分划计算原理图

为了便于射手的记忆和计算,横分划间隔值所表示的方向瞄准角 δ 常用 mil 计算,且

因照门移动量 Z 值很小，故式(12-10)可写为

$$Z = L_0 \frac{\delta}{1000} \tag{12-11}$$

横表尺分划值均以 mil 表示，mil 计法，即高位与低两位之间用一短横线隔开，如 1mil 表示为 0-01，312mil 则表示为 3-12。例如，由 67-2 式 7.62mm 重机枪横表尺分划间隔为 0-01，56-1 式 7.62mm 轻机枪横表尺分划间隔为 0-02，分别相当于瞄准基线长 L_0 的千分之一和千分之二，那么横表尺分划的间隔值 ΔZ 为

67-2 式 7.62mm 重机枪：$\Delta Z = \dfrac{1}{1000} L_0 = \dfrac{1}{1000} \times 670 = 0.67 \text{mm}$

56-1 式 7.62mm 轻机枪：$\Delta Z = \dfrac{2}{1000} L_0 = \dfrac{2}{1000} \times 855 = 1.71 \text{mm}$

根据相似三角形关系，67-2 式 7.62mm 重机枪横表尺移动一个分划时，瞄准点的提前量是在 100m 距离上为 10cm，在 200m 距离上为 20cm，在 300m 距离上为 30cm，在 400m 距离上为 40cm，其余类推。

56-1 式 7.62mm 轻机枪横表尺移动一个分划时，瞄准点的提前量是在 100m 距离上为 20cm，在 200m 距离上为 40cm，在 300m 距离上为 60cm，在 400m 距离上为 80cm，其余类推。

（2）对运动目标射击时，提前量的计算。由图 12.24 可知，根据相似三角形，得

$$\frac{Z}{S} = \frac{L_0}{D}$$

又提前量 $S = Vt$，则照门移动量为

$$Z = \frac{VtL_0}{D} \tag{12-12}$$

式中　V——目标运动速度(m/s)；

　　　t——弹丸飞达目标的时间(s)；

　　　D——射击距离(m)。

在式(12-12)中，瞄准基线 L_0 已知，根据不同射程及目标运动速度，即可算出照门移动量。

有些武器不用横表尺修正，而是把立框式表尺板作成向左倾斜一个角度，例如，54 式 12.7mm 高射机枪的简易机械瞄准装置，把立框式表尺作成向左倾斜 2°23′ 的角度。随着射程的增大，沿表尺框向上移动游标时，照门缺口就相应向左偏移了所需的位移。这样就自动地修正了由于右旋膛线所造成的偏流现象。

88 式 5.8mm 通用机枪横表尺是通过照门移动螺杆与照门体旋接，转动转轮带动螺杆迫使照门在表尺框的照门座内左右移动，实现装定横风修正或定偏及提前量。照门移动螺杆螺距 0.7mm，每转动照门移动螺杆一圈，在 100m 处弹着点移动 10cm。

12.3　高射环形缩影瞄准装置

环形缩影瞄准具是比准星、照门与表尺组合更复杂的瞄准装置，一般为纯机械结构，由几个直径不等的同心圆环构成的速度环和照门组成，速度环上有瞄准孔，采用照门、瞄

准孔、飞行目标三点成一线的原理瞄准,用于打击低空目标,属于高射瞄准装置。

12.3.1 解决对空射击命中问题的一般原理

设计高射瞄准装置,必须解决弹丸与目标空中相遇的问题。

图 12.25 所示为高射瞄具瞄准原理图。设目标以速度 V_A 向射向左方飞行,O 为枪口位置,ε 为枪目高低角。在武器开始发射瞬间,目标位于 A 点。若直接对准 A 点瞄准射击,则弹丸飞到 A 点时,目标已飞到 A_y。因此必须赋予内膛轴线以一定的提前量,使弹丸出膛口后飞向目标未来点 A_y,这样才能命中目标。

在设计高射瞄准装置时,不但要依据目标的未来斜距离 D_y 和高射角 ε_y 来装定瞄准角 α(射线对未来斜距离 D_y 抬高的角度),而且要根据目标的速度、距离和航路装定方向提前角 δ(身管对瞄准线提前的角度)。

高射瞄准具解决弹头和目标相遇问题的实质,就是合理地设计提前量三角形和弹道三角形的问题。

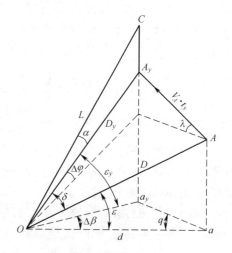

图 12.25　高射瞄准原理图
(空中提前三角形)

由于目标的位置是不断改变的,所以提前角 δ 和瞄准角 α 必须随之改变,而目标运动的性质又不由射手决定,故对装定瞄准具的工作带来很大的困难。为了简化装定工作,又能命中目标,通常假设在弹头到达提前点的时间内,目标在任意平面内作匀速直线运动。对低空运动的敌机,在武器一次点射的时间内,此假设与实际情况出入不大。

1. 空中提前三角形和弹道三角形

要命中敌机必须将身管提前一个角度,即提前角 δ;向着敌机的提前位置,即命中点 A_y 射击。这样,包括 δ 角的三角形 $\triangle OAA_y$ 即构成空中的提前三角形,如图 12.25 所示。

提前角在水平面内的投影叫水平提前角 $\Delta\beta$,在射面内的投影叫垂直提前角 $\Delta\varphi$。提前角的大小取决于速度向量的大小、方向及弹丸飞行至命中点的时间(未来斜距离 D_y 的大小)。

赋予武器提前角后仍未完全解决命中问题,此时若将身管对准命中点 A_y 射击,仍是不能命中敌机,这是因为受空气阻力和重力的作用,弹丸不能直线射向敌机,在飞行中逐渐下降,最后只能从命中点下方通过,所以,必须将身管抬高一个角度,对准抬高点 C 射击,才能命中目标。这样,在射面内即构成了包括瞄准角 α 的弹道三角形 $\triangle OA_yC$,如图 12.25 所示。

瞄准角 α 是命中目标的主要因素之一,其大小是由未来斜距离 D_y 及高低角 ε 的大小决定。由射表可知,当斜距离 D_y 增大时,瞄准角也增大;当高低角变化时,瞄准角也相应变化,其关系可用简化的林杰尔公式表示,即

$$\sin\alpha = \sin\alpha_0 \cdot \cos\varepsilon \qquad (12\text{-}13)$$

式中　α——射线对未来斜距离 D_y 抬高的角度,即所需的瞄准角(°);

α_0——高低角为零时的瞄准角(°);

ε——高低角(°)。

对空射击时,高低角在 $0°\sim90°$ 之间变化,$\cos\varepsilon$ 在 $1\sim0$ 之间变化,所以瞄准角 $0\leq\alpha\leq\alpha_0$,也就是说瞄准角 α 将随着高低角 ε 增大而减小。$\varepsilon=90°$ 时,瞄准角 α 为 $0°$。

这样,武器轴线与瞄准线在空间的正确位置,即由空中提前三角形 $\triangle OAA_y$ 及弹道三角形 $\triangle OA_yC$ 所确定。也就是说赋予了武器轴线以提前角 δ 和瞄准角 α,保证机枪对空中目标准确的射击。

但由于空中目标的航速、航路角、升降角、现在斜距离及高低角是不断变化的,因此命中点的未来斜距离 D_y 也必将随之变化。欲连续不断地、准确地对敌机进行射击,就必须不断地改变提前角和瞄准角,使之与不断变化着的未来斜距离 D_y 相适应。

为简化结构,在瞄准基线长度一定的瞄准具中,一般取瞄准角 α 固定不变,以平均值装定在瞄准具上,适用于各种未来的斜距离,由此引起的误差并不很大。另外,机械瞄准具中还取一个常用的高低角(如 $45°$)作为设计依据而没有高低角修正机构。

2. 关于未来命中点坐标的计算

解决对空射击命中问题的实质是求未来命中点的坐标,即解提前三角形 $\triangle OAA_y$,求出命中点的斜距离 D_y、弹丸的飞行时间 t_y 及提前角 δ。通常采用逐次接近法,求命中点的坐标有几何法和解析法两种。

1) 几何法

图 12.26 所示为目标现在点 A,坐标为 β、ε、D,以速度 V_A 水平临近,求未来命中点 A_y 的坐标。

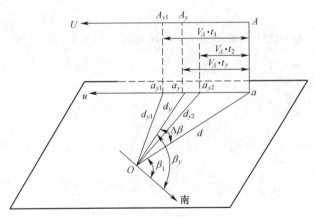

图 12.26 几何法求 A_y

为了便于分析问题,设 $H=0(\varepsilon=0)$,即目标在膛口水平面上。

第一次接近,假定现在斜距离 d 为第一次接近的未来斜距离。从射表中查出弹丸飞行时间 t_1,从而求出 $aa_{y1}=V_A \cdot t_1$,即当弹丸到达 a 点时,目标已到达 a_{y1},不能命中目标。

第二次接近,当目标在 a 点时,将武器指向 a_{y1} 点射击。根据 d_{y1} 查射表找出相应的弹丸飞行时间 t_2,求出提前量 $aa_{y2}=V_A \cdot t_2$,确定 a_{y2} 在图上位置。同样当弹丸到达 a_{y1} 时,目标只运动到 a_{y2},仍不能命中目标。但命中点至目标提前位置之间的距离已较第一次接近时减小,即 $a_{y1}a_{y2}<aa_{y1}$。

第三次接近，同样假定目标在 a 点时，向 a_{y2} 点射击。根据 d_{y2} 查得弹丸飞行时间 t_3，求出 $aa_{y3} = V_A \cdot t_3$，确定出目标提前位置，显然与弹丸命中点 a_{y2} 之间仍差一段距离 $a_{y2}a_{y3}$，不过这段距离已比 $a_{y1}a_{y2}$ 更小了。

经多次接近，弹丸与目标即可相遇，从而求得命中点（也是目标的提前位置）a_y，水平距离 d_y，水平提前角 $\Delta\beta$ 及对应的瞄准角 α，解决了命中问题。

当目标不是在膛口水平面内运动，而是在高空飞行时，逐次接近的过程与上面完全一样，只不过每次通过射表查弹丸飞行时间 t 时，应根据 β、ε、D（球形坐标）去查，最后确定空中提前三角形，解出命中点 A_y、未来斜距离 D_y、高低角 ε、提前角 δ 对应的瞄准角 α。

2) 解析法

应用余弦定理可导出未来斜距离 D_y 的关系式，如图 12.25 所示。

由 $\triangle OAA_y$ 可知，未来斜距离 D_y 为

$$D_y = \sqrt{D^2 + (V_A \cdot t_y)^2 - 2D(V_A \cdot t_y)\cos q} \tag{12-14}$$

同时，可知弹丸飞行时间 t_y 是未来命中点坐标的函数，即

$$t_y = f(D_y \cdot \varepsilon_y)$$

也就是说弹丸飞行时间 t_y 取决于未来斜距离 D_y 及高低角 ε_y。所以，只能用逐次接近法才能最后求出命中点的未来斜距离 D_y。

第一次接近，根据目标现在点坐标 β、ε、D，假定现在斜距离 D 为未来斜距离，高低角 ε 为对应于未来斜距离的高低角，查射表找出 t_1，即

$$t_1 = f(D \cdot \varepsilon)$$

将 D 与 t_1 代入式（12-14）中，求得第一次目标近似的未来斜距离。

$$D_{y1} = \sqrt{D^2 + (V_A \cdot t_1)^2 - 2D(V_A \cdot t_1)\cos q}$$

根据 D_{y1} 算出 ε_{y1}。因为命中点的高度 $H_{y1} = H + V_A \cdot t_1 \sin\lambda$，则

$$\varepsilon_{y1} = \arcsin\frac{H + V_A \cdot t_1\sin\lambda}{D_{y1}} \tag{12-15}$$

第二次接近，由 D_{y1}、ε_{y1} 查出 t_2。

$$t_2 = f(D_{y1} \cdot \varepsilon_{y1})$$

将 t_2 及 D_{y1} 代入式（12-14）及式（12-15）中，再求出第二次目标近似的未来距离 D_{y2} 及高低角 ε_{y2}，即

$$D_{y2} = \sqrt{D^2 + (V_A \cdot t_2)^2 - 2D(V_A \cdot t_2)\cos q}$$

$$\varepsilon_{y2} = \arcsin\frac{H + V_A \cdot t_2\sin\lambda}{D_{y2}}$$

这样，重复计算下去，直到相邻两次的 t_y（或 D_y）及 ε_y 相差之值在允许范围内为止，即

$$t_{yn} - t_{yn-1} \leq \Delta t_y$$
$$\varepsilon_{yn} - \varepsilon_{yn-1} \leq \Delta \varepsilon_y$$

逐次接近的次数越多越精确。实际上当取 $\Delta t_y = 0.1\text{s}$ 时，一般三次接近即可。

这样，根据解出的空中提前三角形的三个边（D、D_y、$t_y \cdot V_A$）很容易计算出提前角 δ，查射表（D_y、ε_y）可得瞄准角 α，瞄准线与枪管轴线间的关系便在空间正确构成，解决了命中问题。

12.3.2 环形缩影瞄准具

环形缩影瞄准具可以赋予机枪一定的瞄准角和提前角,实现对低空及超低空目标的射击,是机械高射瞄准具中最简单的一种,精度较差,但结构简单,操作使用方便,在重机枪等辅助高射武器中大量采用,如67-2式7.62mm重机枪、85式12.7mm高射机枪。

环形缩影瞄准具按其基线是否改变,可分为基线定长与基线变长两类。基线变长环形缩影瞄准具结构复杂,精度也不高。因此,现在的武器多采用基线定长环形缩影瞄准具。

环形缩影瞄准具的瞄准基线长是指斜距离为0时,后照准孔中心到前瞄准环中心的距离,用 L_0 表示。85式12.7mm高射机枪高射瞄准具瞄准基线长为物镜焦距。

1. 环形缩影瞄准具的结构原理

1)瞄准角 α 的赋予

基线定长环形缩影瞄准具通常赋予武器在某一对空常用距离内的平均瞄准角。其方法是在规正高射瞄准具时,装定表尺,瞄准某距离处一清晰固定目标(固定武器高低、方向固定器),同时调整高射瞄准具的调整装置,通过后照准孔与瞄准环中心瞄准该目标,从而赋予高射瞄准具相应于该表尺的平均瞄准角。

例如,67-2式7.62mm重机枪的环形缩影瞄准具,当 $\varepsilon=45°$,$D_y=500\text{m}$ 时,赋予平均瞄准角 α_5。根据简化的林杰尔公式,得

$$\alpha_5 = \arcsin[\sin\alpha_{0(500)} \cdot \cos45°] = \arcsin(\sin 22' \cdot \cos45°) = 15.6' \approx 16'$$

由于普通表尺"3.5"的瞄准角 α_0 正好是16′,所以平射状态规正高射瞄准具时定表尺"3.5"。

又如85式12.7mm高射机枪 $\varepsilon=45°$,$D_y=1200\text{m}$ 的瞄准 $\alpha_{12} \approx 34.6'$,而普通表尺"9"的瞄准角为33′,故规正时定表尺"9"。

规正后的高射瞄准具,枪身轴线与瞄准基线之间在垂直面内即获得了对应于常用距离的平均瞄准角。该常用距离主要由武器的战术技术性能决定,也因设计者的指导思想不同而有所不同。

对空射击时,无论目标斜距离及高低角怎样变化,均以此平均瞄准角进行射击。由此引起的误差,靠射击时弹迹来修正。

2)提前角 δ 的赋予

环形缩影瞄准具提前角 δ 是靠选取不同半径的瞄准环来赋予的。瞄准环是根据目标的速度及缩影决定的,其结构原理如图12.27所示。

当目标在 A_1 点平行于瞄准环平面飞行时(航路角 $q=90°$),提前量 $S=V_A \cdot t_y$,即目标速度 V_A 与弹丸飞行未来斜距离 D_y 所需时间 t_y 的乘积。此时,用半径为 R 的瞄准环上的 a_1 点瞄准,在瞄准具上即构成了相似于空中提前三角形 $\triangle OA_1A_y$ 的小提前三角形 $\triangle Oa_1a_y$,从而赋予了武器以提前角 δ,即 $\angle a_1Oa_y$。

在 $\triangle OA_1A_y$ 中,由正弦定理,有

$$\frac{A_1A_y}{\sin\delta} = \frac{OA_y}{\sin q}$$

则

$$\sin\delta = \frac{A_1A_y}{OA_y} \cdot \sin q = \frac{V_A \cdot t_y}{D_y} \cdot \sin q \qquad (12\text{-}16)$$

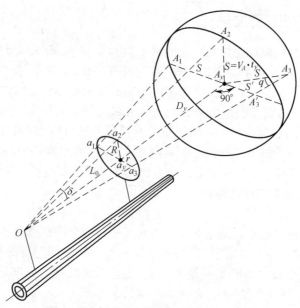

图 12.27　基线定长环形缩影瞄准具原理

在射程较近的高射武器中，可近似认为现在斜距离 $D \approx D_y$，并取现在斜距离 D 为某一常数（某一经常射击的斜距离），式(12-16)即可改写为

$$\sin\delta = \frac{V_A \cdot t_y}{D} \cdot \sin q$$

或

$$\sin\delta = \frac{V_A}{V_{pj}} \cdot \sin q \tag{12-17}$$

式中：$V_{pj} = \dfrac{D}{t}$ 为对应于常用射距的弹丸平均速度(m/s)。

由图 12.27 可知，即

$$\sin\delta = \frac{R}{L_0} \tag{12-18}$$

式中　R——瞄准环半径(mm)；

L_0——瞄准基线长(mm)。

因此，由式(12-17)和(12-18)得瞄准环半径为

$$R = \frac{V_A}{V_{pj}} \cdot L_0 \cdot \sin q \tag{12-19}$$

式(12-19)为计算瞄准环半径的基本公式。

在设计时，取航路角 $q = 90°$，即目标平行于瞄准环平面飞行。这样 $\sin q = 1$，式(12-19)即可写为

$$R = \frac{V_A}{V_{pj}} \cdot L_0 \tag{12-20}$$

或

$$R = K \cdot V_A \tag{12-21}$$

式中:$K = \dfrac{L_0}{V_{pj}} = \dfrac{t \cdot L_0}{D}$ 为比例常数。

67-2 式 7.62mm 重机枪及 85 式 12.7mm 高射机枪的 K 值如表 12.6 所列。

表 12.6 K 值表

枪械名称	D/m	t/s	L_0/mm	V_{pj}/(m/s)	$K/\left(\dfrac{\text{mm}}{\text{m/s}}\right)$
67-2 式 7.62mm 重机枪	500	0.8	100	625	0.16
85 式 12.7mm 高射机枪	1200	1.97	32.26	609.14	0.053

根据式(12-20)或式(12-21),即可计算出对应于不同目标航速的瞄准环。但是这些瞄准环仅适用于目标平行于瞄准环平面飞行的情况。当目标在以提前量 $S = V_A \cdot t_y$ 为半径的球面上某一点,在图 12.27 中的 A_3 点向 A_y 飞行,即航路角 $q \neq 90°$ 时,其提前量在平行于瞄准环平面内的投影为 S'。显然 $S' < S$,此时射手则应选择瞄准环内相应的 a_3 点射击。A_3 至环心的距离 r 由式(12-19)求得,即

$$r = \dfrac{V_A}{V_{pj}} \cdot \sin q \cdot L_0$$
$$= R \cdot \sin q \qquad (12-22)$$

式中:$\sin q$ 为目标的缩影值,表示提前量 S 在平行于瞄准环平面内的投影值 S'。

由 $\triangle A_3 A_y A_3'$,得

$$\dfrac{S'}{\sin q} = \dfrac{S}{\sin(90 + \delta)} = \dfrac{S}{\cos\delta}$$

因 δ 很小,$\cos\delta \approx 1$,所以

$$\sin q = \dfrac{S'}{S}$$

由于 S 与 S' 都很难测得,其比值可用机身视长与机身实长的比值来代替,即

$$\sin q = \dfrac{\text{机身视长}}{\text{机身实长}}$$

由于人眼的鉴别率不高,一般将机身实长分为 4 等分来比较机身视长所占的比例,不同航路角 q 与缩影值的关系如表 12.7 所列。根据式(12-22),即可编制不同缩影的射表。

表 12.7 航路角与飞机缩影值的关系

航路角 q	90°	50°和130°	30°和150°	15°和165°	0 和180°
缩影值 $\sin q$	4/4	3/4	2/4	1/4	0
敌机从正面飞来					
敌机向侧面飞去					

2. 67-2 式 7.62mm 重机枪瞄准环的计算

已知 67-2 式 7.62mm 重机枪高射瞄准具的瞄准基线长 $L_0 = 100$mm,试计算航速为

250km/h、500km/h、750km/h、1000km/h,常用对空斜距离为 500m(t_0 = 0.8s)的瞄准环半径,编制不同缩影的射表,分析用现在斜距离代替未来斜距离所产生的误差。

1) 将航速换算为 m/s

$$V_1 = 250\text{km/h} = 69.44\text{m/s} \approx 70\text{m/s}$$
$$V_2 = 500\text{km/h} = 138.89\text{m/s} \approx 140\text{m/s}$$
$$V_3 = 750\text{km/h} = 208.33\text{m/s} \approx 210\text{m/s}$$
$$V_4 = 1000\text{km/h} = 277.78\text{m/s} \approx 278\text{m/s}$$

2) 计算 K 值

$$K = \frac{L_0}{V_{pj}} = \frac{L_0 \cdot t_0}{D} = \frac{100 \times 0.8}{500} = 0.16 \frac{\text{mm}}{\text{m/s}}$$

3) 计算 $q = 90°$ 的瞄准环半径

$$R_1 = K \cdot V_1 = 0.16 \times 70 = 11.2 \approx 11\text{mm}$$
$$R_2 = K \cdot V_2 = 0.16 \times 140 = 22.4 \approx 22\text{mm}$$
$$R_3 = K \cdot V_3 = 0.16 \times 210 = 33.6 \approx 33\text{mm}$$
$$R_4 = K \cdot V_4 = 0.16 \times 278 = 44.48 \approx 44\text{mm}$$

说明:计算 R_3 时,若用 V_3 = 208m/s 代入,R_3 = 33.3mm<33.6mm,则将 33.6 小数后的 0.6 舍去。

4) 编制不同缩影的射表,如表 12.8 所列

表 12.8 67-2 式 7.62mm 重机枪对空射表

缩影		1/4	2/4	3/4	4/4
目标航速/$\left(\dfrac{\text{m/s}}{\text{km/h}}\right)$	70/250	$\frac{1}{2}$/2.8	$\frac{1}{2}$/5.6	1/8.4	1/11.2
	140/500	$\frac{1}{2}$/5.6	1/11.2	$1\frac{1}{2}$/16.8	2/22.4
	210/750	1/8.4	$1\frac{1}{2}$/16.8	2/25.2	3/33.6
	278/1000	1/11.2	2/22.4	3/33.6	4/44.8

注:表中分子为瞄准环数,分母为瞄准环半径的计算值(单位为 mm)

不同航速、缩影的瞄准环半径 r 由式(12-22)计算而得。例如,当 V_2 = 140m/s,缩影 = 1/4 = 0.25 时,则 r = 22.4×0.25 = 5.6mm。其余各栏的计算方法相同。

5) 用现在斜距离代替未来斜距离的误差分析

以 R_4 为例。如图 12.28 所示,设敌机在航路捷径 A_y 处被命中,$\triangle OAA_y$ 为直角三角形。由勾股定理,得

第一次近似:将 $t_{y(0)}$ = 0.8s 代入

$$D_{y(1)} = \sqrt{D^2 - (V_A \cdot t)^2} = \sqrt{500^2 - (278 \times 0.8)^2} = 447.8\text{m}$$

查射表得:$t_{y(1)}$ = 0.7s

第二次近似:将 $t_{y(1)}$ 代入

$$D_{y(2)} = \sqrt{500^2 - (278 \times 0.7)^2} = 460.6\text{m}$$

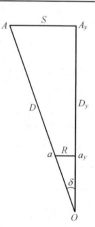

图 12.28 误差分析

查射表得：$t_{y(2)} \approx 0.72\text{s}$

第二次近似：将 $t_{y(2)}$ 代入

$$D_{y(3)} = \sqrt{500^2 - (278 \times 0.72)^2} = 458.2\text{m}$$

查射表得：$t_{y(3)} \approx 0.72\text{s}$

因 $t_{y(3)} \approx t_{y(2)}$

故可得：$D_y = 460\text{m}$

所以，$R_4' = \dfrac{V_A \cdot t_y}{D_y} \cdot L_0 = \dfrac{278 \times 0.72 \times 10^3}{460 \times 10^3} \times 100 = 43.5\text{mm}$

误差：$\dfrac{R_4 - R_4'}{R_4'} = \dfrac{44 - 43.5}{43.5} = 1.15\%$

用 D 代替 D_y 所产生的误差仅为 1.15%，对精度要求不高的环形缩影瞄准具是完全可以忽略。

3. 85 式 12.7mm 高射机枪光学瞄准镜提前角的计算

计算 85 式 12.7mm 高射机枪对空瞄准镜常用斜距离为 1200m($t = 1.97\text{s}$)，航速分段：当 140~160m/s, 160~180m/s, 180~200m/s, 200~230m/s, 230~260m/s, 260m/s 时的提前角 δ。

根据公式 $\sin\delta = \dfrac{V_A \cdot t_y}{D} \cdot \sin q$，得

$$\delta = \arcsin \dfrac{V_A \cdot t_y}{D} \cdot \sin q$$

对航速以在一定范围内变化的敌机取其平均值，如 $V_A = 180 \sim 200\text{m/s}$，计算时取 $V_A = 190\text{m/s}$，提前角 δ 计算结果如表 12.9 所列。

表 12.9 85 式 12.7mm 高射机枪光学瞄准镜提前角

V_A/(m/s) \ $\sin q$	4/4	3/4	2/4	1/4
140~160	B_3/14°15′	C_3/10°42′	D_3/7°8′	3°34′
160~180	B_2/16°12′	C_2/12°9′	D_2/8°6′	4°3′
180~200	B_1/18°11′	C_1/13°38′	D_1/9°5′	4°33′
200~230	A_3/20°40′	B_3/15°30′	C_3/10°20′	D_3/5°10′
230~260	A_2/23°43′	B_2/17°47′	C_2/11°52′	D_2/5°56′
260	A_1/25°16′	B_1/18°57′	C_1/12°38′	D_1/6°19′

注：表中分子为分划镜编号，分母为计算的提前角

85 式 12.7mm 高射瞄准镜分划镜的刻度如图 12.29 所示。图中为仅取分划镜的一半，以方便标注。

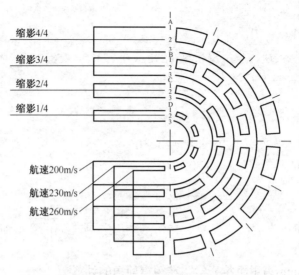

图 12.29　85 式 12.7mm 高射瞄准镜的分划镜

12.4　光学瞄准装置

光学瞄准装置在自动武器上已经得到广泛应用,现代武器系统主体部分一般包括武器、弹、镜。其中,镜是指光学瞄准具。光学瞄准具以光学望远系统为主体构成,置于武器的表尺位置,且高低与方向均可调整。光学瞄准具是表尺装置的进一步发展,不仅增加了瞄准距离,而且使间接瞄准成为可能。常见的光学瞄准具有白光瞄准镜、微光瞄准镜和全息瞄准具等。

12.4.1　白光瞄准镜

配属枪械装备的白光瞄准镜,用于对有效射程内的作战目标实施瞄准射击、战场观察及概略测距。

白光瞄准镜一般是由物镜、转像系统、分划板和目镜组成的望远系统。目标通过物镜成像于分划板上,再经过转像镜组和目镜组,使人看到被放大并带有分划指示的正像。

1. 白光瞄准镜的工作原理

白光瞄准镜属于望远系统,是军用光学仪器中最为常用的一种光学结构。由于正常人眼在没有调节的自然状态下,无限远物体所成的像正好位于网膜上,如果把人眼看成是一块"正透镜",则无限远物体所成的像正好位于人眼这块"透镜"的焦平面上,在使用望远系统时也要满足这个要求。因此,望远系统是一个把无限远物体成像在无限远的光学系统。

根据透镜的成像性质,无限远物体应该成像在像方焦平面上。因此,采用一个具有一定焦距的透镜组,不能满足对望远系统的要求。所以,在第一个透镜组的后面再加上第二个透镜组,使第二个透镜组的物方焦平面和第一个透镜组的像方焦平面重合,如图 12.30 所示。这样,第一个透镜组把无限远的物体成像在其像方焦平面上,同时作为第二个透镜组的物,位于第二个透镜组的物方焦平面上,因此通过第二个透镜组成像在无限远。这样,整个系统就能达到把无限远物体成像在无限远的目的。

一般把前面的透镜组(对向物体)称为物镜,后面的透镜组(对向人眼)称为目镜,如图 12.30 所示。实际使用的望远系统,除了应满足上面物像位置的要求以外,还必须使它的放大率大于1,其目的是扩大人眼视觉能力。

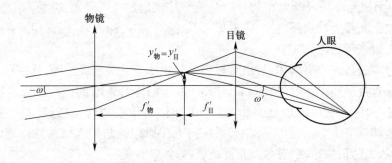

图 12.30 望远系统工作原理

人眼能分辨物体的远近,是因为同样大小的物体,在不同距离上,对人眼构成的张角不同而产生直观感觉的反应。例如,观察一排同样高的电线杆(图 12.31),电线杆 y_2 距离比 y_1 近,y_1、y_2 分别对应人眼构成的张角为 ω_1、ω_2,在人眼网膜上成像为 y_1' 和 y_2'。由于 ω_2 大于 ω_1,y_2' 大于 y_1',所以使人感到电线杆 y_2 比 y_1 距离近。因此,观察同样大小的物体,张角大的距离近,张角小的距离远,所以物体能否被眼睛看清的关键,不在于离眼睛有多远,也不在于本身有多大,而在于该物体对眼睛构成的张角大小。

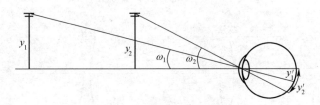

图 12.31 物体对人眼构成的张角

位于无限远物体,人眼直接观察和用望远系统进行观察时对人眼的张角可分别设为 $\omega_{眼}$ 和 $\omega_{仪}$。由图 12.30 可以看出,同一目标直接对人眼的张角和对仪器的张角 ω(望远镜的物方视场角)显然是相等的,即 $\omega=\omega_{眼}$。物体通过系统成像以后,对人眼的张角显然就等于仪器的像方视场角 ω',即 $\omega'=\omega_{仪}$。仪器的作用就在于把视角由原来的 ω 加大到 ω'。ω 是入射光束和望远系统光轴的夹角,ω' 是出射光束和望远系统光轴的夹角,二者正切之比就是系统的视放大率(也称为角放大率或放大倍率),即

$$\Gamma = \frac{\tan \omega'}{\tan \omega} \qquad (12-23)$$

根据无限远物体理想像高的计算公式,对于物镜和目镜分别有

$$\begin{cases} y'_{物} = f'_{物}\tan\omega \ \text{或} \ \tan\omega = y'_{物}/f'_{物} \\ y'_{目} = f'_{目}\tan\omega' \ \text{或} \ \tan\omega' = y'_{目}/f'_{目} \end{cases} \qquad (12-24)$$

式中 $f'_物$——物镜焦距；
$f'_目$——目镜焦距。

将式(12-24)代入视放大率式(12-23)，并考虑到 $y'_物 = y'_目$，得

$$\Gamma = \frac{\tan \omega'}{\tan \omega} = \frac{f'_物}{f'_目} \tag{12-25}$$

式(12-25)为望远系统视放大率的计算公式。从式(12-25)可知，视放大率(绝对值)等于物镜的焦距和目镜的焦距之比，一般望远系统 $f'_物 > f'_目$，即 $\Gamma > 1$，因此望远系统起到了放大物体对人眼张角功能。

当通过望远系统观察物体时，眼睛看到的是物体经系统所成的像，此像对人眼的视角 ω' 要比人眼直接观察物体时的视角 ω 眼大。由于物体对眼睛的视角扩大与物体由远移近的实质是一样的，所以通过望远系统看到的物体总比原来的要"近"，本来看不清的细微部分也能够看清了。由此可见，望远系统的工作原理就是扩大视角的原理。在一定条件下，视角扩大的倍数越高，有效观察距离就越远。

望远系统物镜均为正光焦度($f' > 0$)，而因目镜光焦度符号不同，望远系统可分为两大类：一类目镜由负光焦度透镜($f' < 0$)构成，称为伽利略望远系统，如图12.32所示。其优点是成正像，不用另加倒像系统，结构简单；其缺点是系统中无实像面，不能安装分划板并且无固定出瞳，作为望远镜使用时，光能利用率不高，故军用望远系统中罕见应用。但其结构简单系统紧凑的优点，被广泛用于激光测距机中，在激光发射系统中压缩激光光束发散角。另一类目镜由正光焦度透镜构成，称为开普勒望远系统，如图12.30所示。其优点是有实像面，可安装分划板，有固定出瞳，光能利用率高；其缺点是系统成倒像，在地面上使用不方便，需加透镜式或棱镜式倒像系统。常见的军用望远系统多为此类系统。

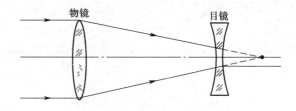

图12.32 伽里略望远系统

2. 白光瞄准镜光学性能指标

1) 视放大率 Γ

视放大率是白光瞄准镜最重要的技术参数，标志着白光瞄准镜对视角的放大功能。

视放大率在书写时，用数值右上角加"×"表示，如"$8^\times$"表示8倍视放大率。视放大率影响着仪器的分辨角、瞄准误差以及外形尺寸等。另外，受人手颤抖的限制，枪用瞄准镜的视放大率一般小于10。

2) 入瞳直径 D 和出瞳直径 D'

采用开普勒望远镜成像原理的白光瞄准镜，为了得到较好的像质，必须在光学系统加上一些圆形光阑，对成像光束的孔径进行限制，此光阑称为孔径光阑。孔径光阑通过其前面的光学元件在物空间所成的像称为入射光瞳(简称入瞳)，是限制入射光束的有效孔

径,直径用 D 表示。望远系统的孔径光阑多为物镜框,同时也是入射光瞳。孔径光阑通过其后面的光学系统在像空间所成的像称为出射光瞳(简称为出瞳),是限制出射光束的有效孔径,直径用 D' 表示,如图 12.33 所示。

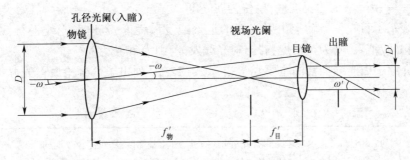

图 12.33　白光瞄准镜的光学系统成像图

望远系统的出射光线须从出瞳经过,观察时仅当眼睛瞳孔与出瞳重合时,才能看到最亮的像,所以要求使用瞄准镜时人眼的瞳孔与光学仪器的出瞳重合,且要求瞄准镜的出瞳直径应不小于眼瞳直径,以提高观察的主观亮度。一般白天使用的仪器 $D' \leqslant 5\text{mm}$,而夜晚工作的仪器 $D' \geqslant 5\text{mm}$,在坦克、飞机等振动的载体上使用时,则要求出瞳直径 $D' \geqslant 8 \sim 10\text{mm}$。

由图 12.33 可得,视放大率 Γ 与入瞳直径 D、出瞳直径 D' 存在式(12-26)的关系,即

$$\Gamma = \frac{f'_\text{物}}{f'_\text{目}} = \frac{D}{D'} \tag{12-26}$$

3) 出射光瞳距离 P'

目镜最后表面到出射光瞳的距离称出射光瞳距离(简称为出瞳距离),用 P' 表示。光学仪器的出瞳距离一般要求 $P' \geqslant 10\text{mm}$,否则眼睫毛易擦到目镜表面,影响观察。戴防毒面具操作的仪器要求 $P' > 20\text{mm}$。

4) 视场 2ω

视场决定了系统能凝视观察到的最大角空域范围。常用目镜的视场角 $2\omega' \approx \pm(40° \sim 70°)$,但受到物镜结构复杂性的限制,此类仪器的视场角一般都不大,通常只有几度($|2\omega| \leqslant 10°$)。

5) 分辨率 θ

望远系统能分辨出物体存在的最小视角,用 θ 表示,描述系统分辨物体细节的能力。其数值越小,表示分辨能力越强。分辨率与视放大率有关,一般为

$$\theta \leqslant \frac{60''}{\Gamma} \tag{12-27}$$

6) 视度 SD

为了适应观察者眼睛的不同视力,光学仪器一般都装有活动的目镜,以便使目镜能沿轴向移动,改变仪器出射光束的汇聚(或发散)程度,以适应远视眼和近视眼的需要,这就是目视光学仪器的视度调节。假定白光瞄准镜的目镜和物镜前后焦点重合的位置记为 0,那么望远系统目镜的移动量 Δ 和视度 SD 之间存在关系,有

$$SD = \frac{1000 \cdot \Delta}{(f'_{目})^2} \tag{12-28}$$

式中 Δ——目镜的轴向移动量,向左为负,向右为正(mm);

SD——望远系统的视度量,单位为屈光度。

视度表示了目视仪器轴上出射光线的汇聚或发散程度,若出射光线平行,则为零视度;如出射光线汇聚,则为正视度;若出射光线发散,则为负视度。

上面介绍了白光瞄准镜的主要光学指标,表 12.10 列出了部分枪属白光瞄准镜的主要战术技术指标。

表 12.10 部分枪属白光瞄准镜的主要战术技术性能

性能\型号	95式5.8mm班用枪族瞄准镜	88式5.8mm狙击步枪瞄准镜	87式35mm榴弹发射器瞄准镜	89式12.7mm重机枪瞄准镜	10式12.7mm狙击步枪白光瞄准镜
视放大率	3×	3×~9×(连续可调)	3×	平射:4× 高射:1×	6×~9×
视场	≥8°	3×时9°, 9×时3°	11°	平射:≥6° 高射:≥40°	4°
出瞳直径/mm	5	≥4	≥4	5	≥4
出瞳距离/mm	50	≥45	≥50	30	≥50
分辨率	≤20″	≤90″(9×时)	≤18″	平射:≤20″ 高射:≤60″	≤15″
视度(屈光度/D)	-0.5~-0.1	-0.1~-1	-0.5~-1	-0.5~-1	-0.5~-1.5
视差	≤1′	≤1′	≤1′	平射:≤1′ 高射:≤3′	≤1′
分划调节范围		±20mil	±15mil	±15mil	
零位走动量	≤0.7mil(含重复装卡精度)	≤0.5mil		≤0.7mil(含重复装卡精度)	≤0.7mil
距离装定范围	800m	100~800m	俯角50° 仰角10°	300~2000m	100~1500m
方向修正范围		±0-05		±0-15	
镜体重/kg	0.23		≤0.9	0.7	≤1.6

3. 白光瞄准镜结构

枪属白光瞄准镜一般包括镜体、光学系统、分划调整机构、照明装置和罩具等部分。图 12.34 所示为 95 式 5.8mm 枪族配用白光瞄准镜,另外视放大倍率可调的瞄准镜配备有变倍机构,图 12.35 所示为 88 式 5.8mm 狙击步枪配用白光瞄准镜;高平两用瞄准镜配备有高平转换机构,图 12.36 所示为 89 式 12.7mm 重机枪配用白光瞄准镜。

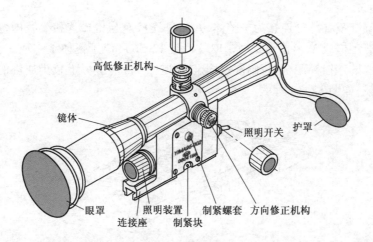

图 12.34　95 式 5.8mm 枪族配用白光瞄准镜

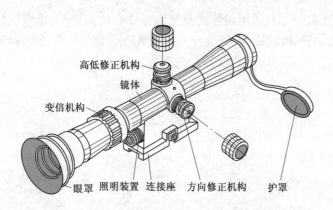

图 12.35　88 式 5.8mm 狙击步枪配用白光瞄准镜

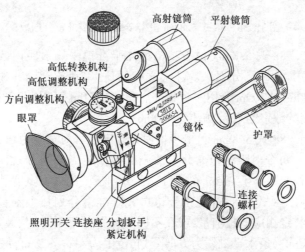

图 12.36　89 式 12.7mm 重机枪配用白光瞄准镜

1) 镜体

用于将瞄准镜各部分连接为一整体,并通过连接座与枪械连接。我国枪属瞄准镜的连接座多为燕尾槽或 V 形槽形式(图 12.34、图 12.36),位于镜体下部或一侧,与机匣上瞄准镜结合座的连接榫配合,将瞄准镜固定在枪上。目前世界上较为通用的连接方式为皮卡汀尼导轨,如图 12.37 所示。

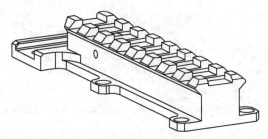

图 12.37 皮卡汀尼导轨

2) 分划板

不同白光瞄准镜分划板的表现形式和使用方式有较大差别,可参见相关资料。但其作用大多是概略测距和装定瞄准点,一般由测距分划、距离分划和方向分划组成,图 12.38所示为 88 式 5.8mm 狙击步枪白光瞄准镜分划板。

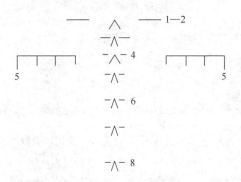

图 12.38 88 式 5.8mm 狙击步枪白光瞄准镜分划板

(1) 距离分划。88 式 5.8mm 狙击步枪白光瞄准镜采用射距内装定方式,垂直方向上的 7 个"∧"形立标为距离分划。"∧"形立标的顶点为瞄准点,供对 800m 射距内的目标瞄准用,其中 100m 和 200m 合用一个瞄准点,300~800m 射距每 100m 均有单独的瞄准点。距离分划右侧的数字为射距,单位为 100m。

(2) 测距分划。88 式 5.8mm 狙击步枪白光瞄准镜可对宽度为 0.5m 的目标(人体肩宽)进行概略测距。每个射距的距离分划两侧的短横线为测距分划,两条短横线的外侧端点间的距离,即相应距离上 0.5m 宽的目标在分划板上的成像宽度。

(3) 方向分划。88 式 5.8mm 狙击步枪白光瞄准镜分划板上刻有方向分划,用于对活动目标射击时,装定相应的提前量,或在不同气候条件下射击时,装定相应的方向修正量。分划板上最长的一条水平刻线为方向分划,范围为左右各 5mil,每一小格为 1mil。

除此之外,有的分划板只有距离分划和测距分划,如 95 式 5.8mm 枪族白光瞄准镜的分划板,纵向分划为距离分划,横向分划为测距分划,如图 12.39 所示。

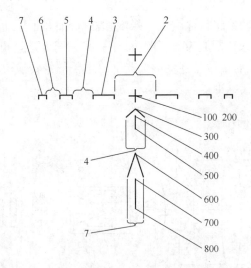

图 12.39　95 式 5.8mm 枪族白光瞄准镜分划板

3）分划调整机构

用于校枪时,调整检查点与平均弹着点的偏差量。由方向修正机构和高低修正机构组成,如图 12.34~图 12.36 所示。分划调整机构外均有护盖,内有机械定位装置。旋下护盖,方向或高低转轮每转动一挡调整对应的修正量,用以射效矫正时规正瞄准镜。

4）照明装置

照明装置主要由电源、光源和开关等部分组成,供夜间照明。

5）罩具

罩具有眼罩和护罩。眼罩用于保证清晰的观看分划板和目标,并在射击时保护眼睛不受到冲击;护罩用于保护物镜。

12.4.2　微光瞄准镜结构原理

微光夜视技术是指利用月光、星光、大气辉光等微弱的夜天光,应用光电探测和成像器材将肉眼在低照度环境中不可视目标转化为可视影像的信息采集、处理和显示技术。

微光夜视仪是微光夜视技术的具体应用,是指在夜间没有人工照明环境下,利用微弱的夜天光进行观察和瞄准的仪器。

1. 微光夜视原理

白天在阳光照耀下,很容易看到周围的一切,这是因为在白天看物体时,人眼接受到的主要是物体反射的太阳光,波长在 0.2~$5\mu m$,峰值在 $0.55\mu m$ 处,这与人眼的光谱响应范围相一致。但是在黑夜,物体反射给人眼的不是太阳光,而是微弱的自然光,如月光、星光、大气辉光及红外线等,其主要成分绝大部分在不可见光区,且可见光强度很弱,最大只有白天的百万分之一。这样不仅在光谱上和强度上限制了人眼的观察,而且造成了人眼所需对比度的上升,所以黑夜难以看清物体。

科学家们借助夜间天空微弱的自然光,设法变换与放大来自物体的辐射能,使不可见光变成可见光,再放大到所需的程度,人眼就能看清夜幕下外界景物,这是微光夜视技术的基本思想。

微光瞄准镜的基本结构如图 12.40 所示，由微光物镜组、像增强器、分划板和目镜组四大部分组成。首先由物镜将目标成像在像增强器的阴极面上，此微弱的光学图形通过像增强器光电阴极的光电转换成为电子图像，然后电子图像通过电子光学系统强电场的作用得到数万倍增强，最后由像增强器的荧光屏将电子图像转换成增强了的光学图像，通过目镜放大，供人眼观察、瞄准。

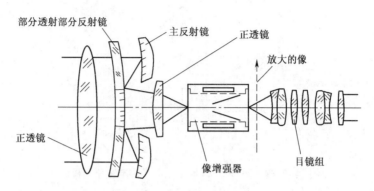

图 12.40　微光瞄准镜的基本结构

为了缩小总体尺寸，减轻重量，又能获得较长的物镜焦距，一般微光瞄准镜的物镜多采用折反式光学系统。部分透射部分反射镜靠近孔径边缘的区域起透镜作用，靠近中央通孔的区域起次反射镜作用。入射光线经正透镜折射后，到达部分透射部分反射镜，经其边缘区域折射后，依次经过主反射镜和部分透射部分反射镜的反射部分，把光线反射进中央光路，由物镜组的最后一个透镜成像在增强器的光电阴极面上。这种折反式光学系统可以做成大孔径强光力（收集光通量的能力强）的物镜。与折射式系统相比，在焦距相同的情况下，折反式系统具有外形尺寸短、重量轻的优点。

像增强器是微光夜视仪的核心器件，也称为微光管。像增强器的作用是将输入的微光图像转换为相似、但亮度得到增强的可见光图像，并在荧光屏上输出，其结构如图 12.41 所示。像增强器内是高真空的，当目标反射的微弱光通过入射窗照射到光电阴极（光电阴极材料一般由锑钾钠铯多种碱金属构成）上的时候，根据光电效应的原理，光电阴极就发射出电子。照射强的部位发射出的电子就多，照射弱的部发射出的电子就少。这样，一个亮度分布有强弱变化的光辐射图像，就被光电阴极转换成了密度有强弱变化的光电子图像。

目镜的作用是将像增强器荧光屏上的图像进行视放大，其结构比较复杂。

像增强器（光电阴极面）相对物镜焦平面前后移动（移动物镜组），就实现了物距调焦。目镜组相对像增强器的荧光屏面前后移动（移动目镜组），就实现了视度调节。调焦范围表示能够清晰成像的距离范围。

微光瞄准镜在正常工作时，需有电池和高压电源。微光瞄准镜一般仅用普通的干电池即可工作十几小时，高压电源也是将低压直流变成高压直流，使像增强器正常工作。

2. 微光瞄准镜的主要战术技术要求

微光瞄准镜供武器夜间直接瞄准用，同时具备夜间观察和概略测距功能，还可用于发现敌人所使用的红外光源或其他光源的位置。与白光瞄准镜相同，微光瞄准镜也有视放

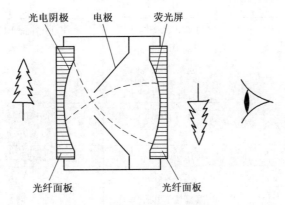

图 12.41 像增强器原理结构

大率、视场、可靠性、分辨率(直接影响到作用距离)等战术技术要求。其不同之处:一是要根据目标距离的不同进行调焦,才能使目标清晰成像;二是微光夜视仪多数没有出瞳,射手瞄准时一般将眼睛放在眼点附近,实际观察时眼睛靠在眼罩上即可。微光瞄准镜一般为单目直视型,其视距除与本身性能有关外,还与目标的高度、目标与背景的对比度、天气条件及使用者的经验有关。部分典型的枪用微光瞄准镜的主要性能如表 12.11 所列。

表 12.11 部分微光瞄准镜的主要战术技术性能

型号 性能	95 式 5.8mm 枪族 微光瞄准镜	89 式 12.7mm 重机枪 微光瞄准镜	步榴枪微光 瞄准镜
视放大率	3×	4.8×	3.2×
视场	10°	10°	10°
调焦范围/m	>10	>20	>10
视度调节范围(屈光度/D)	−6~+2 屈光度	−6~+2 屈光度	−4~+2 屈光度
视差	≤2′		
极限鉴别率	≤2′(对比度 100%, 照度 $1×10^{-1}$lx)	轴上≤1.5′,3/4 视场≤2′ (对比度 100%,照度 $1×10^{-1}$lx)	
分划调节范围	±15mil	±20mil	
零位走动量	≤0.7mil		
质量/kg	1.3	2.7	≤0.95
夜视距离/m			300

续表

型号 性能	95式5.8mm枪族 微光瞄准镜	89式12.7mm重机枪 微光瞄准镜	步榴枪微光 瞄准镜
出瞳距离/mm	≮20	20	≥48
调整范围/密位	高低:≮±0-15 方向:≮±0-15	高低:±0-20 方向:±0-20	±0-10
调整精度	每挡0-00.5	每挡0-00.25	每挡≤0-00.25
额定工作电压/V	2.2~3.2		
电源	5号锌锰干电池 (或镉镍电池)		
电池额定工作时间(常温)	10h		

3. 微光瞄准镜结构

微光瞄准镜主要由镜体、成像系统、分划调整机构、低温外接电源及罩具等组成。图 12.42 所示为 95 式 5.8mm 枪族微光瞄准镜，图 12.43 所示为 89 式 12.7mm 重机枪微光瞄准镜。

镜体用于承装及连接瞄准镜各部，并通过连接槽与枪连接。

低温外接电源用以低温下保证正常供电。罩具有昼光罩和眼罩两部分。白天或强光下使用时，严禁打开昼光罩。眼罩保证观察者在眼点距离上观察时，防止外界杂散光的干扰以及由荧光屏射出的光外漏。

微光瞄准镜的分划板相对于白光瞄准镜来说较为简单，图 12.44 所示为 95 式 5.8mm 枪族微光瞄准镜分划板。分划板的瞄准分划为暗分划，立标"∧"顶点为 100m、200m 距离分划，向下各点依次分别为 400m、600m 距离分划。

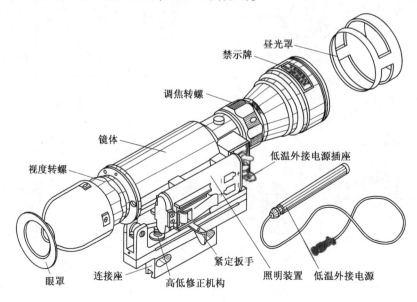

图 12.42　95 式 5.8mm 枪族微光瞄准镜

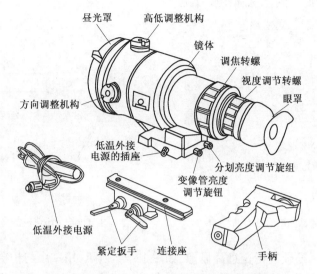

图 12.43 89 式 12.7mm 重机枪微光瞄准镜

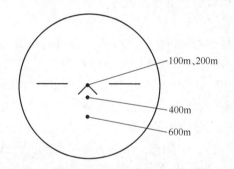

图 12.44 95 式 5.8mm 枪族微光瞄准镜分划板

12.4.3 全息瞄准镜

全息瞄准镜的全称是激光全息衍射式瞄准镜,是一种直接观察弹着点并用弹着点作为瞄准标志的速瞄瞄具。全息瞄准镜采用不是传统概念的三点一线瞄准,而是两点一线瞄准,瞄准快而射击精准。

全息瞄准镜的关键器件是全息光学元件(holographic optical element,HOE),工作原理如图 12.45 所示。经光学系统产生的平行激光照射在全息光学元件 H 上,全息图的一级衍射波产生的分划线虚像在 H 右侧目标平面上,人眼从 H 左边透过全息片观察,当分划线中心与目标重合,即可实现精确瞄准。

全息瞄准镜的屏幕是一块全息照片,上面记录着通过分划板的透射光波的振幅和位相等全部信息。这个分划板是生产全息瞄准镜时,用于拍摄全息照片,全息瞄准镜的屏幕也就是对分划板拍摄的一张全息照片。

分划板的全息拍照过程如图 12.46 所示,激光器发出激光被分光器分为两束,其中:一束经过透镜组扩束并准直成平行光,作为参考光直接照射到全息感光底片上;另一束光则经过扩束后作为照明光照射到分划板上,从分划板上的透明部分透过后,再由物镜校正成平行光,最后也照射到全息感光底片上。

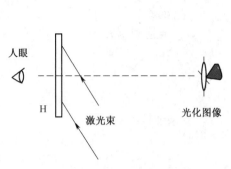

图 12.45　全息瞄准镜工作原理图

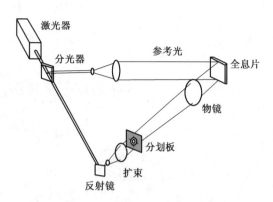

图 12.46　分划板的全息拍照过程

全息片拍完后还须进行全息片显像,如图 12.47 所示,用一束与拍摄时参考光相同波长的平行光线作为再现光,与拍照时照射在全息感光底片上的参考光角度相同的入射角度,照射到全息片上,经过衍射后从全息片的后方射出,再现出拍摄时照射在分划板上的光线落到全息底片时的信息,包括频率、方向等。

人眼在全息片的后方接收到衍射出的光线不是分划板的图像,而是全息片的+1 级衍射波产生的分划板的虚像,而人脑自动反应为图像在进入人眼光线的反向延长线上。又因为全息片显像时,从全息片后方射出的光,能完全再现当初拍摄时照射到全息胶片上的光路,而初拍摄时透过分划板的光线,又是经过透镜调校成平行光后,才照射到全息胶片上,那么这个光路一被再现,人眼收到的也就是一束平行光,因此人脑同样感受到了一幅"一束从人眼位置发射的笔直光线"图像。因为人眼接收到的光线是平行光,那么瞄准操作就和普通反射式瞄准镜一样,先把那个虚像(也就是光点)的位置归 0,然后在瞄准时只要看到光点落在目标上,也就表示此时与那束虚拟光线平行的机械瞄具瞄准线也已对准目标。

图 12.48 所示是一种典型的全息瞄准镜结构原理示意图,即美国 L3 通信公司的 EOTech 全息瞄准镜的结构原理示意图。其与前面的显像原理示意图相比,EOTech 全息

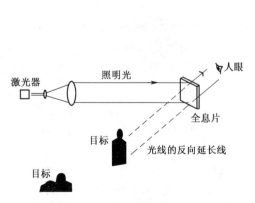

图 12.47　全息片的显像过程和瞄准原理

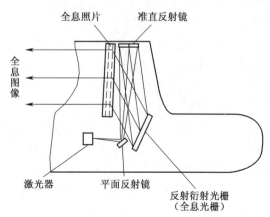

图 12.48　EOTech 结构原理示意图

瞄准镜除了激光器、反射镜、全息照片这些元件外,还多了一个元件——光栅。在该图中激光器发出的光→经反射镜→到达凹面准直反射镜→被准直的光经反射光栅滤波→以一定角度照射在全息图上作为重现光。眼睛置于后窗口任意距离和位置,就能看到前方无限远处的分划全息像。图中加装光栅的目的,是为了消除激光波长变动造成的误差。

全息瞄准镜因具有自动定位的功能,因此能快速、准确瞄准运动中的物体,另外耐磨损的特点,近年来得到了很快的发展和应用。

12.5　光电、火控等其他瞄准系统

随着科学技术发展以及武器对瞄准精度、反应时间等要求的提高,早期自动武器的瞄准装置逐渐被自动化程度和精度更高、反应速度更快的光电瞄具和火控系统等替代。

12.5.1　光电瞄具

光电瞄具通常由白光瞄准镜、激光测距仪、弹道计算机、分划显示装置组成,有的还装有夜视器件、测角器件等。其工作原理是先用激光测距仪测定目标距离,将数据输入计算机,计算机根据存储的弹道数据进行计算,求出命中目标所学的瞄准角,并控制瞄准分划在正确的位置上显示,并瞄准目标射击。

与白光瞄准镜相比,光电瞄具具有以下特点。

(1) 瞄准分划与目标距离式相符,避免了两者不一致造成的误差,大大提高了武器的命中概率。

(2) 在瞄准装置的视场内,瞄准分划只有一个,不会在紧张的战斗中用错分划,也不会因为多分划影响对目标的观察。

(3) 避免了目测距离、选择分划等程序,只需对准目标发射激光,用分划对准目标发射即可,瞄准过程及其训练简单容易。

(4) 结构复杂、价格昂贵、增加了体积和重量。

下面介绍激光测距、弹道计算和分划显示装置的结构和原理。

1. 激光测距

激光测距是激光技术应用最早且最成熟的项目之一。经过多年的发展,世界各国已经研制、生产了多种型号的激光测距机,其中大部分配用于坦克、地炮、舰炮、高炮、机载武器等重型武器或其火控系统,但目前已开始配用于迫击炮、枪榴弹发射器、狙击步枪及步榴枪等步兵武器。

1) 激光测距原理

激光测距原理是首先由激光发射器对准目标发射一个激光脉冲,然后由接收系统接收从目标反射回来的回波脉冲,经过测量激光光束在待测距离上往返传播的时间,最后按式(12-29)求出待测目标的距离,即

$$L = \frac{1}{2}ct \quad (12\text{-}29)$$

式中　L——待测距离(m);

c——激光光束在大气中的传播速度(3×10^8 m/s);

t——激光光束在待测距离上的往返传播时间(s)。

激光测距仪按时间测定方法可分为脉冲激光测距仪和相位激光测距仪两类。由于脉冲激光测距具有测程远、操作简便、携带方便、不需要合作目标等优点,测距精度一般在米的数量级,如±5m、±10m。这对在军事上用于对目标的测距来说已足够,因此目前的军用激光测距机和测量空间目标的激光测距机均采用脉冲激光测距机。

脉冲激光测距仪采用"调Q"技术控制脉冲宽度。所谓的"调Q"技术是改变谐振腔的结构(如用旋转棱镜、可改变折射率的电光晶体、非线性透光率的染料片等),使高能态粒子密度尽可能增加之后,突然形成光振荡,能够瞬间放出,发出脉冲带宽极窄的激光。这相当于在谐振腔内设置一个开关来控制激光的输出,可使激光脉冲的宽度减小到 10^{-9}s(纳秒级)。

由于时间 t 非常短(光速 $c=3\times10^8$ mm/s,若 $L=15$km,往返时间只有 0.0001s),用普通的钟表和简单的方法是无法计量的,必须采用能产生标准固定频率电脉冲的时标振荡器完成。时标振荡器每秒钟产生的时标脉冲的个数 f,即振荡频率,时标脉冲的周期为 $T=\dfrac{1}{f}$,在 T 时间内激光脉冲传播的距离 l 为

$$l = \frac{1}{2}cT = \frac{c}{2f} \tag{12-30}$$

如在测距机和目标之间光脉冲往返的时间 t 内(取样信号和回波信号之间的时间间隔)包含时标脉冲个数为 n,则待测距离 L 为

$$L = nl = \frac{cn}{2f} \tag{12-31}$$

光速 c 和时标振荡器的振荡频率 f 均为已知,只要测出在激光往返时间时标振荡器产生的时标脉冲个数 n,便可由式(12-31)求得 L。

在激光脉冲测距仪中,n 由计数器计录,在发射激光时部分激光信号打开电子门,计数器开始计数,激光回波到达时关闭电子门停止计数。输出的距离 L 在显示器中显示。激光脉冲测距仪的原理如图 12.49 所示。

激光测距仪的测距误差主要取决于计数器的计数误差、激光脉冲和电脉冲引起的触发误差。在电子门从开到关这段时间内,计数器完全有可能多计或少计一个时标脉冲,从而

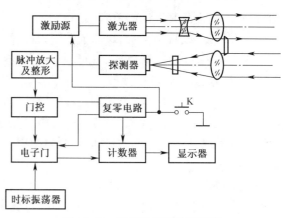

图 12.49 激光脉冲测距原理图

带来测距误差。如前所述,激光脉冲的宽度很窄,测距仪内点脉冲引起的触发误差得到严格控制,引起的误差均较小。

例如,时标振荡器的频率 $f=30$MHz,则一个时标脉冲的时间为 $1/3\times10^{-7}$s,光速 $c=3\times10^8$m/s,在一个时标脉冲的时间内,激光能行进 10m,由于测距时激光往返一次,多计或少

计一个脉冲,带来的测距误差为激光行程的一半,即±5m。这是计数器固有误差,与测程无关。时标振荡器的频率越高,误差越小。

2) 激光测距机的一般结构

激光测距技术在自动武器上主要应用于瞄准镜,与采用传统光学技术的瞄准镜结合在一起组成火控系统,如图12.50所示。系统可灵活选配白光或微光瞄准镜,以适应作战环境要求,不足之处在于增加了勤务使用的工作量。激光测距机的内部结构,一般如图12.51所示,由激光发射系统、激光接收系统、观瞄光学系统和电路系统组成。

(1) 激光发射系统。激光发射系统的作用是向目标发射超短脉宽的激光脉冲,包括激光器和发射光学系统。

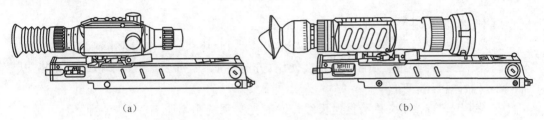

图 12.50 火控模块与瞄准镜组成的火控系统
(a) 白光瞄准镜与火控模块;(b) 微光瞄准镜与火控模块。

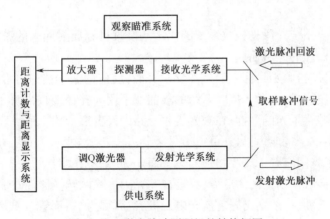

图 12.51 激光脉冲测距机的结构框图

① 激光器。激光是原子等粒子受激光辐射发出的光。激光器由工作物质、激励装置和光学谐振腔三个基本部分组成,如图12.52所示。激光工作物质可以是某种固体(红宝石、钇铝石榴石等)、气体(二氧化碳、氦、氖等)、半导体(砷化镓、硫化铅等)、液体等。激励装置由外来光源、气体放电装置、化学反应装置、热源、电源甚至核反应装置等多种。谐振腔多由两块反射镜构成。反射镜有平面反射镜、球面反射镜、棱镜等形式,半导体激光器的反射镜式利用半导体单晶本身的晶面构成的。两块反射镜中一块的反射率为100%,另一块的反射率略小(兼做输出窗)。

激光器发射激光的机理:工作物质的粒子(原子、分子、离子、电子等)受激励装置的激励,由低能态跃迁到高能态(激发态)。处于高能态的粒子受感应产生受激辐射,放出与感应光子能量相同的光子。那些沿着与两镜垂直的轴线方向行进,并且频率与谐振腔的共振频率相匹配的光,在两块反射镜之间往复反射,形成光的振荡,得到不断放大,并通

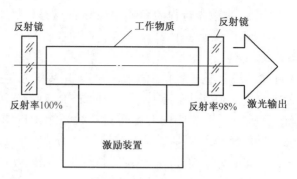

图 12.52 激光器示意图

过反射率较低的反射镜,沿轴线向外发射出激光。

激光具有方向性强、亮度高、单色性好的特点,因此特别适合作为光电测距仪的光源。亮度高,使测距得到提高,并且白天也能使用;方向性强,有利于缩小光学系统的孔径,从而减小仪器体积,减轻重量。

② 发射光学系统,又称为发射天线。发射光学系统用来压缩激光束发散角,一般采用倒装的伽利略式望远系统。可以根据需要选择望远系统的放大率,达到发散角缩小倍数。对地面目标测距,发散角压缩到 1mrad 左右;对空中目标测距,发散角压缩到 2~3mrad。

（2）激光接收系统。激光接收系统的作用是接收目标反射回来的激光（回波激光）,汇聚到光电转换器件的光敏面。

激光照射目标时,由于目标一般是漫反射表面,反射的激光能量分散,因此为了接收到更多的目标回波能量,在激光接收系统的最前端采用大孔径接收物镜,使回波激光汇聚于焦点处。为减弱背景光的干扰,在激光接收光路中设置窄带滤光片,只通过激光波长波段的光,从而提高抗干扰能力;另外可以通过限制激光接收视场的方法,进一步提高抗干扰能力,接收视场光阑应置于接收物镜的焦平面上,光阑中心应与物镜焦点重合。光电转换器件一般置于接收视场光阑的后方,靠近视场光阑。光电转换器件的选择,主要考虑光谱响应和响应灵敏度,一般采用硅雪崩光电二极管,简称为"雪崩管"（或 APD）,能够很好地满足要求。

（3）观瞄光学系统。观瞄光学系统用于观察和精确瞄准目标。其结构采用开普勒式望远系统,由物镜组、转像棱镜组、分划板、目镜组（正透镜）组成。另外,作为激光测距机的一个光学构成部分,与激光发射系统、激光接收系统协同工作,必须满足观瞄光轴与激光发射、接收光轴严格平行,即"三轴平行"。

（4）电路系统。为完成对激光脉冲往返时间的测量,电路系统需要知道激光发射的时刻,以及回波回到测距机的时刻,而一般电路系统无法直接感知光信号,所以需要相应的光电转换电路。

① 取样电路。对发射激光脉冲信号取样,转换成电信号（取样信号）。在电路系统中由取样信号控制记录激光脉冲往返时间的开始时间。

② 接收放大电路。将目标回波激光信号转换成电信号,并放大、整形,得到回波信号。记录激光往返时间的电路将回波信号作为停止计时的控制信号。

③ 计数及逻辑控制电路。记录激光脉冲在测距机与目标之间的往返时间,计算出目标距离,控制显示电路,并完成一些相关的逻辑控制工作。

④ 显示电路。显示距离和其他相关信息。

⑤ 电源电路。将电池输出电压转换成激光器、其他电路系统所需的不同电压。

2. 瞄准分划装定

光电瞄具在计算出瞄准角(和提前量)之后,会在相应的位置上显示瞄准分划,供射手瞄准目标。这一过程是在计算机控制下自动完成,称为瞄准分划装定。

装定瞄准分划的技术途径有多种,大致可分为移动分划(将分划移动到正确的位置或使它在正确的位置出现)和移动目标图像两大类,两者均可构成所需的瞄准角和提前角。

移动分划方法又可分为机械法和光电显示法两种。机械法是计算机控制微型电机(步进电机),通过机械装置使瞄准分划移动到相应的位置。光电显示法是利用阴极射线管、发光二极管阵列、液晶显示屏或其他光电显示器件,在正确位置显示瞄准标记。这些显示器件的显示状态投影到(或直接装到)光电瞄具的分划板上,从而装定了瞄准分划。例如,用透明的点阵液晶片做分划板,计算机控制它在正确的位置显示瞄准标记,既装定了瞄准分划,又不增加零部件和系统的质量。

移动目标图像法是采用一般的光学部件,改变目标图像的成像位置,从而改变目标图像和分划的相对位置,达到装定瞄准分划的目的。

例如,有的光电瞄具通过改变光学系统中的反射镜位置,来改变目标图像的成像位置,装定瞄准分划。如图 12.53 所示,计算机精确控制步进电机的转数,电机的转动通过机械传动,使支臂绕转轴旋转 α 角,与支臂成一体的反射镜随之旋转 α 角,目标在分划板上的成像位置就从 A 移到 A',实现了目标图像和分划之间的相对位移。

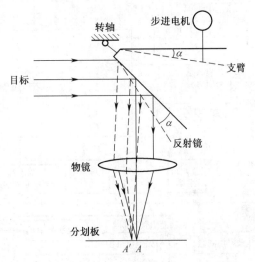

图 12.53 改变反射镜的位置,使目标成像位置移动示意图

12.5.2 火控式瞄准系统

随着计算机技术发展,射击指挥仪的计算仪由数字计算机代替,目标测定装备由搜索雷达、跟踪雷达和光电跟踪装置等代替,共同组成了具有全天候、多功能、自动化程度高、工作方式多和抗干扰能力强的火控系统。

下面以某型牵引高炮火控系统为例说明火控系统的工作原理。

1. 火控式瞄准系统组成

某型牵引高炮火控系统主要由带敌我识别装置的搜索雷达、跟踪雷达、光电设备、光学瞄准具、数据处理装置、搜索雷达数据提取装置、中心控制台、车内通话系统和数字式数据传输线路及电源装置等组成。

2. 火控式瞄准仪原理

火控式瞄准仪的基本工作原理是解相遇三角形。火控式瞄准仪主要改进在于目标坐标的获取方式、目标运动规律的预测方式和提前点的预测方法等方面,其目的是进一步提高火控的自动化程度、解算精度和速度。

数字式火控系统,就是火控计算机首先将雷达、激光测距机和光学瞄准具等目标坐标测定器提供的距离、方位角和高低角进行坐标转换和微分平滑,求出直角坐标内的目标速度分量,根据所求出的目标速度分量计算出射击提前角。某型牵引高炮系统火控系统工作原理如图 12.54 所示。

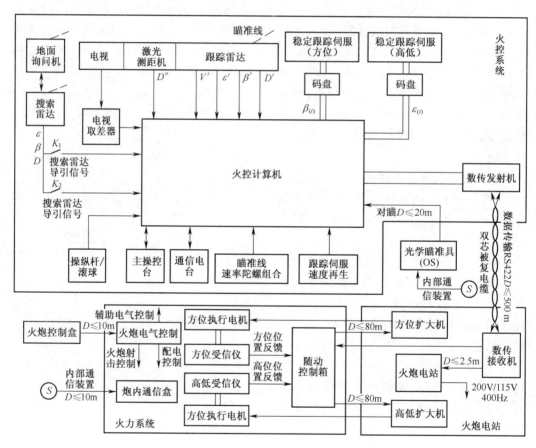

图 12.54 某型牵引高炮系统火控系统工作原理图

某型牵引高炮系统火控系统搜索雷达为全相参动目标显示(MTI)脉冲多普勒体制,工作在 X 波段。采用边跟踪边搜索技术,用于空中监视、目标截获和目标跟踪,可同时搜索和跟踪多个目标,并能迅速进行目标转换。敌我识别装置和搜索雷达数据提取装置借助计算机能实现最佳敌我识别,并可自动进行目标威胁判断。

跟踪雷达为全相参脉冲多普勒、单脉冲(比幅)体制。在 X 波段和 Ka 波段工作。两波段雷达共用卡塞格伦天线。

数字式火控计算机主要功能是通过分析搜索雷达的目标数据估计目标的威胁性质；计算火炮弹道和射击诸元以及导弹的发射指令和制导信号；给出空情平面位置显示器(PPI)上16种不同标记和符号的显示以及电视荧光屏上数字式数据的显示；控制测量系统进行火控系统水平调整和火炮基线修正；计算获得最大目标毁伤概率所需的连发射击时间；处理每发射弹的初速数据和气象数据，计算射击提前角；对雷达和电视跟踪装置进行功能自检；通过操作指令的逻辑判断控制整个系统的工作状态；提供系统故障分析所需的各种显示和数据材料。

空情平面位置显示器(PPI)、电视荧光屏和多种指示等安装在中心控制台面板上。面板下方装有触手可及的各种操控按钮和开关，作战和平时训练使用十分方便。

光电系统包括CCD电视摄像机、图像跟踪器和激光测距仪。摄像机与激光测距仪组装在一起，并与雷达天线平行安装。在良好气象和能见度条件下完成光学跟踪和自动电视跟踪。

光学瞄准具(OS)主要用于监视空情，捕获近程目标并为雷达指示目标，由带操作手座椅的回转支架、准直仪及其支座和对话机等组成。

该火控系统有六种跟踪作战方式，即雷达角跟踪、雷达测距，电视角跟踪、雷达测距，操纵杆跟踪、雷达测距，雷达角跟踪、激光测距，电视角跟踪、激光测距，操纵杆跟踪、激光测距。

3. 技术特点

（1）采用雷达、激光和光学等多种目标探测和跟踪装置，能在全天候条件下探测和跟踪低空或超低空快速目标。

（2）自动化程度高，可采取雷达全自动跟踪和光学半自动跟踪两种工作方式。

（3）火炮随动系统为采用电机扩大机体制的纯电气复合控制系统。方位和高低电机扩大机为共轴式(额定功率方位随动为14kW，高低随动为5kW)。误差控制为一阶无差系统，加复合控制后为等效二阶无差系统。采用超差停射、禁射空域设定、装填定位和连锁保护显示等功能，操作方便合理，辅助功能考虑周到齐全。

（4）配有各种传感器，能自动引入或人工引入火炮初速、气象和车体倾斜等射击修正量，因而射击精度高。

12.5.3 火力综合控制瞄准系统

火力综合控制瞄准技术是广义的自动瞄准技术，是指控制武器自动或半自动地实施瞄准与发射的全过程。自行火炮出现后，为实现行进间射击，必须增加测量车体姿态的装置和解决行进间搜索、跟踪、瞄准线稳定和射击线稳定的许多综合技术。火力综合控制瞄准技术包括目标搜索、识别、跟踪，目标状态测量值，弹道方程建立，目标运动假定，实际弹道测量，武器载体运动方程建立，射击诸元解算技术以及随动系统驱动武器趋近射击线等技术。为便于叙述，本小节将火力综合控制瞄准系统仍简称为火控系统。

1. 组成

火控系统是指为实现火控技术全过程所需的各种相互作用、相互依赖的设备的总称。高炮火控系统是指用于控制高炮，实现自动或半自动瞄准与发射的全套设备，其基本组成如图12.55所示。下面对其主要组成部分的功能进行简要说明。

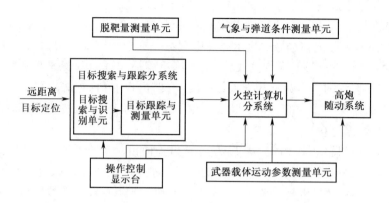

图 12.55 高炮火控系统基本组成

1）目标搜索与跟踪分系统

目标搜索与跟踪分系统由目标搜索、识别单元和目标跟踪、测量单元组成。

目标搜索、识别单元依据指控系统的指令或指挥员的命令,在指定的区域内搜索、识别、引导目标,或者独立地搜索、识别、引导目标。同时,把目标的粗略位置信息传输给跟踪与测量单元。完成这类任务的设备一般有搜索雷达或光电观测设备等。

目标跟踪与测量单元接受搜索、识别单元给出的粗略目标位置信息,截获并跟踪目标。截获目标后,连续不断地跟踪、测定目标坐标(方位角、高低角和距离),有时还计算目标运动参数。同时,将测得的目标坐标及运动参数实时地传给火控计算机分系统。完成这类任务的设备一般有跟踪雷达、多种光学或光电跟踪系统(如光学瞄准镜、红外热像仪、电视跟踪器、激光测距机等)。

2）气象与弹道条件测量单元

气温、气压、风速、风向等气象条件参数和弹丸初速等均影响实际弹道,必须实时测量,并在求解射击诸元时予以考虑、修正。通常,使用测温计、气压计、风速计、弹丸初速测量装置测得。

3）武器载体运动参数测量单元

武器载体运动参数测量单元是为实现行进间精确射击目标所特有的单元。一般用载体姿态测量装置,测量载体航向角、纵倾角、横滚角及其变化率,用于跟踪线稳定和射击线稳定;用测速装置测量载体的平移速度,以补偿对射击诸元的影响。定位、定向系统为载体,提供北向基准和确定车辆航向及所在地的坐标,用于导航和武器间或上级间的信息交换。武器载体停止时,也可用倾斜传感器(简易车体姿态测量装置)测量其倾斜角。

4）火控计算机分系统

火控计算机分系统是火控系统的核心,一般由数字计算机完成一系列数据处理和系统控制。其任务是采集、存储有关目标的运动参数、脱靶量、气象条件、弹道条件、武器载体运动信息;估计目标的位置与运动参数;根据实战条件下的弹道方程或存储于火控计算机中的射表及目标运动假定和载体运动规律,计算射击诸元;根据实测的脱靶量修正射击诸元;评估射击效果、完成火控系统的一系列操作控制等。最终,输出射击诸元及诸元的变化率,控制高炮随动系统。

5) 高炮随动系统

高炮随动系统的任务是控制高炮(身管)自动指向火控计算机输出的射击诸元位置。通常有电液式或机电式随动系统。阵地式防空火控系统为适应控制多门高炮,在火控计算机和随动系统之间增加了中央信号分配箱,将计算机输出的射击诸元经基线修正后,分发给各门高炮的随动系统,使各门高炮发射的弹头集中射向目标。某新型自行高炮随动系统采用交流伺服技术,交流随动系统功率大、调速范围宽、体积小、重量轻。

6) 脱靶量测量单元

多数高炮火控系统属于开环火控系统,即未对射击脱靶量进行自动地反馈控制。由于弹道气象条件偏差、火控系统动态滞后、目标运动假定误差等都会产生脱靶量,因此为减小脱靶量,需对射击脱靶量进行自动地反馈控制,构成大闭环火控系统。这就需要测量和处理脱靶量,将已测知的脱靶量经数学处理后用于修正射击诸元。脱靶量测量和处理单元是大闭环火控系统所特有的单元,测得的数据还可用来评价武器系统的射击效果。脱靶量的检测一般采用雷达测量、光电探测和图像处理等技术。

7) 操作控制显示台

操作控制显示台是武器操作人员控制、管理火控系统的人机界面,如图 12.56 所示。该界面上设有工作方式选择开关、电源开关及各种旋钮、键盘、指示灯、显示器等;武器操作人员通过其及时了解空情、作战态势、火控系统工作状态等;通过操作有关开关、旋钮、键盘,实施对武器系统的管理与控制。

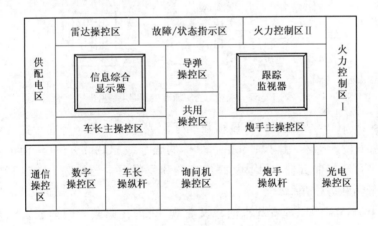

图 12.56　某自行高炮车长操作面板图

2. 技术特点

(1) 自行高炮集成火力、火控、搜索雷达和跟踪雷达、红外电视激光等光电设备和底盘于一体,自动化程度高。

(2) 搜索方式多、截获方式多、跟踪方式多,反应快、火力猛、精度高、毁伤概率高。

(3) 结构复杂,搜索、跟踪系统配有陀螺稳定装置,能在行进间对空搜索和跟踪目标,具有瞄准线稳定和射击线稳定功能,能在行进间对空搜索、跟踪和射击目标。

(4) 火控应用一次假定和二次假定相结合的技术,可根据目标特性自动转换外推方式,能有效射击高机动目标,实现对目标的最佳毁伤效果。

(5)信息化程度高,具有协同作战所需的无线、有线通信功能,信息收集、交互、处理功能,复合导航功能。

12.5.4 头盔式瞄准系统

头盔显示/瞄准的基本原理是在使用者的视线方向引入一个虚拟图像,以提供符号或图像信息,无论使用者注视何方,均能看到该图像;同时连续测量头部位置即瞄准线的位置。头盔显示器(HMD)是由一个或一对小型显示器及光学系统组成,该光学系统通过反射组合玻璃(图12.57)将准直图像显示至无穷远的地方,从而让使用者感觉成像在无穷远处,因此图像是叠加在外部视景上的。被测量的瞄准线用以引导武器(如空空导弹导引头)和雷达的指向。

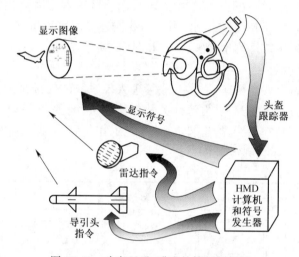

图12.57 头盔显示/瞄准的简要原理图

头盔瞄准具(HMS)是给驾驶员显示瞄准标记或十字线的一种简单的光学装置。瞄准具中有头盔方位传感器,用于测量指向目标的瞄准线(LOS)方向,从而确定目标的位置。HMS主要用于控制武器,如炮塔、高炮指向和发射空空导弹等。HMS通常只需要测量LOS的高低角和方位角。

尽管HMD/HMS的原理看起来简单又直观:只需在佩戴者眼前放置一个头盔显示器,并测量佩戴者的头部位移方向即可。但其与头盔显示器相关联的人体生理、人机工效及认知因素却相当复杂。头盔瞄准具或头盔瞄准系统所涉及的技术和学科很多,典型的技术和学科,如图12.58所示。

HMD/HMS最重要的贡献是使驾驶员对战场态势感知(SA)能力的提高,可以使驾驶员对SA感知的范围从战术的类型逐步扩大到全局SA,从白天扩大到夜间的SA。驾驶员能获取战场态势优势的多寡取决HMD/HMS的类型。简单的HMS只能用于目标指示;没有头部跟踪能力的HMD只能用于飞机的数字式显示器;只有在系统具备有昼/夜动态符号、宽视场、高分辨率显示器,并具有高精度头部跟踪器时,才能充分体现HMD/HMS的全部优势。表12.12列出了一些著名的HMD/HMS的主要特点,表12.13列出了每种HMD/HMS应用的类型的系统要求。

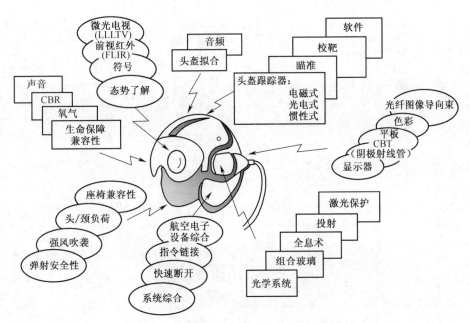

图 12.58 HMD/HMS 所涉及的技术和学科

表 12.12 一些著名的 HMD/HMS 系统的特点

装置名称	生产厂商	应用类型①	FOV/(°)	单双目性	出射光瞳/mm	眼距/mm	亮度/(ft-L)	透射率/%	显示器类型	头盔重量/kg
HMD MKIV	GEC-马可尼	Ⅱ	10	单目	>10	护目镜投影	400	78	32×32 LED 阵列	0.5D
骑士头盔 (Fnighthelm)	GEC-马可尼	Ⅰ、Ⅱ、Ⅳ	40	双目	15	35	光栅 180；笔划 3000	40	CRT	2.3 D+H+M
Alpha HMD	GEC-马可尼	Ⅱ	3.5	单目	16	47.5	2000	80	LED 阵列	1.4 D+H+M
隼眼 (Falcon Eye)	GEC-马可尼	Ⅰ、Ⅳ	30	双目	10	25	光栅 250；笔划 1000	30	CRT	1.9 D+H+M
蝰蛇Ⅰ (Viper Ⅰ)	GEC-马可尼	Ⅰ、Ⅱ	22	单目	20	护目镜投影	光栅 180；笔划 1500	70	CRT	1.96 D+H+M
蝰蛇Ⅱ (Viper Ⅱ)	GEC-马可尼	Ⅰ、Ⅱ	40	双目	>15	护目镜投影	光栅 180；笔划 1500	70	CRT	1.6 D+H
十字军战士 (Crnsader)	GEC-马可尼	Ⅰ、Ⅱ、Ⅲ、Ⅳ	30,40	单目双目	12	护目镜投影	光栅 180；笔划 1500	70	CRT	2.0 D+H+M
敏捷眼 (Agile Eye)	Kaiser	Ⅰ、Ⅱ	20	单目	15H② 20V②	53	光栅 180；笔划 1500	8;65	CRT	1.3 D+H
攻击眼 (Strike Eye)	Kaiser	Ⅰ、Ⅱ、Ⅲ、Ⅳ	30	双目	12	25	光栅 230；笔划 2000	10;40	CRT	1.86 D+H

续表

装置名称	生产厂商	应用类型[①]	FOV/(°)	单双目性	出射光瞳/mm	眼距/mm	亮度/(ft-L)	透射率/%	显示器类型	头盔重量/kg
广眼(Wide Eye)	Kaiser	Ⅰ、Ⅱ、Ⅳ	40,40×60	单目双目	10~15	31	光栅100；笔划2000	6.5;30	CRT	2.0 D+H
IHADSS	霍尼韦尔(Honey well)	Ⅰ、Ⅳ	30×40	单目	10	50	400	75	CRT	1.8 D+H[②]
HMCS	霍尼韦尔(Honey well)	Ⅰ、Ⅱ	20	单目	>25	护目镜投影	1300 700	13;70	CRT	1.54 D+H+M[②]
尖端瞄准具(Topsight)	Sextant	Ⅰ、Ⅲ、Ⅳ	40×30	双目	护目镜投影		800;1500	是	CRT	1.8 D+H+M[②]
FOHMD	CAE	Ⅴ	65×125 60×120	双目	15	38	50 光电子管 10CRT	10	CRT或光电子管	2.4 D+H[②]
DASH	Elbt	Ⅰ、Ⅱ	22	单目	12V[②] 18H[②]	50	300	是	CRT	1.2 D+H[②]
HADAS	ELOP	Ⅰ、Ⅱ、Ⅲ	30×22	单目	>11	25	3000	15,8	CRT在座舱中+光纤图像导向器	1.8 D+H[②]
HMDD	ELOP	Ⅰ、Ⅱ	28×20	单目	10	25	2800	40	CRT	0.27 D[②]
JHMCS	Kaiser	Ⅰ、Ⅱ	20	单目	18	护目镜投影			CRT	1.82 D+H[②]
HMDS	VSI	Ⅰ、Ⅱ、Ⅲ、Ⅳ	50×30	双目	18	护目镜投影			LCD	

①应用类型参见表12.13的分类；②D=显示，H=头盔，M=氧气面罩

表12.13 各种HMD/HMS应用类型的系统要求

系统要求和飞机类型	应用类型				
	Ⅰ	Ⅱ	Ⅲ	Ⅳ	Ⅴ
	飞行数据显示	导弹瞄准、指示INS修正间接瞄准攻击	夜视增强	视觉耦合传感器	模拟
	喷气式战斗机	喷气式战斗机	直升机	直升机/战斗机	所有飞机
头盔跟踪器	需要	需要	不需要	需要	需要
光栅图像	不需要	不需要	需要	需要	需要
笔划符号	需要	需要	可选	需要	需要
FOV	窄(25°)	窄(2°~3°)	宽(40°)	宽(40°)	很宽(60°)
夜视装置	不需要	不需要	LLLTV[①]/IIT[②]	FLIR[③]或LLLTV/IIT	不适用

①LLLTV为微光电视；②IIT为图像增强管；③FLIR为红外热成像仪

HMD/HMS是正在发展的一种技术，尽管至今已经在设计、研制工作中取得了很大的

进步,但要使 HMD/HMS 系统成为可靠而有效的通用驾驶员设备,还需要继续深入研究与 HMD 有关的人机工效问题、研究新的图像源技术、光学元件材料及其设计方法,研究更精确的头部跟踪技术以及安全保障设施等。

思考题

1. 什么是瞄准?有哪几种瞄准方式?
2. 瞄准装置(具)有哪些分类方式?各有哪些类型?
3. 简述瞄准装置的技术要求。
4. 简述普通机械瞄准装置的作用和特点。
5. 说明直移式表尺分划呈下密上疏的原因。
6. 写出弧形座式表尺的弧形座工作面确定过程。
7. 如何解决武器对空射击命中问题?
8. 如何赋予环形缩影瞄准具的瞄准角 α、提前角 δ?
9. 常见的光学瞄准镜有哪些类型?
10. 简述白光瞄准镜的望远系统工作原理。
11. 白光瞄准镜的主要光学性能指标有哪些?各代表什么含义?
12. 白光瞄准镜光学分划一般由哪些分划构成?
13. 简述微光瞄准具的基本结构和工作原理。
14. 简述全息瞄准镜的工作原理。
15. 说明激光测距机原理和哪些因素影响测距误差。

参 考 文 献

[1] 欧学炳,殷仁龙,王学颜.自动武器结构设计[G].南京:南京理工大学,1994.
[2] 薄玉成,王惠源,李强,等.自动机结构设计[M].北京:兵器工业出版社,2009.
[3] 王瑞林,曹金荣,贾云非.枪械结构原理[M].北京:国防工业出版社,2015.
[4] 易声耀,张竞.自动武器原理与构造学[M].北京:国防工业出版社,2009.
[5] 朵英贤,马春茂.中国自动武器[M].北京:国防工业出版社,2015.
[6] 马立刚.轻武器装备论证参考[M].北京:国防工业出版社,2017.
[7] 张相炎.火炮自动机设计[M].北京:北京理工大学出版社,2010.
[8] 兵器工业部《枪械手册》编写组.枪械手册[M].北京:兵器工业出版社,1986.
[9] [编写者不详].步兵自动武器及弹药设计手册:中册[M].北京:国防工业出版社,1977.
[10] 王建中.自动武器论坛[M].北京:国防工业出版社,2007.
[11] 徐诚,王亚平.火炮与自动武器动力学[M].北京:北京理工大学出版社,2014.
[12] 王永娟,徐诚,王亚平.步兵自动武器现代设计理论及方法[M].北京:国防工业出版社,2014.
[13] 范启胜.新型轻武器装备实用手册[M].北京:兵器工业出版社,2008.
[14] 许增海.12.7mm重机枪系统设计与实践[M].北京:国防工业出版社,1998.
[15] 兵器工业部轻武器研究所《国外轻型步兵武器》编辑组.国外轻型步兵武器(上册、下册)[M].北京:国防工业出版社,1983.
[16] [编写者不详].轻武器设计参考资料:上册、下册[G].北京:第二〇八研究所,1975.
[17] 朵英贤.国外自动武器及其发展[J].华北工学院学报,2001,22(4):235-251.
[18] 张磊.浅谈火炮与自动武器的发展现状与趋势[J].国防技术基础,2008(10):35-37.
[19] 冉隆云.国外机关炮的发展[J].国外坦克,2003(8):35-38.
[20] 徐少凡.国外小口径自动炮-发展现状及其费用-效能分析初探[J].现代兵器,1986(6):9-12.
[21] [佚名].全息衍射瞄准镜的原理.[EB/OL][2017-09-22].http://www.soho.com/a/193730879_99925327.